U0246632

机电工人实用技术手册系列

模具钳工
实用技术手册
（第二版）

邱言龙　主编

中国电力出版社
CHINA ELECTRIC POWER PRESS

内 容 提 要

随着"中国制造"的崛起，对技能型人才的需求增强，技术更新也不断加快。《机械工人实用技术手册》丛书应形式的需求，进行再版，本套丛书与人力资源和社会保障部最新颁布的《国家职业标准》相配套，内容新、资料全、操作讲解详细。

本书是其中的一本，主要内容包括模具绪论，模具钳工常用工具设备，冲裁模，弯曲模，拉深模，成形模，精密冲模及特种冲模，压铸模，锻模，粉末冶金模，模具常用材料及其热处理，模具的加工与制造，模具的装配与调试，模具的检测、使用和维修。

本书可供从事模具设计、制造、生产、使用等工作的工人和技术人员使用，也可供相关专业学生参考。

图书在版编目(CIP)数据

模具钳工实用技术手册/邱言龙主编. —2 版 .—北京：中国电力出版社，2018.9（2025.4重印）

ISBN 978-7-5198-2026-8

Ⅰ.①模…　Ⅱ.①邱…　Ⅲ.①模具-钳工-技术手册　Ⅳ.①TG76-62

中国版本图书馆 CIP 数据核字(2018)第 093526 号

出版发行：中国电力出版社
地　　址：北京市东城区北京站西街 19 号（邮政编码 100005）
网　　址：http://www.cepp.sgcc.com.cn
责任编辑：马淑范（010-63412397）
责任校对：黄　蓓　王小鹏
装帧设计：王英磊　赵姗姗
责任印制：杨晓东

印　　刷：三河市万龙印装有限公司
版　　次：2010 年 2 月第一版　2018 年 9 月第二版
印　　次：2025 年 4 月北京第三次印刷
开　　本：880 毫米×1230 毫米　32 开本
印　　张：28.875
字　　数：818 千字
定　　价：98.00 元

《模具钳工实用技术手册(第二版)》

编 委 会

主　编　邱言龙

副主编　刘继福　雷振国

参　编　邱言龙　李文菱　雷振国

　　　　刘继福　胡新华　汪友英

　　　　郭志祥

审　稿　王　兵　陈雪刚　彭燕林

再版前言

随着新一轮科技革命和产业变革的孕育兴起，全球科技创新呈现出新的发展态势和特征。这场变革是信息技术与制造业的深度融合，是以制造业数字化、网络化、智能化为核心，建立在物联网和务（服务）联网基础上，同时叠加新能源、新材料等方面的突破而引发的新一轮变革，给世界范围内的制造业带来了广泛而深刻影响。

十年前，随着我国社会主义经济建设的不断快速发展，为适应我国工业化改革进程的需要，特别是机械工业和汽车工业的蓬勃兴起，对机械工人的技术水平提出越来越高的要求。为满足机械制造行业对技能型人才的需求，为他们提供一套内容起点低、层次结构合理的初、中级机械工人实用技术手册，我们特组织了一批高等职业技术院校、技师学院、高级技工学校有多年丰富理论教学经验和高超的实际操作技能水平的教师，编写了这套《机械工人实用技术手册》丛书。首批丛书包括：《车工实用技术手册》《钳工实用技术手册》《铣工实用技术手册》《磨工实用技术手册》《装配钳工实用技术手册》《机修钳工实用技术手册》《模具钳工实用技术手册》《工具钳工实用技术手册》和《焊工实用技术手册》一共九本，后续又增加了《钣金工实用技术手册》《电工实用技术手册》。这套丛书的出版发行，为广大机械工人理论水平的提升和操作技能的提高起到很好的促进作用，受到广大读者的一致好评！

由百余名院士专家着手制定的《中国制造2025》，为中国制造业未来10年设计顶层规划和路线图，通过努力实现中国制造向中国创造、中国速度向中国质量、中国产品向中国品牌三大转变，推动中国到 2025 年基本实现工业化，迈入制造强国行列。"中国制造2025"的总体目标：2025 年前，大力支持对国民经济、国防建设和人民生活休戚相关的数控机床与基础制造装备、航空装备、海洋工程装备与船舶、汽车、节能环保等战略必争产业优先发展；选择与国际先进水平已较为接近的航天装备、通信网络装备、发电与输变电装备、轨道交通装备等优势产业，进行重点突破。

由此看来，技术技能型人才资源已经成为最为重要的战略资源，拥有一大批技艺精湛的专业化技能人才和一支训练有素的技术队伍，已经日益成为影响企业竞争力和综合实力的重要因素之一。机械工人就是这样一支肩负历史使命和时代需求的特殊队伍，他们将为我国从"制造大国"向"制造强国"，从"中国制造"向"中国智造"迈进作出巨大贡献。

在新型工业化道路的进程中，我国机械工业的发展充满了机遇和挑战。面对新的形势，广大机械工人迫切需要知识更新，特别是学习和掌握与新的应用领域有关的新知识和新技能，提高核心竞争力。在这样的大背景下，对《机械工人实用技术手册》丛书进行修订。删除第一版中过于陈旧的知识和用处不大实用的理论基础，新增加的知识点、技能点涵盖了当前的较为热门的新技术、新设备，更加能够满足广大读者对知识增长和技术更新的要求。

本套丛书力求简明扼要，不过于追求系统及理论的深度、难度，突出中、高级工实用技术的特点，既可以看作是第一版的补充和延伸，又可看作是第一版的提高和升华，而且丛书从材料、工艺、技术、设备及标准、名词术语、计量单位等各个方面都贯穿着一个"新"字，以便于工人尽快与现代工业化生产接轨，与时俱进，开拓创新，更快、更好地适应现代高科技机械工业发展的需要。

本书由邱言龙任主编，刘继福、雷振国任副主编，参与编写的人员还有李文菱、郭志祥、胡新华、汪友英等，本书由王兵、陈雪刚、彭燕林担任审稿工作，王兵任主审，全书由邱言龙统稿。

　　由于编者水平所限，加之时间仓促，以及搜集整理资料方面的局限，知识更新不及时，挂一漏十，书中错误在所难免，望广大读者不吝赐教，以利提高！欢迎读者通过 E-mail：qiuxm6769@sina.com 与作者联系！

前　言

当前和今后一个时期，是我国全面建设小康社会、开创中国特色社会主义事业新局面的重要战略机遇期。建设小康社会需要科技创新，离不开技能人才。国务院组织召开的"全国人才工作会议"、"全国职业教育工作会议"都强调要把"提高技术工人素质、培养高技能人才"作为重要任务来抓。当今世界，谁掌握了先进的科学技术并拥有大量技术娴熟、手艺高超的技能人才，谁就能生产出高质量的产品，创出自己的名牌；谁就能在激烈的市场竞争中立于不败之地。我国有近一亿技术工人，他们是社会物质财富的直接创造者。技术工人的劳动，是科技成果转化为生产力的关键环节，是经济发展的重要基础。

高级技术工人应该具备技术全面、一专多能、技艺高超、生产实践经验丰富的优良的技术素质。他们需要担负组织和解决本工种生产过程中出现的关键或疑难技术问题，开展技术革新、技术改造，推广、应用新技术、新工艺、新设备、新材料以及组织、指导初、中级工人技术培训、考核、评定等工作任务。而要想做到这些，就需要不断地学习和提高。

为此，我们编写了本书，以期满足广大钳工学习的需要，帮助他们提高相关理论与技能操作水平。本书的主要特点如下：

（1）标准新。本书采用了国家新标准、法定计量单位和最新名词术语。

（2）内容新。本书除了讲解传统钳工应掌握的内容之外，还加入了一些新技术、新工艺、新设备、新材料等方面的内容。

（3）注重实用。在内容组织和编排上特别强调实践，书中的大量实例来自生产实际和教学实践。实用性强，除了必须的基础知识和专业理论以外，还包括许多典型的加工实例、操作技能及最新技术的应用，兼顾先进性与实用性，尽可能地反映现代加工技术领域内的实用技术和应用经验。

（4）写作方式易于理解和学习。本书在讲解过程中，多以图和表来讲解，更加直观和生动，易于读者学习和理解。

本书采用了模具行业国家新标准、法定计量单位和最新名词术语，广泛介绍模具制造加工的新技术、新工艺、新材料和新设备，如挤压成形、液压成形、超塑成形、爆炸成形技术和低熔点合金模具制造技术、陶瓷模具制造技术等快速模具成形技术，以及模具新材料的开发应用和模具最新加工工艺方法等。全书共14章，主要内容包括基础知识部分有：模具绪论，模具钳工常用工具设备；模具常用结构，有冲裁模、弯曲模、拉深模、成形模、精密冲模及特种冲模、压铸模、锻模、粉末冶金模、模具常用材料及其热处理，重点介绍了模具的加工与制造，模具的装配与调试，模具的检测、使用和维修等。

由于编者水平所限，加之时间仓促，书中错误在所难免，恳请广大读者不吝赐教，以利提高。

编　者

2009 年 10 月

目　录

第一章

模 具 绪 论

第一节 模 具 概 述

一、模具在工业生产中的作用

模具是工业生产的基础工艺装备，是工业之母。在工业生产中，各类零件或产品都是通过机械加工或模具成形而获得的，其中模具是以其特定的形状并通过一定的方式使原材料成为符合所需形状的零件或产品的。例如，冲压件和锻件是通过冲压或锻造方式使金属材料在模具内发生塑性变形而获得的制件；金属压铸件、粉末冶金零件以及塑料、陶瓷、橡胶、玻璃等非金属制品，绝大多数也是用模具成形而获得的。由于模具成形具有优质、高产、省料和低成本的特点，因此模具已成为当代工业生产中使用最为广泛的重要工艺装备之一。利用模具成形来加工零部件的技术和工艺已在国民经济各个领域，特别是汽车、拖拉机、航空航天、仪器仪表、机械制造、石油化工、家用电器、轻工日用品等工业部门得到极为广泛的应用。用模具生产制件所具备的高精度、高复杂程度、高一致性、高生产率和低消耗，是其他加工制造方法所不能比拟的。

根据国际生产技术协会的预测，在世界工业生产领域内，机械零件粗加工的 75% 和精加工的 50% 都可以用模具来完成。同时，模具又是"效益放大器"，用模具生产的最终产品的价值，往往是模具自身价值的几十倍甚至上百倍。日本、美国等工业发达国家的模具工业产值已超过机床工业，从 1997 年开始，我国模具工业产值也超过了机床工业产值。2010 年中国模具市场规模为 1516.46 亿元，2015 年增长至 2367.84 亿元。模具制造技术水平的高低已成为衡量一个国家机械制造水平的重要标志之一，因为模具在很大程度上决定着产品的质量、效益和新产品的开发能力。不仅如此，许多现代工业的发展和技术水平的提高，在很大程度上都取决于模具工业的发展水平。如今，模具制造业正逐步成为与机床工业并驾齐驱的独立行业，成为当代工业生产的重要组成部分和工艺发展的方向，2014 年中国模具产值约 1.8 万亿，居世界之首，成为国民经济发展的重要基础。

二、模具及其类型

模具是由机械零件构成的，在与相应的压力成形机械（如冲压机、塑料注射机、压铸机等）相配合时，可直接改变金属或非金属材料的形状、尺寸、相对位置和性质，使之成形为合格制件或半成品的成型工具。

模具是成型金属、塑料、橡胶、玻璃、陶瓷等制件的基础工艺装备。许多制件必须用模具才能成形。模具常利用材料的流动、变形获得所需形状和尺寸的制件，因此可实现少切屑甚至无切屑，节约了原材料。

模具的种类很多，按材料在模具内成形的特点，模具可分为冷冲模及型腔模两大类。其分类方法如下：

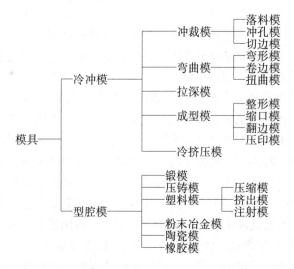

（一）冲压工艺及冲模

1. 冲压

（1）冲压是一种金属塑性加工方法，其坯料主要是板材、带材、管材及其他型材，利用冲压设备通过模具的作用，使之获得所需要的零件形状和尺寸。

材料、模具和设备是冲压的三要素。

冲压加工要求被加工材料具有较高的塑性和韧性，较低的屈强比和时效敏感性，一般要求碳素钢伸长率 $\delta \geqslant 16\%$、屈强比 $\sigma_s/\sigma_b \leqslant 70\%$，低合金高强度钢 $\delta \geqslant 14\%$、$\sigma_s/\sigma_b \leqslant 80\%$。否则，冲压成形性能较差，工艺上必须采取一定的措施，从而造成零件制造成本提高。

模具是冲压加工的主要工艺装备。冲压件的表面质量、尺寸公差、生产率以及经济效益等与模具结构关系很大。冲压模具按照冲压工序的组合方式分为单工序的简单模、多工序的级进模和复合模。

（2）冲压设备主要有机械压力机和液压机。在大批量生产中，应尽量选用高速压力机或多工位自动压力机；在小批量生产中，尤其是大型厚板冲压件的生产中，多采用冲压机。

（3）冲压在机械制造中的地位。冲压既能够制造尺寸很小的零件，如仪器、仪表零件等，又能够制造诸如汽车大梁、压力容器封头一类的大型零件；既能够制造一般尺寸公差和形状简单的零件，又能够制造精密（公差在微米级）和复杂形状的零件。占全世界钢产量 $60\% \sim 70\%$ 的板材、管材及其他型材，其中大部分经过冲压制成成品。冲压在汽车、机械、家用电器、电机、仪表、航空、航天、兵器等的制造中具有十分重要的地位。

（4）冲压工艺特点。冲压件的质量轻、厚度薄、刚度好。它的尺寸公差是由模具保证的，所以质量稳定，一般不需再经机械切削即可使用。冷冲压件的金属组织与力学性能优于原始坯料，表面光滑美观；其公差等级和表面状态优于热冲压件。

大批量的中、小型零件冲压生产一般采用复合模或多工位的级进模。以现代高速多工位压力机为中心，配置带料开卷、矫正、成品收集、输送以及模具库和快速换模装置，并利用计算机程序控制，可组成生产率极高的全自动生产线。采用新型模具材料和各种表面处理技术，改进模具结构，可得到高精度、高寿命的冲压模具，从而提高冲压件的质量，降低冲压件的制造成本。

总之，冲压具有生产率高、加工成本低、材料利用率高、操作简单、便于实现机械化与自动化等一系列优点。采用冲压与焊接、胶接等复合工艺，可使零件结构更趋合理，加工更为方便，即可以用较简单的工艺制造出更复杂的结构件。

（5）冲压的常见方式。按照冲压时的温度情况不同，有冷冲压和热冲压两种方式。这取决于材料的强度、塑性、厚度、变形程度以及设备能力等，同时应考虑材料的原始热处理状态和最终使用条件。

1）冷冲压：金属在常温下的冲压加工，一般适用于厚度小于4mm的坯料。优点是不需加热，无氧化皮，表面质量好，操作方便，费用较低；缺点是有加工硬化现象，严重时使金属失去进一步变形的能力。冷冲压要求坯料的厚度均匀且波动范围小，表面光洁、无斑、无划伤等。

2）热冲压：将金属加热到一定的温度范围的冲压加工方法。优点是可消除内应力，避免加工硬化，增加材料的塑性，降低变形抗力，减少设备的动力消耗。

（6）常用材料热冲压的温度范围选择。可参照表1-1选择。

表 1-1 　　　　　　　　常用材料的热冲压的温度范围

材　料　牌　号	热冲压温度（℃）	
	加　热	终止≥
Q235-A、15、20、20g、22g	900～1050	700
Q345、Q390、Q420C	950～1050	750
18MnMoNb、18MnMoNbRE	900～1000	750
Cr5Mo、12CrMo、15CrMo		
14MnMoVBRE、12MnCrNiMoVCu	1050～1100	850
14MnMoNbB	1000～1100	750
0Cr13、1Cr13	1000～1100	850
1Cr18Ni9Ti、12Cr1MoV	950～1100	850
黄铜 H62、H68	600～700	400
铝及其合金 1060、5A02、3A21	350～400	250
钛	420～560	350
钛合金	600～840	500

2. 冲压工艺

冲压工艺分为分离工序和成形工序两大类。

(1) 分离工序是在冲压过程中使冲压件与坯料沿一定的轮廓线相互分离,同时冲压件分离断面的质量也要满足一定的要求。

冲压工艺分离工序分类见表 1-2。

表 1-2   冲压工艺分离工序分类

工序名称	简 图	特点及常用范围
切断		用剪刀或冲模切断板材,切断线不封闭
落料		用冲模沿封闭线冲切板料,冲下来的部分为工件
冲孔		用冲模沿封闭线冲切板料,冲下来的部分为废料
切口		在坯料上沿不封闭线冲出缺口,切口部分发生弯曲,如通风板
切边		将工件的边缘部分切掉
剖切		把半成品切开成两个或几个工件,常用于成双冲压

(2) 成形工序是使冲压坯料在不分离的条件下发生塑性变形,并转化成所要求的成品形状,同时也应满足尺寸公差等方面的要求。

冲压工艺成形工序分类见表1-3。

表 1-3 冲压工艺成形工序分类

工序名称		简　图	特点及常用范围
弯曲	压弯		把坯料弯成一定的形状
	卷板		对板料进行连续三点弯曲，制成曲面形状不同的零件
	滚弯		通过一系列轧辊把平板卷料滚弯成复杂形状
	拉弯		在拉力与弯矩共同作用下实现弯曲变形，可得精度较好的零件
拉深	拉深		把平板形坯料制成空心工件，壁厚基本不变
	变薄拉深		把空心工件拉深成侧壁比底部略薄的工件
成形	整形		把形状不太准确的工件校正成形，如获得小的 r 等
	校平		校正工件的平直度
	缩口		把空心工件的口部缩小

工序名称		简　图	特点及常用范围
成形	翻边		把工件的外缘翻起圆弧或曲线状的竖立边缘
	翻孔		把工件上有孔的边缘翻出竖立边缘
	扩口		把空心工件的口部扩大，常用于管子
	起伏		把工件上压出筋条，花纹或文字，在起伏处的整个厚度上都有变形
	卷边		把空心件的边缘卷成一定的形状
	胀形		使工件的一部分凸起，呈凸肚形
	压印		在工件上压出文字或花纹，只在制件厚度的一个平面上有变形

　　3. 冲模

　　（1）冲模分类、特点和用途。冲模是将金属板材或型材作冲压加工所用的模具。也可以用来冲压一些非金属材料。

　　冲模的分类、特点及用途见表1-4。

表 1-4   冲模的分类、特点及用途

分　类	特　点　与　用　途
根据工序的复合性 (1) 单工序模 (2) 复合模 (3) 级进模	(1) 单工序模只完成一个工序 (2) 复合模是在压力机一次行程中，在同一工位上完成两道或更多工序的冲模 (3) 级进模是具有两个或更多工位的冲模，材料随压力机行程逐次送进一工位，从而使冲件逐步成形
根据工序性质 (1) 冲裁模 (2) 弯曲模 (3) 拉深模 (4) 成形模 (5) 冷挤模	(1) 冲裁模使部分材料或工序件与另一部分材料、工（序）件或废料分离 (2) 弯曲模使材料产生塑性变形，从而被弯成有一定曲率、一定角度的形状 (3) 拉深模把平坯料或工序件变为空心件，或者把空心件进一步改变形状和尺寸 (4) 成形模用以将材料变形，使工序件形成局部凹陷或凸起 (5) 冷挤模使材料在三向压应力下塑性变形挤出所需尺寸、形状及性能的零件
按凸模或凸凹模的安装位置分类 (1) 顺装模 (2) 倒装模	(1) 模具中的凸模或（复合模中的）凸凹模安装在模具的上模部分 (2) 模具中凸模或凸凹模安装在模具的下模部分
按照导向装置 (1) 无导向装置的模具 (2) 有导板导向的模具 (3) 有导柱导向的模具	对生产批量较大，冲件精度较高，模具寿命要求较长的模具，必须采用导向装置。应用导柱导套来导向的模具最为普遍
按送料方式 (1) 手工送料模具 (2) 带有自动送料装置的模具	带有自动送料装置的模具，在调整完成后不需要人工进行操作，适用于多工位级进模

分　　类	特　点　与　用　途
按冲模制造的难易程度 （1）简易冲模 （2）普通冲模 （3）高精度冲模 （参见第七章）	（1）简易冲模成本低、制造周期短，特别适用于新产品试制和小批量生产，主要有通用组合冲孔模、分解式组合冲模、钢皮冲模、薄板冲模、锌基合金模、聚氨酯橡胶冲模 （2）普通冲模是目前用得最多、最广的冲模 （3）高精度冲模用于精密冲件生产
按生产适应性 （1）通用冲模 （2）专用冲模	（1）通用冲模适用于小批和试制性生产的冲件 （2）专用冲模适用于指定的冲件
按生产管理 （1）大型冲模 （2）中型冲模 （3）小型冲模	往往因不同的行业而有所不同

（2）模具的工作部分零件必须具备的性能。由于冲压有冷冲压和热冲压，而冲压工序又分为分离工序与成形工序两大类。所以在分离工序的工作过程中，模具除承受使材料分离所需的冲压力外，还承受与材料断面间的强烈摩擦；在成形工序的工作过程中，模具除承受材料塑性变形所需的冲压力外，其表面也受到材料的塑性流动而产生的强烈摩擦。因此，模具工作部分的零件都必须具备耐冲压、耐磨损的高强度、高硬度性能。在材料加热状态下使用的冲模，工作零件还要求具有耐热性能，这样才能保证其使用寿命。

（3）冲模的工作部分常用材料。冲模的工作部分按使用寿命要求及工作条件不同，可采用碳素工具钢或合金工具钢。用于高速冲压（一般指 250 次/min 以上）或要求高寿命的模具，工作部分零件采用硬质合金。模具用合金工具钢包括：冷作模具用钢，如 Cr12、Cr12MolV、CrWMn、6W6Mo5Cr4V 等；热作模具用钢，如 5CrMnMo、8Cr3、4CrMnSiMoV 等；无磁模具钢，如 7Mn15Cr 2Al3V2WMo。

（4）冲模结构必须满足的要求。冲模的结构必须满足冲压生产的要求，其要点如下：

1）必须能冲出合格的冲件。

2）必须适应批量生产的要求。

3）必须满足使用方便、操作安全可靠的要求。

4）必须坚固耐用，达到使用寿命要求。

5）要容易制造和便于维修。

6）成本必须低廉。

（二）型腔模

1. 塑料模

塑料模是将塑料原料制成塑料制件的模具。

塑料可分为热固性塑料和热塑性塑料两大类。热固性塑料加热即能固化，且一旦固化即使再加热也不再软化；热塑性塑料则加热即软化、冷却即固化，这两个过程可反复进行。

塑料的成型方法是多种多样的，因此采用的模具也是各不相同的，但各种不同的成型方法从原理上看都要经过熔化、流动、固化三个阶段。

（1）塑料成型模具的分类。不同的成型方法需要使用不同的模具，塑料成型模具的分类见表1-5。

表 1-5　　　　　　　　　塑料成型模具的分类

类型	适用塑料	塑件成型简要过程	特 点	使用设备	对模具要求
压缩模	热固性塑料为主	将定量的塑料置于加热的模具型腔内，在合模过程中对塑料加热、加压，使塑料流动并充满型腔。合模后保持适当时间使之固化成型	（1）可制作各种用途的塑件。适合制作有嵌件的塑件 （2）塑件取向现象少，几乎没有材料损耗。操作简单，但成型周期较长	压缩成型机	型芯、型腔需耐压、耐磨、耐腐蚀，需淬硬，表面需抛光并按需要镀硬铬
传递模（又称压注模、挤胶模）	热固性塑料	模具先闭合，将已预热的塑料放入模具上部的加料腔内，使之加热软化，用柱塞加压，塑料经浇注系统进入模具型腔，在一定时间内保持压力和加热使固化成型	（1）适用于匀质、厚壁、精度高、有细小嵌件等用压缩模难以成型的塑件成型 （2）成型周期短，塑件几乎无飞边	压缩成型机或传递成型机	加料腔、浇注系统部分、型芯、型腔需耐压、耐磨、耐腐蚀，需淬硬，表面抛光并按需要镀硬铬

类型	适用塑料	塑件成型简要过程	特　点	使用设备	对模具要求
注射模	热塑性塑料 热固性塑料	塑料在注射机料筒中加热到流动（可塑化）状态。闭合模具，以高压将料筒内的塑料通过机床喷嘴注射入模具，并经浇注系统进入型腔、充满，然后保压、冷却（热固性塑料为加热）固化成型	（1）可成型复杂形状的塑件 （2）成型周期短、效率极高，易于进行自动控制 （3）除无流道注射模外，一般用注射模成型都有浇注系统废料损失	热塑性塑料注射机 热固性塑料注射机	要求同传递模 根据成型产量要求对某些热塑性注射模的工作零件可不淬硬
挤出模	热塑性塑料	在挤出机料筒内将塑料加热至流动状态，用螺杆将其挤出，通过端部的挤出模（又称机头）使之以一定的断面形状连续挤出，立即以冷却固化成型	（1）成型是连续的，制品为薄膜、棒材、管材、异形材等大长度制品 （2）开始调整困难，后期操作简单、效率极高	挤出机	工作零件需耐压、耐磨、耐腐蚀；需淬硬，表面抛光镀硬铬
吹塑模	热塑性塑料	将塑料用挤出机挤出成管状（称型坯），在冷却硬化前放入开启的吹塑模内，模具对合后，在管中吹入空气使之膨胀而贴合在型腔壁上，再经冷却固化成型 也可用两薄片或用注射成型的中空带底件作型坯	（1）用以制造空心的、用注射模成型而无法抽出型芯的中空塑件，如瓶类塑件等 （2）成型塑件壁厚不均匀 （3）成型周期短、效率较高，模具价廉	吹塑机	除非产量特大，一般不需使用优质的模具钢。常用的模具材料有结构钢、铝、锌，广泛使用的是铝，必要时局部嵌入钢质镶件

续表

类型	适用塑料	塑件成型简要过程	特 点	使用设备	对模具要求
吸塑模	热塑性塑料	将塑料片材夹紧在模具内,用加热器加热,利用真空作用将软化的片材吸附在型腔壁上,冷却成型 也可在相反方向压入压缩空气,同时在片材与模具间抽真空成型	(1)适用于用片材制作大型塑件 (2)塑件尺寸精度不高,不能成型各部位壁厚不相同的塑件	吸塑机	由于成型压力低,模具材料一般可采用石膏、热固性塑料等。大批量生产时才使用金属模具
发泡成型模	热塑性塑料 热固性塑料	将增加了发泡剂的塑料注射入模具(也可用于挤出成型、吹塑成型等)而形成发泡塑件	(1)用于成型绝热、包装、吸音、绝缘、防震装饰等用途的发泡件 (2)成型压力低、冷却时间长	注塑机、挤出机、吹塑机、各种发泡机	模具材料不要求高的机械强度,要求导热性好,采用铜、铍青铜、铝合金、锌合金和钢等

(2) 塑料模基本结构简介。以下以热塑性塑料注射模为例介绍塑料模的基本结构形式。

1) 注射模基本结构。图 1-1 所示为单分型面注射模结构。其定模部分为两块板,即定模板 9 和定模座板 10;动模部分也为两块板,即动模板 7 和支承板 5。型腔的一部分在动模上,另一部分在定模上,主流道设在定模一侧,分流道设在分型面上,开模后制品连同流道凝料一起留在动模一侧,由推板脱模。

2) 塑料模主要零部件简介。

a. 成形零件。成形零件由型腔及型芯组成。型腔及型芯有两种结构:一种是在定模板上直接雕刻型腔和在动模板上直接加工出型芯的整体式结构,这种结构的稳定性较好,但切削工作量比其他结构大,材料消耗也较多;还有一种是在注塑模上常用的镶嵌式型腔及镶嵌式型芯的结构。

b. 浇注系统。注塑模的浇注系统是从注塑机喷嘴喷出的熔料

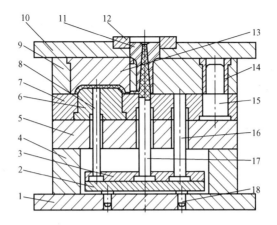

图 1-1　单分型面注射模结构

1—动模座板；2—推板；3—推杆固定板；4—垫块；
5—支承板；6—动模型芯；7—动模板；8—推杆；
9—定模板；10—定模座板；11—浇口套；12—定位圈；
13—定模型腔；14—导套；15—导柱；16—复位杆；
17—拉料杆；18—限位钉

进入模具型腔的通道，浇注系统是影响塑件成形质量及效率的重要因素。

　　c. 冷料穴和拉料杆。冷料穴底部常做成曲折的钩形或下陷的凹槽，使冷料穴兼有分模时将主流道凝料从主流道中拉出附在动模边的作用。

　　d. 推出机构。推出机构用以推出塑件及浇道，推出位置应选择在不影响塑件外观的地方，应合理地按推出力的分布情况确定推杆的大小和位置，保证推出塑件时塑件不变形。对于大批量生产的带螺纹的塑件，应采用脱螺纹机构；对于形状复杂的塑件，当用一次推出机构推出塑件可能产生变形时，应采用二次推出机构。

　　e. 侧向抽芯机构。当塑件侧面有凹陷时，除内凹陷深度小于0.5mm 可以采用强行脱模外，其他需采用侧向抽芯机构。

　　f. 排气槽。一般注塑模具是从分型面处排出型腔中的气体。但当模具分型面的密合程度较好时，型腔中的气体不能随熔料的充填及时从分型面处排出，为此必须在模具中专门设置排气槽。特别是对大型塑件、容器类和精密塑件，排气槽将对其质量带来很大的影响，而在高速成形中，排气槽的作用则更为重要。

g. 型模冷却。注塑成形过程中，熔融塑料被注射入模具型腔后，要待成形的塑件冷却和固化后，才能进行脱模取出塑件。如果在冷却和固化时，型腔各部分的温度差异较大，则可能引起塑件收缩不均匀，从而导致塑件变形或尺寸超差。此外，各种塑料都有其最佳成形的模具温度，此时熔融塑料有良好的流动性。为此型模冷却水道，主要用于对注塑模的温度进行控制。

2. 压铸模

压铸模是用压力铸造方法获得锡、铅、锌、铝、镁、铜等各种合金材料铸件的模具。

用压铸模成型的铸件表面光洁、轮廓清晰、尺寸及形状稳定、精度较高。用压铸模可以铸造形状复杂或镶铸不同金属配件的铸件，因此被广泛应用于各行业。

（1）压铸机分类。压铸所用的设备是压铸机，它分为热压室压铸机和冷压室立式、卧式、全立式压铸机，其分类方式如下：

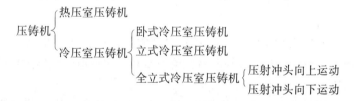

（2）压铸模零件必须具备的性能。压铸的过程是将金属液以高压、高速注入模具，并在模具中凝固成形后被顶出模具。根据压铸合金的不同以及铸件形状的复杂程度，压铸所需的压射比压为 $20\sim80$ MPa。

金属液进入模具，对模具型腔和型芯表面进行激烈的冲击和冲刷，使之受到侵蚀和磨损；金属液又难免将熔渣带入模具，使之与型腔、型芯产生复杂的化学作用；高温的金属液又使模具型腔、型芯表面温度剧烈上升，在内部形成很大的温度梯度而产生内应力，导致表面产生裂纹。因此，模具型腔、型芯等零件必须具有较高的高温强度、高温硬度、抗回火稳定性和冲击韧性，并需有良好的导热性、抗热疲劳性、高温抗氧化性和抗蠕变性。

（3）压铸模按铸件材料分类、特点及用途，见表1-6。

表 1-6　　　　压铸模按铸件材料分类、特点及用途

铸件材料	锌合金	铝合金	镁合金	铜合金
常用合金	Z ZnAl4-1 Z ZnAl4-0.5 Z ZnAl4	ZL101 ZL102 ZL103 ZL104 ZL105 ZL301 ZL302 ZL401	ZM5	ZHSi80-3 ZHPb59-1 ZHAl67-2.5 ZHMn58-2-2
压铸时合金温度(℃)	410～450	620～710	640～730	910～960
模具工作温度(℃)	150～200 预热：120～150	180～250 预热：130～180	200～300 预热：140～200	300～380 预热：180～250
对模具要求	(1)耐高温 (2)具有足够强度及刚性	(1)耐高温、耐冲刷、耐热裂 (2)有足够强度及刚性 (3)能良好排气排渣	(1)与铝合金模具相同 (2)有较大容量溢流槽	(1)对耐高温、耐热裂有更高要求 (2)型腔硬度比铝合金模具低些
模具寿命	20万次以上	中小铸件6～20万次 中大铸件3～8万次	比铝合金模具稍长	1～5万次 通常在数千次后会出现裂纹
选用压铸机	热压室压铸机 冷压室压铸机	冷压室压铸机	冷压室压铸机 热压室压铸机	冷压室压铸机
特点及用途	(1)应用广泛 (2)批量大、表面需电镀的铸件 (3)锌合金易老化，当温度>100℃或<-10℃时尺寸不稳定，应用受限制	应用最广泛	(1)应用一般 (2)铸件密度小、力学性能好，用于承受强烈颠簸、起滞震作用的零件 (3)可制造于低温(-196℃以上)工作的零件	用于抗磁零件、耐磨、导热性能好、受热后尺寸变化较小的零件

注　钢铁压铸尚处于试验阶段。

（4）压铸模结构组成及其作用。压铸模一般由三部分组成，即定模部分、动模部分和卸料部分。如果压铸件有侧孔或侧面有凹凸形状时，为了一次压铸成形，还设有侧向抽芯机构。此外，还有浇注系统、排气系统、冷却系统等。

压铸模结构组成及作用见表1-7。

表 1-7　　　　　　　　　压铸模基本结构组成及作用

组成名称	作　　用
定模	固定在压铸机压室一方的定模板上，是金属液开始进入模具的部分，是压铸模型腔的主要部分（即定模镶块）。这部分由直浇道直接与机器的喷嘴或压室相连接
动模	固定在压铸机的动模板上，可作开合运动，与定模部分开、合，一般侧向抽芯和顶出机构全在这个部分
成形部分(也称为型腔及型芯部分)	构成压铸件几何形状（外形轮廓和内部形状）
抽芯机构	铸件侧面（平行于分型面或与分型面有一定夹角）的侧向型芯，因影响顶出铸件，故用活动型芯，在顶出前完成抽芯动作
顶出机构	开模后，把铸件从模具中顶出的机构，一般随动模的开启过程顶出铸件，这套机构设置在动模中
浇注系统	连接成形部分与压室，引导金属液按一定方向进入模具型腔，直接影响金属液进入型腔的速度、压力和排气、排渣
排气系统	型腔内的空气、金属液及涂料挥发出的气体均由这部分排出 金属液在充填过程中的氧化、浮渣也由此排出或集结于集渣包内
冷却系统	平衡模具温度，使之在要求的温度下工作，为了减少模具的温度急剧变化，压铸模可设水冷装置

3. 锻模

（1）模锻分类及成形特点。常用的模锻方法分胎模锻及固定模锻两大类，其成形特点及应用见表1-8。

表 1-8　　　　　　　　模锻分类、成形特点及应用

分类		成　形　特　点	应　用
胎模锻	自由锻锤上模锻	在自由锻设备上用可移动的模具生产锻件的方法称为胎模锻。胎模锻的胎模不固定在锤头和模座上。它是介于自由锻和模锻之间的一种锻造方法 胎模锻不需要造价高的模锻设备，胎模制造简单，但工人的劳动强度大，生产率不高	适用于零件形状较为复杂，精度要求不高，生产批量不大的毛坯
固定模锻	锤上模锻	上、下锻模分别固定在模锻锤的锤头和模座基础上。在完成各种变形工序时，锤击力量的大小和锤击频率，可以在操作中控制和变换，故可完成镦粗、拔长、滚挤、弯曲、成形、预锻和终锻等各种变形工序 锤上模锻的设备费用不高，比压力机模锻低得多。但由于在工作时振动和噪声大，工人的劳动条件差。另外，生产率也不高	适用于批量较大的生产情况
	压力机上模锻	坯料成形力不是冲击力，而是压力，变形速度低，故有利于提高锻件的锻造性。它是一种高效率、高质量、劳动条件好，容易实现机械化的锻造方法 由于滑块的行程和压力在锻造过程中不能随意调节，因此不能进行镦粗、拔长、滚挤等制坯工序。压力机的设备费用比锤上模锻高，模具结构较复杂	适用于成批大量生产

（2）锻压模各类型的结构特点。锻模是在锻压设备上实现模锻工艺的装备，是热模锻的工具。锻模模腔制成与所需锻件凹凸相反的相应形状，并作合适的分型。将锻件坯料加热到金属的再结晶温度以上的锻造强度范围内，放在锻模上，利用锻造设备的压力将坯料锻造成带有飞边或极小飞边的锻件。

锻模对高温状态下的金属进行压力加工，工作条件较差，需承受反复的冲击载荷和冷热交变作用，产生很大的应力。因此，模具在作业条件下应具有较高的强度、硬度、耐磨性、韧性、耐氧化性、热传导性和抗热裂性。

锻模分类方法很多，根据使用设备的不同，分为锤锻模、机械压力机锻模、螺旋压力机锻模、平锻模等。

我国锻模标准体系将锻模分为 13 类，具体如下：

锻模
- 锤锻模
- 机械压力机锻模
- 螺旋压力机锻模
- 水（液）压机锻模
- 平锻模
- 切边与冲孔模
- 校正模
- 精压模
- 镦锻模
- 挤压模
- 回转成型模
- 特种成型模
- 胎模

锻压模各类型的结构特点见表 1-9。

表 1-9　　　　　　锻压模各类型的结构特点

分类		简　图	说　明
胎模	摔模	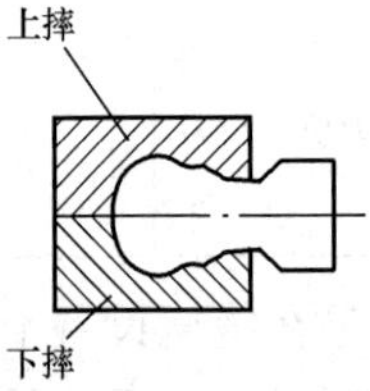	模具主要由上、下摔组成。锻造时锻坯在上、下摔中不断旋转，使其产生径向锻造。锻件无毛刺、无飞边。 主要用于圆轴、杆及叉类锻件的成形
	扣模	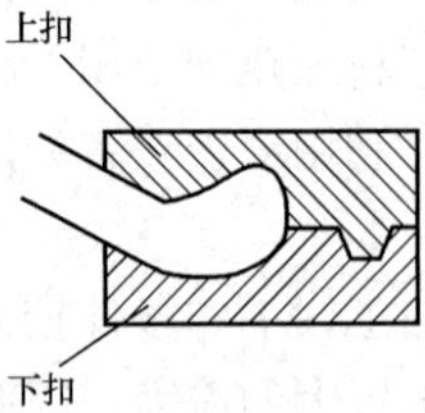	模具由上、下扣（或以锤砧代替上扣）组成。锻造时，锻坯在扣模中不转动，只作前后移动 主要用于非回转体的杆、叉类锻件的成形
	套模	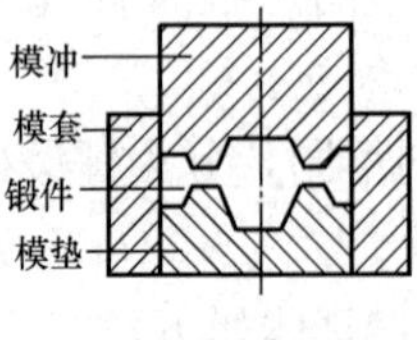	模具主要由模套、模冲、模垫组成。套模是一种闭式胎模，锻造时不产生飞边 主要用于圆轴、圆盘类锻件的成形

分类		简 图	说 明
胎模	垫模	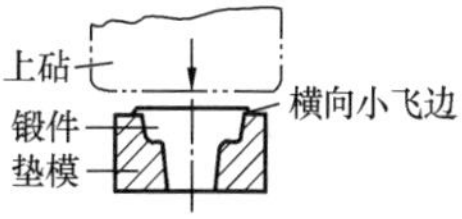 上砧 横向小飞边 锻件 垫模	模具只有下模，而上模由锤砧代替。锻造时将产生横向飞边 主要用于圆轴、圆盘及带法兰盘的锻件成形
	合模	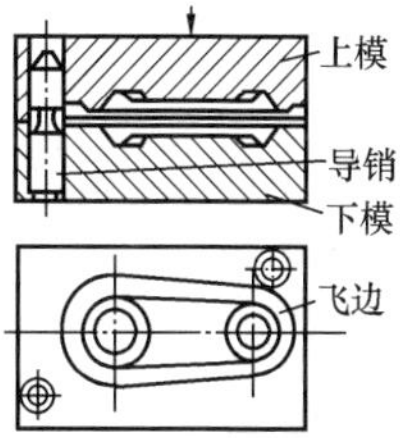 上模 导销 下模 飞边	模具上由、下模及导向装置构成。合模是有飞边的胎模，锻造时沿分型面产生横向飞边。 主要用于形状复杂的非回转体锻件的成形
	漏模	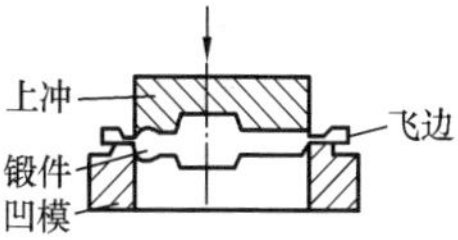 上冲 飞边 锻件 凹模	模具由冲头、凹模及定位装置构成 主要用于切除锻件的飞边和冲孔连皮
锤锻模		起重孔 燕尾 键槽 锁扣 毛边槽 模锻模膛 制坯模膛 制坯模膛	锤锻模由上、下模组成，用燕尾和斜楔配合分别安装在锤头和模座上，键槽与键配合起定位作用，防止锻模前后移动，锁扣防止锤击时上、下模产生错位
压力机模锻用锻模		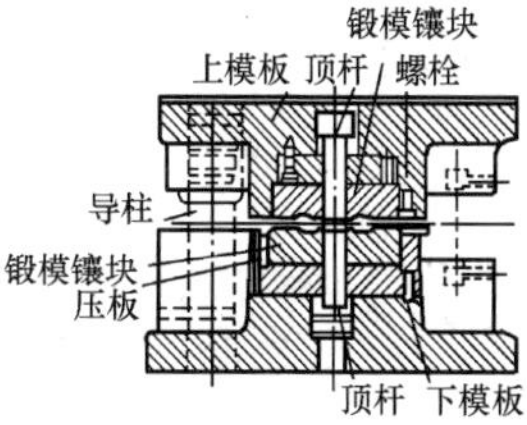 锻模镶块 上模板 顶杆 螺栓 导柱 锻模镶块 压板 顶杆 下模板	有开式和闭式锻模两种，其中应用较多的是开式锻模。它由上模和下模（通常设计成镶块式）组成，左图为曲柄压力机用的锻模。镶块用螺栓固定在上模板上构成上模，镶块用压板固定在下模板上构成下模，而上、下模则用T形螺栓或压板分别安装在滑块和工作台上。导柱保证上、下模间的最大精度，顶杆用来顶出工件

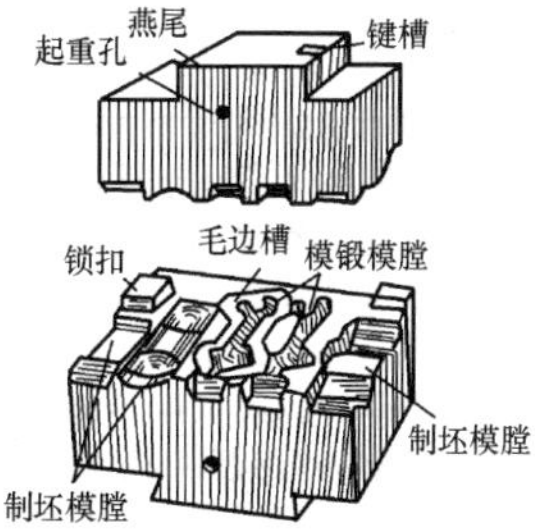

4. 粉末冶金模

粉末冶金是用模具将金属粉末压制成要求形状的坯件，然后将坯件在熔融点以下的温度加热烧结而成金属制品的一种金属加工方法。

粉末冶金的基本工序是粉末备制、成型、烧结及后续加工。成型是重要的一环，除了粉末轧制外，几乎所有粉末冶金制品的成型均需使用模具。

将金属粉末压制成型的模具称粉末冶金模。压制方法应用最广的是冷压成型，此外还有热压成型、水静压成型、热等静压成型等。仅就冷压成型而言，在成型过程中，粉末冶金模除承受极高的压力（$p > 100\text{MPa}$）之外，粉末流动对模壁还产生强烈摩擦。因此，模具的型腔件、模冲件都必须具有较高的耐压、耐磨性能。

通常，根据成型制品的材料、性能、形状及精度要求，将采用不同的成型方法和使用相应的模具。粉末冶金模的分类、特点及用途见表 1-10。

表 1-10　　　　　　　粉末冶金模分类、特点及用途

分　类		特　点	用　途
常温压模	成型模	粉末放在模具中加压成型。成型坯件的精度、密度较高，生产效率高 受压制压力、形状复杂程度的限制，不宜压制面积过大、过长、过薄、锥形以及难以脱模的坯件	适用于压制铁基合金、铜基合金、不锈钢、硬质合金等柱形为主的坯件。适合大批量生产
	整形模	将经过烧结的坯件进行模压制作整形，以提高尺寸精度、降低表面粗糙度，增大坯件密度及表面硬度	适用于铁基合金、铜基合金、不锈钢等高精度坯件的生产
	挤压模	将拌有粘结剂、润滑剂的粉末，在筒形腔受压，并通过挤压模的挤出口，挤出所需断面形状的条形坯件	适用于硬质合金麻花钻、焊条、针状件以及粉末高速钢条形坯件的成型
	等静压模	成型方法有两种： (1) 粉末装入塑料或橡胶包套中，由高压液体对包套内的粉末均匀加压成型 (2) 粉末装入塑料或橡胶制的弹性模中，弹性模放在钢模中加压，粉末受均匀压力而成型	方法（1）适用于制造钨、钼、硬质合金、钛合金的大型管棒坯件 方法（2）适用于制造硬质合金小型的球形、锥形坯件

分　类		特　点	用　途
加热压模	热压模	将粉末或预成型坯件放在模具中，模具由传导、自身电阻或感应加热，在低于粉末中主要金属的熔点温度下加压成型，可获致密的制品。常用模具材料有石墨、陶瓷、高镍铬合金及高速钢等	适用于硬质合金、金属陶瓷及金刚石工具等制品的生产
	热模锻模	将粉末预制坯加热，放入锻模中进行无飞边锻造，获得致密的并接近成品形状的制品，锻模常用材料为 3Cr2W8 钢	适用于铁基高强度齿轮、链轮、连杆等结构
	热挤压模	将粉末装入金属包套内，抽真空后封口，包套加热后在模壁有润滑剂的挤压模内挤出成型	适用于粉末高速钢棒条的制造
	热等静压模	将粉末装入金属包套内，抽真空后封口，包套在热等静压机中，在高温高压下成型。载体为氩等惰性气体	制造难熔金属、硬质合金等大型制品
无压成型模	松装烧结模	将粉末装入炉具中振实，模具与粉末一起入炉烧结成为多孔制品，模具可重复使用。模具常用材料有石墨、铸铁、不锈钢和陶瓷	青铜过滤器的生产
	松装成型模	将芯板放在模具型腔下，型腔中装满粉末后刮平，取去模具，芯板连同一层均匀粉末入网带炉烧结，粉末与芯板焊接牢固，经复压达到所需的密度	低负荷摩擦片的大批量生产
	泥浆浇注模	将粉末与加有粘结剂（如糊精）的水调成糊状，注入石膏模内，干燥后脱模成型	高合金、精细陶瓷材料且形状复杂件的成型
	冷冻成型模	将加有水的粉末注入金属模内冷冻成型，将坯件埋入填料中脱水并烧结成制品	高合金及精细陶瓷制品的制造
注射成型模		将超细粉末与塑料搅拌混合后造粒，在注塑温度下用注塑机将混合料注射到模具型腔中成型，制品在填料中缓慢加热而排塑，并烧结成高精度致密制品	铁、镍、不锈钢、硬质合金及精细陶瓷等材料的复杂形状制品的生产

5. 橡胶模

橡胶模是将天然橡胶或者合成橡胶制成橡胶成型件的模具。

橡胶模一般采用结构钢或碳素工具钢。但由于在硫化过程中胶料分离出含硫化物的物质腐蚀型腔表面，以及摩擦磨损等原因，因此大量生产用的模具应采用合金工具钢，淬硬并表面镀硬铬。

根据橡胶成型方法不同，橡胶模有表 1-11 所列几种。

表 1-11 橡 胶 模 分 类

分 类	成型简要过程	特 点
压制模	使用平板硫化机，将橡胶原料填入模具下模，合上上模后加压、加热并保持一定时间硫化成型，称压制成型	(1) 应用较多 (2) 模具简单 (3) 较难成型精度要求高的制件
压注（传递）模	使用平板硫化机，上、下模合模后放入机内，模具上放上加料圈并将橡胶原料放入，再放柱塞，压机对柱塞加压并对模具加热，橡胶原料即通过流道进入模具型腔硫化成型，称压注（传递）成型	(1) 模具较简单 (2) 适用于有较细小孔的制件 (3) 成型精度较高
注射模	用于注射成型，成型方法与塑料注射成型相似，硫化时间短、效率高，是橡胶成型的发展方向	模具与塑料注射模相似，适用于大量生产

6. 玻璃模

使熔融的玻璃原料成型用的模具称为玻璃模。最具代表性、最多使用的是制造瓶类的玻璃模。因为一般瓶口直径比瓶体直径小，所以为了便于脱出制件，模具往往制成铰接对合形式。

成型是将进入模具的熔融的玻璃用压缩空气吹压。为了防止吹压产生的壁厚不均，可采用粗模成型和精模成型两个步骤的工艺。用粗模制成型坯，再用精模将型坯制成成品。

成型方法有人工成型、半自动成型和全自动成型。大量生产几乎都采用全自动制瓶机的全自动成型。

成型过程中，模具与高温的熔融玻璃接触，模具温度也随之升高，因此要考虑模具的热变形。模具材料一般采用结构钢，易磨损部位予以表面硬化处理。

根据成型型坯的方法不同，玻璃模具有：

（1）吹—吹模，即粗、精模均为吹压成型的模具。

（2）压—吹模，指用粗模的柱塞加压成型，用精模的吹压成型。加压成型的型坯壁厚大致均匀，广泛用于制瓶工业。

7. 陶瓷模

电力工业中常使用陶瓷件，要求有一定的绝缘性和力学性能。陶瓷最近发展到用作结构件（如柴油机缸套、缸盖）及刀具等。

陶瓷件是将陶瓷原料（主要成分是黏土、长石和石英）用加压成型的方法制成坯件，干燥、上釉后焙烧而成。加压成型用的模具称为陶瓷模。加压采用的设备有螺旋压力机、摩擦压力机、液压机和专用压力机。

坯件的成型过程是将模具型腔涂上脱模剂，将重量准确的泥料放入下模型腔内，将上模下压至下模板合紧为止，然后开模，顶出坯件。

成型过程中，泥料受压流动，与模具型芯、型腔发生摩擦，因此，模具型芯、型腔零件一般采用碳素工具钢，并淬硬。

第二节 模具的发展趋势

一、模具工业及产品现状

1. 我国模具行业的现状

我国模具行业的生产一直小而散乱，跨行业、投资密集、专业化、商品化和技术管理水平都比较低。现代工业的发展要求各行各业产品更新换代快，对模具的需求量加大。一般模具国内可以自行制造，但很多大型复杂、精密和长寿命的级进模、大型精密塑料模、复杂压铸模和汽车覆盖件模等仍需依靠进口，近年来模具进口量已超过国内生产的商品模具的总销售量。

改革开放 40 年来，我国的模具工业获得了飞速的发展，设计、制造加工能力和水平、产品档次都有了很大的提高。据不完全统计，截至 2014 年全国现有模具生产企业约 8 万家，且以每年 10%～

15%的速度增长，从业人员约200万人，年模具总产值突破1.8万亿元人民币（排名跃升世界第一），并以平均17%的速度增长，高于我国GDP的平均增长值一倍多。

但是，我国模具工业无论是在数量上还是在质量上，与工业发达国家都存在很大差距，满足不了工业高速发展的需要。我国大部分模具企业自产自用，真正作为商品流通的模具仅占1/30；且所产模具基本上以中低档为主，而国内需要的大型、精密、复杂和长寿命的模具还主要依靠进口。目前我国模具工业的技术水平和制造能力，是国民经济建设中的薄弱环节和制约经济持续发展的瓶颈。

2. 模具工业产品的现状

按照中国模具工业协会的划分，我国模具基本分为10大类，其中冲压模和塑料成形模两大类占主要部分。按产值计算，目前我国冲压模占50%左右，塑料成形模约占20%，拉丝模（工具）约占10%，而世界上发达工业国家和地区的塑料成形模比例一般占全部模具产值的40%以上。

我国冲压模大多为简单模、单工序模和复合模等，精冲模、精密级进模还为数不多，模具平均寿命不足100万次，模具最高寿命达到1亿次以上，精度达到$3\sim5\mu m$，有50个以上的级进工位，与国际上最高模具寿命6亿次，平均模具寿命5000万次相比，尚处于20世纪80年代中期国际水平。

我国的塑料成形模具设计、制作技术起步较晚，整体水平还较低。目前单型腔、简单型腔的模具达70%以上，仍占主导地位。一模多腔精密复杂的塑料注射模、多色塑料注射模已经能初步设计和制造。模具平均寿命约为80万次左右，主要差距是模具零件变形大、溢边毛刺大、表面质量差、模具型腔冲蚀和腐蚀严重、模具排气不畅和型腔易损等，注射模精度已达到$5\mu m$以下，最高寿命已突破2000万次，型腔数量已超过100腔，达到了20世纪80年代中期~90年代初期的国际先进水平。

3. 我国模具产品的发展趋势

当前，我国工业生产的特点是产品的品种多、更新快和市场竞争激烈，在这种情况下，用户对模具制造的要求是交货期短，精度高，质量好，价格低。因此，模具工业有以下发展趋势：

（1）模具产品的大型化和精密化。模具产品成型零件大型化，以及由于高效率生产要求的一模多腔，使模具日趋大型化。

（2）多功能复合模具。新型多功能复合模具是在多工位级进模的基础上开发出来的，一套多功能模具除了冲压成型零件外，还可担负转位、叠压、攻螺纹、铆接、锁紧等组装任务，通过多功能模具生产出来的不再是单个零件，而是成批的组件。

（3）新型的热流道模具。塑料模具中采用热流道技术，可以提高生产率和质量，并能大幅度节省原材料和节约能源，所以广泛应用这项技术是塑料模具的一大变革，国外模具已有一半采用热流道技术，有的企业甚至达到80%以上，效果十分明显。

（4）快速经济模具。目前快速经济模具在生产中的比例已达到75%以上，一方面是制品使用周期短和品种更新快，另一方面制品的花样变化频繁，均要求模具的生产周期越短越好。因此，开发快速经济模具越来越引起人们的重视。

二、现代模具制造技术的发展趋势

模具制造技术迅速发展，已成为现代制造技术的重要组成部分，如模具的 CAD/CAM 技术，模具的激光快速成形技术，模具的精密成形技术，模具的超精密加工技术，模具在设计中采用有限元法、边界元法进行流动、冷却、传热过程的动态模拟技术，模具的 CIMS 技术，已在开发的模具 DNM 技术以及数控技术等，几乎覆盖了所有现代制造技术。现代模具制造技术朝着加快信息驱动、提高制造柔性、敏捷化制造及系统化集成的方向发展。

1. 我国现代模具制造技术的应用

现代模具制造技术是以两大技术的应用为标志的，一是数控加工技术，二是计算机应用技术。

（1）数控加工技术。该技术包括数控机械加工技术、数控电加工技术和数控特种加工技术。

1）数控机械加工技术。模具制造中的数控车削技术、数控铣削技术、数控磨削技术等，这些技术正朝着高速切削的方向发展。

2）数控电加工技术，如数控电火花加工技术、数控线切割技术。

3）数控特种加工技术。通常是指利用光能、声能和超声波等来完成加工的技术，如快速原型制造技术等，它们为现代模具制造提供了新的工艺方法和加工途径。

（2）计算机技术：

1）CAD/CAM 技术。用于建模和为数控加工提供 NC 程序。

2）CAE 技术。主要是针对不同的模具类型，以相应的基础理论，通过数值模拟方法达到预测产品成型过程的目的，从而改善模具设计。

3）仿真技术。主要是检测模具数控加工的 NC 程序，减少实际加工过程中的失误。

4）网络技术。通过局域网和广域网实现异地同步通信，达到及时解决问题的目的。

2. 新一代模具 CAD/CAM 软件技术

目前英国、美国、德国等国开发的模具软件，具有新一代模具 CAD/CAM 软件的智能化、集成化、三维化、网络化及模具可制造性评价等特点。

（1）模具软件的智能化。新一代模具软件应建立在从模具设计实践中归纳总结出的大量知识上，这些知识经过了系统化和科学化的整理，以特定的形式存储在工程知识库中并能方便地被调用。在智能化软件的支持下，模具 CAD 不再是对传统设计与计算方法的模仿，而是在先进设计理论的指导下，充分运用本领域专家的丰富知识和成功经验，其设计结果必然具有合理性和先进性。

（2）模具软件功能集成化。新一代模具软件以立体的思想、直观的感觉来设计模具结构，所生成的三维结构信息能方便地用于模具可制造性评价和数控加工，这就要求模具软件在三维参数化特征造型、成形过程模拟、数控加工过程仿真及信息交流和组织与管理方面达到相当完善的程度，并具有较高集成化水平。

模具软件功能的集成化要求软件的功能模块比较齐全，同时各功能模块采用同一数据模型，以实现信息的综合管理与共享，从而支持模具设计、制造、装配、检验、测试及生产管理的全过程，达到最佳效益目的。如英国 Delcam 公司的系列化软件包括了曲面/实体几何造型、复杂形体工程制图、工业设计高级渲染、塑料模设计专家系统、复杂形体 CAM、艺术造型及雕刻自动编程系统、逆向工程系统及复杂形体在线测量系统等。集成化程度较高的软件还包括 Pro/ENGINEER、UG 和 CATIA 等。

（3）模具设计、分析及制造的三维化。传统的二维模具结构设计已越来越不适应现代化生产和集成化技术要求。模具设计、分析、制造的三维化、无纸化要求新一代模具软件以立体的、直观的感觉来设计模具，所采用的三维数字化模型能方便地用于产品结构的 CAE 分析、模具可制造性评价和数控加工、成形过程模拟及信息的管理与共享。如 Pro/ENGINEER、UG 和 CATIA 等软件具备参数化、基于特征、全相关等特点，从而使模具并行工程成为可能。另外，Cimatron 公司的 Moldexpert、Delcam 公司的 Ps-mold 均是 3D 专业注塑模设计软件，可进行交互式 3D 型腔、型芯设计、模架配置及典型结构设计。面向制造、基于知识的智能化功能是衡量模具软件先进性和实用性的重要标志之一。如 Cimatron 公司的注塑模专家软件能根据脱模方向自动产生分型线和分型面，生成与制品相对应的型芯和型腔，实现模架零件的全相关，自动产生材料明细表和供 NC 加工的钻孔表格，并能进行智能化加工参数设定、加工结果校验等。

（4）模具可制造性评价功能。该功能在新一代模具软件中的作用十分重要，既要对多方案进行筛选，又要对模具设计过程中的合理性和经济性进行评估，并为模具设计者提供修改依据。在新一代模具软件中，可制造性评价主要包括模具设计与制造费用的估算、模具可装配性评价、模具零件制造工艺性评价、模具结构及成形性能的评价等。新一代软件还应有面向装配的功能，因为模具的功能只有通过其装配结构才能体现出来。采用面向装配的设计方法后，模具装配不再是逐个零件的简单拼装，其数据结构既能描述模具的功能，又可定义模具零部件之间相互关系的装配特征，实现零部件的关联，因而能有效保证模具的质量。

3. 模具检测、加工设备向精密、高效和多功能方向发展

(1) 现场化的模具检测技术。精密模具的发展，对测量的要求越来越高。精密的三坐标测量机，长期以来受环境的限制，很少在生产现场使用。新一代三坐标测量机基本上都具有温度补偿及采用抗振材料，改善防尘措施，提高环境适应性和使用可靠性，使其能方便地安装在车间使用，以实现测量现场化的特点。

由于模具检测设备的日益精密、高效，精密、复杂、大型模具的发展，对检测设备的要求越来越高。现在精密模具的精度已达 $2\sim3\mu m$，目前国内厂家使用较多的有意大利、美国、日本等国的高精度三坐标测量机，并具有数字化扫描功能。这方面的设备包括：英国雷尼绍公司第二代高速扫描仪（CYCLON SERIES2），可实现激光测头和接触式测头优势互补，激光扫描精度为 0.05mm，接触式测头扫描精度达 0.02mm；德国 GOM 公司的 ATOS 便携式扫描仪，日本罗兰公司的 PIX-30、PIX-4 型台式扫描仪和英国泰勒·霍普森公司的 TALYSCAN150 多传感三维扫描仪分别具有高速化、廉价化和功能复合化等特点。

(2) 高速铣削。铣削加工是型腔模具加工的重要手段，而高速铣削加工不但具有加工速度高以及良好的加工精度和表面质量，而且与传统的切削加工相比具有温升低（加工工件只升高 3℃）、热变形小的特点，因而适合于温度和热变形敏感材料（如铣合金等）加工；还由于切削力小，可适用于薄壁及刚性差的零件加工；合理选用刀具和切削用量，可实现硬材料（60HRC）加工等一系列优点。因而高速铣削加工技术在模具加工中日益受到重视。瑞士米克朗公司 UCP710 型五轴联动加工中心，其机床定位精度可达 $8\mu m$，自制的具有矢量闭环控制电主轴，最大转速为 42000r/min。

高速铣削机床（HSM）一般主要用于大、中型模具加工，如汽车覆盖件模具、压铸模、大型塑料模等曲面加工，其曲面加工精度可达 0.01mm。该技术仍是当前的热门话题，它已向更高的敏捷化、智能化、集成化方向发展，成为第三代制模技术。

(3) 数控电火花加工机床。从国外的电加工机床来看，不论从性能、工艺指标、智能化、自动化程度都已达到了相当高的水平。

目前国外的新动向是进行电火花铣削加工技术（电火花创成加工技术）的研究开发，这是替代传统的用成形电极加工型腔的新技术，它是用高速旋转的简单的管状电极作三维或二维轮廓加工（像数控铣削一样），因此不再需要制造复杂的成形电极。

在数控电火花加工机床上，日本沙迪克公司采用直线电动机伺服驱动的 AQ325L、AQ550LLS-WEDM 具有驱动反应快、传动及定位精度高、热变形小等优点。瑞士夏米尔公司的 NCEDM 具有 P-E3 自适应控制、PCF 能量控制及自动编程专家系统。最近，日本三菱公司推出了 EDSCAN8E 电火花创成加工机床，该机能进行电极损耗自动补偿，在 Windows95 上为该机开发的专用 CAM 系统能与 AutoCAD 等通用的 CAD 联动，并可进行在线精度测量，以保证实现高精度加工。为了确认加工形状有无异常或残缺，CAM 系统还可实现仿真加工。

（4）镜面抛光的模具表面工程技术。模具抛光技术是模具表面工程中的重要组成部分，是模具制造过程中后处理的重要工艺。目前，国内模具抛光至 $Ra0.05\mu m$ 的抛光设备、磨具磨料及工艺，可以基本满足需要，而要抛至 $Ra0.025\mu m$ 的镜面抛光设备、磨具磨料及工艺尚处摸索阶段。随着镜面注塑模具在生产中的大规模应用，模具抛光技术成为模具生产的关键问题。由于国内抛光工艺技术及材料等方面还存在一定问题，所以如傻瓜相机镜头注塑模、CD、VCD 光盘及工具透明度要求高的注塑模仍有很大一部分依赖进口。

4. 先进的快速模具制造技术

与传统模具加工技术相比，快速经济制模技术具有制模周期短、成本较低的特点，精度和寿命又能满足生产需求，是综合经济效益比较显著的模具制造技术。具体有以下一些技术：

（1）快速成形制造技术（RPM）。我国激光快速成形技术（RPM）发展迅速，已达到国际水平，并逐步实现商品化。世界上已经商业化的快速成形工艺主要有 SLA（立体光刻）、LOM（分层分体制造）、SLS（选择性激光烧结）、3D-P（三维印刷）。清华大学最先引进了美国 3D 公司的 SLA250（立体光刻或称光敏树脂激光固化)设备与技术并进行开发研究,经几年努力,多次改进,完善、推出了"M-RPMS型多功能快速成形制造系统"(拥有分层实体制造——SSM、熔融挤压成形——MEM),这是我国自主知识产权的世界唯一拥有两种快速成形工艺的系统(国家专利),具有较好的性能价格比。

(2) 无模多点成形技术。无模多点成形技术是用高度可调的冲头群体代替传统模具进行板材曲面成形的又一先进制造技术,无模多点成形系统以 CAD/CAM/CAT 技术为主要手段,快速经济地实现三维曲面的自动成形。

(3) 浇铸成形制模技术。主要有锌基合金制模技术、树脂复合成形模具技术及硅橡胶制模技术等。

(4) 表面成形制模技术。它是指利用喷涂、电铸和化学腐蚀等新的工艺方法形成型腔表面及精细花纹的一种工艺技术。

(5) 模具毛坯快速制造技术。主要有干砂实形铸造、负压实形铸造、树脂砂实形铸造及失蜡精铸等技术。

5. 模具材料及表面处理技术发展迅速

模具工业要上水平,材料应用是关键。因选材和用材不当,致使模具过早失效,大约占失效模具的 45% 以上。在模具材料方面,常用冷作模具钢有 CrWMn、Cr12、Cr12MoV 和 W6Mo5Cr4V2、火焰淬火钢(如日本的 AUX2、SX105V、7CrSiMnMoV)等;常用新型热作模具钢有美国 H13、瑞典 QR080M、QR090SU-PREME 等;常用塑料模具用钢有预硬钢(如美国 P20)、时效硬化型钢(如美国 P21、日本 NAK55 等)、热处理硬化型钢(如美国 D2、日本 PD613、PD555、瑞典一胜百 136 等)、粉末模具钢(如日本 KAD18 和 KAS440)等;覆盖件拉延模常用 HT300、QT700-3,MTCuMo-175 和 MTCrMoCu-235 合金铸铁等;大型模架用 HT250;多工位精密冲模常采用钢结硬质合金及硬质合金YG20 等。

在模具表面处理方面,主要趋势是:①由渗入单一元素向多元素共渗、复合渗(如 TD 法)发展;②由一般扩散向 CVD、PVD、PCVD 离子渗入、离子注入等方向发展;③可采用的镀膜有 TiC、

TiN、TiCN、TiAIN、CrN、Cr7C3、W2C 等，同时热处理手段由大气热处理向真空热处理发展。

6. 模具工业新工艺、新理念和新模式逐步得到了认同

在成形工艺方面，主要有冲压模具功能复合化、超塑性成形、塑性精密成形技术、塑料模气体辅助注射技术及热流道技术、高压注射成形技术等。另一方面，随着先进制造技术的不断发展和模具行业整体水平的提高，在模具行业出现了一些新的设计、生产、管理理念与模式。具体主要有：①适应模具单件生产特点的柔性制造技术；②精益生产；③提高快速应变能力的并行工程、虚拟制造及全球敏捷制造、网络制造等新的生产哲理；④广泛采用标准件、通用件的分工协作生产模式；⑤适应可持续发展和环保要求的绿色设计与制造等。

在经济全球化的新形势下，随着资本、技术的劳动力市场的重新整合，我国将成为世界装备制造业的基地。而在现代制造业中，无论哪一行业的工程装备，都越来越多地采用由模具工业提供的产品。为了适应用户对模具制造的高精度、短交货期、低成本的要求，模具工业正广泛应用现代先进制造技术来加速模具工业的技术进步，满足各行各业对模具这一基础工艺装备的迫切需要。

第二章

模具钳工常用工具设备

第一节　模具钳工常用设备

一、砂轮机

砂轮机主要用于刃磨錾子、钻头、刮刀、样冲和划针等钳工工具；还可用于车刀、刨刀、刻线刀等形状较简单的刀具刃磨；也可用于打磨铸、锻工件的毛边；或用于材料或零件的表面磨光、磨平、去余量及焊缝磨平。它给模具修理和装配工作带来很大方便。

砂轮机主要由砂轮、电动机、砂轮机座、托架和防护罩等组成，如图2-1所示。为了减少污染，砂轮机最好装有吸尘装置。

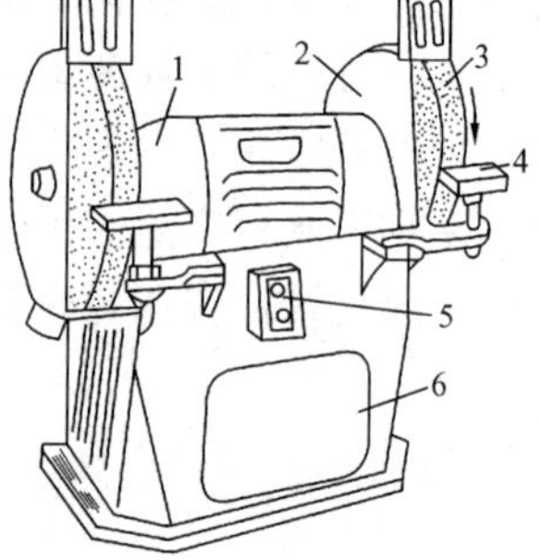

1. 国产砂轮机的分类及简要技术规格

砂轮机的种类较多，常用的有台式砂轮机、落地式砂轮机、手提式砂轮机、软轴式砂轮机和悬挂式砂轮机。表2-1列出了台式砂轮机和手提式砂轮机的主要型号和规格。

图 2-1　电动砂轮机
1—机身；2—防护罩；3—砂轮；
4—托架；5—开关；6—机座

表 2-1　　　台式砂轮机和手提式砂轮机的主要型号和规格

产品名称	型　号	砂轮尺寸（外径×宽×内径，mm×mm×mm）	砂轮转速 n(r/min)	电动机容量 P(kW)
单相台式砂轮机	S_1ST-150	$\phi150\times20\times\phi32$	2800	0.25
单相台式砂轮机	S_1ST-200	$\phi200\times25\times\phi32$	2800	0.5

产品名称	型　号	砂轮尺寸 (外径×宽×内径， mm×mm×mm)	砂轮转速 $n(r/min)$	电动机容量 $P(kW)$
台式砂轮机	$S_3ST-150$	$\phi150×20×\phi32$	2800	0.25
台式砂轮机	$S_3ST-200$	$\phi200×25×\phi32$	2800	0.5
台式砂轮机	$S_3ST-250$	$\phi250×25×\phi32$	2800	0.75
手提式砂轮机	S_3S-100	$\phi100×20×\phi20$	2750	0.5
手提式砂轮机	S_3S-150	$\phi150×20×\phi32$	2750	0.68

2. 砂轮机传动系统

电动砂轮机和手提式电动砂轮机的砂轮安装在电动机轴上，它们的传动方式都是由电动机轴直接带动砂轮旋转的。

电动砂轮机和手提式电动砂轮机的传动表达式为：电动机—砂轮。

3. 主要部件结构

砂轮机的结构比较简单。台式砂轮机主要由机座、电动机、砂轮罩、开关及砂轮等几个部分组成。手提式电动砂轮机一般由电动机、砂轮、砂轮罩、手柄开关、电源线及插头等几个部分组成。

4. 台式砂轮机操作方法

（1）操作步骤：

1）选定一台 M3025 型标准落地式砂轮机，打开砂轮机照明开关。

2）检查砂轮应有安全防护罩，砂轮应无损坏，外圆平整，托架间距合适。

3）人站在砂轮侧面，按启动按钮，待砂轮运转正常，检查砂轮外圆应无跳动。

4）摆正工件或坯料的角度，轻、稳地靠在砂轮外圆上，沿砂轮外圆在全宽上移动，施加的压力不要过大。

5）磨削完毕，关闭电源。

（2）注意事项。由于砂轮的质地较脆，转速较高，如使用不当，容易发生砂轮碎裂造成人身事故，因此使用砂轮机时，应严格遵守安全操作规程。一般应注意以下几点：

1）砂轮的旋转方向要正确（见图 2-1 中箭头所指方向），使磨屑向下方飞离砂轮。

2）砂轮启动后先观察运转情况，待转速正常后再进行磨削。

3）磨削时工作者应站在砂轮的侧面和斜侧面，不要站在砂轮的对面。

4）磨削过程中，不要对砂轮施加过大的压力，防止刀具或工件对砂轮发生激烈的撞击。砂轮应经常用修整器修整，保持砂轮表面的平整。

5）经常调整托架和砂轮间的距离，一般应保持在 3mm 以内，防止磨削件轧入造成事故。

（3）维护保养：

1）砂轮磨损后，直径变小，影响使用时，应及时更换新砂轮。

2）砂轮外圆不圆或母线不直时，应及时用砂轮修整器修整。

3）对砂轮机应定期检查，发现问题应及时修理，并定期加注润滑油。

4）砂轮机工作场地要经常保持整洁。

二、钻床

钻床是钳工最常用的孔加工机床设备之一。钳工常用的钻床有台式钻床（简称台钻）、立式钻床、摇臂钻床三种；此外，随着数控技术的不断发展，数控钻床的应用也越来越广泛。

钻床类、组、系划分见表 2-2。

表 2-2　　　钻床类、组、系划分（摘自 GB/T 15375—2008）

组		系		主　参　数	
代号	名称	代号	名　　称	折算系数	名　　称
0		0			
		1			
		2			
		3			
		4			
		5			
		6			
		7			
		8			
		9			

组		系		主 参 数	
代号	名称	代号	名 称	折算系数	名 称
1	坐标镗钻床	0	台式坐标镗钻床	1/10	工作台面宽度
		1			
		2			
		3	立式坐标镗钻床	1/10	工作台面宽度
		4	转塔坐标镗钻床	1/10	工作台面宽度
		5			
		6	定臂坐标镗钻床	1/10	工作台面宽度
		7			
		8			
		9			
2	深孔钻床	0			
		1	深孔钻床	1/10	最大钻孔直径
		2			
		3			
		4			
		5			
		6			
		7			
		8			
		9			
3	摇臂钻床	0	摇臂钻床	1	最大钻孔直径
		1	万向摇臂钻床	1	最大钻孔直径
		2	车式摇臂钻床	1	最大钻孔直径
		3	滑座摇臂钻床	1	最大钻孔直径
		4	坐标摇臂钻床	1	最大钻孔直径
		5	滑座万向摇臂钻床	1	最大钻孔直径
		6	无底座式万向摇臂钻床	1	最大钻孔直径
		7	移动万向摇臂钻床	1	最大钻孔直径
		8	龙门式钻床	1	最大钻孔直径
		9			

组		系		主 参 数	
代号	名称	代号	名 称	折算系数	名 称
4	台式钻床	0	台式钻床	1	最大钻孔直径
		1	工作台台式钻床	1	最大钻孔直径
		2	可调多轴台式钻床	1	最大钻孔直径
		3	转塔台式钻床	1	最大钻孔直径
		4	台式攻钻床	1	最大钻孔直径
		5			
		6	台式排钻床	1	最大钻孔直径
		7			
		8			
		9			
5	立式钻床	0	圆柱立式钻床	1	最大钻孔直径
		1	方柱立式钻床	1	最大钻孔直径
		2	可调多轴立式钻床	1	最大钻孔直径
		3	转塔立式钻床	1	最大钻孔直径
		4	圆方柱立式钻床	1	最大钻孔直径
		5	龙门型立式钻床	1	最大钻孔直径
		6	立式排钻床	1	最大钻孔直径
		7	十字工作台立式钻床	1	最大钻孔直径
		8	柱动式钻削加工中心	1	最大钻孔直径
		9	升降十字工作台立式钻床	1	最大钻孔直径
6	卧式钻床	0			
		1			
		2	卧式钻床	1	最大钻孔直径
		3			
		4			
		5			
		6			
		7			
		8			
		9			

组		系		主　参　数	
代号	名称	代号	名　　称	折算系数	名　　称
7	铣钻床	0	台式铣钻床	1	最大钻孔直径
		1	立式铣钻床	1	最大钻孔直径
		2			
		3			
		4	龙门式铣钻床	1	最大钻孔直径
		5	十字工作台立式铣钻床	1	最大钻孔直径
		6	镗铣钻床	1	最大钻孔直径
		7	磨铣钻床	1	最大钻孔直径
		8			
		9			
8	中心孔钻床	0			
		1	中心孔钻床	1/10	最大工件直径
		2	平端面中心孔钻床	1/10	最大工件直径
		3			
		4			
		5			
		6			
		7			
		8			
		9			
9	其他钻床	0	双面卧式玻璃钻床	1	最大钻孔直径
		1	数控印制板钻床	1	最大钻孔直径
		2	数控印制板铣钻床	1	最大钻孔直径
		3			
		4			
		5			
		6			
		7			
		8			
		9			

（一）台式钻床

台钻的主要特点是结构简单、体积小、操作方便灵活，常用作小型零件上钻、扩 $\phi16mm$ 以下的小孔。

1. 台式钻床组成部分

台钻的外形结构如图 2-2（a）所示，这种台钻灵活性较大，可适应各种情况钻孔的需要。它的电动机 6 通过五级 V 带可使主轴得到 5 种转速。其头架本体 5 可在立柱 10 上上下移动，并可绕立柱中心转移到任何位置，将其调整到适当位置后用手柄 7 锁紧。9 是保险环。如果头架要放低一点，可把保险环放到适当位置，再扳螺母 8 把它锁紧，然后略放松锁紧手柄 7，靠头架自重落到保险环上，再把锁紧手柄 7 扳紧。工作台 3 也可在立柱上上下移动，并可绕立柱转动到任意位置。11 是工作台锁紧手柄。当松开锁紧螺钉 2 时，工作台在垂直平面内还可左右倾斜 45°。

工件较小时，可放在工作台上钻孔；工件较大时，可把工作台转开，直接放在钻床底座面 1 上钻孔。这类钻床的最低转速较高，往往在 400r/min 以上，不适于锪孔和铰孔。

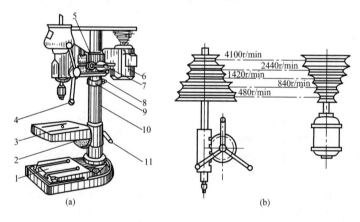

（a）　　　　　　　　　　（b）

图 2-2　台式钻床

（a）外形结构；（b）传动系统

1—底座；2—锁紧螺钉；3—工作台；4—进给手柄；5—头架本体；6—电动机；

7—锁紧手柄；8—螺母；9—保险环；10—立柱；11—工作台锁紧手柄

2. 台式钻床型号与技术参数

台式钻床的型号与技术参数见表 2-3。

表 2-3　台式钻床型号与技术参数

技 术 参 数	型号				
	Z4002A	Z4006C	Z4012	Z4015	Z4116-A
最大钻孔直径（mm）	2	6	12	15	16
主轴行程（mm）	25	65	100	100	125
主轴孔莫氏锥度号	2		1	2	2
主轴端面至底座距离（mm）	20~120	90~215	30~430	30~430	560
主轴中心线至立柱表面距离（mm）	80	152	190	190	240
主轴转速范围（r/min）	3000~8700	2300~11 400	480~2800	480~2800	335~3150
主轴转速级数	3	4	4	4	5
主轴箱升降方式	手托	丝杆升降	蜗轮蜗杆	蜗轮蜗杆	
主轴箱绕立柱回转角（°）	±180	±180	0	0	±180
主轴进给方式	手动	手动	手动	手动	手动
电动机功率（kW）	0.09	0.37	0.55	0.55	0.55
工作台尺寸（mm）	110×100	200×200	295×295	295×295	300×300
机床外形尺寸（长×宽×高，mm×mm×mm）	320×140×370	545×272×730	790×365×800	790×365×850	780×415×1300

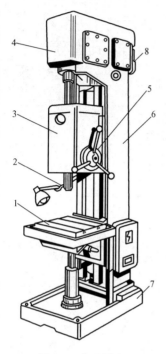

图 2-3　立式钻床

1—工作台；2—主轴；3—进给
变速箱；4—主轴变速箱；5—手
柄；6—立柱床身；7—底座；
8—电动机

(二) 立式钻床

立式钻床可钻削直径 $\phi25mm\sim$ $\phi50mm$ 各种孔，还可适应锪孔、铰孔、攻螺纹等加工。

立式钻床如图 2-3 所示，它由底座 7、立柱床身 6、主轴变速箱 4、电动机 8、主轴 2、进给变速箱 3 和工作台 1 等主要部件组成。

立式钻床的立柱床身 6 固定在底座上，主轴变速箱 4 就固定在箱形立柱床身 6 的顶部。进给变速箱 3 装在床身 6 的导轨面上。床身内装有平衡用的链条，绕过滑轮与主轴套筒相连，以平衡主轴的重量。工作台 1 装在床身导轨的下方，旋转手柄，工作台可沿床身导轨上下移动。在钻削大工件时，工作台还可以全部拆掉，将工件直接固定在底座 7 上。这种钻床的进给变速箱 3 也可在床身导轨上移动，以适应特殊工件的需要。不过，无论是拆工作台或是移动很重的进给变速箱都非常麻烦，所以在钻削较大工件时就不适用了。

Z5125 型立式钻床的外形如图 2-4（a）所示。

1. Z5125 型立式钻床的主要技术参数

最大钻削直径	$\phi25mm$
主轴锥孔	Morse　No3
主轴最大行程	175mm
进给箱行程	200mm
主电动机功率	2.8kW　　1420r/min
主轴转速（9 级）	97～1360r/min
主轴进给量（9 级）	0.1～0.81mm/r

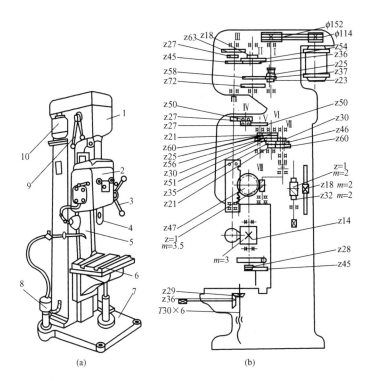

图 2-4　Z5125 型立式钻床

（a）外形；（b）传动系统

1—主轴变速箱；2—进给箱；3—进给手柄；4—主轴；5—立柱；
6—工作台；7—底座；8—冷却系统；9—变速手柄；10—电动机

冷却泵电动机功率及流量　　　　　0.125kW　　22L/min

2. Z5125 型立式钻床的传动系统

Z5125 型立式钻床传动系统如图 2-4（b）所示。

（1）主运动。电动机经过一对 V 带轮（ϕ114mm 及 ϕ152mm），将运动传给 I 轴。轴 I 上的三联滑移齿轮将运动传给 II 轴，使 II 轴获得 3 种速度。II 轴三联滑移齿轮将运动传给 III 轴，使 III 轴获得 9 种速度。轴 III 是带内花键的空心轴，主轴上部的花键与其相配合，使主轴也有 9 种不同的转速。主运动传动链的结构式是

$$\text{电动机} - \frac{114}{152} - \text{I} \left\{ \begin{array}{c} \dfrac{25}{54} \\ \dfrac{37}{58} \\ \dfrac{23}{72} \end{array} \right. \text{II} \left\{ \begin{array}{c} \dfrac{18}{63} \\ \dfrac{54}{27} \\ \dfrac{36}{45} \end{array} \right. \text{主轴 III}$$

其主轴转速的传动方程式为

$$n_{主轴} = n_M (d_1/d_2) \mu_变$$

式中　　$n_{主轴}$——主轴转速（r/min）；

n_M——电动机转速（r/min）；

d_1——电动机 V 带轮直径（mm）；

d_2——从动轴（I 轴）V 带轮直径（mm）；

$\mu_变$——主轴变速箱的传动比。

根据传动链结构式和方程式，可求出主轴最高和最低转速为

$$\begin{aligned} n_{max} &= n_M (d_1/d_2) \mu_变 \\ &= 1420 \times 114/152 \times 37/58 \times 54/27 \\ &\approx 1360 \text{（r/min）} \end{aligned}$$

$$\begin{aligned} n_{min} &= n_M (d_1/d_2) \mu_变 \\ &= 1420 \times 114/152 \times 23/72 \times 18/63 \\ &\approx 97 \text{（r/min）} \end{aligned}$$

因带轮传动不能保证较为精确的传动比，故主轴实际的转速会比计算得出的要低一些。

（2）进给运动。钻床有手动进给和机动进给两种。手动进给是靠手自动控制的，机动进给是靠钻床进给箱内的传动系统控制的。

主轴经 z27 传递给进给箱内的轴IV，轴IV经空套齿轮将运动传给 V 轴。轴 V 为空心轴，轴上三个空套齿轮内装有拉键，通过改变两个拉键与三个空套齿轮键槽的相对位置，可使VI轴得到三种不同的转速。轴VI上有 5 个固定齿轮，通过改变轴VII上三个空套齿轮键槽与拉键的相对位置，轴VII可得到 9 种转速，再经轴VII上钢球安全离合器，使蜗杆（z1）带动蜗轮（z47）旋转，最后通过与蜗轮的小齿轮（z14）将运动传递给主轴组件的齿条，从而使旋转运动变为主轴轴向移动的进给运动。

进给运动传动链的结构式为

$$\text{主轴 III} - \frac{27}{50} - \text{IV} - \frac{27}{50} - \text{V} \left\{ \begin{matrix} \dfrac{21}{60} \\[4pt] \dfrac{25}{56} \\[4pt] \dfrac{30}{51} \end{matrix} \right\} \text{VI} \left\{ \begin{matrix} \dfrac{51}{30} \\[4pt] \dfrac{35}{46} \\[4pt] \dfrac{21}{60} \end{matrix} \right\} \text{VII} - \frac{1}{47} - \text{VIII} - 14$$

$$- \text{齿条} (m = 3)$$

根据传动链结构式可列出计算进给量时的传动链方程式为

$$f = 1 \times 27/50 \times 27/50 \times \mu_{\text{进给}} \times 1/47 \times \pi m \times 14$$

式中　f——主轴进给量（mm/r）；

$\mu_{\text{进给}}$——进给箱总传动比；

m——Z14 和齿条的模数，$m = 3$。

（3）辅助进给：

1）进给箱的升降移动：摇动手柄使蜗杆带动蜗轮转动，再通过与蜗轮同轴的齿轮与固定在立柱上的齿条啮合，来带动进给箱升降移动。

2）工作台升降移动：摇动工作台升降手柄，使 z29 的锥齿轮带动 z36 的锥齿轮，再通过与 z36 的锥齿轮同轴的丝杆旋转，使工作台升降移动。

3. 立式钻床型号、技术参数

立式钻床型号、技术参数与联系尺寸见表 2-4 和表 2-5。

（三）摇臂钻床

摇臂钻床主要适用于各种笨重的大型工件或多孔工件上的钻削加工工作，也适用于加工中、小型零件。如图 2-5 所示，它主要是靠移动钻轴去对准工件上的孔中心来钻孔的。由于主轴变速箱 4 能在摇臂 5 上作大范围的移动，而摇臂又能回转 360°角，故其钻削范围较大。

当工件不太大时，可压紧在工作台 2 上加工；如果工作台放不下，可把工作台吊走，再把工件直接放在底座 1 上加工。根据工件高度的不同，摇臂 5 可用电动涨闸锁紧在立柱 3 上，主轴变速箱 4 也可用电动锁紧装置固定在摇臂 5 上。这样在加工时主轴的位置就不会走动，刀具也不会产生振动。

表 2-4

立式钻床型号与技术参数

技 术 参 数	型号					
	Z5125A	Z5132A	Z5140A	Z5150A	Z5163A	ZQ5180A
最大钻孔直径 (mm)	25	32	40	50	63	80
主轴中心线至导轨面距离 (mm)	280	280	335	350	375	375
主轴端面至工作台距离 (mm)	710	710	750	750	800	800
主轴行程 (mm)	200	200	250	250	315	315
主轴箱行程 (mm)	200	200	200	200	200	200
主轴转速范围 (r/min)	50~2000	50~2000	31.5~1400	31.5~1400	22.4~1000	22.4~1000
主轴转速级数	9	9	12	12	12	12
进给量范围 (mm/r)	0.056~1.8	0.056~1.8	0.056~1.8	0.056~1.8	0.063~1.2	0.063~1.2
进给量级数	9	9	9	9	8	8
主轴孔莫氏锥度号	3	3	4	4	5	5
主轴最大进给抗力 (N)	9000	9000	16 000	16 000	30 000	30 000
主轴最大转矩 (N·m)	160	160	350	350	800	800
主电动机功率 (kW)	2.2	2.2	3	3	5.5	5.5
总功率 (kW)	2.3	2.3	3.1	3.1	5.75	5.75
工作台行程 (mm)	310	310	300	300	300	300
工作台尺寸 (mm×mm)	550×400	550×400	560×480	560×480	650×550	650×550
机床外形尺寸（长×宽×高，mm×mm×mm）	980×807×2302	980×807×2302	1090×905×2530	1090×905×2530	1300×980×2790	1300×980×2790

表 2-5　　　　　　立式钻床联系尺寸

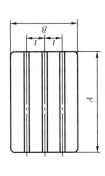

机床联系尺寸（mm）	型　　　号						
	Z5125A	Z5132A	Z5140A	Z5150A	Z5163	ZQ5180A
工作台尺寸（$A \times B$）	550×400	550×400	560×480	560×480	650×550	650×550
T形槽数	3	3	3	3	3	3
t	100	100	150	150	150	150
a	14	14	18	18	22	22
b	24	24	30	30	36	36
c	11	11	14	14	16	16
h	26	26	30	30	36	36

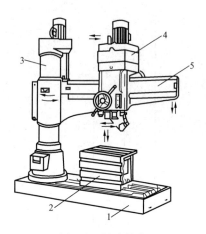

图 2-5　摇臂钻床
1—底座；2—工作台；3—立柱；4—主轴变速箱；5—摇臂

　　摇臂钻床的主轴转速和进给量范围很广，适用于钻孔、扩孔、锪平面、锪柱坑、锪锥坑、铰孔、镗孔、环切大圆孔和攻丝等各种工作。

　　以下以 Z3040 型摇臂钻床为例说明摇臂钻床的技术参数及操作。

　　Z3040 型摇臂钻床是以移动钻床主轴来找正工件的，其操作方便灵活。主要适用于较大型、中型与多孔工件的单件、小批或中等批量的孔加工。它的主轴箱有很大的移动范围，其摇臂可绕立柱作360°回转，并可作上下运动。

　　1. Z3040 型摇臂钻床的主要技术参数

最大钻孔直径	40mm
主轴锥孔锥度	Morse　No4
主轴最大行程	315mm
主轴箱水平移动距离	900mm
摇臂升降距离	600mm
摇臂升降速度	1.2m/min
主轴回转	360°
主轴转速	25～2000r/min
主轴进给量	0.04～3.2min/r
主电动机功率	3kW

2. 摇臂钻床的操纵

摇臂钻床的操纵如图 2-6 所示。

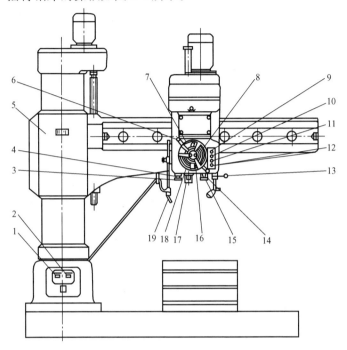

图 2-6　摇臂钻床操纵图
1、2—电源开关；3、4—预选旋钮；5—摇臂；6、7、8、13、14—手柄；
9、10、11、12、16、18—按钮；15—手轮；17—主轴；19—冷却液管

　　在开动钻床前先将电源开关 2 接通，然后进行操纵，其操纵有以下几个部分：

　　（1）主轴起动操纵：如图 2-7 所示，按下按钮 9，再将手柄 13 转至正转或反转位置，则可进行此项操纵。

　　（2）主轴空挡转动操纵：如图 2-7 所示，将手柄 13 转至空挡位置，此时主轴就处于空挡位置了，这时就可自由地用手转动主轴了。

　　（3）主轴及进给运动变速操纵：转动图 2-6 中预选旋钮 3 少许，使所需的转速或进给量数值对准上部的箭头，然后按图 2-7 所示的手柄 13 向下压至变速位置，待主轴开始旋转时就可松开手柄，这时手柄 13 可自动复位，主轴转速和进给量变换完成。

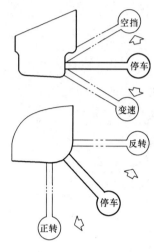

图 2-7　手柄 13 操纵位置

（4）主轴进给操纵：其形式有手动、机动、微量和定程进给。将手柄 14 向下压至极限位置，再将手柄 6 向下拉出，便可作机动进给了；将手柄 14 向上抬至水平位置，再把手柄 6 向外拉出，转动手轮 15 则可实现微量进给；先将手柄 7 拉出，再转动手柄 8 至图 2-8（a）所示位置，这时刻度盘上的蜗轮与蜗杆脱离，转动刻度至所需要的背吃刀量值与箱体上副尺零线大致相对，再转动手柄 8 至图 2-8（b）所示位置，这时就使蜗轮与蜗杆啮合，以进行微量调节，直至与零位刻线对齐，推动手柄 7 接通机动进给。当切至所需深度后，手柄 14 自动抬起，断开机动进给，实现定程进给运动。

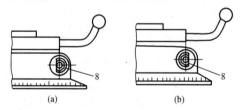

图 2-8　定程进给操纵位置

（5）其他操纵：包括主轴箱、立柱的夹紧与松开以及摇臂的升降操纵等。

1）按下按钮 18，如按钮指示灯亮，则已夹紧；如不亮，则未夹紧；如果按下按钮 16，按钮 18 的指示灯不亮，但按钮 16 的指示灯亮，则主轴箱和立杆已经松开了。

2）按下按钮 11，摇臂向上运动，按下按钮 12，摇臂向下运动，只要松开按钮 11，运动便会停止。

3. 摇臂钻床型号、技术参数

摇臂钻床型号、技术参数与联系尺寸见表 2-6 和表 2-7。

表 2-6 摇臂钻床型号与技术参数

技术参数	型号					
	Z3025B×10	Z3132	Z3035B	Z3040×16	Z3063×20	Z3080×25
最大钻孔直径 (mm)	25	32	35	40	63	80
主轴中心线至立柱表面距离 (mm)	300~1000	360~700	350~1300	350~1600	450~2000	500~2500
主轴端面至底座面距离 (mm)	250~1000	110~710	350~1250	350~1250	400~1600	550~2000
主轴行程 (mm)	250	160	300	315	400	450
主轴孔莫氏锥度号	3	4	4	4	5	6
主轴转速范围 (r/min)	50~2350	63~1000	50~2240	25~2000	20~1600	16~1250
主轴转速级数	12	8	12	16	16	16
进给量范围 (mm/r)	0.13~0.56	0.08~2.00	0.06~1.10	0.04~3.2	0.04~3.2	0.04~3.2
进给量级数	4	3	6	16	16	16
主轴最大转矩 (N·m)	200	120	375	400	1000	1600
最大进给抗力 (N)	8000	5000	12 500	16 000	25 000	35 000
摇臂升降距离 (mm)	500	600	600	600	800	1000
摇臂升降速度 (m/min)	1.3	—	1.27	1.2	1.0	1.0
主电动机功率 (kW)	1.3	1.5	2.1	3	5.5	7.5
总装机容量 (kW)	2.3	—	3.35	5.2	8.55	10.85
摇臂回转角度 (°)	±180	±180	360	360	360	360
主轴箱水平移动距离 (mm)	700	—	850	1250	1550	2000
主轴箱在水平面回转角度 (°)	—	±180	—	—	—	—

注 Z3132 为万向摇臂钻床。

表 2-7

摇臂钻床联系尺寸

图 例

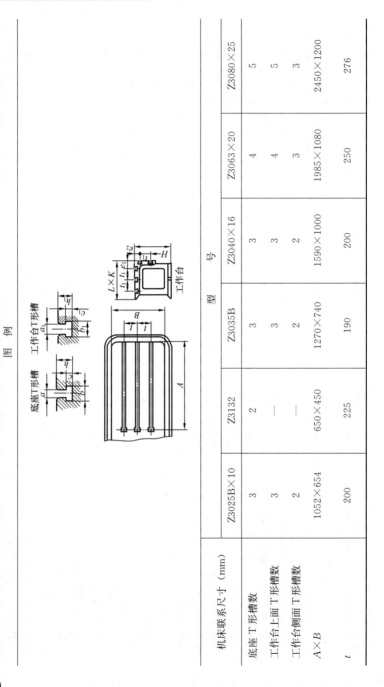

底座 T 形槽　　工作台 T 形槽

机床联系尺寸（mm）	型 号						
	Z3025B×10	Z3132	Z3035B	Z3040×16	Z3063×20	Z3080×25
底座 T 形槽数	3	2	3	3	4	5
工作台上面 T 形槽数	3	—	3	3	4	5
工作台侧面 T 形槽数	2	—	2	2	3	3
A×B	1052×654	650×450	1270×740	1590×1000	1985×1080	2450×1200
t	200	225	190	200	250	276

续表

机床联系尺寸 (mm)	型号 Z3025B×10	Z3132	Z3035B	Z3040×16	Z3063×20	Z3080×25
a	22	14	24	28	28	28
b	36	24	42	46	50	46
c	16	11	20	20	24	20
h	36	23	45	45	54	48
$L×K×H$	450×450×450	—	500×600×500	500×630×500	630×800×500	800×1000×560
t_1	150	—	150	150	150	150
e_1	75	—	100	100	90	175
e_2	75	—	75	100	105	115
a_1	18	—	24	22	22	22
b_1	30	—	42	36	36	36
c_1	14	—	20	16	16	16
h_1	32	—	41	36	36	36
机床外形尺寸 (长×宽×高)	1730×800 ×2055	1610×710 ×2080	2160×900 ×2570	2490×1035 ×2645	3080×1250 ×3205	3730×1400 ×3825

表 2-8　数控钻床与十字工作台钻床型号和技术参数

技　术　参　数	型　　号			
	Z5725	ZX5725	Z5740	ZKJ5440
最大钻孔直径 (mm)	25	25	40	40
主轴最大抗力 (N)	9000	9000	16 000	16 000
主轴最大转矩 (N·m)	160	160	350	400
主轴莫氏锥度号	3	3	4	4
主轴中心线至导轨面距离 (mm)	280	280	335	300
主轴端面至工作台面距离 (mm)	590	545	660	0～590
主轴行程 (mm)	200	200	250	225
主轴箱行程 (mm)	200	210	200	200
主轴转速范围 (r/min)	50～2000	50～2000	31.5～1400	68～1100
主轴转速级数	9	9	12	9
进给量范围 (mm/r)	0.056～1.8	0.056～1.8	0.056～1.8	0.002 7～7.0
进给量级数	9	9	9	126
工作台行程: 纵向 x (mm)	400	400	500	300
横向 y (mm)	240	265	300	290
垂直 z (mm)	300	300	380	
工作台尺寸 (mm)	750×300	700×300	850×350	335×670
主电动机功率 (kW)	2.2	2.2	3.0	4
机床外形尺寸 (长×宽×高, mm×mm×mm)	1138×1010×2302	1220×1085×2315	1295×1130×2530	1280×1030×2585

（四）数控钻床

数控钻床是高度自动化的数控操作机床。数控钻床能自动地进行钻孔加工，用于以钻为主要工序的零件加工。这类机床大多用点位控制，同时沿两轴或三个轴移动，以减少定位时间。有些机床也采用直线控制，以方便进行平行于机床轴线的钻削加工。

钻削中心是一种可以进行钻孔、扩孔、铰孔、攻螺纹及连续轮廓控制铣削的数控机床，用于电器及机械行业中小型零件的加工。

数控钻床与十字工作台钻床型号和技术参数见表 2-8。

三、剪板机

剪板机的形式较多，一般可分为直刀剪板机和圆盘刀剪板机两大类。直刀剪板机又分为龙门剪板机和喉口剪板机；圆盘刀剪板机又可分为圆盘剪板机、滚剪机、多圆盘剪板机、旋转式修边剪板机等几种。

1. 直刀剪板机

（1）龙门剪板机是冲压车间应用最多的直刀剪板机。它只能剪切长度（或宽度）比刀片长度短的板材。龙门剪板机刀片的倾斜角小，刚性大，压板力大，每分钟行程次数多，能进行精密剪切。

（2）喉口剪板机由于机架有喉口，所以当剪切宽度小于喉口深度时，采用纵向剪切可以剪切任何长度的板材。

直刀剪板机的技术规格见表 2-9。

2. 圆盘刀剪板机

（1）圆盘剪板机是用两个圆盘状旋转刀专门进行板材圆形剪切的剪板机。这种剪板机装备有使板材在加工中容易转动的附件，主要用于制造小批量生产用的圆形坯料，可剪板厚度一般为 1～6mm。

（2）滚剪机是使用两个圆盘状旋转刀，按划线进行一般曲线剪切的剪切机，用于制备小批量的异形坯料和一般曲线剪切。如果安装回转附件，也可进行圆形坯料剪切。可剪切材料厚度一般为 1～6mm。

（3）多圆盘剪板机是在两个平行布置的刀轴上，按条料宽度安装若干个圆盘形旋转刀，通过圆盘刀的旋转把宽幅板材剪切成若干所需宽度的条料。

表 2-9 直刀剪板机的技术规格

可剪板厚① (mm)	可剪板宽① (mm)	喉口深度(mm)		剪切角度② (°)	行程次数(≥)(次/min)	
		标准型	加大型		机械传动空载	液压传动满载
1	1000			1°	100	
2.5	1200			1°	70	
	2000				60	
4	2000				60	
	2500			1°30′	60	
	3200				50	
6	2000				50	
	2500				50	
	3200			1°30′	45	
	4000	300				15
	6300	300				14
10	2500			2°	45	
	4000	300				13
12	2000				40	
	2500				40	
	3200		600	2°		
	4000	300				9
	6300					8
16	2500	300		2°30′		8
	4000					
20	2500					6
	3200	300	600	2°30′		5
	4000					

可剪板厚[1] （mm）	可剪板宽[1] （mm）	喉口深度（mm）		剪切角度[2] （°）	行程次数（≥）（次/min）	
		标准型	加大型		机械传动空载	液压传动满载
25	2500	300		3°		5
	4000					
	6300					4
32	2500	300		3°30′		4
	4000					3
40	2500	300		4°		3
	4000					

① 表中规格系指剪切 σ_b＝500MPa 的板料；σ_b 值不同时，应予换算。

② 对于剪切角度可调的剪板机，表中所列为额定剪切角度。

（4）剪切冲型机也称振动剪，它是由上下配置的两个短刀，一刀固定，另一刀作高速短行程运动，连续对薄板进行直线和曲线剪切。如增加行程和闭合高度调整机构，换上相应的模具，还可进行折边、冲槽、压筋、切口、成形、翻边和仿形冲裁等加工。剪切冲型机的技术规格见表 2-10。

表 2-10　　　　　　剪切冲型机的技术规格

参 数 \ 规 格		2.5	4	5	6.3	8	10	12
板料厚度	剪切（mm）	2.5	4	5	6.3	8	10	12
	冲型（mm）		1.5	2	4	4	6	
	折边（mm）		3	3.5	3.5	4	5	5
	冲槽（mm）			3	3	4	4.5	9
	切口（mm）			3	3	3		5
	压型（mm）			3	3	4		9
	压肋（mm）			2.5	2.5	3.5		3
	翻边（mm）			3.5	3.5	4	5	5
喉口深度（mm）		870	1050	1050	1260	1210	1040	
剪切速度（m/min）				5	5	5	6	

规格 参数	2.5	4	5	6.3	8	10	12
行程次数(次/min)	1420	850/1200	1400/2800	2000/1000	2000/1000/500	1800/900/700	
行程长度(mm)	5.6	7	1.7 3.5	1.7 6	1.5 6.2	10	
功率(kW)	1	2.8	1.5	1.9 1.8	2.7 2.3	4.2 3.4	

注 表中规格系指剪切 $\sigma_b = 400\text{MPa}$ 的板料;σ_b 值不同,应予换算。

四、带锯机

带锯机有立式带锯机、卧式带锯机、万能带锯机等几种形式。

1. 立式带锯机

立式带锯机有两个或三个锯带传动轮,水平工作台在两轮之间。工作台可以是固定式,也可是移动式或可倾斜式。倾斜角度一般左倾10°,右倾30°~50°。这样便于安装各种形状的工件,适用范围广,可切割直线,曲线的内、外轮廓,也可切槽、开缝或切断下料。

2. 卧式带锯机

卧式带锯机采用凸轮控制,液压进给恒定,液压张紧锯带,锯削速度可无级调整。锯带断裂能自动停车,自动送料系统可用单程或多程。锯带厚度薄、锯缝小、节省材料、耗能低、工作效率高、平稳可靠,适用于棒料类工件的加工。

3. 万能带锯机

万能带锯机一般全部采用液压传动,与一般立式带锯机的区别是:工件在工作台的虎钳中固定不动,立柱可以倾斜,在45°范围内切割任意斜面。输送机包括手动测量斜面或遥控自动测量斜面并与工作台自动卸载联合一起进行,由标准排屑输送带自动排屑。

五、研磨、珩磨工具设备

(一)研磨机床与研具

1. 研磨机床

研磨机床可分为双盘研磨机、外圆研磨机及立式内、外圆研磨机等几种类型。其技术参数及加工精度分别见表2-11~表2-13。

表2-11　双盘研磨机

型　号	研磨盘直径 d(mm)	技　术　参　数					加　工　精　度		电动机总功率 P(kW)
		研磨工件最大尺寸 直径×长度 (mm×mm)	研磨盘尺寸 外径×内径 (mm×mm)	研磨盘转速 n(r/min) 上　盘	研磨盘转速 n(r/min) 下　盘		圆柱度误差 平行度误差 (mm)	表面粗糙度值 Ra(μm)	
M4340	440	80×50	400×240	71	72		0.002 0.002	0.2~0.05	3.525
MB4363B	630	160×100	630×305	49,61,120	22,44,55,110		0.001~0.002 0.001~0.002	0.2~0.05	7.5
MB43100	1000	275×100	1000×450	25,50,40,80	25,50,42,80		0.002 0.002	0.4	13.21

表2-12　外圆研磨机

型　号	最大研磨 (直径×长度, mm×mm)	技　术　参　数					加工精度 表面粗糙度值 Ra(μm)	电动机总功率 P(kW)
		加工范围 直径 d(mm)	加工范围 长度 L(mm)	主轴中心离地面高度 h(mm)	主轴转速 级　数	主轴转速 转　速 n(r/min)		
M4515	15×80	4~15	80	900	6	270, 576 603, 1060 1276, 2436	0.05	0.6

表 2-13　　立式内、外圆研磨机

型号	最大研磨(直径×长度, mm×mm)	技术参数						加工精度		电动机总功率 P (kW)
		主轴			工作台			圆度误差圆柱度误差 (mm)	表面粗糙度值 Ra (μm)	
		往复行程 (mm)	转速 n (r/min)	往复速度 v	快速行程 (mm)	慢速行程 (mm)	工进慢速度 v (mm/min)			
SS2-002	10×50	0~50	370~990	80~180 (次/min)	130~180	0~50	8	0.001	0.05	2.3
MA45150	150×370	370	32; 52	5~24 m/min				0.001 0.0015	0.05	7
MA45150/3	150×370	370	20; 33	5~24 m/min				0.001 0.0015	0.05	7

2. 研具

研具是研磨剂的载体，用以涂敷和镶嵌磨料，使游离磨粒嵌入研具发挥切削作用，同时又是研磨成形的工具，它可把本身的几何形状精度按一定的方式传递到工件上。研具通常有平面研具、外圆柱面研具、内圆柱面研具三种。

（1）平面研具。平面研具有研磨平板与研磨圆盘两种。研磨平板多制成正方形，常用的尺寸有 200mm×200mm、300mm×300mm、400mm×400mm 等规格。研磨圆盘为机研研具，其工作的环形宽度视工件及研磨轨迹而定。湿研平板分开槽与不开槽两种。所开槽常为 60°V 形槽（如图 2-9），槽宽 b 和槽深 h 为 1～5mm，两槽距离 $B=15～20$mm。图 2-10 所示为研磨圆盘常开的沟槽形式。当要求工件表面粗糙度较低时，研具可不开槽。

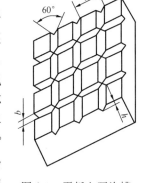

图 2-9 平板上开沟槽

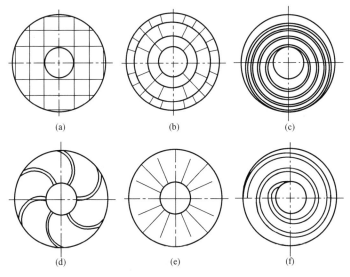

图 2-10 研磨圆盘常开的沟槽形式
（a）直角交叉型；（b）圆环射线型；（c）偏心圆环型；
（d）螺旋射线型；（e）径向射线型；（f）阿基米德螺旋线型

（2）外圆柱面研具。外圆柱面研具的结构形式如图 2-11 所示。小直径研具一般为整体式，直径较大时，孔内加研磨套，常用开口研磨套［图 2-13（a）］。对于高精度外圆柱面研磨，可用三点式研磨套［图 2-11（b）］。图 2-11（c）、（d）除开口外还开有两个槽，使研磨套具有一定弹性。研磨套尺寸见表 2-14。

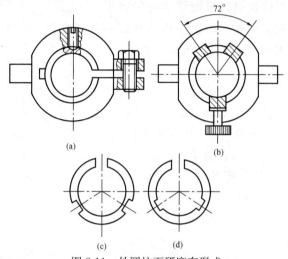

图 2-11 外圆柱面研磨套形式
(a) 开口式；(b) 三点式；(c)、(d) 开口带开槽式

表 2-14　　　　　　　研磨套尺寸

参　数	尺　　寸	注　意　事　项
内径 d_i（mm）	$d_i = D_w + 0.02 \sim 0.04$ D_w——工件外径	与工件保持适当间隙
外径 d_c（mm）	$d_c = d_i + 2(5 \sim 10)$	壁厚过厚，弹性变形困难；太薄，强度低，刚性差，变形不易控制
槽数 n	3 槽均布，其中一条为径向通槽	随直径增大槽数可按比例增加
槽宽 b（mm）	$b = 1 \sim 5$	与研磨套的直径有关，直径大则 b 取大值
槽深 h（mm）	$h < b$	影响套的弹性变形，与研磨套的厚度有关
长度 l（mm）	$l = \left(\dfrac{1}{4} \sim \dfrac{3}{4}\right) l_m$ 或 $= \left(1 \sim 2\dfrac{1}{2}\right) d_i$ l_m——被研表面长度	过长影响轴向移动距离；过短导向作用差，两端磨损快

注　粗研与精研用研磨套不能混合使用。

（3）内圆柱面研具。内圆柱面研具又称研磨心棒，分为可调式和不可调式，如图 2-12 所示。心棒锥度和研磨套锥度的配合锥度为 1：20～1：50，锥套外径比工件小 0.01～0.02mm，大端壁厚为 $(0.125～0.8)d_w$（d_w 为工件被研孔径），研具长度 $L \geqslant (0.7～0.5)L_m$（L_m 为工件被研表面长度），对于大而长的工件取小值。有开槽和不开槽两种形式。开槽心棒多用于粗研磨，槽可分为直槽、螺旋槽和交叉槽等（图 2-13）。其中螺旋槽的槽距 18mm，槽数 2～

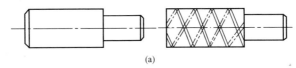

(a)

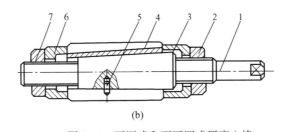

(b)

图 2-12　可调式和不可调式研磨心棒
(a)不可调；(b)可调
1—心棒；2、7—螺母；3、6—套；4—研磨套；5—销

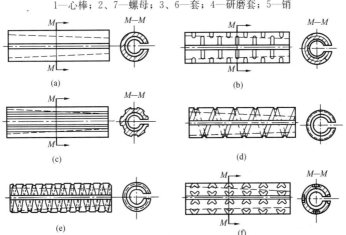

图 2-13　内孔研磨心棒沟槽形式
(a)单槽；(b)圆周短槽；(c)轴向直槽；(d)螺旋槽；(e)交叉螺旋槽；
(f)十字交叉槽

61

3 条。心棒研磨效率高,但研孔表面粗糙度和圆度较差;交叉螺旋槽和十字交叉槽结构的心棒加工质量好。水平研磨开直槽好,垂直研磨开螺旋槽好。

(二)珩磨机床与珩磨头

1. 珩磨机床

珩磨机床有立式珩磨机床和卧式深孔珩磨机床两种,其技术参数见表 2-15 和表 2-16。

2. 珩磨头

(1)中等孔径的通用珩磨头。其外形如图 2-14 所示,珩磨头为棱圆柱体,磨石条数为奇数,可减少振动。磨石座直接与进给胀锥接触,中间不用顶销与过渡板,使结构简单,进给系统刚度好。

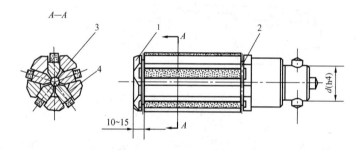

图 2-14 中等孔径的通用珩磨头
1—本体前导向;2—弹簧圈;3—进给胀锥;4—磨石座

(2)小孔珩磨头。φ5mm 以上的小孔珩磨头一般采用如图 2-15 所示的单磨石珩磨头。磨石由单面楔进给,并镶有两个硬质合金导向条,以增加珩磨头的刚性。导向条与磨石较长,可提高小长孔的珩磨精度与珩磨效率。

(3)短孔珩磨头。短孔珩磨头见图 2-16,珩磨头与连接杆可制成一体,采用刚性连接。珩磨头上嵌有硬质合金导向条 5,为主动测量珩磨提供测量喷嘴与维持珩磨头工作平稳。前凸部为引入导向,前端为珩磨头工作时在浮动夹具内的定位导向,以保证珩磨孔

表 2-15　　立式珩磨机床

型号	加工范围 珩磨直径×珩磨深度 (mm×mm)	主轴下端面至工作台面距离 S_1 (mm)	主轴中心至立柱前表面距离 S_2 (mm)	行程长度 L (mm)	往复转速 v (m/min)	主轴转速 n (r/min)	工作台尺寸 长×宽 (mm×mm)	圆度误差 圆柱度误差 f (mm)	表面粗糙度值 Ra (μm)	电动机总功率 P (kW)
M422	5~20×50	350	170	40	180~600 次（6级）	490~2000	160×240	0.002 0.002	0.2	1.775
M425B	10~50×120	662	200	100	62~365 次（8级）	200~1200	250×350	0.004 0.004	0.4~ 0.1	3.875
MB425×32	10~50×320	880	200	400	3~18	180~1000	φ500	0.003 0.005	0.2	3.945
M428	20~80×250	480~1030	260	350	3~16	50~500	1050×550	0.005 0.01	0.4	7.125
M4210	30~100×320	845	350	320	3~18	140~400	1100×480	0.005 0.008	0.4	4.525
MB4215	50~150×400	1370	350	550	3~23	80~315	φ750	0.005 0.01	0.4	13.12
MB4220	50~200×1000	2603	370	1150	3~23	63~250	1250×500	0.005 0.010	0.4	15.3
MA4216	80~160×400	640~1070	300	430	7.5	125；185；259	1000×450	0.005 0.01	0.4	4.125
MB4225	50~250×1600	2648	370	1800	3~20	50~315	1250×630	0.008 0.012	0.4	20.68
M4250A	120~ 500×1500	2860~4610	550	1750	0~15	16~125	1000 ×1000	0.01 0.01	0.8	22.68

表 2-16

卧式深孔珩磨机床

技 术 参 数

型号	最大珩磨长度×直径(mm×mm)	卡盘夹持工件直径 d(mm)	中心架夹持工件直径 D(mm)	磨床主轴转速 n_1(r/min)	磨杆箱主轴箱转速 n_2(r/min)	轴向往复运动 v(m/min)		滑板往复牵引力 F(N)		电动机总功率 P(kW)
						向前速度	向后速度	向前	向后	
M4110	1000×200	50~250	50~250	40.5~625		0~18.5	0~15.7	13 540	15 800	21.125
M4120	2000×200	50~250	50~250	40.5~625		0~18.5	0~15.7	13 540	15 800	21.125
M4120A	2000×200	50~250	50~250	40.5~625	25~127	0~18.5	0~15.7	13 540	15 800	22.125
M4130	3000×200	50~250	50~250	40.5~625		0~19.5	0~15.7	12 750	15 800	21.125
M4130A	3000×200	50~250	50~250	40.5~625	25~127	0~19.5	0~15.7	12 750	15 800	22.625

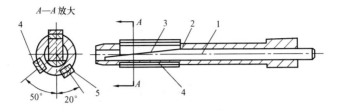

图 2-15 小孔珩磨头

1—胀锥；2—本体；3—磨石座；4—辅助导向条；5—主导向条

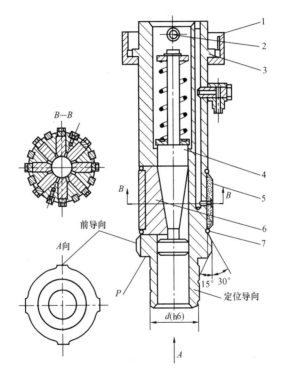

图 2-16 短孔珩磨头

1—连接螺母；2—短销；3—本体；4—胀锥；
5—导向条；6—磨石座；7—弹簧圈

轴线与端面的垂直度要求。因磨石较短，所以进给胀芯为一较长的单销锥体，以提高进给系统的刚度与精度。另外，所有磨石槽的长度与距 P 端面的轴向距离有严格的公差要求，以保证短孔珩磨后的圆柱度。

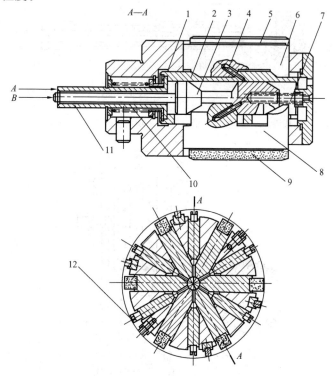

图 2-17　平顶珩磨头

1—本体；2—外胀锥；3—内胀锥；4—斜销；5—粗珩磨石；6—磨
石座；7、10—复位弹簧；8—精珩磨石座；9—精珩磨石；11—套
杆；12—导向条喷嘴

（4）平顶珩磨头。平顶珩磨头见图 2-17，其主要特点是装有粗、精珩磨两副磨石，由珩磨机主轴内的双进给液压缸活塞杆推动珩磨头的内外锥体，分别进行粗、精珩磨。

（5）大孔珩磨头。大孔珩磨头见图 2-18。图 2-18（a）为凸环式大孔珩磨头，凸环的外径接近珩磨孔径，以支持磨石座和承受珩磨切削力，具有较好的刚性。图 2-18（b）为可调式大孔珩磨头，转动中央小齿轮可使齿条胀缩。若珩磨更大直径的孔，只需更换齿条。

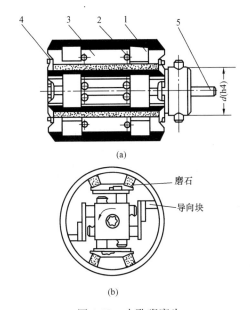

(a)

(b)

图 2-18　大孔珩磨头

（a）凸环式大孔珩磨头；（b）可调式大孔珩磨头

1—本体凸环；2—磨石座横销；3—磨石座；4—弹簧圈；5—胀锥

第二节　模具钳工常用工具

一、电动工具

1. 手电钻

手电钻是一种手提式电动工具，如图 2-19 所示。在大型夹具和模具装配时，当受工件形状或加工部位限制不能用钻床钻孔时，

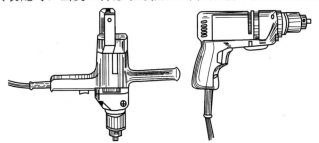

图 2-19　手电钻

可使用手电钻加工。

手电钻的电源电压分单相（220V、36V）和三相（380V）两种。采用单相电压的电钻规格有 6，10，13，19，23mm 五种。采用三相电压的电钻规格有 13，19，23mm 等三种。手电钻使用时必须注意以下两点：

（1）使用前，必须开机空转 1min，检查传动部件是否正常，如有异常，应排除故障后再使用。

（2）钻头必须锋利，钻孔时不宜用力过猛，当孔将钻穿时，应相应减少压力，以防发生事故。

2. 电磨头

电磨头属于高速磨削工具，如图 2-20 所示。适用于在大型工、夹、模的装配调整中，对各种形状复杂的工件进行修磨和抛光。装上不同形状的小砂轮，还可修磨各种凹凸模的成形面，当用布轮代替砂轮使用时，则可进行抛光作业。

图 2-20　电磨头

使用时应注意以下几点：

（1）使用前，应开机空转 2～3min，检查旋转声音是否正常，如有异常，应排除故障后再使用。

（2）新装砂轮应修整后使用，否则所产生的惯性力会造成严重振动，影响加工精度。

（3）砂轮外径不得超过铭牌上规定的尺寸，工作时的砂轮和工件的接触力不宜过大，更不能用砂轮冲击工件，以防砂轮爆裂，造成事故。

3. 电剪刀

电剪刀使用灵活，携带方便，能用来剪切各种几何形状的金属板材，如图 2-21 所示。用电剪刀剪切后的板材，具有板面平整、变形小、质量好的优点。因此它是对各种大型板材进行落料加工的主要工具之一。

使用时应注意以下几点：

（1）使用前，应开机空转，检查各部分螺钉是否紧固，待运转正常后，方可使用。

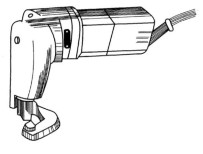

图 2-21 电剪刀

（2）剪切时，两切削刃的间距应根据材料厚度进行调试，当剪切厚度大的材料时，两切削刃刃口的间距为 0.2～0.3mm；剪切厚度较薄的材料时，刃口间距 S＝0.2×材料厚度。

（3）作小半径剪切时，需将两刃口间距调至 0.3～0.4mm。

二、风动工具

风动工具是一种以压缩空气为动力源的气动工具，通过压缩空气驱动风钻的钻头旋转，风砂轮的砂轮旋转及风铲的铲头铲切。风动工具除具有体积小、质量轻、操作简便及便于携带外，较电动工具还有安全的优点。

1. 风砂轮

风砂轮常用来清理工件的飞边、毛刺，去除材料多余余量，修光工件表面、修磨焊缝和齿轮倒角等工作。使用时，按工件的大小和修磨的部位来选择具体的风砂轮的型号。常用的 S-40 型风动砂轮机的外形及结构如图 2-22 所示。

风砂轮的传动系统很简单，它没有减速机构，而是由压缩空气驱动较高转速的风机直接带动砂轮旋转。

国产风砂轮的类型及主要技术规格见表 2-17。

表 2-17　　　　　国产风砂轮的类型及主要技术规格

名　　称	型号	质量 m （kg）	砂轮直径 d （mm）	使用气压 p （MPa）	转速 n （r/min） 空　　载	外形最大长度 l （mm）
风砂轮	S40A	0.7	40	0.5	17 000～20 000	180
风砂轮	S60	1.2	60	0.5	14 000～16 000	340
风砂轮	S150	6	150	0.5	5500～6500	470

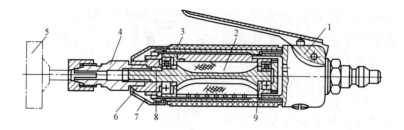

图 2-22　S-40 型风动砂轮机外形及结构

1—手柄组件；2—叶片式风动发动机；3—塑料套；4—弹性夹头；5—砂轮；
6—连接套；7—导气罩；8—键；9—调整环

2. 风钻

风钻常用来钻削工件上不便于在机床上加工的小孔。风钻质量轻、操作简便、灵活、安全。

图 2-23 所示为 Z13-1 型风钻的外形及结构。表 2-18 列出了部

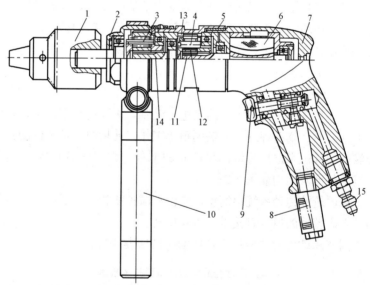

图 2-23　Z13-1 型风钻外形及结构

1—钻夹头；2—内齿轮前套；3—二级行星齿轮减速机构；4——级行星齿轮减速机构；5—中壳体；6—风动发动机；7—手柄；8—消声器；9—按钮开关组件；10—辅助手柄；11—风动轴头齿轮；12—行星齿轮；13—风齿轮；14—输出轴；15—管接头

分国产风钻的类型及技术性能。

表 2-18 **国产风钻的类型及主要技术性能**

名　称	型号	最大钻孔直径 d_{max}（mm）	使用气压 p（MPa）	转速 n（r/min）		质　量 m（kg）
				空载	负载	
万向风钻	ZW5	4	0.5	2800	1250	1.2
风　钻	Z6	6	0.5	2800	1250	0.7
风　钻	Z8	8	0.5	2000	900	1.6
风　钻	05-22	22	0.5		300	9
	05-32	32			235	
风　钻	05-32-1	32	0.5	380	225	11
风　钻	ZS32	32	0.5		225	13.5

3. 风铲

风镐和风铲同是一种机械化的气动工具。当将风镐的钎子换成铲子时，风镐就变成了风铲。风镐是靠压缩空气为动力，驱动风镐气缸内的冲击机件使铲子产生冲击作用的。模具钳工使用风铲来破碎坚固的土层、水泥层起吊和安装模具设备。有时也用风铲铲切模具零件的焊缝和毛刺等。风镐的外形及结构如图 2-24 所示。

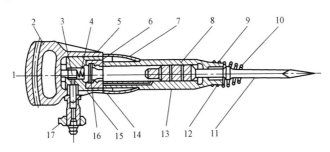

图 2-24　G-5 型风镐外形及结构

1、13—销钉；2—把手；3—阀；4、10—弹簧；5—中间环；6—D型阀套；7—管制套；8—气孔；9—活塞；11—铲子；12—铲子导套；14—D 型阀；15—衬套；16—套；17—气门管

部分风镐产品的技术规格见表 2-19。

表 2-19　　　　　　　　风 镐 的 技 术 规 格

名　　　称	单　位	G-5 型	G-8 型	G-2 型	G-7 型
风镐的质量 m	kg	10.5	8.0	9	7.5
风镐全身（不带钎子）	min	600	500	500	560
每分钟冲击数	次/min	950	1400	1000	1200
活塞上能力	W	735	680	—	—
冲击一次所作功	W/kg·m	3.5	2.5	3	1.55
自由空气消耗量	m³/min	1	1	1	0.74
空气压力 p	kPa	434	434	434	434
活塞直径	mm	38	38	38	35
活塞行程 s	mm	155	—	—	90
活塞质量 m	kg	0.9	0.7	—	—
胶皮风管直径 d	mm	16	16	16	16

三、手动压床、千斤顶

1. 手动压床

手动压床不同于各种吨位的机械式压力机，它是一种以手动为动力、吨位较小的模具钳工常用的辅助设备。用在过盈连接中零件的拆卸压出和装配压入，有时也可用来矫正、调直弯曲变形的零件。常见的手动压床如图 2-25 所示。

（1）国产手动压床的分类。国产手动压床的形式较多，按结构特点的不同，可分为螺旋式、液动式、杠杆式、齿条式和气动式，其外形及结构如图 2-25 所示。

（2）简要技术规格。以齿条式手动压床为例，其主要技术参数如下：

工作台孔径　　　　　　　　　　　　　　　100mm

工作台孔中心至床身表面距离　　　　　　　150mm

工作台台面长×宽　　　　　　　　　250mm×250mm

工作台台面至压轴下端面最大距离　　　　　450mm

工作台台面至压轴下端面最小距离　　　　　100mm

压轴力臂长度　　　　　　　　　　　　　　950mm

2. 千斤顶

千斤顶是一种小型的起重工具，主要用来起重工件或重物。模

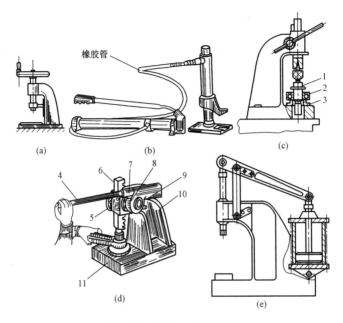

图 2-25　常用的手动压床

（a）螺旋式；（b）液动式；（c）杠杆式；（d）齿条式；（e）气动式

1—轴；2—轴承；3—衬套；4—手把；5—手轮；6—齿条；7—棘爪；

8—棘轮；9—轴；10—床身；11—底座

具钳工还可用它来拆卸和装配模具设备中过盈配合的模具零件。千斤顶体积小、操作简单、使用方便。液压千斤顶的外形如图 2-26 所示。

（1）国产千斤顶的分类及简要技术规格。国产千斤顶按结构形式的不同，可分为齿条式千斤顶、螺旋式千斤顶和液压式千斤顶。每种形式都有各种不同型号和规格。表 2-20 和表 2-21 列出了常用的螺旋式千斤顶和液压式千斤顶的产品型号及技术性能

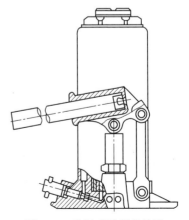

图 2-26　液压千斤顶的外形

73

规格。

表 2-20　　　　　锥齿轮式螺旋式千斤顶的技术性能规格

型　号	起重量 m（t）	最低高度 h（mm）	起升高度 h（mm）	手柄长度 （mm）	操作力 F（N）	操作人数 （人）	自重 m（kg）
LQ-5	5	250	130	600	130	1	7.5
LQ-10	10	280	150	600	320	1	11
LQ-15	15	320	180	700	430	1	15
LQ-30D	30	320	180	1000	600	1～2	20
LQ-30	30	395	200	1000	850	2	27
LQ-50	50	700	400	1385	1260	3	109

表 2-21　　　　　液压式千斤顶的产品型号及性能规格

名　　称	型　　　号					
	YQ-3	YQ-5	YQ-8	YQ-12.5	YQ-16	YQ-20
额定最大负载（t）	3	5	8	12.5	16	20
起重高度（mm）	130	160	160	160	160	180
调整高度（mm）	80	80	100	100	100	—
最低高度（mm）	200	260	240	245	250	285
工作压力 p（MPa）	44.3	50.0	57.8	63.7	67.4	75.7
手柄作用力 F（kN）	6.2		6.2	8.5	8.5	10.0
操作人数（人）	1	1	1	1	1	1
底座尺寸（mm）	130×80	160×138	140×110	160×130	170×140	170×130
净质量（kg）	3.8	8	7	9.1～10	20	13.8

名　　称	型　　　号					
	YQ-30	YQ-32	YQ-50	YQ-100	YQ-200	YQ-320
额定最大负载（t）	30	32	50	100	200	320
起重高度（mm）	180	180	180	200	200	200
调整高度（mm）	—	—	—	—	—	—
最低高度（mm）	290	290	300	360	400	450
工作压力 p（MPa）	72.4	72.4	78.6	65.0	70.6	70.7
手柄作用力 F（kN）	10	10	10	10	10	10
操作人数（人）	1	1	1	2	2	2
底座尺寸（mm）	204×160	200×160	230×190	$\phi222$	$\phi314$	$\phi394$
净质量（kg）	30	29	43	123	227	435

（2）液压千斤顶主要部件及结构。如图 2-27 所示，液压千斤顶主要由液压泵芯 1、液压泵缸 2、液压泵胶碗 3、顶帽 4、工作油 5、调整螺杆 6、活塞杆 7、活塞缸 8、外套 9、活塞胶碗 10、底盘 11、回油开关 12 和单向阀 13、14、15 等组成。其中，活塞杆 7 的上部内孔与调整螺杆 6 的外径是螺纹连接，可调整改变螺杆与活塞杆孔间的相对位置，从而改变液压千斤顶的初始高度。

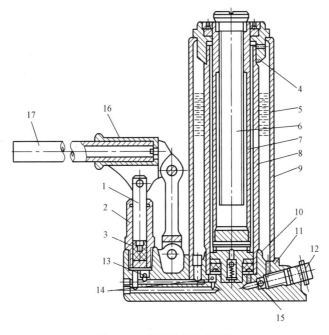

图 2-27　液压千斤顶的结构

1—液压泵芯；2—液压泵缸；3—液压泵胶碗；4—顶帽；5—工作油；6—调整螺杆；7—活塞杆；8—活塞缸；9—外套；10—活塞胶碗；11—底盘；12—回油开关；13、14、15—单向阀；16—撬杆；17—手把

第三节　起重工具设备

一、起重吊架

在机械设备和模具的维修与安装过程中，经常是由起重工和模

具钳工配合施工的,工种之间密切配合、相互协作对保证质量、顺利完成任务起着重要的作用。

1. 单臂式起重吊架

单臂式起重吊架如图 2-28 所示。其起重吨位一般在 500kg 以下,用于车床溜板箱、铣床进给箱、大型模具设备等部件的拆卸和近距离的运输。

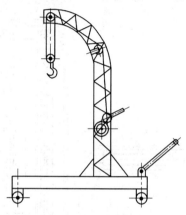

图 2-28　单臂式起重吊架

2. 龙门式吊架

龙门式吊架如图 2-29 所示。在龙门式吊架框架顶梁上,装有

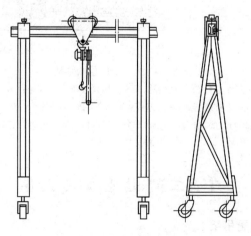

图 2-29　龙门式吊架

可沿梁移动的手动或电动葫芦。吊架下面装有 4 个轮子，机动性很强，可以在没有起重设备的车间内及较窄的通道里起吊和移动重物。

3. 起重杆

起重杆又称抱杆或桅杆，是一种最常用、最简单又最重要的起重工具。它有木质起重杆和金属起重杆两类。木质起重杆起重高度一般不超过 10m，起重量通常在 5t 以下。木质起重杆一般是用松木制成，金属起重杆是用管子或角钢制成。

起重杆是承压件，它的承载能力不仅决定于断面尺寸的大小，而且还决定于断面的几何形状和起重杆的高度。同一材料的起重杆，高度和断面尺寸都相同，但由于断面几何形状不同而承载能力也各不相同。材质、断面尺寸、断面几何形状完全相同的起重杆，由于高度不同，其承载能力也不相间，高度越高其承载能力就越小。

同一根起重杆，由于起吊的方法不一样，所能吊起的最大重量也不相同。如将起重杆垂直于地面放置，且起吊的重量对称时，起重杆所能吊起的重量就大。如图 2-30 所示的整体吊装桥式起重机的情况，由于起重杆垂直于地面，两面挂滑轮，起重杆两侧是对称的载荷，理论上起重杆不受倾倒的力，所以拖拉绳不受力，因此起重杆所承受的载荷是起吊重量和起吊时牵引力的和。

若起重杆是单面挂滑轮，情况就明显不同。起重杆受侧倾力矩，应由重物对面的拖拉绳上的张力来平衡，所以拖拉绳将承受一定的张力。张力大小与拖拉绳与地面的夹角有关，夹角越大，拖拉绳上的张力也越大。

4. 滑轮

滑轮是用来支承挠性件并引导其运动的起重工具。滑轮可分定滑轮和动滑轮两类。定滑轮只能改变力的方向，而不能省力，如导向滑轮。

一个定滑轮可与一个动滑轮组成滑轮组，因为定滑轮能改变力的方向，所以我们施力的方向向下而能使重物上升，并可用重物重量一半的力将重物吊起来。2 个滑轮组并在一起叫做二二滑轮，3 个滑轮组并在一起叫做三三滑轮，依次类推。

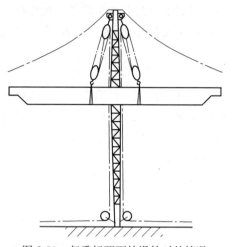

图 2-30　起重杆两面挂滑轮时的情况

图 2-31　三三滑轮组

如图 2-31 所示,是一组正在起重的三三滑轮,它相当于 6 根绳子提升重物,若摩擦力忽略不计,则每段绳子上的张力只有重物重量的 1/6。因此我们只需用重物重量 1/6 的力,便可把重物提升起来,但施力点所移动的距离为重物上升距离的 6 倍。

滑轮直径与所用钢丝绳直径有一定的比例关系,在计算钢丝绳直径时,只是按抗拉强度来考虑的。实际上钢丝绳与滑轮接触的那一段,除受拉力之外,还要弯曲。弯曲应力的大小与钢丝绳的柔软程度和滑轮直径有关,钢丝绳越软,滑轮直径越大,所引起的弯曲应力越小。但实

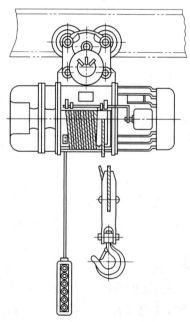

图 2-32　钢丝绳式电动葫芦

际上钢丝绳不会太软，滑轮直径也不可能很大。为此，要把滑轮直径规定在一个虽然会引起钢丝绳受到一定弯曲应力，但影响又不大的范围内。一般来说，以滑轮直径为钢丝绳直径的 16 倍为宜。

二、单梁起重机

单梁起重机由吊架和葫芦组成。葫芦是一种轻小型的起重设备，其体积小，质量轻，价格低廉且使用方便。葫芦分电动葫芦和手动葫芦两种。模具钳工在工作中使用较多的是手动葫芦，与吊架配套使用，拆卸或装配模具零部件。

1. 国产电动葫芦的分类及技术规格

国产电动葫芦按起吊索具结构的不同分为环链式电动葫芦和钢丝绳式电动葫芦，它们的型号与技术规格见表 2-22 和表 2-23。

表 2-22　　　　　　　　环链式电动葫芦的型号技术规格

型　　　号	起重量（kg）	起重链行数	起升高度 h（mm）	起升速度 v（m/min）	链条直径与节距（mm）	运行速度 v（m/min）	工作制度（%）	工字钢型号	运行轨道最小曲率半径 R(m)
NHHM 125	125	1		8	$\phi 4 \times 12$			14-25b	1
NHHMS 250	250	2		4				14-25b	1
NHHM 250	250	1		8	$\phi 5 \times 15$			14-25b	1.0
NHHMS 500	500	2	3	4		20	40	14-25b	1.0
NHHM 500	500	1		8	$\phi 7 \times 21$			14-28b	1.2
NHHMS1000	1000	2		4				14-28b	1.2
NHHM1000	1000	1		8	$\phi 10 \times 30$			14-28b	1.2
NHHMS2000	2000	2		4				14-28b	1.2

注　最高起升高度单链为 12m，双行链为 6m。

2. 传动系统及工作原理

以图 2-32 所示的钢丝绳式电动葫芦为例，图 2-33 为电动葫芦的起升机构总成，图 2-34 为起升机构的结构，图 2-35 为起升机构减速器。

表2-23　　钢丝绳式电动葫芦的型号技术规格

型号	CD0.5-6D	CD0.5-9D	CD0.5-12D	CD1-6D	CD1-9D	CD1-12D	CD1-18D	CD1-24D	CD1-30D	CD2-6D	CD2-9D	CD2-12D	CD2-18D	CD2-24D	CD2-30D
起重量 (t)	0.5			1						2					
起升高度 h (m)	6	9	12	6	9	12	18	24	30	6	9	12	18	24	30
起升速度 v (m/min)	8			8						8					
运行速度 v (m/min)	20 (30)			20 (30)						20 (30)					
钢丝绳 直径 d (mm)	5.1			7.4						11					
钢丝绳 型式	6×37+1			6×37+1						6×37+1					
工字梁型号	16-28b			16-28b						20a-32c					
起升电动机 型号	ZD$_1$21-4			ZD$_1$22-4						ZD$_1$31-4					
起升电动机 功率 P (kW)	0.8			1.5						3					
运行电动机 型号	ZDY$_1$11-4			ZDY$_1$11-4						ZDY$_1$12-4					
运行电动机 功率 P (kW)	0.2			0.2						0.4					
接合次数 (次/h)	120			120						120					
工作制度 (%)	25			25						25					

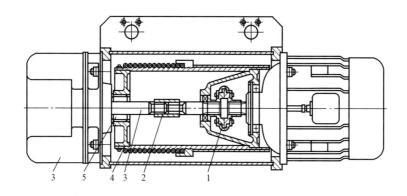

图 2-33　电动葫芦起升机构总成

1—弹性联轴器；2—刚性联轴器；3—轴；4—卷筒；5—空心轴

在图 2-34 中，带制动装置的锥形转子电动机，其锥形转子接通电源后产生磁拉力，磁拉力克服弹簧的压力，使风扇制动轮 3 脱开后端盖 5，电动机启动运转。在图 2-33 中，运动经弹性联轴器 1，刚性联轴器 2，传给减速器输入轴 3，在图 2-35 中，运动经三级外啮合斜齿轮减速传动，将运动传至输出端空心轴，空心轴驱动卷筒旋转，使绕在卷筒上的钢丝绳带动吊钩装置上升或下降。

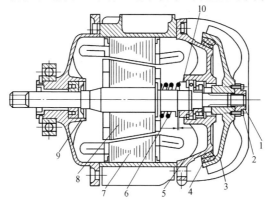

图 2-34　起升机构结构

1—锁紧螺母；2—紧固螺钉；3—风扇制动轮；4—锥形制动环；5—后
端盖；6—弹簧；7—定子；8—转子；9、10—支承圈

81

3. 主要部件及结构

钢丝绳式电动葫芦主要包括动力机构、传动机构、减速机构和卷筒机构等几个主要部分。

动力机构参见图 2-34，它由转子 8，定子 7，锥形制动环 4，后端盖 5，弹簧 6，支承圈 10，风扇制动轮 3、前端盖、锁紧螺母、紧固螺钉及轴承等零件组成。当锥形转子接通电源前，风扇制动轮上的锥形制动环 4 在弹簧 6 的作用下，压紧在后端盖 5 的锥形制动环外锥面上，将转子锁死，使之不能转动。当锥形转子接通电源后，产生轴向磁拉力，锥形转子克服弹簧的压力向右移动，同时解脱锥形制动环的锁死，启动旋转，输出转矩。锥形制动环间的压紧力由锁紧螺母 1 改变弹簧 6 的压缩量来调整。

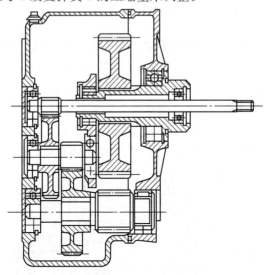

图 2-35　起升机构减速器

4. 钢丝绳式电动葫芦操作方法

(1) 操作步骤。

1) 接通电源，检查电动葫芦工作是否正常、安全。

2) 检查起吊工件重量不超载，捆绑可靠，吊点通过重心。

3) 按压操纵按钮盒中的"向下"按钮，降下吊钩。

4) 将捆绑工件的钢丝绳扣头挂在吊钩内。

5）按压按钮盒中的"向上"按钮，当钢丝绳张紧后，点动"向上"按钮，无异常变化，按压"向上"按钮，升起重物，移动到位。

6）卸下工件。

7）工作完毕后，将吊钩上升到离地面 2m 以上的高度停放，并关闭电源。

（2）注意事项。

1）电动葫芦的限位器是防止吊钩上升或下降超过极限位置的安全装置，不能当作行程开关使用。

2）在重物下降过程中出现严重自溜刹不住现象时，应迅速按压"上升"按钮，使重物上升少量后，再按压"下降"按钮，直至重物徐徐落地后，再进行检查，调整。

3）严禁长时间将重物吊在空中，以免机件产生永久变形及其他事故发生。

5．维护保养

（1）电动葫芦属起重设备，必须严格按规定进行定期检查和维修。

（2）锥形制动器的间隙过大时，应随时进行调整，制动环磨损或损坏应及时更换。

三、手动葫芦

手动葫芦分为手拉葫芦和手扳葫芦两种。其中，环链手拉葫芦、钢丝绳手扳葫芦和环链手扳葫芦的使用最为普遍。

1．手拉葫芦

手拉葫芦如图 2-36 所示，它是一种以手拉为动力的起重设备，广泛用于小型模具设备的拆、装和零部件的短距离吊装作业中。起吊高度一般不超过 3m，起吊重量一般不超过

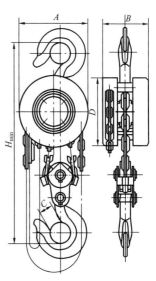

图 2-36　2、3、5t 手拉葫芦

10t,最大可达20t。可以垂直起吊,也可以水平或倾斜使用。具有体积小、质量轻、效率高、操作简易及携带方便等特点。

(1)国产手拉葫芦分类及简要技术规格。南京起重机械总厂生产的HS型手拉葫芦的型号及简要技术规格见表2-24。

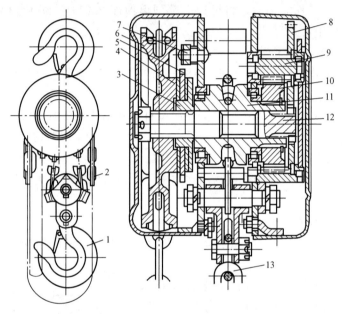

图 2-37　HS 型手拉葫芦传动部件及结构

1—吊钩;2—手拉链条;3—制动器座;4—摩擦片;5—棘轮;6—手链轮;7—棘爪;8—片齿轮;9—四齿短轴;10—花键孔齿轮;11—起重链轮;12—五齿长轴;13—起重链条

(2)传动系统。以 HS 型手拉葫芦为例:在图 2-37 中,当拽动手拉链条 2 时,手链轮 6 就随之转动,并将摩擦片 4、棘轮 5 及制动器座 3 压成一体共同旋转,五齿长轴 12 带动片齿轮 8、四齿短轴 9 和花键孔齿轮 10 旋转,装置在花键孔齿轮 10 上的起重链轮 11 带起重链条 13 上升,平稳地提升重物。手链条停止拉动后,由于重物自身的重量使五齿长轴反向旋转,手链轮与摩擦片、棘轮和制动器座紧压在一起,摩擦片间产生摩擦力,棘爪阻止棘轮的转动而使重物停在空中,逆时针拽动手链轮时,手链轮与摩擦片脱开,

表2-24　　　　　　　　　　　　　　HS型手拉葫芦的型号及简要技术规格

型　　号		HS$\frac{1}{2}$		HS1		HS1$\frac{1}{2}$		HS2		HS2$\frac{1}{2}$		HS3		HS5		HS10		HS20	
起重量 (t)		0.5		1		1.5		2		2.5		3		5		10		20	
起重高度 (m)		2.5	3	2.5	3	2.5	3	2.5	3	2.5	3	3	5	3	5	3	5	3	5
试验载荷 (t)		0.75		1.5		2.25		3.00		3.75		4.50		7.50		12.5		25.0	
两钩间最小距离 (mm)		280		300		360		380		430		470		600		730		1000	
满载时的手链拉力 F (N)		170		320		370		330		410		380		420		450		450	
起重链行数		1		1		1		2		1		2		2		4		8	
起重链条圆钢直径 d (mm)		6		6		8		6		10		8		10		10		10	
主要尺寸 (mm)	A	142		142		178		142		210		178		210		358		580	
	B	126		126		142		126		165		142		165		165		189	
	C	24		28		32		34		36		38		48		64		82	
	D	142		142		178		142		210		178		210		210		210	
净重 (kg)		9.5	10.5	10	11	15	16	14	15.5	28	30	24	31.5	36	47	68	88	150	189
起重高度每增加 1m 应增加的质量 (kg)		1.7		1.7		2.3		2.5		3.1		3.7		5.3		9.7		19.4	

注　本资料由南京起重机械总厂供给。

摩擦力消除,重物因自重而下降。反复进行操作,就能提升或降下重物。

(3) 主要部件及结构。参见图2-37,HS型手拉葫芦由吊钩1,手拉链条2,制动器座3,摩擦片4,棘轮5,手链轮6,棘爪7,片齿轮8,四齿短轴9,花键孔齿轮10,起重链轮11,五齿长轴12和起重链条13组成。其中,五齿长轴12带动片齿轮8,四齿短轴9带动花键孔齿轮10为二级正齿轮传动,与左边的制动器、手动链轮呈对称排列式结构。制动器由摩擦片4,棘轮5,制动器座4组成,靠手动链轮转动时产生的轴向压力压成一体,输出起重转矩带动起重链轮,同时,停止拽动手链条时,压成一体的制动器通过棘爪阻止棘轮转动,使重物停在空中,逆时针转动手链轮,解除制动器端面的正压力,制动器则解除摩擦力,重物因自重自由落下。

(4) 操作步骤。

1) 根据工件重量选取吨位合适的手拉葫芦,将葫芦挂钩挂在可靠的支撑点上,检查葫芦动作灵活自如。

2) 检查工件的捆绑安全可靠,起升高度在手拉葫芦的行程范围之内。

3) 逆时针拽手拉葫芦链条,降下吊钩,将捆绑工件的钢丝绳扣头套在吊钩之中。

4) 顺时针拽手拉链条,并保持与吊链方向平行,升起吊钩,当张紧起重链条时,微量起升工件,观察无异常变化,再顺时针拽手拉链条,稳妥地吊起工件。

5) 当需要降下工件时,逆时针拽手拉链条,工件便缓缓下降。

6) 当工件落至目的地后,继续下降一段距离,摘下吊钩,起重工作结束。

(5) 注意事项。

1) 使用前,应仔细检查吊钩、链条、轮轴及制动器等完好无损,棘爪弹簧应保证制动可靠。

2) 严禁超载使用。

3) 操作时,应站在起重链轮同一平面内拉动链条,用力要均匀、和缓,保持链条理顺。拉不动时,不要用力过猛或抖动链条,应查找原因。

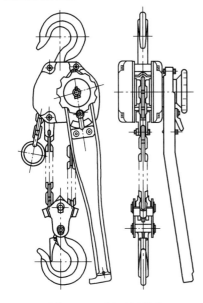

图 2-38　环链手扳葫芦

（6）维护保养。

1）手拉葫芦属起重设备，必须严格按规定进行定期检查维护，对破损件要及时进行修换。

2）对润滑部位、运动表面应经常加注润滑油。

3）手拉葫芦不用时，存放过程中不要被其他重物压坏。

2. 手扳葫芦

环链手扳葫芦也是常用的一种小型手动起重设备。同环链手拉葫芦比较，在结构上有些区别。图 2-38 为环链手扳葫芦的外形。

（1）国产环链手扳葫芦的技术规格见表 2-25。

（2）传动系统。以 HB 型手扳葫芦为例：起吊时，先转动手柄上的旋钮，使之指向位置牌上的"上"位置，再扳动手柄，拨爪便拨动拨轮，将摩擦片、棘轮、制动器座及压紧座压紧成一体，并带动齿轮轴及齿轮一起转动，联结在齿轮内花键上的起重链轮便带动起重链条上升，重物即被平稳地吊起。转动手柄上的旋钮指向"下"的位置，扳动手柄，制动器松开，重物由于重力的作用而下降，当手柄停止扳动时，重物就停止下降。

表 2-25　　　　　　　国产环链手扳葫芦技术规格

型　　　号	HB $\frac{1}{2}$	HB1	HB1 $\frac{1}{2}$	HB2	HB3
起重量（t）	0.5	1	1 $\frac{1}{2}$	2	3
起升高度 h（m）	1.5	1.5	1.5	1.5	1.5
链条行数	1	1	1	2	2

型　　号	HB$\frac{1}{2}$	HB1	HB1$\frac{1}{2}$	HB2	HB3
扳手长度 l（mm）	360	400	500	400	500
满载时的手扳力 f（N）	200	250	300	265	320
手柄扳动 90°时的行程（mm）	12.5	11.35	12.2	5.68	6.1
链条规格（mm×mm）	$\phi5\times15$	$\phi6\times18$	$\phi8\times24$	$\phi6\times18$	$\phi8\times24$
两钩间最小距离（mm）	265	295	325	350	410
净重（kg）	5	6.9	10	9.2	14.5

（3）主要部件及结构。环链手扳葫芦也是由制动器部件、传动部件、起重链轮及起重链条组成。其中制动器部件结构同 HS 型手拉葫芦的制动器相同。不同点是手扳葫芦将手拉链轮变成靠手柄、拨爪拨动的拨轮。同时，将 HS 型手拉葫芦的二级齿轮传动改成一级齿轮传动。HB 型手扳葫芦在棘爪销上装有棘爪脱离机构，空载时可以快速调整吊钩位置，使用十分方便。

（4）操作步骤：

1）根据工件重量选取吨位合适的手扳葫芦，将葫芦挂钩挂在可靠的支撑点上，检查葫芦动作灵活自如。

2）检查工件的捆绑安全可靠，起升高度在手扳葫芦的行程范围之内。

3）脱离手柄与棘轮间的棘爪，降下吊钩，将捆绑工件的钢丝绳扣头套于吊钩之中。

4）接通手柄与棘轮间的棘爪，转动手柄上的旋钮，使之指向位置牌上的"上"位置。

5）扳动手柄，当张紧起重链条时，少量起升工件，观察无异常变化，再继续扳动手柄，稳妥地吊起工件。

6）当需要降下工件时，转动手柄上旋钮，使之指向"下"位置，扳动手柄，工件下降。

7）当工件落至目的地时，脱开棘轮、棘爪，让吊钩继续下移一段行程后，摘下钢丝绳扣头。

8）接通棘轮、棘爪，起重工作结束。

（5）注意事项：

1）手扳葫芦的手柄在工作时不能被障碍物阻塞。

2）不能同时扳动前进杆和反向杆。

3）使用前也应仔细检查吊钩、链条、轮轴及制动器等是否良好，传动部分是否灵活，并在传动部分加油润滑。

4）使用时，应先慢慢起升，待链条张紧后，检查葫芦各部分有无变化，安装是否妥当，当确定各部分都安全可靠后，才能继续工作。

（6）维护保养：

1）手扳葫芦也属起重设备，必须严格按规定进行定期检查维护，对破损件要及时进行修换。

2）手扳葫芦平时要定置存放，不许与其他工具混放、堆压。

3）手扳葫芦的润滑部位、传动机构应经常加油润滑。

第四节 模具钳工常用装配拆卸工具

了解模具钳工常用的装配拆卸等修理工具和器具的用途、规格和种类，掌握操作要点及操作步骤，可有效提高模具钳工的工作效率和技能水平。

一、通用工具

模具钳工拆卸和装配常用的通用工具有钳子类、扳手类和螺钉旋具类。

（一）钳子类

1. 钢丝钳

钢丝钳主要用来夹持或折断金属薄板及切断金属丝，分带或不带绝缘柄两种。带绝缘柄的供有电的场合使用（工作电压 500V），其长度规格有 150、175、200mm 三种。

2. 弹性挡圈安装钳子

弹性挡圈安装钳子外形如图2-39所示，专供装拆弹性挡圈用。有直嘴式、弯嘴式、孔用、轴用之分。长度规格有 125、175、225mm 几种。

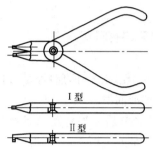

图 2-39 弹性挡圈安装钳子

使用情况以轴用卡簧钳的使用（图 2-40）为例说明。

（1）使用步骤：

1）手握轴用卡钳钳柄，将钳爪对准轴用卡环的插口，并插入孔内。

2）手捏钳柄，稳当用力，胀开轴用卡圈。

3）用另一只手轻扶卡圈，共同移动，沿轴向退出卡圈，如图 2-40 所示。

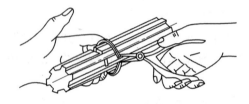

图 2-40 轴用卡簧钳的使用

（2）注意事项：

1）孔用、轴用卡簧卡钳的钳爪插入卡环口中，要对正、插稳。保持钳子平面平行于卡环平面。

2）卡钳的胀紧力不必过大，胀开卡圈可以移出即可。

（二）扳手类

模具钳工使用的扳手种类较多，外形如图 2-41 所示。

其中，活扳手的开口宽度可以调节，可用来扳动六角头或方头螺栓螺母。其长度规格有 100、150、200、250、300、375、450、600mm 等。

以下以活扳手的使用为例（图 2-42）进行说明：

1. 使用步骤

（1）转动活扳手螺杆，张开开口。

（2）根据拆卸或装配要求，判定正确扳动方向后，调整活舌，将开口卡住螺母，其大小以刚好卡住为好，不要晃荡，如图 2-42 所示。

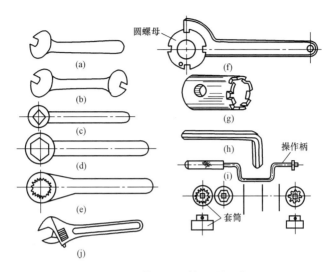

图 2-41 模具钳工使用的扳手

（a）、（b）呆扳手；（c）方头扳手；（d）六角扳手；（e）梅花扳
手；（f）钩扳手；（g）套筒圆螺母扳手；（h）内六角扳手；（i）成
套套筒扳手；（j）活扳手

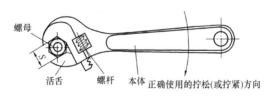

图 2-42 活扳手

（3）按顺时针方向，先试探性用力扳动，感觉无滑脱等不利情
况后，再用力连续扳动至拆下螺母。

2. 注意事项

在拆卸较紧的螺母或螺钉时，不要套加过长的套管，避免活扳
手超载使用。

（三）螺钉旋具类

螺钉旋具用来拆、装螺钉种类也
较多。其外形和结构如图 2-43 所示。

模具钳工拆卸和装配通用工具的

图 2-43 螺钉旋具

91

规格及适用场合见表 2-26。

表 2-26　　　修理用通用工具的规格及适合场合

名　称	规　格（mm）	用　途
钢丝钳	长度：150、175、200	夹持或折断金属薄板及切断金属丝。铁柄的供一般场合使用，绝缘柄的供有电场合使用（工作电压 500V）
尖嘴钳（尖头钳）	长度：130、160、180、200	能在较狭小的工作空间操作，夹捏工件等，绝缘柄的供有电场合使用（工作电压 500V）
弹性挡圈安装钳子	长度：125、175、225	专供装拆弹性挡圈用。由于挡圈有孔用、轴用之分，以及安装部位不同，可根据需要分别选用直嘴式或弯嘴式、孔用或轴用挡圈钳
双头扳手（双头呆扳手）	单件扳手： 4×5、6×7、8×10、10×12、12×14、17×19、22×24 等 成套扳手： 6 件套 8 件套 10 件套	用以紧固或拆卸螺栓、螺母。双头扳手由于两端开口宽度不同，每把可适用两种尺寸的六角头或方头螺栓和螺母
单头扳手（单头呆扳手）	开口宽度： 8、10、12、14、17、19、22、24、27、30、32、36、41、46、50、55、65、75	一端开口，只适用于紧固、拆卸一种尺寸的六角头或方头螺栓和螺母
梅花扳手（眼睛扳手）	单件扳手： 5.5×7、8×10、（9×11）、12×14、（14×17）、17×19、19×22、22×24、24×27、30×32、36×41、46×50 成套扳手： 6 件套、8 件套	用于拆、装六角螺钉、螺母，扳手可以从多种角度套入六角内，适用于工作空间狭小，不能容纳普通扳手的场合
套筒扳手	一般为成套盒装： 6 件、9 件、10 件、12 件、13 件、17 件、28 件等	除具有一般扳手的功用外，特别适用于旋动范围很小或凹下很深地方的六角头螺栓或螺母

续表

名　　称	规　格（mm）	用　　途
活扳手（活络扳手）	长度：100、150、200、250、300、375、450、600	开口宽度可以调节，能扳动一定尺寸范围内的六角头或方头螺栓螺母
内六角扳手	公称尺寸：3、4、5、6、8、10、12、14、17、19、22、24、27	供紧固或拆卸内六角螺钉用
钩形扳手（圆螺母扳手）	适用圆螺母的外径范围：22～26、28～32、34～36、38～42、45～52、55～62、68～72、78～85、90～95、100～110、115～130 等	专供紧固或拆卸机床、车辆、机械设备上的圆螺母用（即圆周上带槽的）
双销活动叉形扳手	销距 $A \leqslant 90$、$L=235$　$d=5$ $A \leqslant 115$、$L=275$　$d=7$	用于安装或拆卸端面带孔的圆螺母
双销可调节叉形扳手	$d=2.8$　$L=125$ $d=3.8$　$L=160$	用于安装或拆卸端面带孔的圆螺母。销距可调节
扭力扳手	最大扭矩（N·m）：1000、200、300	配合套筒头，供紧固六角螺栓螺母用，在扭紧时可以表示出扭矩数值。凡是对螺栓、螺母的扭矩有明确规定的装配工作，都要使用这种扳手
管钳子	长度：150、200、250、300、350、450、600、900、1200	扳动金属管或圆柱形工件，为管路安装和修理工作中常用的工具
一字槽螺钉旋具	公称尺寸：50×5、65×5、75×5、100×6、125×6、150×7、200×8、250×9、300×10 注：公称尺寸两组数字，前为柄外杆身长度，后为杆身直径	这种工具有木柄和塑料柄之分，用来紧固或拆卸一字槽的螺钉、木螺钉。木柄的又分普通式和通心式两种，后者能承受较大的扭力，并可在尾部敲击。塑料柄具有一定的绝缘性能，适宜电工使用
十字槽螺钉旋具	十字槽规格： Ⅰ（2～2.5） Ⅱ（3～5） Ⅲ（5.5～8） Ⅳ（10～12）	专供旋动十字槽螺钉、木螺钉用

续表

名　　　称	规　格（mm）	用　　　途
皮带冲 （打眼冲）	冲孔直径： 1.5、2.5、3、4、5、5.5、6.5、8、9.5、11、12.5、14、16、19、21、22、24、25、28、32	用于非金属材料，如皮革制品，橡胶板，石棉板等上面冲制圆孔
锤子	0.5～1kg	拆装各种零件用
钳工锉	12 支粗、细	修配零件
手锯		修配零件
销子冲	$\phi3\sim\phi12$	拆装用
纯铜棒或铝棒 （mm×mm）	$\phi10\times150$、$\phi15\times200$、$\phi20\times200$	拆卸用
钢丝绳	绳 6×9（股1＋6＋12）	吊装用
千斤顶	视工作需要定尺寸	调水平仪或三个一组支撑工件划线时使用
油石	各种形状	修研不同形状的零件
磁力表架		与百分表、千分表配合使用，可测量直线度、圆跳动、平行度等形位误差
万能表架		

二、专用工具

模具钳工拆卸和装配模具的专用工具有拔卸类和拉卸类两大类。

1. 拔卸类

拔卸类的工具有拔销器和拔键器等。这类工具用来拉出带内螺纹的轴、锥销或直销，拆卸带钩头的斜度平键。外形及结构如图2-44和图2-45所示。

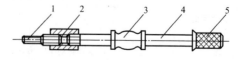

图 2-44　拔销器

1—可更换螺钉；2—固定螺钉套；3—作用力圈；4—拉杆；5—受力圈

以图 2-44 所示拔销器的使用为例：

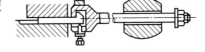

图 2-45　拔键器

（1）使用步骤：

1）观察所要拔卸销子的直径、长度，根据过盈量产生的摩擦力大小，选择规格适合的拔销器。

2）根据销子尾端的螺孔直径选换螺钉 1。

3）将螺钉 1（连同拔销器）旋入销子尾端螺孔，旋入深度大于螺孔直径。

4）摆正拉杆轴向位置，左手轻扶受力圈，右手拨动作用力圈，先轻轻撞击，观察无误，再逐渐加力，拔到末尾力宜小。

5）卸下销子。

（2）注意事项：

1）更换螺钉，使其旋入拔销器和销孔内的深度都必须分别大于固定螺钉套螺孔直径和销子尾孔直径。

2）左手扶受力圈时，手指不要超出端面，以免拉动作用力圈时，砸碰手指。

2. 拉卸类

拉卸类工具的外形和结构如图 2-46 所示，用来拆卸机械中的轮、盘或轴承类零件。以两爪式拉轮器的使用为例（图 2-47），其使用说明如下：

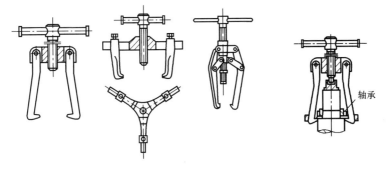

图 2-46　拉卸工具图　　　　图 2-47　拆卸轴承

（1）使用步骤：

95

1) 在图 2-47 中，根据轴承直径和轴部长度，选择规格合适的拉轮器。

2) 将拉轮器拉爪对称地勾在轴承背端面端部的中心孔内。

3) 顺时针慢慢地扳转手柄杆，旋入顶杆，注意不要让爪钩滑脱。

4) 当轴承退出一段距离，顶杆螺纹行程不够时，可退出顶杆，在轴端加垫后继续拆卸。

5) 拆卸的轴承要掉下来时，应用手托住轴承，或用吊车吊住轴承（重量较大时），以防突然落下，发生意外事故。

6) 轴承拆下后，整理工作场地。

(2) 注意事项：当顶杆端头没有球头时，为减小顶杆端部和轴头端部的摩擦，可在顶杆端部中心孔与轴头端部中心孔之间放一合适的钢球进行拆卸。

模具钳工拆卸和装配专用工具及适用场合见表 2-27。

表 2-27　　　　　　　修理用专用工具及适用场合

名　称	图　形	用　途
套筒式端面十字槽扳手	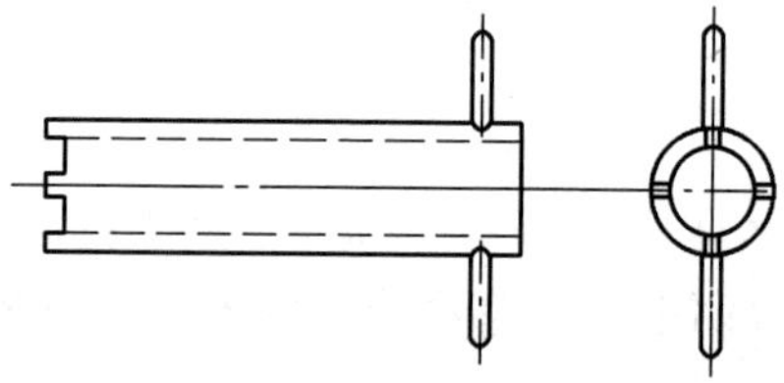	用于埋入孔内的圆螺母、磨床主轴轴瓦锁紧螺母的装卸
拔销器	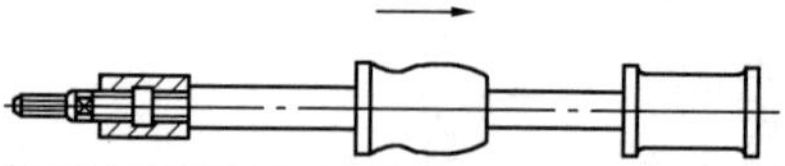	用于拉出带内螺纹的轴、锥销或直销
拉锥度平键工具	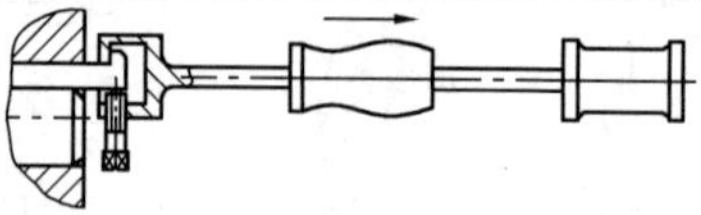	用于拆卸带钩头的锥度平键
螺杆式拉卸工具(扒钩)	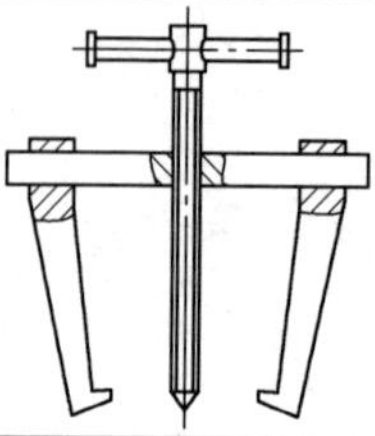	用于拆卸带轮、轴承、齿轮等

续表

名　称	图　　形	用　途
装卸工作台面的架子		用于装卸铣床工作台面等
装卸箱体架子		用于装卸车床溜板箱，进给箱，铣床进给变速箱等
剪刀式吊装架		用于装吊带燕尾的工件，如车床床鞍、平面磨床主轴磨头壳体等
零件存放盘		用于存放拆卸的零部件，还可作零件清洗盘用

名　称	图　　　形	用　途
清洗槽	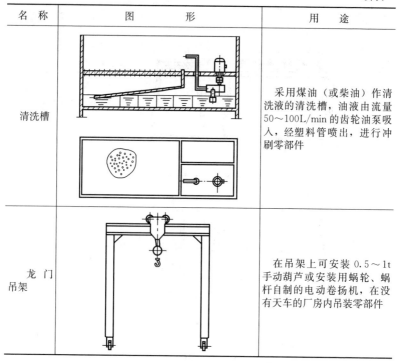	采用煤油（或柴油）作清洗液的清洗槽，油液由流量50～100L/min的齿轮油泵吸入，经塑料管喷出，进行冲刷零部件
龙门吊架		在吊架上可安装0.5～1t手动葫芦或安装用蜗轮、蜗杆自制的电动卷扬机，在没有天车的厂房内吊装零部件

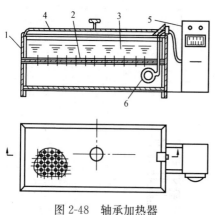

图 2-48　轴承加热器

1—油槽；2—油盘；3—全损耗系统用油；
4—盖；5—电箱；6—螺旋管加热器

三、轴承加热器

轴承加热器是根据模具钳工工作需要自制的一种加热装置。专门用来对轴承体进行加热，以得到所需的轴承膨胀量和去除新轴承表面的防锈油。

轴承加热器的外形及结构如图 2-48 所示。

1. 工作原理

在图 2-48 中，当电箱 5 中开关接通电源后，油槽底部的螺旋管加热器 6

便对油槽中的全损耗系统用油 3 进行加热，使浸泡在油中的轴承体温度升高，从而产生所需要的膨胀量。

2. 基本结构

如图 2-48 所示，轴承加热器由油槽及电箱两部分组成。油槽 1 的中部设有油盘 2，油槽中的全损耗系统用油 3 的油面应超出油盘一定高度，使轴承体放在油盘上后，能浸泡在油液中。油槽的底部装有螺旋管加热器 6，它的加热温度范围为 0～600℃，加热的温度点根据膨胀量的不同可预先设定。电箱 5 中装有调节式测温计，当油温升高到预先设定的温度后，即自动停止加热。油槽还附有油槽盖 4，用来保持油温及减少槽内油的挥发。

3. 操作步骤

以 $\phi 35H5/j6$ 配合的滚动轴承为例。

(1) 由配合符号中得出轴的最大过盈量为 0.011mm，实测轴、孔实际过盈量为 0.003mm，根据实际过盈量由计算得出轴承加热器加热温度为 80～120℃。加热的温度应比计算值高些。

(2) 检查轴承加热器正常后，接通电源，调整加热温度设置旋钮，使指针指向 100℃，加热油槽中介质油。

(3) 将要加热的轴承体用旧电线串成串，系牢。当油温升至 50℃时，打开油箱盖，将轴承放入油箱内油盘上，使轴承全部浸泡在油液中，系轴承电线的另一端引出箱外固定，盖好油箱盖。

(4) 油温显示指针随油温升高移动，当指针指向 100℃时，加热器停止加热。保温一段时间。

(5) 关闭电源，打开油箱盖，抓住穿轴承电线的另一端，提起轴承，悬吊一会，把轴承表面粘的油淌滴回油箱后，取出轴承。

(6) 加热结束。盖好油箱盖，清理现场。

4. 注意事项

(1) 油箱内的介质油加热时，要盖好箱盖，以减少散热及油的挥发。加热温度不要超高。

(2) 加热器停止加热后，保温 8～10min 即可。提取轴承时，由于油温较高，要注意安全。

5．维护保养

（1）轴承加热器应固定专人负责管理，经常保持设备整洁、完好，并定期对设备进行检查，维护。

（2）模具钳工应按操作规程使用设备，保持箱内油液清洁，油量不足时，要及时补加。

四、模具装配机

模具机械装配常用设备有固定式和移动式两种。大型固定式模具装配机（模具翻转机）对大型模具、级进模和复合模的装配可显示出较大的优越性，它不仅可提高模具的装配精度、装配质量，还可缩短模具制造周期，减轻劳动强度。移动式模具装配机主要是为解决小型精密冲模的装配机械化，并为提高装配质量而设计制造的。

移动式模具装配机的结构如图 2-49 所示，它能完成模具装配过程中的找正、定位、调整、试模等工作，装配调试完毕，可以直接在本机上进行试冲（试冲力为 100kN），发现问题可以再调整，直到符合要求。该装配机不配备钻孔设备，其结构为开放式，模具钳工可以在其四周任何一面进行工作，便于装模和修配。

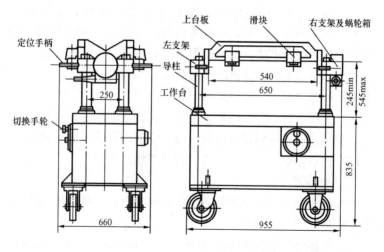

图 2-49　移动式模具装配机结构

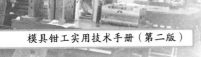
第三章

冲　裁　模

冲裁是利用冲模使材料分离的冲压工艺，它是落料、冲孔、切断、切边、切口、剖切等工序的总称。

冲裁时，材料的变形过程分为三个阶段：

（1）弹性变形阶段：凸模加压，材料发生弹性压缩与弯曲，并略挤入凹模口，如图 3-1（a）所示。

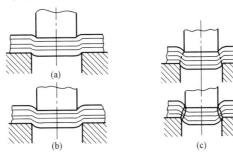

图 3-1　冲裁变形过程
（a）弹性变形阶段；（b）塑性变形阶段；（c）剪切分离阶段

（2）塑性变形阶段：材料内应力达到屈服强度，凸模压入材料，产生塑性的弯曲和拉伸，得到光亮的剪切带，如图 3-1（b）所示。

（3）剪切分离阶段：材料内应力达到抗剪强度，冲裁力达到最大值，光亮带终止。由于应力集中和出现拉应力，靠近凸、凹模刃口处的材料出现裂纹，在间隙值合理时，上、下裂纹向内扩展，最后重合，材料分离，如图 3-1（c）所示，形成粗糙锥形剪裂带。

第一节　冲裁模的种类及冲裁间隙

冲裁时所采用的模具叫冲裁模，它是冲模的一种。冲裁模使部

101

分材料或工(序)件与另一部分材料、工(序)件或废料分离。

一、冲裁模的种类

1. 落料模

落料模是沿封闭的轮廓将制件或工序件与材料分离的冲模。

如图 3-2 所示为冲制锁垫的落料模。该模具有导柱、导套导向,因而凸、凹模的定位精度及工作时的导向性都较好。导套内孔与导柱的配合要求为 H6/h5。凸模断面细弱,为了增加强度和刚度,凸模上部放大。凸模与固定板紧配合,上端带台肩,以防拉下。凹模刃壁带有斜度,冲件不易滞留在刃孔内,同时减轻对刃壁的磨损,一次刃磨量较小,刃口尺寸随刃磨变化。凹模刃口的尺寸决定了落料尺寸。凸模和凹模有刃口间隙。冲裁间隙及比值见表3-1和表 3-2。

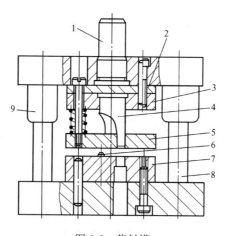

图 3-2　落料模

1—模柄；2—垫板；3—凸模固定板；4—凸模；5—卸料板；
6—定位销；7—凹模；8—导柱；9—导套

在条料进给方向及其侧面装有定位销,其作用是在条料进给时确定冲裁位置。工件从凹模的落料孔中排出,条料由卸料板卸下,这种无导向弹压卸料板广泛用于薄材料和零件要求平整的落料、冲孔、复合模等模具上的卸料。弹压元件可用弹簧和硬橡胶板,卸料效果好,操作方便。

表3-1　金属板料冲裁间隙的分类（GB/T 1673—2010）

项目名称		类别和间隙值				
		I类	II类	III类	IV类	V类
剪切面特征		毛刺细长 α很小 光亮带很大 塌角很小	毛刺中等 α小 光亮带大 塌角小	毛刺一般 α中等 光亮带中等 塌角中等	毛刺较大 α大 光亮带小 塌角大	毛刺大 α大 光亮带最大 塌角最大
塌角高度 R		(2～5)%t	(4～7)%t	(6～8)%t	(8～10)%t	(10～20)%t
光亮带高度 B		(50～70)%t	(35～55)%t	(25～40)%t	(15～25)%t	(10～20)%t
断裂带高度 F		(25～45)%t	(35～50)%t	(50～60)%t	(60～75)%t	(70～80)%t
毛刺高度 h		细长	中等	一般	较高	高
断裂角 α		—	4～7°	7～8°	8～11°	14～16°
平面度 f		好	较好	一般	较差	差
尺寸精度	落料件	非常接近凹模尺寸	接近凹模尺寸	稍小于凹模尺寸	小于凹模尺寸	小于凹模尺寸
	冲孔件	非常接近凸模尺寸	接近凸模尺寸	稍大于凸模尺寸	大于凸模尺寸	大于凸模尺寸
冲裁力		大	较大	一般	较小	小
卸、推料力		大	较大	最小	较小	小
冲裁功		大	较大	一般	较小	小
模具寿命		低	较低	较高	高	最高

模具钳工实用技术手册（第二版）

表3-2　金属板料冲裁间隙值（GB/T 1673—2010）

材料	抗剪强度 τ MPa	初始间隙（单边间隙）/%t				
		I类	II类	III类	IV类	V类
低碳钢 08F, 10F, 10, 20, Q235-A	≥210~400	1.0~2.0	3.0~7.0	7.0~10.0	10.0~12.5	21.0
中碳钢 45, 不锈钢 1Cr18Ni9Ti, 4Cr13, 膨胀合金（可伐合金）4J29	≥420~560	1.0~2.0	3.5~8.0	8.0~11.0	11.0~15.0	23.0
高碳钢 T8A, T10A, 65Mn	≥590~930	2.5~5.0	8.0~12.0	12.0~15.0	15.0~18.0	25.0
纯铝 1060, 1050A, 1035, 1200, 铝合金（软态）3A21, 黄铜（软态）H62, 纯铜（软态）T1, T2, T3	≥65~255	0.5~1.0	2.0~4.0	4.5~6.0	6.5~9.0	17.0
黄铜（硬态）H62, 铅黄铜 HPb59-1, 纯铜（硬态）T1, T2, T3	≥290~420	0.5~2.0	3.0~5.0	5.0~8.0	8.5~11.0	25.0
铝合金（硬态）ZA12, 锡磷青铜 QSn4-4-2.5, 铝青铜 QA17, 铍青铜 QBe2	≥225~550	0.5~1.0	3.5~6.0	7.0~10.0	11.0~13.5	20.0
镁合金 MB1, MB8	≥120~180	0.5~1.0	1.5~2.5	3.5~4.5	5.0~7.0	16.0
电工硅钢	190	—	2.5~5.0	5.0~9.0	—	—

2. 冲孔模

冲孔模是在落料板材或成形冲件上，沿封闭的轮廓分离出废料得到带孔制件的冲模。

（1）冲单孔的冲孔模。冲单孔的冲孔模结构大致与落料模相同，其凸模、凹模也类似于落料模。但冲孔模所冲孔与工件外缘或工件位置精度是由模具上的定位装置来决定的。常用的定位装置有定位销、定位板等。

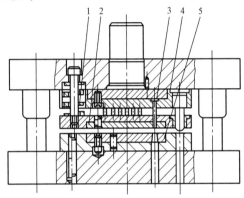

图 3-3　印制板冲孔模

1—矩形弹簧；2—导板；3—凸模；4—凸模固定
板；5—凹模

（2）冲多孔的冲孔模。图 3-3 所示为印制板冲孔模，用于冲裁印制板小孔。孔径为 $\phi1.3mm$，材料为覆铜箔环氧板，厚 1.5mm。为得到较大的压料力，防止孔壁分层，上部采用 6 个矩形弹簧。导板材料为 CrWMn，并淬硬至 $50\sim54HRC$。凸模采用弹簧钢丝，拉好外径后切断、打头，即可装入模具中使用。凸模与固定板动配合。下模为防止废料胀死，漏料孔扩大，工件孔距较近时，漏料孔可互相开通。

（3）深孔冲模。当孔深比 t/D（料厚/孔径）$\geqslant 1$，即孔径等于或小于料厚时，采用深孔冲模结构。图 3-4 所示是凸模导向元件在工作过程中的始末情况，该结构给凸模以可靠的导向。主要特点是导向精度高，凸模全长导向及在冲孔周围先对材料加压。

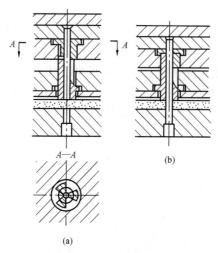

图 3-4　凸模导向元件在工作行程中的始末情况

（a）冲孔开始；（b）冲孔结束

3. 冲裁复合模

冲裁复合模只有一个工位，并在压力机的一次行程中，同时完成落料与冲孔两道冲压工序，如图 3-5 所示。

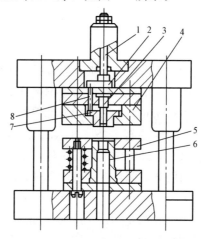

图 3-5　冲裁复合模

1—打杆；2—打板；3—冲孔凸模；4—落料凹模；

5—卸料板；6—凸凹模；7—推板；8—推杆

凸凹模既是落料凸模又是冲孔凹模，因此能保证冲件内外形之间的形状位置。

4. 冲裁级进模

冲裁级进模是在条料的送料方向上，具有两个以上的工位，并在压力机一次行程中，在不同的工位上完成两道或两道以上的冲压工序的冲模。

对孔边距较小的工件，采用复合模有困难，往往采取落料后冲孔，由两副模具来完成，如果采用级进模冲裁则可用一副模具来完成。

为了保证冲裁零件形状间的相对位置精度，常采用定距侧刃和导正销定距的结构。

(1) 定距侧刃。如图 3-6 所示，在条料的侧边冲切一定形状的缺口，该缺口的长度等于步距，条料送进步距就以缺口定距。

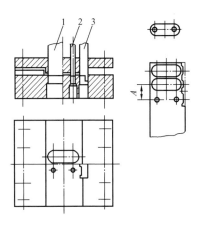

图 3-6 侧刃定距

1—落料凸模；2—冲孔凸模；3—侧刃

(2) 导正销定距。如图 3-7 所示，导正销在冲裁中，先进入预冲的孔中，导正材料位置，保证孔与外形的相对位置，消除送料误差。

在图 3-7 中，冲裁时第一步送料用手按压始用挡料销抵住条料端头，定位后进行第一次冲制，冲孔凸模在条料上冲孔。第一次冲

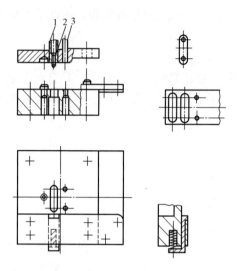

图 3-7　导正销定位

1—落料凸模；2—导正销；3—冲孔凸模

裁后缩回始用挡料销，以后冲压不再使用。第二步把条料向前送至模具上落料的位置，条料的端头抵住固定挡料钉初步定位，此时在第一步所冲的孔已位于落料的位置上。当第二次冲裁时，落料凸模下降，装于落料凸模工作端的导正销首先插进原先冲好的孔内，将条料导正到准确的位置。然后冲下一个带孔的工件，同时冲孔凸模又在条料上预冲好孔，以后各次动作均与第二次相同。

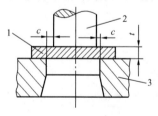

图 3-8　冲裁间隙

1—材料；2—凸模；

3—凹模；t—料厚；

c—冲裁间隙

二、冲裁间隙

冲裁间隙系指凸、凹模刃口间的缝隙的距离，用符号 c 表示，见图 3-8。

1. 冲裁间隙选用依据

选用冲裁间隙值的主要依据是在保证冲裁件断面质量和尺寸精度的前提下，使模具寿命最高。对下列情况应酌情增减冲裁间隙：

（1）在同样条件下，冲孔间隙可比落料时取大些。

（2）冲小孔时（$d<t$），凸模易折断，间隙宜取大些，但应采取防止废料回升的措施。

（3）硬质合金模具应比钢模的间隙大 30％左右。

（4）凹模为斜壁刃口时间隙应比直壁刃口小。

（5）电火花加工凹模型孔时，其间隙应比磨削加工小(0.5％～2％)t。

（6）复合模的凸凹模壁厚较薄时，为防止胀裂，应放大冲孔间隙。

（7）采用弹性压料装置时间隙可大些。

（8）高速冲压时，模具容易发热，间隙应增大，如果行程次数超过 200 次/min 时，间隙应增大 10％左右。

（9）热冲时间隙应减小。

2. 冲裁间隙分类

根据冲件剪切面质量、尺寸精度、模具寿命和力量消耗等因素，将冲裁间隙分为Ⅰ、Ⅱ、Ⅲ类，见表 3-1。

按金属材料的种类、供应状态和厚度给出相应于表 3-1 的三类间隙比值，见表 3-2。

非金属材料红纸板、胶纸板、胶布板的间隙比值分两类。相当于表 3-2 中Ⅰ类时，取(0.5％～2％)t；相当于Ⅱ类时取(>2％～4％)t。纸、皮革、云母纸的间隙比值取(0.25％～0.75％)t。

3. 冲裁间隙选用方法

选用冲裁间隙时，应针对冲件技术要求、使用特点和生产条件等因素，首先按表 3-1 确定拟采用的间隙类别，然后按表 3-2 相应选取该类的间隙的比值，经计算便可得到间隙数值。

按表 3-2 选取冲裁间隙比值时，还要注意：

（1）表中适用于厚度为 10mm 以下的金属材料。考虑到料厚对间隙比值的影响，将料厚分成 0.1～1.0mm、1.2～3.0mm、3.5～6.0mm、7.0～10.0mm 四挡。当料厚为 0.1～1.0mm 时，各类间隙比值取下限值，并以此为基数，随着料厚的增加，再逐挡递增(0.5％～1.00％)t(非金属或低碳钢取小值，中碳钢或高碳钢取大值)。

（2）凸、凹模的制造偏差和磨损均使间隙变大，故新模具应取最小间隙。

（3）其他金属材料的间隙比值可参照表中抗剪强度相近的材料选取。

第二节 冲裁力、卸料力、推件力和顶件力

一、冲裁力

1. 冲裁力计算

冲裁力 F_0 的大小取决于冲裁内外周边的总长度、材料的厚度和抗拉强度，计算公式为

$$F_0 = f_1 Lt\sigma_b \qquad (3\text{-}1)$$

式中　f_1——系数，取决于材料的屈强比，可从图3-9求得；

　　　L——冲裁内外周边的总长，mm；

　　　t——材料厚度，mm；

　　　σ_b——材料的抗拉强度，MPa。

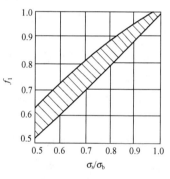

图3-9　f_1 与材料屈强比的关系

2. 降低冲裁力的方法

（1）波形刃口。波形刃口冲裁时材料是逐步分离的，可以减小冲裁力和冲裁时的振动和噪声。其结构按冲裁要求决定：落料时为了得到平整的工件，凸模做成平刃，凹模做成波刃 ［图3-10（a）、(b)］；冲孔时则相反 ［图3-10（c）、(d)］。波形刃口应力求对称。

波形刃口冲裁力 F_b 按下式计算，减力程度与波峰高度 h、波角 φ 有关

$$F_b = kF_0 \qquad (3\text{-}2)$$

式中　k——减力系数，见表3-3；

　　　F_0——平刃口冲裁力，N。

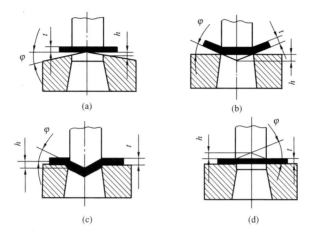

图 3-10 波刃结构

（a）、（b）落料；（c）、（d）冲孔

表 **3-3** 波 刃 参 数

t（mm）	h（mm）	φ（°）	k
＜3	$2t$	＜5°	0.5～0.3
3～10	t	＜8°	0.8～0.5

（2）阶梯凸模 在多个凸模冲裁中，凸模可设计成高低不同的阶梯形式，如图 3-11 所示。由于各凸模不同时接触材料，因此总冲裁力不是各凸模冲裁力之和。在决定压力机吨位时，应分别计算每个凸模的冲裁力，取其中最大的冲裁力作为确定压力机吨位的依据。

材料加热红冲也是行之有效的减力方法。

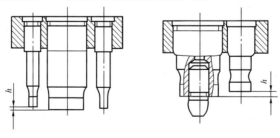

图 3-11 阶梯凸模

二、卸料力、推件力和顶件力计算

冲裁时工件或废料从凸模上卸下的卸料力 F_1，从凹模内将工件或废料顺冲裁方向推出的推件力 F_2，逆冲裁方向顶出的顶件力 F_3 分别按以下公式计算

$$F_1 = k_1 F_0 \tag{3-3}$$

$$F_2 = n k_2 F_0 \tag{3-4}$$

$$F_3 = k_3 F_0 \tag{3-5}$$

式中　　　F_0——冲裁力，N；

　　　　　n——同时卡在凹模内的工件或废料的数目；

k_1，k_2，k_3——卸料力、推件力和顶件力系数，按表3-4选取。

表 3-4　　　　　　　卸料力、推件力和顶件力系数

材　料	t（mm）	k_1	k_2	k_3
钢	≤0.1	0.065～0.075	0.1	0.14
	>0.1～0.5	0.045～0.055	0.065	0.08
	>0.5～2.5	0.04～0.05	0.055	0.06
	>2.5～6.5	0.03～0.04	0.045	0.05
	>6.5	0.02～0.03	0.025	0.03
铝、铝合金	—	0.025～0.08	0.03～0.07	0.03～0.07
纯铜、黄铜		0.02～0.06	0.03～0.09	0.03～0.09

注　k_1 在冲多孔、大搭边和轮廓复杂时取上限值。

第三节　排样和搭边

合理的排样和搭边应保证材料的利用率高，模具的结构简单，工件质量好，操作方便，生产率高。

一、排样

1. 条料上的排样

有搭边的排样如表3-5所示，无搭边的排样如表3-6所示；条料的宽度精度（见表3-7）和送料精度能满足零件的尺寸精度时可采用无搭边排样，它是节约材料的有效途径。

表 3-5   有搭边排样形式

形式	简 图	用 途
直排	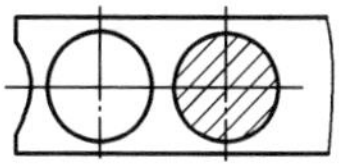	几何形状简单的零件（如圆形等）
斜排	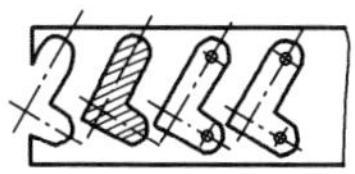	Γ形或其他复杂外形零件，这些零件直排时废料较多
对排	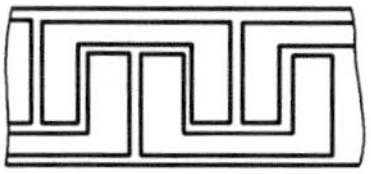	T、Π、Ш形零件，这些零件直排或斜排时废料较多
混合排	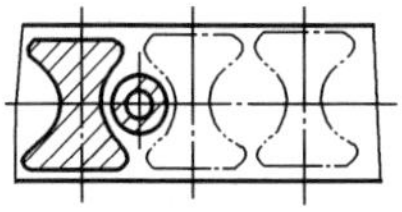	两个材料及厚度均相同的不同零件，适于大批量生产
多排	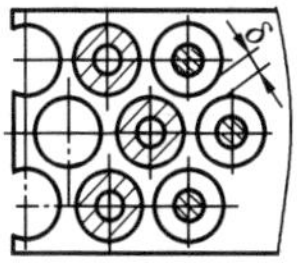	大批量生产中轮廓尺寸较小的零件
冲裁搭边	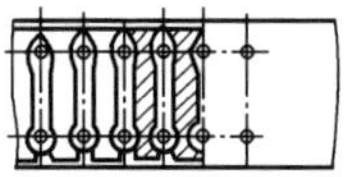	大批量生产中小而窄的零件

2. 板料上的排样

板料上排样应注意以下事项：

（1）注意板料轧制纤维方向，以防止弯曲类零件的开裂。

（2）如果条料宽度就是工件的尺寸时，其所能达到的尺寸精度就是下料精度，可按表 3-7 确定。

（3）手工送料时，条料长度不宜超过 1～1.5m。

（4）当余料尺寸较大又无法避免时，应尽可能保留完整的余料，如图 3-12 所示，供其他冲压件应用。

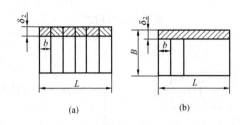

图 3-12　板料排样

（a）余料被剪碎；（b）余料完整

表 3-6　　　　　　　　无搭边排样形式

形式	简　图	用　途
直排		矩形零件
斜排		Γ形或其他形状零件，在外形上允许有不大的缺陷
对排		梯形零件
混合排		两外形互相嵌入的零件（铰链或Π-Ш形等）
多排		大批量生产中尺寸较小的矩形、方形及六角形零件
冲裁搭边		用宽度均匀的条料或卷料制造的长形件

表 3-7　　　　　　　　　斜刃剪板机下料精度　　　　　　　　　　mm

板厚	宽　　　　　度				
t	＜50	50～100	100～150	150～220	220～300
＜1	+0.2	+0.2	+0.3	+0.3	+0.4
	−0.3	−0.4	−0.5	−0.6	−0.6
1～2	+0.2	+0.3	+0.3	+0.4	+0.4
	−0.4	−0.5	−0.6	−0.6	−0.7
2～3	+0.3	+0.4	+0.4	+0.5	+0.5
	−0.6	−0.6	−0.7	−0.7	−0.8
3～5	+0.4	+0.5	+0.5	+0.6	+0.6
	−0.7	−0.7	−0.8	−0.8	−0.9

二、搭边

冲裁件的合理搭边值见表 3-8。

表 3-8　　　　　　　　　冲裁件合理搭边值　　　　　　　　　　mm

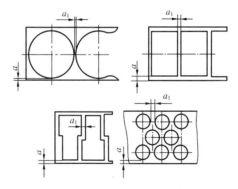

料　厚	手　送　料						自动送料	
	圆　形		非圆形		往复送料			
t	a	a_1	a	a_1	a	a_1	a	a_1
≤1	1.5	1.5	2	1.5	3	2	2.5	2
＞1～2	2	1.5	2.5	2	3.5	2.5	3	2
＞2～3	2.5	2	3	2.5	4	3.5	3.5	3
＞3～4	3	2.5	3.5	3	5	4	4	3
＞4～5	4	3	5	4	6	5	5	4
＞5～6	5	4	6	5	7	6	6	5
＞6～8	6	5	7	6	8	7	7	6
＞8	7	6	8	7	9	8	8	7

注　非金属材料（皮革、纸板、石棉等）的搭边值应比金属大 1.5～2 倍。

第四节 冲 裁 件

一、冲裁件结构工艺性

冲裁件的结构工艺性应考虑以下原则：

1. 形状应尽量简单

由规则的几何形状如圆弧与互相垂直的直线所组成，有利于节约材料，减少工序，提高模具寿命和降低工件成本。

2. 外形和内孔应避免尖角

冲裁件的外形和内孔应避免尖角，如有适当的圆角时，一般圆角半径 R 应大于料厚的一半，即 $R>0.5t$。

3. 优先选用圆形孔

由于受凸模强度的限制，冲模冲孔的最小尺寸见表 3-9。

表 3-9　　　　　　　　　冲孔的最小尺寸　　　　　　　　　mm

材　　料	冲孔最小直径或最小边长	
	圆　孔	方　孔
硬钢	$1.3t$	$1t$
软钢及黄铜	$1t$	$0.7t$
铝	$0.8t$	$0.5t$
夹布胶木及夹纸胶木	$0.4t$	$0.35t$

4. 冲裁件上应避免窄长的悬臂和凹槽

悬臂和凹槽的宽度 b ［图 3-13（a）］应大于或等于料厚的 2 倍，即 $b\geqslant2t$。对于高碳钢、合金钢等硬材允许值应增加 $30\%\sim50\%$，对于黄铜、铝等较软材料允许值可减少 $20\%\sim25\%$。

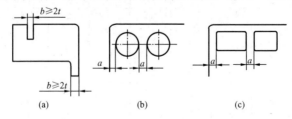

图 3-13　悬臂、凹槽、孔边距、孔间距

5. 冲裁件的孔边距和孔间距

如图 3-13（b）、（c）所示，孔间距 a 应大于或等于料厚的 2 倍，即 $a \geqslant 2t$。但要保证 $a > 3 \sim 4mm$。用连续模冲裁且工件精度要求不高时，a 可适当减小，但是不能小于 t。

二、冲裁件尺寸公差

冲裁件长度、孔间距、孔边距、直径的极限偏差按表 3-10 确定，分为 A、B、C、D 四个精度等级。

冲裁件圆弧半径 R（表 3-10 中的图）的极限偏差按表 3-11 确定。

表 3-10　　　　　冲裁件长度 L、直径 D、d 的极限偏差　　　　mm

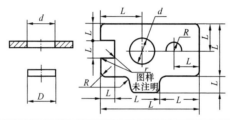

基本尺寸	精度等级	厚度尺寸范围				
		$>0.1 \sim 1$	$>1 \sim 3$	$>3 \sim 6$	$>6 \sim 10$	>10
>1～6	A	±0.05	±0.10	±0.15	—	—
	B	±0.10	±0.15	±0.20	—	—
	C	±0.20	±0.25	±0.30	—	—
	D	±0.40	±0.50	±0.60	—	—
>6～18	A	±0.10	±0.13	±0.15	±0.20	
	B	±0.20	±0.25	±0.25	±0.30	
	C	±0.30	±0.40	±0.50	±0.60	
	D	±0.60	±0.80	±1.00	±1.2	
>18～50	A	±0.12	±0.15	±0.20	±0.25	±0.35
	B	±0.25	±0.30	±0.35	±0.40	±0.50
	C	±0.50	±0.60	±0.70	±0.80	±1.00
	D	±1.00	±1.20	±1.40	±1.60	±2.00
>50～180	A	±0.15	±0.20	±0.25	±0.30	±0.40
	B	±0.30	±0.35	±0.45	±0.55	±0.65
	C	±0.60	±0.70	±0.90	±1.10	±1.30
	D	±1.20	±1.40	±1.80	±2.20	±2.60

续表

基本尺寸	精度等级	厚度尺寸范围				
		>0.1~1	>1~3	>3~6	>6~10	>10
>180~400	A	±0.20	±0.25	±0.30	±0.40	±0.50
	B	±0.40	±0.50	±0.60	±0.80	±1.00
	C	±0.80	±1.00	±1.20	±1.60	±2.00
	D	±1.40	±1.60	±2.00	±2.60	±3.20
>400~1000	A	±0.35	±0.40	±0.45	±0.50	±0.70
	B	±0.70	±0.80	±0.90	±1.00	±1.40
	C	±1.40	±1.60	±1.80	±2.00	±2.80
	D	±2.40	±2.60	±2.80	±3.20	±3.60
>1000~3150	A	±0.60	±0.70	±0.80	±0.85	±0.90
	B	±1.20	±1.40	±1.60	±1.70	±1.80
	C	±2.40	±2.80	±3.00	±3.20	±3.60
	D	±3.20	±3.40	±3.60	±3.80	±4.00

表 3-11　　　　　　冲裁件圆弧半径 R 的极限偏差　　　　　mm

基本尺寸	精度等级	厚度尺寸范围				
		>0.1~1	>1~3	>3~6	>6~10	>10
>1~6	A、B	±0.20	±0.30	±0.40	—	—
	C、D	±0.40	±0.50	±0.60	—	—
>6~18	A、B	±0.40	±0.50	±0.50	±0.60	—
	C、D	±0.60	±0.80	±1.00	±1.20	—
>18~50	A、B	±0.50	±0.60	±0.70	±0.80	±1.00
	C、D	±1.00	±1.20	±1.40	±1.60	±2.00
>50~180	A、B	±0.60	±0.70	±0.90	±1.10	±1.30
	C、D	±1.20	±1.40	±1.80	±2.20	±2.60

三、冲裁件的公差等级

冲裁件普通级的公差等级为 IT12~IT14。冲裁件精密级的公差等级为 IT9~IT12。冲裁件普通级的角度公差等级为 C 级。冲裁件精密级的角度公差等级为 m 级。

四、冲裁件的质量分析

冲裁件的质量分析见表 3-12。

表 3-12 冲裁件的质量分析

序号	缺　　陷	消 除 方 法
1	工件上部形成侧锤形的齿状毛刺	合理调整凸模和凹模的间隙及修磨工作部分的刃口
2	工件有较厚的拉断毛刺，切断边缘上斜角显著，断面粗糙，且上下裂缝不重合而有凹坑现象	
3	工件的一边有显著带斜角的毛刺	
4	落料、冲孔件上产生毛刺，圆角大	
5	工件有凹形圆弧面	修磨凹模口
6	落料外形和冲孔位置不正成偏位现象	修正挡料钉或更换导正销和侧刃
7	工件内小孔孔口破裂及工件有严重变形	修对导正销尺寸

第五节 冲 裁 模 的 设 计

一、冲裁模的结构设计

表 3-13 列出了冲裁模结构设计需要注意的因素。

表 3-13 冲裁模结构设计需要注意的因素

因　素	注　意　事　项
排样	冲裁件的排样（参见表 3-5 和表 3-6）
模具结构	为何采用单工序冲裁模而不用复合模或级进模
	模具结构是否与冲件批量相适应
模架尺寸	模架的平面尺寸，不仅与模块平面尺寸相适应，还应与压力机台面或垫板开空孔大小相适应。用增加或除去垫板的办法使压力机容纳模具时，注意压力机台面（垫板）开孔的改变
送料方向	送料方向（横送、直送）要与选用的压力机相适应
冲裁力	冲裁力计算及减力措施
操作安全	冲孔模应考虑放入和取出工件方便安全
防止失误	冲孔模的定位，宜防止落料平坯正反面都能放入
凸模强度	多凸模的冲孔模，邻近大凸模的细小凸模，应比大凸模在长度上短一冲件料厚，若做成相同长度则容易折断

因　素	注　意　事　项
防止侧向力	单面冲裁的模具，应在结构上采取措施，使凸模和凹模的侧向力相互平衡，不宜让模架的导柱套受侧向力
限位块	为便于校模和存放，模具安装闭合高度限位块，模具工作时限位块不应受压

二、冲裁模与压力机的关系

为了合理设计模具和正确选用压力机，就必须进行冲裁力计算［参见公式（3-1）、式（3-2）］。选择压力机吨位时，应将冲裁力乘以安全系数，其值一般取 1.3。

冲模与压力机的闭合高度也有一定的配合关系，即

$$(H_{max} - h_1) - 5 \geqslant h \geqslant (H_{min} - h_1) + 10 \tag{3-6}$$

式中　H_{max}——压力机最大闭合高度（mm）；

　　　H_{min}——压力机最小闭合高度（mm）；

　　　h_1——压力机垫板厚度（mm）；

　　　h——模具的闭合高度（mm）。

三、冲裁模设计前的准备

1. 熟悉图纸，理解设计意图

在熟悉冲裁件图样和技术要求时，若发现图样上的尺寸公差、形位公差在制造上有困难，要及时同冲裁件设计人员联系，进行修改。对于模具的结构、性能、制造及使用上的问题，模具设计人员也可征求工艺人员和操作者的意见，必要时还可进行交底和会审。

2. 根据批量对模具选型

模具的结构与批量有关，对单件小批和新产品试制，结构要尽量简单，用料也不必考究。只有在批量较大的情况下，模具的结构较复杂，既要求生产率高，又要保证模具寿命。

3. 按模具的结构和冲裁力选择压力机

选择压力机时，应了解以下内容：

（1）压力机闭合高度：即调节螺栓至上限，曲轴处于下限时，滑块端面至压力机工作台之距离。

（2）模柄孔的直径尺寸：安装模具柄部的相配尺寸；如不用模

柄则为采用滑块压板槽的距离及形状。

（3）工作台尺寸：安装模具下模参考尺寸。

（4）压力机冲裁力：明确压力机的冲裁力。

4. 模具结构工艺性应符合制造能力

模具结构工艺性应合理，要符合各企业自行制造能力，尽量避免外协制造，设计上要多采用标准件和外购件，降低制造费用。

四、冲裁模的设计要素

1. 冲裁件的精度及技术要求

设计时，首先考虑模具的结构和形式，要在保证冲裁件精度的前提下，使模具结构简单，制造和维修方便。

2. 操作安全

模具的操作要安全，使用要方便。设计的模具一定要符合安全生产要求，特别是进料和出料部位，要有良好的安全措施。冲模的安装与拆卸也必须方便、可靠。

3. 冲模的选材

模具的材料、种类较多，要根据冲模的不同要求、批量大小、加工设备的能力来考虑。

（1）若模具形状适宜，冲裁件批量大，则要考虑模具的使用寿命，最好采用硬质合金材料。

（2）一般模具要求高硬度和高耐磨性，可选用铬系模具钢。如Cr12，Cr12MoV，CrWMo。

（3）用于热状态下的冲裁模应选用热模钢，如 3Cr2W8V，5CrMnMo。

第四章

弯 曲 模

将毛坯或半成品制件沿弯曲线弯成一定角度和曲率的冲模，叫弯曲模。

根据采用的设备和工具的不同，弯曲分为压弯、滚弯、拉弯和转板。

✐ 第一节 弯曲变形过程及弯曲回弹

一、弯曲变形过程

1. 弯曲变形过程

弯曲过程变形区切向应力的变化如图 4-1 所示。变形区集中在曲率发生变化的部分，外侧受拉，内侧受压。受拉区和受压区以中性层为界。初始阶段变形区内、外表层的应力小于材料的屈服强度 σ_s，这一阶段称为弹性弯曲阶段，如图 4-1(a) 所示。弯曲继续进行时，变形区曲率半径逐渐减小，内、外表层首先由弹性变形状态过渡到塑性变形状态，随后塑性变形由内、外两侧继续向中心扩展，最后达到塑性变形过程，切向应力的变化如图 4-1(b)、(c) 所示。

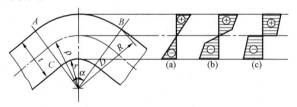

图 4-1 弯曲过程变形区切向应力分布发生的变化

(a) 弹性弯曲；(b) 弹—塑性弯曲；(c) 塑性弯曲

弹性弯曲时，中性层位于料厚的中心，塑性弯曲时，中性层的位置随变形程度的增加而内移。

对于相对宽度（料宽 b 和料厚 t 的比值）$b/t<3$ 的窄板，宽向和厚向材料均可自由变形。弯曲时横截面将产生很大的畸变，如图 4-2 所示，其应变状态是立体的，宽度方向应力为 0，为平面应力状态。

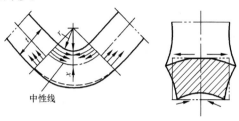

图 4-2　窄板弯曲时横截面的畸变

对于相对宽度 $b/t>3$ 的宽板，宽度方向受到材料的约束，不能自由变形，为平面应变状态，其应力状态是立体的。

2. 最小弯曲半径

弯曲时毛坯变形，外表面在切向拉应力作用下产生的切向伸长变形用式（4-1）计算，即

$$\varepsilon = \frac{1}{2r/t+1} \qquad (4\text{-}1)$$

式中　r——弯曲零件内表面的圆角半径（mm）；

t——料厚（mm）。

从式（4-1）可以看出，相对弯曲半径 r/t 越小，弯曲的变形程度越大。

在使毛坯外层纤维不发生破坏的条件下，能够弯成零件内表面的最小圆角半径称为最小弯曲半径 $r_{\min}$，实际生产中用它来表示弯曲工艺的极限变形程度。

影响最小弯曲半径的因素如下：

（1）材料的力学性能。材料的塑性指标越高，最小弯曲半径的数值越小。

（2）弯曲线的方向。弯曲线与材料轧纹方向垂直时，最小弯曲半径的数值最小。平行时，数值最大。

（3）板材的表面质量和剪切面质量。质量差会使材料最小弯曲半径增大，清除毛刺和剪切面硬化层有利于提高弯曲的极限变形

程度。

(4) 弯曲角。弯曲角较小时，变形区附近的直边部分也参与变形，对变形区外层濒于拉裂的极限状态有缓解作用，有利于降低最小弯曲半径。弯曲角对最小弯曲半径的影响如图 4-3 所示。$\alpha < 70°$ 时影响显著。

(5) 材料厚度。厚度较小时，切向应力变化梯度大，邻近的内层可起到阻止外表面金属产生局部的不稳定塑性变形作用。这种情况下可获得较大的变形和较小的最小弯曲半径。料厚对最小弯曲半径的影响如图 4-4 所示。

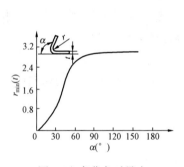

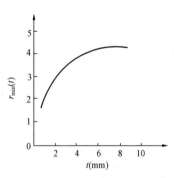

图 4-3 弯曲角对最小
弯曲半径的影响

图 4-4 料厚对最小
弯曲半径的影响

各种材料的最小弯曲半径见表 4-1。

表 4-1   各种材料的最小弯曲半径

材 料		弯曲线与轧纹方向垂直	弯曲线与轧纹方向平行
牌 号	状 态		
08F、08Al		$0.2t$	$0.4t$
10、15		$0.5t$	$0.8t$
20		$0.8t$	$1.2t$
25、30、35、40、10Ti、13MoTi、16MnL		$1.3t$	$1.7t$
65Mn	退火	$2.0t$	$4.0t$
	硬	$3.0t$	$6.0t$

材 料		弯曲线与轧纹方向垂直	弯曲线与轧纹方向平行
牌　号	状　态		
1Cr18Ni9	硬	0.5t	2.0t
	半硬	0.3t	0.5t
	软	0.1t	0.2t
1J79	硬	0.5t	2.0t
	软	0.1t	0.2t
3J1	硬	3.0t	6.0t
	软	0.3t	6.0t
3J53	硬	0.7t	1.2t
	软	0.4t	0.7t
TA1	硬	3.0t	4.0t
TA5	硬	5.0t	6.0t
TB2	硬	7.0t	8.0t
H62	硬	0.3t	0.8t
	半硬	0.1t	0.2t
	软	0.1t	0.1t
HPb59-1	硬	1.5t	2.5t
	软	0.3t	0.4t
BZn15-20	硬	2.0t	3.0t
	软	0.3t	0.5t
QSn6.5-0.1	硬	1.5t	2.5t
	软	0.2t	0.3t
QBe2	硬	0.8t	1.5t
	软	0.2t	0.2t
T2	硬	1.0t	1.5t
	软	0.1t	0.1t
L3（1050A）、L4（1035）	硬	0.7t	1.5t
	软	0.1t	0.2t
LC4（7A04）	淬火加人工时效	2.0t	3.0t
	软	1.0t	1.5t

续表

材料		弯曲线与轧纹方向垂直	弯曲线与轧纹方向平行
牌　号	状　态		
LF5（5A05）、LF6（5A06）、LF21（3A21）	硬	2.5t	4.0t
	软	0.2t	0.3t
LY12（2A12）	淬火加自然时效	2.0t	3.0t
	软	0.3t	0.4t

注 1. t 为材料厚度。

2. 表中数值适用于下列条件：原材料为供货状态，90°角 V 形校正压弯，材料厚度小于 20mm，宽度大于 3 倍料厚，剪切面的光亮带在弯角外侧。

二、弯曲回弹

塑性弯曲和任何一种塑性变形一样，外载卸除以后，都伴随有弹性变形，使工件尺寸与模具尺寸不一致，这种现象称为回弹。回弹的表现形式有两种，如图 4-5 所示。

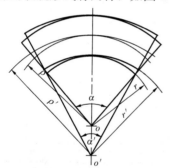

第一种，曲率减小。曲率由卸载前的 $\frac{1}{\rho}$ 减小至卸载后的 $\frac{1}{\rho'}$。回弹量 $\Delta R = \frac{1}{\rho} - \frac{1}{\rho'}$。

第二种，弯角减小。弯曲角由卸载前的 α 角减少至卸载后的 α'。回弹角 $\Delta\alpha = \alpha - \alpha'$。

图 4-5　弯曲时的回弹

1. 影响回弹的因素

（1）材料的力学性能。材料的屈服点 σ_s 越大，硬化指数 n 越大，弹性模量 E 越小，回弹量越大。

（2）相对弯曲半径减小，变形程度增大时，回弹量减小。

（3）弯曲角 α。α 越大，变形区长度越大，$\Delta\alpha$ 越大，对曲率的回弹无影响。

（4）弯曲条件：

1）弯曲方式及模具结构。不同的弯曲方式和模具结构，对毛坯弯曲过程、受力状态及变形区和非变形区都有关系，直接影响回弹的数值。

2）弯曲力。弯曲工艺经常采用带有一定校正成分的弯曲方法，校正力对回弹量有影响，但单角弯曲和双角弯曲影响各不相同。

3）模具的几何参数。凸、凹模间隙，凸模圆角半径，凹模圆角半径对回弹的影响示于图 4-6～图 4-8。

2. 回弹量

几种碳钢作 V 形弯曲时，不同弯曲角、不同相对弯曲半径时的回弹角 $\Delta\alpha$ 如图 4-9～图 4-12 所示。

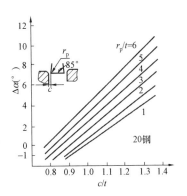

图 4-6 凸、凹模间隙对回弹的影响

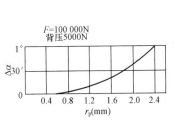

图 4-7 凸模圆角半径对回弹的影响

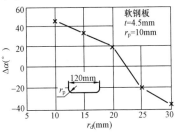

图 4-8 凹模圆角半径对回弹的影响

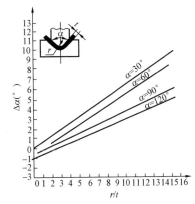

图 4-9 08～10 钢弯曲时的回弹角 $\Delta\alpha$

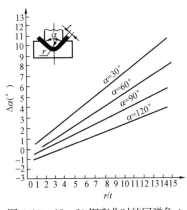

图 4-10 15～20 钢弯曲时的回弹角 $\Delta\alpha$

127

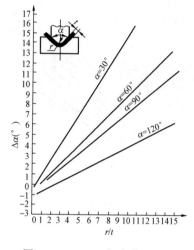

图 4-11　25～30 钢弯曲时的回
弹角 $\Delta\alpha$

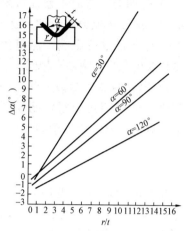

图 4-12　35 钢弯曲时的
回弹角 $\Delta\alpha$

3. 减小回弹的措施

（1）修正工作部分的几何形状。根据有关资料提供的回弹值，对模具工作部分的几何形状作相应的修正。

（2）调整影响因素。利用弯曲毛坯不同部位回弹的规律，适当地调整各种影响因素（如模具的圆角半径、间隙、开口宽度、顶件板的反压、校正力等）来抵消回弹。图 4-13 是将凸模端面和顶件板做成弧形。卸载时利用弯曲件底部的回弹来补偿两个圆角部分的回弹。

（3）控制弯曲角。利用聚氨酯橡胶等软凹模取代金属刚性凹模，采用调节凸模压入软凹模深度的方法来控制弯曲角，使卸载回弹后零件的弯曲角符合精度要求，如图
4-14所示。

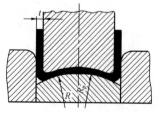

图 4-13　弧形凸模的补偿作用

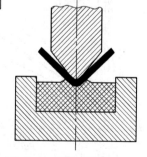

图 4-14　弹性凹模弯曲图

（4）改变凸模局部形状。将弯曲凸模做成局部突起的形状或减小圆角部分的模具间隙，使凸模力集中作用在弯曲变形区。改变变形区外侧受拉内侧受压的应力状态，变为三向受压的应力状态，改变了回弹性质，达到减小回弹的目的，如图 4-15～图 4-17 所示。

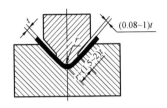

图 4-15　凸模局部凸起的
单角弯曲

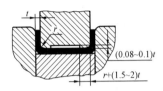

图 4-16　凸模局部凸起的
双角弯曲

（5）采用带摆动块的凹模结构。如图 4-18 所示，可以采用带摆动块的凹模结构。

（6）采用提高工件结构刚性的办法。如图 4-19～图 4-21 所示，可以采用提高工件结构刚性的办法减小回弹量。

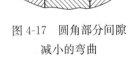

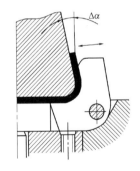

图 4-17　圆角部分间隙
减小的弯曲

图 4-18　带摆动块的
凹模结构

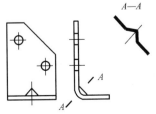

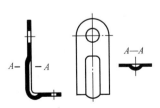

图 4-19　在弯角部位加三角筋　　图 4-20　在弯角部位加条形筋

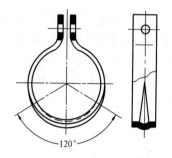

图 4-21　在环箍上加筋

（7）采用拉弯。拉弯如图 4-22 所示，在毛坯弯曲时加以切向拉力，改变毛坯横截面内的应力分布，使之趋于均匀，内、外两侧都受拉，以减少回弹。

三、弯曲有关计算

1. 弯曲毛坯展开长度的计算

由于弯曲前后中性层的长度不变，因此弯曲毛坯的展开长度为直线部分和弯曲部分中性层长度之和。中性层曲率半径如图 4-23 所示。

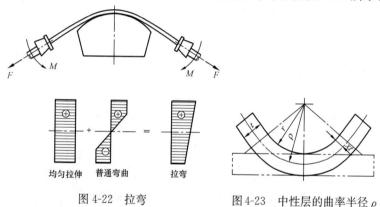

均匀拉伸　　普通弯曲　　拉弯

图 4-22　拉弯　　　　　　图 4-23　中性层的曲率半径 ρ

中性层曲率半径按下式计算

$$\rho = r + xt \tag{4-2}$$

式中　x——中性层位移系数，按表 4-2 选取；

　　　ρ——中性层曲率半径（mm）；

　　　t——毛坯的厚度（mm）。

2. 弯曲力的计算

弯曲力是设计模具和选择压力机的重要依据。影响弯曲力的因素很多，包括材料的性能、工件的形状、弯曲的方法以及模具结构等。很难用理论方法准确计算弯曲力，在生产中通常采用表 4-3 所列的经验公式进行弯曲力估算。

表 4-2   中性层位移系数

$\dfrac{r}{t}$	弯 曲 形 式			
0.3	0.1	0.21	—	—
0.5	0.14	0.23	0.1	0.77
0.6	0.16	0.24	0.11	0.76
0.7	0.18	0.25	0.12	0.75
0.8	0.2	0.26	0.13	0.73
0.9	0.22	0.27	0.14	0.72
1	0.23	0.28	0.15	0.70
1.1	0.24	0.29	0.16	0.69
1.2	0.25	0.30	0.17	0.67
1.3	0.26	0.31	0.18	0.66
1.4	0.27	0.32	0.19	0.64
1.5	0.28	0.33	0.20	0.62
1.6	0.29	0.34	0.21	0.60
1.8	0.30	0.35	0.23	0.56
2.0	0.31	0.36	0.25	0.54
2.5	0.32	0.38	0.28	0.52
3	0.33	0.41	0.32	0.50
4	0.36	0.45	0.37	0.50
5	0.41	0.48	0.42	0.50
6	0.46	0.50	0.48	0.50

注　1. 本表适用于低碳钢。

　　2. 表中 V 形压弯角度按 $90°$ 考虑，当弯曲角 $\alpha < 90°$ 时，x 应适当减小，反之应适当增大。

131

表 4-3 计算弯曲力的经验公式

弯曲方式	简 图	经验公式	备 注
V 形自由弯曲		$p = \dfrac{Cbt^2\sigma_b}{2L}$ $= Kbt\sigma_b$ $K \approx \left(1+\dfrac{2t}{L}\right)\dfrac{t}{2L}$	p—弯曲力（N）； b—弯曲件宽度（mm）； σ_b—抗拉强度（MPa）； t—料厚（mm）； $2L$—支点内距离（mm）； r_p—凸模圆角半径（mm）； C—系数，$C=1\sim1.3$； K—系数
V 形接触弯曲		$p = 0.6\dfrac{Cbt^2\sigma_b}{r_p+t}$	
U 形自由弯曲		$p = Kbt\sigma_b$	p—弯曲力（N）； b—弯曲件宽度（mm）； σ_b—抗拉强度（MPa）； t—料厚（mm）； r_p—凸模圆角半径（mm）； C—系数，$C=1\sim1.3$； K—系数，$K\approx0.3\sim0.6$； A—校形部分投影面积（mm^2）； q—校形所需单位压力（MPa），见表 4-4
U 形接触弯曲		$p = 0.7\dfrac{Cbt^2\sigma_b}{r_p+t}$	
校形弯曲的校形力		$p_c = A \cdot q$	

表 4-4 校形弯曲时的单位压力　　　　　　　　　MPa

材　料	材料原度 t（mm）	
	<3	$3\sim10$
铝	30～40	50～60
黄 铜	60～80	80～100
10～20 钢	80～100	100～120
25～35 钢	100～120	120～150
钛合金 BT1	160～180	180～210
钛合金 BT3	160～200	200～260

🗝 第二节 弯 曲 件

一、弯曲件结构工艺性

弯曲件结构工艺性直接影响产品的质量和生产成本，是设计弯曲零件的主要依据。

1. 弯曲半径

弯曲件的圆角半径应大于表 4-1 所示最小弯曲半径，但也不宜过大。弯曲半径过大时，受回弹的影响，弯曲角度和弯曲半径的精度都不易保证。

2. 弯边高度

弯直角时，为了保证工件的质量，弯边高度 h 必须大于最小弯边高度 h_{min}，如图 4-24 所示，即

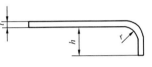

图 4-24　弯边高度

$$h > h_{min} = r + 2t$$

3. 局部弯曲根部结构

局部弯曲根部由于应力集中容易撕裂，需在弯曲部分和不弯曲部分之间冲孔［图 4-25（a）］、切槽［图 4-25(b)］或将弯曲线位移一定距离［图 4-25(c)］。

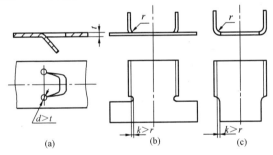

图 4-25　局部弯曲根部结构

（a）冲孔；（b）切槽；（c）弯曲线位移一定距离

4. 弯曲件的孔边距

孔位过于靠近弯曲区时孔会产生变形，图 4-26 所示孔边到弯边的距离 l 满足以下条件时，可以保证孔的精度。

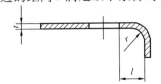

图 4-26　弯曲件的孔边距

$t < 2mm$ 时　$l \geqslant r + t$

$t \geqslant 2mm$ 时　$l \geqslant r + 2t$

二、弯曲件公差

弯曲件的精度要求应合理。影响弯曲件精度的因素很多，如材料厚度

公差、材料性质、回弹、偏移等。对于精度要求较高的弯曲件，必须减小材料厚度公差，消除回弹。但这在某些情况下有一定困难，因此，弯曲件的尺寸精度一般在IT1 3级以下。角度公差最好大于1.5′。一般弯曲件长度的自由公差见表4-5，角度的自由公差见表4-6。

表 4-5　　　　　　　　　弯曲件长度的自由公差　　　　　　　　　　mm

长度尺寸		3～6	>6～18	>18～50	>50～120	>120～260	>260～500
材料厚度	≤2	±0.3	±0.4	±0.6	±0.8	±1.0	±1.5
	>2～4	±0.4	±0.6	±0.8	±1.2	±1.5	±2.0
	>4	—	±0.8	±1.0	±1.5	±2.0	±2.5

表 4-6　　　　　　　　　弯曲件角度的自由公差

L (mm)	≤6	>6～10	>10～18	>18～30
$\Delta\alpha$ (°)	±3°	±2°30′	±2°	±1°80′
L (mm)	>30～50		>50～80	>80～120
$\Delta\alpha$ (°)	±1°15′		±1°	±50°
L (mm)	>120～180		>180～260	>260～360
$\Delta\alpha$ (°)	±40′		±30′	±25′

三、弯曲件的工序确定原则及工序安排

1. 弯曲件工序的确定原则

除形状简单的弯曲件外，许多弯曲件都需要经过几次弯曲成形才能达到最后要求。为此，就必须正确确定工序的先后顺序。弯曲件工序的确定，应根据制件形状的复杂程度、尺寸大小，精度高低，材料性质、生产批量等因素综合考虑。如果弯曲工序安排合理，可以减少工序，简化模具；反之，不仅费工时，且得不到满意的制件。工序确定的一般原则如下：

（1）对于形状简单的弯曲件，如 V 形、U 形、Z 形件等，尽可能一次弯成。

（2）对于形状较复杂的弯曲件，一般需要二次或多次弯曲成形，如图 4-27、图 4-28 所示。多次弯曲时，应先弯外角后弯内角，并应保证后一次弯曲不影响前一次弯曲部分，以及前一次弯曲必须使后一次弯曲有适当的定位基准。

（3）弯曲角和弯曲次数多的制件，以及非对称形状制件和有孔

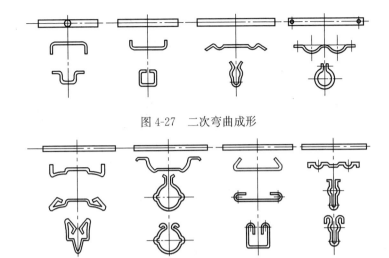

图 4-27 二次弯曲成形

图 4-28 三次弯曲成形

或有切口的制件等，由于弯曲很容易发生变形或出现尺寸误差，为此，最好在弯曲之后再切口或冲孔。

（4）对于批量大、尺寸小的制件，如电子产品中的接插件，为了提高生产率，应采用有冲裁、压弯和切断等多工序的连续冲压工艺成形，如图 4-29 所示。

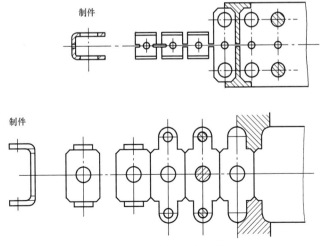

图 4-29 连续工艺成形

（5）非对称的制件，若单件弯曲时毛坯容易发生偏移，应采用成对弯曲成形，弯曲后再切开，如图 4-30 所示。

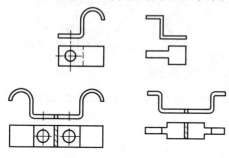

图 4-30　成对弯曲成形

2. 弯曲件的工序安排

对弯曲件安排弯曲工序时，应仔细分析弯曲件的具体形状、精度和材料性能。特别小的工件，尽可能采用一次弯曲成形的复杂弯曲模，这样有利于定位和操作。若弯曲件本身带有单面几何形状，在结构上宜采用成对弯曲，这样既改善模具的受力状态，又可防止弯曲毛料的滑移。

弯曲件的工序安排见表 4-7。

表 4-7　　　　　　　　　　　　弯曲件的工序安排

分　类	简　图		
二道弯曲工序	展开图	第一道弯曲	第二道弯曲
三道弯曲工序	展开图	第一道弯曲　第二道弯曲　第三道弯曲	
对称弯曲			

第三节 弯曲模的结构设计

一、弯曲模的设计要点

弯曲模的结构与一般冲裁模很相似，也有上模和下模两部分，并由凸模、凹模、定位件、卸料件、导向件及紧固件等组成。但是，弯曲模有它自己的特点，如凸、凹模的工作部分一般都有圆角，凸、凹模除一般动作外，有时还有摆动或转动等动作。设计弯曲模是在确定弯曲工序的基础上进行的，为了达到制件要求，设计时必须注意：

（1）毛坯放置在模具上应有准确的定位。首先，应尽量利用制件上的孔定位。如果制件上的孔不能利用，则应在毛坯上设计出工艺孔。图 4-31 所示是用导正销定位。图 4-31（a）是以毛坯的外形作粗定位，用凸模上的导正销作精定位，它适合平而厚的板料弯曲，所得部件精度好，生产率也高。对于采用外形定位有困难或制件材料较薄时，应利用装在压料板上的导正销定位，见图 4-31（b），此时压料板与凹模之间不允许有窜动。在不得已的情况下，要使用发生变形的部位作定位时，应有不妨碍材料移动的结构，见图 4-31（c）。应该说明的是，当多道工序弯曲时，各工序要有同一定位基准。

（2）在压弯过程中，应防止毛坯滑动或偏移。对于外形尺寸很

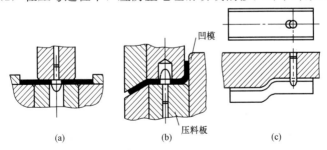

图 4-31 用导正销定位
（a）用毛坯外形粗定位，导正销精定位；（b）压料板导正销定位；
（c）用发生变形的部位作定位

137

大的制件，毛坯的压紧装置应尽可能地利用压机上的气垫。它与弹簧相比，易于获得较大的行程，且力量大，在工作中可保持恒定压力。缺点是受所用压力机类别的限制，且会给模具的安装调整带来

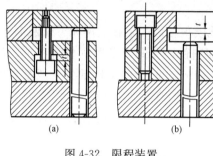

一些困难。当压力垫为浮动结构时，为了安全，必须防止因强大的弹力作用使某些板件飞出的危险，而应将其设计成如图 4-32 所示的限程装置。在弯曲小件时，可以用专用弹簧式压力垫（有时也兼作定

图 4-32　限程装置

位用）。对于上模，通常采用弹簧或橡皮压料装置。

（3）消除回弹。为了消除回弹，在冲程结束时，应使制件在模具中得到校正，或在模具结构上考虑能消除回弹的具体措施。

（4）要有利于安全操作，并保证制件质量。毛坯放入和压弯后从模具中取出，均应迅速方便；为尽量减少制件在压弯过程中的拉长、变薄和划伤等现象（这对于复杂的多角弯曲尤为重要），弯曲模的凹模圆角半径应光滑，凸、凹模间的间隙不宜过小；当有较大的水平侧向力作用于模具零件上时，应尽量予以均衡掉。

二、常见弯曲模具结构介绍

弯曲模随弯曲件的不同而有各种不同结构，这里主要介绍一些常见的单工序结构模具。

1. V 形件弯曲模

V 形件即单角弯曲件，可以用两种方法弯曲：一种是按弯角的角平分线方向弯曲，称为 V 形弯曲；另一种是垂直于一条边的方向弯曲，称为 L 形弯曲。

V 形弯曲模的基本形式如图 4-33 所示，图中弹压顶杆是为了防止压弯时毛坯偏移而采用的压料装置。如果弯曲件的精度要求不高，压料装置可不用。这种模具结构简单，在压力机上安装和调整都很方便，对材料厚度公差要求也不严。制件在冲程末端可以得到校正，回弹较少，制件平整度较好。

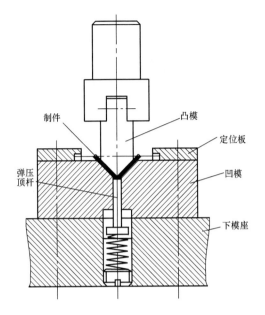

图 4-33　V 形弯曲模

图 4-34 所示为通用 V 形弯曲模。这种通用模因装有定位装置和压顶件装置，而使弯曲的制件精度比一般通用弯曲模高。该模具的特点是：两块组合凹模 7 可配合成四种角度，并与四种不同角度的凸模相配使用，弯曲成不同角度的 V 形件。毛坯由定位板 4 定位，定位板 4 可以根据毛坯大小作前后、左右调整。凹模 7 装在模座 1 内，由螺钉 8 固紧。凹模与模座的配合为 J7/js6，从而保证了制件的弯曲质量和精度。制件弯曲时，先由顶杆 2 通过缓冲器使毛坯在凸模力的作用下紧紧压住，防止移动；弯曲后，还由顶杆 2 通过缓冲器把制件顶出。

　　L 形弯曲模用于两直边相差较大的单角弯曲件，如图 4-35 所示。制件面积较大的一边被夹紧在压料板与凸模之间，另一边沿凹模圆角滑动而向上弯起。压料板的压力大小可通过调整缓冲器改变。对于材料较厚的制件，因压紧力不足而容易产生坯料滑移，如果在压料板上装设定位销，用毛坯上的孔定位，则可防止滑移，并能得到较高精度的弯曲件 [见图 4-35(a)]。然而，由于校正力未作

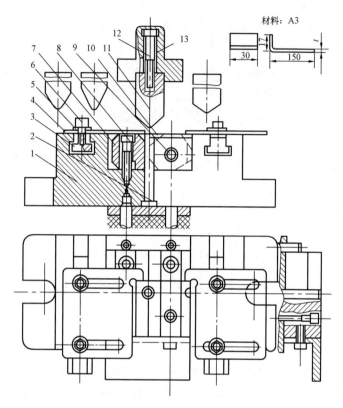

图 4-34　通用 V 形弯曲模

1—模座；2—顶杆；3—T 形块；4—定位板；5—垫圈；

6，8，9，12—螺钉；7—凹模；10—托板；

11—凸模；13—模柄

用于模具所弯曲的制件直边，所以有回弹现象。图 4-35（b）为带有校正作用的 L 形弯曲模，它由于压料板和凹模的工作面都有斜面，从而使 L 形制件在弯曲时倾斜一个角度，校正力作用于竖边，因此可以减少回弹。图中倾斜角 α，对于厚料可取 10°，薄料取 5°。当 L 形制件的一条边很长时，可采用如图 4-35（c）所示结构。

　　2. U 形件弯曲模

　　图 4-36 所示为 U 形件弯曲模。其中图 4-36（a）为一种最基本的凵形件弯曲模，弯曲时压料板将毛坯压住，一次可弯两个角。

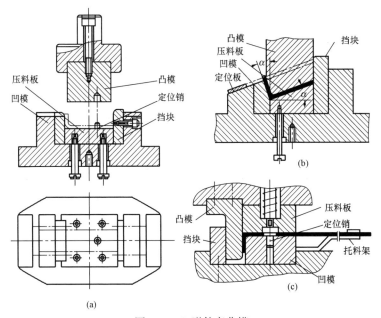

图 4-35　L 形件弯曲模

（a）装设定位销的弯曲模；（b）有校正作用弯曲模；

（c）用于一边很长的 L 形件弯曲模

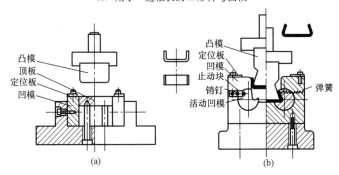

图 4-36　凵形件弯曲模

只要左右凹模的圆角半径相等，毛坯在弯曲时就不会滑移。弯曲后，制件由顶板顶起。如果制件卡在凸模上，可在凸模里装设推杆或设置固定卸料装置。图 4-36（b）为用于夹角小于 90°的凵形件弯曲模，它的下模座里装有一对有缺口的转轴凹模，缺口与制件外形相适应。转轴的一端由于拉簧的作用而经常处于图的左半部位置，凸模具有制件内部形状，压弯时毛坯用定位板定位。凸模下降时，先将毛坯弯成90°夹角的凵形件，然后继续下压，使制件底部压向转轴凹模缺口，迫使转轴凹模向内转动，将制件弯曲成形。当凸模上升时，带动转轴凹模反转，转轴凹模上的销钉因拉簧的拉力而紧靠在止动块上，制件从垂直于图面方向取下。

图 4-37 为圆杆件凵形弯曲校正模。使用时，毛坯用定位块 11 及顶板（兼压料板）12 的凹槽定位。上模下行时，先由凸模 2 与成形滑轮 3 将毛坯压成凵形。上模继续下行，凸模 2 通过毛坯压住顶板 12 继续往下运动，它与滑轮架摆块 5 的斜面作用，使滑轮架摆块 5 带动成形滑轮 3 向中心摆动，将坯料压成凵形，用以克

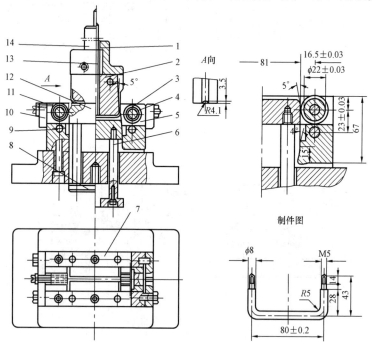

图 4-37　圆杆件凵形弯曲校正模

1—打杆；2—凸模；3—成形滑轮；4—轴销；5—滑轮架摆块；

6、13—顶杆；7—侧挡块；8、12—顶板；9—轴销；

10—挡板；11—定位块；14—模柄

服制件脱模后的回弹。将凹模做成滑轮，是为了减少毛坯与凹模的摩擦力，并在压弯时使坯料得到定位。凸模与圆杆件压紧部分加工成半圆槽。这种模具的特点是滚轮凹模使用寿命长，磨损后便于维修。

3. ⊔形件弯曲模

如图 4-38 所示，对于⊔形件，可一次压弯成形，也可两次压弯成形。图 4-38(a)为二次弯曲成形，第一次先弯成⊓形，第二次弯成⊔形。弯曲成形前，坯料由压料板压住，第二次压弯凹模的外形兼作坯料的定位作用，结构很紧凑。图 4-38(b)为一次弯曲成形的模具工作原理，因其毛坯在弯曲过程中受到凸模和凹模圆角处的阻力，材料有拉长现象，因此弯曲件的展开长度存在较大的误差。如果把弯曲凸模改成如图 4-38(c)所示，则材料拉长现象有所改善。图 4-38(d)为将两个简单模复合在一起的弯曲模，它主要由上模部分的凸凹模 4、下模部分的固定凹模 2 与活动凸模 1 组成。弯曲时，毛坯由定位板 3 定位，凸凹模 4 下行，先弯成⊓形，继续下行与活动凸模 1 作用，将毛坯弯成⊔形。这种结构需要在凹模下腔有足够大的空间，以方便弯曲过程中制件侧边的摆动。

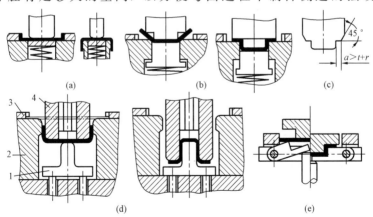

图 4-38 ⊔形件弯曲模示意图

(a)二次成形；(b)一次成形；(c)改善材料拉长；

(d)简单复合弯曲模；(e)摆动凹模弯曲模

1—活动凸模；2—固定凹模；3—定位板；4—凸凹模

图 4-38(e)为采用摆动式的凹模结构，其两块凹模可各自绕轴转动，不工作时缓冲器通过顶杆将摆动凹模顶起。

4. Z 形件弯曲模

Z 形件因两条直边的弯曲方向相反，所以弯曲模必须有两个方向的弯曲动作，如图 4-39 所示。其中图 4-39(a)所示的弯曲模，冲压前利用毛坯上的孔和毛坯的一端面，由定位销对毛坯定位。由于橡皮 7 的弹力，使压块 3 与凸模 2 的端面齐平，或压块 3 略高一点。冲压时，压块 3 与顶块 5 将毛坯夹紧。由于托板 6 上橡皮 7 的弹力大于顶块 5 上缓冲器的弹力，毛坯随凸模 2 和压块 3 下行，顶块 5 下移，先使毛坯的左端弯曲。当顶块 5 与下模座 4 接触时，托

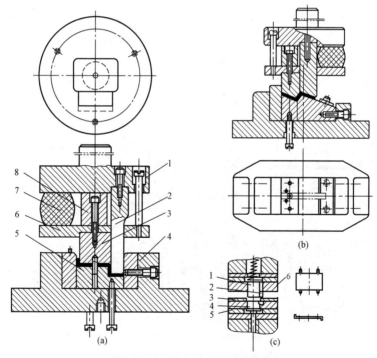

图 4-39　Z 形件弯曲模

(a)双向弯曲；(b)制件倾斜；(c)弯曲直边较短的薄料制件

1—上模座；2—凸模；3—压块；4—下模座；

5—顶块；6—托板；7—橡皮；8—限位块

板6上的橡皮7压缩，使凸模2相对压块3下降，将毛坯的右端弯曲成形。当限位块8与上模座1相碰时，整个制件得到校正。这种弯曲模动作称为双向弯曲。图4-39(b)所示结构与图4-39(a)相似，不同处只是将制件倾斜约20°～30°。此结构适宜冲制折弯边较长的制件，冲压终了时制件受到校正作用，回弹较小。图4-39(c)所示Z形件弯曲模用于弯曲直边较短的薄料制件，其定位板3为整体式，上凸模2铆接在固定板6上，上凸模1和下凸模4的非工作端设有弹压装置，压弯过程中毛坯始终被压紧，不会滑移，制件弯曲精度较高。

5. 弯圆模

弯圆成形一般有三种方法：

第一种方法是把毛坯先弯成U形，然后再弯成O形，这种模具结构比较简单，如图4-40所示。如果制件圆度不好，可以将制件套在芯模上，旋转芯模连续冲压几次进行整形。这种方法适用于弯ϕ10mm以下的薄料小圆。如果是厚料，且对圆度的要求较高，可用三道工序进行弯曲。

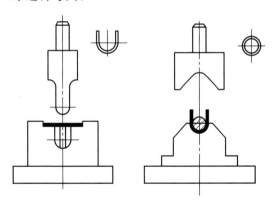

图4-40　小圆弯曲模

图4-41所示是第二种弯圆方法，先把毛坯弯成波浪形或两头有一定圆弧形[见图4-41(a)、(b)]，然后弯成O形。这种方法一般用于直径大于ϕ40mm的圆环。其模具结构见图4-41(c)，波浪形状由中心角120°的三等分圆弧组成。首次弯曲的波浪部分的形状

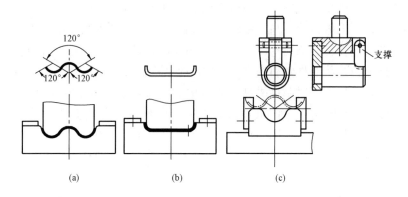

图 4-41　大圆弯曲模

(a) 先波浪形后 O 形；(b) 先两头弯圆弧后 O 形；(c) 模具结构

尺寸，必须经试验修正。末次弯曲后，可推开支撑，将制件从凸模上取下。模料很薄、冲压力不大时，支撑可以不用。

第三种弯圆方法是采用摆动式凹模一次弯成，此法一般用于直径 $10\sim40\text{mm}$、材料厚度为 1mm 左右的圆环。其模具结构如图 4-42 所示，一对活动凹模 8 安装在座架 4 中，它能绕轴销 7 转动。在非工作状态时，由于弹簧 5 作用于顶柱 6，两块活动凹模处于张开位置。模柄体 1 上固定凸模 3，工作时，毛坯放置在凹模上定位；凸模下行，先由凸模 3 和凹模 8 把毛坯弯成 U 形。凸模继续下压，毛坯压入凹模底部，迫使活动凹模绕轴 7 转动，压弯成 O 形件。支撑 2 对凸模 3 起稳定加强作用，它可绕轴 11 旋转，从而可将制件从凸模 3 上取下。

6. 铰链弯曲模

铰链件弯曲成形，通常是将毛坯头部先预弯曲成图 4-43(a) 所示形状，然后卷圆。在预弯工序中，弯曲的端部 $\alpha=75^\circ\sim80^\circ$ 的圆弧量一般不易成形，故将凹模的圆弧中心向里偏移 Δ 值，使其局部材料挤压成形，便于卷圆。其凸、凹模成形尺寸见图 4-43(b)，偏移量 Δ 值见表 4-8。图 4-44(a) 为铰链预弯模，铰链卷圆的一般方法是：当 $r/t=0.5\sim2.2$、卷圆质量要求不高时，可在预弯后一次卷圆成形[见图 4-44(b)]。对于短而材料厚度较厚的铰链，最好

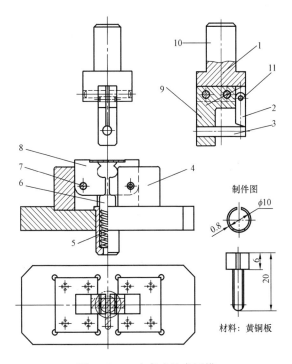

图 4-42 一次弯成的弯圆模

1—模柄体；2—支撑；3—凸模；4—座架；5—弹簧；

6—顶柱；7—轴；8—凹模；9—上模座；10—模柄；11—轴

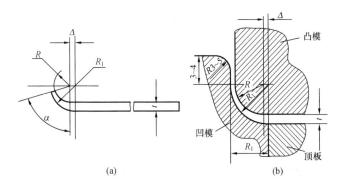

图 4-43 端部预弯成形及凸、凹模成形尺寸

（a）预弯成形；（b）成形尺寸

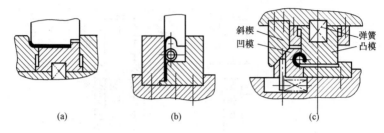

图 4-44 铰链件弯曲模

(a) 铰链预弯模；(b) 预弯后一次卷圆成形；

(c) 预弯后二次卷圆成形

选用直立式弯曲模结构，以便于卷圆成形和模具制造。当 $r/t > 0.5$ 且卷圆质量要求较高时，在预弯后再取二道工序卷圆，如图 4-45 所示。当 $r/t \geqslant 4$ 且卷圆内径又有公差要求时，在预弯后可采用芯棒一次卷圆成形。

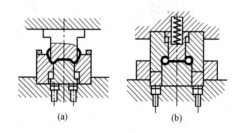

图 4-45 双边铰链弯曲模示意图

(a) 第二道弯曲；(b) 第三道弯曲

表 4-8 偏移量 Δ 值 mm

材料厚度 t (mm)	1	1.5	2	2.5	3	3.5	4	4.5	5	5.5	6
Δ	0.3	0.35	0.4	0.45	0.48	0.5	0.52	0.6	0.6	0.65	0.65

铰链卷圆件的回弹随 r/t 比值而增加，故卷圆凹模尺寸应比铰链外径小 0.2～0.5mm。

7. 螺旋弯曲模

用螺旋弯曲模可制造各种形状的杆形件，如图 4-46 所示。螺

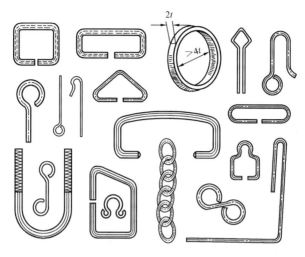

图 4-46 各种形状的杆形件

旋弯曲的工作原理如图 4-47 所示，旋弯凸模 1 装于上模，随压机滑块上下运动。工作面直径 d_1 相当于制件内径，凸模下端的直径差 $d_2-d_1=2d$，恰好是杆件直径的 2 倍。凹模 2 装于下模，固定不动，其工作面 A 具有螺旋形。模具在压力机滑块下降时，由凸模 1 迫使杆件 3 沿螺旋工作面滑动，并在凸模上旋弯，弯曲成形后制件从凹模下部孔中推出。凹模工作部分的尺寸确定见表 4-9。凹模的螺旋升角 α 是旋弯凹模的主要参数，选择适当则易于弯曲成形；反之，成形困难，且造成废品。一般取 $\alpha=50°\sim70°$ 为宜。α 的大小直接影响凹模的高度，α 愈大，凹模愈高。因此，在确定 α 大小与凹模高度时，应考虑压力机行程及其开启高度等情况，否则会出现模具无法在压力机上使用的现象。凸模工作部分尺寸的确定见表 4-10。

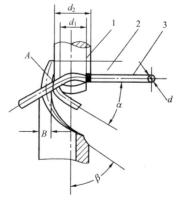

图 4-47 螺旋弯曲工作原理
1—凸模；2—凹模；3—杆件

表 4-9 凹模工作部分的尺寸

图 例	代号	名 称	参 数
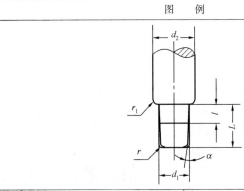	D_1	凹模内孔	按制件外径实际尺寸减去回弹量
	B	工作面壁厚	$B=(2\sim3)d$;不小于 1.5mm
	α	螺旋升角	$\alpha=50°\sim70°$
	h	进口高度	$h=4d$
	L	工作孔口直线高度	$L=(4\sim5)d$
	l	杆(线)材挡料定位长度	$l=(2\sim3)d$
	S	凹模螺旋面高度	$S=\dfrac{\pi D}{3}\tan\alpha$
	d	制件材料直径	

表 4-10 凸模工作部分的尺寸

图 例

代号	名 称	参 数
d_1	凸模工作直径	按制件内径尺寸并考虑回弹值
d_2	与凹模 D_1 配合部分直径	按 D_1 的实际尺寸做成 H6 配合
L	工作部分直线长度	$L\geqslant8d$
l	成形工作部分长度	$l\geqslant4d$
α	进口斜度	$\alpha=4°\sim5°$
r	进口部分端面圆角	$r=(0.5\sim1)d$
r_1	台肩部分圆角	$r_1\approx(0.2\sim0.4)d$
d	制件材料直径	

设计螺旋弯曲模时，如果弯曲模螺旋面高度大于压力机行程，则必须缩短螺旋面高度。此时应将杆材支承面，即凸模上的台肩做成与水平面成 β 角，使螺旋升角 α' 减小一个 β 值（见图 4-48），即

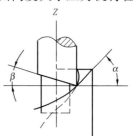

$$\alpha' = \alpha - \beta$$

这时应重新计算凸模和凹模工作部分成形尺寸

$$d_1 = D\cos\beta$$

式中：d_1 为凸模工作部分直径（mm）；D 为制件内径（mm）。

图 4-48 减低螺旋高度的方法

图 4-49 所示为搭扣螺旋弯模，材料从钢套 5 进入凹模，以另

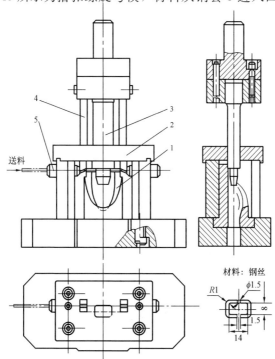

图 4-49 搭扣螺旋弯曲模

1—凹模；2—导板；3—凸模；4—切刀；5—钢套

151

一头钢套作定位。当弯模的上部下行时，凸模 3 由导板 2 导向进入凹模 1 的工作孔内，以防止被切刀 4 所切下来的坯料脱落。切下的坯料沿凹模 1 的左右工作面滑动旋弯，此时制件即被旋绕在凸模 3 上。弯成的制件由凹模 1 的底孔中漏出。应当指出，考虑用左右两把切刀 4，是为了使切断后的杆件最初在工作面滑动时可以保持平衡。在弯曲直径粗的材料时，导板 2 可以起到使凸模稳定以防止在工作时产生偏移的重要作用。

8. 其他弯曲模

由于制件的形状、尺寸和精度的要求各不相同，因而弯曲模的结构也多种多样。图 4-50 所示为摇板弯模，它适用于弯制⊏形类制件。工作时，用钳子将毛坯放入凹模 4 的凹槽内，并放入芯模

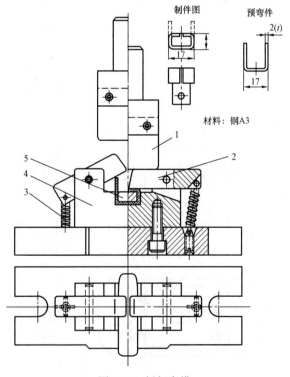

图 4-50　摇板弯模

1—凸模；2—摇板；3—拉簧；4—凹模；5—芯模

5。当上模下行时，凸模 1 压两边的摇板 2 的端部，使摇板 2 向下旋转，将毛坯压弯成形。上模回升时，摇板 2 在拉簧 3 的作用下复位，取出芯模 5，即可卸下制件。

图 4-51 为带滑轮摆动凸模的弯模，它适用于压线卡类制件的弯曲。工作时，用镊子将毛坯放在凹模上，由活动定位销 3 定位。上模下行时，压板将毛坯压紧。上模继续下行，压板 7 压缩弹簧，滑轮 2、连接板 8 沿凹模 6 的斜槽面运动，将毛坯压弯成形。上模回升后，制件留在凹模上，拉出推板 4，使定位销 3 下降，制件从图形的纵向取出。图 4-52 所示为卷圆、弯曲一次成形模及其工作过程。工作时，将毛坯推入定位板 3 和芯模 7 之间定位。当上模下行时，卷圆凸模 1 先接触毛坯并在芯模 7 之间弯曲成 U 形[见图4-52(b)中Ⅰ]。当上模继续下行时，螺钉 6 的端面接触滑块座 2 上平面，并推着向下运动，使 U 形件的端部靠凹模镶件 8 向上弯曲

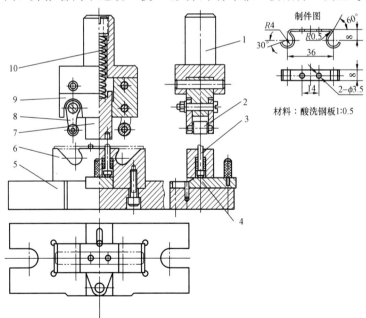

图 4-51　带滑轮摆动凸模的弯模
1—模柄；2—滑轮；3—定位销；4—推板；5—下模座；
6—凹模；7—压板；8—连接板；9—上模座；10—弹簧

成形[见图 4-52(b)中 Ⅱ]。滑块座 2 的活动量通过调节螺母 5 控制螺钉 6 的长度实现。滑块座 2 继续下行，使 U 形件在凹模 4 中弯

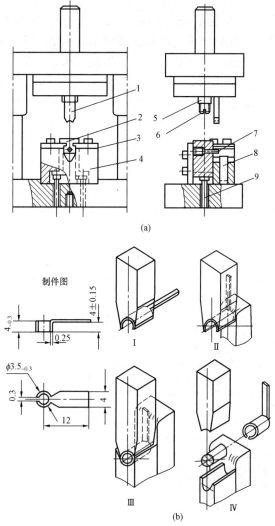

图 4-52　卷圆、弯曲一次成形模

（a）模具结构；（b）工作过程

1—凸模；2—滑块座；3—定位板；4—凹模；5—调节螺母；

6—螺钉；7—芯模；8—凹模镶件；9—顶杆

曲成 O 形[见图 4-52(b)中Ⅲ]。上滑模回升，顶杆 9 将滑块座 2 复位，芯模上的制件即可取出[见图 4-52(b)中Ⅳ]。这种模具的主要特点是，芯模 7 固定在滑块座 2 上，当卷圆凸模将毛坯在芯模上弯成 U 形时，凸模 1 不再对芯模加压力，而是螺钉 6 推动滑块座 2 向下运动继续成形，从而可防止芯模受很大的压力而折断。

图 4-53 所示为带有内斜楔的弯模，此结构适用于弯制各种弹

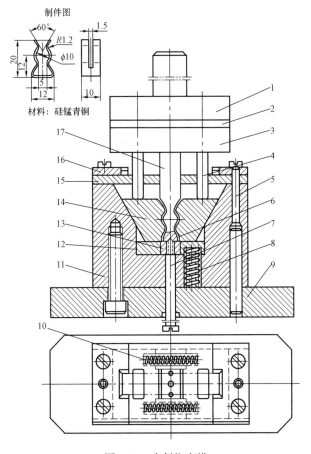

图 4-53 内斜楔弯模

1—上模座；2—垫板；3—固定板；4—压柱；5—销钉；6—定位销；
7—顶杆螺钉；8—弹簧；9—下模座；10—弹簧；11—基座；12—托板；
13—定位顶板；14—成形滑块；15—压板；16—定位板；17—凸模

簧夹，其料厚为 1mm 以内。工作时将毛坯放在压板 15 上，由定位板 16 定位。当上模下行时，凸模 17 通过压板 15 先将毛坯压弯成 U 形，并进入两件成形滑块 14 的中间。上模继续下行，压柱 4 压住成形滑块 14 向下运动，并沿基座 11 的斜面向中心收缩，将制件挤压成形。上模上行时，托板 12 在弹簧 8 的作用下向上顶起，使两成形滑块 14 张开，包在凸模 17 上的制件从纵向推出。

图 4-54 所示为带外斜楔的弯模。工作时，利用毛坯上 2—$\phi2.2$ 孔套在模具的定位销 10 上定位。当上模下行时，凸模 3 先压住料，并在顶柱 6 和凹模 9 的作用下将毛坯初压成 V 形。上模继续下行，斜楔 11 压着滑块 4 向中心运动，此时弯曲两端弯脚，凸模 3、凹模 9 把制件压得更紧，使制件完全成形。

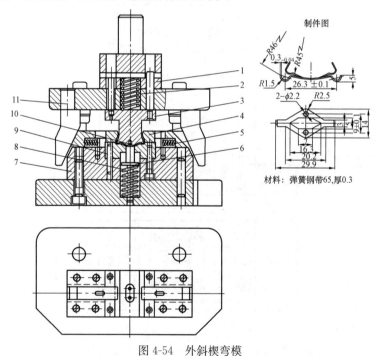

制件图

材料：弹簧钢带65,厚0.3

图 4-54 外斜楔弯模

1—衬板；2—方弹簧；3—凸模；4—滑块；5—弹簧；6—顶柱；

7—凹模座；8—弹簧；9—凹模；10—定位销；11—斜楔

　　图4-55为卡脚多工序一次成形弯模。工作时，毛坯用凸模19端面和定位板5定位。上模下行时，先由凸凹模21、凸模9和顶板18将毛坯压成 ⌐⌐ 形。上模继续下行，再由凸凹模21与凹模6将毛坯两端弯起，使制件全部成形。该模具的特点是，橡皮的弹力必须大于毛坯压成 ⌐⌐ 形时的弯力，而且要求压力机有足够的行程。

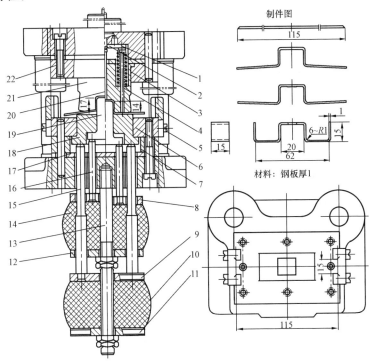

图4-55　卡脚多工序一次成形弯模

1—推板；2—打杆；3—垫板；4—顶杆；5—定位板；6—凹模；
7—中垫板；8、9—顶板；10—橡皮；11、12—托板；13—螺杆；
14—橡皮；15、16—下顶杆；17—下垫板；18—顶板；
19—凸模；20—顶杆；21—凸凹模；22—固定板

第五章

拉 深 模

把毛坯拉压成空心体，或者把空心体拉压成外形更小而板厚没有明显变化的空心体的冲模叫拉深模。

圆筒形件拉深过程如图 5-1 所示。从直径 D_0 的平板坯料拉深成高度 h、直径 d 的工件时，坯料凸缘部分是变形区，其扇形单元

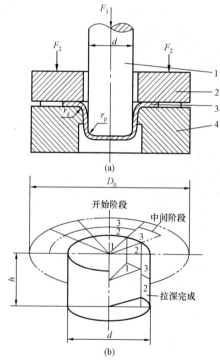

图 5-1　筒形件的拉深过程

（a）拉深；（b）变形特点

1—凸模；2—压边圈；3—坯料；4—凹模

经切向收缩与径向伸长的变形，逐渐转变为工件筒壁上的长方形单元。筒壁是传力区，它将外力传递给变形区。当拉深所需的变形力大于工件筒壁的承载能力时，将产生工件拉裂现象。

凸缘起皱和筒壁拉裂是拉深过程顺利进行的两个主要障碍。为了防止起皱，应采用有压边装置的拉深模。为避免出现拉裂，应使坯料的变形程度不超出拉深材料允许的最大变形程度。

第一节　拉深零件的分类

拉深是主要的冲压工艺方法之一，应用非常广泛。用拉深工艺，可以制成各种直壁类或曲面类零件，见表 5-1。若与其他冲压成形工艺配合，可以制造出其他形状更为复杂的零件。

表 5-1　　　　　拉深零件的分类（按变形特点）

	拉深件名称	拉深件简图	变 形 特 点
直壁类拉深件	旋转体零件 圆筒形件 带凸缘边圆筒形件 阶梯形件		（1）拉深过程中变形区是坯料的法兰边部分，其他部分是传力区，不参与主要变形 （2）坯料变形区在切向压应力和径向拉应力的作用下，产生切向压缩与径向伸长的一向受拉一向受压的变形 （3）极限变形参数主要受到坯料传力区的承载能力的限制
	非旋转体零件 盒形件 带凸缘边的盆形件 其他形状的零件		（1）变形性质与旋转体零件相同，差别仅在于一向受拉一向受压的变形在坯料的周边上分布不均匀，圆角部分变形大，直边部分变形小 （2）在坯料的周边上，变形程度大与变形程度小的部分之间存在着相互影响与作用
	曲面凸缘边的零件		除具有与前项相同的变形性质外，还有下边几个特点： （1）因为零件各部分的高度不同，在拉深开始时有严重的不均匀变形 （2）拉深过程中坯料变形区内还要发生剪切变形

拉深件名称		拉深件简图	变 形 特 点
曲面类拉深件	旋转体零件 球面类零件 锥形件 其他曲面零件		拉深时坯料的变形区由两部分组成： （1）坯料的外周是一向受拉一向受压的拉深变形区 （2）坯料的中间部分是受两向拉应力作用的胀形变形区
	非旋转体零件 平面凸缘边零件 曲面凸缘边零件		（1）拉深坯料的变形区也是由外部的拉深变形区与内部的胀形变形区所组成，但这两种变形在坯料周边上的分布是不均匀的 （2）曲面法兰边零件拉深时，在坯料外周变形区内还有剪切变形

一、旋转体零件拉深

直壁类旋转体零件主要有圆筒形件、带凸缘圆筒形件和阶梯形件等。曲面类旋转体零件主要有球面类零件、锥形件和抛物面零件等。

1. 坯料尺寸计算

坯料尺寸应加上修边余量δ，见表5-2和表5-3，然后对拉深件尺寸进行展开计算。

（1）简单形状。根据拉深件与坯料的表面积相等的原则，坯料直径为

$$D_0 = \sqrt{\frac{4}{\pi}A} = \sqrt{\frac{4}{\pi}\sum A_i} \qquad (5\text{-}1)$$

式中 A——拉深件面积（mm^2）。

如图5-1所示的圆筒形拉深件，可将其先分解成三个简单的几何形状，分别计算它们的面积A_1、A_2、A_3（见图5-2），然后再按上式计算其坯料直径D_0。

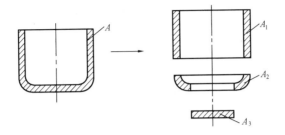

图 5-2 圆筒形拉深件

（2）复杂形状。复杂形状的拉深件，可用形心法计算坯料的尺寸。具体方法是：

1）先将拉深件按适当比例放大，然后将母线分段，求出每一段母线的展开长度 l_i 和形心至轴线的距离 x_i（图 5-3），再按式（5-2）计算每段母线绕轴线旋转的面积为

$$A_i = 2\pi x_i l_i \qquad (5\text{-}2)$$

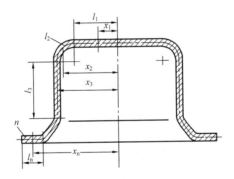

图 5-3 旋转体拉深件

2）整个拉深件的表面积为

$$A = \sum A_i = 2\pi \sum x_i l_i \qquad (5\text{-}3)$$

3）坯料直径为

$$D_0 = \sqrt{8 \sum x_i l_i} \qquad (5\text{-}4)$$

母线为圆弧段时，形心至轴线的距离 x 按表 5-4 计算。

表 5-2   **无凸缘拉深件的修边余量 δ**   mm

简 图	拉深件高度 h	拉深相对高度 $\frac{h}{d}$			
		$>0.5\sim0.8$	$>0.8\sim1.6$	$>1.6\sim2.5$	$>2.5\sim4$
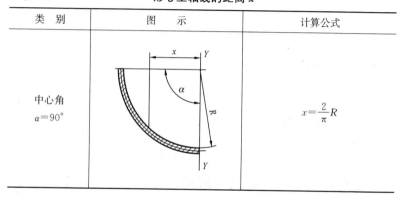	≈25	1.2	1.6	2	2.5
	$25\sim50$	2	2.5	3.3	4
	$50\sim100$	3	3.8	5	6
	$100\sim150$	4	5	6.5	8
	$150\sim200$	5	6.5	8	10
	$200\sim250$	6	7.5	9	11
	>250	7	8.5	10	12

表 5-3   **有凸缘拉深件的修边余量 δ**   mm

简 图	凸缘直径 d_f	凸缘的相对直径 $\frac{d_f}{d}$			
		<1.5	$1.5\sim2$	$2\sim2.5$	2.5
	≈25	1.8	1.6	1.4	1.2
	$25\sim50$	2.5	2	1.8	1.6
	$50\sim100$	3.5	3	2.5	2.2
	$100\sim150$	4.3	3.6	3	2.5
	$150\sim200$	5	4.2	3.5	2.7
	$200\sim250$	5.5	4.6	3.8	2.8
	>250	6	5	4	3

表 5-4   **形心至轴线的距离 x**

类 别	图 示	计算公式
中心角 $\alpha=90°$		$x=\dfrac{2}{\pi}R$

类 别	图 示	计算公式
中心角 $\alpha<90°$	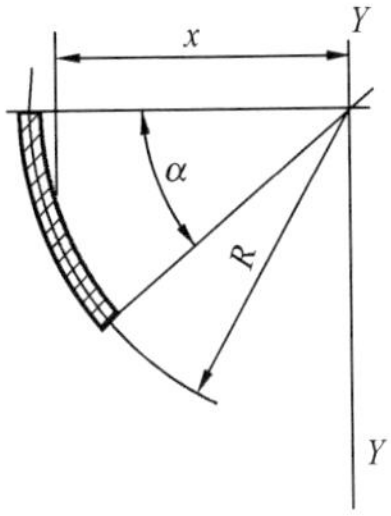	$x=R\dfrac{180°\sin\alpha}{\pi\alpha}$
中心角 $\alpha<90°$	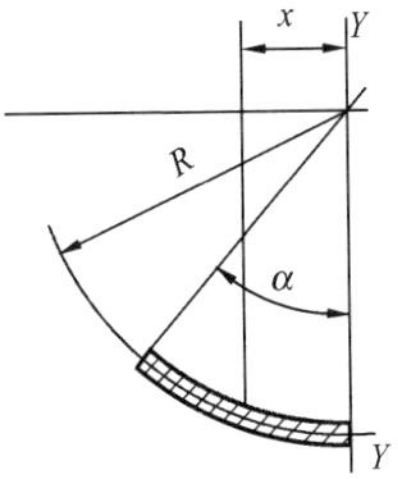	$x=R\dfrac{180°(1-\cos\alpha)}{\pi\alpha}$

2. 拉深系数与次数的确定

直壁类拉深件的拉深系数为

$$m=d/D_0 \tag{5-5}$$

式中　D_0——平板坯料直径（mm）;

　　　d——拉深后的圆筒直径（mm）。

m 越小，筒壁承受的载荷就越大。当 m 过小时，为防止拉裂，应分两道或多道拉深。拉深系数是一个很重要的工艺参数，通常用它来决定拉深次数。再次拉深时，拉深系数为本工序与前工序筒部的直径之比，即

$$m_n=d_n/d_{n-1} \tag{5-6}$$

式中　d_n——本工序筒部直径;

　　　d_{n-1}——前工序筒部直径。

二、盒形件拉深

盒形件包括方形盒拉深件和矩形盒拉深件等，拉深时的变形特点见表 5-1。沿坯料周边应力与变形均不均匀分布，不均匀程度随相对高度 h/B 及相对圆角半径 r/B（图 5-4）的大小而变化，也与

坯料的形状有关。

1. 展开坯料尺寸与形状

一次拉深成形的无凸缘方形盒拉深件（修边余量按表 5-5 取）展开坯料的尺寸（图 5-4）如下：

圆角部分

$$R = \begin{cases} \sqrt{r^2 + 2rh - 0.86r_p(r + 0.16r_p)} & (R \leqslant 2.19r) \\ 1.32r + 0.46h & (R \geqslant 2.19r) \end{cases} \tag{5-7}$$

直边部分

$$l = \begin{cases} h + 0.57r_p & \left(l \leqslant \dfrac{B}{2} - r\right) \\ \sqrt{r'^2 + 2r'\left[h - \left(\dfrac{B}{2} - r\right)\right]} + 0.21B - \sqrt{2}r & \left(l > \dfrac{B}{2} - r\right) \end{cases}$$

$$r' = r + \sqrt{2}\,\mathrm{e}^{-\frac{\pi}{4}}\left(\frac{B}{2} - r\right) \tag{5-8}$$

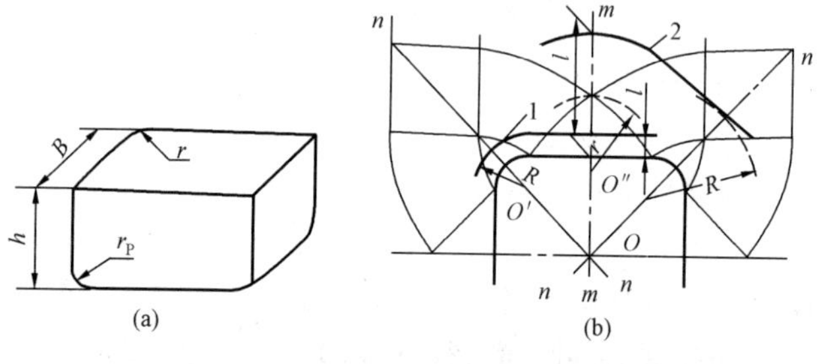

图 5-4　方形盒及展开坯料

（a）方形盒；（b）展开坯料

$$1 - R < 2.19r,\ l < \frac{B}{2} - r;\ 2 - R > 2.19r,\ l > \frac{B}{2} - r$$

2. 拉深系数与次数的确定

由滑移线场理论分析，可定义方形盒（如图 5-4 所示）拉深件的拉深系数为

$$m_s = \frac{r'}{\sqrt{r'^2 + 2r'\left[h - \left(\dfrac{B}{2} - r\right)\right]}} \tag{5-9}$$

（1）一次拉伸。方形盒一次拉深的极限拉深系数 $M_{s1} = 1 \sim 1.1m_1$（m_1 由表 5-6 查得）。一般来说，若计算 $M_s \geqslant M_{s1}$（r/B 较小时取大值，反之取小值）时，可一次拉成；反之，应多次拉深。

表5-5 无凸缘方形盒拉深件修边余量 δ

图 例		工件的相对高度 $\dfrac{h_0}{r}$			
图中： h— 计入修边余量的 工件高度		2.5～6	7～17	18～44	45～100
h_0— 图样要求的盒形 件高度 δ— 修边余量		修边余量 δ（mm）			
r— 盒形件侧壁间的 圆角半径 $h=h_0+\delta$		(0.03 ～0.05) h_0	(0.04 ～0.06) h_0	(0.05 ～0.08) h_0	(0.06 ～0.1) h_0

表5-6 无凸缘筒形件用压边圈拉深时的极限拉深系数

拉深道次	拉深系数	坯料相对厚度 $\dfrac{t}{D_0}\times100$					
		2 ～1.5	<1.5 ～1.0	<1.0 ～0.6	<0.6 ～0.3	<0.3 ～0.15	<0.15 ～0.08
1	m_1	0.48 ～0.50	0.50 ～0.53	0.53 ～0.55	0.55 ～0.58	0.58 ～0.60	0.60 ～0.63

注 1. 凹模圆角半径大时（$r_d=8\sim15t$），拉深系数取小值，凹模圆角半径小时（$r_d=4\sim8t$），拉深系数取大值。

2. 表中拉深系数适用于08、10S、15S钢与软黄铜H62、H68。当拉深塑性更大的金属时（05、08Z及10Z钢、铝等），应比表中数值减小 1.5%～2%。而当拉深塑性较小的金属时（20、25、Q215A、Q235A、A2、A3、酸洗钢、硬铝、硬黄铜等），应比表中数值增大 1.5%～2%（符号S为深拉深钢；Z为最深拉深钢）。

（2）多次拉深。方形盒多次拉深，是将直径 D_0 的坯料中间各次拉深成圆筒形的半成品，在最后一道工序得到方形盒拉深件的形状尺寸[见图 5-5(a)]。第 $n-1$ 道工序所得圆筒形半成品直径为

$$D_{n-1}=1.41B-0.82r+2\delta \tag{5-10}$$

式中 δ——角部壁间距离，取值范围 0.2～0.25mm。

（3）矩形盒多次拉深时的中间半成品形状为椭圆（或圆）筒[见图 5-5(b)]。第 $n-1$ 道工序所得椭圆筒尺寸为

$$R_{a(n-1)}=0.705A-0.41r+\delta$$

$$R_{b(n-1)}=0.705B-0.41r+\delta$$

第 $n-2$ 道工序拉深系由椭圆变椭圆，这时应保证

$$\frac{R_{a(n-1)}}{R_{a(n-1)}+a}=\frac{R_{b(n-1)}}{R_{b(n-1)}+b}=0.75\sim0.85$$

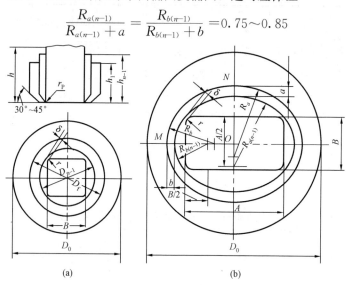

图 5-5　盒形件多工序拉深时半成品的形状与尺寸

(a) 方形盒拉深件；(b) 矩形盒拉深件

三、带料连续拉深

带料连续拉深系利用多工位连续模在带料进行多道拉深，最后将工件与带料分离的冲压工艺。还可以在一些工位上安排冲孔、弯曲、翻边、胀形和整形等，加工形状极为复杂的零件。它适合大批量生产的小件，但模具结构比较复杂，如图 5-6 所示。

带料连续拉深时，要求材料有较好的塑性。

带料连续拉深的分类及应用范围见表 5-7。

表 5-7　　　　　　带料连续拉深的分类及应用范围

分　类	图　示	应用范围	特　　点
无工艺切口	图 5-6(a)	$\dfrac{t}{D_0}\times100>1$　　$\dfrac{d_{\mathrm{f}}}{d}=1.1\sim1.5$　　$\dfrac{h}{d}<1$	(1)拉深时，相邻两个拉深件之间互相影响，使得材料在纵向流动困难，主要靠材料的伸长 (2)拉深系数比单工序大，拉深工序数需增加 (3)节省材料

分 类	图 示	应用范围	特 点
有工艺切口	图 5-6(b)	$\dfrac{t}{D_0} \times 100 < 1$ $\dfrac{d_f}{d} = 1.3 \sim 1.8$ $\dfrac{h}{d} > 1$	(1)有了工艺切口，相似于有凸缘零件的拉深，但由于相邻两个拉深件间仍有部分材料相连，因此变形比单工序凸缘零件稍困难 (2)拉深系数略大于单工序拉深 (3)费料

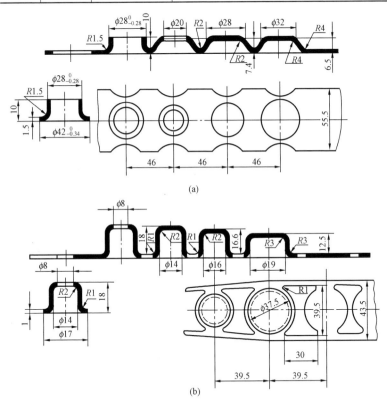

(a)

(b)

图 5-6 带料连续拉深

（a）无工艺切口；（b）有工艺切口

四、变薄拉深

变薄拉深用来制造壁部与底厚不等而高度很大的零件，如氧气瓶等。

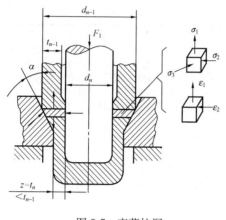

图 5-7　变薄拉深

变薄拉深有如下特点：

（1）凸、凹模之间的间隙小于料厚，坯料通过间隙时受挤压而变薄，见图 5-7。

（2）可得到质量高的工件，壁厚偏差在 $\pm 0.01\text{mm}$ 以内，表面粗糙度 Ra 值小于 $0.2\mu\text{m}$。

（3）没有起皱问题，使用模具结构简单。

（4）工件壁部残余应力较大，有时甚至在储存期间产生开裂，应采用低温回火解决。

五、复杂曲面零件拉深

复杂曲面零件主要指非旋转体曲面类零件，如汽车覆盖件等。这类零件拉深时，坯料各处应力状态都不一样，变形甚为复杂。因此，不能像一般拉深那样用拉深系数来判断和计算拉深次数和成形可能性。目前，还只能用类比的方法，靠生产调试确定。

1. 复杂曲面零件拉深特点

（1）保证足够的压力。要求压力机不仅提供一定的拉深力，而且要求在拉深过程中具有足够的、稳定的压边力，以保证零件的形成。复杂曲面零件大都对表面质量要求较高，同时又具有一定的刚度。这就要求坯料中间部分在从平板形状成形为零件的曲面形状的过程中产生一定的胀形，所以需要的变形力和压边力都很大。在大批量生产中，一般是用双动压力机。双动压力机具有拉深和压边两个滑块，压边力可达拉深力的 60% 以上。

（2）要求在模具上合理布排拉深肋（槛）。大型覆盖件形状复杂，深度不均，又不对称，拉深过程中各处要求有不同的进料阻力，以防止起皱或拉裂。这仅靠调节压边力的大小是难以奏效的，必须利用拉深肋（槛）的合理布排，改善坯料在压边圈下被拉入凹模的阻力。

（3）要求材料塑性好。表面质量和厚度尺寸精度高。大型覆盖件在多数情况下要求一次拉深成形，材料要承受很大的应力，产生最大限度的塑性变形。为此，要求材料有低的含碳量（一般质量分数介于 $0.06\%\sim0.09\%$），均匀而细小的饼形晶粒组织，即材料应具备伸长率高（$\delta_{10}\geqslant40\%$）、屈强比小 $[\sigma_s/\sigma_b\leqslant0.65]$、$n$ 值和 r 值大等特点。

2. 复杂曲面零件拉深工艺要素

（1）变形程度。复杂曲面零件拉深的变形程度有时也可以采用成形度 α 的概念，并作为成形难易判断值，如图 5-8 所示。

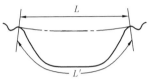

图 5-8 成形度 α 的概念

成形度 α 为

$$\alpha = \left(\frac{L'}{L}-1\right)\times100\% \qquad (5-11)$$

式中 L——成形前工件纵断面的坯料长度（mm）；

L'——成形后工件上的相应长度（mm）。

当以拉裂作为成形极限而 α 的平均数值不大于 2% 时，则零件因胀形成分不够而产生回弹。当 α 的平均数值 $>5\%$，或最大数值 α $>10\%$ 时，不能仅靠胀形成形，必须使坯料以拉深方法从凸缘拉入凹模予以补充。当 α 平均数值 $>30\%$ 或最大 α 值 $>40\%$ 时，难以成形。对于汽车顶盖、门板等浅拉深件，由于底平且拉深深度浅（<50 mm），α 值只取上述数值的 $2/3\sim1/3$。

（2）冲压方向。选定冲压方向，就是确定工件在模具中的三向坐标（z、y、z）位置。应符合下列原则：

1）保证凸模能将工件需拉深的部位在一次拉深中完成，不应有凸模接触不到的死角或死区。

2）拉深开始时，凸模两侧的包容角尽可能做到基本一致，如图 5-9（a）所示（$\alpha\approx\beta$），使从两侧拉入凹模的材料保持均匀；凸模表面同时接触坯料的点要多且分散，并尽可能分布均匀，防止坯料窜动，如图 5-9（b）所示。当凸模与坯料为点接触时，应适当增大接触面积[图 5-9（c）]，防止材料应力集中，造成局部拉裂。但是也要避免凸模表面与坯料大平面接触的状态，否则由于板平面上的拉力不足，材料得不到充分的塑性变形，会影响工件的刚度，并容易起皱。

3）尽可能减小拉深深度，而且要使深度均匀。

（3）拉深肋和拉深槛。在压边面设置拉深肋、拉深槛，可用来调节拉深时的进料阻力，使拉深件表面承受足够的拉应力，提高拉深件的刚度和减少起皱、回弹等表面缺陷。

1）种类及应用：

a. 拉深肋：拉深肋的剖面呈半圆弧形状，应用比较广泛，结构如图 5-10 所示，尺寸参数见表 5-8。

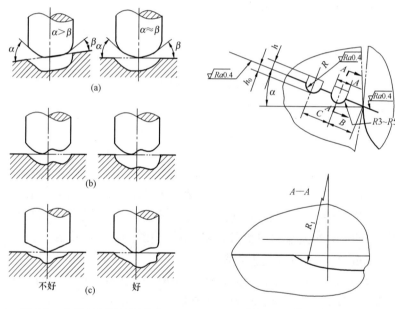

图 5-9　凸模与坯料接触状态

（a）α、β 取值；（b）点接触；

（c）增大接触面积

图 5-10　拉深肋

表 5-8　拉深肋结构尺寸　　　　　　　　mm

序号	应用范围	A	h_0	B	C	h	R	R_1
1	中小型拉深件	14	6	25～32	25～30	5	7	125
2	大中型拉深件	16	7	28～35	28～32	6	8	150
3	大型拉深件	20	8	32～38	32～38	7	10	150

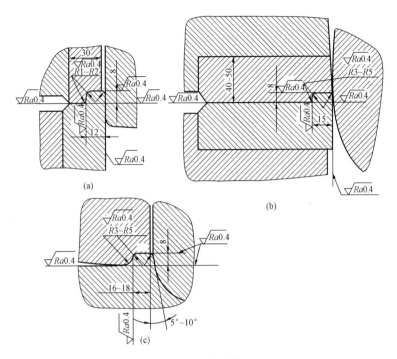

图 5-11 拉深槛

（a）用于拉深深度＜25mm；（b）用于拉深深度≥25mm；

（c）用于小批量生产

b. 拉深槛：拉深槛的剖面呈梯形，类似门槛，如图 5-11 所示。它的阻力作用比拉深肋大，所以在浅而平滑的覆盖件拉深中常采用。

2）布置方法：

a. 按拉深肋的作用，其布置原则见表 5-9。

表 5-9 拉深肋的布置原则

序号	要　　求	布　置　原　则
1	增加进料阻力，提高材料变形程度	放整圈的或间断的 1 条拉深槛或 1～3 条拉深肋
2	增加径向拉应力，降低切向压应力，防止坯料起皱	在容易起皱的部位设置局部的短肋

序号	要 求	布 置 原 则
3	调整进料阻力和进料量	(1) 拉深深度大的直线部位,放 1～3 条拉深肋 (2) 拉深深度大的圆弧部位,不放拉深肋 (3) 拉深深度相差较大时,在深的部位不设拉深肋,浅的部位设肋

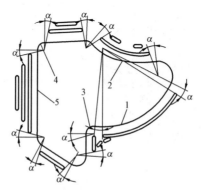

图 5-12 凹模口形状及拉深肋布置

$\alpha = 8° \sim 12°$

b. 根据凹模口几何形状的不同,拉深肋的布置见表 5-10 和图 5-12。肋条位置一定要保证与坯料拉入凹模的方向垂直。

表 5-10 **按凹模口形状布置拉深肋的方法**

图 5-12 中序号	形 状	要 求	布 置 方 法
1	大外凸圆弧	补偿变形阻力不足	设置 1 条长肋
2	大内凹圆弧	(1) 补偿变形阻力不足 (2) 避免拉深时,材料从相邻两侧凸圆弧部分挤过来而形成皱纹	设置 1 条长肋和 2 条短肋

图 5-12 中序号	形 状	要 求	布 置 方 法
3	小外凸圆弧	塑流阻力大，应让材料有可能向直线区段挤流	(1) 不设拉深肋 (2) 相邻肋的位置应与凸圆弧保护 0°～12°夹角关系
4	小内凹圆弧	将两相邻侧面挤过来的多余材料延展开，保证压边面下的毛坯处于良好状态	(1) 沿凹模口不设肋 (2) 在离凹模口较远处设置 2 条短肋
5	直 线	补偿变形阻力不足	根据直线长短设置 1～3 条拉深肋（长者多设，并呈塔形分布；短者少设）

六、压边力

拉深时，若坯料的相对厚度较小而变形程度又较大，就会在变形区出现起皱现象。防止起皱的措施是采用有压边装置的拉深模。拉深中是否采用压边圈的条件见表 5-11。

压边力 F_2 的计算式为

$$F_2 = K_2 A p \tag{5-12}$$

式中 A——压边面积（mm^2）；

p——单位压边力（MPa）（见表 5-12）；

K_2——系数，取 1.1～1.4（m 小时取大值）。

为避免拉裂，在保证坯料不起皱的前提下，压边力应尽量取较小的数值。

表 5-11 采用或不采用压边圈的条件

拉深方法	第一次拉深		以后各次拉深	
	$t/D_0 \times 100$	m_1	$t/d_{n-1} \times 100$	m_n
用压边圈	<1.5	<0.6	<1	<0.8
可用可不用	1.5～2.0	0.6	1～1.5	0.8
不用压边圈	>2.0	>0.6	>1.5	>0.8

表 5-12　　　　　　　　　　单位压边力 p　　　　　　　　MPa

材　　料	单位压边力 p
铝	0.8～1.2
纯铜、硬铝（退火的或刚淬好火的）	1.2～1.8
黄　铜	1.5～2
压轧青铜	2～2.5
20 钢、08 钢、镀锡钢板	2.5～3
软化状态的耐热钢	2.8～3.5
高合金钢、高锰钢、不锈钢	3～4.5

第二节　拉深中的润滑

　　在拉深过程中，坯料与模具的表面直接接触，应保持它们之间的良好润滑状态，这样可以减少摩擦对拉深过程的不利影响，防止工件的拉裂和模具的过早磨损。

　　常用的润滑剂见表 5-13～表 5-15。

表 5-13　　　　　　　　拉深低碳钢用的润滑剂

简称号	润滑剂		附　　注
	成　　分	质量分数（％）	
5 号	锭子油	43	用这种润滑剂可得到最好的效果，硫磺应以粉末状态加进去
	鱼肝油	8	
	石　墨	15	
	油　酸	8	
	硫　磺	5	
	绿肥皂	6	
	水	15	
6 号	锭子油	40	硫磺应以粉末状态加进去
	黄　油	40	
	滑石粉	11	
	硫　磺	8	
	酒　精	1	

续表

简称号	润滑剂		附　　注
	成　分	质量分数（％）	
9 号	锭子油 黄　油 石　墨 硫　磺 酒　精 水	20 40 20 7 1 12	将硫磺溶于温度约为 160℃ 的锭子油内。其缺点是保存时间太久时会分层
10 号	锭子油 硫化蓖麻油 鱼肝油 白垩粉 油　酸 苛性钠 水	33 1.5 1.2 45 5.6 0.7 13	润滑剂很容易去除，用于单位压力大的拉深件
2 号	锭子油 黄　油 鱼肝油 白垩粉 油　酸 水	12 25 12 20.5 5.5 25	这种润滑剂比以上的略差
8 号	绿肥皂 水	20 80	将肥皂溶在温度为 60～70℃ 的水里。是很容易溶解的润滑剂，用于半球形及抛物线形工件的拉深中
—	乳化液 白垩粉 焙烧苏打 水	37 45 1.3 16.7	可溶解的润滑剂，加入占润滑剂质量分数 3% 的硫化蓖麻油后，可改善其效用

表 5-14　　　　　　　　　低碳钢变薄拉深用的润滑剂

润滑方法	成分含量	附　注
接触镀铜化合物： 　硫酸铜 　食盐 　硫酸 　木工用胶 　水	 4.5～5kg 5kg 7～8L 200g 80～100L	将胶先溶解在热水中，然后再将其余成分溶进去。将镀过铜的坯料保存在热的肥皂溶液内，进行拉深时才由该溶液内将坯料取出
先在磷酸盐内予以磷化，然后在肥皂乳浊液内予以皂化	磷化配方 马日夫盐—30～33g/L 氧化铜—0.3～0.5g/L	磷化液温度：96～98℃，保持15～20min

表 5-15　　　　　　　　拉深非铁金属及不锈钢用的润滑剂

金属材料	润滑方式
铝	植物油（豆油）、工业凡士林
硬铝	植物油乳浊液
纯铜、黄铜及青铜	菜油或肥皂与油的乳浊液（将油与浓肥皂水溶液混合）
镍及其合金	肥皂与油的乳浊液
2Cr13 不锈钢 1Cr18Ni9Ti 不锈钢	用氧化乙烯漆（GO1-4）喷涂板料表面，拉深时另涂机油
耐热钢	

　　拉深时润滑剂要涂抹在凹模圆角部位和压边面的部位，以及与此部位相接触的坯料表面上。涂抹要均匀，间隔时间要固定，并经常保持润滑部位的清洁。切忌在凸模表面或与凸模接触的坯料面上涂润滑剂，以防材料沿凸模滑动并使材料变薄。

第三节　拉深模的结构

一、拉深模的结构形式

　　（1）第一次拉深工序的模具，见表 5-16 所示。

　　（2）后续拉深工序用的模具，见表 5-17 所示。

表 5-16　第一次拉深工序的模具

分类	简单单拉深模	落料拉深复合模	双动压力机用拉深模
简图	1—凸模；2—压料圈；3—推件板；4—凹模	1—拉深凸模；2—凸凹模；3—推件板；4—落料凹模	1—顶杆；2—拉深筋；3、4—导板；5—凸模固定座；6—凸模；7—出气管；8—压料圈；9—凹模；10—凹模座
特点	凸模装于下模，坯料由压料圈定位，推料板推下拉深件	首先落料出拉深坯料，再由拉深凸模和凸凹模将坯料拉深	根据拉深工艺使用双动压力机。凸模通过固定座安装在双动压力机的内滑块上。压料圈安装在双动压力机的外滑块上。凹模安装双动压力机的下台面上。凸模与压料圈之间有导板导向

表 5-17 后续拉深工序的模具

分　类	简　图	特　点
在单动压力机上的拉深模	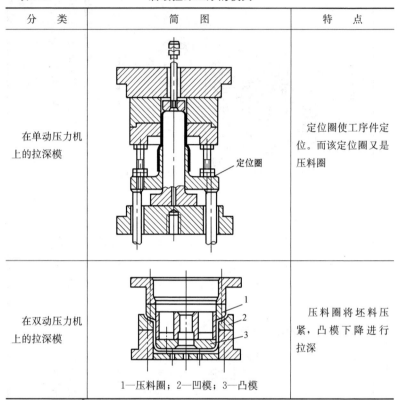	定位圈使工序件定位。而该定位圈又是压料圈
在双动压力机上的拉深模	1—压料圈；2—凹模；3—凸模	压料圈将坯料压紧，凸模下降进行拉深

（3）反拉深模。将工序件按前工序相反方向进行拉深，称为反拉深。反拉深把工序件内壁外翻，工序件与凹模接触面大，材料流动阻力也大，因而可不用压料圈。图 5-13 是反拉深示例。图 5-14 所示是反拉深模，凹模的外径小于工序件的内径，因此反拉深的拉深系数不能太大，太大则凹模壁厚过薄，强度不足。

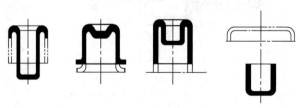

图 5-13 反拉深示例

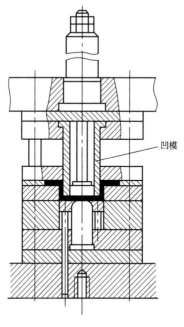

图 5-14 反拉深模

（4）变薄拉深模。变薄拉深与一般拉深不同，变薄拉深时工件直径变化很小，工件底部厚度基本没有变化，但是工件侧壁壁厚在拉深中变薄，工件高度相应增加。变薄拉深凹模形式见表 5-18；变薄拉深的凸模形式见表 5-19。

表 5-18　　　　　　　　　　变薄拉深凹模形式

简　　图	参　　数	
	凹模的锥角（°）	工作带高度（mm）
	$\alpha=7°\sim10°$ $\alpha_1=2\alpha$	$D=10\sim20$ 时 $h=1$ $D=20\sim30$ 时 $h=1.5\sim2$

表 5-19　　　　　　　　　　变薄拉深的凸模形式

简　图	参　数
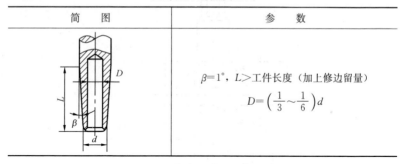	$\beta=1°$，$L>$工件长度（加上修边留量） $D=\left(\dfrac{1}{3}\sim\dfrac{1}{6}\right)d$

图 5-15 所示变薄拉深模，凸模下冲时，经过凹模（两件），对坯料进行两次变薄拉深。凸模上升时，卸料圈拼块把拉深件从凸模上卸下。

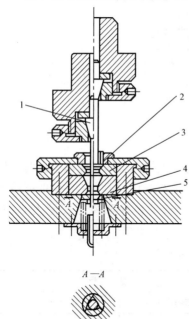

$A—A$

图 5-15　变薄拉深模

1—凸模；2—定位圈；3、4—凹模；
5—卸料圈拼块

二、拉深模间隙、圆角半径与压料肋

1. 拉深模间隙

拉深模凸、凹模间隙过小时，拉深力增大，从而使材料内应力增大，甚至在拉深时可能产生拉深件破裂。但间隙过大，壁部易产生皱纹。

拉深模在确定其凸、凹模间隙的方向时，主要应正确选定最后一次拉深的间隙方向。在中间拉深工序中，间隙的方向是任意的，而最后一次拉深的间隙方向应按下列原则确定：

（1）当拉深件要求外形尺寸正确时，间隙应由缩小凸模取得；当拉深件要求内形尺寸正确时，间隙应由扩大凹模取得。

（2）矩形件拉深时，由于材料在拐角部分变厚较多，拐角部分的间隙应比直边部分的间隙大 $0.1t$（t 为拉深件材料厚度）。

（3）拉深时，凸模与凹模每侧间隙 $c/2$ 可按式（5-13）计算，即

$$c/2 = t_{man} + Kt \qquad (5-13)$$

式中　t_{man}——材料的最大厚度（mm）；

　　　t——材料的公称厚度（mm）；

　　　K——间隙系数，见表 5-20。

表 5-20　　　　拉深模间隙系数 K

材料厚度 t（mm）	一般精度		较精密拉深	精密拉深
	一次拉深	多次拉深		
<0.4	0.07~0.09	0.08~0.10	0.04~0.05	
$\geqslant 0.4$~1.2	0.08~0.10	0.10~0.014	0.05~0.06	0~0.04
$\geqslant 1.2$~3	0.10~0.12	0.14~0.16	0.07~0.09	
$\geqslant 3$	0.12~0.14	0.16~0.20	0.08~0.10	

注　1. 对于强度高的材料，K 取较小值。

　　2. 精度要求高的拉深件，建议最后一道采用拉深系数 $m=0.9$~0.95 的整形拉深。

2. 圆角半径

凸模圆角半径增大，可减低拉深系数极限值，因此应避免小的圆角半径。过小的圆角半径显然将增加拉应力，使得危险剖面处材料发生很大的变薄。在后续拉深工序中，该变薄部分将转移到侧壁上，同时承受切向压缩，因而导致形成具有小折痕的明显的环形圈。而增大凹模圆角半径，不仅降低了拉深力，而且由于危险剖面的应力数值降低，增加了在一次拉深中可能的拉深深度，亦即可以减小于拉深系数的极限值。但过大的圆角半径，将会减少毛坯在压料圈下的面积，因而当毛坯外缘离开压料圈的平面部分后，可能导致发生皱折。

多道拉深的凸模圆角半径，第一道可取与凹模半径相同的数值，以后各道可取工件直径减少值的一半。末道拉深凸模的圆角半径值，决定于工件要求，如果工件要求的圆角半径小时，需增加整形模，整小圆角。

拉深凹模的圆角半径为

$$r_{\mathrm{A}} = 0.8\sqrt{(d_0 - d)t} \tag{5-14}$$

式中　d_0——坯料直径或上一次拉深件的直径（mm）；

　　　d——本次拉伸件直径（mm）；

　　　t——材料厚度（mm）。

3. 压料肋和压料装置

复杂曲面零件拉深时，为控制坯料的流动，根据拉深件是需要增加或减少压料面上各部位的进料阻力，需要在模具上设置压料肋。

拉深模的压料装置如表 5-21 所示。

表 5-21　　　　　　　　　　拉深模的压料装置

结　构　简　图	特　　　点
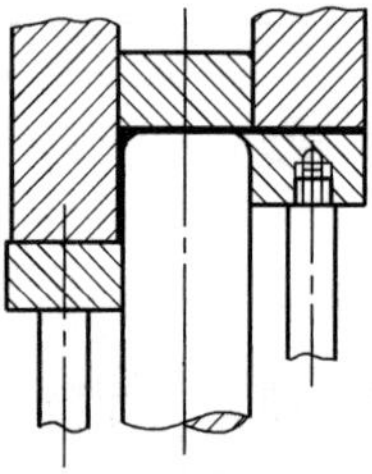	用于单动压力机的首次拉深模。由弹顶器或气垫等提供压料力，故压料力较大
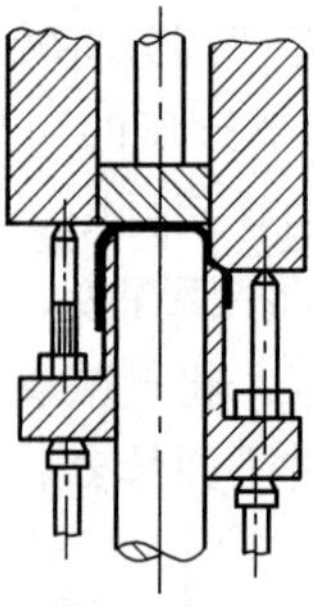	用于单动压力机的后道拉深工序的压料装置，压料接触面积较小，为限制压料力，采用限位柱

三、拉深模结构设计中需要注意的因素

拉深模结构设计中需要注意的因素与冲裁模、弯曲模有共同点，但还要考虑其特点，见表 5-22。

表 5-22　　　　　　拉深模结构设计中需要注意的因素

因　素	注　意　事　项
拉深件高度	拉深中间工序的高度不能算得很准，故模具结构要考虑安全"留量"，以便工件稍高时仍能适应
气　孔	拉深模应有气孔，以便卸下工件
限位装置	弹性压边圈要有限位装置，防止被压材料过分变薄
控制材料流动	对于矩形或异形拉深件，可利用不等的凹模圆角、设置拉深肋等方法控制材料流动，以达到拉深件质量要求

第六章

成 形 模

第一节 起 伏 成 形

起伏成形是使材料发生拉深，形成局部凸起或凹下，从而改变毛坯或制件形状的一种工艺方法。这种方法不仅可以增强制件的刚性，也可用作表面装饰或标记，如加强筋、花纹、文字等（见图6-1）。其变形特点是靠局部变薄成形，所以开裂决定它的成形极限。一般来说，材料的伸长率δ越大，可能达到的极限变形程度就越大。

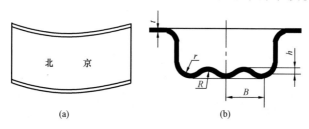

图 6-1 起伏成形

(a) 压文字；(b) 压加强筋

冲压加强筋所需要的压力 $F(\mathrm{N})$ 可近似用式（6-1）进行计算，即

$$F = Lt\sigma_{\mathrm{b}}K \tag{6-1}$$

式中 L——加强筋的周长（mm）；

t——材料厚度（mm）；

σ_{b}——材料的抗拉强度（MPa）；

K——系数，由筋的宽度及深度决定，一般取 $0.7\sim1$。

一次成形允许的加强筋的几何参数见表 6-1；平板局部冲压凸

包时的极限成形高度 h_{max} 可参照表 6-2 确定。

表 6-1 加强筋的形式和尺寸 mm

名称	简 图	R	h	b	r_p	α
半圆形筋		$(3\sim4)$ t	$(2\sim3)t$	$(7\sim10)t$	$(1\sim2)t$	—
梯形筋		—	$(1.5\sim2)t$	$\geqslant3h$	$(0.5\sim1.5)$	$15°\sim30°$

表 6-2 平板局部冲压凸包时的极限成形高度 h_{max} mm

简 图	材 料	h_{max}
	软钢	$(0.15\sim0.2)d$
	铝	$(0.1\sim0.15)d$
	黄铜	$(0.15\sim0.22)d$

起伏成形的间距和边距的极限尺寸可参照表 6-3 选择确定。

表 6-3 起伏成形的间距和边距的极限尺寸 mm

简 图	D	l_1	l
	6.5	10	6
	8.5	13	7.5
	10.5	15	9
	13	18	11
	15	22	13
	18	26	16
	24	34	20
	31	44	26
	36	51	30
	43	60	35
	48	68	40
	55	78	45

第二节 翻边模与翻孔模

翻边和翻孔在冲压生产中应用较为广泛，尤其是在汽车、拖拉机等领域应用极为普遍。所谓翻边和翻孔，是指利用模具把板材上的孔缘或外缘翻成竖边的冲压加工方法，主要用于制出与其他零件的装配部位，或是为了提高零件的刚度而加工出特定的形状。翻边是使材料沿不封闭的外凸或内凹曲线，弯曲而竖起直边的方法，如图 6-2（a）所示；翻孔是在毛坯上预先加工孔（或不预先加工孔），使孔的周围材料弯曲而竖起凸缘的冲压方法，如图 6-2（b）所示。

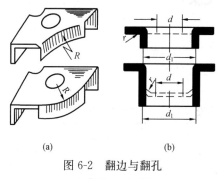

图 6-2　翻边与翻孔

（a）翻边；（b）翻孔

一、翻边与翻边模

1. 翻边

（1）外凸曲线翻边。外凸曲线翻边是指沿着具有外凸形状的不封闭外缘翻边，如图 6-3（a）所示。

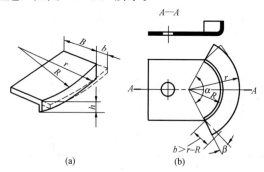

图 6-3　外凸曲线翻边及坯料修正

（a）外凸曲线翻边；（b）外凸曲线翻边坯料修正

外凸曲线翻边的变形程度 $\varepsilon_凸$ 可用下式表示；外凸曲线翻边的极限变形程度见表 6-4。

$$\varepsilon_凸 = b/R + b \qquad\qquad (6\text{-}2)$$

式中　b——翻边的宽度（mm）；

　　　R——翻边的外凸圆半径（mm）。

表 6-4　　　　　　　　翻边允许的极限变形程度

材料名称及牌号		$\varepsilon_凸$（%）		$\varepsilon_凹$（%）	
		橡皮成形	硬模成形	橡皮成形	硬模成形
铝合金	1035（软）(L4M)	25	30	6	40
	1035（硬）(L4Y1)	5	8	3	12
	3A21（软）(LF21M)	23	30	6	40
	3A21（硬）(LFY1)	20	8	3	12
	5A02（软）(LF2M)	5	25	6	35
	5A03（硬）(LF3Y1)	14	8	3	12
	5A12（软）(LY12M)	6	20	6	30
	5A12（硬）(LY12Y)	14	8	0.5	9
	2A11（软）(LY11M)	5	20	4	30
	2A11（硬）(LY11Y)		6	0	0
黄铜	H62（软）	30	40	8	45
	H62（半硬）	10	14	4	16
	H68（软）	35	45	8	55
	H68（半硬）	10	14	4	16
钢	10	—	38	—	10
	120	—	22	—	10
	1Cr18Ni9（软）	—	15	—	10
	1Cr18Ni9（硬）	—	40	—	10
	2 Cr18Ni9	—	40	—	10

　　外凸曲线翻边的毛坯形状可参照浅拉深方法的计算。但是，外凸曲线翻边是沿不封闭曲线边缘进行的局部非对称的变形，变形区各处的切向压应力和径向拉应力的分布是不均匀的，因而变形也是不均匀的。如果采用翻边外缘宽度 b 一致的毛坯形状，则翻边后零件的高度为两端低中间高的形状，而且竖边的两端边缘线与不变形平面不垂直（向外倾斜）。为了得到平齐的高度和平面垂直的端线，需对毛坯形状修正。修正方向与内凹曲线翻边相反，如图 6-3（b）虚线所示。外凸曲线翻边的模具设计要考虑防止起皱问题。当零件翻边高度较大时，应设置防皱的压紧装置，以压紧坯料的变形区。

（2）内凹曲线翻边。内凹曲线翻边是指沿着有凹形状的曲线翻边，如图 6-4 （a）所示。

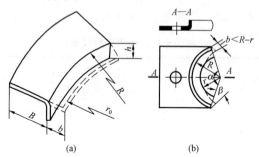

图 6-4　内凹曲线翻边及坯料修正

（a）内凹曲线翻边；（b）内凹曲线翻边坯料修正

内凹曲线翻边程度 $\varepsilon_凹$ 可用式（6-3）表示；内凹曲线翻边的极限变形程度见表 6-4。

$$\varepsilon_凹 = b/R - b \tag{6-3}$$

式中　b——翻边的宽度（mm）；

R——翻边的内凹圆半径（mm）。

因为内凹曲线翻边变形区各处的切向拉深变形不均匀，两端部的变形程度小于中间部分 ［见图 6-4 （b）］，因此采用翻边宽度 b 一致的毛坯形状在翻边后的零件竖边会呈两端高中间凹的形状，而且竖边的两端边缘线与不变形的平面不垂直（向内倾斜）。为了得到平直一致的竖边，需要对毛坯轮廓进行修正。修正的方法是：使竖边毛坯宽度 b 逐渐变小；使坯料端线按修正角 β 下料，如图 6-4 虚线所示。β 取 $25°\sim 40°$，r/R 值和 α 角越小，修正量就越大。如果 r/R 值较大且 α 角也很大，坯料形状可按照翻孔确定。

内凹曲线翻边模具设计时要注意设置定位压紧装置，压紧平面不变形区部分。还可以采用两件对称的冲压的方法，使水平方向冲压力平衡，以减少坯料的窜动趋势。

2. 翻边模

外凸、内凹曲线翻边模既可以用刚性冲模实现，也可以用软模或其他方法实现。图 6-5 所示为用橡皮模翻边的方法。图 6-6 所示为圆筒形工件的翻边模，坯件套在定位芯上，当压力机滑块下降时，凸模 5 压下坯料，顶板 7 下降，进入凹模 8，对坯料进行翻边。压力机滑块上升时，压力机在弹顶器的作用下，顶板 7 升至原来的位置。推杆 2、推件板 4 把工件从凸模上顶下。

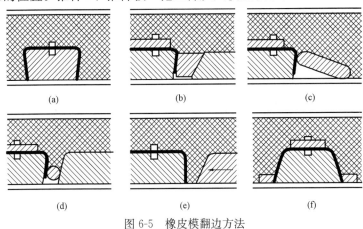

图 6-5　橡皮模翻边方法

（a）用橡皮；（b）用楔块；（c）用铰链压板；
（d）用棒；（e）用活动楔块；（f）用圈

图 6-7 是对矩形孔翻边问题的解决方法。对矩形孔用冲孔翻边方法会在 X 角部发生撕裂现象，克服的方法是先压窝，再将底部冲掉。如果仍有撕裂现象，可先将图 6-7 中虚线部分冲掉后再翻边。如果仍无收效，就应该考虑增加拐角与圆角半径。图 6-8 所示为内外缘翻边复合模。这是典型的翻边复合模，其加工工件如图 6-8（b）所示。工件内、外缘均需要翻边。毛坯套在内缘翻边凹模 7 上，并由它定位，而它装在压料板 5 上。为了保证它的位置准确，压料板需与外缘翻边凹模 3 按照 H7/h6（间隙配合）装配。压料板既起压料作用，又起整形作用，所以压至下止点时应与下模座刚性接触，最后还起顶件作用。内缘翻边后，在弹簧作用力下，顶件块 6 将工件从内缘翻边凹模 7 中顶起。推件板 8 由于弹簧的作用，冲压时始终与毛坯保持接触。到下止点时，与凸模固定板 2 刚性接触，因此推件板 8 也起整形作用，冲出的工件比较平整。上模出件时，为了防止弹簧力的不足，最终采用刚性推件装置将工件推出。

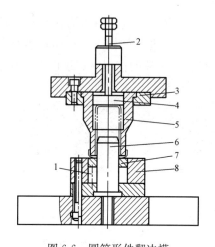

图 6-6　圆筒形件翻边模

1—卸料螺钉；2—推杆；3—固定板；

4—推件板；5—凸模；6—定位芯子；

7—顶板；8—凹模

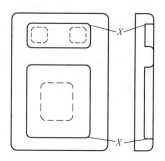

图 6-7　矩形孔翻边

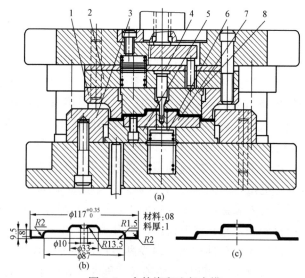

图 6-8　内外缘翻边复合模

（a）模具结构；（b）工件图；（c）毛坯图

1—外缘翻边凸模；2—凸模固定板；3—外缘翻边凹膜；4—内缘翻边凸模；

5—压料板；6—顶件块；7—内缘翻边凹模；8—推件板

二、翻孔与翻孔模

1. 翻孔

（1）变形分析。翻孔的主要变形是变形区内材料受切向和径向拉伸，越接近预冲孔边缘，变形就越大，因此翻孔的失败往往是边缘拉裂。但拉裂与否主要取决于拉伸变形的大小。翻孔的变形程度，一般用坯料预冲孔直径 d_0 与翻孔后的平均直径 D 的比值 K_0 表示，称为翻孔系数。显然，翻孔系数越大，变形程度就越大。翻孔系数 K_0 与竖边边缘厚度变薄量的关系是非常密切的。翻孔系数越小，坯料边缘变形就越严重。当翻孔系数减小到使孔的边缘濒于拉裂时，这种极限状态下的翻孔系数就称为极限翻孔系数。

影响翻孔系数的因素及提高变形程度的主要措施有：

1）孔边的加工性质及状态。翻孔前孔边表面质量高（无撕裂、无毛刺）并无加工硬化层时有利于翻孔，极限翻孔系数可小些。对于冷轧低碳钢板，冲裁边缘的伸长变形能力比切削边缘减少30％～80％，因此，为了提高冲裁边缘的翻孔变形能力，可考虑以切削孔、钻孔代替冲孔，也可对坯料退火以消除硬化。以铲刺或刮削的方法去除毛刺也可以提高材料的变形能力；采用锋利刃口和大于料厚的间隙，可使剪切面近似拉伸断裂，因此，加工硬化与损伤都较少，有利于翻孔。采用图 6-9 所示的压印法，从毛刺一侧压缩挤光剪切带，可提高材料伸长率 1 倍左右，是改善孔边缘状态的有效方法；采用图 6-10 所示的翻孔方向与冲孔方向相反的方法，也

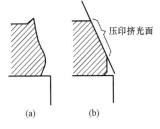

图 6-9 压印法

（a）压印前；（b）压印后

可提高材料的翻孔变形能力。由坯料的一侧预先稍加翻边，然后由相反的一侧用圆锥凸模再翻边，可以提高翻孔极限，在允许边缘折痕的情况下，可得到与切削边缘相同的翻孔系数。

2）材料的种类和力学性能。材料的塑性越好，翻孔系数 K_0 就可以小一些。

3）材料的相对厚度（t/d）。翻孔前材料的厚度 t 和孔径 d 的比

值 t/d 越大，即材料相对厚度较大时，在断裂前材料的绝对伸长量可以大些。因此，较厚材料的极限翻孔系数 K_0 可以小些，如图6-11所示。

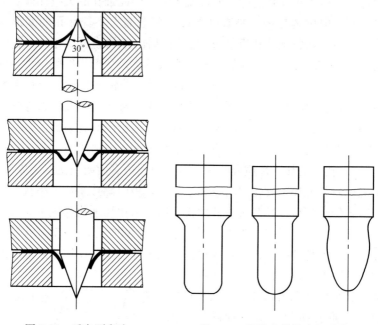

图 6-10　反向再翻边　　　　图 6-11　翻孔凸模的头部形状

（2）工艺计算：

1）平板毛坯翻孔的工艺计算。翻孔的毛坯计算是利用板料中性层长度不变的原则近似地进行预冲孔直径大小和翻边高度计算的。平板毛坯翻孔预冲孔直径 d_0 可以近似地按照弯曲展开计算。

2）在拉深件底部翻孔的工艺计算。在拉深件底部的翻孔是一种常见的冲压方法。当翻孔高度较高，一次翻孔难以达到要求时，可将平板毛坯先进行拉深，再在拉深件底部冲孔后再翻孔。其工艺计算过程是：先计算允许翻孔高度 h，然后按照零件的要求高度 H 及 h 确定拉深高度 h_1 及预冲直径 d_0。

3）翻孔力的计算。翻孔力一般不是很大，其大小与凸模形式及凸、凹模间隙有关。当使用平底凸模时，翻孔力可以按式（6-4）计算

$$F = 1.1\pi(D - d_0)t\sigma_s \tag{6-4}$$

式中　d_0——翻孔前冲孔直径（mm）；

　　　D——翻孔后直径（mm）；

　　　t——材料厚度（mm）；

　　　σ_s——材料屈服强度（MPa）。

4）凸凹模间隙。凸凹模单边间隙可取$(0.75\sim0.85)t$，也可按照表 6-5 选取。

表 6-5　　　　　　　　　**翻孔凸、凹模单边间隙**　　　　　　　mm

材料厚度	0.3	0.5	0.7	0.8	1.0	1.2	1.5	2.0
平毛坯翻边	0.25	0.45	0.6	0.7	0.85	1.0	1.3	1.7
拉深后翻边	—	—	—	0.6	0.75	0.9	1.1	1.5

2. 翻孔模

翻孔模具的结构与拉深模十分相似，不同之处就是翻孔模的凸模圆角半径一般比较大，甚至有的翻孔凸模的工作部分做成球形或抛物线形，以利于翻孔工作的进行。翻孔凹模的圆角半径对材料变形影响不大，一般可取工件的圆角半径。

图 6-12 和图 6-13 分别给出了冲孔、翻孔连续模和冲孔、翻孔、落料复合模的示意图。

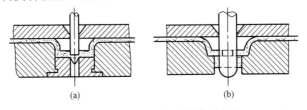

图 6-12　冲孔、翻孔连续模示意图

（a）冲孔；（b）翻孔

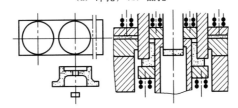

图 6-13　冲孔、翻孔、落料复合模

❤ 第三节 胀 形 及 胀 形 模

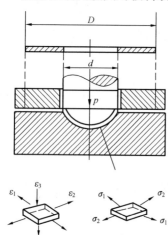

图 6-14 胀形变形方式

胀形是利用模具对板料或管状毛坯的局部施加压力，使变形区内的材料厚度减薄和表面积增大，以获取制件几何形状的一种变形工艺。其变形情况如图 6-14 所示。在凸模力 p 的作用下，变形区内的金属处于两向（径向 σ_1 和切向 σ_2）拉应力状态（忽略料厚度方向的应力 σ_3）。其应变状态为两向（径向 ε_1 和切向 ε_2）受拉，一向受压（厚度方向 ε_3）的三向应变状态。其成形极限将受到拉裂的限制。材料的塑性越好，硬化指数值越大，则极限变形程度就越大。在大型覆盖件的冲压成形过程中，为使毛坯能够很好地贴模，提高成形件的精度和刚度，必须使零件获得一定的胀形量。因此，胀形是冲压变形的一种基本方法。

一、胀形

1. 胀形件的特点

在制定冲压工艺和设计模具时，需要考虑胀形件的以下特点：

（1）胀形件的形状应尽可能地简单、对称。轴对称胀形件在圆周方向上的变形是均匀的，其工艺性最好，模具加工也比较容易；非轴对称胀形件也应避免急剧的轮廓变化。

（2）胀形部分要避免过大的高径比（h/d）或宽径比（h/b），如图 6-15 所示。过大的 h/d 和 h/b 将引起破裂，一般需要增加预成形工序，通过

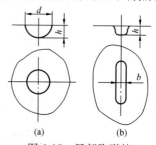

图 6-15 局部胀形的高径比和宽径比

（a）高径比；（b）宽径比

预先聚料来防止破裂的发生。

（3）胀形区过渡部分的圆角不能太小，否则该处材料厚度容易严重减薄而引起破裂，如图 6-16 所示。

（a）　　　　　　　　　（b）

图 6-16　局部胀形区的过渡圆角

（a）$r_1 \geqslant (1 \sim 2)t$；（b）$r_2 \geqslant (1 \sim 1.5)t$

注：t 为材料的厚度。

（4）对胀形件壁厚均匀性不能要求太高。因为胀形时材料必然变薄，在极限变形的情况下：对于平板局部胀形，中心部分变薄可达到 $0.5t_0$ 以上；对于空心管件胀形，最大变薄可达到 $0.3t_0$ 以上。t_0 为平板毛坯或空心毛坯胀形前的厚度。

2. 胀形的工艺方法

（1）平板毛坯的局部胀形。平板毛坯的局部胀形是板料在模具作用下，通过局部胀形而产生凸起或凹下的冲压加工方法。这种成形工艺的主要目的是用来增强零件的刚度和强度，也可用作表面装饰或标记。常见的有压加强肋、压凸包、压字和压花等，如图 6-17 所示。

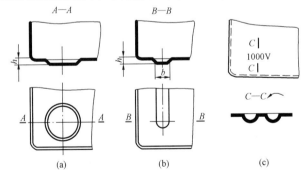

图 6-17　平板毛坯局部胀形的几种形式

（a）压凸包；（b）压加强肋；（c）压字

（2）圆柱形空心毛坯胀形。圆柱形空心毛坯胀形是通过模具的作用，将空心毛坯材料向外扩张成曲面空心零件的成形方法。用这种方法可以制造成许多形状复杂的零件，如波纹管、带轮等。

二、常用胀形方法及模具

常用的胀形方法主要有刚模胀形、固体软模胀形等方法。

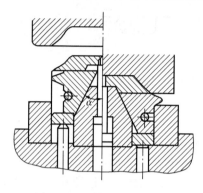

图 6-18　刚体分瓣凸模胀形

（1）刚模胀形。图 6-18 所示为刚模胀形。为了获得零件所要求的形状，可采用分瓣式凸模结构，生产中常采用 8～12 个模瓣。当胀形变形程度小，精度要求低时，采用较少的模瓣，反之采用较多的模瓣。一般情况模瓣数目不少于 6 瓣。模瓣圆角一般为 $(1.5～2)t$（t 为毛坯厚度）。半锥角 α 一般选用 $8°$、$10°$、$12°$或 $15°$。较小的半锥角有利于提高力比，但却增大了工作行程，因此半锥角的选取应该由压力机的行程决定。

刚模胀形时，模瓣和毛坯之间有着较大的摩擦力，材料的切向应力和应变的分布很不均匀。成形之后，零件的表面有时会有明显的直线段和棱角，很难得到高精度的零件，而且模具结构也复杂。

图 6-19 是轴向加压胀形模。此模具用于杯形工件的腰部胀形。

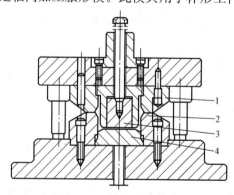

图 6-19　轴向加压胀形模

1—上模；2—下模；3—卸件块；4—顶板

毛坯放在下模 2 内，置于顶板 4 上，压力机滑块下降时，由上、下模 1 和 2 对毛坯进行胀形。当压力机滑块上升时，由卸件块 3 和顶板 4 将冲件从上模 1 和下模 2 内退出。用这种方法胀出的埂，其高度不能大于管壁的厚度，其范围不能超过 $90°$，否则管子会在胀出埂以前被压垮。

图 6-20 是筒形件局部凸包胀形模。冲头下行时，压板 6 将筒件压在心轴 7 上，在上模斜楔的作用下，三个小凹模 2 向中心推进，将筒件压紧在心轴 7 上，形成刚性压边，接着顶销 5 的圆锥头压向凸模 3 斜面，使其向外伸出，将筒件压出凸包。冲头上行时，凹模 2 由弹簧恢复到原来位置。螺栓 8 带动顶板 10、顶杆 9 和顶件环 1 将工件顶出。这时三个凸模 3 向中心收缩，由限位钉 4 限制其位置。

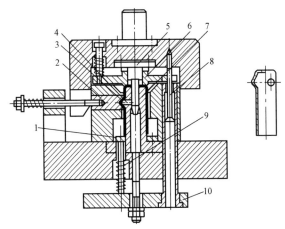

图 6-20　筒形件局部凸包胀形模

1—顶件环；2—凹模；3—凸模；4—限位钉；5—顶销；6—压板；

7—心轴；8—螺柱；9—顶杆；10—顶板

（2）固体软模胀形。用固体软模胀形可以改善刚模胀形的某些不足（如工件变形不均匀、模具结构复杂等），此时凸模可采用橡胶、聚氨酯或 PVC（聚氯乙烯）等材料。胀形时利用软凸模受压变形并迫使板材向凹模型腔贴靠。根据需要，钢质凹模可做成整体式与可分式两种形式，如图 6-21 所示。

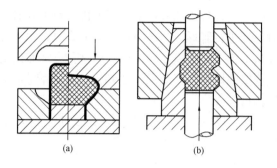

图 6-21　固体软模胀形

(a) 整体式；(b) 可分式（聚氨酯软凸模胀形自行车中的接头）

　　软体模的压缩量和硬度对零件的胀形精度影响很大，最小压缩量一般在 10％以上才能确保零件在开始胀形时具有所需的预压力，但最大不能超过 35％，否则软凸模很快就会损坏。一般常采用聚氨酯橡胶制作凸模。为了使毛坯胀形后能充分贴模，应在凹模壁上适当位置开设通气孔。

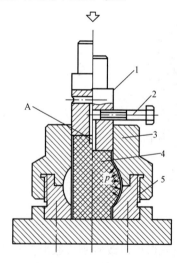

图 6-22　石蜡胀形模

1—凸模；2—螺钉；3—上凹模；

4—石蜡；5—下凹模

　　对于不同材料，胀形后的回弹也各不相同。有的材料，如钛合金，回弹量约占基本尺寸的 0.35％，因此不能忽视。由于回弹量与零件形状密切相关，针对不同形状的零件，要经过多次修模和试模之后才能够比较稳定地生产合格的产品。

　　图 6-22 是用石蜡的胀形方法。在凸模 1 压力下，筒件和其中的石蜡 4 受轴向压缩，在上、下凹模 3 和 5 内成形。在压缩过程中，当单位压力 p 超过一定数值后，石蜡从凸模 1 中的溢流孔 A 溢出，由螺钉 2 调节溢流孔的大小，以控制石蜡对筒件的压力。

第四节 缩口及缩口模

缩口模广泛地运用于国防工业、机械制造业和日用工业当中。所谓缩口，就是将先拉深好的圆筒形件或管件坯料通过缩口模具使口部直径缩小的一种成形工序。若用缩口代替拉深工序来加工某些零件，可以减少成形工序。

一、缩口

1. 缩口变形的方式

根据零件的特点，在实际的生产过程中，可以采用不同的缩口方式。常见的缩口方式有以下三种：

（1）整体凹模缩口。这种方式适用于中小短件的缩口，如图6-23所示。

（2）分瓣凹模缩口。这种方式多用于长管口。图6-24是将管端缩口成球形的工艺实例，分瓣凹模安装在快速短行程通用偏心压力机上，此时，管材要一边送进一边旋转。

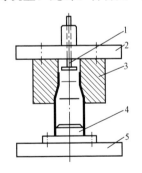

图 6-23　整体凹模缩口

1—推料杆；2—上模板；

3—凹模；4—定位器；5—下模板

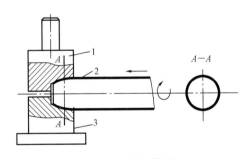

图 6-24　分瓣凹模缩口

1—上半模；2—零件；3—下半模

（3）旋压缩口。这种方式适用于相对料厚小的大中型空心坯料的缩口，如图6-25所示。

2. 缩口的变形程度

缩口变形主要是毛坯受切向压缩而使直径减小，厚度与高度都

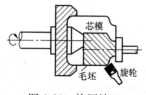

图 6-25　旋压缩口

略有增加。因此在缩口工艺中毛坯发生失稳起皱。同时，在未变形区的筒壁，由于承受全部缩口压力，也易产生失稳变形。因此，防止失稳是缩口工艺的主要问题。缩口的极限变形程度主要受失稳条件的限制，它是以切向压缩变形的大小来衡量的，一般采用缩口系数 K 表示，即

$$K = d/D \tag{6-5}$$

式中　D——缩口前口部直径（mm）；

d——缩口后口部直径（mm）。

由式（6-5）可知，缩口系数 K 越小，变形程度越大。如果零件要求总的缩口变形很大，就需要进行多次缩口。

缩口系数的大小主要与材料的种类、厚度以及模具结构形式有关。表 6-6 是不同材料、不同厚度的平均缩口系数。表 6-7 给出了不同材料和不同模具形式的平均缩口系数。

从表 6-6 和表 6-7 所列举的数值可以看出：材料塑性越好，厚度越大，或者模具结构中对筒壁有支承作用的，缩口系数就小些。多道工序缩口时，一般第一道工序的缩口直径系数 K_1 为 $0.9k_i$，以后各道工序的缩口系数 K_n 为 $(1.05～1.1)k_i$。k_i 为每一道工序的平均缩口系数；K_n 为缩口 n 次后的缩口系数。

表 6-6　　　　　不同材料、不同厚度的平均缩口系数

材料	材　料　厚　度　（mm）		
	～0.5	＞0.5～1	＞1
黄　铜	0.85	0.8～0.7	0.7～0.65
钢	0.85	0.75	0.7～0.65

表 6-7　　　　　不同材料和不同模具形式的平均缩口系数

材料名称	模　具　形　式		
	无支承	外部支承	内部支承
软　铜	0.7～0.75	0.55～0.60	0.30～0.35

材料名称	模 具 形 式		
	无支承	外部支承	内部支承
黄铜 H62 、H68	0.65~0.70	0.50~0.55	0.27~0.32
铝	0.38~0.72	0.53~0.57	0.27~0.32
硬铝（退火）	0.73~0.80	0.60~0.63	0.35~0.40
硬铝（淬火）	0.75~0.80	0.68~0.72	0.40~0.43

二、缩口模

1. 缩口模具的种类

缩口模具按照支承形式一般可以分为三种：

（1）无支承形式（见图 6-26）。这种模具结构简单，但是毛坯稳定性差。

（2）外支承形式［见图 6-27（a）］。这种模具较前者复杂，但是毛坯稳定性较好，允许的缩口系数可以小些。

（3）内外支承形式［见图 6-27（b）］。这种模件比前两者都复杂，但是稳定性更好，允许缩口系数可以取得更小。

2. 典型的缩口模

（1）薄壁压延件缩口模。图 6-28 是薄壁压延件的缩口模。将压延件置入配合良好的下模 1，放入粘在钢板 3 上的橡胶柱 2。上模下行时，先由有锥尖的模块 4 将钢板 3 和橡胶柱 2 定位，如图 6-28（a）所示；接着对工件上端进行缩口，如图 6-28（b）所示。

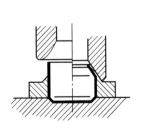

图 6-26　无支承形式的
缩口模

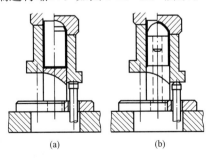

（a）　　　　　（b）

图 6-27　有支承的缩口模

（a）外支承形式；（b）内外支承形式

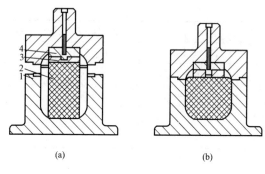

图 6-28 薄壁压延件的缩口模

1—下模；2—橡胶柱；3—钢板模块；4—模块

（2）非圆形件的缩口模。图 6-29 是非圆形件的缩口模。上模下行时，由弹簧 3 作用的侧压板 2 将菱形盒紧靠在下模 5 上，由压块 1 压住，此时上模 4 进行缩口，但要用不同形状的缩口模分几次完成一个工件四个角和四条直边的缩口工作。

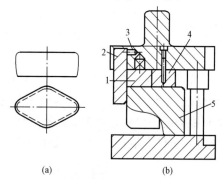

图 6-29 非圆形件缩口模

（a）工件图；（b）缩口模

1—压块；2—侧压板；3—弹簧；4—上模；5—下模

（3）缩口镦头模。图 6-30 为缩口镦头模，此模具对圆管料进行缩口镦头。圆管放置在凸模 5 和顶杆 6 的卸料板 4 上，当压力机滑块下降时，在凹模 3、7 和卸料板 4 的作用下，圆管被缩口镦头。当压力机滑块上升时，卸料板 4 在顶杆 6 的作用下，将冲件顶起。如冲件被凹模 3 和 7 带起，推销 2、推杆 1 把冲件推下。

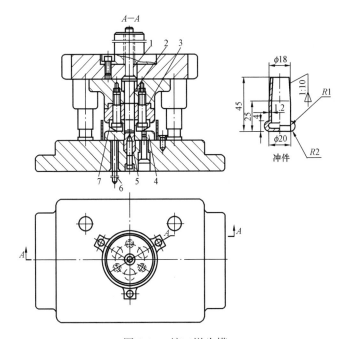

图 6-30 缩口镦头模

1—推杆；2—推销；3、7—凹模；4—卸料板；5—凸模；6—顶杆

第五节 校平及压印

一、校平

校平是校形的一种方法，是作为成形后的补充加工，虽然使工序有所增加，但从整个工艺设计考虑却往往是经济合理的。有了这一环节，前面的成形工序就可以更好地满足成形规律的要求。

校平就是将冲压件或毛坯的不平面，放在两个平光面或带有齿形刻纹的表面之间进行校平的一种工艺方法。

校平时，板料在上下两块平模板的作用下产生反向弯曲变形，出现微量塑性变形，从而使板料压平。当冲床处于下止点位置时，上模板对材料进行强制压紧，使材料处于三向应力状态，卸载后回弹小，在模板作用下的平直状态就被保留下来。

　　根据板料的厚度和对表面的要求，校平可采用光面模校平、齿形模校平以及加热校平等方法。

　　一般对于薄料和表面不允许有压痕的零件，采用光面校平模。由于材料回弹的影响，光面校平模对材料强度较高零件校平效果较差。为了使校平不受压力机滑块导向精度的影响，校平模最好采用图 6-31 所示结构。

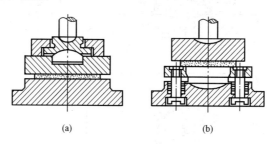

(a)　　　　　　　　　(b)

图 6-31　光面校平模

(a) 上模浮动式；(b) 下模浮动式

　　当零件平面度要求较高或采用材料较厚、较硬时，通常采用齿形校平模，如图 6-32 所示。齿形校平模可分为细齿校平模和粗齿校平模。如图 6-32(a) 所示，细齿校平是将齿尖挤压进入零件表面一定的深度，使之形成很多塑性变形的小网点，改变了零件材料原有的应力状态，故能减少回弹，校平效果较好。但由于细齿校平零件表面压痕较深，而且又易粘在模板上，造成操作上的困难，因此细齿校平多用于材料较厚，强度高，表面允许有压痕的零件。而粗齿校平模适用于厚度较薄的铝、青铜、黄铜等表面不允许有压痕的零件。如图 6-32 (b) 所示，安装齿形校平模时，要使上下模齿形

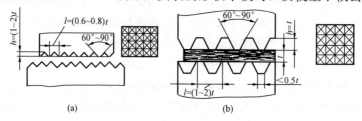

(a)　　　　　　　　　(b)

图 6-32　齿形校平模

(a) 细齿校平；(b) 粗齿校平

相互交错。

当零件的平面度要求较高且又不允许有压痕或零件尺寸较大时，也可采用加热校平的方法。加热校平是指把要校平的零件叠成叠，用夹具压紧成平直状态，放入加热炉内加热，因温度升高而使屈服强度降低、回弹减小，从而校平零件的整形方法。一般情况下，铝材加热温度为 $300°\sim320°$，黄铜（H62）为 $400°\sim450°$。

校平的工作行程不大，但校平力却很大，见表 6-8。

表 6-8 校平和整形单位压力 MPa

方 法	p 值
光面校平模校平	$50\sim80$
细齿校平模校平	$80\sim120$
粗齿校平模校平	$100\sim150$
敞开形制件整形	$50\sim100$
拉深件减小圆半径及对底、侧面整形	$150\sim200$

二、压印

压印是使材料厚度发生变化，将挤压的材料充塞在有起伏的模腔内，使零件上形成起伏花纹或字样。在大多数情况下压印是在封闭模内进行的，从而避免了金属被挤压到型腔外面，如图 6-33 所示。对于尺寸较大或形状特殊需要切边的零件，可采用敞开式模具进行表面压印。

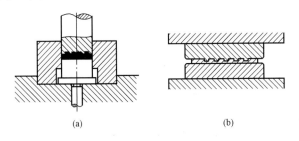

图 6-33 压印模简图
(a) 封闭式；(b) 敞开式

压印广泛用于制造钱币、纪念章以及在餐具和钟表零件上压出标记或花纹。零件压印的厚度精度一般可以达到 ±0.1 mm，高的可以达到±0.05mm。设计压印模时应该注意花纹的凸起宽度不要高而窄，更要避免尖角。如图 6-34 所示，如果压印花纹深度 $h \leqslant (0.3 \sim 0.4)t$，则压印花纹工作可在光面凹模上进行；如果 $h > 0.4t$，需按凸模形状作相应的凹槽，其宽度比凸模的凸出部分大，深度则比较小。

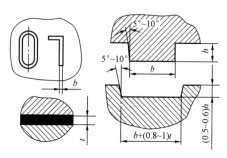

图 6-34　压印花纹时模具成形部分尺寸

　　计算压印毛坯尺寸时，可以用零件与毛坯体积相等的原则确定，对于事后需要切边的零件，还需在计算时考虑加飞边余量。

　　在压印加压过程中，虽然金属的位移不会太大，但为了得到理想清晰的花纹则需要相当大的单位压力，压印力可按式（6-6）计算，即

$$F = Ap \tag{6-6}$$

式中　F——压印力（N）；

　　　A——零件的投影面积（mm^2）；

　　　p——单位面积压力（MPa），其试验值见表 6-9。

表 6-9　　　　　　　　　压印时单位压力的试验值

工　作　性　质	单位压力（MPa）
在黄铜板上敞开压凸纹	200～500
在 $t < 1.8mm$ 的黄铜板上压凸凹图案	800～900
用淬得很硬的凸模，在凹模上压制轮廓	1000～1100
金币的压印	1200～1500
银币或镍币的压印	1500～1800

工 作 性 质	单位压力（MPa）
在 $t<0.4$mm 的薄黄铜板上压印单面花纹	2500～3000
不锈钢上压印花纹	2500～3000

第六节 其他成形方法及其模具

一、液压成形

液压成形是在无摩擦状态下成形，与其他成形方法相比，极少出现变形不均匀现象。因此，液压成形法多用于生产表面质量和精度要求较高的复杂形状零件。

1. 液压成形特点

液压成形是指用液体（如油、水等）作为传压介质来成形零件的一种工艺方法，可以完成拉深、挤压、胀形等工序。

2. 液压成形方法

液压成形方法大致有两种：一种是液体直接作用在成形零件上；另一种是液体通过橡皮囊间接地作用在成形零件上。图 6-35 是直接加压液压成形法，用这种方法成形之后还需将液体倒出，生产效率较低。图 6-36 是橡皮囊充液成形，工作时向橡皮囊内打入

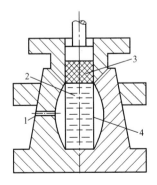

图 6-35 直接加压液压成形法
1—凹模；2—液体；
3—橡胶垫；4—坯料

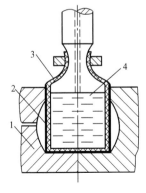

图 6-36 橡皮囊充液成形法
1—凹模；2—毛坯；
3—橡皮囊；4—液体

高压液体，皮囊成形之后迫使毛坯向凹模贴靠成形。这种方法的优点是密封问题容易解决，每次成形时压入和排出的液体量小，因此生产效率比直接加压成形法高。缺点是橡皮囊的制作比较麻烦，使用寿命较短。

在设计模具时，应根据零件的形状和大小，并考虑操作的方便程度及取件难易等因素，将凹模设计成整体式与分块式两种。在凹模壁上也需开设不大的排气孔，以便毛坯充分贴模。

图 6-37 是在双动冲床上使用的成形模具。可自行确定一定的液体量。将盛满液体的杯形件置于下模 1 内，外冲头下行，上模 2 和凸模外套 4 先下降，将多余的液体排出，接着内冲头下行，凸模 3 插入外套 4 内成形。

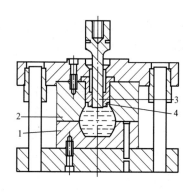

图 6-37 双动冲床用液压成形模
1—下模；2—上模；3—凸模；4—凸模外套

二、旋压成形

旋压属于回转加工，是利用坯料随芯模旋转（或旋压工具绕坯料与芯模旋转）和旋压工具与芯模相对进给，使坯料受压力作用并产生连续、逐点的变形，从而完成工件的加工。

1. 旋压的分类

根据坯料厚度变化情况，旋压可分为不变薄旋压（普通旋压）和变薄旋压（强力旋压）两大类，见表 6-10。

表 6-10　　　　　　　　　　　旋压成形分类

类　　别		图　　例
不变薄旋压	拉深旋压	
	缩口旋压	
	扩口旋压	
变薄旋压	锥形件变薄旋压（剪切旋压）	
	筒形件变薄旋压　正旋	
	筒形件变薄旋压　反旋	

2. 旋压成形的特点

旋压成形的特点主要有：

(1) 旋压属于局部连续塑性变形加工，瞬间的变形区小，所需的总变形力较小。

(2) 有一些形状复杂的零件或高强度难变形的材料，传统工艺很难甚至无法加工，用旋压成形却可以方便地加工出来。

(3) 旋压件的尺寸公差等级可达 IT8 左右，表面粗糙度 $Ra<3.2\mu m$，强度和硬度均有显著提高。

(4) 旋压加工材料利用率高，模具费用低。

3. 旋压材料的种类及工件形状特点

旋压加工常用材料见表 6-11。

表 6-11   旋压加工常用材料

材 料	牌 号
优质碳素钢	20 钢、30 钢、35 钢、45 钢、60 钢、15Mn、16Mn
合金钢	40Cr、40Mn2、30CrMnSi、15MnPV、15MnCrMoV、14MnNi、40SiMnCrMoV、28CrSiNiMoWV、45CrNiMoV、PcrNiMo
不锈钢	1Cr13、1Cr18Ni9Ti、1Cr21Ni5Ti
耐热合金	CH—30、CH128、Ni—Cr—Mo
非铁金属及其合金	T2、HNi65—5、HSn62—1、LO_2、LO_8、LF_3、LF_5、LF_6、LF_{12}、LF_{21}、LY_{12}、LD_2、LD_{10}、$LC_{4,147,164,183,919}$、LT_{24}
难熔金属稀有金属	烧结纯钼、纯钨、纯钽、铌合金 C—103、Cb—275、纯钛、TC_4、TB_2、6Al—4V—Ti、纯锆、Zr—2

可旋压的工件只能是旋转体，主要有筒形、锥形、曲母线形和组合形（前三种相互组合而成）四类，如图 6-38 所示。

4. 旋压成形完成的工序

旋压成形可以完成旋体工件的拉深、缩口、扩口、胀形、翻边、弯边、叠缝等不同工序，见表 6-10。

各种旋轮的形状如图 6-39 所示，对应旋轮的主要尺寸可参考表 6-12 选择确定。

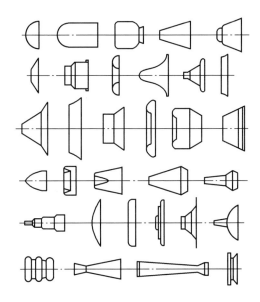

图 6-38 旋压件的形状示例

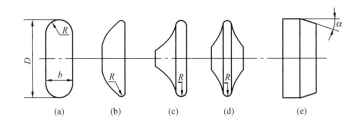

图 6-39 旋轮的形状

（a）旋压空心件用；（b）变薄旋压用；

（c）缩口、滚波纹管用；（d）、（e）精加工用

表 6-12　　　　　　　　　旋轮的主要尺寸　　　　　　　　　mm

旋轮直径 D	旋轮宽度 b（旋压空心件用）	旋轮圆角半径 R				
		a	b	c	d	e [α/(°)]
140	45	22.5	6	5	6	4（2）
160	47	23.5	8	6	10	4（2）
180	47	23.5	8	8	10	4（2）

旋轮直径 D	旋轮宽度 b (旋压空心件用)	旋轮圆角半径 R				
		a	b	c	d	e [α/(°)]
200	47	23.5	10	10	12	4 (2)
220	52	26	10	10	12	4 (2)
250	62	31	10	10	12	4 (2)

注 表内的 a、b、c、d、e 对应图 6-39 中 (a)、(b)、(c)、(d)、(e) 分图。

5. 旋压加工实例

(1) 航空和宇宙工业大量使用旋压产品，如发动机整流罩、燃烧室、机匣壳体、涡轮轴、导弹和卫星的鼻锥和封头、助推器壳体、喷管等，都是旋压成形的。图 6-40 所示是卫星鼻锥，用不锈钢经两次变薄旋压和一次不变薄旋压而成。

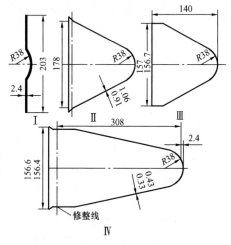

图 6-40　卫星"探险者"1 号鼻锥

(2) 旋压成形技术在机电工业中的应用正在日益扩大，主要用于制造汽车和拖拉机的车轮、制动器缸体、减振管及各种机械设备的带轮、耐热合金管、复印机卷筒、雷达屏、聚光镜罩等。图 6-41 所示是汽车轮辐，其厚度向外周渐薄，原用普通冲压成形，工序较多，改用旋压工艺后，用圆板坯料可直接旋压成形。

(3) 大型封头零件的传统工艺为拉深，也有采用爆炸成形的。

但作为主要加工手段，现已转为旋压工艺。如图 6-42 所示是容器或锅炉常用的平底封头和碟形封头的旋压成形，借助旋压机上可作纵向和横向调节的辅助旋轮，可旋压不同直径的封头。图 6-43 是平边拱形封头的两种旋压法。半球形封头可一次装夹或两次装夹旋压而成（见图 6-44），其中一次旋压法用于硬化指数不大的材料（如铝板和钢板）。

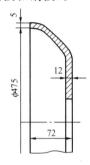

图 6-41　汽车轮辐

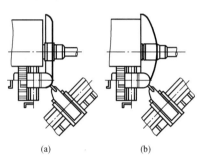

(a)　　　　　　(b)

图 6-42　平底封头和碟形封头旋压

（a）平底封头；（b）碟形封头

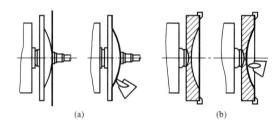

(a)　　　　　　　　(b)

图 6-43　平边拱形封头旋压

（a）外旋压法；（b）内旋压法

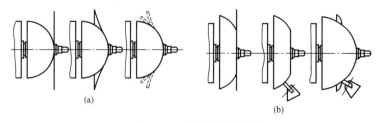

(a)　　　　　　　　　　(b)

图 6-44　半球形封头旋压

（a）一次装夹旋压法；（b）两次装夹旋压法

三、高速成形

高速成形(又叫高能成形)是利用炸药或电装置在极短的时间(低于数十微秒)内释放出的化学能或电能,通过介质(空气或水等)以高压冲击作用于坯料,使其在很高的速度下变形和贴模的一种方法。它包括爆炸成形、电水成形和电磁成形,见表 6-13。

表 6-13 高速成形方法比较

加工方法		能源形式	所用设备	成形方法的多样性与灵活性	成形工件的形状复杂程度	成形工件尺寸	生产效率	组织生产的难易	适用生产规模
爆炸成形	井下	炸药	简单	较大	较复杂	尺寸较大,但受井限制	低	困难	小批量
	地面	炸药	非常简单	大	复杂	不受限制	很低	困难	小批量、单件
电水成形		高压电源	复杂	小	一般	尺寸不大,受设备功率限制	较高	容易	较大批量
电磁成形		高压电源	复杂	小	一般	尺寸不大,受设备功率限制	高	最容易	较大批量

高速成形是用传压介质——空气或水代替刚体凸模或凹模,适用于加工某些形状复杂、难以用成对钢模制造的工件。用高速成形可以进行拉深、胀形、起伏、弯曲、扩孔、缩口、冲孔等冲压加工工序。在高速变形的条件下,冲压件的精度很高,而且使某些难加工的金属也能变得很容易成形。

1. 爆炸成形

爆炸成形装置简单,操作容易,能加工的工件尺寸一般不受设备能力限制,在试制或小批量生产大型工件时经济效益尤其显著。

爆炸拉深与爆炸胀形见图 6-45 和图 6-46。在地面上成形时,可以采用一次性的简易水筒(图 6-45)或可反复使用的金属水筒(图 6-46)。为了保证工件的质量,除用无底模成形外,都必须考

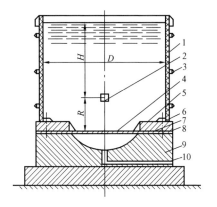

图 6-45 爆炸拉深

1—纤维板；2—炸药；3—绳索；4—坯料；5—密封袋；6—压边圈；

7—密封圈；8—定位圈；9—凹模；10—抽真空孔

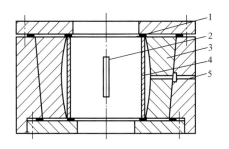

图 6-46 爆炸成形

1—密封圈；2—炸药；3—凹模；

4—坯料；5—抽真空孔

虑排气问题。

爆炸成形的工艺参数如下：

（1）炸药与药包形状。常用的炸药有梯恩梯（TNT）、黑索金（RDX）、太恩（PETN）、特屈儿（TETRYL）等。药包可以是压装、铸装和粉装的。药包形状选择见表 6-14。

表 6-14 药包形状选择

零 件 特 点	药 包 形 状
球形、抛物面形零件拉深	球形、短圆柱形、锥形

零 件 特 点	药 包 形 状
大型封头零件拉深	环形
筒形或管子类零件胀形与整形	长圆柱形（长度与零件长度相适应）
大中型平面零件的成形与整形	平板形、网格形、环形

（2）药位与水头。药位是指药包中心至坯料表面的距离（图6-45 中的 R）。它对工件成形质量影响极大：药位过低，导致坯料中心部位变形大、变薄严重；过高的药位，必须靠增加药量弥补成形力能的不足。生产中常用相对药位 R/D（D 为凹模口直径）的概念。各种药包的 R/D 取值如下：

短圆柱形、球形、锥形药包：$R/D = 0.2 \sim 0.5$；

环形药包：$R/D = 0.2 \sim 0.3$。

药包中心至水面的距离称为水头（图6-45 中的 H）。一般取 $H = (1/2 \sim 1/3)D$。

常用爆炸成形模具材料见表6-15。

表 6-15　　　　　　　爆炸成形模具材料的选用

模 具 材 料	特 点	适 用 范 围
锻造合金钢	抗冲击性能好，尺寸稳定，成形工件精度高，表面质量好，寿命长，但加工困难，制造周期长，成本高	适用于形状非常复杂、尺寸精度要求高、厚度大、强度高而尺寸不大的工件的成形与胀形。批量较大
铸钢	基本同锻造合金钢，但冲击能力稍差，成本稍低于锻钢	适用于形状复杂、尺寸精度要求较高、厚度较大的黑色金属或高强度的非铁金属工件的成形与胀形。批量较大
球墨铸铁	成本低，易于制造，能保证一定的成形尺寸公差，但抗冲击能力差	适用于一定批量的黑色金属与非铁金属的成形模

续表

模 具 材 料	特 点	适 用 范 围
锌合金	可反复熔铸,加工方便,制造周期短,成本低,但强度低,受冲击后尺寸容易变化,成形精度不高,而且寿命较低	中小型工件、小装药量、精度要求不严格的成形模。单件试制与小批量生产
水泥本体用玻璃钢或环氧树脂衬里	成本低,容易制造,不要求模具加工设备,但抗冲击能力差,寿命很低	适用于大型、厚度小的工件成形。单件试制与小批量生产

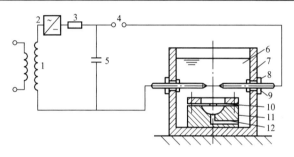

图 6-47 电水成形原理

1—升压变压器;2—整流元件;3—充电电阻;4—辅助间隙;5—电容器;
6—水;7—水箱;8—绝缘;9—电极;10—坯料;11—凹模;12—抽气孔

2. 电水成形和电爆成形

电水成形原理如图 6-47 所示,由升压变压器和整流器得到的 20～40kV 的高压直流电向电容器充电,当充电电压达到一定数值时,辅助间隙击穿,高压加在由两个电极板形成的主间隙上,将其击穿并放电,形成的强大冲击电流(达 3×10^4A 以上)在介质(水)中引起冲击波及液流冲击,使金属坯料成形。与爆炸成形一样,可进行拉深(图 6-47)、成形(图 6-48)、校形、冲孔等。电水成形的加工能力 W 为

$$W = 1/2Cu^2 \tag{6-7}$$

式中 C——电容器的容量(F);

　　 u——充电电压(V)。

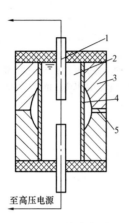

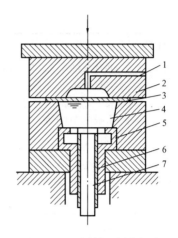

图 6-48　电水胀形

1—电极；2—水；3—凹模；

4—坯料；5—抽气孔

图 6-49　用同轴电极的闭式

电水成形装置

1—抽气孔；2—凹模；3—坯料；4—水；

5—外电极；6—绝缘；7—内电极

　　假如把两个电极用细金属丝连接起来，放电时产生的强大电流将使金属丝迅速熔化和蒸发成高压气体，并在介质中形成冲击波使金属成形，这就是电爆成形的原理。

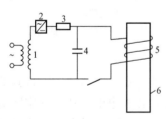

图 6-50　电磁成形原理

1—升压变压器；2—整流元件；

3—限流电阻；4—电容器；

5—线圈；6—坯料

　　常用放电电极形式有对向式（见图 6-47 和图 6-48）和同轴式（见图 6-49）。

　　3. 电磁成形

　　电磁成形原理如图 6-50 所示。与电水成形一样，电磁成形也是利用储存在电容器中的电能进行高速成形的一种加工方法。当开关闭合时，将在线圈中形成高速增长和衰减的脉冲电流，并在周围形成一个强大的变化磁场，处于磁场中的坯料内部会产生感应电流，与磁场相互作用的结果是使坯料高速贴模成形。

　　电磁成形工艺对管子和管接头的连接装配特别适用，目前在生产中得到推广应用。

应用电磁成形工艺需注意以下问题：

（1）线圈。线圈是电磁成形中最关键的元件，它直接与坯料作用，其参数及结构直接影响成形效果。线圈的结构应根据工件的形状和变形特点设计。常用的结构形式有平板式线圈、多叠式线圈、带式线圈和螺管线圈。前两种适用于板坯，后两种适用于管坯。在进行工艺试验或单件生产时，可采用一次性简易线圈，即成形时即烧毁。永久性线圈则应用玻璃纤维环氧树脂绝缘及固定。

（2）集磁器。若要求强而集中的磁场，应采用集磁器。它可以改善磁场分布以满足成形工件的要求，并且分担部分线圈所受的机械负荷。集磁器一般应采用高电导率、高强度材料（如铍青铜等）制成，放在线圈内部。根据不同工件的要求，集磁器可以设计成各种形状。图 6-51 是一局部缩颈用集磁器的实例。

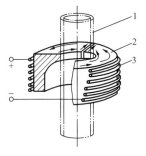

图 6-51 集磁器（局部缩颈用）

1—管坯；2—集磁器；3—螺形线圈

（3）工件材料电导率。电磁成形加工的材料应具有良好的电导率。若坯料的电导率小，应在坯料与线圈之间放置高电导率的材料作驱动片。

第七章

精密冲模及特种冲模

✂ 第一节 精 密 冲 模

强力压边精密冲裁（见图 7-1）通过一次冲压行程即可获得剪切面粗糙度值小和尺寸精度高的工件。它是目前提高冲裁件质量的经济而又有效的方法。

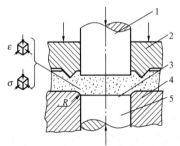

图 7-1 强力压边精冲

1—凸模；2—强力压板；

3—板料；4—凹模；5—反压板

一、精冲变形过程及精冲力

（一）精冲变形过程

精密冲裁（精冲）从形式上看是分离工序，但实际上工件和条料在最后分离前始终保持为一个整体，即精冲过程中材料自始至终是塑性变形的过程。

1. 精冲变形区域

精冲变形过程见图 7-2。图 7-2（a）表示精冲开始时的状况，图 7-2（b）表示冲裁凸模进入材

料一定深度 x 时的情况。A、B 两点分别表示凸模和凹模的刃口，AB 连线将间隙区分为 Ⅰ、Ⅱ 两个部分，塑性变形主要集中在间隙区，即 Ⅰ、Ⅱ 为塑性变形区。间隙两侧为刚性平移的传力区，它分为两部分，即靠近 Ⅰ、Ⅱ 区的塑性变形影响区 Ⅲ 和弹性变形影响区 Ⅳ。精冲的塑性变形始终在以 AB 为对角线的矩形中进行，例如，当凸模进入材料一定深度 x 时，A 点以上的部分和 B 点以下的部分均已完成变形。精冲继续进行时，塑性变形将在缩短了的 AB 为

对角线的矩形中进行。精冲过程中Ⅰ区材料将被凸模挤压到条料上，Ⅱ区材料将被凹模逐渐挤压到工件上。当 AB 距离达最小值时，材料全部转移，精冲过程完毕。

精冲件出现的倒锥现象，即凸模侧大凹模侧小，就是上述材料转移的结果。

变形区材料的变形程度，随过程的进行变形区逐渐缩短而增加。这些变形程度不同的材料逐渐转化到工件表面，形成的精冲件剪切面从凹模侧到凸模侧变形过程逐渐增加。

图 7-2 中给出的精冲塑性变形区的变形力学简图显示：主应力简图为三向压应力状态，也为平面应变状态，$\varepsilon_1 = \varepsilon_2, \varepsilon_3 = 0$，精冲过程可视为纯剪切的变形过程。

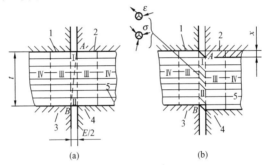

图 7-2 精冲变形区域及变形过程

（a）精冲开始；（b）凸模进入材料

1—压边；2—凸模；3—凹模；4—反压板；5—工件

Ⅰ、Ⅱ—塑性变形区；Ⅲ—塑性变形影响区；Ⅳ—弹性变形影响区

2. 精冲时防止材料产生撕裂采取的措施

精冲时为了抑制冲裁过程中材料产生撕裂，保证塑性变形过程的进行，可采取以下措施：

（1）精密冲裁前，用 V 形环压边圈压住材料，防止剪切变形区以外的材料在剪切过程中随凸模流动。

（2）利用压边圈和反压板的夹持作用，再结合凸、凹模的小间隙，使材料在冲裁过程中始终保持和冲裁方向垂直，避免弯曲翘起而在变形区产生拉应力，从而构成塑性剪切的条件。

（3）必要时将凹模或凸模刃口倒以圆角，以便减少刃口处的应力集中，避免或延缓裂纹的产生，改善变形区的应力状态。

（4）利用压边力和反压力提高变形区材料的球形压应力张量即静水压，以提高材料的塑性。

（5）材料预先进行球化处理，或采用专门适于精冲的特种材料。

（6）采用适于不同材料的润滑剂。

（二）精冲力

精冲工艺过程是在压边力、反压力和冲裁力三者同时作用下进行的［见图7-3（a）］。冲裁结束，卸料力将废料从凸模上卸下，顶件力将工件从凹模内顶出，完成整个工艺过程［见图7-3（b）］。因此，正确地计算、合理地调试和选定以上诸力，对于选用精冲压力机、模具设计、保证工件的质量以及提高模具的寿命都有重要意义。

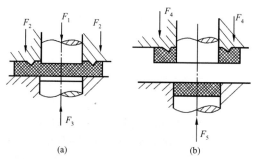

图 7-3　精冲工艺过程作用力

（a）三作用力；（b）精冲完成

F_1—冲裁力；F_2—压边力；F_3—反压力；F_4—卸料力；F_5—顶件力

1. 冲裁力

冲裁力的计算公式为

$$F_1 = f_1 L t \sigma_b \tag{7-1}$$

式中　f_1——系数，取决于材料的屈强比，可从图3-9求得；

　　　L——冲裁内外周边总长（mm）；

　　　t——材料厚度（mm）；

σ_b——材料的抗拉强度（MPa）。

精冲时由于模具间隙小，刃口有圆角，材料处于三向受力的应力状态，和一般冲裁相比提高了变形抗力，因此系数 f_1 取 0.9，故精冲的冲裁力 F_1（N）为

$$F_1 = 0.9 Lt\sigma_b$$

2. 压边力

精冲时压边力 F_2（N）按经验公式（7-2）计算，即

$$F_2 = 2f_2 L_e h \sigma_b \tag{7-2}$$

式中　L_e——工件外周边长度（mm）；

　　　h——V 形齿高（mm）；

　　　σ_b——材料的抗拉强度（MPa）；

　　　f_2——系数，取决于 σ_b，见表 7-1。

表 7-1　　　　　　　　　　系数 f_2 值

σ_b(MPa)	200	300	400	600	800
f_2	1.2	1.4	1.6	1.9	2.2

3. 反压力

精冲时反压力 F_3（N）可按经验公式（7-3）计算，即

$$F_3 = pA \tag{7-3}$$

式中　A——工件的平面面积（mm²）；

　　　p——单位反压力，一般为 200～700MPa。

反压力也可用另一经验公式（7-4）计算，即

$$F_3 = 20\% F_1 \tag{7-4}$$

式中　F_1——精冲时冲裁力（N）。

4. 总压力

精冲时，V 形环压边圈压入材料所需的压力 F_2 远大于精冲过程中为了保证工件剪切面质量要求 V 形环压边圈保持的压力 F_2'，一般 $F_2' = (30\% \sim 50\%) F_2$。为了提高精冲压力机的有效负载，目前大多数精冲压力机的压边系统都有可无级调节部分的自动卸压装置。精冲开始时，在压边力 F_2 作用下 V 形环压边圈压入材料，完成压边后，压力机自动卸压到预先调定的保压压边力 F_2'，然后再

进行冲裁。因此,实现精冲所需的总压力 F_t 是 F_1、F_2'、F_3 之和,即

$$F_t = F_1 + F_2' + F_3 \qquad (7\text{-}5)$$

5. 卸料力和顶件力

精冲完毕,在滑块回程过程中不同步地完成卸料和顶件。压边圈将废料从凸模上卸下,反压板将工件从凹模内顶出。卸料力 F_4 和顶件力 F_5 可按以下经验公式计算

$$F_4 = (5\% \sim 10\%)F_1 \qquad (7\text{-}6)$$

$$F_5 = (5\% \sim 10\%)F_2 \qquad (7\text{-}7)$$

二、精冲复合工艺

精冲和其他工艺的复合,简称精冲复合工艺。某些原来由铸、锻毛坯切削加工的零件,切削加工后铆、焊组装的零件,可用精冲复合工艺加工的零件来代替。

精冲复合工艺常见的有半冲孔、压扁精冲、精冲弯曲、压沉孔等。

1. 半冲孔

(1) 半冲孔复合工艺过程分析。半冲孔是利用精冲工艺在冲裁过程中工件和条料始终保持为一整体这一特点而派生出来的新工艺。其变形过程和轮廓附近有齿圈压边的精冲过程基本类同,如图 7-4 所示。由于一般半冲孔均在精冲件的内部进行,半冲孔的变形部位距工件边缘较远,外部材料的刚端作用及精冲件外围齿圈压边的作用,可以防止半冲孔剪切区以外的材料在变形过程中随凸模流动。凸凹模 1 和反压板 4,半冲孔凸模 5 和顶杆 7 的夹持

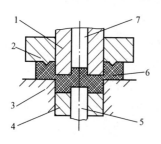

图 7-4 精冲—半冲孔复合
工艺过程示意图

1—凸凹模;2—压边圈;3—凹模;
4—反压板;5—半冲孔凸模;
6—工件;7—顶杆

作用使材料在半冲孔过程中始终保持和冲裁方向垂直而不翘起,再

结合半冲孔凸模和凹模之间的小间隙构成了变形区材料获得纯剪切的条件。另外，在半冲孔凸模 5、顶杆 7、凸凹模 1 和反压板 4 的强压作用下，半冲孔变形区的材料处于三向受压的应力状态，提高了塑性，避免了精冲件的凸台部分和本体分离或产生撕裂。

（2）半冲孔相对深度的确定。图 7-5 所示为精冲—半冲孔零件，零件的材料厚度为 t，半冲孔凸模进入材料的深度为 h，凸台和本体部分连接的厚度为 $(t-h)$。

半冲孔凸模进入材料的深度 h 和材料厚度 t 之比是衡量半冲孔变形程度的指标，称为半冲孔相对深度，用 C 表示

$$C = h/t$$

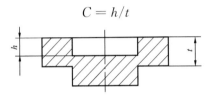

图 7-5 精冲—半冲孔零件

（3）半冲孔工件精冲实例。图 7-6 为汽车座椅调角器零件，是精冲半冲孔工艺的典型实例。此零件模数为 2.5，压力角 32°，齿数 23。

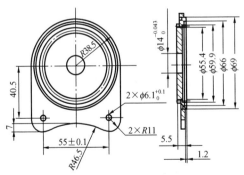

图 7-6 汽车座椅调角器零件

图 7-7 为各种半冲孔零件。图 7-7（a）为双联齿轮，图 7-7（b）为齿轮偏心轴，图 7-7（c）、（d）为齿轮凸轮，图 7-7（e）为棘轮方形凸台。

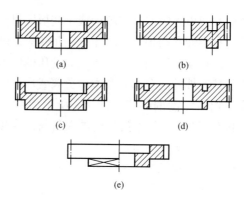

图 7-7　精冲—半冲孔零件

实例表明：半冲孔工艺可将各种异形凸台（包括齿轮）附在任何形状的零件上，也可以作为异形不通孔（包括内齿）附在任何形状的零件上，此时只需将相应的凸台部分采用加工方法去掉即可。加工异形不通孔是半冲孔工艺的另一独特功能。

（4）半冲孔组合件加工工艺特点。图 7-8 所示是由两个精冲件组成的半冲孔组合件。图 7-8（a）为链轮原来的结构形式，它用铸造或锻造毛坯，通过若干个机械加工工序来完成；图 7-8（b）为两个精冲件组合的零件，两个零件各自只需要一个冲压工序即可完成，而且两件共用一套模具，其中一件只需将冲孔凸模相应地减短即可；图 7-8（c）为原来的双联齿轮结构形式，它同样是用铸造或

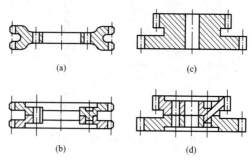

图 7-8　半冲孔组合件
（a）链轮；（b）两个精冲件组合；（c）双联齿轮；
（d）两个精冲—半冲孔件组合

锻造毛坯，通过多个机械加工工序完成的；图 7-8（d）为两个精冲—半冲孔件组合成的零件。

图 7-8 的实例表明：各种形状的扁平类零件都有可能用相应的精冲—半冲孔件来组合。

2. 压扁精冲

压扁精冲复合工艺是获得不等厚精冲件的另一种方法，一般在级进模上进行。这种工艺要先冲出定位孔，通过定位销保证每一工步的送料精度；还要在材料局部压扁的周围预先切口，以便压扁时材料易于流动。条料的厚度均按工件的最大厚度来选取，工件的其他厚度则通过压扁来获得。由于在级进模上进行，条料经压扁硬化后不可能进行退火，因此压扁精冲一般只适于硬化指数较低的低碳钢等材料的冲压加工。压扁精冲实例见图 7-9。

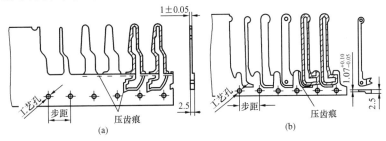

图 7-9　压扁精冲实例

压扁精冲工艺的技术关键主要是压扁后材料的硬化对后续精冲表面质量的影响。图 7-10 给出了 20 钢的相对压扁量 $\left(\dfrac{t-t_1}{t} \times 100\% \right)$ 与加工硬化的实验结果。材料的厚度和强度（硬度）是制订精冲工艺方案以及设计精冲模具的主要原始数据。

3. 精冲弯曲

精冲和弯曲复合有三种情况，即精冲与弯曲同时进行、先弯曲后精冲和先精冲后弯曲。

（1）精冲和弯曲同时进行。采用精冲弯曲复合模，它适用于切口弯曲和浅 Z 形弯曲，要求弯曲高度小于料厚，弯曲角度小于 $45°$。

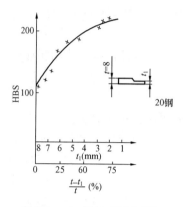

图 7-10　20 钢相对压扁量与
加工硬化的实验结果

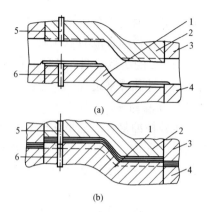

图 7-11　弯曲精冲复合模

1—凸模；2—反压板；3—凹模；

4—压边圈；5—冲孔凸模；6—顶杆

（2）先弯曲后精冲的复合模。如图 7-11 所示，要求弯曲角 $\alpha <$ 75°；压边圈只在平面上有齿形，斜面上不带齿。另外，模具闭合时还要求凸模和凹模的平刃口和斜刃口都相切合缝，这样条料完成弯曲后再精冲时可防止凸模进入凹模。

（3）先精冲后弯曲。主要采用精冲弯曲级进模完成，当然也可采用两副模具，先完成精冲后，再用另一副模具完成弯曲。

4. 压沉孔

压沉头孔若在工件的塌角面，则可和精冲一次复合完成。各种材料压 90°沉孔的最大深度 h_{max} 可参照表 7-2 选择。沉孔的角度和深度改变时，应注意使压缩的体积不超过表 7-2 中相应数值。

表 7-2　　　　　　　　　　压沉孔最大深度 h_{max}

	材料强度 σ_b（MPa）	300	450	600
	h_{max}（mm）	$0.4t$	$0.3t$	$0.2t$

当在工件的毛刺面或两面都有沉孔时，需有预成形工序。

此外，压印、挤压、翻孔、起伏和浅拉深都可和精冲复合完成。

三、精冲件

（一）精冲件结构工艺性

精冲件的几何形状，在满足技术要求的前提下应力求简单，尽可能是规则的几何形状，并避免尖角。

精冲件的尺寸极限，如最小孔径、最小悬臂和槽宽等都比普通冲裁的小，这是由于精冲设备具有良好的刚度和导向精度。精冲过程的速度低、冲击小；精冲模架的刚度好，导向精度高。凸凹模和冲孔凸模在压边圈、反压板无松动滑配长距离的导向和支承下，避免了纵向失稳，提高了承受载荷的能力。

精冲件的尺寸极限范围，主要取决于模具的强度，也和剪切面质量和模具寿命有关。

各种几何形状的零件实现精冲的难易程度（难度）共分为三级：S_1—容易；S_2—中等；S_3—困难。模具寿命随精冲难度的增加而降低。

在 S_3 范围内，模具冲切元件用高速工具钢（$\sigma_{0.2} = 3000\mathrm{MPa}$）制造，被精冲的材料 $\sigma_b \leqslant 600\mathrm{MPa}$。在 S_3 范围以下，一般不适于精冲。

本节给出了圆角半径、槽宽、悬臂、环宽、孔径、孔边距、齿轮模数的极限范围图表。

1. 圆角半径

精冲难易程度与圆角半径和料厚的关系见图 7-12。

精冲件内外轮廓的拐角处必须采用圆角过渡，以保证模具的寿命及零件的质量。圆角半径在容许范围内应尽可能取得大些，它和零件角度、零件材料、厚度及强度有关。

【例 7-1】　已知零件角度为 $30°$，材料厚度为 $3\mathrm{mm}$，半径为 $1.45\mathrm{mm}$，由图 7-12 查得其精冲难易程度在 S_2 和 S_3 之间（S_2 和 S_3 区域分界线上）。

2. 槽宽、悬臂宽

精冲件槽的宽度和长度、悬臂的宽度和长度取决于零件的料厚和强度，应尽可能增大宽度，减小长度，以提高模具的寿命。

精冲难易程度与槽宽、悬臂宽和料厚的关系见图 7-13。

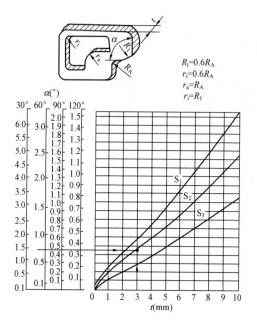

图 7-12　精冲难易程度与圆角半径、料厚的关系

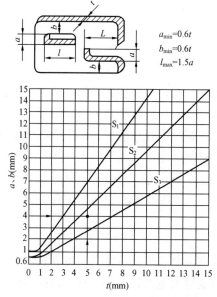

图 7-13　精冲难易程度与槽宽、悬臂宽和料厚的关系

【例 7-2】　已知零件槽宽 a 和悬臂宽 b 为 4mm，材料厚度为 5mm，由图 7-13 查得其精冲难易程度为 S_3。

3. 环宽

精冲难易程度与环宽及料厚的关系见图 7-14。

【例 7-3】　已知零件环宽 6mm，料厚 6mm，由图 7-14 查得其精冲难易程度在 S_2 和 S_3 之间。

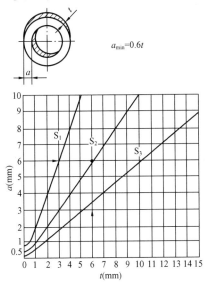

图 7-14　精冲难易程度与环宽和料厚的关系

4. 孔径和孔边距

精冲难易程度与孔径、孔边距和料厚的关系见图 7-15。

【例 7-4】　已知零件孔径 3.5mm，材料厚度 4.5mm，由图 7-15 查得其精冲难易程度为 S_3。

5. 齿轮模数

精冲难易程度与齿轮模数和料厚的关系见图 7-16。

【例 7-5】　已知齿轮模数 $m=1.5$mm，材料厚度 4.5mm，由图 7-16 查得其精冲难易程度为 S_3。

6. 半冲孔相对深度

半冲孔的变形程度用相对深度表示，它直接影响零件的结构工

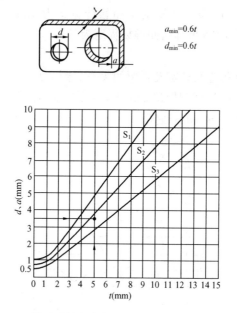

图 7-15　精冲难易程度与孔径、孔边距和料厚的关系

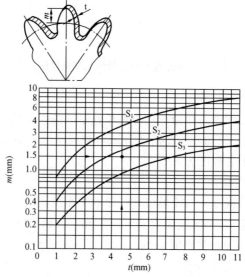

图 7-16　精冲难易程度与齿轮模数和料厚的关系

艺性。

（二）精冲材料

大约 95％的精冲件是钢件，其中大部分是低碳钢，适于精冲的主要钢种见表 7-3。未列在表中的钢种，可参考表中含碳量接近的钢种。

适于精冲的铜和铜合金、铝和铝合金见表 7-4。

表 7-3　　　　　　　　　**适于精冲的主要钢种**

钢　种	可精冲的大约最大 厚度（mm）	精冲难易程度
08，10	15	S_1
15	12	S_1
20，25，30	10	S_1
35	8	S_2
40，45	7	S_2
50，55	6	S_2
60	4	S_2
70、T8A、T10A	3	S_3
15Mn，16Mn	8	S_2
15CrMn	5	S_2
20MnMoB	8	S_2
20CrMo	4	S_2
GCr15	6	S_3
1Cr18Ni9	8	S_2
0Cr13	6	S_2
1Cr13	5	S_2
4Cr13	4	S_2

表 7-4　　　　　　　　　**适于精冲的铜和铜合金、铝和铝合金**

材　料	精冲难易程度
T2、T3、T4、TU1、TU2	S_1
H96、H90、H80、H70、H68	S_1
H62	S_2

材　　　料	精冲难易程度
HSn70-1、HSn62-1	S_2
HNi65-5	S_2
QSn4-3	S_2
QBe2、QBe1.7	S_3
QA17	S_3
1070A、1060、1050A、1035、1200、8A06	S_1
LF21(3A21)	S_1
LF2(5A02)、LF3(5A03)	S_2
LY11(2A11)、LY12(2A12)	S_2

（三）精冲件质量

精冲件的质量与模具结构，模具精度，凸模和凹模刃口的状态，工件材料的种类、金相组织和料厚，设备精度，冲裁速度，压边力和反压力以及润滑条件等因素有关。正常情况下精冲件的尺寸公差和几何形状公差见表7-5。

表 7-5　　　　精冲件的尺寸公差和几何形状公差

料厚 t(mm)	抗拉强度极限至 600（MPa）			100mm 长度上的平面度（mm）	剪切面垂直度(mm)
	内形 IT 等级	外形 IT 等级	孔距 IT 等级		
0.5～1	6～7	7	7	0.13～0.060	0～0.01
1～2	7	7	7	0.12～0.055	0～0.014
2～3	7	7	7	0.11～0.045	0.001～0.018
3～4	7	8	7	0.10～0.040	0.003～0.022
4～5	7～8	8	8	0.09～0.040	0.005～0.026
5～6.3	8	9	8	0.085～0.035	0.007～0.030
6.3～8	8～9	9	8	0.08～0.030	0.009～0.038
8～10	9～10	10	8	0.075～0.025	0.011～0.042
10～12.5	9～10	10	9	0.065～0.025	0.015～0.055
12.5～16	10～11	10	9	0.055～0.020	0.020～0.065

精冲件的尺寸一致性较好，公差在 0.01mm 之内。

剪切面质量包括表面粗糙度、表面完好率和允许的撕裂等级三项内容。精冲件的剪切面粗糙度为 $Ra0.2\sim3.2\mu m$，一般为 $Ra0.32\sim2.5\mu m$。

四、精冲模具结构

精冲模与普通复合模类似，但冲裁间隙小，有 V 形环压边圈，工件和废料都是上出料，要求精度高，刚性和导向性好。

1. 结构分类

精冲模按结构特点分为活动凸模式（图 7-17、图 7-18）、固定凸模式（图 7-19、图 7-20）和简易精冲模等。

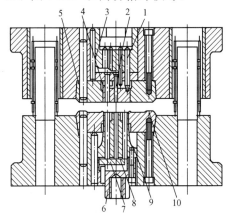

图 7-17　简单结构的活动凸模式精冲模

1—顶杆；2—冲孔凸模；3—垫板；4—反压板；5—凹模；
6—凸模座；7—桥板；8—顶杆；9—凸凹模；10—压边圈

活动凸模式精冲模，压边圈固定在模座上，凸模与模座有相对运动。固定凸模式精冲模，其结构与顺装或倒装弹压导板模相类似，凸模固定在模座上，压边圈与模座有相对运动。精冲中小件时，宜选用活动凸模结构；精冲轮廓较大或窄而长的工件以及采用级进模时，宜选用固定凸模结构。

活动凸模式精冲模常采用倒装结构形式，如图 7-17 所示。其凹模固定于上模座，凸凹模和齿形压板（压边圈）装在下模座上，

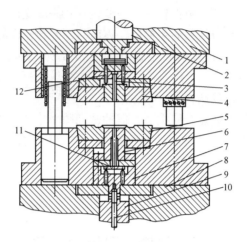

图 7-18　柱塞活动凸模式精冲模

1—滑块；2—上柱塞；3—冲孔凸模；4—落料凹模；5—齿圈压板；

6—凸凹模；7—凸模座；8—工作台；9—滑块；

10—凸模拉杆；11—桥板；12—顶杆

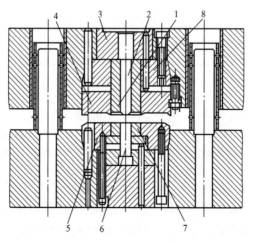

图 7-19　简单结构的固定凸模式精冲模

1—凸模；2—顶杆；3—垫板；4—压边圈；5—凹模；

6—冲孔凸模；7—反压板；8—凸模座

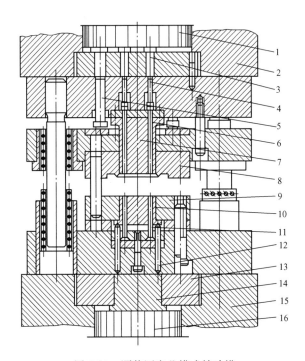

图 7-20　顺装固定凸模式精冲模

1—上柱塞；2—上工作台；3、4、5—传力杆；6—推杆；7—凸凹模；
8—齿圈压板；9—凹模；10—顶板；11—冲孔凸模；12—顶杆；13—垫板；
14—顶块；15—下工作台；16—下柱塞

凸凹模的上、下运动靠下模座内孔和齿形压板的型孔导向，其冲裁力和辅助压力由专用精冲压力机提供，故模架承载面积大，不易变形。

柱塞活动凸模式精冲模如图 7-18 所示，冲件外形尺寸较大时，活动凸模的对中性精度很难保证，因此只适用于精冲中小冲件。

固定凸模式精冲模的凸模以齿圈压板型孔导向。这种结构的模具刚度好，由于模具装在专用的精冲压力机上，上模座和下模座均受承力环支承，通过推杆、顶杆传递辅助压力，故受力平稳。图 7-19 为简单结构的固定凸模式精冲模；图 7-20 为顺装固定凸模式精冲模。

固定凸模式精冲模适用于精冲轮廓较大的大型、窄长、厚料、外形复杂不对称及内孔较多的精冲件或需级进精冲的零件。

简易精冲模在单动机械压力机或液压压力机上获得主要冲裁力，其他辅助压力靠模具的弹压和顶推装置完成，使冲裁变形区处于三向受压的应力状态。由于简易精冲模的辅助压力要求很大，齿圈压边力约为冲裁力的 40％～60％，而普通冲裁的卸料力只有冲裁力的 1％～6％，因而在简易精冲模具中常用碟形弹簧或聚氨酯橡胶作为弹性元件。聚氨酯简易精冲模的结构如图 7-21 所示。

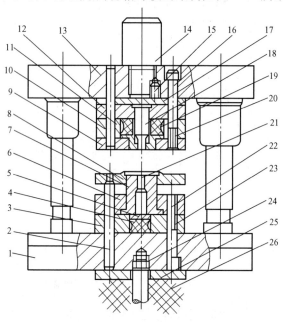

图 7-21　聚氨酯简易精冲模

1—下模座；2、21—顶杆；3、5、11、17—垫板；4、19—聚氨酯橡胶；
6—凸凹模固定板；7—凸凹模；8—齿圈压边板；9—凹模；10、22—销钉；
12—凸模固定板；13—上模座；14—模柄；15、16、23—螺钉；18—冲孔凸模；
20—推件板；24—螺杆；25—垫圈；26—聚氨酯弹顶器

简易精冲模主要用于板厚 4mm 以下、批量不大、多品种的小型精冲零件。

2. 精冲件排样与搭边

精冲排样与普通冲裁排样原则相同，对于外形两侧剪切面质量要求有差异的工件，排样时应将要求高的一侧放在进料方向，以便冲裁时搭边更充分。如图 7-22 所示，零件带齿的一侧要求高，则将齿形一侧放在进料方向。

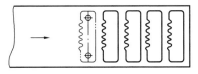

图 7-22　精冲件排样

精冲由于采用了 V 形压边，因而搭边宽度比普通冲裁大。表 7-6 给出了精冲所需搭边的最小值。

表 7-6　　　　　　　　　　　**精冲搭边的最小值**　　　　　　　　　mm

料　厚 t	x	y
0.5	1.5	2
1	2	3
1.5	2.5	4
2	3	4.5
2.5	4	5
3	4.5	5.5
3.5	5	6
4	5.5	6.5
5	6	7
6	7	8
8	8	10
10	10	12
12	12	15
15	15	18

3. V 形环尺寸

V 形环在压边圈上，与冲裁轮廓保持一定距离，其尺寸取决于料厚。料厚 4mm 以下采用单面 V 形环，尺寸见表 7-7；料厚 4mm 以上采用双面 V 形环，尺寸见表 7-8，其中一个 V 形环在压边圈上，另一个在凹模上。对于齿轮等要求剪切面垂直度较高的零

件，即使料厚不到 4mm，也采用双 V 形环。冲直径 30mm 以上的

孔时，应在顶杆上加 V 形环，小孔可不加。

　　V 形环一般沿冲裁轮廓分布，但当工件有较小的内凹轮廓时，V 形环可以不紧沿轮廓分布，如图 7-23 所示。

图 7-23　V 形环特殊分布

1—刃口；2—V 形环

表 7-7　　　　　　　　　　　　单面 V 形环尺寸　　　　　　　　　　　mm

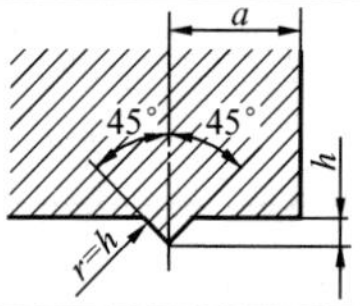

料 厚 t	a	h
0.5~1	1	0.3
1~1.5	1.3	0.4
1.5~2	1.6	0.5
2~2.5	2	0.6
2.5~3	2.4	0.7
3~3.5	2.8	0.8
3.5~4	3.2	0.9

表 7-8　　　　　　　　　　　　双面 V 形环尺寸　　　　　　　　　　　mm

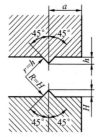

料 厚 t	a	h	H
4~5	2.5	0.6	0.9
5~6	3	0.8	1.1
6~8	3.5	1.1	1.4
8~10	4.5	1.2	1.6
10~12	5.5	1.6	2
12~15	7	2.2	2.6

4. 精冲模间隙

精冲凸模和凹模的间隙选择见表 7-9。它和料厚、冲裁轮廓及材质有关。外形上向内凹的轮廓部分，V 形环不沿轮廓分布，按内形确定间隙。

表 7-9 凸模和凹模的单边间隙 c %t

料厚 t (mm)	外 形	内形(孔、直径 d)		
		$d<t$	$d=1\sim5t$	$d>5t$
0.5		1.25	1.0	0.5
1		1.25	1.0	0.5
2		1.25	0.5	0.25
3		1.0	0.5	0.25
4	0.5	0.85	0.375	0.25
6		0.85	0.25	0.25
10		0.75	0.25	0.25
15		0.5	0.25	0.25

合理选取间隙，保证四周间隙均匀，并在结构上使冲切元件有足够的刚度和导向精度，使其在整个工作过程中保持间隙均匀恒定不变，这是实现精冲的技术关键。

5. 精冲凸模和凹模尺寸

在正常情况下，精冲件的外形比凹模刃口稍小，精冲件的内孔比冲孔凸模的刃口也稍小，在确定凸模和凹模尺寸时，必须考虑这一特点。另外还应注意，模具磨损对零件尺寸的影响分为三种情况，如图 7-24 所示。

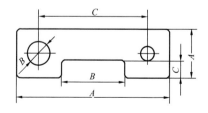

图 7-24 模具磨损对零件尺寸的影响

A—零件尺寸逐渐增大；B—零件尺寸逐渐减小；C—零件尺寸基本不变

（1）随模具刃口磨损零件尺寸逐渐增大，如图中尺寸 A。

（2）随模具刃口磨损零件尺寸逐渐减小，如图中尺寸 B。

（3）模具磨损对零件尺寸基本无影响，如图中尺寸 C。

6. 精冲落料模的尺寸

落料时，精冲件的外形尺寸取决于凹模，因此间隙应取在凸模上。

随着凹模的磨损零件尺寸逐渐增大，应按第一类情况确定，精冲凹模刃口的尺寸 A 为

$$A = \left(L_{\min} + \frac{\Delta}{4}\right)^{+\delta}_{0} \qquad (7\text{-}8)$$

如果零件外形有内凹部分，则该处零件尺寸随凹模的磨损而逐渐减小，属第二类情况，此处精冲凹模刃口的尺寸 B 为

$$B = \left(L_{\max} - \frac{\Delta}{4}\right)^{0}_{-\delta} \qquad (7\text{-}9)$$

上两式中　$L_{\min}$——零件的最小极限尺寸（mm）；

$L_{\max}$——零件的最大极限尺寸（mm）；

Δ——零件的公差（mm）；

δ——模具的制造公差（mm）。

7. 精冲冲孔模的尺寸

冲孔时，精冲件的内形尺寸取决于凸模，因此间隙应取在凹模上。

随着凸模的磨损，零件尺寸逐渐减小，属第二类情况，精冲凸模的尺寸 B 按式（7-9）确定。

如果零件内形上有凸出的部分，则该处零件尺寸将随凸模的摩擦而增大，属第一类情况，此处精冲凸模刃口的尺寸 A 按式（7-8）确定。

对于第三类情况，应使新模具的刃口尺寸等于零件的平均尺寸，即取刃口公称尺寸为

$$C = (L_{\min} + L_{\max})/2$$

8. 精冲模结构特殊要求

（1）反压板和凹模、压边圈和凸模、冲孔凸模和反压板等模具零件之间应为无间隙配合。

（2）压边圈内平面应高出凸模平面 δ 值。精冲压力机上的精冲模 δ 值一般为 0.2mm 左右。在通用压力机上采用自制压边系统时，δ 值视系统刚性而定，一般应适当增大，应保证冲裁前 V 形环已压入坯料。

（3）反压板应高出凹模面 0.1～0.2mm，顶杆头部倒圆以利清除废料。

（4）垫板应高出板座表面 0.01～0.03mm，使凹模或凸模确实得到支承。

（5）凸模由压边圈定位，冲孔凸模由反压板定位。

（6）护齿垫在压边圈上，其高度小于料厚而大于 V 形环齿高。

（7）应注意排气。

（8）试模时如在制件的剪切面上发现有撕裂，增加压边力不能克服时，可将模具对应部位的刃口倒圆。圆角半径一般为 0.01～0.03mm。

五、在普通压力机上精冲的模架驱动方式

一般精冲均需在专用的三动精冲压力机上进行。但在普通压力机上附加压边系统和反压系统也可进行精冲。其模架压边、反压可采用液压 [见图 7-25 （a）]、气动液压 [见图 7-25 （b），在液压系统中用气动增压缸代替液压泵] 或机械（弹簧、橡皮等）系统驱动。

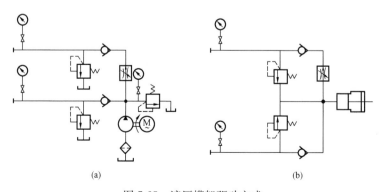

图 7-25　液压模架驱动方式

（a）液压系统；（b）气动液压系统

　　在普通压力机上精冲，采用的压边、反压系统可单独成为一个系统，如图 7-26 所示的液压模架；也可装在精冲模和压力机内，如图 7-27 所示。

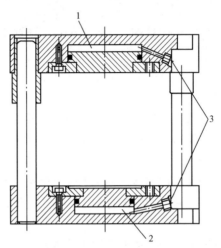

图 7-26　液压模架

1—压边系统；2—反压系统；3—进油孔

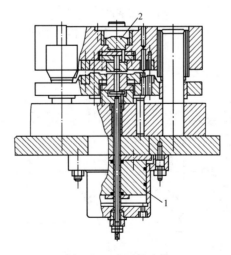

图 7-27　液压精冲模

1—压边系统；2—反压系统

第二节　多工序级进模

精冲压力机有活动工作台、固定工作台和复合工作台三种结构。前两种分别适用于活动凸模式和固定凸模式精冲模，复合工作台对两种结构精冲模均适用。

精冲模按功能可分为：

(1) 简单模：只冲外形不冲内孔，如精冲卡尺尺框、尺身的模具。

(2) 复合模：同时冲出外形和内形的模具。

(3) 级进模：分若干个工步，用于精冲复合工艺或采用复合模结构凸凹模强度太弱时。

一、级进模概述

级进模也称连续模或前跳模。多工序级进模将冲件的各个工序设在一副模具上，在条料的进料方向上，具有两个以上的工位，压力机上一个行程就能完成一个冲件。它是提高生产效率、保证操作方便和安全、实现自动化生产的有效办法。

多工序级进模的结构设计和制造技术比普通冲模要复杂，并且需要使用各种较精密的模具加工机床，如坐标镗床、坐标磨床、慢走丝线切割机床、光学曲线磨床等。随着模具加工技术与设备的进步，将可制造出更高精度的多工序级进模。图 7-28 为压沉孔精冲级进模；图 7-28 (a) 为模具图；图 7-28 (b) 为工步图。

二、多工序级进模设计顺序

1. 多工序级进模一般设计顺序

多工序级进模一般设计顺序如下：

(1) 了解冲件的技术要求。

(2) 分解冲制工序，分析各工序的冲压方法。

(3) 确定冲压工序排样。

(4) 初步设计结构。

(5) 初步设计零部件，如模架、凸模、凹模、导正销、卸料装置、顶料装置、防粘模结构、安全装置、凸模高度调整结构、弯曲

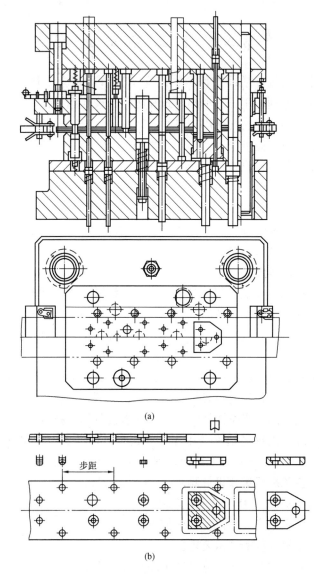

(a)

(b)

图 7-28 压沉孔精冲级进模

（a）模具图；（b）工步图

模的间隙调整装置、斜模滑块装置、倒冲机构等。

（6）预定零件加工工艺、装配工艺（必要时要修改前述已决定的事项）。

（7）维修的难易与可行性检查（必要时要修改前述已决定的方案）。

（8）绘制正式装配图。

（9）绘制各零件工作图。

（10）校核。

2. 多工序冲裁级进模的结构形式与设计特点

（1）为提高冲件精度，除要求提高模具精度外，还需保证合理的送进步距精度，采用合理的导料方式。

（2）为提高材料利用率，可采用多排排样和组合排样等。

（3）为提高生产率，采取多排提高设备转速和快速自动换模、换料等。

三、多工序级进模应用实例

1. 仪表游丝支片多工序冲裁级进模

游丝支片多工序冲裁级进模的冲件图、排样图和模具图如图7-29～图 7-31 所示。

游丝支片形状复杂，宜采用冲裁级进模逐步切除废料最后落料的方法。凹模采用拼块形式，带料自导板中通行，由侧刃控制步距。具体工步见图 7-31：

（1）第一步：由冲孔凸模7 冲孔，凸模 6 冲去废料。

（2）第二步：由凸模 4、5再冲去废料。

（3）第三步：由凸模 3 继续冲去废料。

（4）第四步：由凸模 2 冲出工件外缘一部分。

（5）第五步：由落料凸模1 冲出成形工件。

导板对各凸模有导向保护

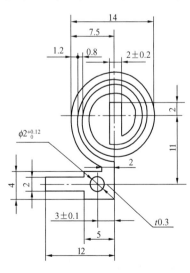

图 7-29　冲件图

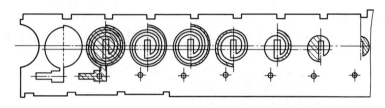

图 7-30　排样图

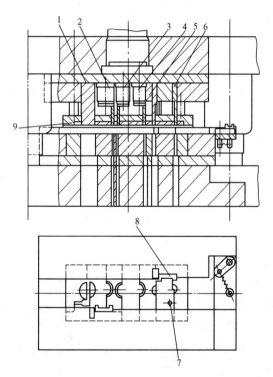

图 7-31　游丝主片多工序冲裁级进模

1—落料凸模；2、3、4、5、6—凸模；

7—冲孔凸模；8—侧刃；9—导板

作用。

2. 锁扣多工序级进模

图 7-32 所示的模具是用于冲制锁扣的 11 工位多工序级进模，图 7-33 是冲件图和排样图。模具使用在带有自动送料装置的高速

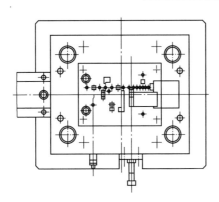

图 7-32 锁扣多工序级进冲模

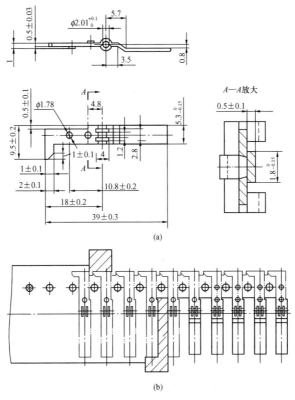

(a)

(b)

图 7-33 冲件图和排样图

（a）冲件图；（b）排样图

压力机上，要求模具精度高及刚性好。模具工作部分材料为
Cr12Mo。结构上采用了始用挡料销装置、可调整凸模长度的装置、
顶料装置和保护装置。所有凸模均由导板导向，凸模与固定板的配
合间隙为 0.05mm（双向间隙），使其在冲压过程中可自行导正。
11 个导正销在一条直线上，其间距误差≤0.01mm，它用来保证各
工位的送料精度。冲长方孔凹模拼块采用可以调换的拼合式结构，
用高精度的磨削加工保证互换性。该模具采用精度高、稳定性好的
四导柱模架，由于在冲压过程中必须保证导套不脱离导柱，故需用
于行程符合要求的压力机。

3. 多工序冲裁拉深级进模

多工序冲裁拉深级进模比多工序冲裁级进模的变化因素多，主
要涉及确保防皱压边面积和压料力，以及随着拉深时凸缘直径减小
使步距变化和每一工序的深度变化及防皱压边力不均匀等。而且级
进模与单工序模相比，更需保证其安全性，在模具结构上要留有空
工位，以备必要时能有调整余地。

图 7-34 为多工序冲裁拉深级进模，图 7-35 为冲件图及排
样图。

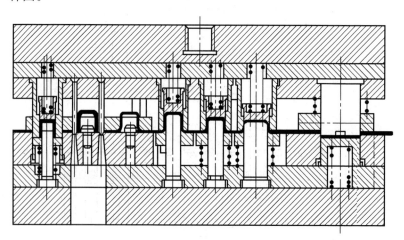

图 7-34　多工序冲裁拉深级进模

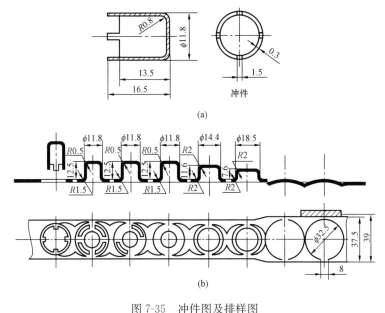

(a)

(b)

图 7-35　冲件图及排样图

（a）冲件图；（b）排样图

✦第三节　特　种　冲　模

一、硬质合金冲模

1. E 形硅钢片硬质合金冲裁模

图 7-36 所示为 E 形硅钢片硬质合金冲裁模，其结构采用滚动导向模架和浮动模柄，模具由硬质合金圆凸模 3、凹模 2 和凸凹模 1 组成，4 为凹模固定板。

2. 硬质合金拉深模

图 7-37 所示为硬质合金拉深模，除 6 为硬质合金制作的凹模外，其余部分与一般拉深模相同。

二、锌合金冲模

1. 锌合金冲裁模的特点

锌合金冲裁模的结构形式与普通钢模基本相同。用锌合金可制造冲裁模的凹模及模具的结构件，如凸模固定板、导向板、卸料板

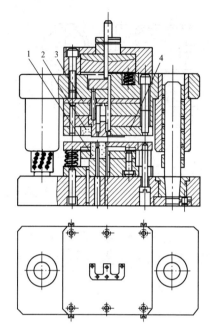

图 7-36　E形硅钢片复合冲模

1—凸凹模；2—凹模；3—圆凸模；4—凹模固定板

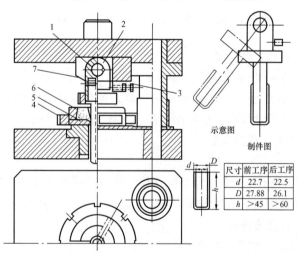

示意图　　　　制件图

尺寸	前工序	后工序
d	22.7	22.5
D	27.88	26.1
h	>45	>60

图 7-37　硬质合金拉深模

1—轴；2—摇臂；3—调节螺钉；4—弹簧；5—卸料板；6—凹模；7—凸模

等。为了保证制件的精度和模具的使用寿命，工作刃口要保证一定的硬度差，即模具的成形零件凸模或凹模中的一个为锌合金材料，另一个为模具钢材料。在生产中，锌合金主要用来制造凹模。

2. 锌合金冲裁模的类型及结构特点

用锌合金可制作成落料模、修边模、剖切模以及冲孔模等，也可制成复合模。

简单落料模结构如图7-38所示。落料冲孔复合模结构如图7-39所示。

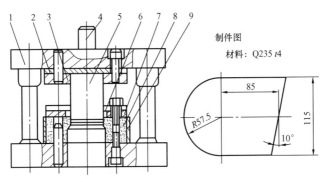

图 7-38 简单落料模

1—模架；2—垫板；3—凸模固定板；4—模柄；5—凸模；
6—卸料板；7—导板；8—锌合金凹模；9—凹模框

3. 锌合金冲裁模凹模结构形式

锌合金冲裁模凹模的结构形式有三种，如图 7-40 所示。图 7-40（a）为整体式，多用于中小件的生产。图 7-40（b）为镶拼式，凹模由多块锌合金镶件组成，以便于模具的制造。镶拼形式有两种，即镶块平镶拼在模板上或通过镶块支架立镶在模板上。前一种用于薄板件冲裁；后一种用于厚板料的冲裁。镶拼式结构主要用于大型修边或落料模，如汽车件冲裁模。图 7-40（c）为组合式，凹模分别由锌合金及钢镶件两种材料组合而成，即在模具工作条件要求苛刻的部位采用钢件，或凹模由锌合金和钢件组合而成。

4. 锌合金整体式拉深成形模结构特点

与冲裁模相比，这类模具在结构方面有较大的区别，它的凸凹

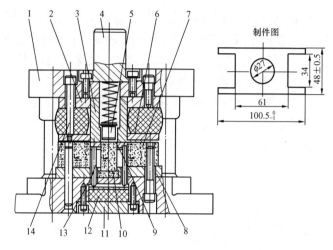

图 7-39　落料冲孔复合模

1—模架；2—凸模固定板；3—凸模；4—模柄；5—退料杆；6—卸料板；7—锌合金凹模；8—凸模固定板；9—顶料板；10—锌合金凸模；11—下盖板；12—顶料托板；13—顶料杆；14—柱头螺钉

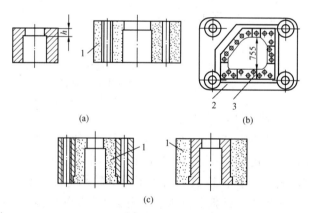

图 7-40　锌合金冲裁模凹模的结构形式

（a）整体式；（b）镶拼式；（c）组合式

1—锌合金；2—下模座；3—锌合金凹模镶块

模可以全部由锌合金制成，此外还可以用锌合金制成模板等各类零件。在结构形式方面，整体式模具的上、下模由锌合金材料分别制成一个整体的零件，可使模具零件减少到最少。锌合金整体式拉深成形模结构如图 7-41 所示，主要用于弯曲与成形。

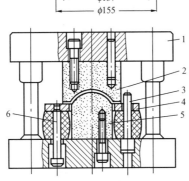

图 7-41 锌合金整体式拉深成形模

1—模架；2—锌合金凹模；3—导销；4—压料板；

5—锌合金凸模；6—柱头螺钉

5. 钢凸模锌合金凹模拉深模结构特点

模具的凸模和凹模可由锌合金和其他材料共同组成复合材料镶件结构，如用锌合金做凸模，而凹模由锡铋合金或环氧树脂塑料制成。也可以由铸铁构成凸模，而凹模由锌合金制成。在某种情况下，可由锌合金构成模具凸、凹模主体，在某些局部凸台、棱缘等尺寸精度要求高的部位镶入钢或填注环氧树脂塑料。用钢做凸模、锌合金做凹模的拉深模结构如图 7-42 所示。

三、聚氨酯橡胶冲裁模

聚氨酯橡胶冲裁模的结构形式很多，图 7-43 所示是带弹压式卸料板的复合冲模，凸凹模与容框型孔的间隙（单边）$c = 0.5 \sim 1.5\text{mm}$，有效压料宽度 $b \geqslant 12t$（t 为料厚），凸台的宽度 $B = b + c$，容框口圆角半径 $R = 0.1 \sim 0.2\text{mm}$。

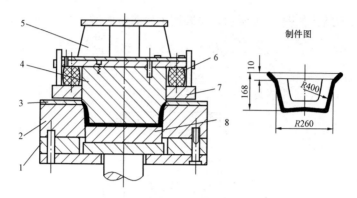

图 7-42　钢凸模锌合金凹模拉深模结构

1—凹模固定板；2—锌合金凹模；3—模口衬板；4—铸铁凸模；5—上模架；6—压边圈橡胶块；7—压边圈；8—锌合金底部成形模（顶件器）

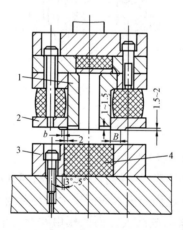

图 7-43　聚氨酯橡胶冲裁模（带弹压式卸料板）

1—凸凹模；2—卸料板；3—容框；4—聚氨酯橡胶

聚氨酯橡胶可用于制造对零件胀形和局部成形的模具。图 7-44 所示的自行车中接头成形模即为聚氨酯橡胶成形模。

四、钢带模

1. 钢带冲裁模结构特点

钢带冲裁模又称钢皮模或钢片模，主要用于冲裁加工。它的冲裁刃口使用淬硬的钢带，并将钢带嵌入木质层压板、低熔点合金或

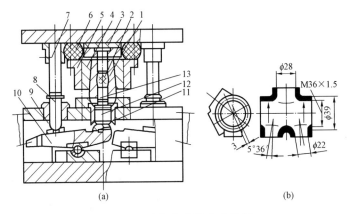

图 7-44　自行车中接头成形模

（a）模具；（b）制件

1—聚氨酯橡胶；2—凹模；3—上凸模；4—内圈；5—外圈；6—橡胶；

7—推杆；8—圆销；9、11—支架；10—杠杆；12—承压板；13—下凸模

塑料等制成的模板中，通过橡胶件卸料或卸件。这类模具适用于冲裁尺寸精度要求不高而轮廓较大的制件。其优点是：做凸凹模的钢带可以弯制而成，且以层压板或低熔点合金固定刃口，所以制造简单、周期短，成本比普通钢模下降约 80% 左右；产品更换时，旧模具容易改造成新模具，模具元件标准化程度高，设计简单。但这种模具的缺点是：不宜冲制厚度过薄、精度偏高的制件；冲件必须从上方退出，生产效率低。钢带冲模的应用范围见表 7-10。

表 7-10　　　　　　　　　钢带冲模的应用范围

材料种类	冲裁厚度 t（mm）	模具一次刃磨寿命 n		冲件尺寸（mm）
		钢　　板	有色金属板	
软钢板	0.35～8.0	$t=0.5～1.0$		
有色金属板	0.35～8.0	$n=1$ 万次		
塑料板	≤3.0	$t=1.6～3.2$	$n=2$ 万次	$50×50$ $2500×2500$
纤维板	≤6.0	$n=0.4$ 万次		
不锈钢板	0.5～1.7	$t=4.5$　　$n=0.1$ 万次		

2. 木质层压板钢带模结构特点

图 7-45 所示是木质层压板钢带冲模，模具的上、下模刃口均为钢带。在木质层压板上锯出宽度为钢带厚度的刃槽，将钢带立镶到刃槽内，再固定安装到通用模架上。该类模具的顶料和卸料均采用弹性较大的聚氨酯橡胶。

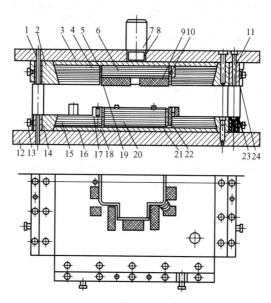

图 7-45　木质层压板钢带模

1—上模板；2、14—压板；3—上垫板；4—上、外模板；5—钢带凹模；6—上、内模板；7—模柄；8—止动螺钉；9—紧固螺钉；10—低熔点合金；11—挡铁；12—模座；13—调节螺钉；15—下、外模板；16—下垫板；17—聚氨酯橡胶卸料板；18—挡料销；19—聚氨酯橡胶顶件器；20—下、内模板；21—导销；22—钢带凹模；23—导柱；24—导套

3. 低熔点合金钢带模结构特点

图 7-46 所示是低熔点合金钢带模。这种模具与层压板钢带模结构的区别是用低熔点合金代替木质层压板。制造模具时，先将钢带通过螺钉连接在支撑板上，钢带的位置可通过螺钉调节并固定，然后浇注低熔点合金。合金冷却凝固后，将钢带紧固在模座上。这

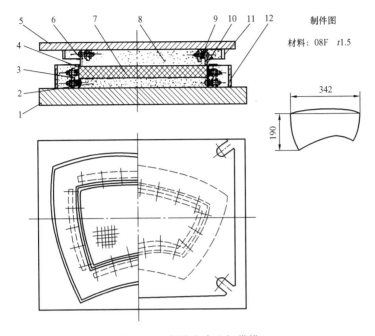

图 7-46 低熔点合金钢带模

1—凹模板；2、8—低熔点合金；3、9—钢带支撑板；4—凹模钢带；
5—凸模座；6—凸模钢带；7—制件；10—橡胶垫；11、12—熔框

种模具制造简单、方便，除低熔点合金外，还可用锌合金、环氧树脂塑料代替层压板用于固定钢带。

4. 半钢模钢带冲模结构特点

图 7-47 所示是半钢模钢带冲模，模具的凹模采用钢带层压板结构，凸模则采用普通的钢模结构。因为钢凸模容易加工制造，所以这种模具除用于冲孔外，一般多用于冲孔、落料的复合加工。

五、叠层钢板冲模

钢板冲模一般适用于冲压中等尺寸、精度要求不高的零件，可冲制有色金属与 10 钢以下的黑色金属。根据凸凹模钢板的厚度，可分为叠层薄板冲模和单板式冲模。叠层薄板冲模又称积层薄钢板冲模，它是在模具工作刃口处覆盖一层或多层具有高硬度、高韧性、

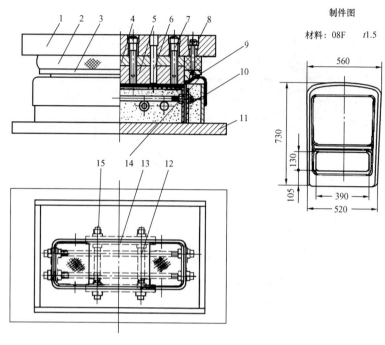

制件图

材料：08F   t1.5

560

730

130

105

390

520

图 7-47   半钢模钢带冲模

1—凸模座；2—橡胶；3—退料板；4—垫板；5—凸模镶块；6—定位销；

7—内六角螺钉；8—柱头螺钉；9—制件；10—凹模钢带；11—熔箱；

12—螺母；13—短夹板；14—长双头螺柱；15—短双头螺柱

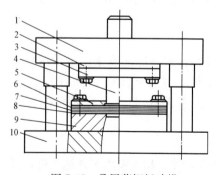

图 7-48   叠层薄钢板冲模

1—上模座；2—垫板；3—凸模固定板；

4—凸模；5—卸料板；6、7—凹模钢板；

8—垫板；9—凹模；10—下模座

高耐磨性、厚度为 0.5～1.2mm 的薄钢板。常用的材料是高硅贝氏体钢板或薄弹簧钢板（60Si2Mn）。它与钢带冲模的区别是强化刃口的薄钢板可以单片或多片平镶在基模上。

叠层薄钢板冲模的结构如图 7-48 所示，其凸模部分与普通钢模相同，而凹模部分则是由基模和叠层薄钢板刃口组成。

六、低熔点合金模

低熔点合金模以样件为模型，采用低熔点铋锡合金作为模具材料，在熔箱内一次将模具铸造后型腔不需要加工即可用于冲压生产。如果变换制作，该模具不再使用，可在熔箱内快速将合金熔化，另铸其他模具。

铋锡低熔点合金模具的结构如图 7-49 所示，主要由熔箱、样件、凸模连接板、凸模座、压边圈及压边圈座等几部分组成。熔箱是熔化合金进行铸模的容器，同时又是模具的凹模。在熔箱内有熔化合金的加热装置、冷却装置和铸模时调整合金液面的副熔箱装置。

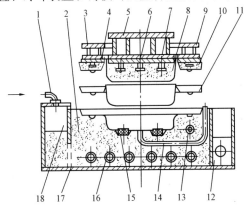

图 7-49　铋锡低熔点合金成形模

1—加压进气管；2—合金凹模；3—压边圈框；4—压边圈连接板；5—凸模架；
6—凸模连接板；7—固定合金螺钉；8—合金凸模；9—拉深肋；10—合金压
边圈；11—样件；12—冷却水柱；13—测温装置；14—凹模排气管；
15—橡胶顶件器；16—电加热器；17—主熔箱；18—副熔箱

七、非金属零件冲裁模

1. 云母片复合冲裁模

云母片的力学性能特点是硬、脆，冲裁面容易产生脱层或裂纹。云母片零件的冲裁在室温下进行，为了保证冲裁质量，可采用小间隙、有压料和顶推装置的普通冲裁模冲裁。模具的结构常用倒装单工序和复合工序的形式。为了防止碎屑挤入凸、凹模与卸料板或推板之间的缝隙，设有气嘴，冲压完成后通入压缩空气将碎屑吹走。云母片冲裁模制造精度要求为 IT6～IT7 级，凸、凹模刃口部

分的表面粗糙度 $Ra \leqslant 0.8\mu m$。

图 7-50 所示为用于冲裁制作电子管云母片零件的复合冲裁模。

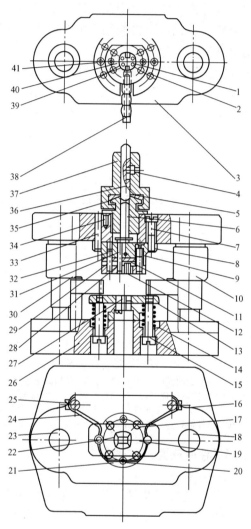

图 7-50 云母片复合冲裁模

1、2—凸模；3—上模座；4、8、9、16、17、22、34—螺钉；5—球面垫圈；
6—打杆；7、19、20、33、36—销钉；10、30—导套；11—固定板；12—推板；
13—卸料板；14—弹簧；15—柱头螺钉；18、23—导柱；21、32—固定架；
24—安全板；25—螺柱；26—下模座；27—凸凹模；28—凹模；29—垫板；
31—顶杆；35—球接头；37—模柄；38—气嘴；39、40、41—凸模

2. 尖刃冲裁模

尖刃冲裁模一般适用于纤维性及弹性非金属材料的冲裁加工。纤维性材料主要指纤维布、毛毡、皮革、石棉板、玻璃纸和纸板等；而弹性材料主要是橡胶和塑料薄膜等。这些材料的制件尺寸要求精度不高，如纸盒、商标、标签及密封垫等。由于这类材料的厚度、硬度或力学性能不同，一般采用不同结构的尖刃冲裁模。

尖刃冲裁模的结构如图 7-51 所示，主要由模柄 1、落料凹模 2

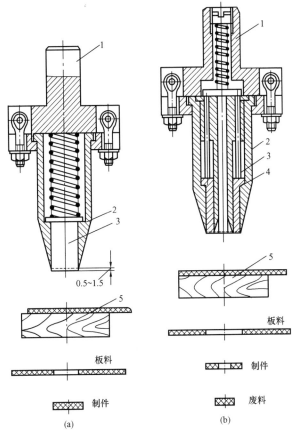

图 7-51　尖刃冲裁模

（a）单工序落料模；（b）复合模

1—模柄；2—落料凹模；3—顶出器；4—冲孔凸模；5—垫板

和冲孔凸模 4、顶出器 3 及连接固定件组成上模;下模只有一件垫板 5。上模通过模柄 1 固定在压力机滑块上的固定孔内,垫板 5 放置或固定在工作台上。

第八章

压 铸 模

第一节 压铸模的分类、特点与用途

一、压力铸造工艺流程

1. 压力铸造

压力铸造是金属液在高压下高速充型，并在压力下凝固成形的铸造方法。高压（压射比压从几兆帕至几十兆帕，甚至高达500MPa）、高速（10～120m/s）以极短时间（0.01～0.2s）填充铸型是压力铸造与其他铸造方法的根本区别。

压力铸造的工艺流程如图8-1所示。

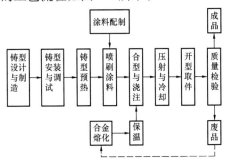

图 8-1 压力铸造的工艺流程

压铸机分类见图8-2。不同类型压铸机的应用范围见表8-1。

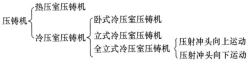

图 8-2 压铸机分类

表 8-1 不同类型压铸机的应用范围

压铸机类型	应用范围
热室压铸机	压铸铅、锡、锌合金及镁合金
卧式冷室压铸机	适用于各种压铸合金
立式冷室压铸机	适用于压铸锌、镁、铝合金
全立式压铸机	主要用于中小型电机转子的压铸,也可压铸各种合金

2. 压射比压及其选择

压射比压 p_b（MPa）是指压室内金属液单位面积上所受的压力,其计算公式（8-1）为

$$p_b = \frac{F_y}{A} = \frac{4F_y}{\pi d^2} \quad (\text{MPa}) \tag{8-1}$$

式中　F_y——压射力（N）；

　　　A——压射冲头（或压室）截面积（mm^2）；

　　　d——压射冲头直径（或压室内径）（mm）。

压铸时,压射比压根据合金材料、铸件结构尺寸不同进行选择。各种合金常用压射比压见表 8-2。

表 8-2 各种合金常用压射比压 MPa

压铸合金	铸件壁厚<3mm		铸件壁厚 3～6mm	
	形状简单	形状复杂	形状简单	形状复杂
锌合金	1960～2940	2940～3920	3920～4900	4900～5800
铝合金	2450～3430	3430～4410	4410～5800	5800～6860
镁合金	2940～3920	3920～4900	4900～5800	5800～7840
铜合金	3920～4900	4900～5880	5800～6860	6860～7840

注　1. 强度、致密度要求高的铸件,选用大的值。

　　2. 大多数压铸机的压射力可调节。因此压室直径确定后,通过调节压射力可得到所要求的压射比压。

3. 作用在金属液上的压力形式及作用

压射过程中,作用在金属液上的压力以两种不同形式出现:

(1) 金属液在填充过程中,以液体动压力表示,其作用主要是填充和成形。

（2）金属液填充结束后，以液体静压力表示，其作用是对凝固过程中的金属液进行压实。

4. 压铸时金属液的填充速度及其选择

填充速度是指金属液通过内浇道进入型腔的线速度，也称内浇道速度，其大小根据压射比压及铸件壁厚选择，见表 8-3。

表 8-3 填充速度

压射比压（MPa）	铸件壁厚（mm）		
	1～4	4～8	>8
	填充速度（m/s）		
≤20	56	45	34
>20～40	37.5	30	22.5
>40～60	20.5	15	11.25
>60～80	15	12	9
>80～100	11.25	9	6.75
>100	7.5	6	4.5

5. 压铸时浇注温度与铸型温度的选择

浇注温度指金属液自压室进入型腔时的平均温度。各种压铸合金的浇注温度可参照表 8-4 选择。

表 8-4 各种压铸合金的浇注温度 ℃

合 金		铸件壁厚≤3mm		铸件壁厚>3mm	
		结构简单	结构复杂	结构简单	结构复杂
锌合金		420～440	430～450	410～430	420～440
铝合金	含硅	610～650	640～700	590～630	610～650
	含铜	620～650	640～720	600～640	620～650
	含镁	640～680	660～700	620～660	640～680
镁合金		640～680	660～700	620～660	640～680
铜合金	普通黄铜	870～920	900～950	850～900	870～920
	硅黄铜	900～940	930～970	880～920	900～940

各种压铸合金的压铸型温度可参照表 8-5 选择。

表 8-5　　　　　　各种压铸合金的压铸型温度　　　　　　℃

合　　金	压铸型温度	铸件壁厚≤3mm		铸件壁厚＞3mm	
		结构简单	结构复杂	结构简单	结构复杂
锌合金	预热温度	130～180	150～200	110～140	120～150
	连续工作保持温度	180～200	190～220	140～170	150～200
铝合金	预热温度	150～180	200～230	120～150	150～180
	连续工作保持温度	180～240	250～280	150～180	180～200
镁合金	预热温度	150～180	200～230	120～150	150～180
	连续工作保持温度	180～240	250～280	150～180	180～220
铜合金	预热温度	200～230	230～250	170～200	200～230
	连续工作保持温度	300～325	325～350	250～300	300～350

6. 压铸时常用涂料及适用范围

压铸时常用涂料及适用范围见表 8-6。

表 8-6　　　　　　压铸常用涂料及适用范围

名称及代号	外观特征	适用范围
胶体石墨 （水基、油基）	灰、黑色	用于铝合金，防粘型效果好，用于压射冲头、压室及易咬合处
蜂蜡或石蜡	白色 淡黄色	应用于型腔及浇道部分，适用于各种压铸合金
DFS-1（水基） DFY-1（油基）	乳白或淡 黄色膏状	应用于压射冲头和型腔，适用于各种压铸合金
RE-1（水基）	乳白（略黄） 乳液	用于各种压铸合金，型腔部分

二、压力铸造原理

1. 真空压铸法

真空压铸是先将压铸型腔内气体抽除，然后再压入金属液的压铸方法。其优点是减少或消除压铸件内部的气孔，提高铸件的力学性能和表面质量，改善镀覆性。真空系统装置如图 8-3 所示，抽气阀门有两个部分，分别镶在动型和定型上，其开合与压铸型完全同步，当压射冲头刚刚推过压室注射孔时，抽气启动开关被打开，开始对压室和型腔抽气,且抽气过程连续进行,直到金属液填充结束。金属经过压型最后被填充的部位流入抽气阀门内,阀门自动关闭,抽气过程结束。

2. 定向引气充氧压铸

在压铸时,顺着金属液填充的方向,以超过填充的速度将气体抽出,使金属液顺利地填充铸型,对有深凹的复杂铸件,并在抽气的同时充氧,该方法可消除铸件气孔和疏松。

3. 双冲头压铸

双冲头压铸原理如图8-4所示,压铸机有两个套在一

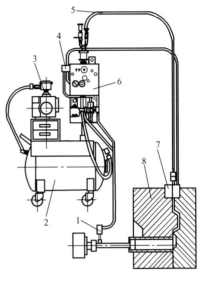

图 8-3　真空系统装置图

1—抽气启动开关；2—真空罐；3—真空泵；4—放气、清理、抽气阀门；5—抽气管；6—控制元件；7—抽气阀门；8—压铸型

起的冲头,两个冲头为圆筒形。在开始压射时,两个冲头同时前进,填充终了,内冲头继续前进,压实正在凝固的金属液。其优点是减少压铸件气孔,特别是缩孔和疏松。

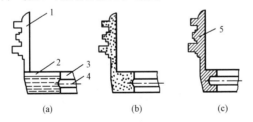

图 8-4　双冲头压铸原理示意图

（a）开始状态；（b）中间状态；（c）冲压状态

1—型腔；2—压室；3—外冲头；4—内冲头；5—铸件

4. 半固态压铸工艺

半固态压铸是当金属液在凝固时,进行强烈的搅拌,在一定的

冷却速度下获得 50％ 左右甚至更高的固体组分浆料，并将这种浆料送入压铸的方法。半固态压铸包括流变铸造和搅溶铸造。流变铸造是将半固态的金属浆料直接压射到型腔里形成压铸件的方法。搅溶铸造是将半固态浆料预先制成一定大小的锭块，需要时，重新加热到半固态温度，然后送入压铸型腔形成压铸件的方法。半固态压铸的特点是：

（1）减少热冲击，可提高压铸型寿命。

（2）提高压铸件质量。

（3）细化晶粒，改善结晶组织。

（4）输送方便。

5. 挤压铸造

用铸型的一部分直接挤压金属液，使金属在压力作用下成形、凝固的铸造方法称为挤压铸造。其工艺过程如图 8-5 所示。

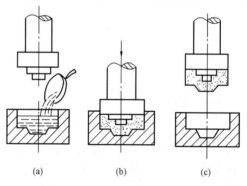

图 8-5　挤压铸造工艺过程示意图

（a）浇注；（b）挤压成形；（c）开型

挤压铸件成形时伴有局部塑性变形，在高压下凝固的铸件晶粒较细，可基本消除铸件内部的疏松和气孔，提高力学性能。铸件尺寸精度较高，表面比较光洁，收缩率较高。但浇注时金属液中的夹杂不易排除，铸件高度尺寸有时不易控制，铸件上表面易形成冷隔。

挤压铸造法还被应用于制造铝—铁双金属铸件、纤维增强金属基复合材料（如碳纤维—铝复合材料）等。

（1）挤压铸造分类、特点及应用范围。根据加压作用的不同，挤压铸造分类、特点及应用范围见表 8-7。

表 8-7　　　　　　　挤压铸造分类、特点及应用范围

挤压方式	示　意　图	特　　点	应用范围
柱塞加压		合型加压时，金属液无充型运动	形状简单的厚壁铸件，如铝合金阀体、铜合金法兰盘、球墨铸铁齿轮毛坯等
直接冲头挤压		合型加压时，金属液有充型运动，充填冲头与凹型组成的型腔中，冲头直接加压在铸件上	壁较薄、形状较复杂的铸件，如汽车活塞、汽车轮盘、铁锅等
间接冲头挤压		在已闭合的型腔中，冲头加压使金属液充填型腔，并通过内浇道将压力传至铸件上。铸件尺寸精度高，加压效果较差	产量较大、形状较复杂或小型铸件
冲头—柱塞挤压		合型加压时，部分金属液充填冲头凹窝腔中，冲头压力直接加在铸件上	厚壁、稍复杂铸件，如法兰盘
型板挤压		型板合拢时，金属液充型，并在低压力下凝固	散热面较大的薄壁铸件

　　（2）挤压铸造冲头挤压时最低压力值的确定。挤压铸造时施加在金属上的压力由几十至 200MPa，在保证铸件质量的前提下应尽量取最低值。冲头挤压时的最低压力值可参照表 8-8 选择确定。

表 8-8　　　　　　　冲头挤压时的最低压力值　　　　　　　MPa

工 艺 方 案		压　力		
		大空腔铸件	小空腔铸件	实心铸件
液态金属挤压	薄壁铸件	40	50	60
	厚壁铸件	30	40	50
半固态金属挤压	薄壁铸件	100	90	110～120
	厚壁铸件	80	70	80～100

（3）挤压铸件所需保压时间的确定。挤压铸造的开始加压时间应尽量早些，以最大限度地减薄铸件自由结壳。保压时间可按铸件每毫米壁厚进行估算，见表 8-9。

表 8-9　　　　　挤压铸件每毫米壁厚所需保压时间　　　　　s

铸件尺寸 铸件合金	直径＜100mm	壁厚＞100mm
铝合金	0.5～1.0	1.0～1.5
铜合金	1.5	—
钢、铁	0.5	—

（4）挤压铸造合金液浇注温度的确定。挤压铸造合金液的浇注温度一般比液相线温度高 50～100℃，见表 8-10。

表 8-10　　　　　　挤压铸造时合金液的浇注温度　　　　　　℃

合金牌号	浇注温度	合金牌号	浇注温度
铸造铝合金（ZL101、ZL102、ZL103、ZL104、ZL105、ZL301）	640～720	ZCuAl9Mn2、ZCuAl9Mn4	1100～1150
铸造铝合金（ZL203）铝合金（7A04、2A12、4A11、2A80、6A02）	680～720	ZCuSn10Zn2、ZCuSn5Pb5Zn5	1100～1170
铸造铝合金（ZL501）	600～620	ZCuZn38Mn2Pb2、57-3-1 锰黄铜	920～1000
铝镁合金（ZM-5）	580～650		
ZCuSn10Pb、ZCuSn6Pb6Zn3	1050～1130	ZCuZn40Pb2	960～1000
		ZCuZn16Si4	980～1030

（5）挤压铸型预热温度和工作温度的确定。挤压铸型的预热温度和工作温度可参照表 8-11 选择确定。

表 8-11　　　　　　挤压铸型的预热温度和工作温度　　　　　　℃

铸件合金	预热温度	工作温度
铝合金	150～200	200～300
铜合金	175～250	200～350
钢、铁	150～200	200～400

三、压铸模的分类、特点与用途

（一）按铸件材料分类

压铸模按铸件材料分类、特点及用途见表 8-12。

（二）按使用的压铸机分类

压铸机分类见图 8-2；不同类型压铸机的应用范围见表 8-1；按压铸机分类的模具特点与用途见表 8-13。

（三）压铸模与压铸机的关系

（1）压铸机应具有保证正常生产所需的足够的锁紧力、开模力和推出力。

（2）压铸机应具有确保铸件成形和达到致密性要求所需的比压。

（3）冷压式压铸机压室应能容纳每次压铸所需的金属液。

（4）模具的大小、厚度、开模距离等都应与压铸机适应，以保证模具安装和开模取件。

（5）模具定位孔直径、浇道直径、推出杆孔位置等均应与压铸机适应。

1. 锁模力计算

压铸时必须锁紧模具分型面，以防止金属飞溅，保证铸件尺寸精度和内部质量。应按模具计算锁紧力选用压力机。锁模力的计算公式为

$$F_s \geqslant K(F_f + F_{fa}) \tag{8-2}$$
$$F_f = p \sum A$$
$$p = \frac{4F_y}{\pi D_y}$$
$$F_{fa} = p \sum A_1 \tan\alpha$$

表 8-12　　压铸模按铸件材料分类、特点及用途

	锌 合 金	铝 合 金	镁 合 金	铜 合 金
常用合金	Z ZnAl4-1 Z ZnAl4-0.5 Z ZnAl4	ZL101 ZL102 ZL103 ZL104 ZL105 ZL301 ZL302 ZL401	ZM5	ZHSi80-3 ZHPb59-1 ZHAl67-2.5 ZHMn58-2-2
压铸时合金温度 t/℃	410~450	620~710	640~730	910~960
模具工作温度 t/℃	150~200 预热: 120~150	180~250 预热: 130~180	200~300 预热: 140~200	300~380 预热: 180~250
对模具要求	耐高温 具有足够强度及刚性	耐高温、耐冲刷、耐热裂 有足够强度及刚性 能良好排气排渣	与铝合金模具相同 有较大容量溢流流槽	对耐高温、耐热裂有更高要求 型腔硬度比铝合金模具低些
模具寿命	20万次以上	中小铸件 6~20 万次 中大铸件 3~8 万次	比铝合金模具稍长	1~5 万次 通常在数千次后会出现裂纹
选用压铸机	热压室压铸机 冷压室压铸机	冷压室压铸机	冷压室压铸机 热压室压铸机	冷压室压铸机
特点及用途	应用广泛 批量大、表面需电镀的铸件 锌合金易老化,当温度>100℃或<-10℃时尺寸不稳定,应用受限制	应用最广泛	应用一般 铸件密度小,力学性能好,用于承受强烈颠簸、起滞震作用的零件 可制造用于低温(-196℃以上)工作的零件	用于抗磁零件、耐磨、导热性能好、受热后尺寸变化较小的零件

注　钢铁压铸尚处于试验阶段。

表 8-13　按压铸机分类的模具特点与用途

	简　图	压铸过程	特　点	用　途
用热压室压铸机的压铸模	1—冲头；2—压室浇壶；3—压料孔；4—料筒；5—坩埚；6—通道；7—型腔	压射冲头 1 下压，推动鹅颈通道 6 内金属液面上升，当冲头封住压室浇壶 2 压料孔 3 时，从料筒 4 下部至型腔 7 形成一封闭腔，封闭腔内建立起压力。注射冲头注压力，金属液被高速地注入型腔，建立起压力，压射冲头提升，打开料孔。注射完毕后，压射冲头提升，打开料孔，多余金属液回流，鹅颈通道内液面又恢复至坩埚内液面持平。同时模具打开，取出铸件，完成一个循环	（1）不需用人工或机械手将金属液浇入压室内，能实现自动化连续生产，效率高　（2）模具浇注系统设计、铸件的顶出、溢流槽内的金属推出、模具冷却均需适应连续自动生产	（1）锌、铅、锡等熔点较低的合金及镁合金的压铸较常使用　（2）大批量小件的压铸

	简 图	压 铸 过 程	特 点	用 途
用卧式冷压室压铸机的偏心浇口压铸模	 1—压室;2—冲头;3—熔融金属; 4—横浇道;5—模具	压室1呈水平,压射冲头2也作水平运动。注射前,压射冲头位于尾端,熔融金属3由人工或机械注入压室后,压射冲头推动金属经横浇道4进入模具5型腔,充满型腔后,压射冲头的压力仍作用在金属上,压射冲头在压力下凝固成铸件。开模,取出铸件,完成了一个循环	(1)每次注射,需由人工或机械加料 (2)压射冲头水平运动,模具开合也为水平方向 (3)浇口必须处于模具型腔下方(偏心浇口)	(1)应用最广泛 (2)适合于所有合金压铸的合金的生产
用卧式冷压室压铸机的中心浇口压铸模	见图8-10、图8-11	见图8-10、图8-11说明	为保证压射冲头运动前使金属液前流不致因使重而流入型腔,需对铸件作特殊设计	(1)适用于所有合金的生产 (2)需将浇口设在型腔中央或一模多腔时浇口需设在模具中央

续表

简　图	压铸过程	特　点	用　途
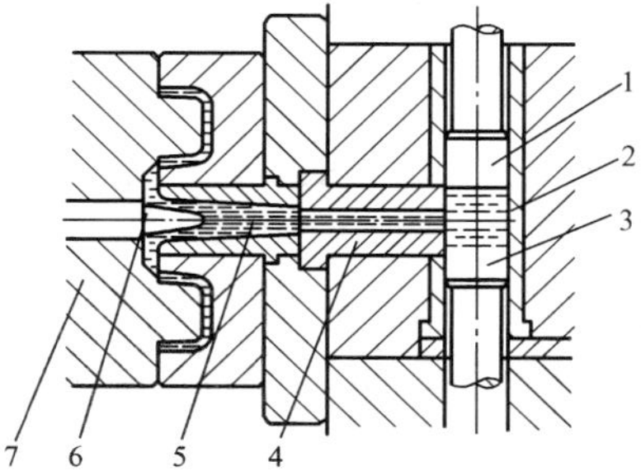 　1,3—冲头;2—压室;4—喷嘴;5—直浇道;6—分流锥;7—模具	压室2为垂直位置,上、下压射冲头1和3均作垂直方向运动。上冲头处于堵住喷嘴4孔时,将压室,下冲头处于堵住喷嘴4孔时,将熔融金属注入压室,金属不会自行流入型腔。当上冲头下压接触金属推动下冲头下移一小段距离,打开喷嘴口。上冲头继续快速下压,将金属通过直浇道5,由分流锥6分流后注入模具7的型腔。填充完毕,上冲头提升,下冲头立即以冲击动作向上将余料与直浇道切断并推至压室上端,以备取走,同时开模,取出铸件,完成一个循环	(1)每次注射需由人工或机械加料（2）压射冲头作上下方向运动,模具开合方向为水平方向（3）对浇口位置无特殊要求	(1)适用于所有压铸的合金的生产（2）特别适合需用中心浇口的模具

| 用立式冷压室压铸机的压铸模 | | | |

277

续表

简　图	压铸过程	特　点	用　途
用全立式冷压室压铸机的压铸模　 冲头向上运动　上压式 1—冲头;2—金属液;3—压室;4—下模; 5—上模;6—横浇道;7—分流锥	模具由上模5和下模4组成,分别固定在机床工作台面上。开模状态下,将金属液2注入压室3后闭合。压射冲头1向上压,将金属液由分流锥7分流并经横浇道6进入型腔。开模后,压射冲头继续上升推出余料,然后冲头复位	(1)每次注射需由人工或机械加料 (2)便于安放嵌件 (3)铸件推出后需人工取出,不易实现自动化生产	(1)适用于所有压铸的合金的生产 (2)适宜有嵌件的铸件 (3)适合于需用中心浇口的压铸

续表

简　图	压铸过程	特　点	用　途
用全立式冷压室压铸机的压铸模的 （图） 冲头向下运动 下压式 1—冲头；2—压室；3—金属液；4—横浇道； 5—上模；6—下模；7—推杆；8—弹簧	闭模状态下，将金属液注入压室 2 内，此时推杆 7 在弹簧 8 的作用下封住横浇道 4，以防压铸前金属液流入型腔。压射冲头 1 下压时，将推杆下压，打开横浇道，将金属液压入型腔内。开模，冲头复位，由推出机构推出铸件，由推杆 7 推出余料	（1）每次注射需由人工或机械加料 （2）便于安放嵌件 （3）铸件推出后需人工取出，不易实现自动化生产	（1）适用于所有适合压铸的合金的生产 （2）适宜有嵌件的铸件 （3）适合于需用中心浇口的压铸

式中　F_s——所需压铸机锁模力（N）；

$\quad\quad K$——系数，一般取 $1\sim1.3$，壁薄复杂件取大值；

$\quad\quad F_f$——压铸时的反压力（N）；

$\quad\quad F_{fa}$——有横抽芯时作用于滑块楔紧面上的法向反压力（见图 8-6）（N）；

$\quad\quad p$——压铸机压射比压（表 8-2）（MPa）；

$\quad\quad \Sigma A$——铸件、浇注系统、余料、溢流槽在分型面上投影面积总和（mm^2）；

$\quad\quad F_y$——压铸机压射力（N）；

$\quad\quad D_y$——压室直径（mm）；

$\quad\quad \Sigma A_1$——活动型芯成形端面投影面积总和（mm^2）；

$\quad\quad \alpha$——楔紧块的楔紧角（见图 8-6）（°）。

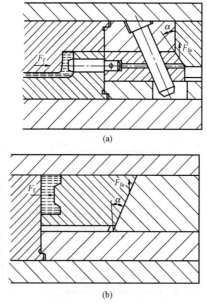

图 8-6　滑块楔紧面上的法向反压力

（a）斜销抽芯；（b）滑块抽芯

2. 压室容量的核算

通常压铸机有几个不同直径的压室供选用，压铸机初步选定

后，确定压室直径时用式（8-3）核算，即

$$G_y > \Sigma G = \Sigma V \rho / 1000 \qquad (8\text{-}3)$$

式中　G_y——压室额定容量的金属液质量（kg）；

　　　G——每次浇注的金属液总质量（kg）；

　　　V——每次浇注的金属液总体积，即铸件、浇注系统、余料、溢流槽等体积的总和（cm³）；

　　　ρ——合金的密度，一般锌合金 6.3～6.7g/cm³，铝合金 2.6～2.7g/cm³，镁合金 1.7～1.8g/cm³，铜合金 8.3～8.5g/cm³。

3. 模具合模及开模距离校核

模具的设计应适应所选用压铸机的最小合模距离 S_{min} 和最大开模距离 S_{max}（见图 8-7）。为保证安装和合模紧密，模具厚度应符合式（8-4），即

$$S_{min} + K \leqslant D \leqslant S_{max} + K \qquad (8\text{-}4)$$

式中　D——模具厚度，若使用通用模座，应包括通用模座厚度（mm）；

　　　K——安全值，一般取 10mm。

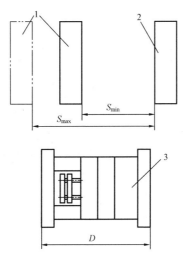

图 8-7　最小合模距离和最大开模距离

1—压铸机活动工作台；2—压铸机固定工作台；3—模具

为保证开模后铸件能顺利取出，用式（8-5）校核最大开模距离与模具厚度（见图8-8）。

$$S_K < S_{max} - (D_1 + D_2) \qquad (8-5)$$

式中　S_K——取出铸件（包括浇注系统余料）所需最小距离（mm）；

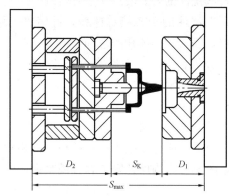

图 8-8　开模取出铸件的距离

D_1、D_2——模具厚度（mm）。

四、压铸模基本结构形式

1. 热压室压铸机使用的压铸模

热压室压铸机使用的压铸模见图8-9。

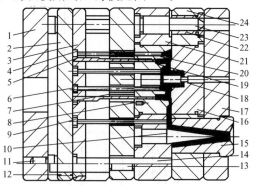

图 8-9　热压室压铸机用压铸模

1—动模座板；2—推板；3—推杆固定板；4、6、9—推杆；5—扇形推杆；7—支承板；8—止转销；10—分流锥；11—限位钉；12—推板导套；13—推板导柱；14—复位杆；15—浇口套；16—定模镶块；17—定模座板；18—型芯；19、20—动模镶块；21—动模套板；22—导套；23—导柱；24—定模套板

2. 卧式冷压室压铸机使用的压铸模

卧式冷压室压铸机使用的压铸模见图8-10。

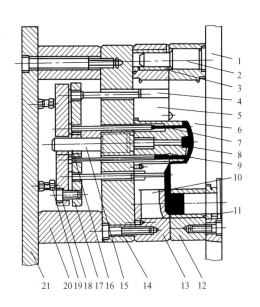

图 8-10 卧式冷压室压铸机用压铸模

1—定模座板；2—导柱；3—导套；4—复位杆；5—动
模镶块；6—定模镶块；7—推杆；8、9—型芯；10—
导流块；11—浇口套；12—定模套板；13—动模套板；
14—支承板；15—推板导柱；16—推板导套；17—推
杆固定板；18—推板；19—限位螺栓；20—垫块；
21—动模座板

3. 立式冷压室压铸机使用的压铸模

立式冷压室压铸机使用的压铸模见图8-11。

4. 全立式压铸机用压铸模

全立式压铸机用压铸模见图8-12。

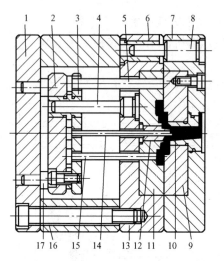

图 8-11 立式冷压室压铸机用压铸模

1—动模座板；2—推杆；3—推杆固定板；4—推杆导柱；5—复位杆；6—导套；7—定模套板；8—导柱；9—定模镶块；10—浇口套；11—动模镶块；12—分流锥；13—动模套板；14、15—推杆；16—垫块；17—限位钉

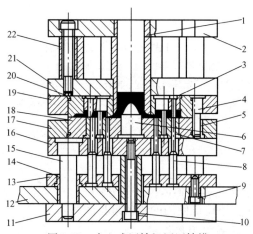

图 8-12 全立式压铸机用压铸模

1—开室；2—座板；3—型芯；4—导柱；5—导套；6—分流锥；7、18—动模镶块；8—推杆；9、10—螺钉；11—动模座板；12—推板；13—推杆固定板；14—推板导套；15—推板导柱；16—支承板；17—动模套板；19—定模套板；20—定模镶块；21—定模座板；22—支承柱

🔧 第二节 压 铸 模 设 计

一、分型面选择

为方便将压铸件从模具内取出，以及为了安放嵌件、取出浇口，将模具适当地分成两个或若干个主要部分，这两个或若干个可分离部分的接触面称为分型面。图 8-13 为不同的分型面设置。分型面一经确定，将对下列方面产生很大影响：

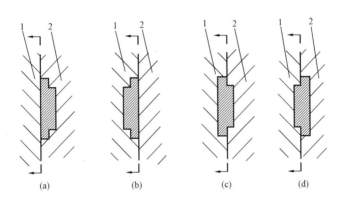

图 8-13 分型面的设置

（a）型腔在定模内；（b）型腔在动模内；（c）、（d）动、定模中均有型腔

1—动模；2—定模

（1）确定动、定模所包含的成型部分，从而明确了因分型面而在铸件上产生的痕迹位置。确定铸件上拔模斜度方向，采用推杆或推管时所产生的痕迹位置。

（2）浇道的布置、内浇口位置和导流方式。

（3）排溢系统的布置、排气条件的好坏、铸件推出采取的方式。

（4）铸件的外观质量和修整方法。

（5）很大程度上决定了模具的大致结构。

（6）对生产中如何清理模具、能否正常生产以及使用寿命有较大影响。

1. 分型面的类型

图 8-14 为各种类型的分型面。图 8-14（a）的分型面为一平面；图 8-14（b）为一斜面；图 8-14（c）为阶梯形；图 8-14（d）为曲面；图 8-14（e）有两个分型面；图 8-14（f）有一个水平分型面和一个垂直分型面。

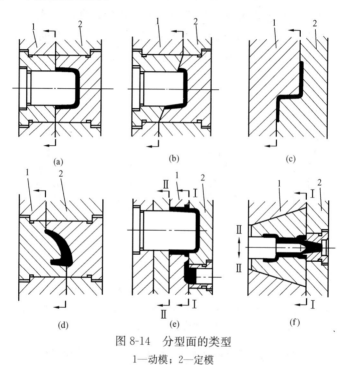

图 8-14　分型面的类型
1—动模；2—定模

2. 分型面选择要点

选择分型面应综合考虑各个方面，主要应注意：

（1）开模时，铸件应能脱出定模，随动模移动。

（2）应有利于保证铸件精度［见图 8-15（b）］。

（3）分型面尽量设在金属液流动的末端，以保证良好的溢流和排气条件［见图 8-16（b）］。

（4）应有利于铸件取出，一般选在铸件外形轮廓最大断面处。

（5）尽量采用平直分型面，简化模具制造。

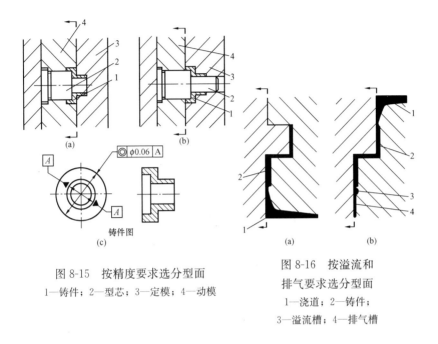

图 8-15　按精度要求选分型面

1—铸件；2—型芯；3—定模；4—动模

图 8-16　按溢流和
排气要求选分型面

1—浇道；2—铸件；
3—溢流槽；4—排气槽

（6）尽量选择铸件需加工的面作为分型面。

（7）尽量避免或减少使用横抽芯机构。

（8）根据铸件材料选用不同的分型面。如图 8-17 所示细长管状件，Ⅰ-Ⅰ分型面适用于锌合金压铸，Ⅱ-Ⅱ分型面则适用于铜合金或铝合金。

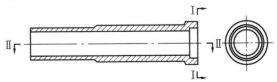

图 8-17　不同材料选用不同的分型面

（9）根据铸件外观要求，不允许留有分型面痕迹和推杆痕迹的平面不作分型面。尚应考虑脱模斜度对外观和使用的影响，毛刺产生的方向,去毛刺后对外观的影响。

二、浇注系统设计

压铸过程中,金属液在压力作用下填充入模具型腔的通道称为浇注系统。它对金属液进入型腔的流动方向、排气条件、压力传递、流速、填充时间等起重要的调节和控制作用,是决定铸件质量的十分重要的因素。

1. 浇注系统的组成

浇注系统主要由直浇道、横浇道、内浇口组成。图 8-18 为各类压铸机通常采用的形式。

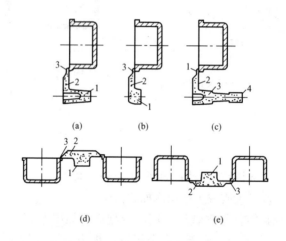

图 8-18 各类压铸机用的浇注系统

(a) 热压室压铸机用;(b) 卧式冷压室压铸机用;(c) 立式冷压室压铸机用;(d) 全立式(压射冲头向上)压铸机用;(e) 全立式(压射冲头向下)压铸机用

1—直浇道;2—横浇道;3—内浇口;4—余料

2. 浇注系统形式及特点

浇注系统的形式应根据不同的铸件要求和选用的压铸机确定。主要形式见表 8-14。

表 8-14   浇注系统形式及特点

形式	简 图	特 点
侧浇口		一般设在外侧面，铸件内孔有足够位置时可布置在内侧。应用最广、适用性强；除浇口方便，单型腔、多型腔模具均适用
中心浇口		(1) 铸件中心处有足够大的孔时，浇口设置在通孔上，同时设置分流锥 　　(2) 应用较广，金属液流程短，分型面上投影面积小，模具结构紧凑，便于排气和热平衡。适用于单型腔模具
环形浇口		(1) 一般用于圆筒形铸件的模具。金属液流动畅顺、平稳、避免了正面冲击型芯，排气条件良好，铸件的表面和内部质量好，模具使用寿命长 　　(2) 模具制造增加难度，增加了浇注系统金属消耗量，去除浇口困难

形式	简　图	特　点
切线浇口		一般用于环形铸件，多用于中小件，避免了金属液正面冲击型芯，减少了流动阻力，易于充填
顶浇口		(1) 直接在铸件顶部开设浇口，不设分流锥 (2) 金属液流程短，分型面上投影面积小，模具结构紧凑，便于排气和热平衡 (3) 金属液直接冲击型芯，该部位易产生开裂和加速损耗，铸件有时会产生变形、缩凹，除浇口较困难
缝隙浇口		(1) 内浇口设在型腔深处、呈长条缝隙状，金属液能顺序充填，使深腔的排气条件改善 (2) 增加了模具制造复杂程度，除浇口较困难
点浇口		(1) 浇口设在铸件端面，浇口呈点状（直径为 3mm 左右），常用于外形对称的薄壁铸件 (2) 金属液流程短且均匀，压铸机受力均衡，但压力损失较大。浇口正对面型芯易产生粘模现象和过早出现冲蚀，模具结构较复杂

3. 直浇道设计

各类压铸机用模具的直浇道设计见表 8-15。

表8-15　各类压铸机用模具的直浇道设计

使用压铸机类型	直浇道简图	设计数据
热室压铸机	1—压铸机喷嘴；2—模具分流锥	直浇道环形断面壁厚： 小铸件取　$h=2\sim3\mathrm{mm}$ 中铸件取　$h=3\sim5\mathrm{mm}$ 　　　　　$\alpha=2°\sim6°$ 分流锥顶部　$R=2\sim5\mathrm{mm}$ 　　　　　$d=d_1-1\mathrm{mm}$
卧式冷压室压铸机	1—模具浇口套	D 根据所选用压铸机的压室直径确定 $H=(1/2\sim1/3)\ D$ $\alpha=1°30'\sim2°$

续表

使用压铸机类型	直浇道简图	设计数据
立式冷压室压铸机	1—压铸机冲头；2—压铸机喷嘴；3—模具浇口套；4—模具分流锥	(1) 直浇道由压铸机上的喷嘴和模具上的浇口套组成 (2) 分流锥处环形通道的截面积一般为喷嘴导入口直径的 1.2 倍左右。分流锥底部直径 d_3 一般可按下式计算 $d_3 = \sqrt{d_2^2 - (1.1 \sim 1.3) \, d_1^2}$ (mm) $(d_2 - d_3) \, / 2 \geqslant 3$ (mm) $d_4 = d_1 - 1$ (mm) $d_6 = d_5 + 1$ (mm) $d_8 = d_7 + 1$ (mm)

4．横浇道设计

（1）横浇道的形式往往取决于铸件的形状与大小、模具中型腔分布状态以及内浇口的位置、形状。图 8-19 所示为通常采用的形式。

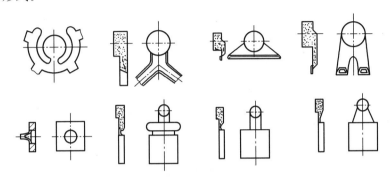

图 8-19　常用的横浇道形式

卧式冷压室压铸机用的模具，其横浇道必须开设在直浇道的上方，以防止压射前金属液自动流入型腔。

（2）横浇道的截面形状。横浇道大多采用梯形断面，如图 8-20 所示。

梯形断面浇道散热快、加工方便，脱模容易。浇道断面长边尺寸 b 根据铸件形状、大小而定，厚度 h 取铸件平均厚度 1.5 倍以上，α 取 $5°\sim 15°$，r 取 $1.5\sim 3mm$。

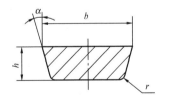

图 8-20　横浇道断面形状

5．内浇口设计

内浇口是指金属液进入型腔前的最后一小段缩小了断面积的通道。其位置、方向、大小对金属液进入型腔后的方向、流速、压力都有极大的影响，因此内浇口设计是非常重要的。

（1）内浇口的形式。内浇口常用的形式如图 8-21 所示。

（2）内浇口尺寸。内浇口的厚度、宽度及长度尺寸可参考表 8-16和表 8-17 选用。

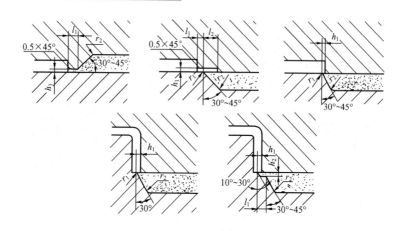

图 8-21　常用内浇口形式

表 8-16　　　　　　　　　内浇口厚度经验数据　　　　　　　　mm

铸件壁厚	0.6～1.5		1.5～3.0		3～6		＞6
合金种类	复杂件	简单件	复杂件	简单件	复杂件	简单件	为铸件壁厚的百分数(％)
	内浇口厚度						
铅、锡合金	0.4～0.8	0.4～1.0	0.6～1.2	0.8～1.5	1.0～2.0	1.5～2.0	20～40
锌合金	0.4～0.8	0.4～1.0	0.6～1.2	0.8～1.5	1.0～2.0	1.5～2.0	20～40
铝、镁合金	0.6～1.0	0.6～1.2	0.8～1.5	1.0～1.8	1.5～2.5	1.8～3.0	40～60
铜合金		0.8～1.2	1.0～1.8	1.0～2.0	1.8～3.0	2.0～4.0	40～60

表 8-17　　　　　　　　内浇口宽度和长度经验数据　　　　　　　mm

浇口进口部位铸件形状	内浇口宽度	内浇口长度	备　注
矩形或方形板件	(0.6～0.8) L		
圆形板件	(0.4～0.6) D	1.5～3	L—铸件边长
圆环件、圆筒件	(0.25～0.3) D		D—铸件外径
方框件	(0.6～0.8) L		

6. 卧式压铸机采用中心浇口的结构

常用的结构形式列举如下:

(1) 利用开模过程扭断余料。如图 8-22 所示,开模时,由于浇口套内孔设有螺旋槽，在压铸机冲头推力作用下，余料推出时旋转，余料与直浇道间被扭断。螺旋槽一般开设 2～3 条，螺旋角一般小于 20°。

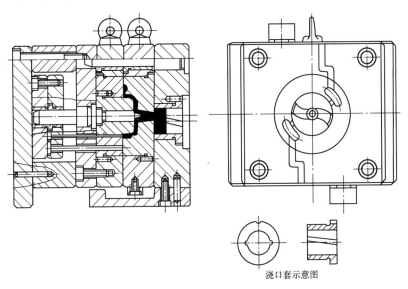

浇口套示意图

图 8-22　开模时扭断余料的中心浇口

（2）利用斜销切断余料。如图 8-23 所示，开模时，由于铸件对动模型芯产生包紧力和压射冲头推出余料的动作，分型面Ⅰ首先分开，斜销 3 推动滑块 1 和切刀 2 将余料切断。

（3）利用液压缸装置切断余料。以液压缸代替斜销，推动切刀切断余料。

7．溢流槽和排气槽设计

为在压铸过程中排除气体及涂料余烬、冷却金属以提高铸件质量、消除或减少铸件缺陷（如冷隔、气孔、夹渣、缩孔、残缺等）和改善模具的热平衡，常需在模具上设置溢流槽和排气槽。

（1）溢流槽设计。

1）溢流槽在模具分型面上的形状见表 8-18。溢流槽在模具动、定模上的位置如图 8-24 所示。

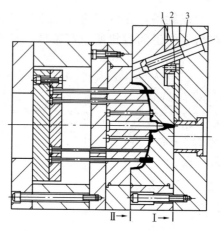

图 8-23 开模时利用斜销切断余料的中心浇口

1—滑块；2—切刀；3—斜销

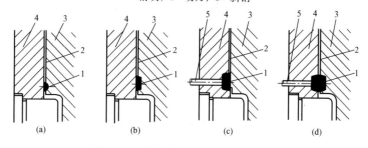

图 8-24 溢流槽在动、定模中的位置

1—溢流槽；2—排气槽；3—定模；4—动模；5—推杆

表 8-18 溢流槽的形状

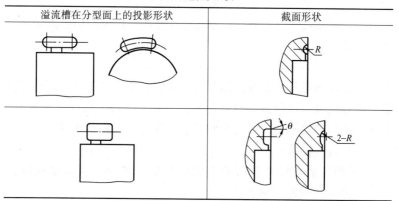

溢流槽截面为半圆形，一般不设推杆。开设在动模上的梯形截面溢流槽常设推杆。大容量溢流槽采用图 8-24（d）所示形式。

2）图 8-25 所示溢流槽尺寸，可参照表 8-19，其中 $r_1 = 2 \sim 5mm$；$r_2 = 1.5 \sim 3mm$。

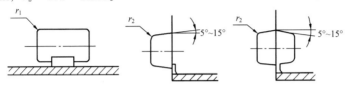

图 8-25　溢流槽

表 8-19　　　　　　　　　　　　溢流槽尺寸　　　　　　　　　　　　mm

简　　图	参　数	铅合金 锌合金 锡合金	铝合金 镁合金	铜合金
	溢流口宽度 b	6～ 12	8～ 12	8～ 12
	溢流口长度 l	2～4		
	溢流口深度 h_1	0.4～ 0.5	0.5～ 1	0.6～ 1.2
	溢流槽半径 R	4～ 6	5～ 10	6～ 12
	溢流槽深度 h_2	$(R-1) \sim (R-2)$		
	溢流槽长度 中心距 S	$> (1.5 \sim 2) h$		

3）溢流槽尽可能设置在：

a. 金属液最后填充的部位，如图 8-26 所示。

b. 遇有型芯阻碍而使金属流分为两股或两股以上时，在型芯附近应设溢流槽，如图 8-27 所示。

c. 铸件壁厚过薄难以填充的部位及铸件壁厚过厚易产生缩孔和疏松的部位。

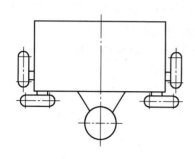

图 8-26　溢流槽设在　　　　　图 8-27　型芯附近设
金属液最后填充的部位　　　　　　溢流槽

　　d. 型腔温度较低的部位。

　　e. 排气条件不良的部位。

　　f. 金属液汇合处。

　　g. 浇口两侧或金属液不能直接充填的死角区域。

　　（2）排气槽一般与溢流槽设置相配合，设在溢流槽尾部，以加强溢流和排气效果。有时，也可在型腔的必要部位单独设排气槽。

　　推杆及滑块等活动部位的间隙也具有排气作用。

　　1）排气槽形式，见表 8-20。

　　2）排气槽尺寸，见表 8-21。

　　三、结构零件设计

　　1. 动、定模套板

　　动、定模套板有两种形式：一种是镶件孔为不通的沉孔，见图 8-28（a）；另一种是镶件孔为通孔，见图 8-28（b）。

　　沉孔形式的套板，动、定模的组成零件少，结构紧凑、刚度好。但要保证动、定模套板沉孔相对位置精度，加工难度较大。

　　通孔形式的套板，加工工艺性好，但必须用支承板或座板支承，增加了零件数量。设计时应充分注意套板和支承板的刚度，以防受压变形影响铸件尺寸。多型腔和用组合镶件的模具较多采用此种形式。

　　套板一般承受拉伸、弯曲、压缩三种应力，其形变将影响型腔尺寸及模具使用寿命。因此在考虑套板尺寸时，应兼顾模具结构和压铸生产工艺等因素。

表 8-20　　　　排 气 槽 形 式

形式	简图	说明
分型面上布置排气槽		在分型面上直接从型腔引出排气槽，也可在溢流槽尾端设置排气槽
利用推杆配合间隙的排气方式		利用推杆配合间隙（一般配合采用 $\frac{H7}{e8}$ 或 $\frac{H7}{d8}$）排气，或在推杆上开排气槽
利用型芯配合间隙的排气方式		对细长型芯有加固作用，但排气效果较差

表 8-21 排气槽尺寸 mm

合金类别	排气槽深度	排气槽宽度	说　　明
铅合金	0.05～0.10	8～25	（1）排气槽在距离型腔 20～30mm 后，可将其深度增大至 0.3～0.4mm，以提高排气效果 （2）排气槽的总截面积，一般不小于内浇口截面积的 50%，但不得超过内浇口截面积 （3）需增加排气槽总截面积时，以增大排气槽宽度和槽数为宜，不宜过分增大其厚度 （4）气体从排气槽离开模具的方向不应直接指向生产操作者的位置，以确保安全生产
锌合金	0.05～0.12		
铝合金	0.10～0.15		
镁合金	0.10～0.15		
铜合金	0.15～0.20		

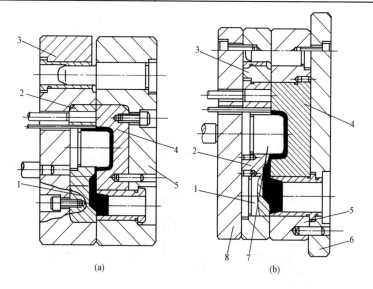

图 8-28　动、定模镶板

（a）沉孔形式；（b）通孔形式

1—导流块；2—动模镶块；3—动模套板；4—定模镶块；
5—定模套板；6—定模座板；7—型芯；8—支承板

　　动、定模套板边框厚度推荐尺寸见表 8-22。圆形套板的边框厚度如图 8-29 所示，计算如下：

表 8-22　　　　　　　　　　套板推荐尺寸　　　　　　　　　　　mm

图例	型腔侧面尺寸 $A \times B$	套板边框厚度		
		d_1	d_2	d_3
	<80×35	40～50	30～40	50～65
	<120×45	45～65	35～45	60～75
	<160×50	50～75	45～55	70～85
	<200×55	55～80	50～65	80～95
	<250×60	65～85	55～75	90～105
	<300×65	70～95	60～85	100～125
	<350×70	80～110	70～100	120～140
	<400×100	100～120	80～110	130～160
	<500×150	120～150	110～140	140～180
	<600×180	140～170	140～160	170～200
	<700×190	160～180	150～170	190～220
	<800×200	170～200	160～180	210～250

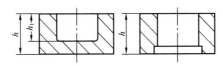

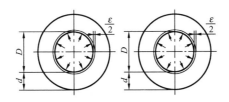

图 8-29　圆形套板的边框厚度

内孔为沉孔时

$$d \geqslant \frac{Dph_1}{2[\sigma]h} \qquad (8-6)$$

内孔为通孔时

$$d \geqslant \frac{Dp}{2[\sigma]} \qquad (8-7)$$

受载时单面变形量 $\varepsilon/2$ 按式（8-8）计算

$$\frac{\varepsilon}{2} = \frac{D^2 p}{4bE} \qquad (8\text{-}8)$$

式中　d——套板边框厚度（见表 8-2、表 8-3，m）；

　　　D——套板内径（m）；

　　　p——压射比压（见表 8-2、表 8-3，Pa）；

　　　h_1——沉孔深度（m）；

　　$[\sigma]$——许用应力（Pa），一般取 $(784\sim980)\times10^5\,\text{Pa}$，45 钢调质后取 $(196\sim245)\times10^6\,\text{Pa}$；

　　　h——套板厚度（m）；

　　　ε——弹性变形量（m）；

　　　E——弹性模数，一般取 $2.1\times10^{11}\,\text{Pa}$。

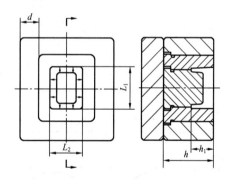

图 8-30　矩形套板的边框厚度

矩形套板边框厚度如图 8-30 所示计算公式为

$$d \geqslant \frac{F_2 + \sqrt{F_2^2 + 8h[\sigma]F_1L_1}}{4h[\sigma]} \qquad (8\text{-}9)$$

$$F_1 = ph_1L_1$$

$$F_2 = ph_1L_2$$

式中　d——套板边框厚度（m）；

　　　F_1——长边侧面承受的总压力（N）；

　　　F_2——短边侧面承受的总压力（N）；

　　　p——压射比压见表 8-2、表 8-3（Pa）；

h——套板厚度（m）；

h_1——型腔深度（m）；

L_1——型腔长边尺寸（m）；

L_2——型腔短边尺寸（m）；

$[\sigma]$——许用应力，见圆形套板计算公式说明，一般取（784～980）$\times 10^5$Pa，45 钢调质后取（196～245）$\times 10^6$Pa。

2. 支承板

支承动模套板用的支承板，其厚度当铸件分型面投影面积大、压射比压大或垫块间距大时取较大值。或采取在支承板与动模座板之间增设支柱［图 8-31（a）和图 8-31（b）］，或借助推板导柱［图 8-31（c）］支撑，以减少工作状态下支承板的变形。

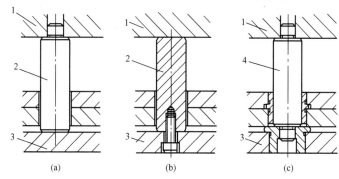

图 8-31 支承板的加强

1—支承板；2—支柱；3—动模座板；4—推板导柱

支承板厚度如图 8-32 所示，可用式（8-10）计算

$$d \geqslant \sqrt{\frac{FL}{2B[\sigma]_{\mathrm{w}}}} \qquad (8\text{-}10)$$

$$F = pA$$

式中 d——支承板厚度（m）；

F——支承板承受的总压力（N）；

L——垫块间距（m）；

B——支承板长度（m）；

$[\sigma]_{\mathrm{w}}$——许用抗弯强度，一般取（980～1176）$\times 10^5$Pa；

p——压射比压（Pa）；

A——铸件在分型面上的投影面积，包括浇注系统和溢流槽面积（m^2）。

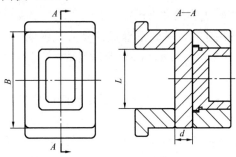

图 8-32　支承板厚度

3. 推出机构

开模时利用推出机构将包紧在型芯上的铸件卸除。推出机构一般均设在动模部分，极个别的设在定模部分。

常用的推出元件有推杆、推管和推板。在一副模具中可单独使用其中一种或同时使用多种。

推出机构的形式和设计可参照塑料注射模的顶出机构。推出铸件的推出力应大于铸件包紧力。

影响包紧力的因素很多，包紧的表面积愈大、包紧部分断面形状愈复杂、铸件壁厚愈大，合金浇注温度愈高、浇注温度与模具温度的温差愈大、压射比压愈高、留模时间愈长，包紧力愈大。此外，模具表面光滑程度、拔模斜度大小、压铸合金类别对包紧力都有影响。

包紧力 F_b 可按下列经验公式计算

$$F_b = \mu_m A p + L K \qquad (8\text{-}11)$$

式中　μ_m——摩擦阻力的无因次系数，锌、铝、镁合金为 0.25，铜合金为 0.35；

　　　A——被铸件包紧部位的表面积（m^2）；

　　　p——挤压应力，锌、镁合金取 735×10^4 Pa，铝合金取 980×10^4 Pa，铜合金取 196×10^5 Pa；

L——被包紧部位的长度（m）；

K——常数，由表 8-23 选取。

表 8-23   常 数 K 取 值

铸件壁厚	K（$\times 10^2$ N/m）			
δ（mm）	锌合金	铝合金	镁合金	铜合金
<3	0	0	0	0
3～5	490	686	392	1666
>5	980	1372	784	3332

4. 复位机构

每一压铸循环中，推出铸件后推出机构必须准确地回复到原位，这就需要复位机构，通常是用复位杆实现。

在下列情况下，推出机构需先复位，也即在模具完全合模前实现复位。

（1）推出元件处于推出位置，合模前影响嵌件的安装。

（2）合模时推出元件与活动型芯发生干扰。

复位机构与先复位机构的形式和设计可参照塑料注射模的同类机构。

5. 抽芯机构

抽芯机构可参照塑料注射模抽芯机构。

第九章

锻　　模

第一节　锻模的分类、特点与用途

一、模锻概述

1. 模锻及其常用的模锻方法

通过压力迫使赤热金属流动、充满锻模模膛（型腔）而生产锻件的方法叫作模锻。

常用模锻方法有：

（1）锤上模锻，包括胎模锻和锤模锻。

（2）锻压机模锻。

（3）平锻。

（4）螺旋压力机模锻。

2. 锤模锻的模具特点

图 9-1 所示为弯轴类锻件模锻变形及模具（下模）示例。

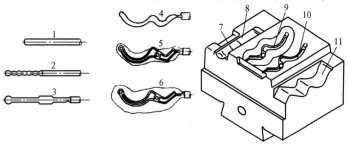

图 9-1　模锻模和模锻工步示例

1—坯料；2—拔长；3—滚压；4—弯曲；5—预锻；6—终锻；7—拔长
模膛；8—滚压模膛；9—终锻模膛；10—预锻模膛；11—弯曲模膛

　　锤模锻时，金属的变形是在模具的各个模膛中依次完成的，在每个模膛中的锻打变形称一个工步，模膛名称与工步名称相同。

　　3. 锤上模锻的模膛名称及作用

　　锤上模锻的模膛名称与工步名称相同，其作用见表 9-1。

表 9-1 　　　　　　　　锤上模锻的模膛名称及作用

类别	名称	简 图	用 途
制坯模膛	镦粗	1—坯料；2—镦粗后坯料；3—镦粗模膛	减小坯料高度，增大直径
	压扁	1—坯料；2—压扁后坯料；3—压扁模膛	增大坯料宽度
	拔长	1—坯料；2—拔长后坯料；3—拔长模膛	减小坯料部分长度上的截面，增大其长度
	滚压	1—坯料；2—滚压后坯料；3—滚压模膛	减小坯料部分长度上的截面积，增大另一部分截面积，总长略有增加
	卡压	1—坯料；2—卡压后坯料；3—卡压模膛	增大坯料部分长度上的宽度，截面积略有变化

类别	名称	简　图	用　途
制坯模膛	成形	 1—坯料；2—成形后坯料；3—成形模膛	局部转移金属，以符合锻件水平投影形状
	弯曲	 1—坯料；2—弯曲后坯料；3—弯曲模膛	改变坯料轴线形状，以符合锻件水平投影形状
模锻模膛	预锻	 1—预锻模膛；2—终锻模膛	获得与终锻相近的形状，以利于锻件在终锻模膛中清晰成形，防止产生折纹和提高终锻模膛寿命
	终锻		最后获得锻件

类别	名称	简 图	用 途
切断模腔	切断	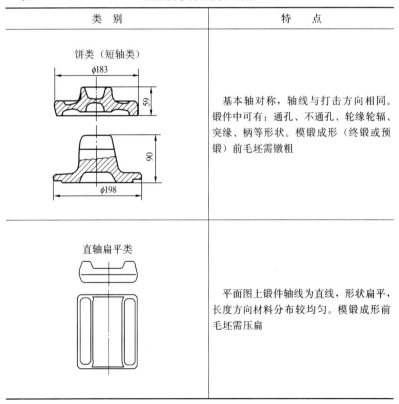 1—坯料；2—锻件；3—切断模腔	将锻件与坯料分离

4. 锤上模锻件常见类型及特点

锤上模锻件类型较多，其分类情况及特点见表 9-2。

表 9-2 　　　　　　　　　　　**锤上模锻件分类及特点**

类 别	特 点
饼类（短轴类） φ183　59 φ198　90	基本轴对称，轴线与打击方向相同。锻件中可有：通孔、不通孔、轮缘轮辐、突缘、柄等形状。模锻成形（终锻或预锻）前毛坯需镦粗
直轴扁平类	平面图上锻件轴线为直线，形状扁平，长度方向材料分布较均匀。模锻成形前毛坯需压扁

续表

类　别	特　点
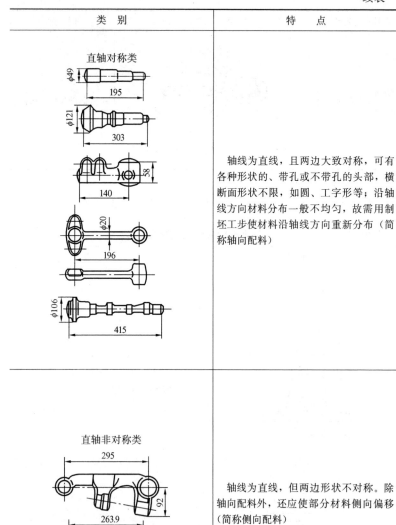 直轴对称类	轴线为直线，且两边大致对称，可有各种形状的、带孔或不带孔的头部，横断面形状不限，如圆、工字形等；沿轴线方向材料分布一般不均匀，故需用制坯工步使材料沿轴线方向重新分布（简称轴向配料）
直轴非对称类	轴线为直线，但两边形状不对称。除轴向配料外，还应使部分材料侧向偏移（简称侧向配料）

类 别	特 点
弯轴类 	平面图上锻件轴线弯曲，除轴向配料外还需把毛坯打弯。对于垂直方向（即打击方向）有弯曲的锻件，因打弯与模锻成形同时完成，故不属弯轴类，但毛坯长度计算则与弯轴类相近
叉类 	锻件平面图呈叉形且不能用弯曲工步成形者。一般在轴向配料后，在预锻时用"劈开"的方法成形
复合类 	具有直轴、弯轴、枝芽、叉形等特征中两种以上特征的锻件，其制坯也需相应的工步

类　别	特　点
复杂类 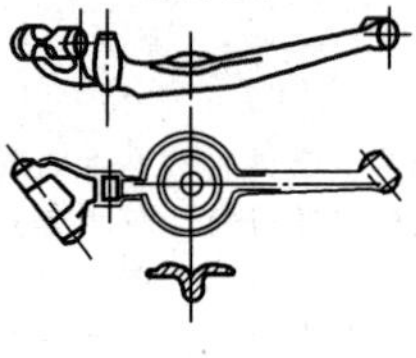	形状复杂，但特征不明确的锻件，其制坯要由具体分析及经验决定

二、锻模分类及设计程序

锻模是在锻压设备上实现模锻加工工艺的工艺装备。

1. 锻模分类、特点及用途

锻模分类很多，我国锻模标准体系将锻模分为如下 13 类：

锻模分类

锤锻模　机械压力机锻模　螺旋压力机锻模　水（液）压机锻模　平锻模　切边与冲孔模　校正模　精压模　镦锻模　挤压模　回转成形模　特种成形模　胎模

一副锻模因分类方法不同，会有不同属性。概括起来，锻模的分类、特点及用途见表 9-3。

2. 锻模设计程序

锻模设计是在模锻工艺设计的基础上进行的。

锻模的设计通常按以下程序进行：

锻件图(包括产量、工艺要求)

热锻件图→工步设计→模膛设计

工艺力计算

选用设备——————→模具结构设计

表9-3

锻模分类、特点及用途

分类		单分模面			多分模面	
		开式锻模		闭式锻模	开式锻模	闭式锻模
		单模膛	多模膛			
整体模		〔图〕	〔图〕	〔图〕	〔图〕	〔图〕
镶块模		〔图〕	〔图〕			
特点		一模一个模膛	一模有同一零件的几个相同工步或几个不同工步的模膛	锻件无飞边	一模有几个工步的模膛	用于短轴类凹档穿孔件或长轴类件平轴锻模
用途		用于大锻件锤锻模及中小锻件螺旋压力机锻模、校正模	用于各类锻件锤锻模及轴类锻件机锻模	用于锤锻模、螺旋压力机锻模		

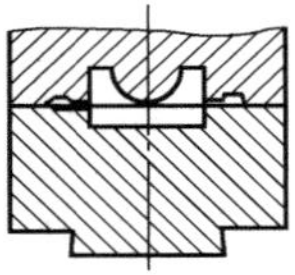

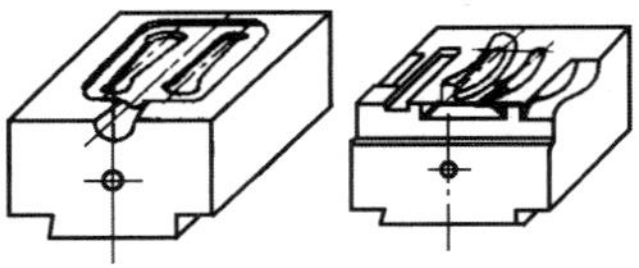

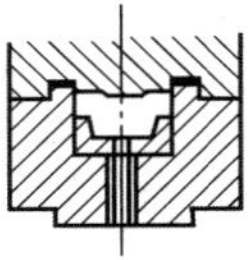

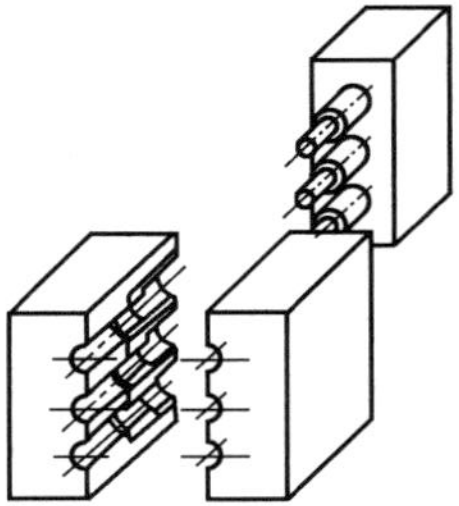

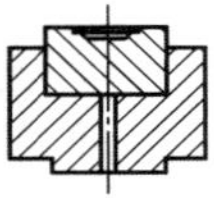

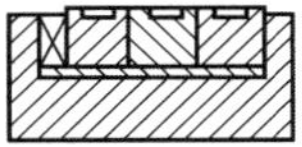

313

第二节 锤锻模的设计

锤锻模是在模锻锤上使坯料成形为模锻件或其半成品的模具。

一、锤锻模的结构形式

锤锻模以整体结构为主，如图 9-2 所示。由上模体 6 和下模体 1 组成，在其承击面上布置模膛。承击能力强，适用于大批量生产。

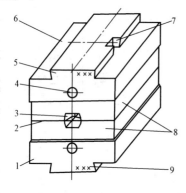

图 9-2 锤锻模

1—下模体；2—承击面；3—钳口；

4—起吊孔；5—燕尾；6—上模体；

7—键槽；8—检验面；9—标记

为节约模具钢，也采用镶块锻模，如图 9-3 所示。但镶块紧固可靠性不够理想，对锻件尺寸稳定性有一定影响，因此，多用于生产批量不大时。

二、锤锻模模膛设计

1. 终锻模膛

终锻模膛是模锻中最后成形的模膛。主要依照热锻件图制造和检验，并选择适当的飞边槽形式。设计时应考虑：

（1）锻件的复杂部分尽可能置于上模。

（2）模膛易磨损处的尺寸，可在锻件负公差范围内增加一层磨损量，以延长锻模寿命。

（3）模膛深凹处易积存氧化皮，妨碍金属充满，应在该部位适当加深模膛尺寸。

（4）锻锤吨位偏小时，可适当减小终锻模膛尺寸，反之增大。

（5）当切边冲孔可能使锻件变形而影响余量时，应在该部位适当加大模膛尺寸。

开式模锻的终锻模膛周边必须有飞边槽，因其增大金属流出模膛的阻力，有助于充满模膛，减弱上下模的打击和容纳多余金属。

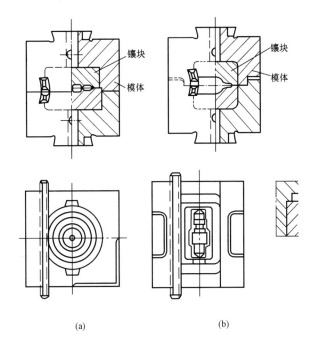

(a) (b)

图 9-3 镶块锻模

（a）圆形镶块锻模；（b）矩形镶块锻模

其形式和尺寸见表 9-4 和表 9-5。

表 9-4 飞边槽型式及用途

型式	简 图	用 途
Ⅰ		桥部位于上模，上模温度较低，不易过热和磨损。用于一般锻件
Ⅱ		桥部位于下模，用于切边时需将锻件翻转或整个锻件均在下模中成型
Ⅲ		仓部较大，可容纳较多的多余金属。用于大型、复杂锻件

续表

型式	简　图	用　途
Ⅳ	$(1.5\sim1.75)b$	与型式Ⅲ相似，加宽了下模桥部，提高了寿命。多用于锻造温度高、受力大的较大锻件
Ⅴ	$R(4\sim5)$　$(2.5\sim3)h$	桥部增加阻力沟，以便增大金属外流阻力，迫使金属充满深凹复杂的模腔。多应用于局部

注　飞边槽靠近型腔、深度较浅的部分叫桥部，其余部分叫仓部。

表 9-5　　　　　　　　　　飞边槽尺寸　　　　　　　　　　mm

锻锤规格 (t)	h	H	b	B	R	F_f (cm^2)	备　注
1	$0.5\sim0.8$	4	8	$22\sim25$	1.5	$1.00\sim1.26$	齿轮锁扣 $b_1=30$
2	$0.9\sim1.1$	4	10	$25\sim30$	2.5	$1.34\sim1.68$	齿轮锁扣 $b_1=40$
3	$1.2\sim1.5$	5	12	$30\sim40$	3	$2.07\sim2.85$	齿轮锁扣 $b_1=45$
5	$1.5\sim2$	6	$12\sim14$	$40\sim50$	3	$3.20\sim4.40$	齿轮锁扣 $b_1=55$
10	$2\sim3$	8	$14\sim16$	$50\sim60$	3	$5.28\sim7.28$	
16	$3\sim4.5$	10	$16\sim18$	$60\sim80$	4	$8.38\sim12.79$	

注　1. 锻锤吨位偏大或偏小时，h 适当增大或减小。

　　2. 锻件较复杂时，b、b_1 适当增大。

2. 预锻模腔

预锻模腔是使坯料在制坯工序后进一步变形，保证终锻时获得成形饱满、无折叠、裂纹等缺陷的锻件。同时减少终锻模腔的磨损，提高使用寿命。

设计时基本根据热锻件图，仅稍作修改。

(1) 模锻斜度一般与终锻相同。模腔局部深凹处应适当加大斜度，但模面上模锻宽度不得大于终锻模腔。

（2）垂直截面上模膛圆角半径 R_1，按式（9-1）确定，即

$$R_1 = R + C \qquad\qquad (9\text{-}1)$$

式中　R——终锻模膛相应处圆角半径（mm）；

　　　C——参数，按表 9-6 确定。

表 **9-6**　　　　　　　　　　　　　　**C**　值　　　　　　　　　　　　　mm

所在部位模膛深度	<10	10～25	25～50	>50
C	2	3	4	5

（3）对于水平投影上锻件尺寸差别较大或急剧转弯处（图 9-4）及枝芽状锻件（图 9-5），为了使金属易于向分枝方向流动，应增大该处圆角半径、简化形状，必要时还可在飞边桥部增设阻力沟。

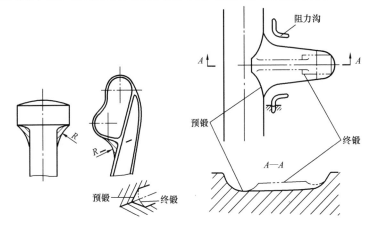

图 9-4　预锻模膛　　　　　图 9-5　枝芽状锻件的预锻模膛

（4）锻件高度方向较小的突起，在预锻中可以简化，不必锻出。

（5）叉形锻件，在预锻模膛中应采用劈料台（图 9-6）进行分料。一般用图 9-6（a）型；当叉部较窄时，可用图 9-6（b）型。

（6）工字形截面预锻模膛宽度可比终锻模膛减小 1～2mm，圆角半径适当加大，并较圆浑（图 9-7）。为了避免产生折纹（图 9-8），预锻模膛截面积（不计模未合）应小于或等于终锻模膛截面积。

（7）对带有落差和平衡锁扣的锻件，预锻模膛的倾斜分模面应加大间隙，以容纳多余金属（图 9-9 中 *B-B*）。

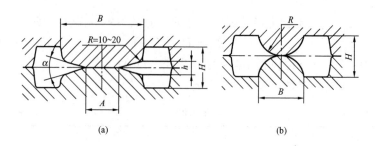

(a)   (b)

图 9-6　劈料台

$A \approx 0.25B$ 且 $5 < A < 30$　$h = (0.4 \sim 0.7)H$

$\alpha = 10° \sim 45°$，依 h 而定，$\alpha > 45°$时，选用 b 型

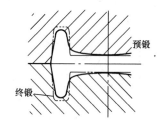

图 9-7　工字形截面预锻模膛

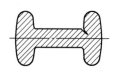

图 9-8　折叠

（8）厚度小于 10mm 的扁薄锻件，由于在终锻模膛中不易定位，可将预锻模膛扁薄部分外周制成斜坡（图 9-9 中 C-C）。

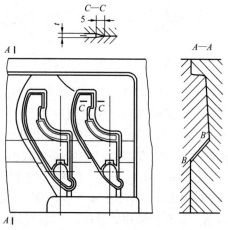

图 9-9　加大倾斜分模面间隙

318

表9-7

拔长模膛形式与尺寸

形式		简图	特点	尺　寸　计　算
按模膛形式分	开式	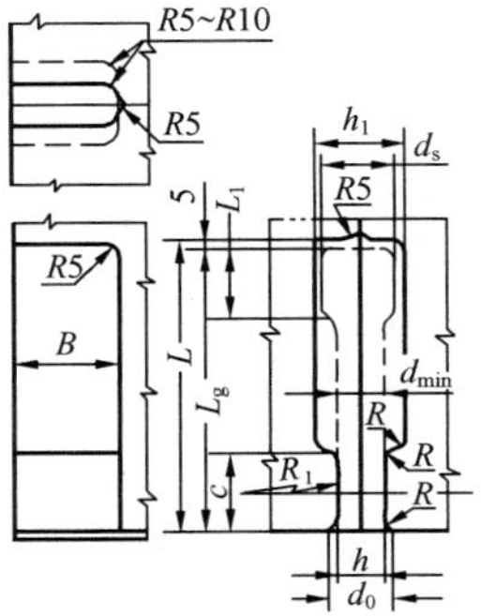	制造容易，操作方便，应用较广	1. 拔长口高度 $h = K_1 \sqrt{V_g / L_g}$（需滚压）$h = K_2 d_{min}$（不滚压）式中　V_g——计算毛坯杆部体积（mm³）L_g——计算毛坯杆部长度 d_{min}——计算毛坯最小直径 K_1、K_2——系数

L_g	<200	200~500	>500
K_1	0.85	0.8~0.75	0.7
K_2	0.9	0.85	0.8

319

续表

形式		简图	特点	尺寸计算
按模膛形式分	闭式		仅用于细长锻件	2. 拔长口长度 $c = K_3 d_0$ 表中 d_0——毛坯直径 L_0——毛坯拔长部分原始长度 K_3——系数
按模膛排列分	直式		模膛中心线与燕尾中心线平行,应用较广	3. 模膛宽度 $B = K_4 d_0$ 式中 K_4——系数
	斜式		模膛较多,难于布排时采用,$\alpha \leqslant 20°$,以坯料不碰锤柱为原则	

2. 拔长口长度 $c = K_3 d_0$

L_0	<1.2 d_0	(1.2~1.5) d_0	(1.5~3) d_0	(3~4) d_0	>4d_0
K_3	1	1.2	1.4	1.5	2

3. 模膛宽度 $B = K_4 d_0$

d_0		<40	40~80	>80
K_4	直式	2	1.7	1.5
	斜式	1.7	1.5	1.3

续表

形式	简 图	特 点	尺 寸 计 算
拔长台		留在分模面上一平面（或斜面）。供坯料拔长部分较短或钳头夹头拔长用	4. 其他尺寸 圆角 $R=0.25c$ $R_1=10R$ 模膛高 $h_1=2h$ 或 $1.2d_s$ 式中 d_s——小头直径 拔长模膛及拔长台长度 $L=L_g+10$ 拔长台宽度 $B_1=(1.4\sim1.6)d_0$ 拔长台边缘倒角 R_0 表格见下

d_0	<30	30~60	60~100	>100
R_0	10	15	20	25

表 9-8　滚压模模膛形式与尺寸

形式	简图	特点	尺寸计算
闭式	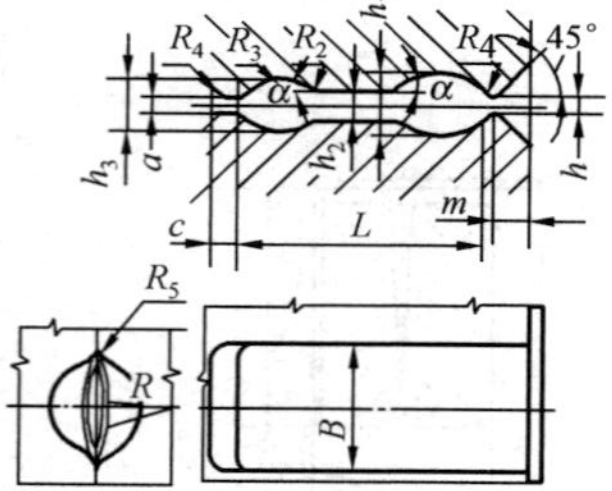	金属横向展宽小、轴向流动大、聚料效果好、应用较广	1. 模膛各部分高度 $h_i = K\sqrt{F}$
开式		聚料效果不及闭式，适于叉形锻件制坯、操作方便	

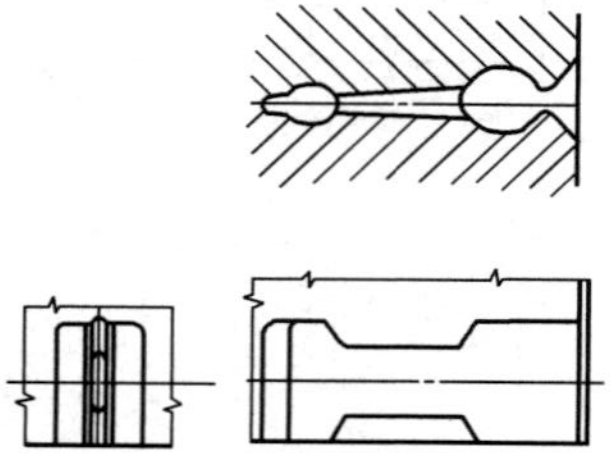

d_0	K		
	$A < A_0$		$A > A_0$
	闭式	开式	
<30	0.9	0.85	1.2
30~60	0.85	0.8	1.15
>60	0.8	0.75	1.13

表中　K—系数
　　　A—计算毛坯相应部分截面积（mm²）
　　　A_0—选用毛坯截面积（mm²）
　　　d_0—选用毛坯直径

杆部较长时，模膛可制出 α 为 2°~3° 的斜度，以利于金属流向头部

续表

| 形式 | 简图 | 特　点 | 尺　寸　计　算 | | |

2. 模膛宽度 B

坯料形式	闭　式	开　式
原坯料	$B = 1.15 \dfrac{A_0}{h_{min}}$ 且 $1.7d_0 > B > 1.1d_{max}$	$B = \dfrac{A_0}{h_{min}} + 10$ 且 $1.5d_0 > B > d_{max} + 10$
拔长后坯料	$B = (1.4 \sim 1.6)d_0$ 且 $B > 1.1d_{max}$　$B > 1.25 \dfrac{F_g}{h_{min}}$	$B = (1.4 \sim 1.6)d_0$ 且 $B > d_{max} + 10$　$B > \dfrac{F_g}{h_{min}} + 10$

混合式 特点：头部开式、杆部闭式。适用于头部有冲孔或劈料的锻件

不对称闭式 特点：上下模膛不对称，适用于 $\dfrac{h_1}{h_2} < 1.8$ 的不对称锻件制坯

闭式不对称滚压模膛：$B_t = 2.2h_1$
闭式不对称等宽滚压模膛：
杆部模膛宽度　$B_g = 1.25 \dfrac{A_g}{h_{min}}$　头部模膛宽度　$B_t = 1.1d_{max}$　$B = 2d_0$
长度 >600mm 的轴类锻件：$B = 2d_0$
小型锻件计算宽度 $B < 45$mm 时，则取 45mm

式中　A_g——计算毛坯杆部平均截面积（mm²）
　　　d_{max}——计算毛坯最大直径
　　　h_{min}——模膛最小高度

323

模具钳工实用技术手册(第二版)

续表

形式	简图	特点	尺寸计算
不等宽闭式	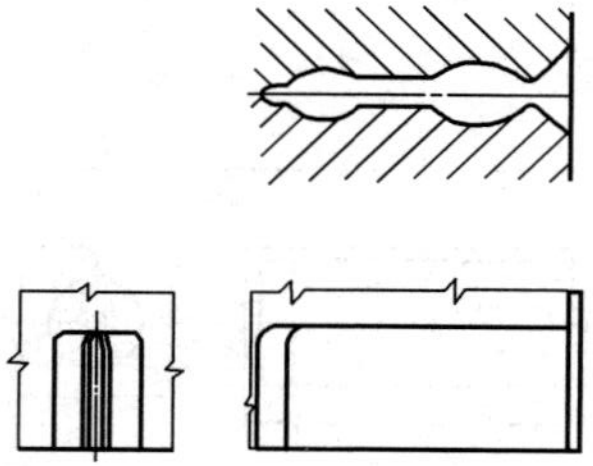	适用于 $\dfrac{B_1}{B_g} \geqslant$ 1.5 的锻件	3. 模膛长度 L 直长轴锻件模膛长度等于热锻件长度；无拉伸弯曲锻件，可按距弯曲内侧向 $\dfrac{1}{3}$ 处中心线开展开得出；有明显拉伸弯曲锻件，按锻件水平投影确定 4. 钳口与尾部尺寸（见本表图1） 表格如下：

d_0	a	c	R_3	h	R	m
<30	4	20	5	10~12	8	15~20
30~50	6	25	5	12~16	8	20~25
50~80	8	30	10	16~20	10	25~30
80~100	10	35	10	20~26	12	30~38
>100	12	40	10	>26	15	>40

表 9-9　弯曲模膛形式与尺寸

形式	简图	特点	尺寸计算
自由弯曲式		坯料在略有拉伸条件下弯曲成形，适用于圆浑弯曲锻件	1. 模膛形状依热锻件图水平投影外形用作图法得出 2. 模膛深度 $h \leqslant (0.8 \sim 0.9)b$ 式中　b——锻件相应截面宽度，易积氧化皮部位，可适当加深 3. 模膛宽度 B 原坯料 $B = \dfrac{A_0}{h_{min}} + (10 \sim 20)$ 拔长、滚压后坯料 $B = \dfrac{A_1}{h_{min}} + (10 \sim 20)$ 且 $B \geqslant \dfrac{A_{max}}{h_2} + (10 \sim 20)$
夹紧弯曲式	挡料台	坯料在明显拉伸条件下弯曲成形。适用于多弯处弯曲、急弯凹弯曲锻件	表中　A_0——坯料截面积（mm²） 　　　A_1——模膛最小深度处坯料截面积（mm²） 　　　A_{max}——坯料最大截面积（mm²） 　　　h_{min}——模膛最小深度 　　　h_2——相应于坯料最大截面处的模膛深度 4. 上下模间隙 Δ | 设备规格（t）	<1	1	2	3	5	10~16
---	---	---	---	---	---	---
Δ	3	4	5	6	7	8	 5. 其他 模膛急弯曲部位应制成较大圆角（即 $Z_1 \approx Z_2$），以防止终锻时产生折纹；上下模突出模面部分应制成弧形凹坑，$h_1 = (0.1 \sim 0.2)h$，h 为相应模膛深度；下模应设两个支点，将坯料水平支承；模膛末端制出挡料台以便定位。如坯料经过滚压，可采用错口定位

3. 拔长模膛

拔长模膛用来减小坯料某部的横断面,以增加其长度、分配金属。其形式与尺寸见表9-7。

4. 滚压模膛

滚压模膛是用来减小坯料某部横断面和增加另一部分横断面,并少量增加坯料长度,以分配金属,使其接近计算毛坯的形状,滚光表面,去除氧化层。其形式与尺寸见表9-8。

5. 弯曲模膛

弯曲模膛用来使坯料获得与锻件水平面投影相似的形状,其形式与尺寸见表9-9。

6. 卡压模膛

卡压模膛用来略微减小坯料高度而增加宽度,并使头部稍有聚料。其设计依据与滚压模膛相同。

7. 成形模膛

成形模膛用来使坯料获得与终锻模膛在分型面一近似的形状。设计方法与弯曲模膛设计相似。

8. 镦粗台

镦粗台(图9-10)使坯料减小高度,增大水平尺寸,以便在锤击变形前将终锻模膛覆盖,从而防止产生折叠,并去除氧化皮。其尺寸见表9-10。

表 9-10 　　　　　　　　　　　镦粗台尺寸　　　　　　　　　　mm

坯料镦粗台					键槽中心线位置	燕尾中心线位置
直径 D_d	高度 h	至各边缘距离				
		C	C'	C''		
$D_1 > D_d$ $> D_2$	$h = \dfrac{V_0}{\dfrac{\pi}{4} D_d^2}$	$10 \sim 15$	$5 \sim 10$	$15 \sim 20$	$\dfrac{l_1}{L - l_1}$ < 1.4	$\dfrac{B - b_1}{b_1}$ < 1.4

注 V_0—计算毛坯体积(mm³)。

9. 压扁台

压扁台(见图9-11)用来压扁坯料以增大宽度。

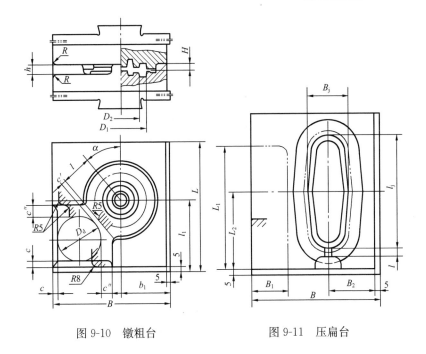

图 9-10 镦粗台   图 9-11 压扁台

压扁台尺寸计算如下

$$L_1 = L_0 + (20 \sim 40) \tag{9-2}$$

$$B_1 = (1.2 \sim 1.5)D_0 \tag{9-3}$$

式中 L_0——坯料长度（mm）；

   D_0——坯料直径（mm）。

10. 切断模膛

切断模膛是用来切断棒料上的锻件，以便实现连续模锻或一棒多次模锻。

（1）前切刀（图 9-12）多位于锻模右前角或左前角，操作方便，生产率高。

（2）后切刀（图 9-13）多位于锻模左后角。

（3）联合切刀（图 9-14）在滚压时进行切断，生产率高。

各类切刀根据模膛布排与操作方便，α 常取 $15° \sim 20°$。

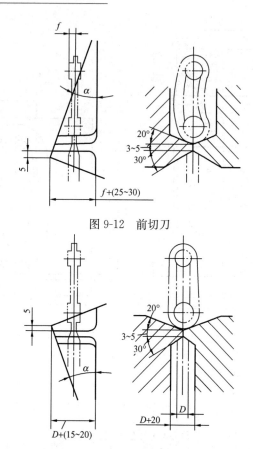

图 9-12　前切刀

图 9-13　后切刀

三、锤锻模结构设计

1. 模膛布排原则

锤锻模模膛布排原则如下。

（1）没有预锻模膛时，终锻模膛中心应与锻模中心重合。

（2）同时有预锻模膛和终锻模膛时，应分别布排在锻模燕尾中心线两侧，$S_1 = \dfrac{1}{3} L$（图 9-15），且不超出表 9-11 中的数值。

表 9-11　　　　　　　　　　　S_1　值

锻锤规格（t）	1	1.5	2	3	5	10
S_1（mm）	25	30	40	50	60	70

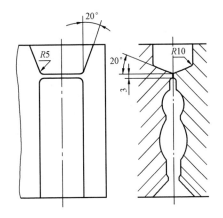

图 9-14　联合切刀

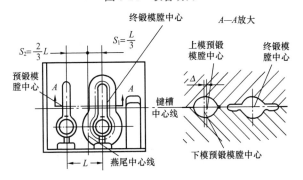

图 9-15　模腔的排列

（3）预锻模腔中心线不得超出燕尾宽度。

（4）当 $\dfrac{L}{5}<S_1<\dfrac{L}{3}$ 时，预锻模腔可采用反向预错方式，以抵消预锻时偏心矩引起的错移（见图 9-15 中 A-A 剖面）。预错量 $\Delta=1\sim4$mm。

（5）带有落差的锻件，为了减少错移和平衡锁扣磨损，可将模腔中心向平衡锁扣相反方向移动 S_1 或 S_2（图 9-16）。

（6）首道制坯模腔应靠近加热炉，以缩短送料距离；对着压缩空气管道，以便于吹除氧化皮。制坯模腔较多时，应尽可能按工艺顺序排列。

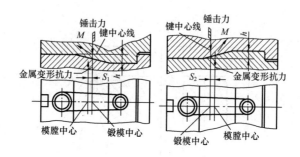

图 9-16　模膛布排

2. 锁扣

锁扣有两种。一是平衡锁扣,用于具有落差的锻件上。这类锻件的分模面不在一个平面上,在锻击中迫使锻模产生偏移,因此设计锁扣以平衡其错移力。二是一般锁扣,用来提高锻件质量,减少锻件错移量,便于上下模的调整。锁扣形式及特点见表 9-12 。尺寸参考表 9-13 确定。

表 9-12　　　　　　　　　　锁扣形式及特点

形 式		简　图	特　点
平衡锁扣	对称式		有落差的小锻件,可将两模膛相对布排,以抵消错移力,不另设锁扣
	倾斜式	同一平面	将锻件倾斜一个角度,使模膛两端分模面处于同一高度。此时模锻斜度一部分增大,另一部分减小影响锻件出模。用于锻件落差<15mm时。不另设锁扣
	平衡块式		采用平衡块抵消错移力。锻件落差 H 在 15～60mm 范围内
	混合式		倾斜式和平衡块式综合。锻件落差 $H>50$mm 时,将锻件倾斜以减小锁扣平衡块高度 h ,倾斜度<7°

330

形　式	简　　图	特　　点
一般锁扣	圆形锁扣	多用于短轴类锻件，以控制锻件的错移力
	纵向锁扣	普遍用于杆类锻件，以保证锻件在宽度方向错移力较小。一般多件模锻时也常采用
	侧面锁扣	为防止上下模相对转动或纵横错移时采用

331

续表

形　式		简　图	特　点
一般锁扣	角锁扣	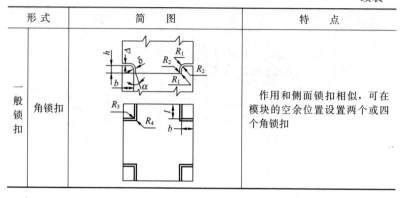	作用和侧面锁扣相似,可在模块的空余位置设置两个或四个角锁扣

表 9-13　　　　　　　　　　锁 扣 尺 寸　　　　　　　　　　mm

锻锤规格 (t)	h		b		l	R_1	R_2	R_3	R_4	α	δ	Δ
	圆形	其他	圆形	其他								
1～1.5	25	30	35	50	75	3	5	8	10	5°	0.2～0.4	1～2
2	30	35	40	60	90	3	5	9	12	5°	0.2～0.4	1～2
3	35	40	45	70	100	3	5	10	15	3°	0.2～0.4	1～2
5	40	45	50	80	120	5	8	12	15	3°	0.2～0.4	1～2
10	50	55	60	100	150	5	8	15	20	3°	0.2～0.4	1～2
16	60	70	75	120	180	6	10	20	25	3°	0.2～0.4	1～2

3. 模膛最小壁厚和最小模块高度

模膛最小壁厚和最小模块高度见表 9-14。

模块尺寸的确定应注意以下几点:

(1) 根据模膛数量和壁厚,计算所需模块的最小尺寸,并选取较大相近值的标准模块。

(2) 终锻模膛中心与燕尾线距离小于 0.1B（B 为模块宽度）;与键槽中心线距离小于 0.1L（L 为模块长度）。

(3) 锻模允许最小承击面见表 9-15。

(4) 模块最大宽度要保证上模边缘与导轨净距不小于 20mm。

模块长度应保证上模外伸距离 $f \leqslant \dfrac{H}{3}$（H 为模块高度）。上、下模闭合高度见表 9-16;闭合高度在可能条件下应取上限。

（5）上模块质量不应超过设备规格的 1/3；下模块质量不限，模块应设起吊孔。

（6）模块材料纤维方向应与打击方向垂直。为便于制模和安装，模块上应有检验角。

表 9-14　　　　　　　　模膛最小壁厚和最小模块高度　　　　　　mm

模膛深度 h	最小壁厚 d		最小模块高度 H
	模膛与外缘间	模膛与模膛间	
6	12	10	100
10	20	16	100
16	32	25	125
25	40	32	160
40	56	40	200
63	80	56	250
100	110	80	315
125	130	100	355
160	160	110	400

表 9-15　　　　　　　　锻模允许最小承击面

锻锤规格（t）	1	2	3	5	10	16
承击面积 A（cm²）	300	500	700	900	1600	2500

表 9-16　　　　　　　　模块闭合高度

锻锤规格（t）	1	1.5	2	3	5	10	16
H_{min}（mm）	320	400	410	465	565	600	660
H_{max}（mm）	500	550	600	650	750	850	950

4. 镶块模

镶块模有圆形镶块和矩形镶块两种，如图 9-17 所示。镶块常用楔块紧固在模体上，其受力比整体模要重，应充分考虑其强度。

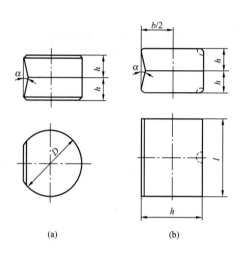

图 9-17 锻模镶块

(a) 圆形镶块；(b) 矩形镶块

镶块尺寸参照表 9-17 及图 9-17 确定。矩形镶块前后定位有三种方法，即模座封闭式定位 [图 9-3 (b)]、键块定位 [图 9-18 (a)] 和角定位 [图 9-18 (b)]。

表 9-17　　　　　　　　　　**镶 块 尺 寸**　　　　　　　　　　mm

项目	公式和数据	说　　明
外径 D	$D \geqslant D_d + (1.5 \sim 2)S_0$	S_0—模块最小外壁厚度
宽度 b	$b \geqslant B_d + (1.5 \sim 2)S_0$	B_d—锻件最大宽度
长度 l	$l \geqslant L_d + (1.5 \sim 2)S_0$	D_d—锻件外径
高度 h	$h \geqslant H + (1.5 \sim 2)S_0$	L_d—锻件最大长度
斜度 α	$\alpha = 5° \sim 8°$	H—模膛最大深度

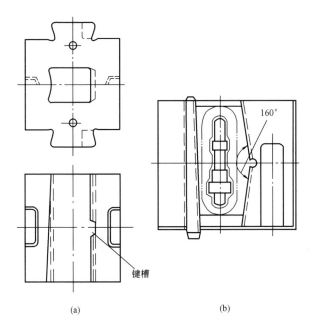

图 9-18 镶块的定位

（a）镶块定位；（b）角定位

第三节 典型锻模简介

一、机械压力机锻模

机械压力机锻模是在热模锻压机上使坯料成形为锻件或其半成品的模具。

在热模锻压机上，模锻一般都采用由通用模架镶块组成的组合式锻模。其结构形式很多，可按产品对象的工艺要求进行设计。

1. 模架

通常用得较多的有两种，即斜面定位模架（见图 9-19、图 9-20）和键定位模架（见图 9-21）。其主要区别在于镶块的安装调整方法不同，而模座、导向及顶出装置则大体相同。

机械压力锻压机多采用组合模，各模腔分别制在镶块上，然后集中固紧在通用模架上。图 9-19 所示为矩形镶块用的通用模架示例。一台锻压机配备多套模架。在一副模架上,工位(镶块数及安装位置)及顶杆(数量、位置)都是固定的,工艺设计时应适应这一特点。一般有顶杆的工位不超过三个,总工位不超过五个。

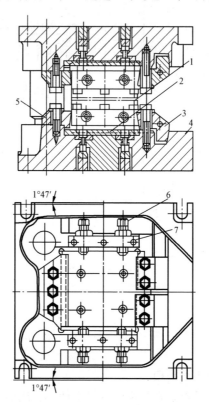

图 9-19　矩形斜面压板式模架

1—镶块;2—下垫板;3—前压块;4—下模座;

5—后定位压块;6—侧压紧螺栓;7—侧压固定块

2. 终锻模膛形式及飞边槽尺寸

终锻模膛必须设飞边槽,飞边槽 Ⅰ 型用于一般锻件,Ⅱ 型用于复杂形状锻件。尺寸参照表 9-18 选择。

模膛深凹部位气体不易排出,会影响金属充满,可在金属最后充满处设孔径小于 2mm 的出气孔。

滑块在下止点时，上下模面间要有一定的间隙，用来调整模具闭合高度，还可防止压力机闷车。其间隙大小等于飞边桥部高度。

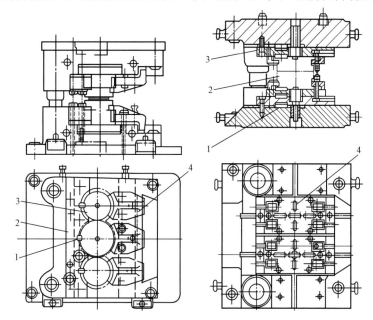

图 9-20　圆形镶块用斜面定位模架

1—键；2—后挡板；3—镶块；4—压板

图 9-21　键定位模架

1—键；2—镶块；3—垫板；4—键槽

表 9-18　　飞 边 槽 尺 寸

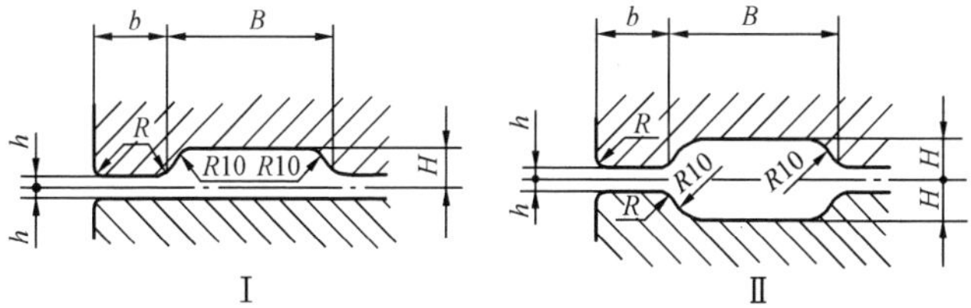

压力机规格 （kN）	b	h	H	B	R
10～16	10～12	1.2～1.5	5	25～30	1.5～2
20～25	10～14	1.5～2.0	5～6	30～35	2～2.5
31.5～40	12～14	2.0～2.5	6～7	35～40	2～3
63～80	12～16	2.5～3.5	7～8	40～45	3～4
120	14～16	2.5～4.0	8～10	45～50	3～5

3. 预锻模膛形状

采用墩粗法成形时，预锻模膛各部分高度应比相应终锻模膛增大 2～5mm，而宽度则比相应终锻模膛减小 0.5～2mm，圆角半径可略增大，不设出气孔。

压入法成形时，预锻模膛形状应保证在终锻变形开始时金属侧壁即与模壁接触，以限制金属径向流动，迫使其充满模膛深处。

4. 模座

模座是安装与固定工作零件、导向零件、顶出零件、紧固和定位零件，并与设备滑块、工作台相连接的重要部件，要有足够的强度和精度。模座一般是通用的，设计时应根据设备的模具空间结合锻件的工艺要求，合理地确定结构。

5. 导柱与导套结构形式

常见的导柱与导套的结构形式有整体式和组合式两种，如图 9-22 所示，可依标准选用。

导柱长度应保证压力机滑块在上止点位置时，导柱不脱离导套；在下止点时，不碰导套盖板。导柱与导套间隙一般为 0.25～0.40mm，并设有润滑装置。

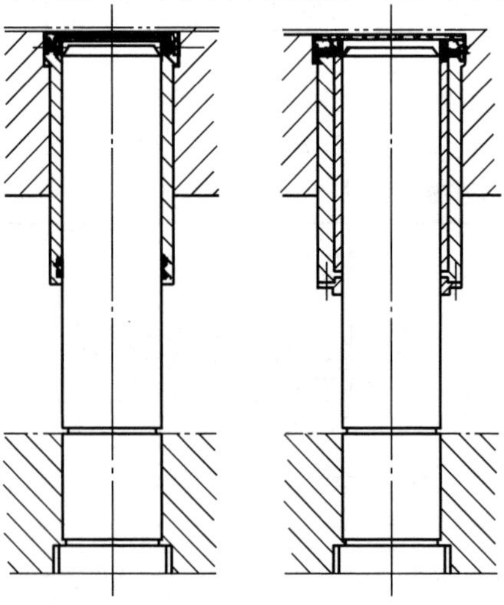

6. 锻模顶出装置常见形式

顶出装置主要用于预锻和终锻模膛。常见的顶出装置如图 9-23 和图 9-24 所示。

7. 顶出器的配置

顶出器的配置按具体情况而定，如图 9-25 所示。

8. 锻模镶块结构形式

如前所述（见图9-3），矩形镶块适应于各类锻件，调整方便；圆形镶块

(a)   (b)

图 9-22 导柱与导套

(a) 整体导套；(b) 组合导套

主要用于回转体锻件，不能调整错移，完全由加工精度保证。为节约模具钢材和便于加工，还可采用组合镶块和十字键槽定位镶块，如图 9-26 和图 9-27 所示。

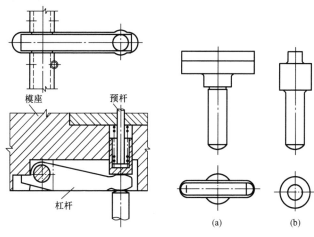

图 9-23　杠杆式顶出装置

图 9-24　顶杆
（a）T 形顶杆；（b）圆柱形顶杆

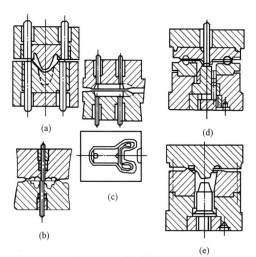

图 9-25　顶出器的配置
（a）顶飞边；（b）顶连皮；（c）顶锻件；
（d）环形顶锻件；（e）带冲子顶锻件

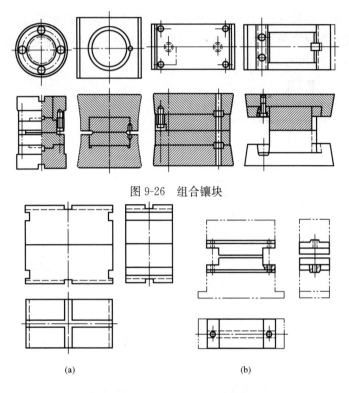

图 9-26　组合镶块

图 9-27　十字键槽定位镶块

(a) 预锻、终锻用镶块；(b) 制坯用镶块

9. 机械压力机锻模闭合高度的确定

锻模闭合高度 H（mm）计算公式为

$$H = h + 0.65a \tag{9-4}$$

式中　h——热模锻压力机最小闭合高度（mm）；

　　　a——压力机滑块的最大调节量（mm）。

垫板厚度可参照表 9-19 选择确定。

表 9-19　　　　　　垫 板 厚 度

压力机规格 （kN）	≤10	16	20～25	31.5～40	63～80	120
垫板厚度 （mm）	30～40	35～50	45～60	50～70	60～80	70～100

二、螺旋压力机锻模

螺旋压力机锻模是在螺旋压力机上使坯料成形为模锻件或其半成品的模具。

1. 螺旋压力机模锻件分类

螺旋压力机普通锻件的分类及特点见表 9-20。

表 9-20　　　　　　　　螺旋压力机普通锻件分类及特点

分类		锻件简图	说　明
第Ⅰ类	顶镦类锻件	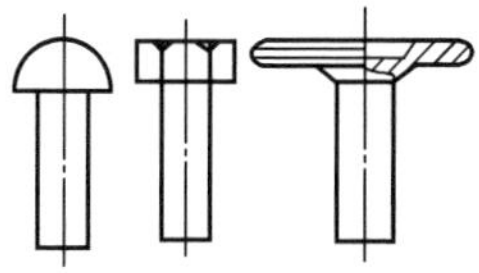	1. 头部局部镦粗成形，杆部不变形 2. 多用开式模具进行小飞边模锻
	杯盘类锻件	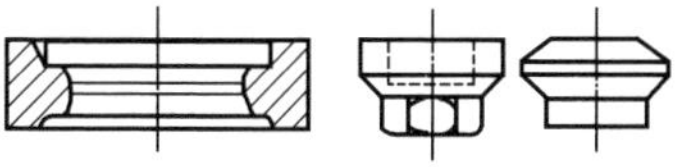	1. 整体镦粗、挤压成形 2. 多采用闭式模具，进行无飞边模锻
第Ⅱ类	长轴枝叉类锻件	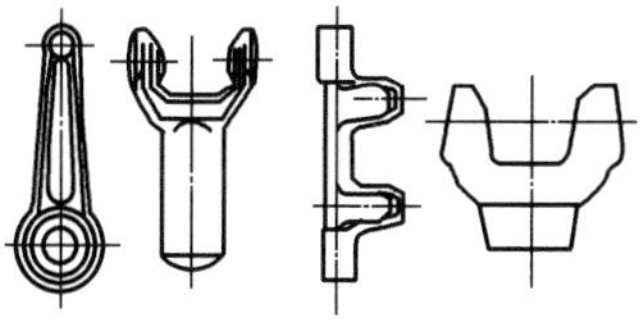	1. 相当于锤上模锻的长轴类锻件，又可分为直线主轴、弯轴、叉杆及带枝芽、十字轴类锻件 2. 采用开式模具，进行有飞边模锻
	长轴弯曲类锻件	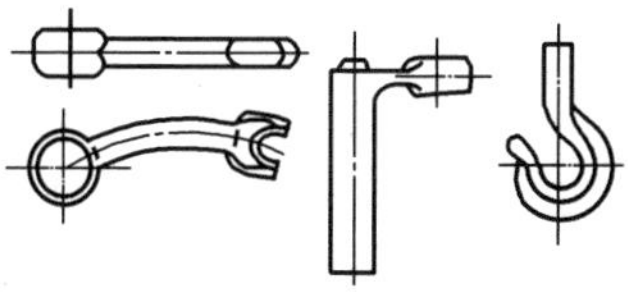	
第Ⅲ类	用组合凹模锻出的在两个方向有凹坑的锻件	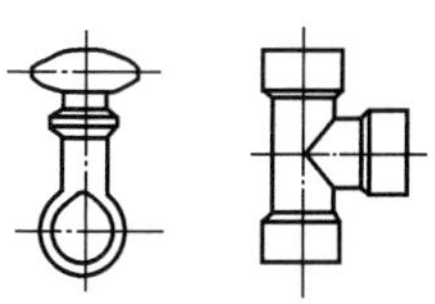	采用组合凹模，可得到在两个方向上有凹坑、凹挡的锻件，如法兰、三通阀体等

341

2. 结构形式

（1）基本结构形式。螺旋压力机锻模结构形式大多采用组合结构，如图 9-28 所示，应用通用模座，不同锻件只需更换锻模镶块，而且模座、模块可按标准选用。大锻件也可用整体结构，如图 9-29 所示。其结构也分为开式锻模（见图 9-28、图 9-29）和闭式锻模（见图 9-30）。

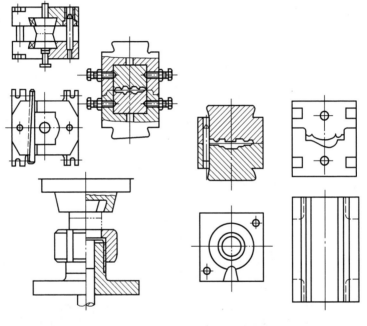

图 9-28　组合结构模　　　　　图 9-29　整体结构模

（2）顶镦模。顶镦类锻件的小飞边模锻在螺旋压力机上运用也很广泛。图 9-31 所示为螺钉、铆钉顶镦模的结构示例。

（3）无飞边模。螺旋压力机杯盘类锻件无飞边模结构如图 9-32 所示，具有一定的典型性。

（4）剖分凹模。螺旋压力机剖分凹模结构简单、使用方便，其活动剖分凹模结构如图 9-33 所示。

3. 模膛设计要求

螺旋压力机锻模不使用顶出器时，终锻模膛、预锻模膛设计与锤锻模膛设计相同。

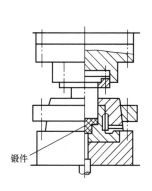

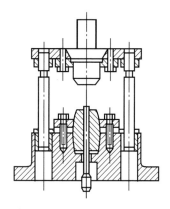

图 9-30 闭式锻模　　图 9-31 螺旋压力机用顶镦模结构示例

　　使用顶出器时，则模锻斜度可明显减小，可采用无飞边模锻。无飞边模锻的冲头和凹模、顶杆和凹模间要有适当的间隙，通常顶杆和凹模按间隙配合精度选取，冲头和凹模间隙见表 9-21。

表 9-21　　　　　　　　冲头与凹模的间隙值　　　　　　　　　mm

冲头直径 d	<20	24～40	40～60	>60
间隙值 △	0.1	0.1～0.15	0.15～0.2	0.2～0.3

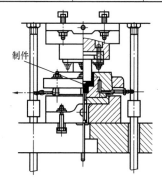

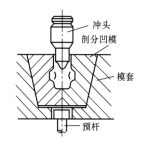

图 9-32　螺旋压力机杯盘类　　　　图 9-33　剖分凹模
锻件无飞边模结构示例

　　螺旋压力机不宜受偏心载荷，因此，在一副模具上可同时布置预锻、终锻两模膛。两模膛压力中心距应小于设备螺杆直径的1/2，终锻模膛压力中心距离螺杆中心为两模膛中心距的 1/3。

4. 飞边槽形式及尺寸

采用开式有飞边锻模时，飞边槽形式及尺寸选择见表 9-22。其中：形式Ⅰ最常用；形式Ⅱ用于小飞边锻件或有预锻及预切边锻件的终锻模；形式Ⅲ用于模膛深、局部成形不容易的锻件。尺寸可按设备规格选取。

表 9-22　　　　　　　飞边槽尺寸　　　　　　　mm

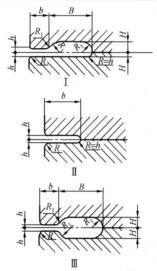

设备规格（t）	h	H	b	B	R	R_1
<160	0.75	4	8	16	1.5	4
250	1.0	4	10	18	2.0	4
400	1.25	5	10	20	2.5	5
630~1000	1.5	6	12	22	3.0	6
>1000	1.75	7	14	24	3.5	7

三、平锻模

1. 平锻件及工艺特点

(1) 平锻件分类及特点见表 9-23。

表 9-23　　　　　　　　　平锻件分类及特点

锻件类别	简　图	工艺特点
杆类		1. 坯料直接按锻件杆部直径选定 2. 大多数单件模板（一坯一件），后挡板定位 3. 模腔采用：积聚、预成形、终锻
穿孔类		1. 坯料直径尽量按孔径选定 2. 多件模锻（一坯数件），前挡板定位 3. 模腔采用：积聚、预成形、终锻、穿孔
管类		1. 坯料直径按锻件杆部直径选定 2. 多采用后挡板定位 3. 加热长度超过变形长度不能太多 4. 应先增加壁厚再镦粗成形 5. 模腔采用：积聚、预成形、终锻
联合模锻	平锻	采用一种以上模锻设备成形复杂锻件，如曲轴锻件曲拐部分锤上模锻，法兰部分平锻

（2）平锻件的分模面的选择。旋转体锻件用前挡板定位时，多用无飞边闭式锻模，分模面设在最大直径处，见图 9-34（a）；用后挡板定位以及非旋转体头杆件，需有飞边，分模面设在端面上，见图 9-34（b）；终锻模腔的主要部分在凸模内时，需用飞边，分模原则与其他模锻相似，见图 9-34（c）。

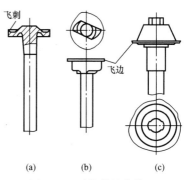

（a）　　（b）　　（c）

图 9-34　平锻件的分模面

2. 平锻模

平锻模是在平锻机上使坯料成形为模锻件或其半成品的模具，其结构形式如图 9-35 所示。

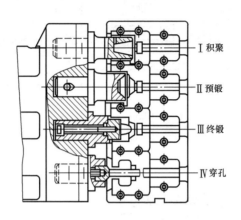

Ⅰ 积聚
Ⅱ 预锻
Ⅲ 终锻
Ⅳ 穿孔

图 9-35 平锻模结构

平锻模有两个分模面，其工作零件有冲头、固定凹模和活动凹模三部分。此外，尚有固定凸模的凸模夹持器和锻件定位的挡板。

平锻模凸模夹持器如图 9-36 所示。

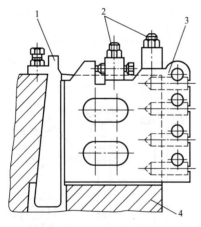

图 9-36 凸模夹持器
1—调整斜铁；2—紧固螺栓；3—凸模
夹持器；4—主滑块

3. 半轴平锻模具结构特点

平锻和其他各种模锻方法差别很大，专用性较强。图 9-37 所示为汽车半轴平锻工艺及模的简图，由剖分活动凹模夹住棒料（或毛坯），凸模水平方向前进使棒料头部成形。

此模具适合于锻造细杆大头的"头杆件"、空心件 [见图 9-37（a）] 和管子局部成形，多数情况下可采用长棒料

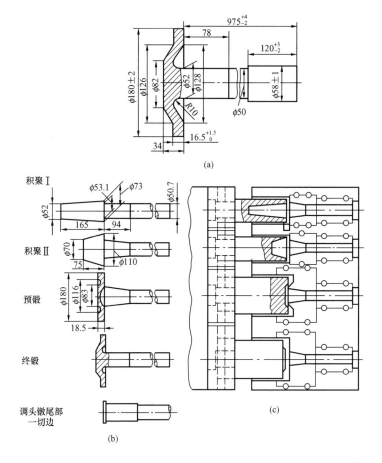

图 9-37 半轴平锻工步及模具

（a）锻件；（b）平锻工步；（c）平锻模

直接模锻，并且用无飞边成形。

4. 深孔厚壁锻件模具结构特点

浅孔平锻件可一次冲成，深孔则需分几次冲。如冲孔前毛坯端部已形成大的突缘使毛坯能在凹模中准确定心、并且"拉住"毛坯使它在冲孔时不能后退，则冲孔次数可减少。

冲孔前毛坯应镦成"计算毛坯"的形状，冲深孔前，毛坯端部应镦至其直径等于凹模直径（锻件相应处外径）以便定心，并冲出定心孔。

深孔厚壁锻件（兼带前后法兰）工步设计及模具结构如图 9-38 所示。

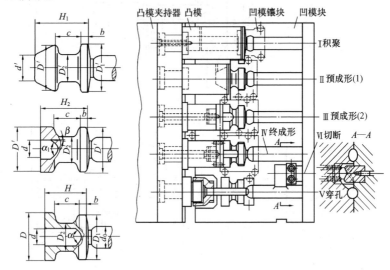

图 9-38 深孔厚壁锻件（兼带前后法兰）工步设计及模具

5. 平锻模挡板结构

平锻模挡板结构及作用如下：

（1）前挡板设在平锻机上，用来控制变形金属的长度，适用于一坯多件。

（2）后挡板设在模具上（或连接在平锻机上），主要用来控制锻件杆部长度，如图 9-39 所示。钳口挡板适用于杆部较短，前端不伸出凹模的杆类锻件；横挡板适用于杆部后端伸出凹模不多的杆类锻件；框架挡板适用于杆部后端伸出凹模小于 500mm 的杆类锻件；支架挡板适用于杆部后端伸出凹模大于 500mm 的杆类锻件。

四、切边模与冲孔模

切边、冲孔模是切除锻件飞边和孔内连皮的模具。

切边、冲孔模结构形式如图 9-40 所示。切边模通常由上模座、下模座、凸模、凹模、导向零件、顶出卸料零件及紧固定位零件组成，有时因锻件和设备因素也省略一些辅助零件。

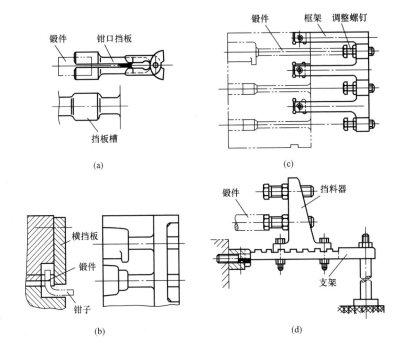

图 9-39 后挡板结构

（a）钳口挡板；（b）横挡板；（c）框架挡板；（d）支架挡板

整体凹模主要用于圆形锻件。组合式应用较多，适用于长轴类和复杂形状锻件；分块式便于制造、调整、更换。

切边模飞边卸料器常用结构如图 9-41 所示。

冲孔用凸、凹模间隙见表 9-24；切边用凸凹模间隙见表 9-25。凹模和冲孔凸模刃口直边高度取 5～10mm，后角取 50°。

切边和冲孔凹模尺寸见表 9-26。

表 9-24 冲孔凸凹模间隙值

冲孔料厚 s（mm）	间 隙 δ（mm）	
	热冲孔	冷冲孔
4	0.2	0.3
8	0.4	0.6
12	0.6	0.9
16	0.8	1.2
20	1.0	1.5

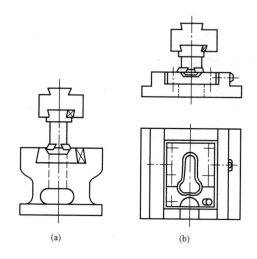

图 9-40　切边模结构

(a)高座整体凹模；(b)低座组合凹模

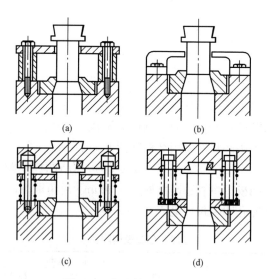

图 9-41　切边模飞边卸料器

(a)封闭式刚性卸料器；(b)对开式刚性卸料器；

(c)安装在凹模上的弹性卸料器；(d)安装在凸模

上的弹性卸料器

表 9-25 切边凸凹模间隙值

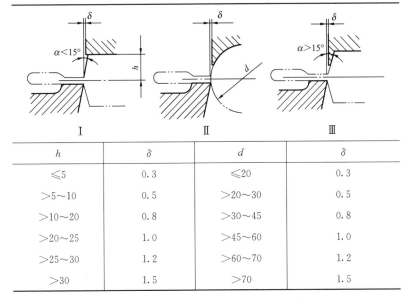

I   II   III

h	δ	d	δ
≤5	0.3	≤20	0.3
>5～10	0.5	>20～30	0.5
>10～20	0.8	>30～45	0.8
>20～25	1.0	>45～60	1.0
>25～30	1.2	>60～70	1.2
>30	1.5	>70	1.5

表 9-26 切边和冲孔凹模尺寸

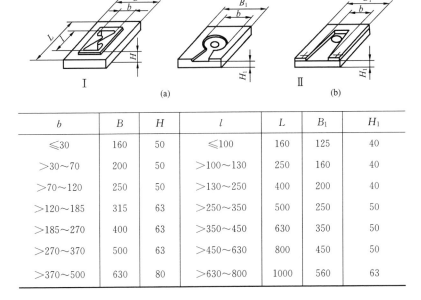

I   II
(a)   (b)

b	B	H	l	L	B_1	H_1
≤30	160	50	≤100	160	125	40
>30～70	200	50	>100～130	250	160	40
>70～120	250	50	>130～250	400	200	40
>120～185	315	63	>250～350	500	250	50
>185～270	400	63	>350～450	630	350	50
>270～370	500	63	>450～630	800	450	50
>370～500	630	80	>630～800	1000	560	63

五、其他典型锻模

1. 精密模锻及其工艺特点

精密模锻(精锻)是获取高精度和高质量锻件的模锻过程,包括螺旋压力机(压力机)上的精锻、高速锤上的精锻及多向精密锻造等。

精密模锻的特点是:①精锻件的金属流线分布更为合理;②力学性能和抗应力腐蚀性能高;③切削加工量大大减少,节材节能效果明显;④能加工难成形材料和形状复杂的锻件。但精密模锻要求毛坯的精度高,需采用少无氧化加热、工艺设计复杂、高精度的模具,操作过程严格,要求具有良好的润滑条件,有的毛坯(材料)需经前、后热处理等。因此一般精密模锻件的生产成本较高,只有生产批量较大或很大时,经济上才是有利的。

齿轮精锻可生产直齿圆柱齿轮、直齿或弧齿锥齿轮、平面齿轮及变速箱同步器齿环等类齿形零件。精锻齿轮齿形精度直接达到IT8~IT9级,我国已积累形成批量生产的经验。

载重汽车的差速器行星齿轮可采用精密模锻,其模具结构如图9-42所示;导柱式结构齿轮精锻模具结构如图9-43所示。

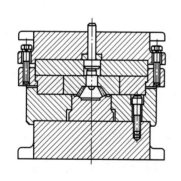

图9-42 差速器行星齿轮
精锻模具结构图

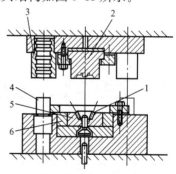

图9-43 导柱式结构齿
轮精锻模具结构图

1—工件;2—上模;3—导套;4—导柱;5—下模;6—预应力圈

2. 高速锤模具结构特点

高速锤通常是一次打击成形,飞边槽基本上无法保证变形金属充满模腔，故高速锤模锻大多采用闭式模腔结构〔见图 9-44（a）〕。对于某些不适宜用闭式模锻的精锻件，则只能采用开式模〔见图

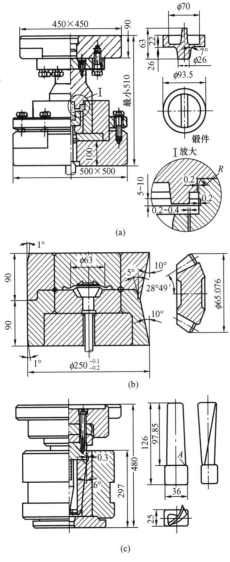

图 9-44 高速锤模具示例

（a）闭式模；（b）开式模；（c）可分式模

9-44 (b)]。用于挤压扭叶片等锻件的可分式模具 [见图 9-44 (c)]，使用时劳动强度大，锻件在模具中停留时间长，不适合大尺寸锻件和大批量生产。

3. 多向模锻

多向模锻是在模具中，用几个冲头从不同方向同时或依次对坯料加压以获得形状复杂精密锻件的模锻工艺。

多向模锻能锻出具有凹面及凸肩的复杂外形，并可以同时锻出多向孔穴，锻件一般无需模锻斜度。多向加压改变了金属的变形条件，提高了塑性，适宜于模锻塑性较差的高合金钢和其他合金材料。

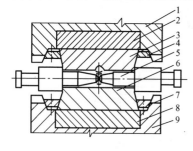

图 9-45　下套筒的模具结构

1—上模座；2—上垫板；3—上凹模；
4—上压板；5—冲头；6—下凹模；
7—下压板；8—下垫板；9—下模座

多向模锻一般在多向锻造水压机上进行。美国、日本等国已生产系列多向锻造（三动或四动）压力机，一般合模压力为穿孔压力的 2~3 倍。

例如航空零件下套筒采用多向模锻，效益显著，模具结构如图 9-45 所示。其经济效益对比见表 9-27。

表 9-27　　　下套筒多向模锻和普通模锻的效益对比

工艺	锻造工序数	零件质量（kg）	锻件质量（kg）	毛坯质量（kg）	材料利用率（%）	机加工工时（h）
普通模锻	19	0.76	8.80	10.0	7.6	3.08
多向模锻	8	0.76	5.05	5.12	14.9	2.38

（1）阀体类锻件多向模锻成形方式。阀体类锻件是在闭合模具的型腔内进行模锻和挤压成形。在模具闭合的过程中，坯料可以产生变形，也可以不产生变形；在模具闭合后，主冲头以挤压变形为主完成终锻，得到所需的复杂形状。有如下三种成形

方法：

1) 垂直分模法，如图 9-46 (a) 所示，其左、右模闭合时进行顶镦或预锻，然后主冲头垂直加压于坯料，完成冲孔或挤压成形。

2) 水平分模法，如图 9-46 (b) 所示，其上、下模闭合时进行预锻，然后左、右冲头完成冲孔及挤压成形。

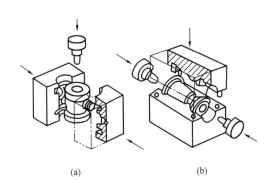

图 9-46　多向模锻示意图

(a) 垂直分模法；(b) 水平分模法

3) 水平分模兼垂直穿孔法，其上、下模闭合时进行预锻，然后两个水平冲头冲孔挤压，最后上模的内置式冲头再进行穿孔完成终锻。

(2) 叉类锻件锻造模具结构特点。叉类锻件采用多向模锻，其锻造模具结构如图 9-47 所示。

(3) 大型柴油机曲轴弯曲镦锻模具结构特点。曲轴的弯曲镦锻采用多向模锻。曲轴端部的法兰也可用此模锻出，但只适合于锻造具有椭圆形拐颊的曲轴，不宜于锻造具有整体平衡块的曲轴。现在实用的模具结构有两种，如图 9-48 所示：一种是利用斜面进行水平镦锻，称为 RR 法，见图 9-48 (a)；另一种是利用杠杆原理实现水平镦锻，称为 TR 法，见图 9-48 (b)。TR 法的水平镦锻压力是随滑块的下压行程而增大的，更符合锻件变形的要求，比 RR 法更为合理，目前国内外应用较多。

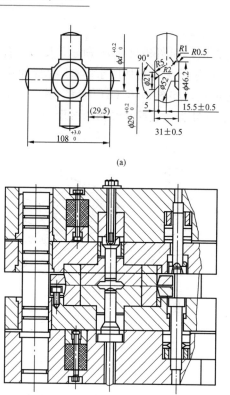

(a)

(b)

图 9-47　叉类锻件锻造模具结构图

（a）锻件；（b）模具

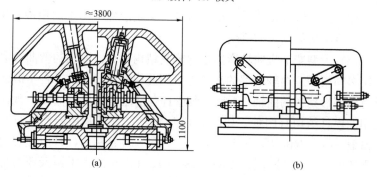

(a)

(b)

图 9-48　大型柴油机曲轴弯曲镦锻模具

（a）RR 法镦锻；（b）TR 法镦锻

4. 超塑性模锻模具结构特点

超塑性锻造工艺过程是将已具备超塑性的毛坯材料加热到超塑成形所需要的温度,以超塑变形所允许的变形应变速率作等温锻造成形。超塑锻造温度一般为$(0.5\sim0.7)T_m$(T_m为材料的热力学熔化温度)。

黄铜衬套超塑性模锻的模具结构如图9-49所示。

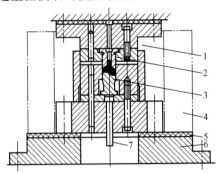

图 9-49　黄铜衬套超塑性模锻的模具示意图
1—限位块;2—上模;3—下模;4—电炉;
5—石棉垫板;6—垫板;7—顶杆

5. 液态模锻工艺特点

液态模锻是用熔融金属做原料,直接浇入金属模腔内,然后以一定的压力作用于液态或半固态金属上,使之结晶并产生一定程度的塑性变形,生产出所需的锻件。

液态模锻实质上是铸造与锻造的组合工艺,它既具有铸造(压力铸造)工艺简单、成形复杂及成本低的优点,又具有锻造产品内部质量好及成形精度高的特点。

液态模锻所需的成形压力比普通模锻的压力小得多,由于液态金属良好的填充性能,往往只需一般模锻压力的1/5左右,同时成形所需的工序少。

由于模具承受能力所限,液态模锻主要适用于生产铝合金活塞、镍黄铜的高压阀体、仪表外壳及铜合金涡轮、球墨铸铁齿轮及钢法兰盘等,以非铁合金件为主,用于钢制件尚有一定的局限性。

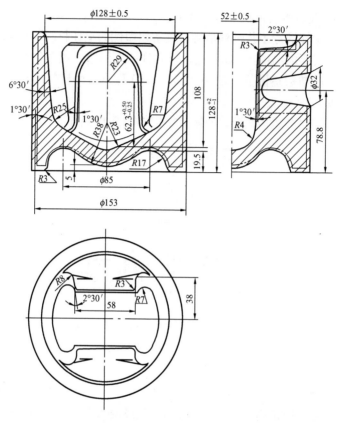

图 9-50　活塞工件图

　　铝合金 2A90(原 LD8)柴油机活塞采用液态模锻,其工件图如图 9-50 所示。模具结构如图 9-51 所示。

六、锻模材料的选用及热处理要求

　　锻模的工作条件严峻,要承受反复冲击载荷和冷热交变作用,产生很高的应力。金属流动时还会产生摩擦效应,热处理或使用不当还会造成早期脆裂或压陷,因此对材料性能要求很高。

　　主要的锻模模块用钢有三类:①镍铬钼钢,适于承受冲击载荷;②铬钼钒钢,抗热疲劳性能好;③钨铬钒钢,回火稳定性好。这三类钢按①～③顺序回火稳定性增加,韧性减小。

　　常用钢种见表 9-28。

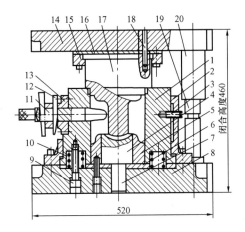

图 9-51　模具结构示意图

1—凹模；2—凹模外套；3—导向销；4—顶块；5—
凹模镶块；6—凹模垫板；7—内顶杆；8—下模板；
9—内六角螺钉；10—反压弹簧；11—轴销（左右对
称）；12—斜楔；13—轴销座；14—上模板；15—冲
头固定板；16—冲头垫板；17—冲头；18—定位销；
19—导柱；20—导套

表 9-28　　　　　　　　　　　锻模模块用钢

钢　种	特点及主要用途
5CrNiMo	淬透性、回火稳定性较好，用于锤锻模、机锻模、螺旋压力机锻模、校正模
4CrMnSiMoV2	淬透性好，用于中小型锤锻模、螺旋压力机锻模
4Cr2MoVNi	淬透性好，用于大型锤锻模和 200mm 以上的机锻模
3Cr2WMoVNi	回火稳定性好，用于 200mm 以下的机锻模

此外，4Cr5MoVlSi 多用于中小型锻模；45Cr2NiMoVSi 多用于大型锤锻模；4CrSW2VSi 多用于镶块；3Cr2W8V 多用于镶块和顶杆。

锻模模块的热处理要求，主要取决于锻造设备的类型和模腔的形状及大小。机锻模要选用较高的强度或硬度，锤锻模则较低；深模腔和大模块要求韧性和淬透性都好，强度和硬度就选得低些。

锻模模块的热处理硬度见表 9-29。

表 9-29 　　　　　　　　　锻模模块硬度

锻模种类	模　块	模膛表面（HBS）	燕尾（HBS）
<2t 锤锻模 一般情况 个别情况		352～388 362～415	302～341
3、5t 锤锻模		321～362	285～321
5、10t 锤锻模		311～341	285～321
机锻模	362～415HBS		
螺旋压力机锻模	362～415HBS		
平锻模	362～415HBS		
热切边模	368～415HBS		
热校正模	368～415HBS		

第十章

粉 末 冶 金 模

　　粉末冶金的基本工序是：粉末备制、成型、烧结及后续加工。成型是重要的一环，除了粉末轧制外，几乎所有粉末冶金制品的成型均需要使用模具。根据成型制品的材料、性能、形状及精度要求，将采用不同的成型方法和使用相应的模具。

　　粉末冶金模的分类、特点及用途见表 1-10。

　　粉末冶金模种类较多，这里仅就普遍使用的、制造机械零件的成型模、整形模加以叙述。

第一节　成型模结构设计

一、设计前需要考虑的有关方面

　　（1）制品形状是否适合压制工艺。如形状过于细长、壁厚过薄、有横孔、横槽、倒锥，将造成制品过大的密度差，导致模具局部过于脆弱、无法脱模时，需与用户协商，修改形状或留少量后加工余量。

　　（2）根据制品的精度及表面粗糙度要求，确定是否需要整形和采用何种整形方式。

　　（3）根据制品的性能要求、化学成分及密度，预算出压制单位压力、总压力及脱模力，确定需用设备的容量。

　　（4）根据生产批量及设备条件，确定采用手动模或自动模，并考虑设备行程和工作台面尺寸能否满足工艺要求。

　　（5）根据制品的长细比、长薄厚比或侧正面积比，选择单向压制、双向压制或双向摩擦压制，以满足坯件密度均匀性的要求。

二、结构设计顺序

1. 压制方向的选择

坯件在压制时的压制方向，也就是哪一面朝上，应根据不同的要求确定。应考虑：

（1）为了便于脱模，应避免横向孔，圆弧面不要在侧面。

（2）为了利于坯件密度均匀，应尽量减小长细比，坯件的凹坑面应该向上，凸脐面应向下。

（3）需便于自动压制时补偿装粉。如坯件有台阶时，内、外台阶都应在上。

（4）是否应采用仿形装粉。

（5）高精度面应在侧面。

（6）是否需减小压制压力。

（7）是否需要减小模具高度、压制行程、脱模行程和脱模力。

（8）自动压制时有利于推料。

（9）是否需要提高坯件底孔局部密度等。

2. 补偿粉末结构形式的选择

压制时由于粉末流动性差，因此，对于沿压制方向横截面有变化的制品（如带台、锥面、球面件等），为使坯件密度均匀，应采用组合模冲，通过补偿装粉使坯件各部位的压缩比大致相等。

补偿装粉结构形式见表 10-1。

表 10-1　　　　　　　　　　补偿装粉结构形式

坯件类型	压制时下模冲下浮
一端带一台阶	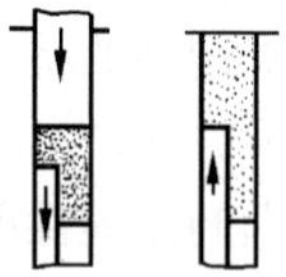
中间带一台阶	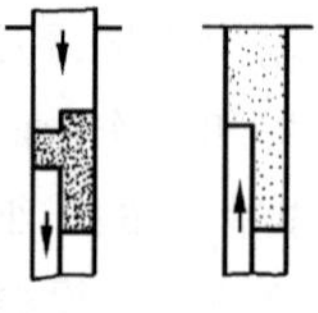

坯件类型		压制时下模冲下浮
等高错位相切		
三段高度	形式 1	
	形式 2	
	形式 3	
带斜面	形式 1	
	形式 2	
	形式 3	
	形式 4	

坯件类型		压制时下模冲下浮
带弧面	形式 1	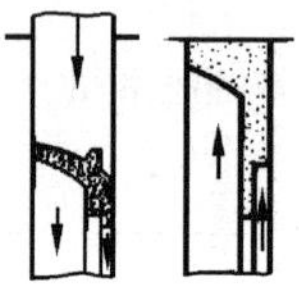
	形式 2	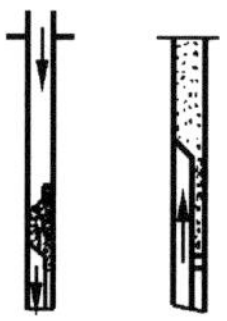

3. 确定成型模基本结构方案

根据坯件的形状、压制方向、压制方式、脱模方式、补偿装粉的要求以及设备具有的性能来确定模具的基本结构方案。成型模基本结构形式见表 10-2。

表 10-2 成型模基本结构形式

结 构 简 图	结构特点	适应范围
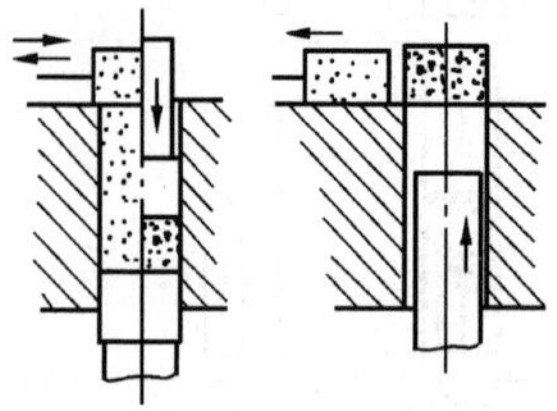	单向压制，顶出式脱模	长细比 $h/d < 1 \sim 1.5$ 的无台阶实心柱体
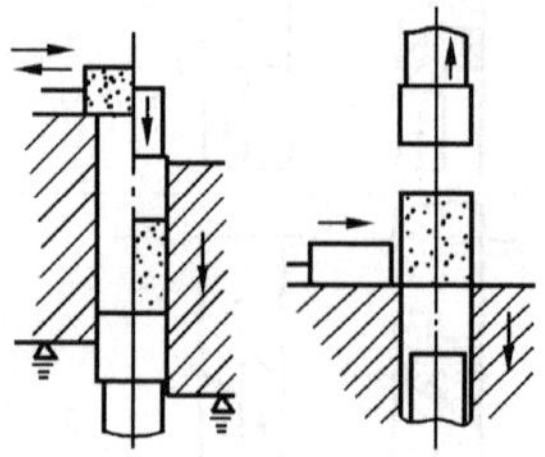	双向压制（凹模由压机下缸液压浮动），凹模下移式脱模	长细比 $1 \sim 1.5 < h/d < 3$ 的无台阶实心柱体

结 构 简 图	结 构 特 点	适 应 范 围
	双向摩擦压制，顶出式脱模	长与壁厚比＞6 的无台阶实心柱体
	后压，顶出式脱模	长细比 $1\sim1.5<h/d<$ 3 的无台阶实心柱体
	单向压制，顶出式脱模	长与壁厚比＜3 的无台阶套类件
	双向压制，下移式脱模	长与壁厚比 $3\sim6$ 的无台阶套类件
	双向摩擦压制，下移式脱模	长与壁厚比≤7.5 的无台阶套类件

结 构 简 图	结 构 特 点	适 应 范 围
	浮动压套,顶出式脱模	带外台阶的套类件
	凹模、芯棒和压套均浮动,脱模时活动压垫离开,凹模下移式脱模	带外台阶的套类件
	大芯棒浮动,顶出式脱模	带内台阶或盲孔、小孔通坯件
	双向压制,凹模上下对开脱模	球面外形坯件

4. 计算装粉高度与凹模壁厚

根据坯件高度与粉末的压缩比(坯件密度与粉末松装密度之比),算出装粉高度。有补偿装粉时,组合模冲要分别算出各段的装粉高度。对于中小型坯件,凹模壁厚一般为 0.5~1.5 倍凹模孔径。对于大型坯件，凹模壁厚一般为 0.25～0.5 倍凹模孔径。坯件高度越大，系数也越大。

5. 绘制结构总图

根据相关合理和试验的数据，绘制模具基本结构图。并按照加工制件的精度进行模具精度的适当标注，以达到设计与加工的最佳效果。

三、连接方式设计

凹模、芯棒和上、下模冲等主要零件与有关的连接，应考虑使用中安全可靠、安装和拆卸方便、结构简单。

1. 凹模与模板或模座的连接形式

凹模与模板或模座的连接形式见表 10-3。

表 10-3　　　　　凹模与模板或模座的连接形式

简　　图	特　　点	使用范围
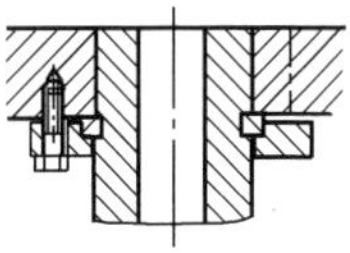	（1）用对分压圈，凹模装卸方便 （2）压圈槽位于凹模高度中间，凹模可以调头使用，延长使用寿命 （3）模板上面平整 （4）凹模过高时，模板过厚	凹模高度不大，易磨损而常需拆卸时
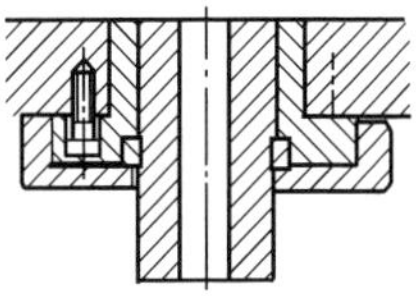	（1）改变中间套的内径与高度，可适应不同外径和高度的凹模 （2）结构较复杂	高度较大的凹模
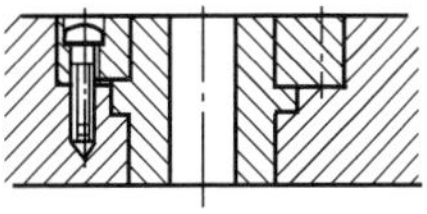	（1）凹模易装拆并可调头使用 （2）模板有凹坑易掉入粉末	脱模力小及高度小时

2. 模冲与有关件的连接形式

模冲与有关件的连接形式见图 10-1。图 10-1（a）为模冲与模板的连接，用淬硬垫板支承；图 10-1（b）为组合模冲的连接，外模冲固定，内模冲浮动；图 10-1（c）为组合模冲的连接，内冲模固定，外冲模浮动；图 10-1（d）为模冲插入模柄孔，用支紧螺钉紧固连接。图 10-1（e）为模冲与上模座用螺帽连接。

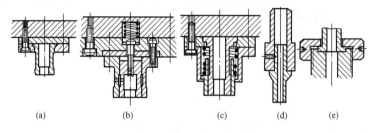

(a)　　　　(b)　　　　(c)　　　(d)　　　(e)

图 10-1　模冲与有关件的连接

3. 芯棒与压机下缸的连接形式

芯棒与压机下缸的连接形式见图 10-2。图 10-2（a）为用螺纹连接，便于装拆，但对螺纹与芯棒外圆要求有较高的同轴度；图 10-2（b）为芯棒用压圈连接，安装精度及受力条件较好，但装拆不便。

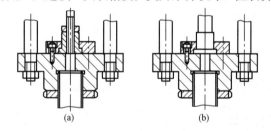

(a)　　　　　　　　(b)

图 10-2　芯棒与压机下缸的连接

4. 导柱与模板的连接形式

导柱与模板的连接形式见图 10-3。图 10-3（a）为导柱与上模板连接，导套在中模板上，导柱兼作拉杆；图 10-3（b）为导柱由螺钉及垫圈对模板限位，垫圈有防止粉尘进入导套的作用，适用于凹模浮动量较少时；图 10-3（c）为导柱由螺钉及垫圈对模板限位，当需要调节装粉容积时，可更换垫圈调节模板限位位置。

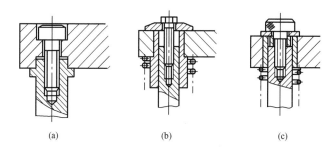

(a)　　　　　　(b)　　　　　　(c)

图 10-3　导柱与模板的连接

四、浮动结构设计

凹模和芯棒的浮动，通常是为了实现双向压制或双向摩擦压制，此外，还具有调节装粉容积的作用。用组合模冲时，内或外模冲需要浮动，起补偿装粉或对局部粉末作预压的作用，从而使坯件密度均匀。

浮动力有弹簧力、气动力、液体节流阻力和摩擦力等。使用较多的是弹簧和气压浮动。

弹簧浮动结构形式如图 10-4 所示。

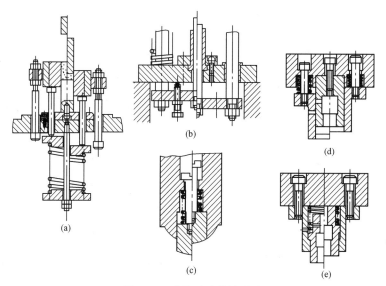

(a)　　　　　　　　(b)　　　　　　　　(c)　　　　(d)　　　　(e)

图 10-4　弹簧浮动结构形式

图 10-4（a）为凹模浮动，调节限位拉杆螺帽可调节装粉容积，适用于闭合高度小的压力机；图 10-4（b）为凹模与芯棒一起浮动，由调节螺钉调节装粉容积；图 10-4（c）为内模冲浮动，由弹簧力预压粉末，以改变装粉状态，获得密度较均匀的带弧面坯件。图 10-4（d）为外模冲浮动，由弹簧力预压粉末以改变装粉状态，获得密度较均匀的带凸脐坯件；图 10-4（e）为内模冲浮动，由弹簧力预压粉末以改变装粉状态，获得密度较均匀的带凹坑坯件。

气压浮动与弹簧浮动相比，气压浮动结构占用轴向空间小、浮动力恒定、可实现双向动作。但气缸、活塞等加工精度要求高，浮动力受活塞面积限制而较小。

气压浮动结构形式见图 10-5。

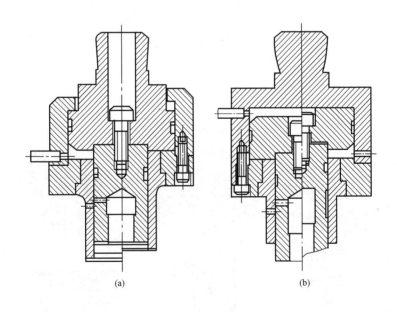

(a)　　　　　　　　(b)

图 10-5　气压浮动结构形式

图 10-5（a）为压制带凸脐坯件的组合模冲的气压浮动结构；图 10-5（b）为压制带凹坑坯件的组合模冲的气压浮动结构。

五、典型的成型模结构

图 10-6 所示为用于冲床上的套类件成型的单向压制模。凹模 5 固定不动，上模冲 6 用锁紧螺钉 7 固定在模柄 8 上，芯棒 4 固定于下模板 3，下模冲 9 固定于垫板 11，脱模用顶板 1 由三根螺栓 2 与垫板相连。脱模时，由冲床顶出机构推动顶板而顶出坯件。下模冲由自重及弹簧 10 复位。此模具不能调节装粉容量。

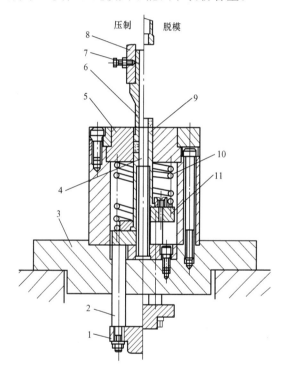

图 10-6　套类件单向压制模

1—顶板；2—螺栓；3—下模板；4—芯棒；5—凹模；

6—上模冲；7—锁紧螺钉；8—模柄；9—下模冲；

10—弹簧；11—垫板

图 10-7 所示为套类件成型的浮动压模。凹模 3 及芯棒 2 浮动，实现双向压制。下模冲 1 浮动是为了调节装粉容积，为此，凹模弹簧力小于调节板 4 的弹簧力。脱模时，由压机顶出机构通过顶杆顶

出坯件，下模冲靠自重及弹簧力复位。

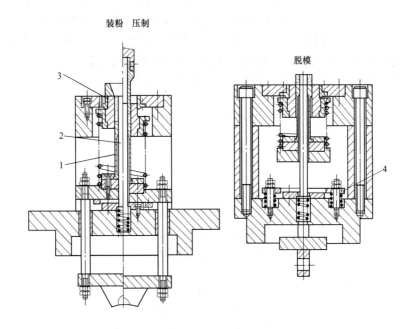

装粉　压制

脱模

图 10-7　套类件浮动双向压制模
1—下模冲；2—芯棒；3—凹模；4—调节板

图 10-8 为压制带外台阶件的下移式压模。凹模 7 及芯棒 4 通过拉杆 2 与下缸 1 相连，压制时浮动。内下模冲 5 固定在下模板 3 上，外下模冲 8 由拉杆弹簧 11 通过托板 12、托柱 10 托起。调节托柱上的螺帽 13 可调节补偿装粉高度，并由螺帽限位。压制时，外下模冲压在活动垫板 9 上。脱模时，上模冲上升复位，下缸将凹模及芯棒拉下。同时，脱模斜楔 6 随凹模下行，压向滚轮 15，将活动垫板撑开，外下模冲即可自由下行，先脱台阶出凹模。下缸继续下行，脱出整个坯件。凹模和芯棒复位后，活动垫板由弹簧 14 复位。

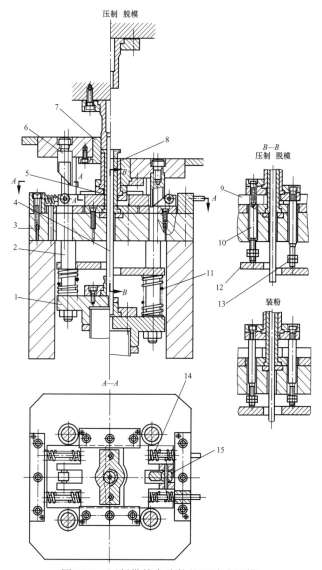

图 10-8 压制带外台阶件的下移式压模

1—下缸；2—拉杆；3—下模板；4—芯棒；5—内下模冲；6—脱模
斜楔；7—凹模；8—外下模冲；9—活动垫板；10—托柱；11—拉杆
弹簧；12—托板；13—螺帽；14—弹簧；15—滚轮

✦ 第二节 整形模结构设计

一、整形目的及方式

整形是为了提高制件的尺寸及形状精度、降低表面粗糙度、提高密度和硬度。整形过程使制件表面产生塑性变形（伴有弹性变形），以校正烧结过程中产生的尺寸变化及收缩变形。同时，整形过程中制件侧面与光整模壁间的挤压及摩擦，加大了制件的表面粗糙度。

根据制件的精度及密度要求，确定是否需要整形以及采用何种整形方式。

各种整形方式见表 10-4。

表 10-4　　　　　　　　　整 形 方 式

方　式	简　图	特　点	适 用 条 件
单整内径		内径有整形余量，外径不整形	外径精度要求低，内径尺寸精度为 IT8～IT10 级
单整外径		外径有整形余量，内径不整形	内径精度要求低，外径尺寸精度为 IT8～IT10 级
内、外径同时整形		内、外径均有整形余量	内、外径尺寸精度为 IT6～IT8 级时，为应用最多的一种

方　式	简　图	特　点	适 用 条 件
全整形		内、外径及高度均有整形余量，下压率为1%～3% 整形时制件各向受力	制件高度较小，内、外径尺寸精度为IT5～IT8级
复压		制件内、外径均留装模间隙，下压率较大，为15%～20% 金属有一定程度流动	制件高度较小，密度要求较高时
精压		改变制件形状，如端面压出图案、油槽、弧形等	如瓦形件等初压成形困难的制件

二、整形模结构基本形式

整形模结构基本形式见表10-5。

表 10-5　　　　　　　　　整形模结构基本形式

整形方式	简　图	结 构 特 点
单整内径	 (a)　　(b)	图（a）直线送进、柱定位、挡板限位，保证脱模 图（b）转盘送进、设定位球作芯棒、循环使用

整形方式	简　图	结　构　特　点
单整外径	 (a) (b)	图（a）斜槽送进、槽底定位 图（b）转盘送进、设定位
内外径 同时整	 (a)　　　(b)	图（a）直线送进、弹簧滚珠定位、上滑块串芯棒、串毕滑块外退。下部活动挡爪脱芯棒用。用于整形余量较大时 图（b）直线送进、下部锥面活动挡爪脱芯棒用
全整形	 (a)　　　(b)	图（a）先串芯棒、下模浮动到刚体受压进行全整形 图（b）先整内外径，然后进行高度整形

三、典型的整形模结构

图 10-9 所示为轴套全整形模。模架有上、中、下三层模板，上模板 3 作导向用，中模板 2 固定凹模用，下模板 1 承压用，并固定在压机上。芯棒 6 插在模柄 5T 形槽中，由上模冲 7 定位。下模

冲 8 插在下模座 10 的 T 形槽中，由凹模 9 的内孔定位。整形时，模柄下行，芯棒先串入坯件孔，上模冲被模柄强制下压，迫使坯件压入凹模内完成全整形。模柄上行时，下模冲被顶出机构向上顶，使坯件顶出凹模，同时，芯棒被模柄带着上行，而上模冲被模柄孔内的顶柱 4 挡住限位，迫使坯件脱出芯棒。

压制 装料（脱模）

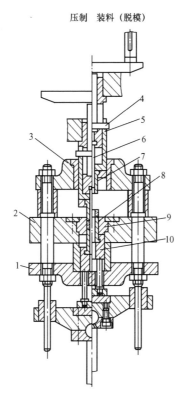

图 10-9 轴套全整形模

1—下模板；2—中模板；3—上
模板；4—顶柱；5—模柄；6—
芯棒；7—上模冲；8—下模冲；
9—凹模；10—下模座

第三节 压模工作零件设计

一、工作零件尺寸计算

1. 径向尺寸计算

计算径向尺寸时，先整形模，后成型模；先成型尺寸（凹模内径、芯棒外径），后配合尺寸（模冲内、外径）。计算公式参见表10-6。

表 10-6　　　　　　径向尺寸计算公式　　　　　　mm

字 母 代 号	计 算 公 式
整形凹模内径 D_z	$D_z = D_{min} - \delta_1$
整形芯棒外径 d_z	$d_z = d_{max} + \delta_2$
成型凹模内径 D_c	$D_c = D_z (1 + c - g) + \Delta_1$
成型芯棒外径 d_c	$d_c = d_z (1 + c - g) - \Delta_2$
模冲外径 D_{ch}	$D_{ch} = D_{az} - e_z$
模冲内径 d_{ch}	$d_{ch} = d_{xz} + e_z$

公 式 代 号			
D_{min}——坯件外径最小尺寸		Δ_1——坯件外径整形余量	
δ_1——坯件外径整形回弹量		Δ_2——坯件内孔整形余量	
d_{max}——坯件内孔最大尺寸		D_{az}——凹模内径中间尺寸	
δ_2——坯件内孔整形回弹量		d_{xz}——芯棒外径中间尺寸	
c——烧结收缩率（%）		e_z——配合间隙中值	
g——坯件回弹率（%）			

2. 轴向尺寸计算

轴向尺寸计算主要是装粉高度，其他轴向尺寸由结构需要定。

无台柱状坯件的装粉高度为

$$h_0 = \rho_K / \rho_0 \times h_K (mm)$$

式中　　ρ_K——坯件密度（g/cm^3）；

　　　　ρ_0——粉末松装密度（g/cm^3）；

　　　　h_K——坯件高度（mm）。

带台柱状坯件及其他非柱状坯件的装粉高度，需按通过组合模冲的补偿装粉使各处粉末的压缩比大致相同的原则来进行计算。

3. 铁、铜基合金坯件的工艺参数

（1）粉末的松装密度：参见表 10-7。

表 10-7 铁、铜基粉末的松装密度 ρ_0 g/cm³

粉末类型	范　围	常用值
电介铁粉	1.8～2.2	2.0
还原铁粉	2.0～2.8	2.4
雾化铁粉	2.5～3.2	2.8
雾化 6-6-3 锡青铜粉	2.4～3.1	2.7
电介铜粉	1.7～1.9	1.8

（2）坯件回弹率：参见表 10-8。

表 10-8 铁、铜基坯件回弹率 g ％

密度	>5.6～6.1		>6.1～6.5		>6.5～7.2		>7.2～7.6	
粉末类型	范围	常用值	范围	常用值	范围	常用值	范围	常用值
铁基	0.1～0.2	0.15	0.15～0.25	0.20	0.20～0.30	0.25	—	—
6-6-3 锡青铜	—	—	0.05～0.15	0.10	0.10～0.20	0.15	0.15～0.25	0.20
电介铜粉	—	—	—	—	0.08～0.12	0.10	0.10～0.20	0.15

（3）坯件的烧结收缩率：参见表 10-9。

表 10-9 铁、铜基坯件烧结收缩率 ％

成　分	密度（g/cm³）	收缩率		工艺条件
		范　围	常用值	
纯铁	>5.6～6.1	0.5～0.8	0.6	烧结温度 1000～1150℃
	>6.1～6.5	0.3～0.7	0.5	
	>6.5～7.1	0.2～0.4	0.3	
铁—碳	>5.6～6.1	0.5～1.0	0.8	$w_C 1\%～3\%$ 烧结温度 1080～1120℃
	>6.1～6.5	0.4～0.8	0.6	
	>6.5～7.1	0.3～0.5	0.4	

续表

成　分	密度（g/cm³）	收　缩　率		工艺条件
		范　围	常用值	
铁—铜—碳	＞5.6～6.1 ＞6.1～6.5 ＞6.5～7.1	0.4～0.7 0.1～0.5 −0.2～0.2	0.5 0.3 0	$w_{Cu}2\%～8\%$, $w_C0.5\%～1.5\%$ 烧结温度 1120～1150℃
6-6-3 锡青铜	＞6.5～7.1	1.2～2.0	1.5	烧结温度 780～830℃

注　w_C、w_{Cu} 分别是 C、Cu 的质量分数。

（4）整形余量及整形回弹量：整形方式不同，整形余量及回弹量也不同。内外径同时整形的余量及回弹量见表 10-10，全整形的余量及回弹量见表 10-11。

表 10-10　　　　　内外径同时整形的余量及回弹量　　　　　　mm

壁厚	外　径				内　径			
	整形余量 Δ_1		回弹量 δ_1		整形余量 Δ_2		回弹量 δ_2	
	范围	常用值	范围	常用值	范围	常用值	范围	常用值
＞3～5	0.040～ 0.060	0.50	0.005～ 0.015	0.010	0.020～ 0.040	0.030	＜0.010	0.005
＞5～7.5	0.050～ 0.080	0.060	0.005～ 0.015	0.012	0.030～ 0.060	0.045	0.005～ 0.015	0.010
＞7.5～10	0.060～ 0.100	0.080	0.010～ 0.020	0.016	0.040～ 0.060	0.050	0.008～ 0.016	0.012
＞10～15	0.080～ 0.140	0.110	0.015～ 0.025	0.020	0.060～ 0.100	0.080	0.010～ 0.020	0.015
＞15	0.100～ 0.200	0.150	0.020～ 0.040	0.030	0.080～ 0.120	0.100	0.015～ 0.030	0.020

表 10-11　　　　　全整形的整形余量及回弹量　　　　　　mm

壁　厚	外　径			内　径		
	整形余量 Δ_1		回弹量 δ_1	整形余量 Δ_2		回弹量 δ_2
	范围	常用值	常用值	范围	常用值	常用值
＞3～5	0.030～ 0.050	0.040	0.003	0.010～ 0.030	0.020	0.002

壁 厚	外 径				内 径		
	整形余量 Δ_1		回弹量 δ_1		整形余量 Δ_2		回弹量 δ_2
	范围	常用值	常用值		范围	常用值	常用值
>5~7.5	0.040~0.060	0.050	0.005		0.020~0.040	0.030	0.004
>7.5~10	0.050~0.070	0.060	0.007		0.030~0.050	0.040	0.006
>10~15	0.060~0.100	0.080	0.009		0.040~0.060	0.050	0.008
>15	0.080~0.120	0.100	0.012		0.050~0.070	0.060	0.010

注 整形下压率为 $1\%\sim2\%$。

二、工作零件结构设计

1. 成型模工件零件设计

(1) 凹模工作孔设计。凹模工作孔设计见图 10-10：图 10-10 (a) 为手动模凹模，上、下端孔口需设 $R2\sim R4\text{mm}$ 的圆角，便于装粉及进入模冲，防止坯件脱模裂纹；图 10-10 (b) 为自动模凹模，上端孔口需保持尖角，以防止口部积粉并利于推出坯件；图 10-10 (c) 为在凹模脱模端孔口设 $h=3\sim5\text{mm}$ 及 $\alpha=1°$ 的锥角，防止坯件脱模裂纹；图 10-10 (d) 为当模孔较深时，允许有不大于 1:1000 的锥度，以减少脱模阻力，并可补偿因密度差而引起的烧结收缩的不一致，使用时应注意脱模方向。

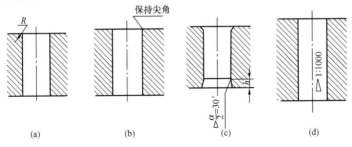

图 10-10 凹模工作孔

(2) 凹模轴向组合结构。凹模轴向组合结构见图 10-11：图 10-11 (a) 为成型球面坯件，为脱模而将其上下对分，凹模与模套为动配合；图10-11（b）为成型带球面及柱面的坯件，为便于加工而将其上下对分，凹模与模套为紧配合；图10-11（c）为凹模孔细长时，将其分成2～3段组成，以便于加工和解决压机闭合高度小的问题。

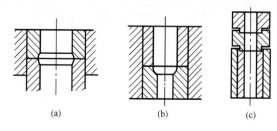

(a)　　　　　　(b)　　　　　　(c)

图 10-11　凹模的轴向组合结构

（3）凹模镶拼结构。对于整体的异形深孔型腔的凹模，往往加工困难，并因应力集中而在热处理或使用中开裂。为此可用图10-12 所示的拼块结构。

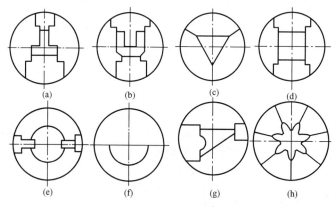

(a)　　　(b)　　　(c)　　　(d)

(e)　　　(f)　　　(g)　　　(h)

图 10-12　凹模拼块形式

（4）芯棒结构。芯棒结构见图 10-13：图 10-13（a）为手动模芯棒，两端设 $R0.5～R1mm$ 圆角，便于操作、避免划伤；图 10-13（b）为带台芯棒，台阶根部应有 $R≥1mm$ 的圆角，减小应力集中；图 10-13（c）为机动模芯棒，长度长可分成芯棒与接杆两部分，以节约模具钢和便于加工、维修和调换，孔径 D 为连接定位孔；图 10-13（d）为长芯棒，为减少与模冲的摩擦和磨加工量，设有 $a＝$

0.2～1mm 的台阶。

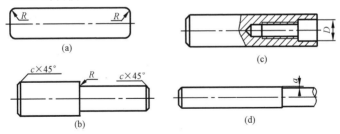

图 10-13　芯棒形式

（5）模冲结构。模冲结构见图 10-14：图 10-14（a）为了减少配合面和精加工量，设 H_1、H_2 为 15～25mm、$a=0.2～1mm$ 的退刀；图 10-14（b）台阶根部设 $R\geqslant2mm$ 圆角；图 10-14（c）为防止坯件开裂，R_1、$R_2\geqslant1mm$，$a=0.5～1mm$。

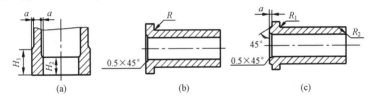

图 10-14　模冲形式

2. 整形模工作零件设计

（1）整形凹模工作孔设计。整形凹模工作孔设计见图 10-15：图 10-15(a)为带导向锥度及脱模锥度的凹模，$R=(0.5～1)mm$，$H_1=(3～5)mm$，$H_2=(5～15)mm$（硬质合金模为 3～10mm），$H_3=1/3$坯件高；图 10-15(b)下端模口保持锐角，当坯件脱模后回弹，在脱芯棒时可防止坯件带回凹模孔内，上口 $R\geqslant1mm$；图 10-15(c)为复压或全整形用凹模，$R\geqslant2mm$，H 为坯件高度与上下模冲导向高度之和。

（2）整形模芯棒结构。整形模芯棒结构见图 10-16：图 10-16（a）为芯棒穿过坯件的形式，$H_1=H_3>$坯件高度，$H_2=5～15mm$，$\alpha=1°～2°$；图 10-16（b）为端部有 $R\geqslant2mm$ 的圆角；图 10-16（c）为端部有 $\alpha=1°～2°$ 导向锥度，$H=10～20mm$；图 10-

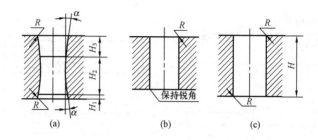

图 10-15　整形凹模工作孔

16（d）为端部焊有硬质合金圈，$\alpha = 1° \sim 2°$，$H_1 \leqslant 20mm$，$H_2 = 5 \sim 15mm$，$H_3 = 5 \sim 10mm$，$R_1 = R_2 = 0.5 \sim 1mm$。

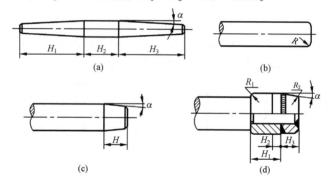

图 10-16　整形模芯棒形式

（3）工作零件的材料及技术要求。工作零件的材料及技术要求见表 10-12。

表 10-12　　　　　　　　　　工作零件的材料及技术要求

零件名称	选用材料	热处理要求	其他技术要求
凹模芯棒	碳素工具钢：T10A，T12A 合金工具钢：GCr15，Cr12，Cr12Mo，Cr12W，Cr12MoV，9Cr4Mn，CrW5 高速钢：W18Cr4V，W9Cr4V，W12 Cr4VMo 硬质合金：钢结硬质合金，YG15，YG8（芯棒用硬质合金时，一般钢与硬质合金的焊接镶接形式）	钢：60~63HRC 钢结硬质合金：64~72HRC 硬质合金：88~90HRC（钢的细长芯棒可降至55~58HRC，带接杆芯棒连接处局部35~40HRC）	（1）平磨后退磁 （2）表面粗糙度要求： 工作面：$Ra0.4 \sim 0.1\mu m$ 配合面及定位面：$Ra1.6 \sim 0.4\mu m$ 非配合面：$Ra3.2 \sim 1.6\mu m$ （3）工作面及配合面公差等级：IT5~IT7

零件名称	选用材料	热处理要求	其他技术要求
模冲	碳素工具钢：T8A，T10A 合金工具钢：GCr15，Cr12，Cr12Mo，9CrSi，CrWMn，CrW5	56～60HRC	（1）平磨后退磁 （2）表面粗糙度要求： 端面：$Ra0.8～0.4\mu m$ 配合面：$Ra0.4～0.1\mu m$ 非配合面：$Ra3.2～0.8\mu m$ （3）工作面及配合面公差等级：IT5～IT7

第四节　粉末锻造模具简介

一、粉末锻造工艺特点及应用

粉末锻造是粉末冶金和精密锻造相结合的新技术。通过粉末锻造可将粉末冶金提供的预制坯的孔隙度由 $75\%～85\%$ 提高到 98% 以上，从而大大提高了粉末件的机械强度，可以用作受力结构件，同时具有粉末件的一些特性。

锻造工艺的特点如下：

（1）变形过程是压实和塑性变形两个过程的有机结合。

（2）变形力在开始阶段以压实的成分为主，故变形力较小。随着工件密度的增大，变形力也增大，但总体上变形力一般小于普通模锻所需要的变形力。

（3）锻坯形状可制成最佳的毛坯形状，以获得形状复杂的精密锻件。

（4）通过调整预制坯的密度和形状，可得到具有合理流线和各项性能一致的锻件。

（5）锻件精度高于一般模锻件，可得到尺寸精确、表面粗糙度值低、材料利用率高的锻件。

（6）锻件的力学性能大体上相当于普通模锻件，但塑性和韧性较差。

随着粉末锻造工艺技术的发展和日益成熟及可用于粉末的材料种类增多，各行各业应用粉末锻件的品种和数量稳步增长。用不同粉末锻造材料生产的粉末锻件在各行各业中的应用示例见表 10-13。

表 10-13　　　　　　　　　粉末锻造件的应用示例

部　类	普通碳钢粉末	合　金　粉　末
发动机	连杆，飞轮环形齿轮	起动齿轮，阀
人力变速器	离合器轮毂，同步环	换向齿轮，换向空转轮
自动变速器	轴承外圈，凸轮	棘轮，行星齿圈
车身底盘	轮毂，后轴端法兰	差速小齿轮，齿圈

粉末锻造低合金钢锻件的主要力学性能见表 10-14。

表 10-14　　　　　　　　粉末锻造低合金钢的主要力学性能

钢　种			室　温　性　能				
名称	名义成分的质量分数(%)	状　态	σ_b (MPa)	$\sigma_{0.2}$ (MPa)	δ_5 (%)	ψ (%)	α_K (kJ/m^2)
铜钼钢	0.25C-2Cu -0.4Mo	880℃油淬 200℃回火 渗碳淬火	882 1637	686 1333	14 0.5	23 1.0	363 294
钼钢	0.32C- 0.4Mo	860℃油淬 180℃回火	880	—	—	—	216
铬镍钢	12Cr2Ni4A	890℃，1h, 空气冷却 780℃，油淬 160℃回火	1058	1186	6.8	22.8	20.6
铬镍钨钢	18CrNi4WA	950℃，1h, 空气冷却 860℃, 空气冷却 160℃回火	1372	1156	9.5	31.3	24.5

二、粉末锻造对原料粉末的要求

1. 原料粉末制备

原料粉末的制备方法最常用的有金属固体碳还原法、雾化法和机械粉碎法。近来又随着新材料生产的要求发展了新的方法，如电解法、气相沉积法和液相沉积法。我国采用各种方法已成功地制备出近百种金属粉末，其中主要是铁粉（约占 50% 的产量），其他还有难熔金属及其化合物、非铁金属、稀有金属和包覆粉末等。

制粉方法对粉末的粒度、形状、表面状态及化学物理性能都有较大的影响。

2. 金属粉末的性能

（1）金属粉末的化学性能。粉末金属与原来金属的化学成分相同，如要改变合金成分需混粉配制。粉末金属也含有杂质，如铁粉中存在碳、锰、磷、硫等，铜粉中存在铅等。金属粉末的化学稳定性较差，在储存和运输过程中要采取防氧化措施，一般要求较高的粉锻件，制坯前需预先经还原处理。

（2）金属粉末的物理性能。它取决于粉粒的形状、粒度组成和比表面积等。粉粒的形状主要取决于制粉方法，如雾化法成形的粉末呈球状，而还原法及机械粉碎法制成粉粒呈鳞片状，电解法则呈树枝状。粉粒形状影响"松状密度"和压实的效果，以球状和树枝状粉粒压实效果较好。粉末的粒度大小及均匀性影响压实效果和烧结工艺，粒度越细则"比表面积"（每克粉粒具有的总表面积）越大，则需要压实力越大；而压制件的烧结强度越高，粉末粒度越均匀，则对压实和烧结强度的效果也越好。

（3）金属粉末的工艺性能。工艺性能是指粉末的充填性、流动性及可压缩性，它将直接影响工件的使用性能。工艺性能取决于粉粒形状、粒度大小及均匀性，以细粒的球状和树枝状粉末为佳。

3. 粉末锻造对粉末原料的要求

（1）合金成分要求分布均匀。

（2）粉末的密度、流动性、压实性和烧结扩散弥合性要好。

（3）尽量减少制件中的气体含量，尤其要控制氧含量和氢含量，以保证制件内部的致密性能和结合力。

（4）严格控制非金属夹杂物。

三、粉末锻造工艺设计要点

1. 粉锻工艺流程

粉锻工艺流程是：金属粉末→混粉→冷压制坯→烧结→加热→

锻造（模锻）→热处理→机加工→成品。

目前先进的方法可实现一次加热，即将烧结和加热两工序合并为一次加热。但是，有时由于烧结温度和锻造加热温度相差甚远，或由于烧结加热保温等工艺规范所决定，则通常采用的烧结坯再次加热进行锻造是合理的。烧结和加热过程中应注意做好防氧化措施。

2. 粉末锻造的设计

粉末锻造可以获得各种复杂的预成形件，然后锻造成形为零件，这是比其他精密压力加工工艺优越的方面。因此，粉末锻件的设计关键是预成形毛坯的设计。设计中应注意的原则如下：

（1）预制坯形状保证在锻造成形时毛坯处于三向压应力状态；采用镦挤结合形式成型，避免毛坯承受应力；形状尽可能接近终锻形状，外形应尽可能圆滑过渡，避免不利于流动的死角。

（2）预制坯毛坯压制时最好采取双向压实方式，以保证各部密度均匀；装粉量及压实量希望控制一致，可采用质量和体积自动监控装置；压实过程应具备良好的润滑条件，以便完整脱模。

（3）烧结过程是增加预制毛坯的结合强度和可锻性的重要环节，烧结能使合金成分均匀化扩散和降低工件中的含气量。

（4）粉末锻造密度应力求均匀，预制坯应尽量避免出现尖角，因尖角部密度偏低，而在锻造中也不可能改善，设计锻件时应将直角设计成倒角或圆角过渡，成形后达到密度和性能均匀。齿形锻件和预制坯设计示例见图10-17。

3. 锻造过程

（1）锻造设备：一般采用摩擦压力机、机械压力机或高速锤进行粉末锻造。

（2）一般要求在保护气氛中加热，可采用电阻炉或中频感应电热炉，有的采用玻璃润滑剂防氧化加热。加热温度和普通模锻一样。

（3）模具需预热到较高的温度进行模锻，以避免模壁激冷锻坯，影响锻件塑性及内部组织的均匀性。锻后锻件要求在保护气氛中冷却，对复杂形状和要求高的锻件可采用整形和精压工序。

4. 后处理

粉末锻造锻件可按普通模锻件一样进行退火、调质或时效处理

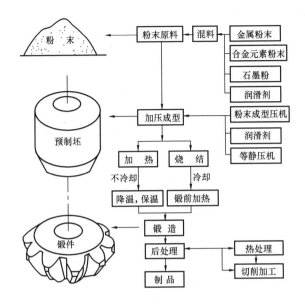

图 10-17 齿形锻件的预成形毛坯及工艺流程

及进行各种表面处理。个别高要求的锻件在退火后，还要求进行再次烧结或热等静压处理，使其合金成分充分扩散和结合，提高锻件的力学性能，尤其是韧性。

四、粉末锻造模具设计要点

粉末锻造模具设计的要点有：

（1）粉末锻造件的尺寸精度和内部质量要取决于预制坯的形状和尺寸的优化设计。预制坯的形状和尺寸要尽可能合理接近锻件的形状。

（2）粉末锻造可以生产精密锻件，除少数加工面留有较小的加工余量和公差外（提高1～2级精度），大部分非加工面要注意模具和锻件的热膨胀量和模具表面的粗糙度，以符合产品要求。

（3）粉末锻造成形一般是在单模腔采用闭式模成形，大部分锻造过程不产生飞边。

（4）粉末锻造可以生产复杂形状锻件，用组合模具实现多向变形锻造成形。

（5）与普通模锻一样，在粉末模锻过程中应保证良好的润滑和表面防护措施。

图 10-18 所示为差速器行星齿轮粉末锻造模模芯结构图。

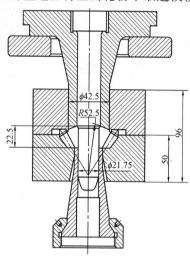

图 10-18　汽车差速器行星齿轮粉末锻造模模芯结构

差速器行星齿轮粉末锻造锻件，齿轮精度可达 7～8 级，齿面粗糙度 $Ra3.2\mu m$，表面硬度 58～63HRC，心部 30～40HRC，耐疲劳强度超过常规锻造后切削加工齿轮，加工工时节约 50%，材料利用率达 95%。

五、典型粉末锻造示例

粉末锻造在汽车零件制造上应用广泛，典型的适合粉末锻造的汽车零件如图 10-19 所示。

粉末锻造连杆及普通模锻件的精度比较见表 10-15。

表 10-15　　　　　　　　　**粉末锻造及热锻的连杆精度**

基 本 参 数	热 锻	粉 末 锻 造
尺寸精度	±1.5mm	±0.2mm
拔模斜度角	7°	0°
质量误差	±3.5%	±0.5%
材料利用率（锻造产品/钢棒或粉末）	70%	＞99.5%
材料利用率（机加工产品/钢棒或粉末）	45%	80%

粉末锻造连杆及普通模锻件的成本及能耗比较见图 10-20。

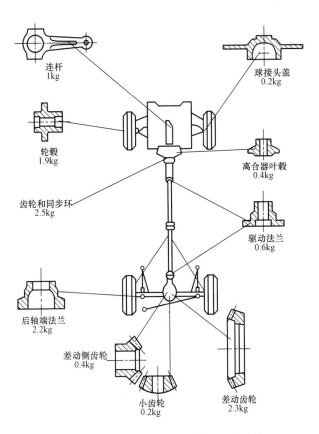

图 10-19 适合粉末锻造的典型汽车零件

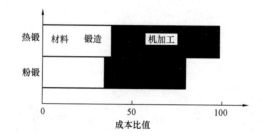

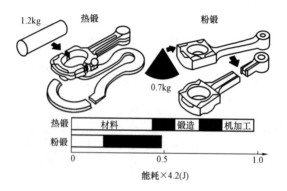

图 10-20 粉末锻造和热锻连杆的成本和能耗比较

第十一章

模具常用材料及其热处理

第一节 模具材料的基本要求

一、模具常用材料

制造模具的材料包括钢、铸铁、硬质合金、有色金属合金等金属材料，以及陶瓷、石膏、环氧树脂、橡胶、木材等非金属材料。其中，金属材料由于具有力学性能方面的优势而占据主导地位，而金属材料中又以钢为模具制造的最主要材料。金属材料的特点是可以在不改变化学成分的情况下，能够通过不同的加热过程和冷却条件改变其内部结构和组织状态，从而改变材料的力学性能。人们可以按照实际需要，通过合理地选择模具用钢及其热处理工艺来获得高质量的模具。

钢制模具的应用场合主要有三大类：

（1）用于对固态金属材料进行压力加工，包括冷冲压、冷挤压、冷拉拔、冷镦、冷轧等利用固态金属在再结晶温度以下的塑性变形所进行的冷加工，以及热冲压、热挤压、热锻、热镦、热轧等利用固态金属在再结晶温度以上的塑性变形所进行的热加工。

（2）用于对液态金属材料进行铸造加工，如金属型铸造、压力铸造等。

（3）用于对塑料、橡胶、玻璃等非金属材料进行成形加工。其共同特点是将加工原料的粉末或颗粒熔融后，令其在闭合的模腔中冷却凝固而获得确定的几何形状。

上述三类模具分别以冲压模、压铸模和塑料模的产量最大，因此，本章按照冲压模用钢、压铸模具用钢和塑料模具用钢的分类方法对模具材料的常用钢的钢号进行归纳，介绍其性能与热处理规范，供学习与生产实践参考。

二、模具材料的基本性能要求

模具材料的基本性能包括使用性能和工艺性能。

1. 使用性能

使用性能是指模具材料在工作条件下表现出来的性能，包括机械负荷、热负荷和表面负荷三方面。

（1）机械负荷方面。包括硬度、强度和韧性。

1）硬度：是表征材料在一个小的体积范围内抵抗弹性变形、塑性变形及破坏的能力。硬度是影响耐磨性的主要因素。一般情况下，模具零件的硬度越高，磨损量越小，耐磨性也越好。另外，耐磨性还与材料中碳化物的种类、数量、形态、大小及分布有关。

2）强度：是表征材料在外力作用下抵抗塑性变形和断裂破坏的能力；模具的工作条件大多十分恶劣，有些常承受较大的冲击负荷，从而导致脆性断裂。

3）韧性：是表征材料承受冲击载荷的作用而不被破坏的能力。为防止模具零件在工作时突然脆断，模具要具有较高的强度和韧性。模具的韧性主要取决于材料的含碳量、晶粒度及组织状态。

4）疲劳断裂性能：模具工作过程中，在循环应力的长期作用下，往往导致疲劳断裂。其形式有小能量多次冲击疲劳断裂、拉伸疲劳断裂、接触疲劳断裂及弯曲疲劳断裂。模具的疲劳断裂性能主要取决于其强度、韧性、硬度以及材料中夹杂物的含量。

（2）热负荷方面，包括高温强度、耐热疲劳性和热稳定性。

1）金属的高温强度是指其在再结晶温度以上时的强度。当模具的工作温度较高时，会使硬度和强度下降，导致模具早期磨损或产生塑性变形而失效。因此，模具材料应具有较高的抗回火稳定性，以保证模具在工作温度下具有较高的硬度和强度。

2）耐热疲劳性是表征材料承受频繁变化的热交变应力而不被破坏的能力。有些模具在工作过程中处于反复加热和冷却的状态，使型腔表面受拉、压交变应力的作用，引起表面龟裂和剥落，增大摩擦力，阻碍塑性变形，降低了尺寸精度，从而导致模具失效。冷热疲劳是热作模具失效的主要形式之一，故这类模具应具有较高的耐冷热疲劳性能。

3）热稳定性是表征材料在受热过程中保持金相组织稳定的能力。

（3）表面负荷方面，包括耐磨性、抗氧化性、耐蚀性。

1）耐磨性：是表征材料抗磨损（机械磨损、热磨损、腐蚀磨损及疲劳磨损）的能力。坯料在模具型腔中塑性变形时，沿型腔表面既流动又滑动，使型腔表面与坯料间产生剧烈的摩擦，从而导致模具因磨损而失效，所以材料的耐磨性是模具最基本、最重要的性能之一。

2）抗氧化性：是表征材料在常温或高温时抵抗氧化作用的能力。

3）耐蚀性：是表征材料在常温或高温时抵抗腐蚀性介质作用的能力。有些模具如塑料模在工作时，由于塑料中存在氯、氟等元素，受热后分解析出 HCl、HF 等强侵蚀性气体，会侵蚀模具型腔表面，加大表面粗糙度值，加剧磨损失效。

2. 工艺性能

工艺性能是指采用某种工艺方法加工金属材料的难易程度，包括铸造性能、锻造性能、焊接性能、切削加工性能、化学蚀刻性能及热处理性能。

（1）铸造性能：是金属材料在铸造过程中所表现出来的工艺性能，包括流动性、收缩性、吸气性和偏析性等。

（2）锻造性能：是金属材料经受锻压加工时成形的难易程度。模具毛坯的锻造不仅能将原材料锻成模具的初步形状，便于切削加工，而且通过锻打，可使原材料中的网状或带状碳化物变得均匀分布；还可使原材料中的气孔、疏松等缺陷锻合，使组织更为致密；另外，锻造可使模具中的流线走向更为合理，这大大地改善了模具钢的材质，进一步提高了模具的承载能力。

（3）焊接性能：是金属材料对焊接加工的适应性，即在一定的焊接工艺条件下获得优质焊接接头的难易程度。

（4）切削加工性能：是对金属材料进行切削加工的难易程度。

模具在切削加工时，应注意以下几点：

1) 表面粗糙度：模具的工作表面要求具有极低的表面粗糙度值，不允许留有任何刀痕或划痕。否则，这些刀痕或划痕将成为疲劳裂纹源。

2) 圆角半径：模具上尺寸过渡处的圆角半径，均应严格按图样要求加工，不得缩小，以免在该处引起应力集中。圆弧与直线连接处，应平滑过渡。

3) 磨削裂纹：模具在磨削加工时，如金相组织中残余奥氏体含量偏高、进给量过大、冷却不充分、砂轮未及时修磨，都可能使模具表面产生磨削裂纹。这些磨削裂纹将成为裂纹源，严重影响模具使用寿命。

(5) 化学蚀刻性能：有些塑料制品要求有装饰图案、文字花样或皮纹，因此，对模具一般要采用化学蚀刻工艺，要求此类模具材料必须具备适应化学蚀刻工艺的性能。

(6) 热处理性能：包括淬透性、淬硬性、氧化脱碳敏感性、热处理变形倾向和回火稳定性等。模具在热处理过程中，应注意以下几点：

1) 表面碳的质量分数：模具在淬火时如炉内气氛不合适，会造成氧化、脱碳或表面增碳等缺陷。表面脱碳将使模具表面硬度降低，并在表面形成拉应力，促使模具早期磨损或疲劳断裂。表面增碳会使冷作模具韧性降低，出现崩刃、崩齿、尖角崩落等失效形式，同时会使热作模具的冷热疲劳抗力降低，促进冷热疲劳裂纹的产生。

2) 淬火加热温度：模具的淬火温度过高，会使模具晶粒粗大，导致冲击韧度下降，容易产生疲劳裂纹，并使其扩展速率加快。一般来说，冷作模具的淬火温度不宜过高，以免韧性下降，影响使用寿命。而热作模具的硬度低于冷作模具，故韧性高于冷作模具。加之热作模具钢的碳质量分数大多在 0.5% 左右，提高淬火温度，马氏体的形状将从针状变为板条状，韧性反而有所增加。因此，热作模具可采用较高的淬火温度。

3) 模具的回火：回火的目的是降低淬火应力和调整硬度，必须按照工艺规程严格控制回火温度、回火时间及回火次数。模具回火温度偏高或偏低，回火时间或回火次数不足，都会引起模具早期失效，缩短使用寿命。

模具的性能是由模具材料的化学成分和热处理后的组织状态决定的。模具钢应该具有满足在特定的工作条件下完成额定工作量所需具备的性能。因各种模具的用途不同，要完成的额定工作量不同，所以对模具的性能要求也不尽相同。在选择模具用钢时，不仅要考虑其使用性能和工艺性能，还要考虑经济方面的因素，包括资源条件、市场供应情况和价格等。

✔ 第二节　金属材料的热处理工艺

一、热处理概述

1. 热处理的概念

热处理是将固态金属或合金采用适当的方式进行加热、保温和冷却以获得所需的组织结构与性能的工艺。从冶金学观点看，热处理过程应伴随有固态相变及扩散。

热处理的目的不是改变材料的形状，而是通过改变和控制金属材料的组织和性能，来满足工程中对材料的服役性能或加工要求。

2. 热处理在机械制造中的作用

热处理是机械制造中的重要组成部分。它的主要作用在于改变金属的性能，来满足零件在加工和服役时的要求。选择正确和先进的热处理工艺，可以充分发挥材料的潜力，提高产品质量和使用寿命，增加机加工效益，降低机加工废品率，降低成本。反之，热处理不当，就可能使材料达不到设计预定的性能，造成早期失效，甚至引起重大事故和生命财产的损失。

在机械制造中，多数零件，特别是重要机械零件，如齿轮、传动轴、轴承、弹簧、工模具等均需进行热处理。通过提高热处理工艺水平来延长零件服役寿命，具有极高的社会经济效益和巨大的节约效果。

3. 预备热处理和最终热处理

热处理与其他加工工艺互为依存并相互制约。从与其他加工工艺的关系看，热处理工艺可分为预备热处理和最终热处理。如图11-1所示。

（1）预备热处理。预备热处理是对毛坯或粗加工件的热处理，常使用退火、正火来消除铸件、锻件、焊接件或轧材的组织缺陷，消除残余应力和加工硬化，改善组织和调整硬度，以利于机械加工，提高加工效率及降低表面粗糙度值。多数铸铁件和一些不重要零件常不需进行最终热处理，如图11-1中的流程（a）和（b）所示。对要求有一定综合力学性能的零件，常用调质工艺作为预备热处理，精加工后也不再进行最终热处理。在某些情况下，调质是为淬火、渗氮等最终热处理做组织准备。为消除粗加工的加工应力，有时在精加工前进行第二次预备热处理，如低温退火等工艺。

预备热处理对切削速度、刀具寿命和表面粗糙度具有重要影响。正火毛坯比调质毛坯切削后表面粗糙度值要低。通常钢材硬度在 150～250HB 范围内，切削效率较高。

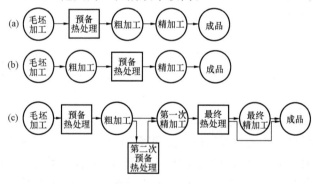

图 11-1 常见的机械制造工艺流程

（2）最终热处理。最终热处理常采用淬火和回火、表面淬火、化学热处理等工艺。最终热处理后是否需要最后精加工，要根据零件热处理后能否满足它的精度要求而定。图 11-1（c）所示流程表示最常见的机械零件的加工过程。

最终热处理也影响零件的精加工。热处理不当，除引起淬火裂纹、畸变、尺寸超差而产生废品外，也能造成磨削加工的各种问题。组织中粗大碳化物网、过多的残留奥氏体、表面脱碳或存在较大残余拉应力，均可造成表面磨削裂纹。采用少无氧化脱碳热处理技术，如可控气氛热处理、真空热处理、感应热处理，或零件畸变小的渗氮等化学热处理，可显著减少磨削量。

毛坯和原材料质量对热处理质量也有重要影响。表面脱碳和其他缺陷，原材料中严重的不均匀组织，如碳化物偏析、非金属夹杂等，均可能引起淬火裂纹。

4. 材料的热处理性能

零件选材和热处理技术条件，通常都要在设计图中给出。除情况简单的或已有前例外，设计师应会同冶金师共同确定。这是一项复杂的工作，除对零件的性能要求外，还需考虑材料的可获得性、加工工艺性和经济性。从热处理工艺的角度看，其对设计重要和复杂的影响如下：

（1）对力学性能的要求一般表现在零件图的硬度要求上。在很多情况下，仅规定硬度要求是不够的。应该指出，硬度与强度的大致比例关系，仅适用于组织类型相同的情况。对重要的调质处理件，仅规定回火后硬度是不够的。

（2）热处理技术条件规定的硬度范围要合理，重要零件的硬度范围应该窄些，一般零件则要宽些。不必要或不合理的技术要求，会显著增加热处理的困难和成本。

（3）材料的热处理工艺性能，包括淬透性、开裂敏感性、畸变敏感性、脱碳敏感性和晶粒长大倾向性等，这些都易被设计师忽略。目前，国内外已推出根据淬透性选材和预报不同尺寸零件热处理后的力学性能的计算机专家系统，这些软件对设计中正确选择材料和工艺无疑会有很大帮助。

（4）零件的几何形状设计应考虑工艺要求，应具有良好的热处理结构工艺性。零件形状应尽可能简单和对称，截面尺寸力求均匀，避免尺寸的急剧过渡，最好设有较大圆角，以减少淬火畸变和避免开裂。易于畸变的零件，如长轴、薄板和齿圈等，应尽量采用渗氮等畸变小的低温化学热处理工艺。必须采用渗碳、淬火等工艺时，可考虑使用等温淬火、分级淬火或采用淬火机床等专用设备，以减小畸变。

5. 热处理工艺的优化设计程序

热处理工艺优化设计的基本要求是做到技术和经济的统一，即在满足对零件的组织和性能要求的条件下，用最少的材料、最少的能源消耗和最高的劳动生产率进行热处理生产。为此，可通过多种工艺方案进行试验对比，来确定最佳方案。

由于热处理工艺过程的复杂性，工艺参数和处理后材料性能之间常常不是简单的线性关系，使得试验花费大，周期长。为简化和缩短试验过程，可采用试验分析—正交设计法，对工艺进行优选。利用回归分析等数学方法，建立材料/工艺参数—组织/性能之间的数学模型，再通过计算机进行工艺优化设计，如图 11-2 所示。该图提供了产品（零部件）设计、选择材料和工艺流程，以及工艺规范的优选和最终评价的相互联系。但由于组织—性能—残余应力—尺寸变化之间的预报尚未完全成熟，因此常需配合小批中间试验及

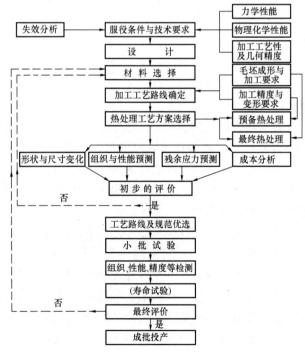

图 11-2 热处理工艺优化设计的典型程序

寿命试验，来最终确定工艺流程。

6. 热处理的原理

热处理工艺方法虽有多种，但其基本过程都是由加热、保温和冷却三个阶段构成。热处理工艺曲线的一般形式如图 11-3 所示。钢件通过加热和保温获得均匀一致的奥氏体，然后以不同的冷却速度冷却下来，获得不同的组织，从而使钢件具有不同的性能，以满足不同的使用要求，这就是热处理的原理。

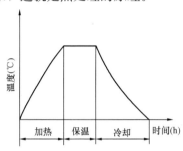

图 11-3 热处理的工艺曲线

图 11-4 所示是碳钢在加热和冷却时的临界点位置。该相图是在极其缓慢的冷却条件下制得的。图中的 A_1、A_3、A_{cm} 表示钢在极其缓慢的加热和冷却速度时，发生组织转变的临界温度，也称临界

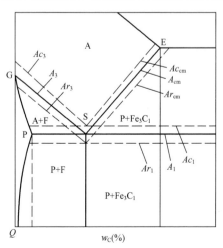

图 11-4 碳钢在加热和冷却时的临界点位置

点。但实际生产中，都是在一定的冷却和加热速度下进行的，冷却时有过冷度，加热时有过热度，因此，实际的临界温度与相图有所不同。为了区别，冷却时的临界点标为 Ar_1、Ar_3、Ar_{cm}；加热时的临界点标为 Ac_1、Ac_3、Ac_{cm}。

二、钢的热处理常用方法和用途

金属材料的热处理可分为普通热处理、表面热处理和特殊热处理。普通热处理包括退火、正火、淬火和回火；表面热处理包括表面淬火和化学热处理，感应加热与火焰加热属于表面淬火，渗碳、渗氮、渗金属等属于化学热处理；特殊热处理则包括可控气氛热处理、真空热处理、形变热处理和激光热处理等。

只要掌握钢在加热和冷却过程中组织变化的规律，就能比较容易地理解各种热处理方法的作用和目的。

（一）普通热处理

1. 退火

退火是将钢加热到适当温度，保持一定时间，然后缓慢冷却（一般随炉冷却）的热处理工艺。其目的可归纳为：①降低钢的硬度，提高塑性，以便于切削加工；②消除内应力，防止工件变形和开裂；③细化晶粒，改善组织，提高力学性能，为最终热处理做组织准备。

退火的种类有完全退火、球化退火、等温退火、再结晶退火和去应力退火等。

常用退火工艺分类及应用见表 11-1。

表 11-1　　　　　　　　常用退火工艺的分类及应用

分类	退 火 工 艺	应 用
完全退火	加热到 Ac_3 以上20~60℃保温缓慢冷却	用于低碳钢和低碳合金钢
等温退火	将钢奥氏体化后缓冷至 600℃ 以下空气冷却到常温	用于各种碳素钢和合金钢以缩短退火时间
扩散退火	将铸锭或铸件加热到 Ac_3 以上 150~250℃（通常是 1000~1200℃）保温 10~15h，随炉冷却至常温	主要用于消除铸造过程中产生的枝晶偏析现象

分类	退　火　工　艺	应　用
球化退火	将共析钢或过共析钢加热到 Ac_1 以上20~40℃，保温一定时间，缓慢冷却到 600℃ 以下出炉空气冷却至常温	用于共析钢和过共析钢的退火
去应力退火	缓慢加热到 600~650℃ 保温一定时间，然后随炉缓慢冷却（≤100℃/h）至 200℃ 出炉空气冷却	去除工件的残余应力

2. 正火

正火是将钢材或钢件加热到 Ac_3 或 Ac_{cm} 以上 30~50℃，保温适当时间后，在静止的空气中冷却的热处理工艺。正火和退火属同一类型的热处理（正火实质上是退火的一种特殊工艺），区别是正火冷却速度快些，得到的珠光体组织细小些，故同一工件正火后的强度和硬度高于退火。

正火的目的是：

（1）得到细密的结构组织。

（2）改善切削加工性能（低碳钢）。

（3）增加强度和韧性。

（4）减少内应力。

3. 淬火

淬火是将钢加热到 Ac_3 或 Ac_1 以上某一温度，保温一定时间，然后以适当速度冷却，以获得马氏体或下贝氏体组织的热处理工艺。淬火是最重要的模具热处理工艺之一。

合理地选择淬火冷却介质是淬火工艺的重要问题。淬火冷却应达到既能使钢件获得高硬度的马氏体，又不使钢件发生明显的变形和开裂的要求。理想的淬火冷却介质是能够实现当钢件高温的时候冷却速度快，而在发生马氏体转变的低温区则冷却速度慢，这样可在得到马氏体的前提下，减少淬火内应力和变形、开裂的倾向。工业上常用的冷却剂有水、油、盐水、碱浴、硝盐浴等，最大量应用的是水和油。水的冷却能力很强，常会引起钢件的淬火内应力增大、造成变形和开裂。油的冷却速度较慢,难以使奥氏体获得较大的过冷度以得到晶粒细化的马氏体。目前,还找不到一种完全符合要求的理想冷却剂,因而在实际生产中采用不同的淬火方法,来弥补这种不足。

淬火常用的冷却介质和冷却性能见表 11-2。

表 11-2 常用介质的冷却烈度

搅动情况	淬火冷却烈度(H 值)			
	空气	油	水	盐水
静止	0.02	0.25～0.30	0.9～1.0	2.0
中等	—	0.35～0.40	1.1～1.2	—
强	—	0.50～0.80	1.6～2.0	—
强烈	0.08	0.18～1.0	4.0	5.0

常用淬火方法及冷却方式见图 11-5。

淬火的目的是:

(1) 提高材料的硬度和强度。

(2) 增加耐磨性。

(3) 将奥氏体化的钢淬成马氏体,配以不同的回火,从而获得所需的其他性能。

4. 回火

回火是将钢件淬火后,再加热到 Ac_1 点以下的某一温度,保温一定时间,然后冷却到室温的热处理工艺。

回火工艺的种类、组织及应用见表 11-3。

表 11-3 回火的种类、组织及应用

种 类	温度范围(℃)	组织及性能	应 用
低温回火	150～250	回火马氏体 硬度 58～64HRC	用于刃具、量具、拉丝模等高硬度高耐磨性的零件
中温回火	350～500	回火托氏体 硬度 40～50HRC	用于弹性零件及热锻模等
高温回火	500～600	回火索氏体 硬度 25～40HRC	螺栓、连杆、齿轮、曲轴等

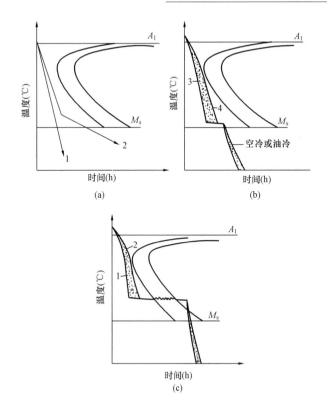

图 11-5 常用淬火方法的冷却示意图

(a) 介质淬火；(b) 马氏体分级淬火；(c) 下贝氏体等温淬火

1—单介质淬火；2—双介质淬火；3—表面；4—心部

回火的目的是：

(1) 减少或消除工件淬火时产生的内应力，防止工件在使用过程中变形和开裂。

(2) 通过回火提高钢的韧性，适当调整钢的强度和硬度，使工件达到所需要的力学性能，以满足各种工件的需要。

(3) 稳定组织，使工件在使用过程中不发生组织转变，从而保证工件的形状和尺寸不变，保证工件的精度。

5. 调质处理

调质是指生产中将淬火和高温回火复合的热处理工艺。

调质处理的目的是使材料得到高的韧性和足够的强度，即具有良好的综合力学性能。

6. 时效处理

根据时效的方式不同可分为自然时效和人工时效。

(1) 自然时效是将工件在空气中长期存放，利用温度的自然变化，多次热胀冷缩，使工件的内应力逐渐消失的时效方法。

(2) 人工时效是将工件放在炉内加热到一定温度，再随炉冷却以消除内应力的时效方法。

时效的目的是消除毛坯制造和机械加工过程中所产生的内应力，从而稳定工件的形状和尺寸。

(二) 钢的表面热处理

表面热处理的目的是达到"表硬内韧"。有些零件如齿轮、曲轴等，一方面要求其表层具有高硬度和高耐磨性，另一方面又要求心部具有足够的塑性和韧性来承受冲击载荷，此时只有采用表面热处理才能够满足要求。

表面热处理有表面淬火和化学热处理两种方法。

1. 表面淬火

表面淬火即仅对工件表层进行淬火，是利用快速加热使工件表层很快达到淬火温度，而不等热量传到工件中心就迅速予以冷却，这样钢的表面淬硬了，中心则仍保持原来的塑性与韧性。表面淬火适用的钢材为中碳钢和中碳低合金钢。高速加热的方法有火焰加热和感应加热两种方法。

(1) 火焰加热是应用氧—乙炔（或其他可燃气）火焰对零件表面进行加热。这种方法的优点是设备简单、使用灵活；缺点是温度不好控制，表面容易过热。火焰加热主要用于大型工件的表面淬火。

(2) 感应加热是将工件置于通有高频（中频、工频）交流电的线圈内，使工件表面感应产生相同频率的交流电流而迅速加热。频率愈高，感应电流透入工件表面的深度愈浅，则淬硬层愈薄。高频淬火后的工件，再经 $180\sim250$℃ 低温回火以降低淬火应力，并保持高硬度及高耐磨性。感应加热由于淬硬层的深度容易控制，便于实现机械化和自动化，因此，在生产上获得广泛应用。

2. 化学热处理

化学热处理是将钢件放在具有一定活性的化学介质中加热，使介质中的某种或某几种元素的活性原子渗入钢件表面并扩散，从而改变表面层化学成分、组织和性能的一种热处理过程。化学热处理的特点是既改变表层的化学成分，又改变其组织，显然能更好地提高表层性能，且可获得一些特殊性能。

(1) 化学热处理的分类。化学热处理的种类很多，根据渗入的元素不同，可分为渗碳、渗氮、碳氮共渗、渗金属等多种。

常用的渗入元素及作用见表 11-4。模具钢化学热处理常用渗入元素及作用见表 11-5。

表 11-4　　　　化学热处理常用的渗入元素及其作用

渗入元素	渗层深度（mm）	表面硬度	作　　用
C	0.3～1.6	57～63HRC	提高钢件的耐磨性、硬度及疲劳极限
N	0.1～0.6	700～900HV	提高钢件的耐磨性、硬度、疲劳极限、抗蚀性及抗咬合性，零件变形小
C、N（共渗）	0.25～0.6	58～63HRC	提高钢件的耐磨性、硬度和疲劳极限
S	0.006～0.08	70HV	减磨，提高抗咬合性能
S、N（共渗）	硫化物<0.01 氮化物 0.01～0.03	300～1200HV	提高钢件的耐磨性及疲劳极限
S、C、N（共渗）	硫化物<0.01 碳氮化合物 0.01～0.03	600～1200HV	提高钢件的耐磨性及疲劳极限
B	0.1～0.3	1200～1800HV	提高钢件的耐磨性、红硬性及抗蚀性

表 11-5 模具钢化学热处理常用渗入元素及其作用

渗入元件	工艺方法	常用钢材	渗层组成	渗层厚度(mm)	表面硬度	作用与特点	应用举例
C	渗碳	低碳钢,低碳合金钢,热作模具钢	淬火后为碳化物+马氏体+残留奥氏体	0.3~1.6	57~63HRC	渗碳淬火后可提高表面硬度、耐磨性、疲劳强度,能承受重负载,处理温度较高,工件畸变较大	齿轮,轴,活塞销,链条,万向节,渗碳轴承
N	渗氮	含铝低合金钢,中碳含铬低合金钢,w_{Cr} 为 5% 的热作模具钢,铁素体、马氏体、奥氏体不锈钢,沉淀硬化不锈钢	合金氮化物+含氮固溶体	0.1~0.6	560~1100HV	提高表面硬度、耐磨性、抗咬合性、疲劳强度、抗蚀性(不锈钢例外)以及抗回火软化能力;硬度、耐磨性比渗碳的高;渗氮温度低,工件畸变小,处理时间长,渗层脆性大	镗杆,轴,量具,齿轮
C, N	氮碳共渗	碳钢,合金钢,高速钢,铸铁,不锈钢,粉末冶金件	氮碳化合物+含氮固溶体	0.007~0.020 0.3~0.5	500~1100HV	提高表面硬度、耐磨性、疲劳强度;温度低,工件畸变小,硬度较渗氮低	齿轮,轴,工模具,液压件
S	渗硫	碳钢,合金钢,高速钢	硫化物	0.006~0.08	70~100HV	渗层具有良好的减摩性,提高零件的抗咬合能力,可在 200℃ 以下低温进行	工模具,齿轮,缸套,滑动轴等
S, N	硫氮共渗	碳钢,合金钢,高速钢	硫化物,氮化物	硫化物 <0.01 氮化物 0.01~0.03	300~1200HV	提高抗咬合能力、耐磨性及疲劳强度,提高高速钢刀具的热硬性和切削能力;渗层抗蚀性差	工模具,缸套

渗入元件	工艺方法	常用钢材	渗层组成	渗层厚度(mm)	表面硬度	作用与特点	应用举例
S,N,C	硫氮碳共渗	碳钢,合金钢,高速钢,铸铁,不锈钢	硫化物,氮碳化合物	硫化物<0.01 氮碳化物0.01～0.03	600～1200HV	提高抗咬合能力、减摩性、耐磨性及疲劳强度,提高高速钢刀具的红硬性和切削能力;渗层抗蚀性差	工模具,缸套,阀门,水泵零件,曲轴,主轴,齿轮,液压件,丝杠,导轨,不锈钢件
B	渗硼	中、高碳钢,中、高碳合金钢	硼化物	0.1～0.3	1200～1800HV	渗层硬度高,抗磨料磨损能力强,减摩性好,热硬性高,抗蚀性有改善;抗拉强度和韧性下降,抗压强度提高	冷作模具,阀门
Cr	渗铬	低碳钢,热作模具钢,镍基超级合金	铬碳化物,铬铁碳化物,固溶体	低碳钢0.05～0.15 高碳钢0.02～0.04	1300～1600HV 1750～1800HV	渗铬钢的抗蚀性相当于w_{Cr} 30%的铬钢,850℃以下有很好的抗氧化性,常温高湿度下抗大气腐蚀,显著提高钢的高温持久强度,渗铬后再调质可显著提高疲劳强度	燃气轮机叶片,热锻模,锅炉热交换管
V	渗钒	中碳钢,高碳钢,轴承钢,冷作模具钢	钒碳化物	0.012～0.014	2100～3300HV	渗钒层较薄,渗钒后无显著尺寸变化,工件渗钒后表层硬度大为提高,显著提高耐磨性,抗咬合性好	冷镦、冷挤等冷作模具

渗入元件	工艺方法	常用钢材	渗层组成	渗层厚度(mm)	表面硬度	作用与特点	应用举例
B,Al	硼铝共渗	钢、镍基耐热合金	硼化物,铝化物,含铝固溶体	0.07~0.3	1200~2300HV	共渗层脆性较渗硼层小,提高耐磨性、热疲劳、高温氧化、高温硬度、抗剥落能力,工件共渗后表面粗糙度值不变	模具,环规,氮肥设备零件等
Cr,Al,Si	铬铝硅共渗	碳钢,合金钢,不锈钢,耐热钢,模具钢	铬铁碳化物,铝铁化物,含铝固溶体	0.11~0.15	1000~1200HV	碳钢共渗后,抗硝酸水溶液腐蚀;模具钢共渗后,可提高高温性能;镍基合金共渗后,弯曲疲劳强度提高	燃气系统构件,压铸模,热处理底板,坩埚

注 w_{Cr} 为 Cr 的质量分数。

(2) 钢的化学热处理的方法。

1) 钢的渗碳。

a. 渗碳的目的及用钢。渗碳是将钢置于渗碳介质（称为渗碳剂）中，加热到单相奥氏体区，保温一定时间，使碳原子渗入钢表层的化学热处理工艺。渗碳的目的：提高钢件表层的含碳量和一定的碳浓度梯度。使工件渗碳后，经淬火及低温回火，表面获得高硬度，而其内部又具有高的韧性。

渗碳件的材料一般是低碳钢或低碳合金钢。

　　b. 渗碳的方式。渗碳的方法根据渗碳介质的不同可分为：固体渗碳、盐浴渗碳和气体渗碳。

　　各种渗碳的方式及渗碳剂的使用见表 11-6～表 11-8。

表 11-6　　　　　　钢的固体渗碳方式和渗碳剂的使用

渗剂质量分数（%）		使用方法与效果
Na₂CO₃	10	根据使用中催渗剂损耗情况，添加一定比例的新剂，混合均匀后重复使用
木炭	90	
BaCO₃	10	
木炭	90	
BaCO₃	15	新旧渗剂的比例为 3∶7，920℃渗碳层深 1.0～1.5mm 时，平均渗速为 0.11mm/h，表面碳质量分数为 1%
Na₂CO₃	5	
木炭	80	
Na₂CO₃	10	由于含碳酸钠（或醋酸钠），渗碳活性较高，速度较快，表面碳浓度高；含有焦炭时，渗剂强度高，抗烧结性能好，适于深层的大零件
焦炭	30～50	
木炭	55～60	
重油	2～3	
Na₂CO₃	10	
焦炭	75～80	
木炭	10～15	
0.154mm 木炭粉 50		"603"渗碳剂，用作液体渗碳盐浴的渗剂
NaCl	5	
KCl	10	
Na₂CO₃	15	
(NH₃)CO₃	20	

表 11-7　　　　　　钢的盐浴渗碳方式和渗碳剂的使用

盐浴质量分数（%）		使用方法和效果	
渗碳剂	10	20Cr 在 920～940℃下的渗碳速度	
NaCl	40		
KCl	40	渗碳时间（h）	渗碳层深度（mm）
Na₂CO₃		1	0.55～0.65
		2	0.90～1.00
（渗碳剂中含 0.154～0.280mm 木炭粉，质量分数为 70%，NaCl 质量分数为 30%）		3	1.40～1.50
		4	1.56～1.62

盐浴质量分数/(%)		使用方法和效果
Na₂CO₃	78～85	800～900℃渗碳30min,总层深0.15～0.20mm,共析层0.07～0.10mm,硬度达72～78HRA
NaCl	10～15	
SiC	6～8	
"603"渗碳剂	10	在920～940℃,装炉量为盐浴总量的50%～70%,20钢随炉渗碳试棒的渗碳速度
KCl	40～45	
NaCl	30～40	
Na₂CO₃	10	
NaCN	4～6	低氰盐浴较易控制,渗碳零件表面含碳量较稳定,如20CrMnTi和20Cr钢齿轮零件在920℃渗碳3.8～4.5h,表面碳的质量分数为83%～87%
BaCl₂	80	
NaCl	14～16	

表格内嵌:

保温时间(h)	渗碳层深度(mm)
1	>0.5
2	>0.7
3	>0.9

表 11-8　　　　　　　钢的气体渗碳方式和渗碳剂的使用

渗剂质量分数	使用方法
煤油、硫的质量分数在0.04%者均可	滴入或用泵喷入渗碳炉内
甲醇与丙酮,或甲醇与醋酸乙酯按比例混合	
天然气主要成分为甲烷,含有少量的乙烷及氮气等	直接通入炉内裂解
工业丙烷及丁烷是炼油厂副产品	直接通入炉内或添加少量空气在炉内裂解
由天然气或工业丙烷、丁烷或焦炉煤气与空气按一定比例混合后在高温下进行裂解	一般用吸热式气作运载气体,用天然气或丙烷作为富化气,以调整炉气碳势

　　c. 渗碳后的组织及热处理。零件渗碳后,其表面碳的质量分数可达0.85%～1.05%。含碳量从表面到心部逐渐减少,心部仍保持原来的含碳量。在缓冷的条件下,渗碳层的组织由表向里依次为:过共析区、共析区、亚共析区(过渡层)。中心仍为原来的组织。

　　渗碳只改变了工件表面的化学成分,要使其表层有高硬度、高耐磨性和心部良好的韧性相配合,渗碳后必须使零件淬火及低温回火。回火后表层显微组织为细针状马氏体和均匀分布的细粒渗碳体，硬度高达 $58\sim64$ HRC。心部因是低碳钢，其显微组织仍为铁素体和珠光体（某些低碳合金钢的心部组织为低碳马氏体及铁素体），所以心部有较高的韧性和适当的强度。

2）钢的渗氮。

a. 渗氮工艺及目的。渗氮是指在一定温度下，使活性氮原子渗入工件表面的化学热处理工艺。

渗氮的目的是为了提高零件表面硬度、耐磨性、耐蚀性及疲劳强度。

b. 渗氮的方法。常用的渗氮方法有：气体渗氮和离子渗氮。

常用渗氮的方法和特点见表 11-9。

表 11-9　　　　　　常用渗氮方法及特点

方法	工　艺	特　点
气体渗氮	将工件放在密闭的炉内，加热到 $500\sim600℃$ 通入氨气（NH_3），氨气分解出活性氮原子 $$2NH_3 \longrightarrow 2[N] + 3H_2$$ 活性氮原子被工件表面吸收，与工件表层 Al、Cr、Mo 等元素形成氮化物并向心部扩散，形成 $0.1\sim0.6$ mm 的氮化层	渗氮层硬度高，工件变形小，工件渗气后具有良好的耐蚀性。但生产周期长，成本高
离子渗氮	在低于 0.1MPa 的渗氮气氛中利用工件(阴极)和阳极之间产生的辉光放电进行渗氮	除具气体渗气的优点外，还具有速度快，生产周期短，渗氮质量高，对材料适应性强等优点

3）碳氮共渗。

a. 碳氮共渗及特点。碳氮共渗是指在一定温度下，将碳、氮同时渗入工件表层奥氏体中，并以渗碳为主的化学热处理工艺。碳氮共渗的方法有：固体碳氮共渗、液体碳氮共渗和气体碳氮共渗。目前使用最广泛的是气体碳氮共渗，目的在于提高钢的疲劳极限和表面硬度与耐磨性。气体碳氮共渗的温度为 $820\sim870℃$，共渗层表面碳的质量分数为 $0.7\%\sim1.0\%$，氮的质量分数为 $0.15\%\sim$

0.5%。热处理后，表层组织为含碳、氮的马氏体及呈细小分布的碳氮化合物。

碳氮共渗的特点：加热温度低，零件变形小，生产周期短，渗层有较高的硬度、耐磨性和疲劳强度。

用途：碳氮共渗目前主要用来处理汽车和机床上的齿轮、蜗杆和轴类等零件。

b. 软氮化。软氮化是以渗氮为主的液体碳氮共渗。它常用的共渗介质是尿素 $[(NH_2)_2CO]$。处理温度一般不超过 570℃，处理时间仅为 1～3h。与一般渗氮相比，渗层硬度低、脆性小。软氮化常用于处理模具、量具、高速钢刀具等。

4) 其他化学热处理。根据使用要求不同，工件还采用其他化学热处理方法。如渗金属就是在高温下向碳钢或低合金钢所制成的零件表面渗入铬、铝等各种合金元素，使表面合金化，目的是获得某些特殊性能，代替某些高合金钢（如不锈钢、耐热钢等）。与渗碳、渗氮相比，渗金属是金属原子间的互扩散，碳、氮等非金属原子的半径较小，较易于融入铁中形成间隙式固熔体，而金属元素渗入时则形成替代式固熔体，金属原子在晶格中的迁移比较困难，为了使金属原子获得足够的能量，就需要更高的温度和更长的时间。

化学热处理的目的：如渗铝可提高零件抗高温氧化性；渗硼可提高工件的耐磨性、硬度及耐蚀性；渗铬可提高工件的抗腐蚀性、抗高温氧化及耐磨性等。此外化学热处理还有多元素复合渗，使工件表面具有综合的优良性能。

（三）特殊热处理

1. 可控气氛热处理

可控气氛热处理是工件在炉气成分可以控制的炉内进行热处理，其目的是减少和防止工件在加热时的氧化和脱碳；控制渗碳时渗碳层的碳浓度，而且可以使脱碳的工件重新复碳。主要用于渗碳、碳氮共渗、保护气氛淬火和退火等。

2. 真空热处理

真空热处理是将工件放在低于一个大气压的环境中进行热处

理。包括真空退火、真空淬火和真空化学热处理等。真空热处理的特点是：①工件在热处理过程中不氧化、不脱碳，表面粗糙度值低；②减少氢脆、提高韧性；③工件升温缓慢，截面温差小，热处理后变形小。

3. 形变热处理

形变热处理是将塑性变形和热处理有机结合在一起以提高材料力学性能的复合工艺。这种方法能同时收到形变强化与相变强化的综合效果，除可提高钢的强度外，还能在一定程度上提高钢的塑性和韧性。

形变热处理包括低温形变热处理与高温形变热处理。

（1）低温形变热处理是将钢件加热至奥氏体状态，保持一定时间后急速冷却至 Ar_1 以下、M_s 以上某温度进行塑性变形，并随即进行淬火和回火。

（2）高温形变热处理是将钢件加热至奥氏体状态，保持一定时间后进行塑性变形，并随即进行淬火和回火，锻热淬火、轧热淬火均属于高温形变热处理。钢件经高温形变热处理后，塑性和韧性、抗拉强度和疲劳强度均有显著提高。

4. 激光热处理

激光热处理是利用高能量密度的激光束（主要由二氧化碳激光器供给）对工件表面扫描照射，使其极快被加热到相变温度以上，停止扫描照射后靠零件本身的热传导来冷却，即自行淬火。激光热处理的特点是加热速度快，加热区域小，不需要淬火冷却介质，变形极小，表面光洁。

三、钢的热处理代号

参照国家标准 GB/T 12603—2005《金属热处理工艺的分类及代号》说明如下。

1. 分类

热处理分类由基础分类和附加分类组成。

（1）基础分类。根据工艺类型、工艺名称和实现工艺的加热方法，将热处理工艺按三个层次进行分类，见表 11-10。

表 11-10　　　**热处理工艺分类及代号**（GB/T 12603—2005）

工艺总称	代号	工艺类型	代号	工艺总称
热处理	5	整体热处理	1	退火
				正火
				淬火
				淬火和回火
				调质
				稳定化处理
				固溶处理，水韧处理
				固溶处理＋时效
		表面热处理	2	表面淬火和回火
				物理气相沉积
				化学气相沉积
				等离子体增强化学气相沉积
				离子注入
		化学热处理	3	渗碳
				碳氮共渗
				渗氮
				氮碳共渗
				渗其他非金属
				渗金属
				多元共渗

（2）附加分类。对基础分类中某些工艺的具体条件进一步分类。包括退火、正火、淬火、化学热处理工艺的加热介质（见表11-11）；退火工艺方法（见表11-12）；淬火介质或冷却方法（见表11-13）；渗碳和碳氮共渗的后续冷却工艺，以及化学热处理中非金属、渗金属、多元共渗、熔渗四种工艺按渗入元素的分类。

表 11-11　　　　　　　　**加热介质及代号**

加热方式	可控气氛（气体）	真空	盐浴（液体）	感应	火焰	激光	电子束	等离子体	固体装箱	流态床	电接触
代号	01	02	03	04	05	06	07	08	09	10	11

表 11-12　　　　　　　　**退火工艺及代号**

退火工艺	去应力退火	均匀化退火	再结晶退火	石墨化退火	脱氢处理	球化退火	等温退火	完全退火	不完全退火
代号	St	H	R	G	D	Sp	I	F	P

表 11-13　　　　　　　　　淬火冷却介质和冷却方法及代号

冷却介质和方法	空气	油	水	盐水	有机聚合物水溶液	盐浴	加压淬火	双介质淬火	分级淬火	等温淬火	形变淬火	气冷淬火	冷处理
代号	A	O	W	B	Po	H	Pr	I	M	At	Af	G	C

2. 代号

（1）热处理工艺代号。热处理工艺代号由以下几部分组成：基础分类工艺代号由三位数组成，附加分类工艺代号与基础分类工艺代号之间用半字线连接，采用两位数和英文字头做后缀的方法。

热处理工艺代号标记规定如下：

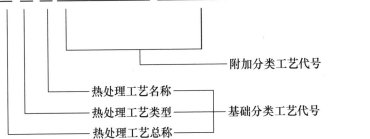

（2）基础分类工艺代号。基础分类工艺代号由三位数组成，三位数均为 JB/T 5992.7 中表示热处理的工艺代号。第一位数字"5"为机械制造工艺分类与代号中表示热处理的工艺代号；第二、三位数分别代表基础分类中的第二、三层次中的分类代号。

（3）附加分类工艺代号。

1）当对基础工艺中的某些具体实施条件有明确要求时，使用附加分类工艺代号。附加分类工艺代号接在基础分类工艺代号后面。其中加热方式采用两位数字，退火工艺和淬火冷却介质和冷却方法则采用英文字头表示。具体代号见表 11-11～表 11-13。

2）附加分类工艺代号，按表 11-11～表 11-13 顺序标注。当工艺在某个层次不需要分类时，该层次用阿拉伯数字"0"代替。

3）当对冷却介质和冷却方法需要用表 11-13 中两个以上字母

表示时，用加号将两或几个字母连接起来，如 H＋M 代表盐浴分级淬火。

4）化学热处理中，没有表明渗入元素的各种工艺，如多元共渗、渗金属、渗其他非金属，可在其代号后用括号表示出渗入元素的化学符号。

（4）多工序热处理工艺代号。多工序热处理工艺代号用破折号将各工艺代号连接组成，但除第一工艺外，后面的工艺均省略第一位数字"5"，如 5151-33-01 表示调质和气体渗碳。

（5）常用热处理的工艺代号。常用热处理工艺代号见表 11-14。

表 11-14　　常用热处理工艺代号（GB/T 12603—2005）

工艺	代号	工艺	代号
热处理	500	完全退火	511-F
可控气氛热处理	500-01	不完全退火	511-P
真空热处理	500-02	正火	512
盐浴热处理	500-03	淬火	513
感应热处理	500-04	空冷淬火	513-A
火焰热处理	500-05	油冷淬火	513-O
激光热处理	500-06	水冷淬火	513-W
电子束热处理	500-07	盐水淬火	513-B
离子轰击热处理	500-08	有机水溶液淬火	513-Po
流态床热处理	500-10	盐浴淬火	513-H
整体热处理	510	加压淬火	513-Pr
退火	511	双介质淬火	513-I
去应力退火	511-St	分级淬火	513-M
均匀化退火	5111-H	等温淬火	513-At
再结晶退火	511-R	形变淬火	513-Af
石墨化退火	511-G	气冷淬火	513-G
脱氢退火	511-D	淬火及冷处理	513-C
球化退火	511-Sp	可控气氛加热淬火	513-01
等温退火	511-I	真空加热淬火	513-02

工艺	代号	工艺	代号
盐浴加热淬火	513-03	渗氮	533
感应加热淬火	513-04	气体渗氮	533-01
流态床加热淬火	513-10	液体渗氮	533-03
流态床加热分级淬火	513-10M	离子渗氮	533-08
流态床加热盐浴分级淬火	513-10H＋M	流态床渗氮	533-10
淬火和回火	514	氮碳共渗	534
调质	515	渗其他非金属	535
稳定化处理	516	渗硼	535(B)
固溶处理，水韧化处理	517	气体渗硼	535-01(B)
固溶处理＋时效	518	液体渗硼	535-03(B)
表面热处理	520	离子渗硼	535-08(B)
表面淬火和回火	521	固体渗硼	535-09(B)
感应淬火和回火	521-04	渗硅	535(Si)
火焰淬火和回火	521-05	渗硫	535(S)
激光淬火和回火	521-06	渗金属	536
电子束淬火和回火	521-07	渗铝	536(Al)
电接触淬火和回火	521-11	渗铬	536(Cr)
物理气相沉积	522	渗锌	536(Zn)
化学气相沉积	523	渗钒	536(V)
等离子体增强化学气相沉积	524	多元共渗	537
离子注入	525	硫氮共渗	537(S-N)
化学热处理	530	氧氮共渗	537(O-N)
渗碳	531	铬硼共渗	537(Cr-B)
可控气氛渗碳	531-01	钒硼共渗	537(V-B)
真空渗碳	531-02	铬硅共渗	537(Cr-Si)
盐浴渗碳	531-03	铬铝共渗	537(Cr-Al)
离子渗碳	531-08	硫氮碳共渗	537(S-N-C)
固体渗碳	531-09	氧氮碳共渗	537(O-N-C)
流态床渗碳	531-10	铬铝硅共渗	537(Cr-Al-Si)
碳氮共渗	532		

✦ 第三节 模具常用钢及其化学成分

一、塑料模具常用钢及其化学成分

塑料模具主要用于热塑性塑料的注塑成形和热固性塑料的压塑成形。热塑性塑料注塑模受压、受磨损作用较轻，当注塑原料中含有玻璃纤维填料时，对型腔的磨损加剧，部分含有氟、氯的塑料在受热时还会析出腐蚀性气体，对模具型腔有一定的腐蚀作用；热固性塑料压塑模因塑料中常加有大量固体填充剂，受力、受磨损较大，型腔也受到分解气体的腐蚀作用。另外，塑料模一般直接制成最终塑料制品，不再进行其他加工，所以，要求保证型腔的尺寸精度和表面粗糙度。为此，塑料模具钢需要具有一定的强度、韧性、耐磨性、较高的耐蚀性、镜面抛光性能和表面图案蚀刻性能。

1. 塑料模具常用钢

对于一些形状简单、精度要求不高的中低档塑料制品成形用的模具，往往采用表 11-15 所列几类传统钢材。

表 11-15　　　　塑料模具常用传统钢材

钢　种	牌　号
渗碳钢	20、20Cr、12CrNi2、12CrNi3、12CrNi4 等
调质钢	45，55，40Cr 等
碳素工具钢	T7，T8，T9，T10 等
合金工具钢	9Mn2V，CrWMn，Cr6WV，Cr12MoV 等
热作模具钢	5CrMnMo，5CrNiMo，4Cr5MoSiV(H11)，4Cr5MoSiV1(H13)等
耐蚀钢	2Cr13，4Cr13，9Cr18Mo，Cr4Mo4V，1Cr17Ni2 等

2. 塑料模具专用钢

随着塑料工业的迅速发展，对塑料模具材料的综合性能要求越来越高。传统的模具用钢已经满足不了要求，正逐步被塑料模具专用钢所取代。

塑料模具专用钢包括以下几类。

（1）碳素塑料模具钢 SM45、SM50 等。该类钢属于优质碳素塑料模具钢。钢材的纯净度好，经调质处理后具有一定的硬度、强度和耐磨性，切削性能好，而且价格便宜。对于精度、表面粗糙度、模具使用寿命要求不高的形状简单的中小型塑料模具很适宜。

（2）调质预硬型塑料模具钢 3Cr2Mo（P20）是一种低杂质含量的合金结构钢。其综合力学性能好，淬透性高，并有很好的抛光性能。模坯预先调质到一定硬度（28～35HRC），然后进行机械加工，最后进行磨抛加工。热处理工序安排在机械加工前进行，既能保证模具的使用性能，又可避免热处理所引起的模具变形。

（3）易切削调质预硬型塑料模具钢 8Cr2MnWMoVS（简写为8Cr2S）、5CrNiMnMoVS（SMl）等。这两种钢中所加入的易切削元素硫，同钢中的锰元素形成 MnS 易切削相。模坯也预先调质到一定硬度（40～48HRC），然后进行机械加工，最后进行磨抛加工。适用于形状复杂、精度要求高的塑料模具。

8Cr2S 钢由于合金元素及碳含量较高，因此，其大型模坯的锻造比较困难，常常采用补焊并回火后进行机械加工。

（4）二元易切削预硬型塑料模具钢 4CrNiMnMoVSCa（简写为 4NiSCa）、5CrNiMnMoVSCa（简写为 5NiSCa）等。硫系易切削预硬型钢的缺点是等向性较差，而二元易切削预硬型钢在向钢中加入硫元素的同时，又加入钙元素，其目的是改善钢的各向异性并进一步提高切削性能，降低模具表面粗糙度。

5NiSCa 经调质处理后的机械加工性能与退火态的 45 钢相同。其镜面抛光性能、蚀刻性能及焊补性能均优于 P20 钢。

（5）时效硬化型塑料模具钢 1Ni3Mn2CuAlMo（PMS）、Y20CrNi3AlMnMo（SM2）、06Ni6CrMoVTiAl（06）等。

1）Ni3Mn2CuAlMo（PMS），是一种低碳的镍铜铝合金钢，可以挤压成形。锻完空冷即实现了固熔处理，固熔处理后的硬度在30HRC 左右，可进行机械加工；再经时效处理，硬度达到 40～45HRC。镜面抛光性能、抗蚀性能、图案蚀刻性能、补焊性能等都较好，是理想的成形光学透明塑料制品的模具材料。

2）Y20CrNi3AlMnMo（SM2），该钢中加入硫、锰元素，形成易切削相 MnS；加入铬元素，提高钢的淬透性；加入铝元素，在时效时析出硬化相 Ni3Al 时效后的硬度为 40HRC 左右。该钢淬透性和切削性能优于 PMS 钢，表面抛光性能良好。

3）06Ni6CrMoVTiAl（06），属于低碳马氏体时效钢。该钢的特点是固熔处理后硬度低，切削加工性能好；加工成形后进行时效处理，硬度达到 43～48HRC。综合力学性能好，热处理变形小，渗氮及焊接性能都较好。适宜制造高精度的塑料模具。

（6）耐蚀塑料模具钢 0Cr16Ni4Cu3Nb（PCR）。属析出硬化不锈钢。固熔处理后硬度为 32～35HRC，可进行切削加工，时效后硬度为 42～44HRC，可获得较好的综合力学性能。具有良好的耐蚀性，适合制造用于成形含氯、氟元素的塑料制品的模具。塑料模具专用钢的钢号及其化学成分见表 11-16。

二、冲压模具常用钢及其化学成分

冲压模具常用钢的钢号及其化学成分见表 11-17。

1. 冷冲压模具钢

（1）碳素工具钢。碳素工具钢价廉易得，易于锻造成形，切削加工性能也比较好，缺点是淬透性差，热处理变形、开裂倾向大，耐磨性和热强性都较低，因此，只能用来制造工作时受力不大、形状简单、尺寸较小的冷冲压模具。

（2）低变形高强度型钢。9Mn2V 钢不含贵重的合金元素。由于有少量的钒，使晶粒细化并减少钢件的过热敏感性；由于所含的碳化物量少而且细小，分布均匀，热处理变形小。适用于形状复杂、精度要求较高、截面较小的冷冲压模具。

9SiCr 钢含有硅、铬等元素，淬透性较好，可以分级或等温淬火，有利于减小淬火变形。但在加热过程中，脱碳的敏感性较大，所以应注意脱碳保护。

CrWMn 钢碎透性好，变形小，淬火、回火硬度高，耐磨性好。由于钢中所含钨元素有利于晶粒细化，使钢的韧性提高。适用于精度要求较高的冷冲模刃口部位零件。

6CrNiMnSiMoV（代号 GD）钢是一种碳化物偏析小、淬透性高的低变形高强度型钢。加入镍、硅、锰元素，提高了基体的强度和韧性；加入少量的钒、钼元素可使晶粒细化。可取代 CrWMn钢，制造承受冲击载荷并要求耐磨的冷冲模具。

表 11-16　　塑料模具专用钢及其化学成分

化学成分（%）

钢号	C	Si	Mn	Cr	Mo	V	Ni	Cu	Al	其他	S	P
SM45	0.42~0.48	0.17~0.37	0.50~0.80	—	—	—	—	—	—	—	≤0.03	≤0.03
SM50	0.47~0.53	0.17~0.37	0.50~0.80	—	—	—	—	—	—	—	≤0.03	≤0.03
P20	0.33~0.36	0.57~0.58	0.78~0.79	1.83~1.85	0.3~0.46	—	—	—	—	—	≤0.01	≤0.01
8Cr2S	0.75~0.85	≤0.4	1.3~1.7	2.3~2.6	0.5~0.8	0.1~0.25	—	—	—	—	0.08~0.15	≤0.03
SM1	0.55~0.70	≤0.4	1.0~1.5	1.0~1.5	≤1.0	≤1.0	—	—	—	—	≤0.2	≤0.03
5NiSCa	0.5~0.6	—	—	0.9~1.3	0.3~0.54	0.15~0.3	0.9~1.3	—	—	—	0.06~0.15	≤0.03
PMS	0.06~0.20	≤0.35	1.4~1.7	—	0.2~0.5	—	2.8~3.4	0.8~1.2	0.7~1.05	—	≤0.03	≤0.03
SM2	0.17~0.23	<0.4	0.8~1.2	0.8~1.2	0.2~0.5	—	3.0~3.5	—	1.0~1.5	—	0.08~0.15	≤0.03
06	≤0.06	≤0.5	≤0.5	1.3~1.6	0.9~1.2	0.08~0.16	5.5~6.5	—	0.5~0.9	Ti: 0.9~1.3	≤0.03	≤0.03
PCR	≤0.07	<1.0	<1.0	15~17	—	—	—	2.5~3.5	—	Nb: 0.2~0.4	≤0.03	≤0.03

表 11-17　冲压模具的常用钢号及其化学成分

钢号		C	Mn	Si	Cr	W	Mo	V	其他	S	P
碳素工具钢	T7	0.65~0.74	≤0.4	≤0.35	—	—	—	—	—	<0.03	<0.035
	T8	0.75~0.84	≤0.4	≤0.35	—	—	—	—	—	<0.03	<0.035
	T10	0.95~1.04	≤0.4	≤0.35	—	—	—	—	—	<0.03	<0.035
	T12	1.15~1.24	≤0.4	≤0.35	—	—	—	—	—	<0.03	<0.035
冷冲压模具钢　低变形高强度型钢	9Mn2V	0.85~0.95	1.7~2.2	≤0.4	—	—	—	0.15~0.25	—	≤0.03	≤0.03
	9SiCr	0.85~0.95	0.3~1.6	1.2~1.6	0.95~1.25	—	—	—	—	≤0.03	≤0.03
	CrWMn	0.9~1.05	0.8~1.1	≤0.4	0.9~1.2	1.2~1.6	—	—	—	≤0.03	≤0.03
	6CrW2Si	0.55~0.65	≤0.4	0.5~0.8	1.0~1.3	2.2~2.7	—	—	—	≤0.03	≤0.03
	8Cr2MnWMoVS	0.75~0.85	1.3~1.7	≤0.4	2.3~2.6	0.7~1.1	0.5~0.8	0.1~0.25	—	0.08~0.15	≤0.03
	7CrSiMnMoV（代号 CH-1）	0.65~0.75	0.65~1.05	0.85~1.15	0.9~1.2	0.3~0.5	—	0.15~0.3	—	≤0.03	≤0.03
	6CrNiMnSiMoV（代号 GD）	0.64~0.74	0.7~1.0	0.5~0.9	1.0~1.3	—	0.3~0.6	~0.12	Ni: 0.7~1.0	≤0.03	≤0.03

续表

钢号		化学成分（%）									
		C	Mn	Si	Cr	W	Mo	V	其他	S	P
冷冲压模具钢	微变形高耐磨型钢										
	Cr6WV	1.0~1.15	≤0.4	≤0.4	5.5~7.0	1.1~1.5	—	—	—	≤0.03	≤0.03
	Cr5Mo1V	0.95~1.05	≤1.0	≤0.5	4.75~5.5	—	0.9~1.4	0.15~0.5	—	≤0.03	≤0.03
	Cr4W2MoV	1.12~1.25	≤0.4	0.4~0.7	3.5~4.0	1.2~2.0	0.8~1.2	0.8~1.1	—	≤0.03	≤0.03
	Cr12	2.0~2.3	≤0.4	≤0.4	11.5~13.0	—	—	—	—	≤0.03	≤0.03
	Cr12MoV	1.45~1.70	≤0.4	≤0.4	11~12.5	—	0.4~0.6	0.15~3.0	—	≤0.03	≤0.03
	Cr12Mo1V1	1.4~1.6	≤0.6	≤0.6	11~13.0	—	0.7~1.2	≤1.1	—	≤0.03	≤0.03
	Cr8MoWV3Si（代号 ER5）	0.95~1.1	0.3~0.6	0.9~1.2	7.0~8.0	0.8~1.2	1.4~1.8	2.2~2.7	—	≤0.03	≤0.03
	高强韧型钢										
	6Cr4W3Mn2VNb	0.6~0.7	≤0.4	≤0.4	3.8~4.4	2.5~3.5	1.8~2.5	0.8~1.2	Nb: 0.2~0.35	≤0.03	≤0.03
	5Cr4Mo3SiMnVAl	0.47~0.57	0.8~1.1	0.8~1.1	3.8~4.3	—	2.8~3.4	0.8~1.2	Al: 0.3~0.7	≤0.03	≤0.03
	6Cr4Mo3Ni2WV	0.55~0.64	≤0.4	≤0.4	3.8~4.3	0.9~1.3	2.8~3.3	0.9~1.3	Ni: 1.8~2.1	≤0.03	≤0.03
	65Cr4W3Mo2VNb	0.6~0.7	≤0.4	≤0.35	3.8~4.4	2.5~3.0	2.0~2.5	0.8~1.1	Nb: 0.2~0.35	≤0.03	≤0.03

续表

		钢 号	化学成分 (%)									
			C	Mn	Si	Cr	W	Mo	V	其他	S	P
冷冲压模具钢	高耐磨强韧型高碳钢	7Cr7Mo3V2Si (代号 LD)	0.7~0.8	6.5~7.0	2.0~3.0	0.7~1.2	1.7~2.2	≤0.5	—	—	≤0.03	≤0.03
		9Cr6W3Mo2V2 (代号 GM)	0.86~0.94	5.6~6.4	2.0~2.5	—	1.7~2.2	—	2.8~3.2	—	≤0.03	≤0.03
	高速钢	W18Cr4V	0.7~0.8	3.8~4.4	≤0.3	—	1.0~1.4	—	17.5~19.0	—	≤0.03	≤0.03
		W6Mo5Cr4V2	0.8~0.9	3.8~4.4	4.5~6.0	—	1.8~2.3	—	6.0~7.0	—	≤0.03	≤0.03
		W9Mo3Cr4	0.77~0.87	3.8~4.4	2.7~3.3	—	1.3~1.7	—	8.5~9.5	—	≤0.03	≤0.03
热冲压模具钢	低耐热高韧型钢	5CrMnMo	0.5~0.6	0.6~0.9	0.15~0.30	0.25~0.6	—	1.2~1.6	—	—	≤0.03	≤0.03
		5CrNiMo	0.5~0.6	0.5~0.8	0.15~0.30	≤0.4	—	0.5~0.8	—	Ni: 1.4~1.8	≤0.03	≤0.03
		5Cr2NiMoVSi	0.46~0.53	1.54~2.0	0.8~1.2	0.6~0.9	0.3~0.5	0.4~0.6	—	Ni: 0.8~1.2	≤0.03	≤0.03
		4CrMnSiMoV	0.35~0.45	1.3~1.5	0.4~0.6	0.8~1.1	0.2~0.4	0.8~1.1	—	—	≤0.03	≤0.03

续表

热冲压模具钢	钢　号	化学成分（%）									
		C	Mn	Si	Cr	W	Mo	V	其他	S	P
中耐热强韧型钢	4Cr5MoSiV（代号H11）	0.32~0.42	4.75~5.50	1.1~1.6	0.8~1.2	0.3~0.6	0.2~0.5	—	—	≤0.03	≤0.03
	4Cr5W2VSi	0.32~0.42	4.5~5.5	—	0.8~1.2	0.6~1.0	≤0.4	1.6~2.4	—	≤0.03	≤0.03
	4Cr5MoSiV1（代号H13）	0.32~0.42	4.75~5.50	1.1~1.75	0.8~1.2	0.8~1.2	≤0.4	—	—	≤0.03	≤0.03
高热强型钢	3Cr3Mo3W2V	0.32~0.42	2.8~3.3	2.5~3.0	0.6~0.9	0.8~1.2	≤0.65	1.2~1.8	—	≤0.03	≤0.03
	5Cr4W5Mo2V	0.4~0.5	3.4~4.4	1.5~2.1	≤0.4	0.7~1.1	≤0.4	4.5~5.3	—	≤0.03	≤0.03
	5Cr4Mo3SiMnVAl（代号012Al）	0.47~0.57	3.8~4.3	2.8~3.4	0.8~1.1	0.8~1.2	0.8~1.1	—	Al：0.3~0.7	≤0.03	≤0.03
	4Cr3Mo3W4VNb（代号GR）	0.37~0.47	2.5~3.5	2.0~3.0	≤0.5	1.0~1.4	≤0.5	3.5~4.5	Nb：0.1~0.2	≤0.03	≤0.03
	5Cr4Mo2W2VSi	0.45~0.55	3.7~4.3	1.8~2.2	0.8~1.1	1.0~1.3	≤0.5	1.8~2.2	—	≤0.03	≤0.03

8Cr2MnWMoVS 钢属于含硫易切削钢。淬火、回火硬度高，耐磨性好，热处理变形小，综合力学性能好。适用于精密、重载荷的冷冲压模具的重要部位零件。

7CrSiMnMoV（代号 CH-1）钢属于火焰淬火钢。该钢的合金元素含量低，碳化物含量少，塑性变形抗力低，锻造性能好，淬火温度范围大，过热敏感性小，淬火变形小，综合性能好；火焰淬火操作简便，成本低，生产周期短。所以，该钢得以广泛应用。

（3）微变形高耐磨型钢。微变形高耐磨冷冲压模具钢的突出特点是淬透性好，热处理变形小，淬硬性和耐磨性高，承载能力大。适用于各种形状复杂、精度要求高、需要承受一定冲击载荷的大中型冷冲压模具。

该类钢中的 Cr12 系列钢属于高碳莱氏体钢，塑性差，变形抗力大，导热性能低。因此，在对钢坯锻造加热时，温升不能太快、锻造温度不能太低，又要防止过烧，需分段预热，以避免锻造开裂现象的发生。

（4）高强韧型钢。高强韧型冷冲压模具钢具有最佳的强韧性配合，适用于冷挤压、冷镦、冷冲裁等要求具有高强韧性能，需要承受重载荷的模具。

（5）高强韧高耐磨型钢。7Cr7Mo3V2Si（代号 LD）钢与9Cr6W3Mo2V2（代号 GM）钢是新型的高强韧耐磨钢，具有高的强韧性和耐磨性，满足了高负荷冷冲压模具的需求。

（6）高速钢。高速钢具有很高的硬度、抗压强度和耐磨性，采用低温淬火、快速加热淬火等工艺措施可有效地改善其韧性，因此，已越来越多地应用于要求重载荷、高寿命的冷冲压模具。

2. 热冲压模具钢

（1）低耐热高韧型钢。该类钢具有冲击韧性好、淬透性高、耐热疲劳性好的特点，主要用于承受很大冲击载荷的热作模具，能在400℃左右承受急冷急热的恶劣工况，但由于合金元素总量不高，所以钢的热稳定性较差，只适宜在400℃以下的工作条件下使用。

（2）中耐热强韧型钢。该类钢的韧性、淬透性、耐热疲劳性和抗氧化性都较好，而且由于钨、钼、钒等元素含量高，回火时增加二次硬化效果，因此，提高了热强性与热稳定性，可谓强韧兼备。此类钢可以在550～600℃高温下使用。

（3）高热强型钢。该类钢中钨、钼、钒、铌等元素的含量较高，二次硬化效果明显，热硬性、热强性、回火稳定性都较高，并具有良好的耐磨性、耐热疲劳性和抗氧化性，能在600～650℃的高温下长期使用。

三、压铸模具常用钢及其化学成分

在压铸成形过程中，模具要经受周期性的加热和冷却，经受高速高压注入的灼热金属液的冲刷和侵蚀，因此，要求模具钢具有良好的高温力学性能、导热性能、抗热疲劳性能、耐磨性能和耐熔蚀性能。

压铸模按其工作温度和所压铸的金属材料，可分为锌合金压铸模、铝合金压铸模、镁合金压铸模、铜合金压铸模和黑色金属压铸模。模具钢的选用及其热处理工艺的制订，主要依据所压铸金属的种类，待压铸成形工件的尺寸、形状、精度要求和模具使用寿命要求等而定。

锌合金的熔点为400～500℃。由于工作温度较低，对一般要求的模具可采用合金结构钢；但对模具要求较高时，需选用专用模具钢材料，常用的钢号有4Cr5W2SiV、 （H11）、4Cr5MoSiV1（H13）。

铝合金的熔点为650～700℃，镁合金的熔点为630～680℃。铝、镁合金压铸模常用钢号有4Cr5MoSiV1（H13）、3Cr2W8V、4Cr5Mo2MnVSi（H10）、4Cr5Mo2MnSiVI（Y10）、3Cr3Mo3VNb（HM3）等。

铜合金的熔点为900～1000℃。该模具用钢，目前国内仍然以3Cr2W8V为主，此外，还有3Cr3Mo3V、3Cr2W9Co5V、4Cr3Mo2MnVB（ER8）等。

在实际应用中，铝合金压铸件的需求量最大，锌、铜合金的压铸件次之。因此，将重点介绍铝合金压铸模具常用钢及其热处理工艺规范。铝合金压铸模具常用钢的钢号及其化学成分见表11-18。

表 11-18 铝合金压铸模具的常用钢号及其化学成分

钢 号	化学成分（%）									S, P
	C	Si	Mn	Cr	W	V	Mo	Nb	其他	
3Cr2W8V	0.3 ~ 0.4	≤0.4	≤0.4	2.2 ~ 2.7	7.5 ~ 9.0	0.2 ~ 0.5				≤0.03
4Cr5MoSiV1 （代号 H13）	0.3 ~ 0.42	0.8 ~ 1.2	0.2 ~ 0.5	4.75 ~ 5.5		0.8 ~ 1.2	1.1 ~ 1.75			
4Cr5Mo2MnSiV1 （代号 Y10）	0.36 ~ 0.42	1.0 ~ 1.5	0.7 ~ 1.5	4.5 ~ 5.5		0.8 ~ 1.2	1.8 ~ 2.2		Ni, Cu 微量	
3Cr3Mo3VNb （代号 HM3）	0.24 ~ 0.33			2.6 ~ 3.2		0.6 ~ 0.8	2.7 ~ 3.2	0.08 ~ 0.15		

3Cr2W8V 是钨系高热强模具钢的代表钢号。其冷热疲劳抗力差，但因抗回火能力较强而得以广泛应用。

4Cr5MoSiV1（H13）是国际上广泛应用的一种空冷硬化模具钢。该钢具有较高的韧性和耐冷热疲劳性能，不易产生裂纹，即使产生裂纹也不易扩展，是一种强韧兼备的优质廉价钢种。

4Cr5Mo2MnSiV1（Y10）是根据铝合金压铸模的工作特点而研制出来的新钢种。钢中的铬元素含量高，淬透性好；钼、钒元素有利于晶粒细化，提高了热强性能和回火稳定性；加入硅、锰元素，增加基体的强度。该钢除了耐热性能比 3Cr2W8V 稍差些之外，其余力学性能及工艺性能均优于 3Cr2W8V 钢。

第四节　模具常用钢的热处理规范

在生产实践中，不同用途的模具具有不同的性能要求，而最基本的性能要求是硬度、强度、韧性、耐磨性和抗疲劳性能等。在这些性能中有的是相互联系的，有的在某种程度上是相互矛盾的。因此，必须根据模具的工作条件与失效形式进行具体分析，确定相应的失效抗力指标，并通过正确地选择模具材料和合理地制订热处理工艺来实现这些指标。

一、塑料模具专用钢的热处理规范

1. 碳素塑料模具钢

相变点温度见表 11-19。钢坯锻造工艺见表 11-20。热处理工艺规范见表 11-21。

表 11-19　　　　碳素塑料模具钢的相变点温度（℃）

钢　号	Ac_1	Ac_3	Ar_1	Ar_3
SM45	724	780	682	751
SM50	725	760	690	720

表 11-20　　　　碳素塑料模具钢的钢坯锻造工艺

钢　号	加热温度（℃）	始锻温度（℃）	终锻温度（℃）	锻后冷却
SM45	1130～1200	1070～1150	≥850	缓冷
SM50	1230～1260	1180～1200	＞800	空冷，ϕ300mm 以上缓冷

表 11-21　　　　碳素塑料模具钢的热处理工艺

钢号	锻后退火 加热温度（℃）	冷却	正火 加热温度（℃）	冷却	淬火 加热温度（℃）	冷却	回火 加热温度（℃）	冷却
SM45	820～840	炉冷	830～880	空冷	820～860	油冷或水冷	500～560	空冷
SM50	810～830	炉冷	820～870	空冷	820～850	油冷或水冷	500～600	空冷

2. 调质预硬型塑料模具钢

调质预硬型塑料模具钢以 3Cr2Mo（P20）为代表。

相变点温度：Ac_1 为 770℃，Ac_3 为 825℃，Ar_1 为 640℃，Ar_3 为 755℃，M_s 为 335℃，M_f 为 180℃。

钢坯锻造工艺：钢坯锻造加热温度为 1120～1160℃，始锻温度为 1070～1100℃，终锻温度大于或等于 850℃，锻后缓冷。

热处理工艺规范如下。

（1）预备热处理：锻后进行等温退火。加热温度为 840～860℃，保温时间为 2～4h，等温温度为 710～730℃，等温时间为 4～6h，炉冷至 500℃，出炉后空冷。

（2）最终热处理：淬火、高温回火（调质处理）。淬火温度为 840～860℃，油冷，淬火后硬度为 50～54HRC；回火温度为 600～650℃，空冷，回火硬度为 28～36HRC。

3. 易切削调质预硬型塑料模具钢

相变点温度见表 11-22。钢坯锻造工艺见表 11-23。热处理工艺规范如下。

（1）预备热处理。锻后进行等温退火的工艺规范见表 11-24。

（2）最终热处理。淬火、高温回火（调质处理）的工艺规范见表 11-25。

表 11-22　易切削调质预硬型塑料模具钢的相变点温度（℃）

钢　号	Ac_1	Ac_3	Ac_{cm}	Ar_1	Ar_3	Ar_{cm}	M_s
8Cr2MnWMoVS（缩写为 8Cr2S）	770		820	660		710	170
5CrNiMnMoVS（代号为 SM1）	712	772		652	694		290

表 11-23　易切削调质预硬型塑料模具钢的钢坯锻造工艺

钢　号	加热温度（℃）	始锻温度（℃）	终锻温度（℃）	锻后冷却
8Cr2S	1100～1150	1050～1080	≤900	空冷
SM1	1120～1160	1040～1060	≥850	空冷

表 11-24　易切削调质预硬型塑料模具钢的等温退火工艺

钢　号	加热温度（℃）	保温时间（h）	等温温度（℃）	等温时间（h）	出炉温度（℃）	硬度（HBS）
8Cr2S	790～810	2	710～690	6～8	≤550	229
SM1	800～820	2～4	690～670	4～6	≤550	200

表 11-25　易切削调质预硬型塑料模具钢的调质处理工艺

钢号	淬　火			高温回火		
	加热温度（℃）	冷却方式	硬度（HRC）	加热温度（℃）	冷却方式	硬度（HRC）
8Cr2S	860～920	油冷	64～62	550～620	空冷	40～48
SM1	800～850	油冷	59～57	620～650	空冷	39～41

4. 二元易切削预硬型塑料模具钢

4CrNiMnMoVSCa（缩写为 4NiSCa）与 5CrNiMnMoVSCa（缩写为 5NiSCa）在化学成分上除了含碳量有所不同外，其余元素的含量相同，因此，以 5NiSCa 为代表说明。

相变点温度：5NiSCa 加热时，相变的开始温度为 695℃，终了的温度为 735℃；冷却时开始的温度为 378℃，终了的温度为 305℃；马氏体转变始点为 220℃。

钢坯锻造工艺：钢坯锻造加热温度为 1100～1150℃，始锻温度为 1070～1100℃，终锻温度大于或等于 850℃，锻后缓冷。

热处理工艺规范如下：

（1）预备热处理：锻后进行等温退火。加热到 770℃左右，保温时间为 2～4h，等温温度为 660℃左右，等温时间为 6～8h，炉冷至约 550℃，出炉后空冷，退火硬度小于或等于 241HB。

（2）最终热处理：淬火、高温回火（调质处理）。淬火温度为 860～920℃，油冷，淬火后硬度为 62～63HRC；回火温度为 600～650℃，回火硬度为 35～45HRC。

5. 时效硬化型塑料模具钢

相变点温度见表 11-26。钢坯锻造工艺见表 11-27。PMS、SM2、06 在锻造后不需退火便可进行切削加工。热处理工艺规范见表 11-28。

6. 耐蚀型塑料模具钢

耐蚀型塑料模具钢以 0Cr16Ni4Cu3Nb（PCR）为代表。

（1）相变点温度。Ac_1 为 723℃，Ar_1 为 580℃，M_s 为 85℃，M_f

为 30℃。

(2)钢坯锻造工艺。钢坯锻造加热温度为 1180～1200℃，始锻温度为 1050～1100℃，终锻温度大于或等于 1000℃，锻后空冷或砂冷。

(3)热处理工艺规范。固熔温度为 1000～1100℃，壁冷，获得硬度为 32～35HRC，可以进行切削加工；时效温度为 460～480℃，时效后硬度为 42～44HRC。

表 11-26　　　时效硬化型塑料模具钢的相变点温度（℃）

钢　　号	Ac_1	Ac_2	Ar_1	Ar_3	M_s
1Ni3Mn2CuAlMo（代号 PMS）	675	821	382	517	270
Y20CrNi3AlMnMo（代号 SM2）	710	795	417	495	405
06Ni6CrMoVTiAl（代号 06）	705	836	425	525	512

表 11-27　　　　时效硬化型塑料模具钢的钢坯锻造工艺

钢号	加热温度（℃）	始锻温度（℃）	终锻温度（℃）	锻后冷却
PMS	1120～1160	1080～1120	≥850	空冷
SM2	1150	1050	≥850	空冷
06	1100～1150	1050～1100	≥850	空冷或砂冷

表 11-28　　　　时效硬化型塑料模具钢的热处理工艺

钢号	固熔加热温度（℃）	保温时间（h）	冷却方式	硬度（HRC）	时效温度（℃）	时效保温时间（h）	时效后硬度（HRC）
PMS	850～870	3	空冷	28～30	500～520	6～10	40～42
SM2	870～920	1～2	油冷	≤30	500～520	6～10	40～41
06	850～880	1～2	油冷	24～25	500～540	4～8	42～45

二、冷冲压模具常用钢的热处理规范

1. 碳素工具钢

相变点温度见表 11-29。钢坯锻造工艺见表 11-30。热处理工艺规范如下。

（1）预备热处理。锻后进行球化退火的工艺规范见表 11-31。

（2）最终热处理。淬火的工艺规范见表 11-32，回火的工艺规范见表 11-33。

表 11-29　　　冷冲压模具用碳素工具钢的相变点温度（℃）

钢　号	Ac_1	Ac_{cm}	Ar_1	M_s
T7	730	770	700	280
T8	730	780	700	260
T10	730	800	700	240
T12	730	820	700	200

表 11-30　　　　冷冲压模具用碳素工具钢的钢坯锻造工艺

钢　号	加热温度（℃）	始锻温度（℃）	终锻温度（℃）	锻后冷却
T7	1050～1100	1020～1080	800～750	空冷
T8	1050～1100	1020～1080	800～750	空冷
T10	1050～1100	1020～1080	800～750	空冷
T12	1050～1100	1020～1080	800～750	700℃后缓冷

表 11-31　　　冷冲压模具用碳素工具钢的球化退火工艺

钢　　号	T7	T8	T10	T12
加热速度（℃/h）	≥100	≥100	≥100	≥100
预热温度（℃）	680～700	680～700	680～700	680～700
保温时间（h）	8～10	8～10	8～10	8～10
一次加热温度（℃）	730～750	730～750	730～750	730～750
保温时间（h）	0.5～1.0	0.5～1.0	0.5～1.0	0.5～1.0
降温速度（℃/h）	≥80	≥80	≥80	≥80
一次等温温度（℃）	700～680	700～680	700～680	700～680
等温时间（h）	0.5～1.0	0.5～1.0	0.5～1.0	0.5～1.0

续表

钢 号	T7	T8	T10	T12
二次加热温度（℃）	730～750	730～750	730～750	730～750
保温时间（h）	0.5～1.0	0.5～1.0	0.5～1.0	0.5～1.0
二次等温温度（℃）	700～680	700～680	700～680	700～680
等温时间（h）	0.5～1.0	0.5～1.0	0.5～1.0	0.5～1.0
三次加热温度（℃）	730～750	730～750	730～750	730～750
保温时间（h）	0.5～1.0	0.5～1.0	0.5～1.0	0.5～1.0
冷却速度（℃/h）	10～20	10～20	10～20	10～20
降至温度（℃）	650	650	650	650
冷却速度（℃/h）	≤80	≤80	≤50	≤50
出炉温度（℃）	600～500	600～500	600～500	600～500
出炉后冷却方式	空冷	空冷	空冷	空冷
硬度（HBS）	≤187	≤187	≤197	≤207

表 11-32　　　　冷冲压模具用碳素工具钢的淬火工艺

钢号	加热温度（℃）	冷却介质	介质温度（℃）	降至温度	油冷始温（℃）	终止冷却温度（℃）	硬度（HRC）
T7	800～830	水	20～40	至油温	250～200	20	61～63
T8	750～800	水	20～40	至油温	250～200	20	62～64
T10	770～790	水	20～40	至油温	250～200	20	62～64
T12	770～790	水	20～40	至油温	250～200	20	62～64

表 11-33　　　　冲压模具用碳素工具钢的回火工艺

钢 号	加热温度（℃）	加热介质	保温时间（h）	硬度（HRC）
T7	160～180	油、硝盐或碱	1～2	58～61
T8	160～180	油、硝盐或碱	1～2	58～62
T10	160～180	油、硝盐或碱	1～2	60～62
T12	160～180	油、硝盐或碱	1～2	51～63

2. 低变形高强度型钢

相变点温度见表 11-34。钢坯锻造工艺见表 11-35。热处理工艺规范如下。

（1）预备热处理。锻后进行等温退火的工艺规范见表 11-36。

（2）最终热处理。淬火的工艺规范见表 11-37。回火的工艺规范见表 11-38。

表 11-34　　冷冲压模具用低变形高强度型钢的相变点温度（℃）

钢号	9Mn2V	9SiCr	CrWMn	6CrW2Si	8Cr2MnWMoVS	CH-1	GD
Ac_1	730	770	730	775	770	776	740
Ac_{cm}	765	870	940	810	820	834	
Ar_1	652	730	710	740	660	694	605
M_s	125	160	155	280	240	211	172

表 11-35　　冷冲压模具用低变形高强度型钢的钢坯锻造工艺

钢　号	加热温度（℃）	始锻温度（℃）	终锻温度（℃）	锻后冷却
9Mn2V	1080～1120	1050～1100	850～800	缓冷 （砂冷或坑冷）
9SiCr	1100～1150	1050～1100	850～800	缓冷 （砂冷或坑冷）
CrWMn	1100～1150	1050～1100	850～800	空冷至 700℃后缓冷
6CrW2Si	1150～1170	1100～1140	≥800	缓冷 （砂冷或坑冷）
8Cr2MnWMoVS	1150～1200	1100～1150	850～800	空冷或灰冷
CH-1	1100～1150	1050～1100	≥900	缓冷
GD	1080～1120	1040～1060	≥850	缓冷并立即退火

表 11-36　　　冷冲压模具用低变形高强度型钢的等温退火工艺

钢　号	9Mn2V	9SiCr	CrWMn	6CrW2Si	8Cr2MnWMoVS	CH-1	GD
加热速度(℃/h)	≥100	≥100	≥100	≥100	≥100	≥100	≥100
加热温度(℃)	760~780	790~810	770~790	800~820	790~810	820~840	760~780
保温时间(h)	3~4	2~4	1~2	3~5	2	2~4	2
冷却速度(℃/h)	≤30	≤30	≤80	≤30	≤30	≤30	≤30
等温温度(℃)	700~680	720~700	700~680	—	700~680	710~690	570~590
等温时间(h)	4~5	4~6	3~4	—	4~8	3~5	6
再冷速度(℃/h)	≤30	≤30	≤30	—	≤30	≤30	≤30
出炉温度(℃)	≤500	600~500	600~500	≤600⁰	≤550	≤550	550~500
出炉冷却方式	空冷	空冷	空冷	空冷	空冷	空冷	空冷
硬度(HBS)	≤229	≤241	≤255	≤285	≤229	≤240	230~240

表 11-37　　　　冷冲压模具用低变形高强度型钢的淬火工艺

钢　号	9Mn2V	9SiCr	CrWMn	6CrW2Si	8Cr2MnWMoVS	CH-1	GD
加热温度(℃)	780~820	860~880	820~840	860~900	860~900	840~920	870~900
冷却介质	油	油	油	油	油	空气	油
介质温度(℃)	70~120	80~140	90~140	20~40	130	—	130
降至温度(℃)	200~150	200~150	200~150	至油温	200~150	至室温	200~150
冷却方式	空冷	空冷	空冷	—	空冷	—	空冷
终止冷却温度(℃)	至室温	至室温	至室温	—	至室温	—	至室温
硬度(HRC)	≥62	62~65	63~65	≥57	62~64	60~64	61~64

表 11-38　冷冲压模具用低变形高强度型钢的回火工艺

钢　号	9Mn2V	9SiCr	CrWMn	6CrW2Si	8Cr2MnWMoVS	CH-1	GD
加热温度(℃)	150～200	180～200	170～200	200～250	160～200	160～200	200～260
加热介质	油、硝盐	油、硝盐	油、硝盐	油或熔融碱	油、硝盐	油、硝盐	油、硝盐
硬度(HRC)	60～62	60～62	62～64	53～58	60～62	58～62	60～61

3. 微变形高耐磨型钢

相变点温度见表 11-39。钢坯锻造工艺见表 11-40。

热处理工艺规范如下。

(1)预备热处理。锻后进行等温退火的工艺规范见表 11-41。

(2)最终热处理。淬火的工艺规范见表 11-42。回火的工艺规范见表 11-43。

表 11-39　冷冲压模具用微变形高耐磨型钢的相变点温度(℃)

钢号	Cr6WV	Cr5Mo1V	Cr4W2MoV	Cr12	Cr12MoV	Cr12Mo1V1	ER5
Ac_1	815	795	795	810	810	810	858
Ac_3	—	—	—	—	—	—	907
Ac_{cm}	845	—	900	835	982	875	—
Ar_1	625	—	760	755	760	695	—
M_s	150	168	142	180	230	190	215

表 11-40　冷冲压模具用微变形高耐磨型钢的钢坯锻造工艺

钢　号	加热温度(℃)	始锻温度(℃)	终锻温度(℃)	锻后冷却
Cr6WV	1060～1120	1000～1080	900～850	缓冷
Cr5Mo1V	1050～1100	1000～1050	900～850	缓冷
Cr4W2MoV	1130～1150	1040～1060	≥850	缓冷
Cr12	1120～1140	1080～1100	920～880	缓冷
Cr12MoV	1050～1100	1000～1050	900～850	缓冷
Cr12Mo1V1	1120～1140	1050～1070	≥850	缓冷
ER5	1150～1200	1100～1150	≥900	缓冷

表 11-41　　　冷冲压模具用微变形高耐磨型钢的等温退火工艺

钢　号	Cr6WV	Cr5Mo1V	Cr4W2MoV	Cr12	Cr12MoV	Cr12Mo1V1	ER5
加热速度(℃/h)	≤100	≤100	≤100	≤100	≤100	≤100	≤100
加热温度(℃)	830~850	830~850	850~870	830~850	850~870	840~860	850~870
保温时间(h)	2~4	2~4	4~6	2~3	1~2	2~3	2
冷却速度(℃/h)	≤40	≤40	≤40	≤40	≤40	≤40	≤30
等温温度(℃)	720~700	730~710	770~750	740~720	750~720	740~720	770~750
等温时间(h)	2~4	2~4	6~8	3~4	3~4	2~4	4
再冷速度(℃/h)	≤50	≤50	≤30	≤50	≤30	≤30	≤30
出炉温度(℃)	<550	<550	≤600	≤550	≤600	≤600	<500
出炉冷却方式	空冷	空冷	空冷	空冷	空冷	空冷	空冷
硬度(HBS)	≤229	≤240	≤269	≤269	≤255	≤269	≤240

表 11-42　　　冷冲压模具用微变形高耐磨型钢的淬火工艺

钢　号	Cr6WV	Cr5Mo1V	Cr4W2MoV	Cr12	Cr12MoV	Cr12Mo1V1	ER5
加热温度(℃)	950~970	940~960	960~980	950~970	1020~1040	980~1040	1050~1100
冷却介质	油	空气或油	油	油	油	油或空气	油
介质温度(℃)	20~60		20~60	20~60	20~60	(油)20~60	20~60
降至温度(℃)	60~20		60~20	60~20	60~20	60~20	60~20
硬度(HRC)	62~64	62~65	≥62	62~64	60~65	60~65	63~65

表 11-43　冷冲压模具用微变形高耐磨型钢的回火工艺

钢　号	Cr6WV	Cr5Mo1V	Cr4W2MoV	Cr12	Cr12MoV	Cr12Mo1V1	ER5
加热温度(℃)	150~170	180~220	280~300	180~220	150~170	180~230	500~530
加热介质	油、硝盐或碱	油、硝盐或碱	油、硝盐或碱	油、硝盐或碱	油、硝盐或碱	油、硝盐或碱	油、硝盐或碱
回火次数	1	1	3	1	1	1	3
每次保温时间(h)	2~3	2~3	1	2	2~3	2~3	1
硬度(HRC)	62~63	60~64	60~62	60~62	60~63	60~64	61~63

4. 高强韧型钢

相变点温度见表 11-44。钢坯锻造工艺见表 11-45。

热处理工艺规范如下：

(1)预备热处理。锻后进行等温退火的工艺规范见表 11-46。

(2)最终热处理。淬火的工艺规范见表 11-47。回火的工艺规范见表 11-48。

表 11-44　冷冲压模具用高强韧型钢的相变点温度(℃)

钢　号	Ac_1	Ac_{cm}	Ar_1	M_s
6Cr4W3Mo2VNb	830	760		220
5Cr4Mo3SiMnVAl(代号 012Al)	837		902	227
6Cr4Mo3Ni2WV	737	650	822	180
65Cr4W3Mo2VNb(代号 65Nb)	830	740		220

表 11-45　冷冲压模具用高强韧型钢的钢坯锻造工艺

钢　号	加热温度(℃)	始锻温度(℃)	终锻温度(℃)	锻后冷却
6Cr4W3Mo2VNb	1120~1150	1080~1120	900~850	缓冷
5Cr4Mo3SiMnVAl	1100~1140	1050~1100	≥850	缓冷(砂冷或坑冷)
6Cr4Mo3Ni2WV	1140~1160	1050~1100	≥900	缓冷(砂冷)
65Cr4W3Mo2VNb	1120~1150	1100	900~850	缓冷

表 11-46　　　冷冲压模具用高强韧型钢的等温退火工艺

钢　号	6Cr4W3Mo2VNb	5Cr4Mo3SiMnVAl	6Cr4Mo3Ni2WV	65Cr4W3Mo2VNb
加热速度(℃/h)	≤100	≤130	≤130	≤130
加热温度(℃)	850~860	850~870	810~830	850~870
保温时间(h)	2~4	4	2	3
冷却速度(℃/h)	≤40	≤30	≤30	≤30
等温温度(℃)	750~740	720~710	740~720	750~730
等温时间(h)	4~6	4~6	4	6
再冷速度(℃/h)	≤30	30~50	≤50	≤50
出炉温度(℃)	≤500	≤600	550~500	550~500
出炉冷却方式	空冷	空冷	空冷	空冷
硬度(HBS)	197~229	215~225	215~225	215~220

表 11-47　　　冷冲压模具用高强韧型钢的淬火工艺

钢　号	6Cr4W3Mo2VNb	5Cr4Mo3SiMnVAl	6Cr4Mo3Ni2WV	65Cr4W3Mo2VNb
加热温度(℃)	1080~1120	1090~1120	1080~1120	1120~1140
冷却介质	油	油	油	油淬空冷
介质温度(℃)	20~60	20~60	20~60	20~60
降至温度	至180℃后空冷	至油温	至油温	20min后空冷
硬度(HRC)	≥61	61~62	62~63	58~60

表 11-48　　　冷冲压模具用高强韧型钢的回火工艺

钢　号	6Cr4W3Mo2VNb	5Cr4Mo3SiMnVAl	6Cr4Mo3Ni2WV	65Cr4W3Mo2VNb
加热温度(℃)	500~580	540~580	540~560	540~560
加热介质	空气炉或熔融碱	空气炉或熔融碱	空气炉或熔融碱	空气炉或熔融碱
回火次数	3	2	2	2
每次保温时间(h)	1~1.5	2	1~1.5	1
硬度(HRC)	58~63	57~61	60~61	58~60

5. 高强韧高耐磨型钢

相变点温度见表 11-49。钢坯锻造工艺见表 11-50。

热处理工艺规范如下。

(1)预备热处理。锻后进行等温退火的工艺规范见表 11-51。

(2)最终热处理。淬火的工艺规范见表 11-52。回火的工艺规范见表 11-53。

表 11-49　冷冲压模具用高强韧高耐磨型钢的相变点温度(℃)

钢　号	Ac_1	Ac_3	Ar_1	Ar_3	M_s
7Cr7Mo3V2Si(代号 LD)	856	915	720	806	105
9Cr6W3Mo2V2(代号 GM)	795	820			220

表 11-50　冷冲压模具用高强韧高耐磨型钢的钢坯锻造工艺

钢　号	加热温度(℃)	始锻温度(℃)	终锻温度(℃)	锻后冷却
7Cr7Mo3V2Si	1120~1150	1100~1130	≥850	缓冷并立即退火
9Cr6W3Mo2V2	1100~1150	1080~1120	900~850	缓冷

表 11-51　冷冲压模具用高强韧高耐磨型钢的等温退火工艺

钢　号	7Cr7Mo3V2Si	9Cr6W3Mo2V2
加热速度(℃/h)	≤130	≤130
加热温度(℃)	850~870	850~870
保温时间(h)	3~4	3~4
冷却速度(℃/h)	≤30	≤30
等温温度(℃)	750~730	750~730
等温时间(h)	4~6	5~6
再冷速度(℃/h)	≤30	≤30
出炉温度(℃)	≤500	≤500
出炉冷却方式	空冷	空冷
硬度(HBS)	187~206	225~230

表 11-52   冷冲压模具用高强韧高耐磨型钢的淬火工艺

钢 号	加热温度 (℃)	冷却介质	介质温度 (℃)	降至温度	硬度 (HRC)
7Cr7Mo3V2Si	1100～1150	油	130	至室温	63～64
9Cr6W3Mo2V2	1100～1160	油	130	至室温	63～64

表 11-53   冷冲压模具用高强韧高耐磨型钢的回火工艺

钢 号	加热温度 (℃)	冷却介质	回火次数	每次保温 时间(h)	硬度 (HRC)
7Cr7Mo3V2Si	550～570	油或硝盐	3	1	60～61
9Cr6W3Mo2V2	500～550	油或硝盐	2	1.5	62～63

6. 高速钢

相变点温度见表 11-54。钢坯锻造工艺见表 11-55。

热处理工艺规范如下:

(1)预备热处理:锻后进行等温退火的工艺规范见表 11-56。

(2)最终热处理:淬火的工艺规范见表 11-57。回火的工艺规范见表 11-58。

表 11-54   冷冲压模具用高速钢的相变点温度(℃)

钢 号	Ac_1	Ac_3	Ar_1	Ac_{cm}	M_s
W18Cr4V	820		760	1330	210
W6Mo5Cr4V2	880		790		180
W9Mo3Cr4V	835	875			190

表 11-55   冷冲压模具用高速钢的钢坯锻造工艺

钢 号	加热温度(℃)	始锻温度(℃)	终锻温度(℃)	锻后冷却(℃)
W18Cr4V	1180～1220	1120～1140	≥950	及时退火或砂冷
W6Mo5Cr4V2	1140～1150	1040～1080	≥950	及时退火或砂冷
W9Mo3Cr4V	1160～1190	1080～1120	≥950	及时退火或砂冷

表 11-56 　　　　冷冲压模具用高速钢的等温退火工艺

钢　号	W18Cr4V	W6Mo5Cr4V2	W9Mo3Cr4V
加热速度(℃/h)	≤50	≤50	≤50
加热温度(℃)	830～850	840～860	830～850
保温时间(h)	1～2	1～2	1～2
等温温度(℃)	750～730	760～740	760～740
等温时间(h)	3～4	3～4	3～4
冷却速度(℃/h)	30～50	30～50	30～50
出炉温度(℃)	≤550	≤550	≤550
出炉冷却方式	空冷	空冷	空冷
硬度(HBS)	≤255	≤255	≤255

表 11-57 　　　　冷冲压模具用高速钢的淬火工艺

钢　号	预热温度 (℃)	加热温度 (℃)	冷却介质	介质温度 (℃)	硬度 (HRC)
W18Cr4V	840～860	1260～1290	油	20～60	63～64
W6Mo5Cr4V2	830～850	1210～1250	油	20～60	63～64
W9Mo3Cr4V	830～850	1200～1250	油	20～60	63～64

表 11-58 　　　　冷冲压模具用高速钢的回火工艺

钢　号	加热温度 (℃)	冷却方式	回火次数	每次保温时间 (h)	硬度 (HRC)
W18Cr4V	600～620	空冷	2	1	≤66
W6Mo5Cr4V2	580～600	空冷	2	1	≤67
W9Mo3Cr4V	580～600	空冷	2	1	≤67

三、热冲压模具常用钢的热处理规范

1. 低耐热高韧型钢

相变点温度见表 11-59。钢坯锻造工艺见表 11-60。

热处理工艺规范如下。

(1)预备热处理。锻后进行等温退火的工艺规范见表 11-61。

(2)最终热处理。淬火的工艺规范见表 11-62。回火的工艺规范见表 11-63。

表 11-59　　热冲压模具用低耐热高韧型钢的相变点温度(℃)

钢　号	Ac_1	Ac_3	Ar_1	Ar_3	M_s
5CrMnMo	710	760	650		220
5CrNiMo	710	770	680		226
5Cr2NiMoVSi	750	874	623		243
4CrMnSiMoV	792	855	660	770	330

表 11-60　　热冲压模具用低耐热高韧型钢的钢坯锻造工艺

钢　号	加热温度（℃）	始锻温度（℃）	终锻温度（℃）	锻后冷却
5CrMnMo	1100～1150	1050～1100	850～800	缓冷（砂冷或坑冷）
5CrNiMo	1100～1150	1050～1100	850～800	缓冷（砂冷或坑冷）
5Cr2NiMoVSi	1200～1250	1150～1200	900～850	缓冷（砂冷或坑冷）
4CrMnSiMoV	1100～1150	1050～1100	≥850	缓冷（砂冷或坑冷）

表 11-61　　热冲压模具用低耐热高韧型钢的等温退火工艺

钢　号	5CrMnMo	5CrNiMo	5Cr2NiMoVSi	4CrMnSiMoV
加热速度(℃/h)	25～30	25～35	≤30	≤30
加热温度(℃)	850～870	850～870	790～810	840～860
保温时间(h)	2～4	2～4	2～4	2～4
冷却速度(℃/h)	≤30	≤30	≤30	≤30
等温温度(℃)	690～670	690～670	730～710	720～700
等温时间(h)	4～6	4～6	4～8	4～8
再冷速度(℃/h)	≤30	≤30	≤30	≤30
出炉温度(℃)	≤500	≤500	≤500	≤500
出炉冷却方式	空冷	空冷	空冷	空冷
硬度(HBS)	197～241	197～241	220～230	210～227

表 11-62　　热冲压模具用低耐热高韧型钢的淬火工艺

钢　号	5CrMnMo	5CrNiMo	5Cr2NiMoVSi	4CrMnSiMoV
加热温度(℃)	820～850	830～860	960～1010	860～880
冷却介质	油	油	油	油
介质温度(℃)	150～180	20～60	20～60	20～60
降至温度	至170℃立即回火	至170℃立即回火	至油温	至油温
硬度(HRC)	52～58	53～58	54～61	56～58

表 11-63　**热冲压模具用低耐热高韧型钢的回火工艺**

钢　号	5CrMnMo		5CrNiMo			5Cr2NiMoVSi		4CrMnSiMoV		
	小型模具	中型模具	小型模具	中型模具	大型模具	小型模具	中型模具	小型模具	中型模具	大型模具
加热温度（℃）	490~510	520~540	490~510	520~540	560~580	620~640	630~660	520~580	580~630	610~650
加热方式	电炉	电炉	电炉	电炉	电炉	电炉	电炉	空气炉	空气炉	空气炉
回火次数	1	1	1	1	1	1	1	1	1	1
每次保温时间（h）	2~3	2~3	2~3	2~3	2~3	2~3	2~3	2~3	2~3	2~3
硬度（HRC）	41~47	38~41	44~47	38~42	34~37	40~45	38~41	44~49	41~44	38~42

2. 中耐热强韧型钢

相变点温度见表 11-64。钢坯锻造工艺见表 11-65。

热处理工艺规范如下：

(1) 预备热处理：锻后进行退火的工艺规范见表 11-66。

(2) 最终热处理：淬火的工艺规范见表 11-67。回火的工艺规范见表 11-68。

表 11-64   热冲压模具用中耐热强韧型钢的相变点温度（℃）

钢　号	Ac_1	Ac_3	Ar_1	Ar_3	M_s
4Cr5MoVSi（代号 H11）	853	912	720	773	310
4Cr5W2VSi	800	875	730	840	275
4Cr5MoSiV1（代号 H13）	860	915	775	815	340

表 11-65   热冲压模具用中耐热强韧型钢的钢坯锻造工艺

钢　号	加热温度（℃）	始锻温度（℃）	终锻温度（℃）	锻后冷却
4Cr5MoVSi	1120～1150	1070～1100	900～850	缓冷
4Cr5W2VSi	1100～1150	1080～1120	900～850	缓冷
4Cr5MoSiV1	1120～1150	1050～1100	900～850	缓冷

表 11-66   热冲压模具用中耐热强韧型钢的退火工艺

钢　号	加热温度（℃）	保温时间（h）	冷却速度（℃/h）	出炉温度（℃）	出炉冷却方式	硬度（HBS）
4Cr5MoSiV	860～890	2～4	≤30	＜500	空冷	≤229
4Cr5W2VSi	860～880	3～4	≤30	＜500	空冷	≤229
4Cr5MoSiV1	860～890	3～4	≤30	＜500	空冷	≤229

表 11-67   热冲压模具用中耐热强韧型钢的淬火工艺

钢　号	加热温度（℃）	冷却介质	介质温度（℃）	降至温度	硬度（HRC）
4Cr5MoSiV	1000～1030	油	20～60	至油温	53～55
4Cr5W2VSi	1030～1050	油	20～60	至油温	55～57
4Cr5MoSiV1	1020～1050	油	20～60	至油温	56～58

表 11-68　　　　　　　　中耐热强韧型钢的回火工艺

钢　　号	加热温度（℃）	冷却方式	回火次数	每次保温时间（h）	硬度（HRC）
4Cr5MoSiV	530～560	空冷	2	2	48～50
4Cr5W2VSi	530～580	空冷	2	2	54～56
4Cr5MoSiV1	560～580	空冷	2	2	55～57

3. 高热强型模具钢

相变点温度见表 11-69。钢坯锻造工艺见表 11-70。

热处理工艺规范如下。

(1) 预备热处理。锻后进行等温退火的工艺规范见表 11-71。

(2) 最终热处理。淬火的工艺规范见表 11-72。回火的工艺规范见表 11-73。

表 11-69　　　　　　　高热强型钢的相变点温度（℃）

钢　　号	Ac_1	Ac_3	Ar_1	Ar_3	M_s
3Cr3Mo3W2V(代号 HM-1)	850	930	735	825	400
5Cr4W5Mo2V	836	893	744	816	250
5Cr4Mo3SiMnVAl(代号 012-A1)	837	902			277
4Cr3Mo3W4VNb(代号 GR)	821	880	752	850	
5Cr4Mo2W2VSi	810	885	700	785	290

表 11-70　　　　　　　　高热强型钢的钢坯锻造工艺

钢　　号	加热温度（℃）	始锻温度（℃）	终锻温度（℃）	锻后冷却
HM-1.	1150～1180	1050～1100	≥900	缓冷（砂冷或坑冷）
5Cr4W5Mo2V	1120～1170	1080～1130	≥850	缓冷（砂冷或坑冷）
012-A1	1100～1140	1050～1080	≥850	缓冷（砂冷或坑冷）
GR	1150～1180	1130～1160	≥900	缓冷（砂冷或坑冷）
5Cr4Mo2W2VSi	1130～1160	1080～1100	≥850	缓冷（砂冷或坑冷）

表 11-71   高热强型钢的等温退火工艺

钢　号	HM-1	5Cr4W5Mo2V	012-Al	GR	5Cr4Mo2W2VSi
加热速度（℃/h）	随炉升温	随炉升温	<150	随炉升温	随炉升温
加热温度（℃）	860～880	850～870	850～870	840～860	880～900
保温时间（h）	4	2～3	4	3	2～4
冷却速度（℃/h）	随炉冷却	随炉冷却	≤3	随炉冷却	随炉冷却
等温温度（℃）	740～720	740～720	720～710	730～710	780～750
等温时间（h）	6	3～4	6	6	8～12
再冷速度（℃/h）	随炉冷却	随炉冷却	随炉冷却	随炉冷却	随炉冷却
出炉温度（℃）	≤500	≤500	≤500	≤550	≤500
出炉冷却方式	空冷	空冷	空冷	空冷	空冷
硬度 HBS	≤255	≤255	≤260	≤235	≤207

表 11-72   高热强型钢的淬火工艺

钢　号	HM-1	5Cr4W5Mo2V	012-Al	GR	5Cr4Mo2W2VSi
加热温度（℃）	1060～1130	1120～1140	1090～1120	1090～1200	1080～1120
冷却介质	油	油	油	油	油
介质温度（℃）	20～60	20～60	20～60	20～60	40～60
降至温度	至油温	至油温	至油温	至油温	至180℃空冷
硬度（HRC）	52～56	56～58	57～59	55～59	61～63

表 11-73   高热强型钢的回火工艺

钢　号	HM-1	5Cr4W5Mo2V	012-Al	GR	5Cr4Mo2W2VSi
加热温度（℃）	620～640	600～630	560～620	620～630	600～620
加热方式	空气炉	熔融盐浴或空气炉	熔融盐浴或空气炉	熔融盐浴或空气炉	熔融盐浴或电炉
回火次数	2	2～3	2～3	2～3	2
每次保温时间（h）	2	2	2	2	2
硬度（HRC）	52～54	50～56	50～53	50～54	52～54

四、压铸模具常用钢的热处理规范

本节着重介绍铝合金压铸模具常用钢号的热处理规范。其相变点温度见表 11-74。钢坯锻造工艺见表 11-75。

热处理工艺规范如下。

（1）预备热处理。锻后进行等温退火的工艺规范见表 11-76。

（2）最终热处理。淬火的工艺规范见表 11-77。回火的工艺规范见表 11-78。

表面化学强化热处理：碳氮共渗。共渗温度为 $560\sim570℃$，保温时间为 4h，表面硬度 $55\sim60$HRC。其目的是为了增加模腔表面的硬度和耐磨性，并防止铝合金粘模。

表 11-74　　铝合金压铸模具常用钢号的相变点温度（℃）

钢　　号	Ac_1	Ac_3	Ar_1	Ar_3	M_s
3Cr2W8V	830	920	773	838	350
4Cr5MoSiV1（代号 H13）	860	915	775	815	340
4Cr5Mo2MnSiV1（代号 Y10）	815	879	768	798	271
3Cr3Mo3VNb（代号 HM3）	836	948	770	867	390

表 11-75　　铝合金压铸模具常用钢号的钢坯锻造工艺

钢　　号	加热温度（℃）	始锻温度（℃）	终锻温度（℃）	锻后冷却
3Cr2W8V	$1130\sim1160$	$1080\sim1120$	$900\sim850$	先空冷后砂冷
4Cr5MoSiV1	$1120\sim1150$	$1070\sim1140$	$900\sim850$	缓冷（砂冷）
4Cr5Mo2MnSiV1	$1120\sim1150$	$1070\sim1140$	$900\sim850$	红送退火
3Cr3Mo3VNb	$1170\sim1190$	$1130\sim1160$	$\geqslant900$	缓冷（砂冷）

表 11-76　　铝合金压铸模具常用钢号的等温退火工艺

钢　　号	3Cr2W8V	4Cr5MoSiV1	4Cr5Mo2MnSiV1	3Cr3Mo3VNb
加热速度（℃/h）	随炉升温	随炉升温	随炉升温	随炉升温
加热温度（℃）	$830\sim850$	$870\sim890$	$840\sim860$	$930\sim950$
保温时间（h）	$2\sim4$	$2\sim3$	$2\sim4$	$2\sim4$
冷却速度（℃/h）	随炉冷却	随炉冷却	随炉冷却	随炉冷却

钢　　号	3Cr2W8V	4Cr5MoSiV1	4Cr5Mo2MnSiV1	3Cr3Mo3VNb
等温温度(℃)	720～700	760～740	690～670	720～700
等温时间(h)	3～4	3～4	4～6	4～6
再冷速度(℃/h)	随炉冷却	随炉冷却	随炉冷却	随炉冷却
出炉温度(℃)	≤500	≤500	≤550	≤550
出炉冷却方式	空冷	空冷	空冷	空冷
硬度(HBS)	≤241	≤229	≤187	≤229

表 11-77　　　铝合金压铸模具常用钢号的淬火工艺

钢　　号	加热温度 (℃)	冷却介质	介质温度 (℃)	降至温度	硬度 (HRC)
3Cr2W8V	1050～1100	油	20～60	至 170℃ 空冷	49～52
4Cr5MoSiV1	1020～1050	油或空气	20～60	至油温	56～58
4Cr5Mo2MnSiV1	950～1050	油	20～60	至油温	50～56
3Cr3Mo3VNb	1060～1090	油	20～60	至油温	47～52

表 11-78　　　铝合金压铸模具常用钢号的回火工艺

钢　　号	加热温度 (℃)	加热方式	回火次数	每次保温时间 (h)	硬度 (HRC)
3Cr2W8V	500～600	电炉	2～3	2～2.5	44～47
4Cr5MoSiV1	550～600	熔融盐浴	2～3	2～2.5	51～53
4Cr5Mo2MnSiV1	550～620	熔融盐浴	2～3	2～2.5	45～50
3Cr3Mo3VNb	570～600	熔融盐浴	·2	2	47～50

五、常用模具材料热处理典型工艺

(一) 模具常用材料及热处理典型工艺

(1) 冷冲模常用材料及热处理见表 11-79。

(2) 塑料模常用材料及热处理见表 11-80。

(3) 压铸模常用材料及热处理见表 11-81。

(4) 粉末冶金模常用材料及热处理见表 11-82。

（5）锻模常用材料及热处理见表 11-83。

表 11-79 冷冲模常用材料及热处理

模具类型		常用材料	热处理	硬度（HRC）	
				凸模	凹模
冲裁模	形状简单、冲裁板料厚度 $t<3mm$	T8A、T10A、9Mn2V、Cr6WV	淬火、回火	58~62	60~64
	形状复杂、冲裁板料厚度 $t>3mm$，要求耐磨性高	CrWMn、9SiCr、Cr12、Cr12MoV、Cr4W2MoV	淬火、回火	60~62	60~64
弯曲模	一般弯曲模	T8A、T10A	淬火、回火	54~58	56~60
	要求耐磨性高、形状复杂、生产批量大的弯曲模	CrWMn、Cr12、Cr12MoV	淬火、回火	60~64	60~64
	热弯曲模	5CrNiMo、5CrMnMo	淬火、回火	52~56	52~56
拉深模	一般拉深模	T8A、T10A	淬火、回火	58~62	60~64
	要求耐磨性高、生产批量大的拉深模	Cr12、Cr12MoV YG8、YG15	淬火、回火 不热处理	62~64	62~64
	不锈钢拉深模	W18Cr4V YG8、YG15	淬火、回火 不热处理	62~64	62~64
	热拉深模	5CrNiMo、5CrMnMo	淬火、回火	52~56	52~56
冷挤压模	钢件冷挤压模	CrWMn、Cr12MoV、W18Cr4V、Cr4W2MoV	淬火、回火	62~64	62~64
	铝、锌件冷挤压模	CrWMn、Cr12、Cr12MoV、6W6Mo5Cr4V、65Cr4W3 Mo2VNb	淬火、回火	62~64	62~64

表 11-80 塑料模常用材料及热处理

塑料模类型		常用材料	热处理	硬度（HRC）
压塑模	批量小、形状简单的压塑模	20 钢(渗碳)、T8、T10	淬火、回火	＞55
	工作温度高、受冲击的压塑模	5CrMnMo、5CrW2Si、9CrWMn、5CrNiMo		＞50
	高寿命压塑模	Cr6WV、Cr4W2MoV、Cr12MoV		＞53
注射模	一般注射模	55 钢、5CrMnMo、9Mn2V、9CrWMn、MnCrWV		＞55
	高寿命注射模	Cr6WV、Cr4W2MoV、CrMn2SiWMoV		＞55
	高耐蚀注射模	2Cr13、38CrMoAl(氮化)		35~42

表 11-81 压铸模常用材料及热处理

模具类型	常 用 材 料	热处理	硬度(HRC)
铝合金压铸模	4Cr5MoSiV1、3Cr2W8V、4Cr5Mo2MnSiV1	淬火、回火	45～55
锌合金压铸模	CrWMn、30CrMnSi、5CrNiMo、4Cr5MoSiV1、3Cr2W8V	淬、回火	47～55
铜合金压铸模	3Cr2W8V、3Cr3Mo3V、3Cr2W9Co5V、3Cr3Mo3Co3V	淬火、回火	31～41
钢铁材料压铸模	3W23Cr4MoV、3Cr2W8V、TZM 合金,铬锆钒铜合金	渗铝等不热处理	—

表 11-82 粉末冶金模常用材料及热处理

模具类型	常用材料	硬度(HRC)
形状简单的小型粉末冶金模	10、20 钢(渗碳)、T10A、T12A	60～64
形状简单的大型粉末冶金模	9Mn2V、CrWMn	60～64
形状复杂的粉末冶金模	Cr12、Cr12MoV	60～64

表 11-83 锻模常用材料及热处理

模具类型		常用材料	硬 度	
			模膛表面	燕尾部分
中小型锤锻模		5CrMnMo、5CrNiTi、5SiMnMoV、4SiMnMoV、6SiMnMoV	42～47HRC	35～39HRC
大型锤锻模		5CrNiMn、5CrNiW、5CrMnMoSiV	40～45HRC	32～37HRC
堆焊或镶块锤锻模	模体	ZG45Mn2V、ZG40Cr、ZG50Cr	42～47HRC	32～37HRC
	堆焊、镶块金属	5CrNiMn、5CrMnMo、5CrMnSi、5Cr2MnMo		
	热切边凹模	8Cr3、5CrNiMo、T8A	368～415HBS	
	热切边凸模	8Cr3、5CrNiMo	368～415HBS	
	冷切边凹模	T10A、Cr12Si、Cr12MoV	444～514HBW	
	冷切边凸模	9CrV、8CrV	444～514HBW	
	热冲孔凹模	8Cr3	321～368HBS	
	热冲孔凸模	8Cr3、3Cr2W8V	368～415HBS	
	冷冲孔凹模	8Cr3、3Cr2W8V	56～58HRC	
	冷冲孔凸模	Cr12MoV、Cr12V、T10A	56～60HRC	

（二）常用模具工作零件的材料选用与热处理要求

（1）冲模工作零件常用材料及热处理要求见表11-84。

（2）塑料模工作零件的材料选用及热处理要求见表11-85。

（3）压铸模工作零件的材料选用及热处理要求见表11-86。

（4）粉末冶金模工作零件的材料选用及热处理要求见表11-87。

（5）模具一般零件常用材料及热处理要求见表11-88。

表 11-84　　　　冲模工作零件常用材料及热处理要求

模　具	凸模、凹模、凸凹模使用条件	选用材料	热处理（硬度/HRC）
冲裁模	冲件厚度 $t \leqslant 3mm$，形状简单，批量中等	T10A（9Mn2V）	凸模 58～60 凹模 60～62
	冲件厚度 $t \leqslant 3mm$，形状复杂或冲件厚度 $t>3mm$	CrWMn、Cr12、D2 Cr12MoV、GCr15	凸模 58～60 凹模 60～62
	要求寿命长	W18Cr4V、120Cr4W2MoV、W6Mo5Cr4V2	凸模 60～62 凹模 61～63
		GW50	69～72
		YG15、YG20	—
	加热冲裁	3Cr2W8、5CrNiMo、6Cr4Mo3Ni2WV（CG-2）	凸模 48～52 凹模 51～53
弯曲模	一般弯曲	T10A	56～60
	形状复杂，高耐磨性	Cr12、Cr12MoV、CrWMn	58～62
	要求寿命特长	GW50	64～66
		YG10、YG15	
	加热弯曲	5CrNiMo、5CrNiTi	52～56

模 具	凸模、凹模、凸凹模 使用条件	选用材料	热处理 (硬度/HRC)
拉深模	一般拉深的凸模和 凹模	T10A	凸模 58～62 凹模 60～64
	多工位拉深级进模的 凸模和凹模	Cr12、Cr12MoV、D2	凸模 58～62 凹模 60～64
	要求耐磨的凹模	Cr12、Cr12MoV、D2	凹模 62～64
		YG10、YG15	
	冲压不锈钢材料用的 拉深凸模	W18Cr4V	凸模 62～64
	冲压不锈钢材料用的 拉深凹模	YG18、YG15	
	材料加热拉深时的凸 模和凹模	5CrNiMo、5CrNiTi	52～56
大型拉 延模	中小批量生产	QT600-3	197～269HBS
	大批量生产	镍铬铸铁	40～45
		钼铬铸铁	55～60
		钼钒铸铁	50～55

表 11-85　　塑料模工作零件的材料选用及热处理要求

零 件	钢材选用	热处理要求	说　明
型芯、凸模、 型腔板、镶件	45 钢、S50C	调质 22～26HRC	用于产量不大的热塑性 塑料注射模
	4Cr13	淬硬 50HRC	用于防酸性模具
	Y55CrNiMnMoV、 3Cr2Mo、3Cr2NiMo	预硬硬度≤40HRC	用于有镜面要求的热塑 性塑料注射模
	8Cr2MnWMoVS、 3Cr2Mo、 5CrNiMnMoVSCa、 Y20CrNi3AlMnMo	淬硬 40～45HRC	用于形状复杂，精度要 求高、产量大的热塑性塑 料注射模
	T10A、9Mn2V、 CrWMn、Cr12、 7CrSiMnMoV	淬硬 46～52HRC	用于热固性塑料模具， 小型芯、镶件等

零件	钢材选用	热处理要求	说明
动、定模座板、上、下模座板、动、定模板、上、下模板、支承板、模套、垫块	45钢、S50C	不进行热处理或调质至230~270HBS	
浇口套、拉料杆、分流锥	T10A、9Mn2V、7CrSiMnMoV	淬硬50~55HRC	
导柱、导套、推板导柱、推板导套	20钢	渗碳淬硬56~60HRC	
	T8A、7CrSiMnMoV	淬硬50~55HRC	
斜销、滑块、锁紧楔	T8A、7CrSiMnMoV	淬硬54~58HRC	
推杆、推管	T8A、7CrSiMnMoV	淬硬54~58HRC	
复位杆	45钢	淬硬43~48HRC	
推杆固定板、推板	45钢		
加料室、柱塞	T8A、7CrSiMnMoV	淬硬50~55HRC	

表11-86　压铸模工作零件的材料选用及热处理要求

零件	钢材选用	热处理要求
型腔镶块、型芯、滑块镶块	压铸锌、铅、锡合金：4Cr5MoSiV1、3Cr2W8V、5CrNiMo、4CrW2Si	锻造后完全退火淬硬44~48HRC
	压铸铝、镁合金：4Cr5MoSiV1、3Cr2W8V、4Cr5Mo2MnVSi、3Cr3Mo3VNb	锻造后完全退火淬硬42~46HRC
	压铸铜合金：3Cr2W8V、4Cr3Mo2MnVNbB	锻造后完全退火淬硬40~44HRC

续表

零　件	钢　材　选　用	热处理要求
浇口套、浇口镶块、分流锥	与型腔镶块同样选择	锻造后完全退火 淬硬 44～48HRC 必要时再进行表面氮化 500～550HV
推杆	4Cr5MoSiV1(H13)、3Cr2W8V	淬硬 45～50HRC
复位杆、斜销、楔紧块	T8A	淬硬 50～55HRC

表 11-87　　粉末冶金模工作零件的材料选用及要求

零件名称	选用材料	热处理要求	其他技术要求
凹模芯棒	碳素工具钢：T10A、T12A 　合金工具钢：GCr15、Cr12、Cr12Mo、Cr12W、Cr12MoV、9CrSi、CrWMn、CrW5 　高速钢：W18Cr4V、W9Cr4V、W12Cr4V4Mo 　硬质合金：钢结硬质合金、YG15、YG8 （芯棒用硬质合金时，一般为钢与硬质合金的焊接镶接形式）	钢：60～63HRC 钢结硬质合金：64～72HRC 硬质合金：88～90HRA（钢的细长芯棒可降至55～58HRC，带接杆芯棒连接处局部35～40HRC）	1. 平磨后退磁 2. 表面粗糙度值要求 工作面： Ra 0.4～0.1μm 配合面及定位面： Ra 1.6～0.4μm 非配合面： Ra 3.2～1.6μm 3. 工作面及配合面公差等级：IT5～IT7
模冲	碳素工具钢：T8A、T10A 　合金工具钢：GCr15、Cr12、Cr12Mo、9CrSi、CrWMn、CrW5	50～60HRC	1. 平磨后退磁值 2. 表面粗糙度要求 端面： Ra 0.8～0.4μm 配合面： Ra 0.4～0.1μm 非配合面： Ra 3.2～0.8μm 3. 工作面及配合面公差等级：IT5～IT7

表 11-88　　　　　　模具一般零件常用材料及热处理要求

零件名称	常 用 材 料	热处理	硬度 （HRC）
上、下模板	HT200、 HT250、 ZG270-500、ZG310-570、Q235		
模柄	Q235、Q275		
导柱、导套	20 钢	渗碳 淬火	60～62
凸、凹模固定板	Q235、Q275		
托料板	Q235		
卸料板	Q235、Q275		
导料板	45 钢	淬火 回火	40～44
挡料销	45 钢	淬火 回火	43～48
导正销、定位销	T7、T8	淬火 回火	52～56
垫板	45 钢	淬火 回火	43～48
定位板	T8A	淬火 回火	54～58
螺钉	45 钢	头部 淬火	43～48
圆柱销	45 钢、T8A	淬火 回火	43～48 52～56
推杆	45 钢		
推板	45 钢		
压边圈	T8A	淬火 回火	54～58
侧刃、侧刃挡板	T8A	淬火 回火	54～58
楔块、滑块	T8A、T10A	淬火 回火	62～60
顶板	45 钢		
弹簧	65Mn、60Si2Mn	淬火 回火	40～45

第五节　模具热处理技术发展趋势

一、模具质量检测

1. 模具材料检测

在模具工件进入粗加工之前，对材料应进行检验和核对。对重要模具，最好有上道工序的用料数据，必要时要进行化验；对一般模具，可用标样进行火花鉴别，以防止使用不合格材料或在下料过程产生的混料现象。

2. 模具毛坯质量检测

模具毛坯质量指标应由模具毛坯制造单位提供，模具制造单位复核。检验毛坯的宏观缺陷、内部缺陷及退火硬度。对一些重要模具，如压铸模等，应在粗加工后再次探伤，以避免缺陷超标的零件进入热处理和精加工工序。

3. 模具热处理质量检测

（1）硬度检查。模具零件的退火硬度用布氏硬度计检查，淬火硬度用洛氏硬度计检查，表面处理后的硬度用维氏硬度计或显微硬度计检查。当工件较大时，可用专用便携式硬度计；硬度检查要求低时，也可用锉刀判断。应按图样要求的部位进行硬度检查。若未指定位置时，可按既不破坏工件精度又具有代表性的原则确定硬度检查位置，一般以不少于3点的硬度平均值作为工件的硬度值。检查硬度均匀性时，一般应在不少于3处进行检查，每处不少于3点。

（2）变形检查。检查工具有卡尺、千分尺、工具显微镜、塞尺、V形架（支撑）及千分表等。按图样要求进行变形检查。

（3）外观检查。按工艺或图样要求，在工件规定部位取样后进行外观检查。

（4）金相检查。按工艺或图样要求，在工件规定部位取样后进行金相检查。

（5）力学性能检查。对图样或工艺有要求的，必须准备试样，随模具一起热处理，然后进行性能测试。

4. 模具热处理缺陷及防治方法

模具热处理缺陷及防治方法见表 11-89。

表 11-89　　　　　　模具热处理缺陷及防治方法

缺　陷	防　治　方　法
氧化和脱碳	采用盐浴加热时，应充分脱氧和捞渣。高温盐浴在夏季每隔 2～3h 脱氧 1 次，冬季每隔 4h 脱氧 1 次，8h 捞渣 1 次。中温盐浴每天脱氧、捞渣 1 次。采用箱式炉加热时，应将模具装箱加热采用保护气氛或真空加热，涂防氧化涂料
过热或过烧	由于加热温度过高或高温下加热时间过长，引起晶粒粗化，称为过热。由于加热温度远远超过了正常的加热温度，以致沿晶界出现熔化和氧化，称为过烧。防止的方法为：热处理前要确定模具材料，定期检查和校核仪表，严格遵循工艺规程。对于过热模具一般应通过退火或高温回火，然后按正确淬火工艺重新淬火
硬度不足	淬火时，其冷速应大于临界冷速，并做好防氧化脱碳工作
软点	模具材料碳化物偏析级别应在规定范围内，经过良好的预备热处理，并检查退火金相质量；淬火加热前应去除模具表面的氧化皮与锈斑，加热炉应注意保护，盐浴炉按时脱氧、捞渣，淬火介质注意清洁，按时更换，控制碱浴水分，冷却时模具应上下左右翻动，并防止相互接触
黑色断口	必须重新锻造或轧制，压缩比不小于 35％，然后快冷方能消除
脆性	严格控制钢材的内在质量，进行预先热处理（退火、正火），改善组织，选定合适的回火温度（尽量避免在回火脆性温度区间），并有足够的回火时间
表面腐蚀	装箱保护（保护剂要先烘干）；盐浴炉及时脱氧、捞渣，尽量不采用空冷淬火，硝盐使用温度不超过 500℃，淬火和回火后的模具及时清洗

二、模具热处理技术现状及发展趋势

（一）热处理对模具的影响

模具热处理是保证模具性能的重要工艺过程。它对模具的如下性能有着直接的影响：

（1）模具的制造精度：组织转变不均匀、不彻底及热处理形成的残余应力过大会造成模具在热处理后的加工、装配和模具使用过程中的变形，从而降低模具的精度，甚至报废。

（2）模具的强度：热处理工艺制定不当、热处理操作不规范或热处理设备状态不完好，造成被热处理的模具强度（硬度）达不到设计要求。

（3）模具的工作寿命：热处理造成的组织结构不合理、晶粒度超标等，导致主要性能如模具的韧性、冷热疲劳性能、抗磨损性能等下降，影响模具的工作寿命。

（4）模具的制造成本：作为模具制造过程的中间环节或最终工序，热处理造成的开裂、变形超差及性能指标超差，大多数情况下会使模具报废，即使通过修补仍可继续使用，也会增加工时，延长交货期，提高模具的制造成本。

（二）模具热处理技术发展趋势

正是由于热处理技术与模具质量有十分密切的关联性，使得两者在现代化的进程中，相互促进，共同提高。20 世纪 80 年代以来，国际模具热处理技术发展较快的领域是真空热处理技术、模具的表面强化技术和模具材料的预硬化技术。

1. 模具的真空热处理技术

真空热处理技术是近些年发展起来的一种新型的热处理技术，它所具备的特点，正是模具制造中所迫切需要的，比如防止加热氧化和不脱碳、真空脱气或除气，消除氢脆，从而提高材料（零件）的塑性、韧性和疲劳强度。真空加热缓慢、零件内外温差较小等因素，决定了真空热处理工艺造成的零件变形小。

按采用的冷却介质不同，真空淬火可分为真空油冷淬火、真空气冷淬火、真空水冷淬火和真空硝盐等温淬火。模具真空热处理中主要应用的是真空油冷淬火、真空气冷淬火和真空回火。为保持工件（如模具）真空加热的优良特性，冷却介质和冷却工艺的选择及制定非常重要，模具淬火过程主要采用油冷和气冷。

对于热处理后不再进行机械加工的模具工作面，淬火后尽可能采用真空回火，特别是对经过真空淬火的工件（模具），真空回火可以提高与表面质量相关的力学性能，如抗疲劳性能、表面粗糙度、耐腐蚀性等。

热处理过程的计算机模拟技术（包括组织模拟和性能预测技

术）的成功开发和应用，使得模具的智能化热处理成为可能。由于模具生产的小批量（甚至是单件）、多品种的特性，以及对热处理性能要求高和不允许出现废品的特点，又使得模具的智能化热处理成为必须。模具的智能化热处理包括：明确模具的结构、用材、热处理性能要求；模具加热过程温度场、应力场分布的计算机模拟；模具冷却过程温度场、相变过程和应力场分布的计算机模拟；加热和冷却工艺过程的仿真；淬火工艺的制定；热处理设备的自动化控制技术。国外工业发达国家，如美国、日本等，在真空高压气淬方面，已经开展了这方面的技术研发，主要针对目标也是模具。

2. 模具的表面处理技术

模具在工作中除了要求基体具有足够高的强度和韧性的合理配合外，其表面性能对模具的工作性能和使用寿命至关重要。这些表面性能指：耐磨损性能、耐腐蚀性能、摩擦因数、抗疲劳性能等。这些性能的改善，单纯依赖基体材料的改进和提高是非常有限的，也不经济，而通过表面处理技术，往往可以收到事半功倍的效果，这也正是表面处理技术得到迅速发展的原因。

模具的表面处理技术，是通过表面涂覆、表面改性或复合处理技术，改变模具表面的形态、化学成分、组织结构和应力状态，以获得所需表面性能的系统工程。从表面处理的方式上可分为：化学方法、物理方法、物理化学方法和机械方法。虽然旨在提高模具表面性能新的处理技术不断涌现，但在模具制造中应用较多的主要是渗氮、渗碳和硬化膜沉积。

渗氮工艺有气体渗氮、离子渗氮、液体渗氮等方式，每一种渗氮方式中，都有若干种渗氮技术，可以适应不同钢种不同工件的要求。由于渗氮技术可形成优良性能的表面，并且渗氮工艺与模具钢的淬火工艺有良好的协调性，同时渗氮温度低，渗氮后不需激烈冷却，模具的变形极小，因此模具的表面强化是采用渗氮技术较早，也是应用最广泛的。

模具渗碳的目的，主要是为了提高模具的整体强韧性，即模具的工作表面具有高的强度和耐磨性，由此引入的技术思路是，用较低级的材料，通过渗碳淬火来代替较高级别的材料，从而降低制造成本。

　　硬化膜沉积技术目前较成熟的是 CVD、PVD。为了增加膜层与工件表面的结合强度，现在发展了多种增强型 CVD、PVD 技术。硬化膜沉积技术最早在工具（刃具、量具等）上应用，效果极佳，多种刀具已将涂覆硬化膜作为标准工艺。模具自 20 世纪 80 年代开始采用涂覆硬化膜技术。目前的技术条件下，硬化膜沉积技术（主要是设备）的成本较高，仍然只在一些精密、长寿命模具上应用，如果采用建立热处理中心的方式，则涂覆硬化膜的成本会大大降低，更多的模具如果采用这一技术，可以整体提高我国的模具制造水平。

　　模具的失效大多都是发生在模具表面或是由表面开始的，如磨损、腐蚀、龟裂、表面开裂等过程都与模具的表面性能有关。模具材料的选用和强韧化处理更多地着眼于模具的整体性能，表面强化恰恰可作为整体热处理的补充。已开发的适合于模具表面强化的工艺方法见表 11-90。

表 11-90　　　　　　　　　　模具表面强化方法

工艺类型	强化工艺方法		强化机理	特点、用途
机械	喷丸挤压		塑性变形和加工硬化	用于冷作模具
热化学	渗金属元素	Cr	Cr 的碳化物	抗磨、耐蚀，用于冷、热作模具
		V	V 的碳化物	抗磨、减摩，用于冷、热作模具
		W	W 的碳化物	抗磨，用于冷、热作模具
		Al	固溶强化	防高温氧化，用于热作模具
		Ti	Ti 的碳化物	增加模具表面硬度
		Si	固溶强化	提高表层强度
		Nb	Nb 的碳化物	抗磨，用于冷、热作模具
	渗非金属元素	C	C 化物，相变强化	提高表面硬度、减小摩擦因数、减少磨损
		N	N 的化合物	
		B	B 的化合物	
		S	S 的化合物	
		N—C	N—C 化合物	
		N—B	N—B 化合物	
		S—N—C	(S, N, C) 化合物	

工艺类型	强化工艺方法	强化机理	特点、用途
电化学	电镀 电刷镀	硬质层 化合物沉积层	增加模具表面硬度，减少磨损
激光 （电子束）	相变强化 合金化 熔化、凝固	相变 化合物 相变、非晶	
离子束	离子注入 离子沉积 等离子喷涂	固溶、化合物 化合物 涂层	

3. 模具材料的预硬化技术

模具在制造过程中进行热处理是绝大多数模具长时间沿用的一种工艺，自 20 世纪 70 年代开始，国际上就提出预硬化的想法，但由于加工机床刚度和切削刀具的制约，预硬化的硬度无法达到模具的使用硬度，所以预硬化技术的研发投入不大。随着加工机床和切削刀具性能的提高，模具材料的预硬化技术开发速度加快，到 20 世纪 80 年代，国际上工业发达国家在塑料模用材上使用预硬化模块的比例已达到 30%（目前在 60%以上）。我国在 20 世纪 90 年代中后期开始采用预硬化模块（主要用国外进口产品）。

模具材料的预硬化技术主要在模具材料生产厂家开发和实施。通过调整钢的化学成分和配备相应的热处理设备，可以大批量生产质量稳定的预硬化模块。我国在模具材料的预硬化技术方面，起步晚，规模小，目前还不能满足国内模具制造的要求。

采用预硬化模具材料，可以简化模具制造工艺，缩短模具的制造周期，提高模具的制造精度。可以预见，随着加工技术的进步，预硬化模具材料会用于更多的模具类型。

（三）采用新的热处理工艺

为提高热处理质量，做到硬度合理、均匀、无氧化、无脱碳，消除微裂纹，避免模具的偶然失效，进一步挖掘材料的潜力，从而提高模具的正常使用寿命，推荐采用新的热处理工艺。

（1）组织预处理：在模具淬火之前，对模具的材料进行均匀化处理，以便在淬火后得到细针状马氏体＋碳化物＋残留奥氏体的显微组织，从而使材料的抗压强度和断裂韧性大大提高。

（2）冰冷处理：淬火后冷到常温以下的处理称为冰冷处理。这是很有实用价值的一种处理方法，可使精密零件尺寸稳定，避免相当多的残余奥氏体因不稳定而转为马氏体。

（3）高温淬火＋高温回火：高温淬火可以使中碳低合金钢获得更多的板条马氏体，从而提高模具的强韧性；对于高合金钢，可使更多的合金元素溶入奥氏体，提高淬火组织的抗回火能力和热稳定性，高温回火又可得到回火索氏体组织，使韧性提高，从而提高了模具寿命。高温淬火＋高温回火工艺，在 3Cr2W8V 中应用得比较成功。

（4）低温淬火：对于高碳工具钢，低温淬火可获得更多的板条马氏体，提高模具的韧性，防止崩刃。同时低温淬火可减少模具的变形和淬火裂纹产生，对提高模具寿命是有利的。

（5）贝氏体等温淬火：贝氏体或者贝氏体＋少量回火马氏体具有较高的强度、韧性综合性能，热处理变形较小，适合要求高强度、高韧性、高塑性的冷冲模和冷挤模具，并能有效提高模具寿命。

（四）研制和应用新型模具钢

采用新的热处理工艺，挖掘现有材料的潜力，对提高模具寿命是有效的，不过也是有限的，特别是加工工艺的发展越来越趋向高温、高压、高速，模具的服役条件更加苛刻，因此要大幅度提高模具寿命，则必须研制和应用新的模具材料。

针对模具的工作条件和已有材料的不足，近年来，已研制了多种新的模具材料，其中以合金钢为主，这些模具钢的特点、应用范围及使用效果见表11-91。

除了新的模具钢外，新研制的钨钼系含氮超硬高速钢 W12Mo3Cr4V3N、钢结硬质合金（DT）、合金铸铁（如 SMRI-86）、高温合金（如 TZM）等模具材料也取得了较好的应用效果。

466

表 11-91　　　　　　　　　　　　　　新型模具钢应用情况

钢号（代号）	性能特点	应用范围	使用效果
35Cr3Mo3W2V（HM1）	高温强度、热稳定性及热疲劳性都较好	高速、高载、水冷条件下工作的模具	在高速镦锻、热挤压、压铸模具上取得较好效果，寿命提高 2～4 倍
25Cr3Mo3VNb（HM3）	高温韧性及热疲劳性能良好	压力机锻模、锤锻模镶块等小型模块	比用 3Cr2W8V 钢制作的模具寿命提高 1 倍
5Cr4W5Mo2V（RM2）	抗回火稳定性、热稳定性好，强度高，已纳入国家标准	精锻模具	轴承环热锻模、齿轮精锻模具的寿命比用原钢种提高 1 倍以上
50Cr4Mo3SiMnVAl（012Al）	属基体钢，冲击韧度高，高温强度及热稳定性好	高温，大载荷下工作的模具，如高速镦锻机模具	热挤压冲头比 3Cr2W8V 钢提高寿命 3～5 倍
6Cr4Mo3Ni2WV（CG2）	基体钢，高温强度和热稳定性好	小型热作模具	热挤压冲头寿命比 3Cr2W8V 钢提高 2～3倍
4Cr3Mo3W4VTiNb（GR）	高热强性，高回火稳定性	热作模具	
6Cr4W3Mo2VNb（65Nb）	高的强韧性	冷、热作模具兼用钢	六角螺栓冷镦模寿命达 24 万次，圆环冷冲模比 Cr12MoV 钢提高 1.5 倍
6W8Cr4VTi（LM1）6Cr5Mo3W2VSiTi（LM2）	高强韧性，冲击韧度和断裂韧度在抗压强度与 W18Cr4V 钢相同时，高于 W18Cr4V 钢	工作在高压力、大冲击力下的冷作模具	冷挤活塞销模具比 W18Cr4V 提高寿命 1 倍。冷镦切边模比 Cr12MoV 钢提高寿命 8 倍

钢号（代号）	性能特点	应用范围	使用效果
7Cr7Mo3V2Si （LD)	高强韧性	大载荷下的冷作模具	冷镦模的寿命可提高5倍
7CrSiMnMoV （CH-1)	韧性好，淬透性高，可用火焰淬火，热处理变形小	低强度冷作模具零件	中厚板冲模冲头寿命比 T10A 提高 3～5 倍
8Cr2MnWMoVS （8Cr2S)	预硬化钢，易切削	精密塑料模、陶瓷模等	陶瓷模、塑料模等模具寿命提高 5 倍以上
70Mn15Cr2Al3V2WMo	高强无磁钢，尺寸稳定性好，耐热、耐磨	磁性材料成型模，热成型模	在无磁模具上应用，效果明显

第十二章

模具的加工与制造

第一节 模具加工制造基础

一、模具组成部分

1. 模具常见组成部分

模具通常由工作部分（凸模、凹模、凸凹模或凹凸模等）、材料定位部分（定位销、导正销、定位板等）、卸料部分（卸料杆、卸料板等）、顶件部分（顶件杆、顶件板等）和模架（含模座、模板、导向件和安装固定件等）组成。

模架是保证模具正常、有效工作的重要部件，其功能是连接与承载。冲裁模具、塑料注射成形模具中所用模架都已制定了标准，因此这类模架应按标准选用，由专业厂（点）组织标准化、专业化生产。模架零件的加工与通用机械零件相同。

图 12-1 所示是一副较典型的简单冲模，它由上模（图中双点划线以上部分）和下模（图中双点划线以下部分）两部分组成。上模部分有模柄 19 和上模座 3、垫板 17、凸模固定板 4、凸模 7、卸料板 15、导套 5、6 等零件，主要靠模柄与压力机的滑块紧固在一起，随滑块上、下往复运动，所以又称活动部分。下模部分有下模座 14、导柱 8、9、凹模 13、安全板并兼作导料板 10 等零件，主要通过压板、垫块、螺钉、螺母等零件将下模座压紧固定在压力机工作台面上，所以又称固定部分。

不同结构的冲模，其复杂程度也不同，组成模具的零件也各有差异，但典型零件都可以归纳成如下七种：

（1）工作零件。指冲模上直接对毛坯和板料进行冲压加工的零

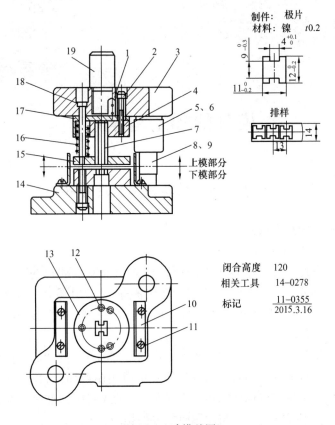

制件：极片
材料：镍　$t0.2$

排样

闭合高度　120
相关工具　14—0278
标记　　　<u>11—0355</u>
　　　　　2015.3.16

图 12-1　冲模总图

1—紧定螺钉；2—螺钉；3—上模座；4—凸模固定板；5、6—导套；
7—凸模；8、9—导柱；10—安全板兼导料板；11—螺钉；12—销钉；
13—凹模；14—下模座；15—卸料板；16—弹簧；17—垫板；18—螺
钉；19—模柄

件，如凸模、凹模、凸凹模及组成它们的镶件、拼块等。

　　（2）定位零件。指用来确定条料或毛坯在冲模中正确位置的零件，如定位销、定位板、挡料销、导正销、导料板、侧刃、限位块等。

　　（3）压料、卸料零件。指用于压紧条料、毛坯或将制件、废料从模具中推出或卸下的零件，如卸料板、顶杆、顶件块、推杆、推管、推板、废料切刀、压料板、压边圈、托板、弹顶器等。

　　（4）导向零件。指保证上模相对于下模或凸模相对于凹模正确运动的零件，如导柱、导套、导板、滑块等。

（5）固定零件。指将凸模、凹模固定于上、下模座上以及将上、下模固定于压力机上用于传递工作压力的零件，如上、下模座和凸、凹模固定板及垫板、模柄等。

（6）紧固件及其他零件。指在模具中用于连接固定各个零件或配合其他动作的零件，如螺钉、销钉、弹簧及其他零件。

（7）传动及改变工作运动方向的零件。指在模具中主要用于配合其他运动方向而设置的零件，如侧模、凸轮、滑块、铰链接头等。

2. 模具工作条件及主要技术要求

模具因类别不同，其工作条件差异很大，技术要求、加工特点也各不相同。各种模具的工作条件及技术要求见表 12-1。

表 12-1　　　　　　　　模具的工作条件及主要技术要求

模具类型	型面受力（MPa）	工作温度（℃）	型面表面粗糙度值 $Ra(\mu m)$	尺寸精度（mm）	硬度 HRC	寿命（$\times 10^3$ 次）
压铸模	300～500	600（铝合金）	≤0.4	0.01	42～48	＞70
注塑模	70～150	180～200	≤0.4	0.01	35～40	＞200
冲模	200～600	室温	＜0.8	精密 0.005	58～62	一次刃磨＞30
热锻模	300～800	700（表面）	≤0.8	0.02	40～48	≥10（机锻）
冷锻模	1000～2500	室温	＜0.8	0.01	58～64	＞20
粉末冶金模	400～800	室温	＜0.4	0.01	58～62	＞40

3. 模具工作部分的作用

模具工作部分或称模块，是模具型腔的承载体，其功能是赋予制件以一定的形状和尺寸。

模具工作部分一般由动、定模及型芯等组成，许多模具的动、定模表现为凸、凹模。图 12-2 所示为动、定模形状的示意图。图 12-2（a）所示的动、定模为凹—凹模，如锻造模具等；图 12-2（b）所示为凸—凹模，如冲裁模等；图 12-2（c）所示为另一种凸—凹模，如压铸、注塑、拉深模等。

4. 模具工作部分加工特点

模具工作部分加工部位分为外形、定位面、分模面、固定孔和

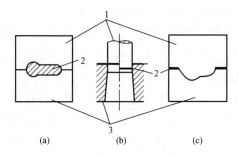

图 12-2　模具工作部分形状示意图

(a) 凹—凹模；(b) 凸—凹模；(c) 凸—凹模

1—动模；2—制件坯料；3—定模

型面，其中最具加工特点的是型面。凸模型面及凹模型面的加工特点分别见表 12-2 和表 12-3。

表 12-2　　　　　　　　　凸模型面的加工特点

凸模型式	简　　图	加工特点
直通式		（1）断面形状复杂，精度高 （2）硬度高，热处理后精加工 （3）需加工出锋利刃口，包括带前角刃口 （4）可沿轴向加工，也可沿断面轮廓的切向加工
台阶式		（1）工作刃带轮廓尺寸小于固定部分轮廓尺寸，加工时必须考虑两者轴线平行 （2）硬度高，精度高，热处理后进行精加工

续表

凸模型式	简　　图	加工特点
曲面式（三维）		（1）型面为三维曲面，几何形状精度的保证需与测量手段相结合 （2）定位面要合理选择和精细加工，以保证与凹模的配合及制件厚度的均匀 （3）需抛光，并达到低的表面粗糙度值

表 12-3　　凹模型面加工特点

凹模型式	简　　图	加 工 特 点
贯通式	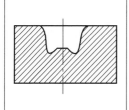	（1）形状复杂，精度高，与凸模形状高度的一致性，有时需根据凸模配作 （2）高硬度下的精加工（55HRC 以上） （3）应保证良好的成形性能，刃口处要加工出后角
非贯通式（三维）		（1）工作面形状复杂，曲面和过渡面多 （2）与凸模形状一致性，有时需配作 （3）低的表面粗糙度值，高的硬度

二、模具加工程序

模具加工的一般程序如图 12-3 所示。除了部分标准件可直接进行装配外，其他零件都要经过如下步骤的加工。各加工阶段的主要任务如下：

1. 模具毛坯材料的选择和要求

模具毛坯的形状和特性，在很大程度上决定着模具制造过程中

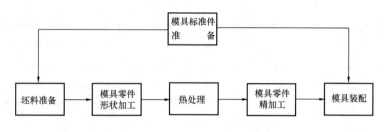

图 12-3　模具加工的一般程序

工序的多少、机械加工的难易、材料消耗量的大小及模具的质量和寿命。因此，正确选择毛坯材料具有重要的经济意义。毛坯材料的选择和要求，大体上要考虑以下四方面：

（1）按模具图样的规定选择，如铸铁模座就只能是铸件，碟形弹簧只能是板料冲裁件，大量的通用紧固件应是外购件等。

（2）按零件的结构形状及尺寸选择，如圆盘形毛坯直径超过最大圆钢直径，或台阶轴形毛坯的大外圆和小外圆直径尺寸相差悬殊时，应该采用锻件。

（3）按生产的批量选择，如在专业化生产中，模架和其他一部分模具标准件采用大批量生产方式时，工艺方法必须作相应的变化，以提高生产效率和降低加工成本。此时模锻可代替自由锻，精密铸造可代替砂型铸造或圆钢坯料，数控气割、线切割可代替一般气割及其后续的铣刨工序。

（4）对一部分凸模、凹模和凸凹模，为保证模具质量和使用寿命，规定采用锻造毛坯，并对毛坯提出碳化物偏析的技术要求。这也是模具制造中经常采用的一种工艺措施。

2. 坯料准备

坯料准备阶段的主要任务是为各模具零件提供相适应的坯料，其加工内容按原材料的类型不同而异。通常的类型有：

（1）对锻件或切割钢板进行六面加工，去除原材料表面黑皮，并将外形加工至所需尺寸。磨削两平面和基准面，使坯料平行度和垂直度符合要求。

（2）对标准模块进行改制。即只对标准模块不适应的部位进行加工。若基准面发生变动，则需重新加工出基准面。

（3）直接应用标准模块。坯料准备阶段就不需要再作任何加工。这是缩短制模周期的最有效方法。模具设计人员应尽可能选用标准模块。在不得已的情况下，才对标准模块进行部分改制加工。

3. 热处理

热处理阶段的主要任务是使经初步加工的模具零件半成品达到所需的强度和硬度。

4. 模具零件的形状加工

此阶段的主要任务是按模具零件要求对坯料进行内外形状加工。如按冲裁凸模所需形状进行外形加工，按冲裁凹模所需形状加工冲裁型孔、紧固螺钉孔等。又如按照塑料模的型芯形状进行内外形状加工。当然，一些用电加工或线切割加工的型孔，可在热处理后进行。

随着加工设备的不断进步，形状加工的过程也发生了很大的变化。对图 12-4 所示模板的可能加工过程见图12-5。如图12-5（a）所示，采用手工划线需五道工序才能完成，且手工划线的孔位精度较差；改用数控机床后则由数控机床定位钻孔，虽然只减少一道工序，但孔位精度却有了提高，见图 12-5（b）；应用加工中心加工后，则一次装夹可完成所有加工内容，见图12-5（c）。由于减

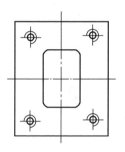

图 12-4　模板

少了装夹和工序转移的等待时间，大幅度缩短了加工周期，同时也减少了多次装夹带来的孔位误差，提高了加工精度。

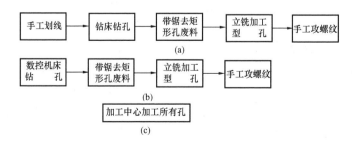

图 12-5　模板形状加工的发展趋势

（a）常规加工；（b）数控机床加工；（c）加工中心加工

5. 模具零件精加工

此阶段的主要任务是对淬硬的模具零件半成品进行进一步加工,以满足尺寸精度、形位精度和表面质量的要求。精加工阶段,针对材料较硬的特点,大多数采用磨削加工和精密电加工方法。用各类数控磨床进行精加工时,可达到的位置精度和形状精度为$\pm 0.005 \sim \pm 0.003$mm。用精密线切割机床及电加工机床可达到的位置精度和形状精度为$\pm 0.01 \sim \pm 0.005$mm。

6. 模具标准件准备

无论冲模或塑料模,都有预先加工好的标准件供选用。现在,除了螺钉、销钉、导柱、导套等一般标准件外,还有常用圆形和异形冲头、导正销、推杆等标准件。此外还开发了许多标准组合,使模具标准化达到更高的水平。图 12-6 所示是冲孔模标准组合示意图。除了模架以外,还配置了模板、螺钉、销钉、弹簧等各种标准件。使用时只需按冲孔要求对安装冲孔凸凹模的模板进行再加工即可。图 12-7 所示是注塑模标准组合(俗称塑料模架)的实例。使用时,只要从所需结构中选择平面尺寸合适的规格配以型腔和型芯即可。

一般在加工自制模具零件的同时准备好所需的标准件。标准组合中需进行局部加工的

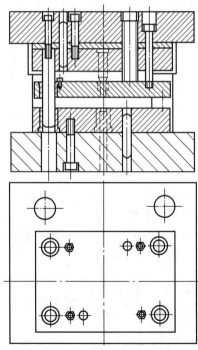

图 12-6　冲孔模标准组合

模板可直接进入形状加工,其他标准件则可在装配时直接应用。实践证明,模具制造中的标准化水平越高,则加工周期越短。模具标准化已经成为现代模具加工中缩短制模周期和提高模具精度的一种

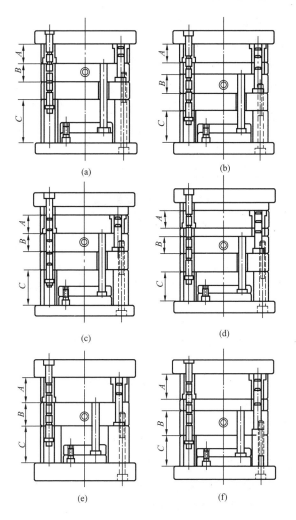

图 12-7 适用于点浇口的注塑模标准组合实例

重要手段。

7. 模具装配

此阶段的主要任务是将已加工好的模具零件及标准件按模具总装配图要求装配成一副完整的模具。在装配过程中，装配工人需对某些模具零件进行抛光和修整，试模后还需对某些部位进行调整和修正。当模具生产的制品符合图样要求，且模具能正常地连续工作，模具加工过程即宣告结束。

三、模具制造工艺过程

1. 模具制造大致过程及主要加工设备

模具按其不同的类型和使用目的，对材料、尺寸精度和热处理后性能等条件提出不同要求。加工时应充分考虑其特点，采用最合理的方法。其中，优良的加工设备是制造精密模具所不可缺少的。

模具制造过程大致为备料、外形加工、工作部位加工、热处理、修整和装配等，各过程所用的主要设备见表 12-4。

表 12-4 模具制造过程及主要加工设备

备 料	外形加工	工作部位加工	热处理	修整和装配
锻造设备切割设备	通用机械加工设备	仿形加工设备 数控加工设备 加工中心 电加工设备 精密加工设备 特种成形设备	各种热处理设备	各种机动、气动、电动等抛磨工具、装配工具及检测仪器

2. 模具制造工艺分类

模具制造工艺分为两类：一类是保证模具内在质量的加工工艺，即毛坯的制备和零件的热处理（包括表面强化处理）；另一类是模具零部件几何尺寸的加工工艺。

模具零件的原材料质量，对模具的加工和使用有着很大影响。通过铸造制备毛坯的模具零件大致分两类：

（1）底板、模座、框架零件，如锻造用的切边模座、校正模座、机械压力机模座、冷冲模底板等。

（2）大型拉深模，如汽车覆盖件模具等。

此外，模具毛坯的锻造成形是模具工作部分制坯的重要手段。

3. 模具型面加工工艺特点

型面加工是模具制造的关键，它决定着制件的精度、工艺性能和模具寿命。技术难度表现在：异型零件几何形状加工及精度控制，凸凹模型面的高度一致性，凸凹模间隙均匀性等。型面加工工艺流程见表 12-5。

表 12-5 型面加工工艺

模具	零件特点	加工工艺流程
凸模	直通式冲头	(1) 简单断面：粗加工→热处理→磨削 (2) 复杂断面：粗加工→热处理→磨平面→线切割 (3) 精度较低时：粗加工→精加工→真空热处理（或保护气氛热处理）
	台阶式冲头	(1) 精度要求高：粗加工→热处理→磨削 (2) 精度较低时：粗加工→精加工→真空热处理
	三维凸模	(1) 大型零件：粗加工→热处理→精加工→修磨→抛光 (2) 小型精密零件：粗加工→热处理→电加工→（或磨削）→抛光
凹模	贯通式凹模	(1) 粗加工→热处理→磨端面→线切割型腔 (2) 粗加工→精加工型腔→热处理→磨刀口
	三维曲面凹模 （非贯通式）	(1) 粗加工→热处理→电火花加工型腔→抛光 (2) 大型零件：粗加工→热处理→精加工→修磨→抛光

四、模具加工方法分类

通常，按照模具的种类、结构、用途、材质、尺寸、形状、精度及使用寿命等各种因素选用相应的加工方法。目前模具加工方法主要分为切削加工及非切削加工两大类，这两大类各自包含的加工方法见表 12-6。

表 12-6 模具加工方法

类别	加工方法	机床	使用工具	适用范围
切削加工	平面加工	龙门刨床 牛头刨床 龙门铣床	刨刀 刨刀 面铣刀	对模具坯料进行六面加工
	车削加工	车床 NC 车床 立式车床	车刀 车刀 车刀	各种模具零件
	钻孔加工	钻床 摇臂钻床 铣床 数控铣床 加工中心 深孔钻	钻头、铰刀 钻头、铰刀 钻头、铰刀 钻头、铰刀 钻头、铰刀 深孔钻	加工模具零件的各种孔 加工注塑模冷却水孔

续表

类别	加工方法	机　床	使用工具	适用范围
切削加工	镗孔加工	卧式镗床 加工中心 铣床 坐标镗床	镗刀 镗刀 镗刀 镗刀	镗削模具中的各种孔 镗削高精度孔
	铣加工	铣床 NC 铣床 加工中心 仿形铣床 雕刻机	立铣刀、面铣刀 立铣刀、面铣刀 立铣刀、面铣刀 球头铣刀 小直径立铣刀	铣削模具各种零件 进行仿形加工 雕刻图案
	磨削加工	平面磨床 成形磨床 NC 磨床 光学曲线磨床 坐标磨床 内、外圆磨床 万能磨床	砂轮 砂轮 砂轮 砂轮 砂轮 砂轮 砂轮	模板各平面 各种形状模具零件的表面 精密模具型孔 圆形零件的内、外表面 可实施锥度磨削
	电加工	型腔电加工 线切割加工 电解加工	电极 线电极 电极	用切削方法难以加工的部位 精密轮廓加工 型腔和平面加工
	抛光加工	手持抛光工具 抛光机或手工	各种砂轮 锉刀、砂纸、磨石、抛光剂等	去除铣削痕迹 对模具零件进行抛光
非切削加工	挤压加工	压力机	挤压凸模	难以进行切削加工的型腔
	铸造加工	铍铜压力铸造 精密铸造	铸造设备 石膏模型、铸造设备	铸造塑料模型腔
	电铸加工	电铸设备	电铸母型	精密注塑模型腔
	表面装饰纹加工	蚀刻装置	装饰纹样板	加工注塑模型腔表面

1. 模具制造根据公差等级要求选择加工方法

模具零件通常由大量的外圆、内孔、平面等简单几何表面和一部分复杂的成形表面组成。在模具图样上，根据零件的功能对所有表面都提出了加工质量的要求。对不同公差等级要求选择合适的加工方法，可参照表 12-7 确定。

表 12-7　　　　　　加工方法与公差等级的关系

加工方法	公差等级 IT																		
	01	0	1	2	3	4	5	6	7	8	9	10	11	12	13	14	15	16	17	18
精研磨	■	■	■																	
细研磨			■	■																
粗研磨				■	■															
终珩磨					■	■														
初珩磨						■	■													
精　磨				■	■	■														
细　磨					■	■														
粗　磨						■	■														
圆　磨							■	■	■											
平　磨							■	■	■											
金刚石车削							■	■												
金刚石镗孔							■	■												
精　铰								■	■											
细　铰									■	■	■									
精　铣									■	■	■									
粗　铣											■	■	■							
精车、精刨、精镗								■	■	■	■									
细车、细刨、细镗									■	■	■	■								
粗车、粗刨、粗镗												■	■	■						
插　削												■	■	■						
钻　削												■	■	■	■					
锻　造															■	■	■	■		
砂型铸造																■	■	■	■	

2. 模具制造根据表面粗糙度值的要求选择加工方法

选择加工方法，先要按零件的表面形状和加工质量要求，对照各种加工方法所能达到的经济精度和表面粗糙度值，找出适宜的加工方法。所谓经济精度和表面粗糙度值，是指在正常生产条件下，某种加工方法所能达到的精度和表面粗糙度值。模具制造可根据表面粗糙度值的不同要求参照表 12-8 选择不同的加工方法。

表 12-8　　　　　不同加工方法可能达到的表面粗糙度值

加工方法		表面粗糙度值 $Ra(\mu m)$													
		0.012	0.025	0.05	0.10	0.20	0.40	0.80	1.60	3.20	6.30	12.5	25	50	100
锉															
刮削锉															
刨削	粗														
	半精														
	精														
插削															
钻孔															
扩孔	粗														
	精														
金刚镗孔															
镗孔	粗														
	半精														
	精														
铰孔	粗														
	半精														
	精														
滚铣	粗														
	半精														
	精														
面铣	粗														
	半精														
	精														

续表

加工方法		表面粗糙度值 Ra(μm)													
		0.012	0.025	0.05	0.10	0.20	0.40	0.80	1.60	3.20	6.30	12.5	25	50	100
车外圆	粗										■	■			
	半精								■	■					
	精						■	■	■						
金刚车			■	■	■	■	■								
车端面	粗										■	■			
	半精								■	■					
	精						■	■	■						
磨外圆	粗							■	■						
	半精					■	■	■							
	精			■	■	■									
磨平面	粗							■	■						
	半精					■	■								
	精			■	■	■									
珩磨	平面		■	■	■	■									
	圆柱	■	■	■	■										
研磨	粗				■	■									
	半精			■	■										
	精	■	■	■											
电火花加工							■	■	■	■	■				
螺纹加工	丝锥板牙								■	■	■				
	车							■	■	■					
	搓丝						■	■	■						
	滚压					■	■	■							
	磨					■	■	■							

五、模具切削加工的常用刀具

　　模具切削加工的范围极广，既有成形汽车外覆盖件的大型模具，也有成形电子器件的小型高精度复杂模具，因而必须具有适合于对模具高精度、高效率和低成本加工的各种刀具。

（一）可转位立铣刀

这种铣刀与整体立铣刀或焊接立铣刀相比，具有运输成本低和更换、调整刀具方便的优点。可转位立铣刀的种类很多，见图12-8，加工范围也很广。特别是直径20mm以上的立铣刀，加工性能极佳。

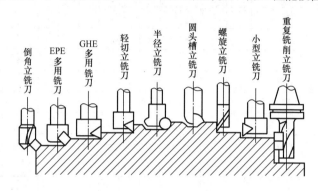

图 12-8　碳化钨硬质合金可转位立铣刀

1. 端面铣削立铣刀

（1）GHE多用铣刀是一种用于直角切削的带柄立铣刀。直径范围10~100mm，共有14种尺寸规格形成系列化。当直径为25mm以上时，轴向前角为+15°，因是大前角刃型铣刀，所以较锋利。

（2）EPE多用铣刀是带45°主偏角的带柄端面立铣刀，也可用于倒角。因具有轴向前角+15°、径向前角-3°的精密光洁型刀刃，所以在不均匀切削中有防振效果，适合于加工一般钢材及难切削钢材。铣刀直径已实现标准化，分为50、63、80、100mm 4种。另外，在刀片材料中增加了切削铸铁用的G10E和切削普通钢材用的A30N品种，使刀具的使用范围更加广泛。

（3）小型立铣刀使用带87°主偏角的方形刀片，还可更换90°、80°的三角形刀片及90°的菱形刀片。这种立铣刀使用方便，其基本尺寸系列为50mm和6mm。

2. 加工曲面的立铣刀

这是一种球头立铣刀，在模具加工中用得很多。在粗加工中，整体式和带柄式都可使用。

3. 加工台阶的立铣刀

（1）螺旋立铣刀。其夹紧部分直径为 0～50mm，带有刃长 60mm、螺旋角 25°的螺旋刀头。由于螺旋刀头的锋利度和排屑性能均很好，又与高刚性本体相结合，所以适用于精加工深孔台阶。

（2）重复铣削立铣刀。它用螺旋夹紧两副偏角为 15°（当直径为 50mm 以上时，两副偏角为 11°）的可转位刀片，适用于粗加工深孔台阶。但这种立铣刀容易振动，可转位刀片也较易缺损。

（二）硬质合金整体立铣刀

整体立铣刀以前大多数用高速钢制成，后来随着加工中心的迅速普及，专门开发了超微粒高韧度硬质合金整体立铣刀，解决了以往常出现的折损、折断的大问题，因而使用量迅速扩大。

与高速钢立铣刀相比，硬质合金立铣刀的硬度更高，耐磨性更好。在高速切削、保持精度可切削高硬度材料等方面都很有效。硬质合金的弹性模量比高速钢高 2～3 倍。在总长度较长的整体立铣刀中，硬质合金整体立铣刀的挠度最小，可保持其应有的加工精度。

整体立铣刀的直径通常在 10mm 以下，常在较低切削速度的条件下使用，这时必须采取措施来防止硬质合金由于粘附切屑而出现急速磨损。用 PVD 方法涂敷 TiN 硬质合金的立铣刀，由于 TiN 具有耐磨性、耐凝着性以及在各种切削速度范围内显示出来的稳定性，大大提高了切削不锈钢及其他难切削材料的性能。

为缩短模具加工中抛光工序的时间，须尽量减小立铣刀精加工表面的粗糙度值。为此采用新开发的韧性很好的 TiN 金属陶瓷整体立铣刀进行精加工，从而大大减少了抛光工时。

为适应模具加工精度高及形状复杂的特点，开发了多种形式的立铣刀。图 12-9 所示是碳化钨硬质合金整体立铣刀的种类和加工示例。

（三）立方氮化硼（CBN）立铣刀

这种立铣刀用于对硬度超过 50HRC 模具坯料的高效率、高精度加工。现已开发了直角形（$\phi6mm\sim\phi20mm$）及圆头（$\phi2mm\sim\phi20mm$）立铣刀。其特征是能用 10m/min 的线速度切削高硬质材料，精加工面的表面粗糙度值可达磨削的水平。用这种立铣刀加工塑料模具，刀具使用寿命为硬质合金刀具的 3.8 倍，加工效率提高 2.4 倍。

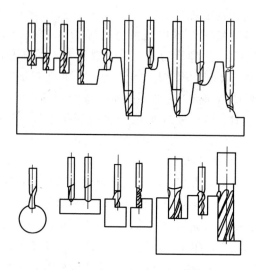

图 12-9　碳化钨硬质合金整体立铣刀的种类和加工示例

　　这种刀具的另一个特点是可用于高速加工铸铁模具。原来采用硬质合金立铣刀用于加工成形汽车外覆盖件的铸铁模具时，尚存在铣刀使用寿命低和加工面粗糙的问题，改用立方氮化硼球头立铣刀后，加工表面粗糙度值 Ra 可减小 50%，加工效率可提高 4 倍。

　　（四）硬质合金旋转锉（铣刀）

　　硬质合金旋转锉可取代金刚石锉刀和磨头来加工淬火后硬度小于 65HRC 的各种模具。它主要用于对模具型腔的整形和修去毛刺，也可对叶轮成形表面进行加工，也可装在风动工具和电动工具上使用。上海工具厂有限公司（上海工具厂）按 GB/T 9217—2005《硬质合金圆柱形旋转锉》生产的硬质合金旋转锉规格见表 12-9。

表 12-9　　　　　　　硬质合金旋转锉（铣刀）规格　　　　　　mm

名称与简图	主 要 参 数				
	直径 d	总长 L	刃长 l	柄部直径	齿数 z(齿)
硬质合金倒锥形旋转锉	7.5	48	8	6	18

名称与简图	主要参数				
	直径 d	总长 L	刃长 l	柄部直径	齿数 z（齿）
硬质合金 38°圆锥形旋转锉	7.5	54	11	6	18
硬质合金椭圆形旋转锉	10	56	16	6	22
硬质合金弧形圆头旋转锉	6	58	18	6	16
	10	60	20	6	20
	12	65	25	6	24
硬质合金带分屑槽弧形旋转锉	10	60	20	6	22
硬质合金弧形尖头旋转锉	10	60	20	6	22
硬质合金火炬形旋转锉	12	72	32	6	24
硬质合金锥形圆头旋转锉	3	50	10	3	12
	6	56	16	6	16
	10	65	25	6	22
	12	68	28	6	24

续表

名称与简图	主 要 参 数				
	直径 d	总长 L	刃长 l	柄部直径	齿数 z(齿)
硬质合金半圆形旋转锉	15	44	4	6	32
硬质合金圆柱形旋转锉	3	50	13	3	12
	10	60	20	6	22
硬质合金带端刃圆柱形旋转锉	6	56	16	6	16
	10	60	20	6	22
硬质合金圆柱形球头旋转锉	3	50	13	3	12
	6	56	16	6	16
	10	60	20	6	22
	12	65	25	6	24
硬质合金带分屑槽圆柱形旋转锉	10	60	20	6	22
硬质合金带分屑槽圆柱形球头旋转锉	10	60	20	6	22
硬质合金圆球形旋转锉	12	51	10.8	6	24
硬质合金60°圆锥形旋转锉	12	55	10.4	6	24
硬质合金90°圆锥形旋转锉	12	51	6	6	24

第二节 模具零件的划线

一、模具零件划线的基本要求

1. 模具零件划线的要求

划线时要正确使用划线工具和划线方法，除了要求划出的线条清晰均匀、样冲冲眼落点准确、深浅均匀外，更重要的是保证尺寸准确。在立体划线中还应注意使长、宽、高三个方向的线条互相垂直。由于划出的线条总有一定的宽度，另外，在使用划线工具和测量调整尺寸时难免产生误差，所以划线尺寸不可能绝对准确。一般的划线精度能达到 0.25～0.5mm。因此，通常不能依靠划线直接确定加工时的最后尺寸，而必须在加工过程中，通过测量来保证尺寸的准确性。

2. 划线注意事项

（1）划线前应去除零件毛刺，检查零件的外形加工精度，如上、下平面的平行度，相邻两侧面的垂直度。

（2）在理解图样的基础上，正确选择划线基准，使之尽量与设计基准或工艺基准一致。

（3）依据加工方法而确定划线方法。如图12-10（a）、（b）所示均为加工型腔，因加工方法不同，划线方法也不相同。

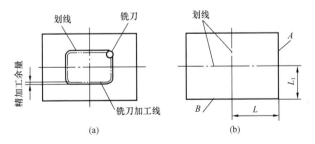

图 12-10 用于铣加工和电加工的两种划线

（4）两个以上零件必须保证尺寸一致时，为防止划线误差，每调整一次划线尺寸，就将各零件按统一的基准，依次划出需保持一致的所有尺寸线。

（5）起模斜度一般不划出。凸模或零件上的凸出部位，均按大端尺寸划线；凹模或零件上的凹入部位均按小端尺寸划线。起模斜度在加工中得到保证。

二、模具零件划线实例

1. 平面划线实例

（1）冲模凸模的平面划线。表 12-10 所示为冲模凸模的平面划线过程。

表 12-10   **冲模凸模的平面划线过程**

顺序	图 形	说 明
划线图形		（1）一般划线后的加工过程中都要用测量工具测量，因此可直接按基本尺寸划线 （2）划线后加工时，均按线加工放余量
坯料准备		（1）刨成六面体，每边放余量0.3～0.5mm后尺寸为 81.4mm×50.7mm×42.5mm （2）划线平面及一对互相垂直的基准面用平面磨床磨平 （3）去毛刺，划线平面去油、去锈后涂色
划直线		（1）以基准面放平在平板上 （2）用游标高度尺测得实际高度 A （3）以 $A/2$ 划中心线（适合对称形状） （4）计算各圆弧中心位置尺寸并划中心线，划线时用钢皮尺大致确定划线横向位置 （5）划出尺寸 15.8mm 线的两端位置
		（1）另一基准面放平在平板上 （2）划 $R9.35$mm 中心线，加放0.3mm余量 （3）计算各线尺寸后划线

顺序	图　　形	说　　明
划圆弧线		（1）在圆弧十字线中心轻轻敲样冲眼（划线较深时可不敲） （2）用划规划划各圆弧线 （3）R34.8mm圆弧中心在坯料之外，取用一辅助块，用平口钳夹紧在工件侧面，求出圆心后划线
连接斜线		用钢直尺、划针连接各斜线

（2）级进模（连续冲模）凹模型孔的划线。图 12-11 所示为连续冲模的凹模，其成形孔尺寸基准线与凹模块外形基准线成 45°。划线步骤如下：

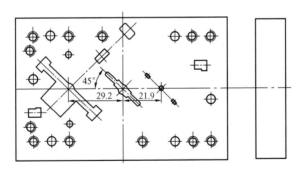

图 12-11　连续冲模的凹模

1）以凹模块的一对互相垂直的平面为划线基准，划出十字中心线，以及各螺孔、销钉孔十字中心线。

2）以垂直基准面为基准划出两个 L 形孔。

3）通过凹模块十字中心交点，用万能角度尺划一条 45°斜线。

4）利用平口钳将凹模按图 12-12（a）所示夹紧，夹紧前用游标高度尺校平 45°斜线。然后用游标高度尺测得基准面至 O 点间距

离 H_1，根据尺寸 H_1 计算各尺寸，划出平行于 45° 斜线的各条直线。尺寸 A 及 B 计算如下：

$$A = 29.2\sin45° = 20.64(\text{mm})$$

$$B = 21.9\sin45° = 15.48(\text{mm})$$

5）将平口钳转 90° 放在平板上［图 12-12（b）］测得尺寸 H_2，计算各线尺寸并划出各线。

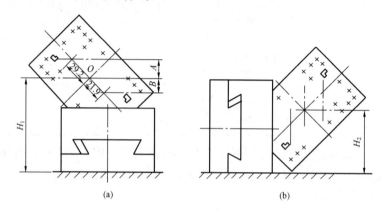

(a)　　　　　　　　　　　(b)

图 12-12　利用平口钳划斜线

6）连接各圆弧。

另一种划斜线的办法是利用 V 形块代替上述的平口钳，如图 12-13 所示。

在冲模制造中，级进模和多凸模冲裁模占有一定的比重。这类模具的凹模、凸模固定板和卸料板，各型孔的尺寸和它们之间的相对位置都有一定的精度要求。因此，在划线时应注意以下几点：

a. 在具有多型孔的级进模中，各工位步距误差和步距积累误差都有一定的要求。在划各工位步距中心线时，不能从起点一步一步地划到最后，这样会导致误差积累过大。正确的划线方法如图 12-14 所示，以 O 点为基准、步距 P 为单位，分别划出 P、$2P$、$3P$……或取中间一点为基准，由中间向两侧分，这样就不会有误差积累现象了。

b. 型孔为圆形时，模具的加工比较简单，这些孔系通常安排在立铣、工具铣或坐标镗床上加工。型孔为非圆形孔时，型孔的加

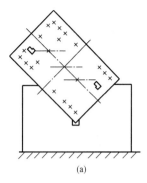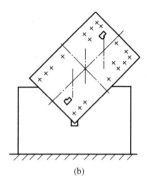

(a)
(b)

图 12-13 利用 V 形块划斜线

工比较困难，其加工工艺过程随所用加工设备的不同而异，因此划线方法也有所变化。

c. 如果采用组合电极电火花加工，型孔的轮廓线就可以不要了，只需划出模块的基准线和供电极定位用的基准孔。如果采用线切割机床加工，应先镗型孔的线切割工艺穿丝孔，型孔轮廓线也可以不要，但要准备好模具加工程序。

2. 立体划线实例

（1）型腔的划线。型腔划线是在模块表面上划出型腔的轮廓，其划线方法与一般划线方法没有太大的区别。由于型腔加工部分的复杂程度不一样，在具体划线时，应综合考虑所加工的型腔部分结构和加工方法。如图 12-15 所示的锻模型腔，型腔内部有深有浅，

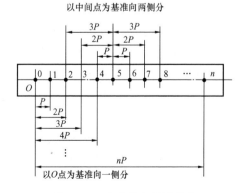

图 12-14 在直线上划等分点

侧壁有7°的起模斜度。如果采用立式铣床铣削,则型腔的加工顺序是先加工深处,然后再加工浅处,划线时就必须如图示那样,在模块平面上划出全部线条来指出型腔所需的尺寸[图12-15(a)];如果采用电火花加工,那就只需划出供电极与模块间作定位用的型腔轮廓线[图12-15(b)]。

在型腔加工中常采用仿形铣削加工。仿形铣削型腔时,一般不需在模块平面上划出型腔轮廓线,只要在靠模和模块上划出作定位用的X、Y基准线。如图12-16所示,是以铣刀轴线和仿形触头轴线作中心定位。但有时还在模块平面上划出表示型腔位置的轮廓线,它不是型腔的加工线,而是用来检查模块与靠模上所划线的位置是否一致用的,当两者不一致时,可予以修正。

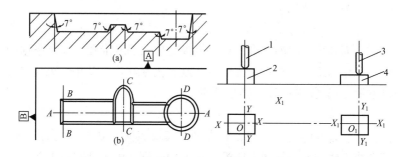

图12-15 型腔的划线   图12-16 模块与靠模的相关位置

1—铣刀;2—模块;

3—仿形触头;4—靠模

在对型腔划线时应注意:

1) 为避免模具工作部分在模具装配后产生错位,上、下模型腔划线时,最好用样板或定好尺寸的划规或划线尺一次划出。

2) 要充分注意模块各平面之间的垂直度和平行度要求。要考虑工件加工的顺序,不要划不需要的线,也不要使所划线超过必要的尺度,以避免线条繁杂。

3) 划线要在对模具零件的尺寸公差和与其相关尺寸充分了解之后再进行。这样,对具有同一形状型面的零件,如冲裁模的凸模和凹模,其型面的划线就可以一起进行。这对缩短划线时间和防止差错都是有利的。

4）划线时，模块中心线要划得明显，因为它是尺寸基准线，有时又是加工基准。对于加工基准，最好在基准线附近作出记号，便于后续加工。例如在使用坐标镗床加工时，如图 12-17 所示，在基准线附近作出标记，则其指示明确，便于加工。

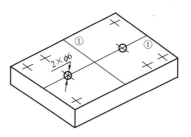

图 12-17　加工基准的标记

5）工件上划好的线，随着加工进展将会消失，对于以后有用的线，要事先延长到工件的外侧，并在非工作面上作出标记。

6）划完线后，就用样冲打样冲眼，样冲眼的大小、疏密要适当而准确。如果划完线的工件不能及时加工，要妥善保管，以免线条被擦掉。

7）对于压铸模、锻模等热成型模具的划线，在划线时必须考虑正常情况下的收缩量。由于这些模具都具有起模斜度，划线时应注意标明斜度的基点是在模具分型面上，还是在型腔的底面。

（2）成型模的划线。冷冲模中的拉深、弯曲模，成型模的凸模和凹模以及锻模、塑料模、压铸模中的型芯和型腔及其镶块的划线，大多是立体划线。划线时要将工件多次进行翻转，才能将各面所需的线划出。因此，在划线前，要从多方面进行考虑，明确工件的加工工艺过程，按照工艺要求，确定划线方法并选择好基准。

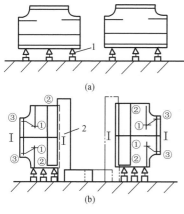

图 12-18　锻模的划线

1—千斤顶；2—90°角尺

3. 锻模的划线

图 12-18 所示为锻模的划线步骤。为了使上、下模划得正确，应尽可能将两件放在一起。由于毛坯还没有加工过，所以要在平台上用千斤顶把锻模毛坯支承起来，划出分模

面、锻模支承面和合模基准面的水平线，如图12-18（a）所示；然后将毛坯转动90°，用90°角尺与千斤顶找正，保证所划水平线的垂直度要求，如图12-18（b）所示；根据毛坯尺寸划出中心线Ⅰ—Ⅰ，再划①—①、②—②和③—③线；最后连接燕尾线。

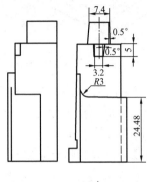

图12-19　压胶模型腔拼块

待分模面、燕尾以及合模基准面经过精刨和精铣后，以合模基准面为基准，划锻模型腔轮廓线，如图12-15（b）所示，先划A—A轴线，再划B—B线、C—C线和D—D线，最后划出全部型腔的加工线。为避免上、下模错位，如果型腔形状较简单，上、下模型腔可以一次划线，这时候要用千斤顶和游标高度尺把两件的合模基准面调整到一样高。

4. 压胶模型腔拼块的划线

图12-19所示为压胶模型腔拼块，现说明其立铣加工前的划线步骤。划线前制成的半成品如图12-20所示，外形经过磨削加工成正确尺寸，然后根据后续工序立铣加工的需要进行划线，在各个面上的划线线条如图12-21所示。划线时应注意：

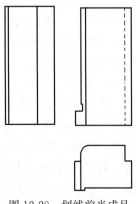

图12-20　划线前半成品

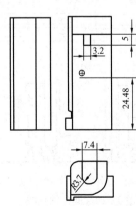

图12-21　划线后的零件

（1）为方便划线，各 0.5°斜度不划出。

（2）尺寸 7.4mm 所示的凸出部分，尺寸线应按大端尺寸划，即应大于 7.4mm。如果用带有斜度的成形铣刀加工，则以小端尺寸（即 7.4mm）划线。

（3）尺寸 3.2mm 所示的凹进部分，尺寸线应按小端尺寸划。

（4）24.48mm 高度线一头接 R3mm 圆弧，由于旁边有台阶，R3mm 圆弧不能划出，因此高度线不划到底，但可在 R3mm 中心划十字线，以防铣加工时产生废品。

（5）R3.7mm 圆弧划线时，圆弧中心应轻轻打样冲眼（最好不打），否则样冲眼印痕会在压制件上出现。

5.拉深模凸模窝座的划线

图 12-22 所示为汽车覆盖件拉深模凸模窝座及中心线的划线步骤。

图 12-22（a）所示是将凸模夹紧在角铁上，凸模另一基准面与平板合平，用游标高度尺划出平行于平板平面的中心线与窝座线。

图 12-22（b）所示是将凸模转动 90°，用 90°角尺与千斤顶校正基准面的垂直度，夹紧后用游标划线尺划出中心线与窝座线。

图 12-22（c）所示是将凸模底面平放在平板上，划出窝座深度线。

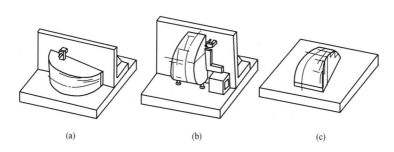

（a）　　　　　　　　（b）　　　　　　　　（c）

图 12-22　拉深模凸模窝座划线

6.模具型腔板划线

如图 12-23 所示模具型腔板，材料为 Q235 或 45 钢。在已加工好的光板上进行立体划线，划线步骤如下：

（1）准备好所用划线工具，并对工件进行清理和划线表面涂色。

（2）熟悉划线操作要点，并按图中所标的尺寸依次完成划线。

（3）对两侧滑道（T形滑槽）线，以 C 面为基准划 8、15、25 三道平行线即可；型腔内 30、40 两道深度线可在加工工艺中说明，由加工机床控制。

（4）对图形、尺寸复检校对，确认无误后，即可在光板上进行划线了。

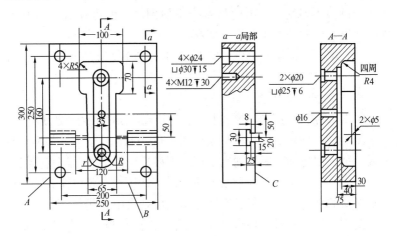

图 12-23　模具型腔板

划线说明：

1）由于该工件为已加工好的光板（尺寸规格：300mm×250mm×75mm），并具有互相垂直且表面粗糙度值较低的三个平面 A、B、C，因此在平板上划线时可不必用千斤顶，依次直接将基准面 A、B、C 放在平板上，以这三个基准面为基准进行划线。

2）模具型腔的尺寸界限轮廓一般是不打样冲眼的，所以涂色时宜采用稀硫酸铜溶液。

3）划线工具最好采用划线尺，不用划线盘。

4）图 12-24 所示是由原工件图（图 12-23）的尺寸换算过来的零基准划线图。采用零基准划线不仅容易实现，而且给模具生产中各道工序的进行也带来了极大的方便。

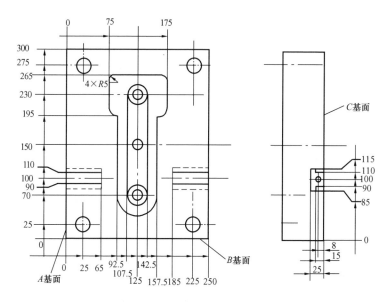

图 12-24　采用平板零基准划线

🎗 第三节　模具零件的机械加工成形工艺

一、机械加工经济精度

在机械加工中，由于受到各种因素的影响，同一种切削加工方法在不同的条件下所能达到的精度可能不一样，工艺成本也不相同。每种切削加工方法在正常生产条件下，能较经济地达到的加工精度范围，称为该加工方法的经济精度。经济精度包括尺寸经济精度、几何形状经济精度、相互位置经济精度和加工表面粗糙度。表12-11～表12-18所列分别是各种切削加工能够达到的经济精度。

表 12-11　　　　　　　　　　孔加工的经济精度

加工方法		公差等级（IT）
钻孔及用钻头扩孔		11～12
扩孔	粗扩	12
	铸孔或冲孔后一次扩孔	11～12
	钻或粗扩后的精扩	9～10

加工方法		公差等级（IT）
铰孔	粗铰	9
	精铰	7～8
	精密铰	7
镗孔	粗镗	11～12
	精镗	8～10
	高速镗	8
	精密镗	6～7
	金刚镗	6
拉孔	粗拉铸孔或冲孔	7～9
	粗拉或钻孔后精拉孔	7
磨孔	粗磨	7～8
	精磨	6～7
	精密磨	6
研磨、珩磨		6
滚压、金刚石挤压		6～10

表 12-12　　　　　　　　　**平面加工的经济精度**

加　工　方　法		公差等级（IT）
刨削和圆柱铣刀及面铣刀铣削	粗	11～14
	半精或一次加工	11～12
	精	10
	精密	6～9
拉削	粗拉铸面及冲压表面	10～11
	精拉	6～9
磨削	粗	8～9
	半精或一次加工	7～9
	精	7
	精密	5～6
研磨、刮研		5
用钢珠或滚柱工具滚压		7～10

注　1. 本表适用于尺寸＜1m、结构刚性好的零件加工，用光洁的加工表面作为定位和测量基准。

2. 面铣刀铣削的加工精度在相同条件下大体比圆柱铣刀铣削高一级。

3. 精密铣仅用于面铣刀铣削。

表 12-13   型面加工的经济精度

加 工 方 法		在直径上的形状误差(mm)	
		经济的	可达到的
按样板手动加工		0.2	0.06
在机床上加工		0.1	0.04
按划线刮及刨		2	0.40
按划线铣		3	1.60
在机床上用靠模铣	用机械控制	0.4	0.16
	用跟随系统	0.06	0.02
靠模车		0.24	0.06
成形刀车		0.1	0.02
仿形磨		0.04	0.02

表 12-14   平面度和直线度误差的经济精度

加 工 方 法	公差等级
研磨、精密磨、精刮	1～2
研磨、精磨、刮	3～4
磨、刮、精车	5～6
粗磨、铣、刨、拉、车	7～8
铣、刨、车、插	9～10
各种粗加工	11～12

表 12-15   平行度的经济精度

加 工 方 法	公差等级
研磨、金刚石精密加工、精刮	1～2
研磨、珩磨、刮、精密磨	3～4
磨、坐标镗、精密铣、精密刨	5～6
磨、铣、刨、拉、镗、车	7～8
铣、镗、车,按导套钻、铰	9～10
各种粗加工	11～12

表 12-16　　　　　　　端面跳动和垂直度的经济精度

加 工 方 法	公差等级
研磨、精密磨、金刚石精密加工	1～2
研磨、精磨、精刮、精密车	3～4
磨、刮、珩、精刨、精铣、精镗	5～6
磨、铣、刨、刮、镗	7～8
车、半精铣、刨、镗	9～10
各种粗加工	11～12

表 12-17　　　　　　　同轴度误差的经济精度

加 工 方 法	公差等级
研磨、珩磨、精密磨、金刚石精密加工	1～2
精磨、精密车，一次装夹下的内圆磨、珩磨	3～4
磨、精车，一次装夹下的内圆磨及镗	5～6
粗磨、车、镗、拉、铰	7～8′
车、镗、钻	9～10
各种粗加工	11～12

表 12-18　　　　　各种机床加工形状、位置的平均经济精度

机 床 类 型		圆度误差（mm）	圆柱度误差（长度：误差，mm）	平面度误差（凹入）（直径：误差，mm）
卧式车床	最大加工直径（mm） ≤400	0.01	100：0.007 5	200：0.015 300：0.02 400：0.025 500：0.03 600：0.04 700：0.05 800：0.06 900：0.07 1000：0.08
	>400～800	0.015	300：0.025	
	>800～1600	0.02	300：0.03	
	>1600～3200	0.025	300：0.04	
高精度普通车床	≤500	0.005	150：0.01	200：0.01

续表

机 床 类 型			圆度误差 （mm）	圆柱度误差 （长度：误差,mm）	平面度误差 （凹入） （直径：误差,mm）
外圆磨床	最大磨削直径 （mm）	≤200	0.003	500：0.005 5	—
		>200～400	0.004	1000：0.01	
		>400～800	0.006	全长：0.015	
无心磨床			0.005	100：0.004	等径多边形偏差 0.003
珩磨机			0.005	300：0.01	—

机 床 类 型			圆度误差 （mm）	圆柱度误差 （长度：误差,mm）	平面度误差 （凹入） （直径：误差,mm）	成批工件尺寸的分散度（mm）	
						直径	长度
转塔车床	最大棒料直径（mm）	≤12	0.007	300：0.007	300：0.02	0.04	0.12
		>12～32	0.01	300：0.01	300：0.03	0.05	0.15
		>32～80	0.01	300：0.02	300：0.04	0.06	0.18
		>80	0.02	300：0.025	300：0.05	0.09	0.22

机 床 类 型				圆度误差 （mm）	圆柱度误差 （长度：误差,mm）	平面度误差 （凹入） （直径：误差,mm）	孔加工的平行度误差 （长度：误差,mm）	孔和端面加工的垂直误差 （长度：误差,mm）
卧式镗床	镗杆直径（mm）	≤100	外圆 内孔	0.025 0.02	200：0.02	300：0.04	300：0.05	300：0.05
		>100～160	外圆 内孔	0.025 0.025	300：0.025	500：0.05		
		>160	外圆 内孔	0.03 0.025	400：0.03	—		

续表

机床类型			圆度误差(mm)	圆柱度误差（长度：误差,mm）	平面度误差（凹入）（直径：误差,mm）	孔加工的平行度误差（长度：误差,mm）	孔和端面加工的垂直度误差（长度：误差,mm）
内圆磨床	最大磨孔直径(mm)	≤50	0.004	200：0.004	0.009	—	0.015
		>50~200	0.007 5	200：0.007 5	0.013	—	0.018
		>200	0.01	200：0.01	0.02	—	0.022
立式金刚镗床			0.004	300：0.01	—	—	300：0.03

机床类型			平面度误差	平行度误差（加工面对基面）	垂直度误差	
					加工面对基面	加工面相互间
			长度：误差,mm			
卧式铣床			300：0.06	300：0.06	300：0.04	300：0.05
立式铣床			300：0.06	300：0.06	150：0.04	300：0.05
龙门铣床	最大加工宽度(mm)	≤2000	1000：0.05	1000：0.03 2000：0.05 3000：0.06 4000：0.07 6000：0.10 8000：0.13	侧加工面间的平行度误差 1000：0.03	300：0.06
		>2000				500：0.10
龙门刨床		≤2000	1000：0.03	1000：0.03 2000：0.05 3000：0.06 4000：0.07 6000：0.10 8000：0.12	—	300：0.03
		>2000				500：0.05

机 床 类 型			平面度误差	平行度误差（加工面对基面）	垂直度误差	
					加工面对基面	加工面相互间
			长度：误差,mm			
插床	最大插削长度（mm）	≤200	300：0.05	—	300：0.05	300：0.05
		>200～500	300：0.05	—	300：0.05	300：0.05
		>500～800	500：0.06	—	500：0.06	500：0.06
		>800～1250	500：0.07	—	500：0.07	500：0.07
平面磨床	立卧轴矩台		—	1000：0.02	—	—
	卧轴矩台（提高精度）		—	500：0.009	—	100：0.01
	卧轴圆台		—	工作台直径：0.02	—	—
	立轴圆台		—	1000：0.03	—	—
牛头刨床			300：0.04	3000：±0.07	3000：±0.07	3000：±0.07

二、车削加工

1. 车削运动及车削用量

车床按其结构和用途不同可以分为卧式和落地车床、立式车床、转塔车床、单轴和多轴自动和半自动车床、仿形车床、专门化车床、数控车床和车削加工中心等。各种车床加工精度差别较大，常用车床加工尺寸精度可达 IT7～IT6，表面粗糙度值 $Ra1.6～0.8\mu m$，精密车床的加工精度更低，可以进行精密和超精密加工。

因为车床通用性强，所以在模具加工中，车床是常用的设备之一。车床可以车削模具零件上各种回转面（如内外圆柱面、圆锥面、回转曲面、环槽等）、端面和螺纹面等形面，还可以进行钻孔、扩孔、铰孔及滚花等加工。图 12-25 所示为车床的主要用途。

2. 车削加工

在模具加工中，车床主要用于回转体类零件或回转体类型腔、

505

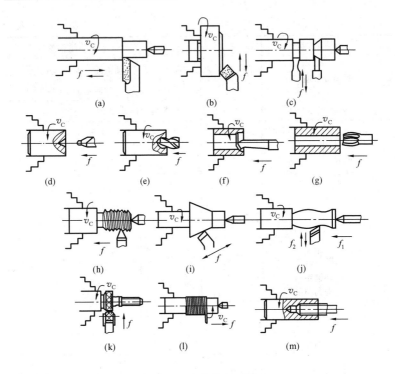

图 12-25　车床的主要用途

(a) 车外圆；(b) 车端面；(c) 切槽和切断；(d) 钻顶尖孔；(e) 钻孔；

(f) 车内孔；(g) 铰孔；(h) 车螺纹；(i) 车圆锥；(j) 车成形面；(k) 滚花；

(l) 绕弹簧；(m) 攻螺纹

凹模的加工，有时也用于平面的粗加工。车削的工艺过程常常采用：粗车→半精车→精车或粗车→半精车→精车→研磨。对尺寸精度和表面粗糙度要求较低的零件，可在精车之后再安排研磨，根据实际情况选定合适的加工路线。

(1) 回转体类零件车削。主要用于导柱、导套、浇口套等回转体类零件热处理前的粗加工，成形零件的回转曲面型腔、型芯、凸模和凹模等零件的粗、精加工。对要求具有较高的尺寸精度、较低的表面粗糙度和耐磨性的零件，如导柱、导套、浇口套、凸模和凹模等，需在半精车后再热处理，最后在磨床上磨削。但对拉杆等零件，车削可以直接作为成形加工。毛坯为棒料的零件，一般先加工中心孔，然后以中心孔作为定位基准。

（2）回转曲面型腔车削。型腔车削加工中，除内形表面为圆柱、圆锥表面可以应用普通的内孔车刀进行车削外，对于球形面、半圆面或圆弧面的车削加工，为了保证尺寸、形状和精度的要求，一般都采用样板车刀进行最后的成形车削。

图 12-26 给出了一个多段台阶内孔的对拼式型腔车削过程。用销钉定位，通过螺钉或焊接将型腔板两部分连接在一起。进给过程中，要控制刀架在 x、y 两个方向上的运动，可以使用定程挡块实现。

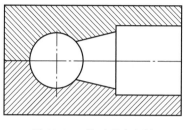

图 12-26 曲面型腔车削

（3）在仿形车床上加工模具。在普通车床上增加仿形装置或在仿形车床上加工各种带有回转体表面的凸、凹模，主要是依靠靠模样板进行加工，其仿形精度随靠模样板的精度、仿形系统的灵敏程度和操作者的熟练程度而不同。

回转曲面在仿形车床上加工，即应用与曲面截面形状相同的靠模仿形车削。图 12-27 所示为靠模仿形车削回转曲面的原理图。靠模 2 上有与型腔曲面形状相同的沟槽。车削时床鞍纵向移动，小滑板和车刀在滚子 3 和连接板 4 的作用下随靠模 2 做横向进给，由此

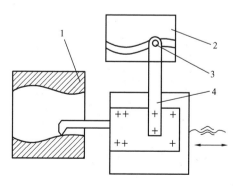

图 12-27 仿形车削

1—工件；2—靠模；3—滚子；4—连接板

完成仿形车削。这种方式适合于精度要求不高的、需要侧向分模的
模具型腔的加工。

仿形车削一般用于精加工工序，工件加工后经抛光或淬火、抛
光后即可装配使用。

仿形车削加工有机械仿形、电气仿形和液压仿形三种。

1）机械仿形：包括尾座靠模仿形、靠板靠模仿形和刀架靠模
仿形，如图 12-28～图 12-30 所示。对于长度较长、精度要求较高
的锥体或异形回转体，一般都用靠板靠模加工。刀架靠模仿形是将
靠板装在经改装的刀架上，而尾座靠模仿形是将靠模装在尾座上。

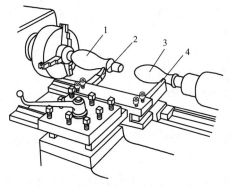

图 12-28　尾座靠模仿形
1—工件；2—车刀；3—靠模；4—靠模杆

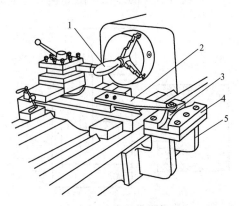

图 12-29　靠板靠模仿形
1—工件；2—拉杆；3—滚柱；4—靠板；5—支架

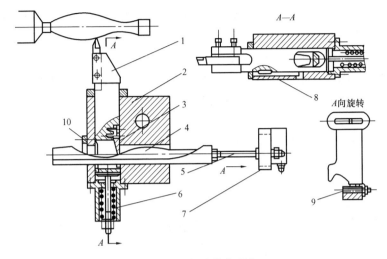

图 12-30 刀架靠模仿形装置

1—刀体；2—靠模体；3—触头；4—靠模杆；5—拉杆；6—弹簧；
7—固定架；8—键；9—螺钉；10—槽块

2）电气仿形：是通过电气元件将仿形信号放大后，用来控制机械传动部分进行仿形进给，完成工件型面的车削加工。

3）液压仿形：加工方法的可靠性较好，其仿形精度和被加工工件的型面质量都较高。液压仿形原理，是在纵向进给时，仿形销沿靠模样板同时作横向运动，再由仿形阀控制液压缸带动刀架作横向进给，通过车刀按靠模板形状完成工件型面的车削。

采用仿形车削的方法加工凸、凹模工件时，其工艺方法基本相同，即先将工件定位、装夹，然后安装靠模样板，调整基准位置，使靠模板上曲线的基准线与工件的回转轴线平行。在仿形车床上加工凸模或凹模的程序是相同的，只是在加工凸模时用靠模样板型槽的内侧面，加工凹模时用靠模样板型槽的外侧面。靠模样板一般采用 3～5mm 厚的钢板或硬铝制造，其型面应光滑无滞涩。此外，在仿形车削工序前，必须将毛坯粗车成型，并留有较少的仿形车削余量（一般不大于 2.5mm）。

三、钻削加工

钻削加工是一种用钻头在实体工件上加工孔的加工方法，包括对已有的孔进行扩孔、铰孔、锪孔及攻螺纹等二次加工，主要在钻床上进行。孔加工的切削条件比加工外圆面时差，刀具受孔径的限制，只能使用定值刀具。加工时，排屑困难，散热慢，切削液不易进入切削区，钻头易钝化，因此，钻孔能达到的尺寸公差等级为IT12～IT11级，表面粗糙度值为 $Ra50～12.5\mu m$。对精度要求高的孔，还应进行扩孔、铰孔等工序。

钻床加工孔时，刀具绕自身轴线旋转，即机床的主运动，同时刀具沿轴线进给。由于常用钻床的孔中心定位精度、尺寸精度和表面粗糙度都不高，所以钻削加工属于粗加工，用于精度要求不高的孔加工，或孔的粗加工。模具钳工加工中钻床是必不可少的设备之一。常见的钻床有台式钻床、立式钻床、卧式钻床、摇臂钻床、坐标镗钻床、深孔钻床、中心孔钻床和钻铣床等。模具加工中应用最多的是台式钻床和摇臂钻床，一般以最大的钻削孔径作为机床的主要参数。

1. 钻孔

钻孔主要用于孔的粗加工。普通孔的钻削主要有两种方法：一种是在车床上钻孔，工件旋转而钻头不转；另一种是在钻床或镗床上钻孔，钻头旋转而工件不转。当被加工孔与外圆有同轴度要求时可在车床上钻孔，更多的模具零件孔是在钻床或镗床加工的。

麻花钻是钻孔的常用刀具，一般由高速钢制成，经热处理后其工作部分硬度达 62HRC 以上。钻孔时，按工件的大小、形状、数量和钻孔直径，选用适当的夹持方法和夹具。钻较硬的材料和大孔时，切削速度要小；钻小孔时，切削速度要大些；遇大于 $\phi 30mm$ 的孔径应分两次钻出，先钻出 0.6～0.8 倍孔径的小孔，再钻至要求的孔径。进给速度要均匀，快慢适中。

钻盲孔要做好深度标记，钻通孔时当孔将钻通时，应减慢进给量，以免卡钻，甚至折断钻头。钻削时切削条件差，刀具不易散热，排屑不畅，故需加注切削液进行冷却和润滑减摩。钻深孔时，必须不时地退出钻头，以排屑、冷却，注入切削液。

在模具加工中钻床主要用于孔的预加工（如导柱导套孔、型腔孔、螺纹底孔、各种零件的线切割穿丝孔等），也用于对一些孔的成形加工（如推杆过孔、螺钉过孔、水道孔等）。另外，对于拉杆孔系，为保证拉杆正常工作，设计时要求的精度较高，应用坐标镗孔势必增加加工成本。可以把相关模板固定在一起，并通过导柱定位，对孔系一起加工。这种加工孔系的方法虽不能达到孔系间距的要求，但可以保证相关模板孔中心相互重合，不影响其使用功能且制造上很容易实现。

此外，模具零件中常有各种尺寸的小孔，镗削较困难，这时可用精孔钻加工（见表 12-19）。

表 12-19   **精孔钻加工小孔**

简　图	结　构　特　点	说　　明
	用麻花钻修磨而成，切削刃两边磨出顶角 $2\varphi = 8° \sim 10°$ 的修光刃，同时磨出 $2\varphi = 60°$ 的切削刃	切削速度：$2 \sim 8 m/min$ 进给量：$0.1 \sim 0.2 mm/r$ 加工余量：$0.1 \sim 0.3 mm$ 扩孔时，尺寸精度可达 IT8～IT6，表面粗糙度值可达 $Ra1.6 \sim 0.4 \mu m$

钻孔时应注意：

（1）钻头尺寸必须在加工孔径的公差范围之内。

（2）刃磨时刃口角度对称。钻头装夹正确，采用适当的润滑油。

（3）钻孔前选用小于孔径的中心钻定中心，并钻入一定深度，然后再用钻头加工小孔。孔径较大而深度较浅时，可一次加工，反之则需要分几次钻孔。

2. 扩孔

扩孔是用扩孔钻对已经钻出的孔进一步加工，以提高孔的加工精度的加工方法。扩孔钻结构与麻花钻相似，但齿数较多，有 3～4 齿，导向性好；中心处没有切削刃，消除了横刃影响，改善了切削条件；切削余量较小，容屑槽小，使钻芯增大，刚度好，切削时，可采用较大的切削用量。故扩孔的加工质量和生产效率都高于钻孔。

扩孔可作为孔的最终加工，但通常作为镗孔、铰孔或磨孔前的预加工。扩孔能达到的公差等级为 IT10～IT9，表面粗糙度值 Ra 6.3～3.2μm。

3. 锪孔

在原有孔的孔口表面需要加工成圆柱形沉孔、锥形沉孔或凸台端面时，可用锪钻锪孔，如图 12-31 所示。

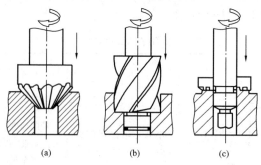

(a)   (b)   (c)

图 12-31　锪孔
（a）锪锥形沉孔；（b）锪圆柱形沉孔；（c）锪凸台端面

锪孔常用于螺钉过孔和弹簧过孔的加工。在实际生产中，往往以立铣刀或端部磨平的麻花钻代替锪钻。

4. 铰孔

铰孔是中小孔径的半精加工和精加工方法之一，是用铰刀在工件孔壁上切除微金属层的加工方法。铰刀刚度和导向性好，刀齿数多，所以铰孔相对于扩孔在加工的尺寸精度上有所提高和表面粗糙度上又有所降低。铰孔的加工精度主要不是取决于机床的精度，而在于铰刀的精度、安装方式和加工余量等因素。机铰达 IT8～IT7，表面粗糙度为 Ra1.6～0.2μm；手铰达 IT7～IT6，表面粗糙度为 Ra0.4～0.2μm。由于手铰切削速度低，切削力小，热量低，不产生积屑瘤，不受机床振动等影响，所以加工质量比机铰高。

当工件孔径小于 25mm 时，钻孔后可直接铰孔；工件孔径大于 25mm 时，钻孔后需扩孔，然后再铰。

铰孔时，首先应合理选择铰削用量，铰削用量包括铰削余量、切削速度（机铰时）和进给量。应根据所加工孔的尺寸公差等级、表面粗糙度要求，以及孔径大小、材料硬度和铰刀类型等合理选择，如用标准高速钢铰刀铰孔，孔径大于 50mm，精度要达到 IT1，铰削余量取不大于 0.4mm 为宜，需要再精铰的，留精铰余量 0.1～0.2mm。手铰时，铰刀应缓缓进给，均匀平稳。机铰时，以标准高速钢铰刀加工铸铁，切削速度应不大于 10m/min，进给量为 0.8mm/r 左右；加工钢件，切削速度应不大于 8m/min，进给量为 0.4mm/r 左右。

手铰是间歇作业，应变换每次铰刀停歇的位置，以消除刀痕。铰刀不能反转，以防止细切屑擦伤孔壁和刀齿。

用高速钢铰刀加工钢件时，用乳化液或液压切削油；加工铸铁件时，用清洗性好、渗透性较好的煤油为宜。

铰孔常用于推杆孔、浇口套和点浇口的锥浇道等的加工和镗削的最后一道工序。

四、镗削加工

（一）镗削加工

镗孔是一种应用非常广泛的孔及孔系加工方法。它可用于孔的粗加工、半精加工和精加工，可以用于加工通孔和盲孔。对工件材料的适用范围也很广，一般有色金属、灰铸铁和结构钢等都可以镗削。镗孔可以在各种镗床上进行，也可以在卧式车床、立式或转塔车床、铣床和数控机床、加工中心上进行。与其他孔加工方法相比，镗孔的一个突出优点是，可以用一种镗刀加工一定范围内各种不同直径的孔。在数控机床出现以前，对于直径很大的孔，它几乎是可供选择的唯一方法。此外，镗孔可以修正上一工序所产生的孔的位置误差。

镗孔的加工精度一般为 IT9～IT7，表面粗糙度一般为 $Ra6.3～0.8\mu m$。如在坐标镗床、金刚石镗床等高精度机床上镗孔，加工精度可达 IT7 以上，表面粗糙度一般为 $Ra1.6～0.8\mu m$，用超硬刀具材料对铜、铝及其合金进行精密镗削时，表面粗糙度可达 $Ra0.2\mu m$。

由于镗刀和镗杆截面尺寸及长度受到所镗孔径、深度的限制，所以镗刀的刚性差，容易产生变形和振动，加之切削液的注入和排屑困难、观察和测量的不便，所以生产率较低，但在单件和中、小批生产中，仍是一种经济的应用广泛的加工方法。

（二）坐标镗削

坐标镗床的种类较多，有立式和卧式的，有单柱和双柱的，有光学、数显和数控的。镗床的万能回转工作台不仅能绕主轴做任意角度的分度转动，还可以绕辅助回转轴做 $0\sim90°$ 的倾斜转动，由此实现镗床上加工和检验互相垂直孔、径向分布孔、斜孔和斜面上的孔。此外，坐标镗铣床还可以加工复杂的型腔。光学坐标镗床定位精度可达 $0.002\sim0.004$mm，万能回转工作台的分度精度有 $10'$ 和 $12'$ 两种。在模具加工中，坐标镗床和坐标镗铣床是应用非常广泛的设备。

由于高精度模具在生产上的应用日益广泛，在模具上需加工很多孔距和孔径精度高的孔。坐标镗床主要用于模具零件中加工对孔距有一定精度要求的孔，也可做准确的样板划线、微量铣削、中心距测量和其他直线性尺寸的检验工作。因此，在多孔冲模、连续冲模和塑料成形模具的制造中得到广泛的应用。

1. 坐标镗床的功能

坐标镗床的主要功能是加工高精度的孔。它除进行钻孔、扩孔、镗孔、铰孔、钻中心孔外，还可进行立铣、精密划线及加工极坐标制的孔。使用小型测微仪和定中心显微铣在坐标镗床上可进行高精度测量；使用圆形旋转台和倾斜工作台等可进行复杂形状工件的测量。

坐标镗床坐标值的读数方法，有光学和数字显示等方式。大多数坐标镗床的定位读数为 1μm，机床的定位精度为 $2\sim2.5\mu$m。

随着数控机床的发展，数控坐标镗床也应用于模具生产，与手工控制的坐标镗床相比，主要有以下功能：

（1）可自动进行多孔加工和形状加工。与自动换刀装置相结合，可进一步实现自动化加工。

（2）可进行规则轮廓形状加工。如大直径圆孔和倾斜矩形孔加工，见图 12-32。

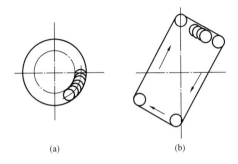

图 12-32　圆孔和倾斜矩形孔加工

（a）圆孔；（b）倾斜矩形孔

（3）可方便地确定基准面。当工件的基准面与机床进给方向不一致时，只要规定出基准面，即可自动进行坐标变换，见图 12-33。

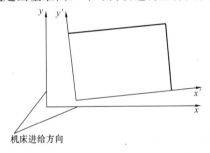

图 12-33　与安装面相配合基准面的变换

（4）重复加工的性能良好。只要保存好加工程序，在重复进行加工时可达到相同的加工结果。

（5）可组合在模具 CAD/CAM 系统中，大大节省了编程时间，使模具加工进一步合理化。

国产坐标镗床的主要技术规格见表 12-20。

表 12-20	国产坐标镗床的主要技术规格　　　　　　mm
型　　号	主要技术规格
T4145 光学单柱坐标镗床	（1）工作台尺寸 200×400 （2）最大镗孔尺寸 $\phi150$ （3）最大钻孔尺寸 $\phi25$ （4）定位精度 0.005 （5）最小分辨率 0.001

型　　号	主要技术规格
TX4240B 双柱数显坐标镗床	(1) 工作台尺寸 400×560 (2) 最大镗孔尺寸 $\phi110$ (3) 最大钻孔尺寸 $\phi15$ (4) 定位精度 0.0025 (5) 最小分辨率 0.001
TG4132B 单柱高精度数显坐标镗床	(1) 工作台尺寸 320×600 (2) 最大镗孔尺寸 $\phi100$ (3) 最大钻孔尺寸 $\phi15$ (4) 定位精度 0.002 (5) 最小分辨率 0.001
TG4120B 光学单柱高精度坐标镗床	(1) 工作台尺寸 200×400 (2) 最大镗孔尺寸 $\phi32$ (3) 最大钻孔尺寸 $\phi10$ (4) 定位精度 0.002 (5) 最小分辨率 0.001

2. 坐标镗床的主要附件

(1) 万能回转工作台。在坐标镗床上使用万能回转工作台可以扩大机床的用途，可用来加工和检验互相垂直的孔、径向分布的孔、斜孔以及倾斜面上的孔。

图 12-34 所示为 T4145 型坐标镗床用的万能回转工作台。它除了能绕主分度回转轴作任意角度转动外，还能绕辅助回转轴作 $0°\sim90°$ 的倾斜转动，以组成任意空间角度。主回转运动由手轮 1 带动蜗杆副实现，当要求快速转动时，可松开手柄 4 转动偏心套，使蜗杆副脱开。转角的角度值可以在刻度盘上读取。在转台下面装有修正圈，通过杠杆带动游标盘 2，用以修正蜗杆副的分度积累误差。通过手轮 3 带动蜗杆副获得转台的倾斜回转运动，转动角度可用刻度盘和游标盘 8 控制。当要求较高回转精度时（$30''$ 以下），可利用正弦轴与一定尺寸的量块来控制。锁紧手柄 5 可固定分度回转轴，锁紧手柄 9 可固定倾斜回转轴。

(2) 镗排。T4145 型坐标镗床镗排用锥柄装在镗床主轴锥孔内，镗刀插入下滑块孔内，用螺钉紧固。

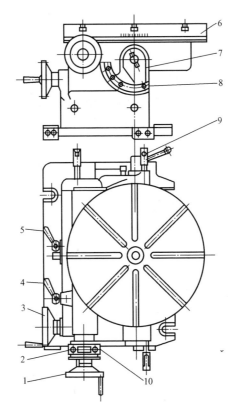

图 12-34 T4145 型坐标镗床
用的万能回转工作台

1—手轮；2—游标盘；3—手轮；4—手柄；5—手柄；6—回转工作台；
7—刻度盘；8—游标盘；9—锁紧手柄；10—偏心套

3. 一般加工步骤

（1）模板在机床上的安装定位。将模板安装在平行垫铁上，使其达到平行后即轻轻夹住。然后以长度方向的前侧面为基准面，在用千分表接触此面的同时使工作台左右移动，读取千分表摆动的数值。根据千分表指针的摆动值进行微调，直至调节到指针摆动为零时即将模板压紧。最后将工作台再移动一次，进行校验并加以确认。

（2）钻中心孔。在用坐标镗床加工时，首先要用中心钻很浅地标钻出所有孔的位置。并以中心孔导准进行钻孔，钻到一定深度后需再一次进行校准。

（3）镗孔。它是在用钻头等加工的通孔中用镗刀进行镗削加工，是对精度要求很高的孔进行精加工。由于坐标镗床的主要功能是进行高精度加工，因而必须避免采用强力切削。为了提高坐标镗床的加工效率，应先在其他机床上进行粗加工，仅留少量镗孔余量，然后进行坐标镗削。

镗孔加工是最后的精加工，必须在其他各种加工结束，且进行平面磨削以后才能进行。若切削条件选用不当，如镗刀刀头伸出太长、刃口形状不佳、工件固定不妥，则会产生振动。

4. 使用的刀具和工具

（1）加工孔的通用刀具，如钻头、铰刀、立铣刀等。

（2）镗孔刀具，如镗排、阶梯式镗排、镗刀头、小直径镗刀头及镗刀、万能端面刀等。

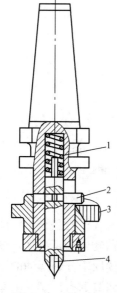

小直径镗刀头主要用于加工小孔，并设有微量调节机构。万能端面刀具用于加工大直径的孔，刀头可作自动微量调节。

（3）测量工具，如检验棒、中心棒、千分表座、定中心显微镜、刀具调节规等。

（4）装夹工件的工具，如基准块、双头螺栓和螺母等标准化零件。

5. 坐标镗床的其他应用

（1）划线及冲中心眼。将需要精密划线的工件安装在万能回转工作台上，中心冲子安装在坐标镗床的主轴孔内（中心冲子结构见图12-35），由弹簧使顶尖给予工件一定的压力进行划线。划圆弧线时，必须使圆弧中心与万能回转工作台中心一致，转动万能回转工作台来划圆弧线。若圆弧较多，由于调整中心较麻烦，次要的圆弧可用手工连接。

图 12-35　中心冲子

1—弹簧；2—柱销；

3—手轮；4—顶尖

冲中心眼时转动手轮，使手轮上的斜面

将柱销向上推，使顶尖提升并压缩弹簧，当柱销达到斜面最后位置而继续转动手轮时，弹簧将顶尖下弹打出中心眼。

（2）用于测量。利用机床的坐标精度和万能回转工作台，对已加工零件的孔进行测量，例如测量热处理后的孔距变形情况等。

（3）用于铣削。在坐标镗床上安装立铣刀可对工件进行铣削。

6. 模具加工实例

（1）加工前的准备：

1）模板的放置。将模板进行预加工并将基准面精度加工到0.01mm以上，然后将模板放置在镗床恒温室一段时间，以减少模板受环境温度的影响产生的尺寸变化。

2）确定基准并找正。在坐标镗削加工中，根据工件形状特点，定位基准主要有 4 种：①工件表面上的划线；②圆形件上已加工的外圆或孔；③矩形件或不规则外形件的已加工孔；④矩形件或不规则外形件的已加工的相互垂直的面。

对外圆、内孔和矩形工件的找正方法主要有 5 种：①用百分表找正外圆柱面；②用百分表找正内孔；③用标准槽块找正矩形工件侧基准面；④用块规辅助找正矩形工件侧基准面；⑤用专用槽块找正矩形工件侧基准面。

根据以上基准找正方法可以看出：一般对圆形工件的基准找正是使工件的轴心线和机床主轴轴心线相重合；对矩形工件的基准找正是使工件的侧基面与机床主轴轴心线对齐，并与工作台坐标方向平行。

3）确定原始点位置和坐标值的转换。原始点可以选择相互垂直的两基准线（面）的交点（线），也可以利用寻边器或光学显微镜来确定，还可以用中心找正器找出已加工好孔的中心作为原始点。

此后，通常需要对工件已知尺寸按照已确定的原始点进行坐标值的转换计算。对模板孔的镗削，需根据模板图样计算出需要加工的各孔的坐标值并记录。

（2）镗孔加工。镗孔加工的一般顺序为：孔中心定位→钻定心孔→钻孔→扩孔→半精镗→精铰或精镗。为消除镗孔锥度以保证孔的尺寸精度和形状精度，一般将铰孔作为精加工（终加工）。对于孔径小于 8mm、尺寸精度小于 IT7、表面粗糙度值 $Ra<1.6\mu m$ 的小孔，由于无法选用镗削刀和铰刀，可以用精钻代替镗孔。

在应用坐标镗削加工时，要特别注意基准的转换和传递的问题，机床的精度只能保证孔与孔间的位置精度，但不能保证孔与基准间的位置精度，这个概念不要混淆。一般在坐标镗削加工后，即以其加工出的孔为基准，进行后续的精加工。

坐标镗削的加工精度和加工生产率与工件材料、刀具材料及镗削用量有着直接关系。表 12-21 与表 12-22 中的数值可在镗削加工中参考。

表 12-21　　　　　　　　坐标镗床加工孔的切削用量

加工方式	刀具材料	背吃刀量 (mm)	进给量 (mm/r)	切削速度 (m/min)			
				软钢	中硬钢	铸铁	铜合金
钻孔	高速钢		0.08～0.15	20～25	12～18	14～20	60～80
扩孔	高速钢	2～5	0.1～0.2	22～28	15～18	20～24	60～80
半精镗	高速钢	0.1～0.8	0.1～0.3	18～25	15～18	18～22	30～60
	硬质合金	0.1～0.8	0.08～0.25	50～70	40～50	50～70	150～200
精钻、精铰	高速钢	0.05～0.1	0.08～0.2	6～8	5～7	6～8	8～10
精镗	高速钢	0.05～02	0.02～0.08	25～28	18～20	22～25	30～60
	硬质合金	0.05～0.2	0.02～0.06	70～80	60～65	70～80	150～200

在坐标镗床加工时，应备有回转工作台、块规、镗刀头、千分表等多种辅助工具，才能适应轴线不平行的孔系、回转孔系等工件的加工需要。

表 12-22　　　　　　坐标镗床加工孔的精度和表面粗糙度

加工步骤	孔距精度（机床坐标精度的倍数）	孔径精度级 IT	表面粗糙度 Ra（μm）	适应孔径（mm）
钻中心孔—钻—精钻	1.5～3	7	3.2～1.6	<8
钻—扩—精钻	1.5～3	7	3.2～1.6	<8
钻中心孔—钻—精铰	1.5～3	7	3.2～1.6	<20

续表

加工步骤	孔距精度 (机床坐标精度的倍数)	孔径精度级 IT	表面粗糙度 Ra（μm）	适应孔径 （mm）
钻—扩—精铰	1.5～3	7	3.2～1.6	<20
钻—半精镗—精钻	1.2～2	7	3.2～1.6	<8
钻—半精镗—精铰	1.2～2	7	1.6～0.8	<20
钻—半精镗—精镗	1.2～2	7～6	1.6～0.8	

坐标镗床的精度比较高，其加工精度的影响因素为：机床本身的定位精度，测量装置的定位精度，加工方法和工具的正确性，操作工人技术熟练程度，工件和机床的温差，切削力和工件质量所产生的机床、工件热变形及弹性变形。因此，在坐标镗削加工过程中应尽量克服和降低以上因素的影响。

五、刨（插）削加工

（一）刨削加工范围及刨削运动

1. 刨削加工范围

在刨床上用刨刀加工工件叫作刨削。刨削加工主要用来加工水平面、垂直面、斜面、台阶、燕尾槽、直角沟槽、T形槽、V形槽等，见图12-36。刨削类机床有牛头刨床、龙门刨床和插床等。刨

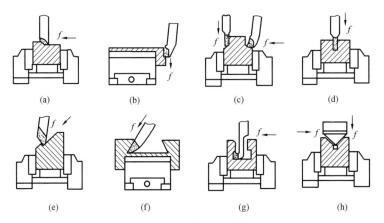

图 12-36　刨削加工范围

(a) 刨平面；(b) 刨垂直面；(c) 刨台阶；(d) 刨直角沟槽；

(e) 刨斜面；(f) 刨燕尾形工件；(g) 刨 T 形槽；(h) 刨 V 形槽

削加工精度可达 IT9～IT8，表面粗糙度 Ra（6.3～1.6）μm。

2. 刨削运动

牛头刨床刨削运动如图 12-37 所示，刨刀的直线往复运动为主运动，刨刀回程时工作台作横向水平或垂直移动为进给运动。

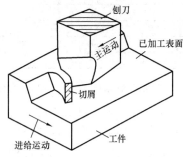

图 12-37　牛头刨床刨削运动

（二）刨削加工

由于一般只用一把刀具切削，返回行程又不工作，刨刀切入和切出会产生冲击和振动，限制了切削速度的提高，故刨削的生产率较低，但加工狭而长的表面生产率则较高。同时由于刨削刀具简单，加工调整灵活，故在单件生产及修配工作中，仍广泛应用。

1. 平面刨削

平面刨削主要用于模板类零件的表面加工，加工路线为：

（1）粗刨—半精刨—精刨。

（2）粗刨—半精刨—精刨—刮研。

（3）粗刨—半精刨—精磨。

以上的工艺方案可根据模板的精度要求，结合企业的生产条件、技术状况等具体情况进行选择。

2. 成形刨削

刨削在加工等截面的异形零件具有比较突出的优势。因此，用刨床加工模具成形零件，如凸模、型芯等，具有较好的经济效果，目前仍被广泛使用。

刨削加工凸模前，模具零件需要在非加工端面进行划线或粘贴样板，作为刨削时的依据。划线必须线条明显、清晰、准确。最好能点样冲，以免加工中造成线条不清。加工过程中，每次背吃刀量和送进量不要太大，零件夹紧要牢固。对刨削零件要以量具和样板配合检验。对于精度要求高的零件，刨削后应留有精加工余量。一般粗刨后单边余量为 0.2mm 左右，精刨后单边余量为 0.02mm 左右。

（1）牛头刨床加工。利用牛头刨床可以对模具零件的外形平面或曲面进行粗加工。对于成形表面，可按划线加工。加斜垫铁后还可加工斜面，用样板刀（成形刀）还可加工成形面、圆角和小圆弧面。

利用插床可以对非圆形凹模进行粗加工。一般按划线加工，通过带分度头的回转工作台可以加工圆弧面，也可以用样板刀加工特形面。

对模具零件大型曲面，在牛头刨床上可以用靠模刨削，不仅可以加工凸模成形表面，也可以加工镶拼结构的凹模成形表面。

图 12-38 所示是牛头刨床上一种简单的靠模装置，可加工出与靠模曲面相反的成形表面。

在牛头刨床上，还可以安装液压仿形装置、供油系统和靠模，用来加工形状复杂的凸模曲面。图 12-39 是牛头刨床液压仿形刨曲面的原理。

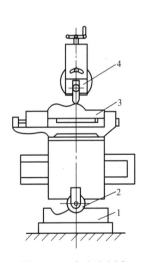

图 12-38　在牛头刨床
上用简单靠模加工
1—靠模；2—滚轮；
3—工件；4—刀架

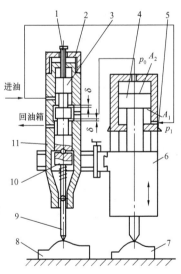

图 12-39　牛头刨床液压仿形刨曲面
1—拉杆；2—螺母；3—滑阀；
4—活塞；5—液压缸滑板；6—刀
架滑块；7—工件；8—靠模；9—触杆；
10—球面摇杆；11—阀体

（2）仿形刨床加工。仿形刨床也叫刨模机，它适于加工中小型冷冲模的凸模、凹模、凸凹模等各种复杂形状的外形和内孔，而且在一次定位中加工出的内、外型面可具有较高的相对位置精度。

仿形刨床用于加工圆弧和直线组成的各种形状复杂的凸模时，其加工的尺寸精度达±0.02mm，表面粗糙度可达到 $Ra(3.2\sim1.6)\mu m$。

用仿形刨床加工前，凸模毛坯需要在车床、铣床或刨床上进行预加工，并将必要的辅助面(包括凸模端面)磨平，然后在凸模端面上划线，并在铣床上按划线粗加工凸模轮廓，留下单边余量 0.2～0.3mm，最后用仿形刨床精加工。

如果凹模已经加工好，则可用压印法在凸模上压出印痕。然后，按印痕在仿形刨床上精加工凸模。此时，单边余量可适当加大到 1～2mm。

图 12-40 所示为仿形刨床加工凸模的示意图。凸模 1 固定在工作台上的卡盘 3 内，刨刀 2 除作垂直的直线运动外，切削到最后时还能摆动，因此能在凸模根部刨出一段圆弧。

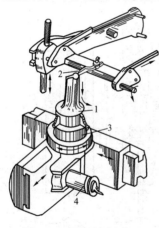

图 12-40　仿形刨床加工
凸模示意图
1—凸模；2—刨刀；
3—卡盘；4—分度头

仿形刨床的工作台可作纵向（机动或手动）和横向（手动）进给运动。装在工作台上的分度头可使卡盘和凸模旋转，并能控制旋转角度（分度）。利用刨刀的主运动和凸模的纵、横向和旋转进给，就可以加工出各种形状复杂的凸模。

加工圆弧部分时，必须使凸模上的圆弧中心与卡盘中心重合。校正方法是用手摇动分度头 4 的手柄，使凸模旋转，用划针按照凸模上已划出的圆弧线进行校正，并调整凸模的位置，直到圆弧线上各点都与划针重合为止。为了使校正更精确，可使用仿形刨床附有的 30 倍放大镜来观察划针与圆弧的位置。如果凸模上有几个不同心的圆弧时，就需要进行多次装夹和校正，然后分别加工。

利用仿形刨床加工时，凸模的根部应设计成圆弧形，凸模的装夹部分应设计成圆形和方形，如图 12-41 所示。这样能增加凸模的刚性，而且凸模固定板的孔也为圆形或方形，便于加工。

经仿形刨床加工的凸模，应与凹模配修。热处理后还需要研磨和抛光工作表面，以满足表面粗糙度的要求，并使凸模和凹模之间的间隙适当而均匀。

仿形刨床加工凸模的生产效率较低，而且凸模的精度还会受到热处理变形的影响，因此已逐渐被成形磨削所代替。

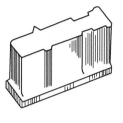
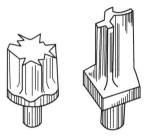

图 12-41　用仿形刨床加工的几种凸模

凸模毛坯安装在分度回转盘的卡盘上，回转盘安装在滑板上，并能沿滑板横向移动，使毛坯作进给运动。滑板可沿导轨作纵向移动，自动走刀。利用刨刀的运动及凸模毛坯的旋转和纵横向进给，可加工出各种形状复杂的凸模。

（三）仿形刨床加工磁极冲片凸凹模实例

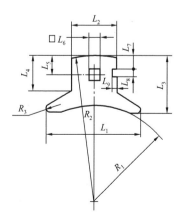

图 12-42　磁极冲片凸凹模

图 12-42 所示是一磁极冲片凸凹模，加工前，在仿形刨床（刨模机）上划其型面线。

1. 划型面线顺序

（1）将弹性划针安装在刀架上。

（2）将分度头回转中心与对刀显微镜十字线中心重合。

（3）用安装座或三爪自动定心卡盘装夹好工件。

（4）对称工件外形尺寸划出

L_1 的中心线。

（5）按 R_1、R_2 尺寸将工件移至距离回转中心适当处，且使 L_1 的中心线与显微镜十字线重合，然后用压板固定安装座。

（6）以 R_1、R_2 的中心为起点，将划针摇出尺寸 R_1 并划 R_1 圆弧线，摇出尺寸 R_2 并划 R_2 圆弧线。

（7）对称中心线划出 L_1、L_2 以及 L_3、L_4，对称 L_5、L_2 划 L_6 方孔，再划 L_7、L_8、L_9 缺口。

（8）划出两处 R_3 的中心位置（以十字线表示）。

（9）松开压板，移动安装座，使一个 R_3 的中心与对刀显微镜十字线中心重合，然后用压板固定安装座。

（10）以十字中心为起点，将划针摇出尺寸 R_3 并划出 R_3 圆弧线。

（11）用同样的方法划好另一处 R_3 圆弧线。

（12）用显微镜十字线找正划出两处斜肩，一端保持尺寸 L_4，另一端与 R_3 相切。至此，划线完毕。

2. 刨床上使用的专用刀杆

（1）图 12-43 所示是刨刀及其专用刀杆，其尾部利用专用卡箍与刀架牢固相连，前端开有与刨刀外形尺寸相同的矩形孔，装入刨刀后用止动螺钉压紧。

（2）图 12-44 所示是插刀及其专用刀杆，其尾部也利用专用卡箍与刀架相连，前端开一近似垂直的矩形孔，装入插刀后用止动螺钉压紧。插刀一般不磨后角，而是借 A 面上的斜面（约 6°）自然形成后角。

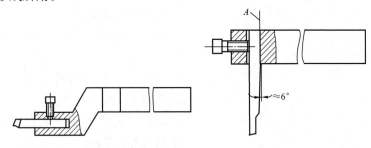

图 12-43 刨刀及其专用刀杆　　　图 12-44 插刀及其专用刀杆

3. 加工工艺过程

(1) 用牛头刨床按工件最大外形刨六面。

(2) 用平面磨床磨上下两面。

(3) 用仿形刨床上划针在端面上划外形及方孔线。

(4) 用工具铣床去除外形及孔的余量，每面仍留 $1 \sim 1.5$mm 余量，扩大方孔后部，保持刃口长度。

(5) 调质处理达 $28 \sim 32$HRC。

(6) 用平面磨床磨上下两面。

(7) 仿形刨床上划线，倒外形，插方孔，按最大实体尺寸每面留研磨余量 $0.02 \sim 0.03$mm，表面粗糙度值达 Ra $(1.6 \sim 3.2)$ μm。

(8) 钳工研磨型面和方孔，按最大实体尺寸每面留研磨余量 $0.01 \sim 0.015$mm，用放大图检验型面。

(9) 淬火、回火达 $58 \sim 62$HRC，记录实际硬度值。

(10) 用平面磨床磨上下两面及配入固定板尺寸。

(11) 钳工按图样要求研修型面和方孔。

需要注意的是：加工外形的 R_1、R_2 和 R_3 时，都应将该圆弧的中心调整到与分度头回转中心重合时再转动分度头进给，这样加工可得到较好的表面质量。型面上的直线和圆弧线段，应尽量采用自动进给，只有在靠近直线和圆弧的切点处才改用手动进给。插小孔，一般都是手动进给，而公差较小的槽口则常以定值刀具保证，因为在对刀显微镜下将定值刀具的刀刃对正槽口的划线是很方便的。

六、铣削加工

(一) 铣削方式及铣削运动

1. 铣削方式

铣削是一种应用范围极广的加工方法。在铣床上可以对平面、斜面、沟槽、台阶、成形面等表面进行铣削加工。如图 12-45 所示为铣削加工常见的加工方式。铣床加工时，多齿铣刀连续切削，切削量可以较大，所以加工效率高。铣床加工成形的经济精度为 IT10，表面粗糙度 $Ra3.2\mu$m；用作精加工时，尺寸精度可达 IT8，表面粗糙度 $Ra1.6\mu$m。

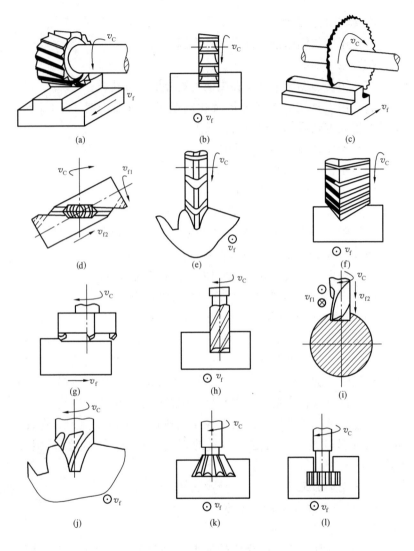

图 12-45 常见的铣削方式

（a）圆柱铣刀铣平面；（b）三面刃铣刀铣直槽；（c）锯片铣刀切断；

（d）成形铣刀铣螺旋槽；（e）模数铣刀铣齿轮；（f）角度铣刀铣角度；

（g）面铣刀铣平面；（h）立铣刀铣直槽；（i）键槽铣刀铣键槽；

（j）指状模数铣刀铣齿轮；（k）燕尾槽铣刀铣燕尾槽；（l）T 形槽铣刀铣 T 形槽

2. 铣削运动

由图 12-45 可知，不论哪一种铣削方式，为完成铣削过程必须要有以下运动：

（1）铣刀的旋转，即主运动。

（2）工件随工作台缓慢的直线移动，即进给运动。

（二）铣床附件

铣床的主要类型有卧式万能升降台铣床、立式升降台铣床、龙门铣床、万能工具铣床、仿形铣床、刻模铣床等。除其自身的结构特点外，铣床加工功能主要依靠附件实现。

常用铣床附件有万能分度头、万能铣头、机用平口钳、回转工作台等，如图 12-46 所示。

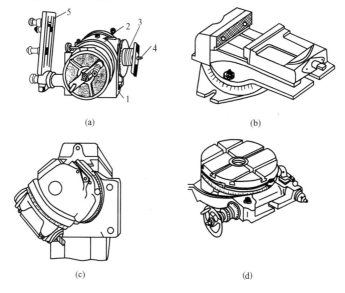

图 12-46　常用铣床附件

（a）万能分度头；（b）机用平口钳；（c）万能铣头；（d）回转工作台

1—底座；2—转动体；3—主轴；4—顶尖；5—分度盘

（1）万能分度头。分度头是一种分度的装置，由底座、转动体、主轴、顶尖和分度盘等构成。主轴装在转动体内，并可随转动体在垂直平面内扳动成水平、垂直或倾斜位置。可以完成多面体的分度，如铣六方、齿轮、花键等工作。

（2）万能铣头。万能铣头是一种扩大卧式铣床加工范围的附件，利用它可以在卧式铣床上进行立铣工作。使用时卸下卧式铣床横梁、刀杆，装上万能铣头，根据加工需要，其主轴在空间可以转成任意方向。

（3）机用平口钳。机用平口钳主要用于机床上装夹工件。装夹时，工件的被加工面要高出钳口，并需找正工件的装夹位置。

（4）回转工作台。回转工作台也主要用于铣床上装夹工件。利用回转工作台可以加工斜面、圆弧面和不规则曲面。加工圆弧面时，使工件的圆弧中心与回转工作台中心重合，并根据工件的实际形状确定主轴中心与回转工作台中心的位置关系。加工过程中控制回转工作台的转动，由此加工出圆弧面。

（三）常用铣削加工

1. 平面铣削

平面铣削在模具中应用最为广泛，模具中的定、动模板等模板类零件，在精磨前均需通过铣削来去除较大的加工余量；铣削还用于模板上的安装型腔镶块的方槽、滑块的导滑槽、各种孔的止口等部分的精加工和镶块、压板、锁紧块热处理前的加工。

2. 孔系加工

在铣床的纵向和横向附加量块和百分表测量装置，能够准确地控制工作台移动的距离，直接用工作台的纵向、横向进给来控制平面孔系的坐标尺寸，所达到的孔距精度远高于划线钻孔的加工精度，可以满足模具上低精度的孔系要求。对于坐标精度要求高时，可用量块和千分表来控制铣床工作台的纵、横向移动距离，加工的孔距精度一般为±0.01mm。

图 12-47 所示为用于控制工作台纵向移动距离的测量装置，在工作台前侧面的 T 形槽（装行程挡块的槽）内安装一个量块支座，便可用量块组和百分表控制工作台的移动距离。使用时，在升降台的横导轨面（或其他固定不动的零部件）上安放百分表座，用量块组成所要求移动的尺寸，然后将所选好的量块组放在量块支座上，使百分表的测头接触量块 A 面，调整百分表的读数为零，取下量

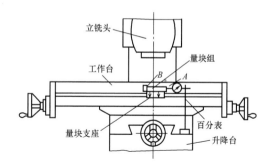

图 12-47 量块和百分表测量装置

块组，移动工作台，使百分表的触头与支座 B 面接触，直至百分表的读数与原来的读数相同为止。这样，工作台纵向移动的实际距离就等于量块组的尺寸。

用同样方法可控制工作台横向移动的距离。

3. 镗削加工

卧式和立式铣床也可以代替镗床进行一些加工，如斜导柱孔系的加工，一般是在模具相关部分装配好后，在铣床上一次加工完成。同样，导柱、导套孔也可采取相同方法加工。

加工斜孔时可将工件水平装夹，而把立铣头倾斜一角度，或用正弦夹具、斜垫铁装夹工件。加工斜孔前，用立铣刀切去斜面余量，然后用中心钻确定斜孔中心，最后加工到所需尺寸。

4. 成形面铣削

成形铣削可以加工圆弧面、不规则形面及复杂空间曲面等各种成形面。模具中常用的加工工艺方法有以下两种：

（1）立铣。利用圆转台可以加工圆弧面和不规则曲面。安装时使工件的圆弧中心与圆转台中心重合，并根据工件的实际形状确定主轴中心与圆转台中心的位置关系。加工过程中控制圆转台的转动，由此加工出圆弧面，如图 12-48 所示。图中圆弧槽的

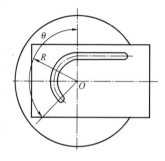

图 12-48 圆转台铣削圆弧面

加工需要严格控制圆转台的转动角度 θ 和直线段与圆弧段的平滑连接。这种方法一般用于加工回转体上的分浇道，还可以用来加工多型腔模具，从而很好地保证上下模具型腔的同心和减小各型腔之间的形状、尺寸误差。

（2）简单仿形铣削。仿形铣削是以预先制成的靠模来控制铣刀轨迹运动的铣削方法。靠模具有与型腔相同的形状。加工时，仿形头在靠模上作靠模运动，铣刀同步作仿形运动。仿形铣削主要使用圆头立铣刀，加工的工件表面粗糙度差，而且影响加工质量的因素非常复杂，所以仿形铣削常用于粗加工或精度要求不高的型腔加工。仿形铣床有卧式和立式两种，都可以在 X、Y、Z 三个方向相互配合完成运动。

图 12-49 所示为在立式铣床上利用靠模装置精加工凹模型孔。精加工前型孔应粗加工，靠模样板、垫板和凹模一起紧固在工作台上，在指状铣刀的刀柄上装有一个钢制的、已淬硬的滚轮。加工凹模型孔时，用手操纵工作台的纵向和横向移动，使滚轮始终与靠模样板接触，并沿着靠模样板的轮廓运动，这样便能加工出凹模型孔。

利用凹模靠模装置加工时，铣刀的半径应小于凹模型孔转角处的圆角半径，这样才能加工出整个轮廓。

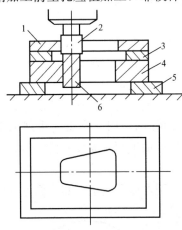

图 12-49　简单的靠模装置
1—靠模样板；2—滚轮；3、5—垫板；
4—凹模毛坯；6—铣刀

（3）型腔的加工。在立式铣床上加工型腔，是应用各种不同形状和尺寸的指形铣刀按划线加工。指形铣刀不适于切削大的深度，工作时是用侧面进刀的。为了把铣刀插进毛坯和提高铣削效率，可预先在坯料上钻出一些小孔，其深度接近铣削背吃刀量；孔钻好后，先用圆柱形指形铣刀粗铣，然后用锥形指形铣刀精铣。铣刀的斜度和圆角与零件图的要求一致，型腔留出单边余量 0.2～0.03mm，做钳工修整之用。简单型腔可用普通的游标卡尺及深度尺测量，形状复杂的型腔用样板检验，加工过程中不断进行检查，直至尺寸合格为止。立铣适宜加工形状不太复杂的型腔。

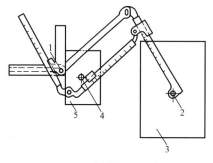

图 12-50　刻模铣床示意图

1—支点；2—触头；3—靠模工作台；
4—刻刀；5—制品工作台

5. 雕刻加工

如图 12-50 所示，工件和模板分别安装在制品工作台和靠模工作台上。通过缩放机构在工件上缩小雕刻出模板上的字、花纹、图案等。

（四）仿形铣削加工

1. 工作原理

图 12-51 所示为 XB4450 型电气立体仿形铣床。

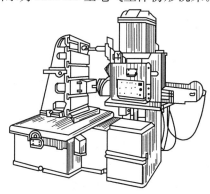

图 12-51　XB4450 型电气立体仿形铣床

该机床的工作台可沿机床床身作横向进给运动，工作台上装有支架，上、下支架可分别固定靠模及模具毛坯，主轴箱可沿横梁上的水平导轨作纵向进给运动，亦可连同横梁一起沿立柱上下作垂直进给运动。铣刀及仿形指均安装在主轴箱上，利用三个方向进给运动的合成可加工出三维成形表面。

图 12-52 所示为立体仿形铣床跟随系统的工作原理图。在加工过程中，仿形指沿靠模表面运动产生轴向移动从而发出信号，经机床随动系统放大后，用来控制驱动装置，使铣刀跟随仿形指作相应的位移而进行加工。

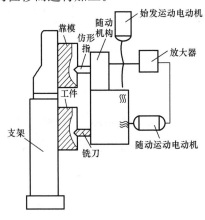

图 12-52　立体仿形铣床跟随系统的
工作原理

2. 加工特点

仿形铣削加工是一种较成熟的加工工艺，虽然在数控铣床问世后，其使用范围在不断缩小，但仿形铣床仍具有独特的优异性能。例如用数控铣床加工一只形状很复杂的三维型芯，要花费大量时间编制程序。如果有该模具的型芯或样品，则可用其作为模型进行仿形加工。对于某些保留仿形功能的加工中心机床，通过仿形加工时，数控系统自动记录加工的数控程序，可供以后进行数控加工。在汽车工业的模具中，有许多曲面难以用图形表达，一般都要制作模型和样件，因而可以充分发挥仿形铣加工以及仿形与数控相结合加工的优越性。

（1）仿形铣床的加工特性：

1）可按模型自动地加工出与模型形状相同的模具。

2）对那些难以用视觉或触觉感知数值的形状，可以据模型作出判断并进行加工。

3）加工条件的选择范围很宽，加工时间短。

4）对工件上不需要的部分可用目视进行粗加工，以提高工作效率。

5）对加工后的形状可用模型来进行判断。

6) 只要有实样，即可进行仿形加工。

（2）仿形加工的不足之处：

1) 必须要有仿形模型，且在加工之前要把模型制作好。

2) 模型大多用手工制作，所以容易变形，难以提高精度。

3) 由于对模型进行仿形时会产生误差，因此，仿形以后的形状精度还有不少问题。

4) 难以确定加工基准，所以很难保证与其他加工工序之间的定位精度。

3. 仿形方式

按照传递信息的形式及机床进给传动的控制方式不同，仿形方式可分为机械式、液压式、电气式、电液式和光电式等。

（1）机械式仿形：仿形指与铣刀是刚性连接，或是通过其他机械装置如缩放仪或杠杆等连在一起，以实现同步仿形加工。机械式仿形多用手动或手动与机械配合进给方式实现仿形加工，适合精度较低的模具型腔。

（2）液压式仿形：工作台由液压马达拖动作进给运动，靠模使仿形指产生位移，同时，位移信号使伺服阀的开口量发生变化，从而改变进入铣刀机构液压缸的液流参数，带动铣刀作出与仿形指同步的位移。液压随动系统结构简单，工作可靠，仿形精度较高，可达 $0.02\sim0.1$mm。

（3）电气式仿形：伺服电动机拖动工作台运动，靠模通过仿形指给传感器一个位移信号，传感器把位移信号变成电信号，经控制部分对信号作放大和转换处理，再控制伺服电动机转动螺杆以带动铣刀作相应的随动，实现仿形加工。电气仿形系统结构紧凑，操作灵活，仿形精度可达 $0.01\sim0.03$mm，可用计算机与其构成多工序连续控制仿形加工系统。

（4）电液式仿形：仿形加工时，电气传感器得到电信号，经电液转换机构（电液伺服阀）使液压执行机构（液压缸、液压马达）驱动工作台作相应伺服运动。电液式仿形是将电气系统控制的灵活性和液压系统动作的快速性相结合的形式。

（5）光电式仿形：利用光电跟踪接受图样反射来的光信号，经光敏元件转换为电信号，再送往控制部分，经信号转换处理和放大，分别控制 x、y 两个方向的伺服电动机带动工作台作仿形运动。光电式仿形只需图样，按图样与工件为 1∶1 的尺寸进行仿形铣削。对图样绘制精度要求较高，只用于平面轮廓的仿形加工。

七、磨削加工

（一）磨削加工的特点

磨削加工是零件精加工的主要方法。磨削时可采用砂轮、油石、磨头、砂带等作磨具，而最常用的磨具是用磨料和粘结剂做成的砂轮。通常磨削能达到的经济精度为 IT7～IT5，表面粗糙度一般为 $Ra(0.8\sim0.2)\mu m$。

磨削的加工范围很广，不仅可以加工内外圆柱面、内外圆锥面和平面，还可以加工螺纹、花键轴、曲轴、齿轮、叶片等特殊的成形表面。常见的磨削方法如图 12-53 所示。

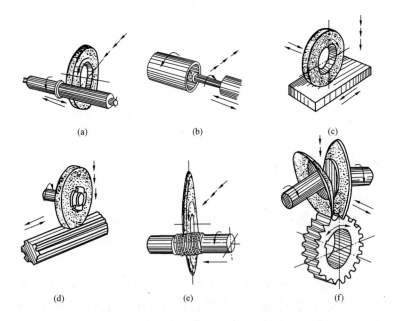

图 12-53　常见的磨削方法

(a) 外圆磨削；(b) 内圆磨削；(c) 平面磨削；

(d) 花键磨削；(e) 螺纹磨削；(f) 齿轮磨削

从本质上看，磨削加工是一种切削加工，但和通常的车削、铣削、刨削加工相比，它具有以下特点：

（1）磨削属多刀、多刃切削。磨削用的砂轮是由许多细小而且极硬的磨粒粘结而成的，在砂轮表面上杂乱地布满很多棱形多角的磨粒，每一磨粒就相当于一个切削刃，所以，磨削加工实质上是一种多刀、多刃切削的高速切削。图 12-54 所示为磨粒切削示意图。

（2）磨削属微刃切削。磨削属于微刃切削，切削厚度极薄，每一磨粒切削厚度可小到数微米，故可获得很高的加工精度和低的表面粗糙度。

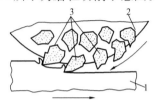

（3）磨削速度大。一般砂轮的圆周速度达 $2000 \sim 3000 \mathrm{m/min}$，目前的高速磨削砂轮线速度已达 $60 \sim 250 \mathrm{m/s}$。

图 12-54　磨粒切削示意图
1—工件；2—砂轮；3—磨粒

故磨削时温度很高，磨削时的瞬时温度可达 $800 \sim 1000 ℃$。因此，磨削时一般都使用切削液。

（4）加工范围广。磨粒硬度很高，因此磨削不仅可以加工碳钢、铸铁等常用金属材料，还能加工比一般金属更难以加工的高硬度、高脆性材料，如淬火钢、硬质合金等。但磨削不宜加工硬度低而塑性很好的有色金属材料。

（二）磨削运动与磨削用量

磨削时砂轮与工件的切削运动也分为主运动和进给运动：主运动是砂轮的高速旋转；进给运动一般为圆周进给运动（即工件的旋转运动）、纵向进给运动（即工作台带动工件所作的纵向直线往复运动）和径向进给运动（即砂轮沿工件径向的移动）。描述这四种运动的参数即为磨削用量，表 12-23 所示为常用磨削用量的定义、计算及选用。

表 12-23　　　　常用磨削用量的定义、计算及选用

磨削用量	定义及计算	选用原则
砂轮圆周速度 v_s	砂轮外圆的线速度 $v_s = \dfrac{\pi d_s n_s}{1000 \times 60}$ （m/s）	一般陶瓷结合剂砂轮 $v_s \leqslant 35 \mathrm{m/s}$ 特殊陶瓷结合剂砂轮 $v_s \leqslant 50 \mathrm{m/s}$

磨削用量	定义及计算	选用原则
工件圆周速度 v_w	被磨削工件外圆处的线速度 $$v_w = \frac{\pi d_w n_w}{1000 \times 60} \ (m/s)$$	一般 $v_w = \left(\frac{1}{80} \sim \frac{1}{160}\right) \times 60$ (m/s) 粗磨时取大值,精磨时取小值
纵向进给量 f_a	工件每转一圈沿本身轴向的移动量	一般取 $f_a = (0.3 \sim 0.6) B$ 粗磨时取大值,精磨时取小值,B 为砂轮宽度
径向进给量 f_r	工作台一次往复行程内,砂轮相对工件的径向移动量(又称磨削背吃刀量)	粗磨时取 $f_r = (0.01 \sim 0.06)$mm/st 精磨时取 $f_r = (0.005 \sim 0.02)$mm/st

（三）平面与外圆磨削加工

1. 平面磨削

平面磨床的主轴分为立轴和卧轴两种,工作台也分为矩形和圆形两种,分别称为卧轴矩台和立轴圆台平面磨床。与其他磨床不同的是,平面磨床的工作台上装有电磁吸盘,用于直接吸住工件。

平面的磨削方式有周磨法和端磨法。磨削时主运动为砂轮的高速旋转,进给运动为工件随工作台直线往复运动或圆周运动以及磨头作间歇运动。

周磨法的磨削用量为:

(1) 磨钢件的砂轮外圆的线速度(m/s):粗磨 22～25,精磨 25～30。

(2) 纵向进给量一般选用(m/min)1～12。

(3) 径向进给量(垂直进给量)(mm):粗磨 0.015～0.05,精磨 0.005～0.01。

平面磨削尺寸精度为 IT6～IT5,两平面平行度误差小于 100:0.01,表面粗糙度度 $Ra(0.8 \sim 0.2) \mu m$,精密磨削时为 $Ra(0.1 \sim$

0.01)μm。

平面磨削作为模具零件的终加工工序，一般安排在精铣、精刨和热处理之后。磨削模板时，直接用电磁吸盘将工件装夹；对于小尺寸零件，常用精密平口钳、导磁角铁或正弦夹具等装夹工件。

磨削平行平面时，两平面互相作为加工基准，交替进行粗磨、精磨和1～2次光整。磨削垂直平面时，先磨削与之垂直的两个平行平面，然后以此为基准进行磨削。除了模板面的磨削外，模具中与分模面配合精度有关的零件都需要磨削，以满足平面度和平行度的要求。

2. 外圆磨削

外圆磨削是指磨削工件的外圆柱面、外圆锥面等。外圆磨削可以在外圆磨床上进行，也可以在无心磨床上进行。某些外圆磨床还具备有磨削内圆的内圆磨头附件，用于磨削内圆柱面和内圆锥面。凡带有内圆磨头的外圆磨床，习惯上称为万能外圆磨床。外圆磨削工艺要点见表12-24。

表 12-24　　　　　　　　　外圆磨削工艺要点

工　艺　内　容		工　艺　要　点
外圆磨削用量	（1）陶瓷结合剂砂轮的磨削速度不大于35m/s；树脂结合剂砂轮的磨削速度大于50m/s （2）工件圆周速度一般为13～20m/min；磨淬硬钢大于26m/min （3）粗磨的磨削背吃刀量为0.02～0.05mm；精磨的磨削背吃刀量为0.005～0.015mm （4）粗磨时纵向进给量为砂轮宽度的0.5～0.8倍；精磨时纵向进给量为砂轮宽度为0.2～0.3倍	（1）当被磨工件刚性差时，应将工件转速降低，以免产生振动而影响磨削质量 （2）当工件表面粗糙度要求低和精度要求高时，可精磨后在不进刀情况下再光磨几次

工 艺 内 容	工 艺 要 点
工件装夹方法 (1) 前、后顶尖装夹,具有装夹方便、加工精度高的特点,适用于装夹长径比大的工件 (2) 用三爪自定心卡盘或四爪单动卡盘装夹,适用于装夹长径比小的工件,如凸模、顶块、型芯等 (3) 用卡盘和顶尖装夹较长的工件 (4) 用反顶尖装夹,适用于磨削细小尺寸轴类工件,如小型芯、小凸模等 (5) 配用芯轴装夹,适用于磨削有内外圆同轴度要求的薄壁套类工件	(1) 淬硬件的中心孔必须准确刮研,并使用硬质合金顶尖和适当的顶紧力 (2) 用卡盘装夹的工件,一般采用工艺柄装夹,能在一次装夹中磨出各段台阶外圆,以保证同心度 (3) 由于模具制造的单件性,通常采用带工艺柄的心轴,并按工件孔径配磨,作一次性使用,心轴定位面锥度一般取 1∶5000~1∶7000
一般外圆面磨削 (1) 采用纵向磨削法时,工件与砂轮同向转动,工件相对砂轮作纵向运动。当一次纵行程后,砂轮横向进给一次磨削背吃刀量。磨削背吃刀量小,切削力小,容易保证加工精度,适于磨削小而细的工件 (2) 采用横向磨削法(切刃法)时,工件与砂轮同转动,并作横向进给连续切除余量,磨削效率高。但磨削热大,容易烧伤工件,适于磨较短的外圆面和短台阶轴,如凸模、圆型芯等 (3) 阶段磨削法是横磨法与纵磨法的综合应用,先用横磨法去除大部余量,留有 0.01~0.03mm 作为纵磨余量。适于磨削余量大,刚度高的工件	(1) 台阶轴等,如凸模的磨削,在精磨时要减小磨削背吃刀量,并多作光磨行程,以利于提高各段外圆面的同轴度 (2) 磨台阶轴时,可先用横磨法沿台阶切入,留 0.03~0.04mm 余量,然后用纵磨法精磨 (3) 为消除磨削重复痕迹,提高磨削精度和降低表面粗糙度值,应在终磨前使工件作短距离手动纵向往复磨削 (4) 在允许磨削量大的情况下可提高磨削效率
台阶端面磨削 (1) 对轴上带退刀槽的台阶端面磨削,可先用纵磨法磨外圆面,再将工件靠向砂轮端面 (2) 轴上带圆角的台阶端面磨削,可先用横磨法磨外圆面,并留小于 0.05mm 余量,再纵向移动工件(工作台),磨削端面	(1) 磨退刀槽台阶端面的砂轮,端面应修成内凹形。磨带圆角的台阶端面,则修成圆弧形 (2) 为保证台阶端面的磨削质量,在磨至无火花后,还需光磨一段时间

外圆磨削方法分为纵向磨削法、横向磨削法、混合磨削法和深磨法等。外圆磨削的磨削用量如下：

（1）砂轮外圆的线速度（m/s）：陶瓷结合剂砂轮小于等于 35；树脂结合剂砂轮大于 50。

（2）工件线速度（m/min）：一般选用 13～20；淬硬钢不小于 26。

（3）径向进给量（磨削背吃刀量）（mm）：粗磨 0.02～0.05，精磨 0.005～0.015。

（4）纵向进给量（mm）：粗磨时取 0.5～0.8 砂轮宽度；精磨时取 0.2～0.3 砂轮宽度。外圆磨削的精度可达 IT6～IT5，表面粗糙度一般为 $Ra(0.8～0.2)\mu m$，精磨时可达 $Ra(0.16～0.01)\mu m$。

在外圆磨床上磨削外圆时，工件主要有以下几种装夹方法：

（1）前后顶尖装夹，但与车削不同的是两顶尖均为死顶尖，具有装夹方便、加工精度高的特点，适用于装夹长径比大的工件，如导柱、复位杆等。

（2）用三爪自定心卡盘或四爪单动卡盘装夹，适用于装夹长径比小的工件，如凸模、顶块、型芯等。

（3）用卡盘和顶尖装夹较长的工件。

（4）用反顶尖装夹，磨削细长小尺寸轴类工件，如小凸模、小型芯等。

（5）配用芯棒装夹，磨削有内外圆同轴度要求的套类工件，如凹模嵌件、导套等。

外圆磨削主要用于圆柱形型腔型芯、凸凹模、导柱导套等具有一定硬度和表面粗糙度要求的零件精加工。

（四）成形磨削加工

1. 成形磨削方法

成形磨削的原理就是把零件的轮廓分成若干直线、斜线和圆弧，然后按照一定的顺序逐段磨削，并使构成零件的几何形线互相连接圆滑光整，达到图样上的技术要求。成形磨削主要方式见表 12-25。

在模具零件中，凸模和凹模拼块的几何形状一般都由圆弧与直线或圆弧与圆弧的简单几何形线光滑过渡而成。因此，成形磨削是模具零件成形表面精加工的一种方法，具有高精度和高效率等优点。利用成形磨削的方法加工凸模、凹模拼块、凸凹模及电火花加工用的电极是目前最常用的一种工艺方法。这是因为成形磨削后的零件精度高，质量好，并且加工速度快，减少了热处理后的变形现象。常见模具刃口轮廓如图 12-55 所示。

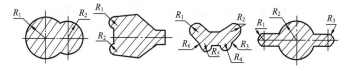

图 12-55　模具刃口轮廓

表 12-25　　　　　　　　　成形磨削主要方式

磨削方式	示　意　简　图	说　　明
成形砂轮磨　削	砂轮　工件	将砂轮修整成与工件型面吻合的反型面，用切入法磨削。 　　这种方式在外圆、内圆、平面、无心、工具等磨床上均可进行
成形夹具磨　削	夹具　R_2　O_1　O_2　R_1　O_2　量块　（Ⅰ）　（Ⅱ）	使用通用或专用夹具，在通用或专用磨床上，对工件的成形面进行磨削
仿形磨削	工件　砂轮	在专用磨床上按放大样板（或靠模）或放大图进行磨削
坐标磨削	工件　砂轮　按CNC指令	用坐标磨床上的回转工作台和坐标工作台，使工件按坐标运动及回转，利用磨头的上下，往复和行星运动，磨削工件的成形面

在模具零件制造中，为了保证工件质量、提高效率和降低成本，可以把多种方法综合起来使用，并且成形磨削还可以对热处理淬硬后的凸模或镶拼凹模进行精加工，因此还可以清除热处理变形对模具精度的影响。成形磨削还可以用来加工电火花加工用的电极。

成形磨削主要有两种方法，如图 12-56 所示。

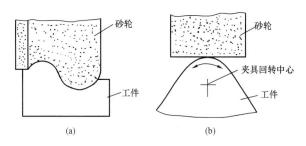

图 12-56　成形磨削的两种主要方法
（a）成形砂轮磨削法；（b）夹具磨削法

（1）成形砂轮磨削法：利用修正砂轮夹具把砂轮修正成与工件形面完全吻合的反形面，然后再用此砂轮对工件进行磨削，使其获得所需的形状，如图 12-56（a）所示。适用于磨削小圆弧、小尖角和槽等无法分段磨削的工件。利用成形砂轮对工件进行磨削是一种简便有效的方法，磨削生产率高，但砂轮消耗较大。

修整砂轮的专用夹具主要有砂轮角度修整夹具、砂轮圆弧修整夹具、砂轮万能修整夹具和靠模修整夹具等几种。

（2）成形夹具磨削法：将工件按一定的条件装夹在专用夹具上，在加工过程中，通过夹具的调节使工件固定或不断改变位置，从而使工件获得所需的形状，如图 12-56（b）所示。利用夹具法对工件进行磨削的加工精度很高，甚至可以使零件具有互换性。

成形磨削的专用夹具主要有磨平面及斜面夹具、分度磨削夹具、万能夹具及磨大圆弧夹具等几种。

上述两种磨削方法，虽然各有特点，但在加工模具零件时，为了保证零件质量、提高生产率、降低成本，往往需要两者联合使用。并且，将专用夹具与成形砂轮配合使用时，常可磨削出形状复杂的工件。

2. 成形磨削常用机床

成形磨削所使用的设备，可以是特殊专用磨床，如成形磨床，也可以是一般平面磨床。由于设备条件的限制，利用一般平面磨床并借助专用夹具及成形砂轮进行成形磨削的方法，在模具零件的制造过程中占有很重要的地位。

在成形磨削的专用机床中，除成形磨床外，生产中还常用一些数控成形磨床、光学曲线磨床、工具曲线磨床、缩放尺曲线磨床等精密磨削专用设备。

(1) 平面磨床。在平面磨床上借助于成形磨削专用夹具进行成形磨削时，模具零件及夹具安装在模具的磁性吸盘上，夹具的基面或轴心线必须校正与磨床纵向导轨平行。当磨削平面时，工件及夹具随工作台做纵向直线运动，磨头在高速旋转的同时作间歇的横向直线运动，从而磨出光洁的平面；当磨削圆弧时，工件及夹具相对于磨头只作纵向运动，在磨头高速旋转的同时，通过夹具的旋转部件带动工件的转动，从而磨出光滑的圆弧；当采用成形砂轮磨削工件成形表面时，首先调整好工件及夹具相对于磨头的轴向位置，然后通过工件及夹具随工作台的纵向直线运动、磨头的高速旋转，并用切入法对工件进行成形切削。在上述的磨削中，砂轮沿立柱上的导轨作垂直进给。

(2) 成形磨床。图 12-57 所示为模具专用成形磨床：砂轮 6 由装在磨头架 4 上的电动机 5 带动作高速旋转运动，磨头架装在精密的纵向导轨 3 上，通过液压传动实现纵向往复运动，此运动用手把 12 操纵；转动手轮 1 可使磨头架沿垂直导轨 2 上下运动，即砂轮作垂直进给运动，此运动除手动外，还可机动，以使砂轮迅速接近工件或快速退出；夹具工作台具有纵向和横向滑板，滑板上固定着万能夹具 8，它可在床身 13 右端精密导轨上作调整运动，只有机动；转动手轮 10 可使万能夹具作横向移动。床身中间是测量平台 7，它是放置测量工具，以及校正工件位置、测量工件尺寸用的；有时，修正成形砂轮用的夹具也放在此测量平台上。

在成形磨床上进行成形磨削时，工件装在万能夹具上，夹具可以调节在不同的位置。通过夹具的使用，能磨削出平面、斜面和圆

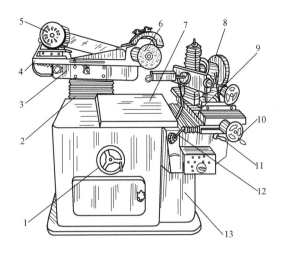

图 12-57　专用成形磨床

1—手轮；2—垂直导轨；3—纵向导轨；4—磨头架；5—电动机；

6—砂轮；7—测量平台；8—万能夹具；9—夹具工作台；10—手轮；

11—手把；12—手把；13—床身

弧面。必要时配合成形砂轮，则可加工出更为复杂的曲面。

（3）光学曲线磨床。图 12-58 所示为 M9017A 型光学曲线磨床，它是由光学投影仪与曲线磨床相结合的磨床。在这种机床上可

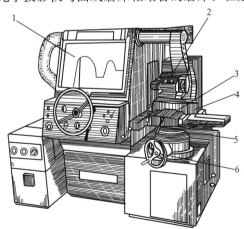

图 12-58　M9017A 型光学曲线磨床

1—投影屏幕；2—砂轮架；3、5、6—手柄；4—工作台

以磨削平面、圆弧面和非圆弧形的复杂曲面,特别适合单件或小批量生产中复杂曲面零件的磨削。

光学曲线磨床的磨削方法为仿形磨削法。其操作过程是:把所需磨削的零件的曲面放大50倍绘制在描图样上,然后将描图样夹在光学曲线磨床的投影屏幕1上,再将工件装夹在工作台4上,并用手柄3、5、6调整工件的加工位置。在透射照明的照射下,使被加工工件及砂轮通过放大镜放大50倍后,投影到屏幕上。为了在屏幕上得到浓黑的工件轮廓的影像,可通过转动手柄调节工作台升降运动来实现。由于工件在磨削前留有加工余量,故其外形超出屏幕上放大图样的曲线。磨削时只需根据屏幕上放大图样的曲线,相应移动砂轮架2,使砂轮磨削掉由工件投影到屏幕上的影像覆盖放大图样上曲线的多余部分,这样就磨削出较理想的曲线来。

光学曲线磨削表面粗糙度可达 $Ra0.4\mu m$ 以下,加工误差在3~5μm以内。采用陶瓷砂轮磨削,最小圆角半径可达 $3\mu m$,一般砂轮也可磨出0.1mm的圆角半径。

3. 成形磨削典型工艺

在模具零件制造中,凸模或凹模拼块型面大多由圆弧、斜线和直线光滑过渡而成,其型面加工可参照表12-26所示典型工艺方法选择加工方法。

4. 仿形磨削工艺加工凹模拼块

如图12-59所示凹模拼块,采用仿形磨削法加工,是利用仿形修整夹具,利用按工件放大5倍的样板,将砂轮修成缩小为1/5(样板)的精确形状,用切磨法对工件进行成形磨削。仿形法修整砂轮与仿形磨削的步骤见表12-27。

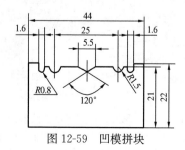

图12-59　凹模拼块

表 12-26 成形磨削典型工艺

形状特征	示　意　图	磨削工艺与计算
凸圆弧		(1) 按 $\alpha > 90°$ 方法修整砂轮 (2) 工件反复翻转 180° 对中心磨削 (3) 适于 $R \geq 4\text{mm}$ 的圆弧成形磨削
		(1) 用滚轮滚压成形砂轮 (2) 工件反复翻转 180° 对中心磨削 (3) 适于 $R \leq 4\text{mm}$ 圆心角 180° 的圆弧成形磨削
		(1) 按 $\alpha = 90°$ 方法修整砂轮 (2) 用侧磨或切磨方法磨削 (3) 适于方形工件四角的圆弧磨削
凹圆弧		(1) 先切磨直槽 (2) 用滚轮滚压成形砂轮 (3) 适于 R（$0.5 \sim 3$）mm 小圆弧凹槽成形磨削
		(1) 对称成形磨削 a 段圆弧 (2) 修整 b、c 段圆弧砂轮，精确地控制金刚石尖点摆动中心至砂轮侧面距离 h (3) 精确控制砂轮侧面至圆弧中心距离尺寸 h，用切磨法成形磨削

续表

形状特征	示 意 图	磨削工艺与计算
斜面与凸圆弧相接	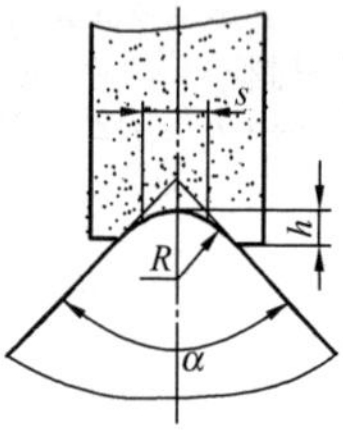	已知：R、α 公式：$s = 2\left[\left(\dfrac{R}{\sin\dfrac{\alpha}{2}} - R\right)\tan\dfrac{\alpha}{2}\right]$ $h = R - R\sin\dfrac{\alpha}{2}$ (1) 先磨斜面控制尺寸 s (2) 按计算值 h 修整砂轮圆弧深度 (3) 此方法也适用于方形工件四周圆弧的磨削
斜面与凹圆弧相接	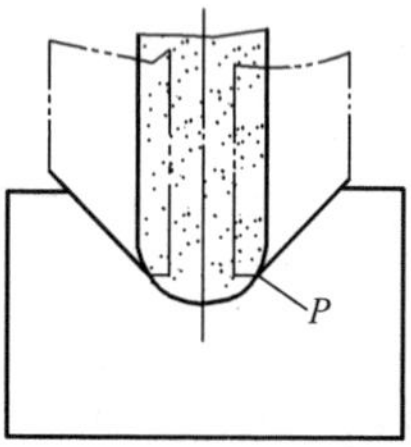	(1) 先磨凹圆弧后接斜面 (2) 控制磨削斜面的成形砂轮下降至切点 P (3) 对称磨削斜面与切点 P 圆滑相接 (4) P 点计算与上图 h 值计算相同
两凸圆弧相接	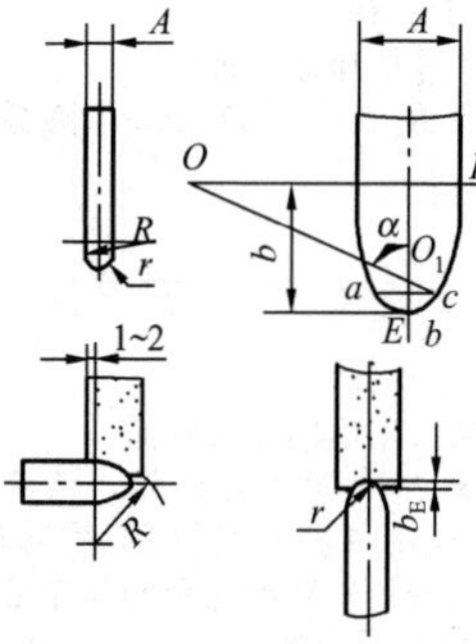	已知：R、r、A 公式：$\sin\alpha = \dfrac{R - A/2}{R - r}$ $h = r + (R - r)\cos\alpha$ $ac = 2r \cdot \sin\alpha$ $b_E = r - \sqrt{r^2 - (ac/2)^2}$ (1) 先对称磨大圆弧 R，控制切点尺寸 ac (2) 磨小圆弧 r，控制砂轮圆弧修整深度 b_E 圆滑连接 注：右上图中　$OF = R$ $O_1 c = r$

形状特征	示　意　图	磨削工艺与计算
两凹圆弧相接		已知：R、r、A 公式：$\sin\alpha=\dfrac{R-A/2}{R-r}$ 　　　$h=r+（R-r）\cos\alpha$ 　　　$ac=2r\sin\alpha$ 　　　$b_E=r-\sqrt{r^2-（ac/2）^2}$ 　　　$B=h-b_E$ （1）先磨小圆弧 r （2）修整大圆弧 R 的成形砂轮，控制金刚石尖点至砂轮侧面 D 相切，并控制圆弧中心至砂轮平面的深度 B （3）将砂轮从工件表面下降至深度 B，对称磨削至大小圆弧圆滑相接
凸凹圆弧相接		已知：A、B、D、R、r 公式：$\sin\alpha=\dfrac{B}{R+r}$ 　　　$E=R（1-\cos\alpha）$ 　　　$F=r（1-\cos\alpha）$ 　　　$C=（2R\cdot\sin\alpha）$ 　　　$G=B-\dfrac{1}{2}C$ （1）修整砂轮 a 与 b，先磨凹圆弧 r 控制磨削深度 D （2）修整砂轮 d，控制 R 修整深度 E，磨削凸圆弧 R，a 可按计算尺寸大 $0.5\sim1\text{mm}$ （3）磨削凸圆弧 R，测量并保证 C 对称于 A 的中心，注意圆弧 R 与切点圆滑相接
斜面之一		（1）修整成形砂轮磨斜面或槽底斜面 （2）适用于窄槽成形或方形零件周围倒角

形状特征	示 意 图	磨削工艺与计算
斜面之二		(1) 用导磁角铁磨一定角度的斜面，使用简便 (2) 适用于单件或批量生产
斜面之三		(1) 用正弦夹具磨斜面，可以磨任意角度，精度高 (2) 按公式：$H=L\sin\alpha$ 求量块值 H
斜面之四		(1) 先磨直槽基准尺寸 B (2) 用正弦夹具及修整砂轮配合磨燕尾槽 (3) 砂轮修整角度等于正弦夹具旋转角度

表 12-27　　　　　　仿形法修整砂轮与仿形磨削的步骤

工序	操作示意图	说　　明
1		(1) 样板用 3mm 黄铜板或钢板制成 (2) 样板加工按工件尺寸中间值放大 5 倍 (3) 将样板固定在样板工作台上，进行仿形修整砂轮

工序	操作示意图	说　　明
2	成形砂轮　工件　磁力工作台	（1）将工件固定在磁性工作台上 （2）用切磨法磨削成尺寸
3	成形砂轮　工件　磁力工作台	（1）将工件翻转 180° （2）对称切磨成尺寸

　　仿形磨削是在专用磨床上按放大样板、放大图或编程、软盘以及计算机指令进行加工的方法。仿形加工时，砂轮不断改变运动轨迹，将工件磨削成形。仿形磨削加工工艺方法见表 12-28，模具的仿形磨削加工方法可参照选择。

表 12-28　　　　　　　　　仿形磨削加工方法

加工方法	工作原理	用途
缩放尺曲线磨床磨削	应用机床的比例机构，使砂轮按放大样板的几何形状，正确地加工出工件形面	主要用于磨削成形刀具、样板及模具
光学曲线磨床磨削	利用投影放大原理，将工件形状与放大图进行对照，加工出精确的工件形面	主要用于磨削尺寸较小的成形刀具、样板模块及圆柱形零件

加工方法	工作原理	用途
靠模仿形磨削	一般按工件曲面形状制作靠模,装在机床上,再对靠模仿形加工出需要的精确曲面	主要用于磨削凸轮、轧辊等
数控仿形磨削	应用数控原理,在磨削过程中按预定的曲线,控制磨头运动轨迹,精确磨出形面	主要用于大型模具加工

5. 成形夹具磨削

（1）用分度夹具磨削典型模具。分度夹具适于磨削具有一个回转中心的各种成形面,与成形砂轮配合使用,能磨削比较复杂的型面,对于模具零件加工来说,分度夹具磨削特别适合于各种型面凸模的磨削,其加工典型工件形状见表 12-29。

表 12-29 用分度夹具磨削的典型工件形状

类别	示意图	使用夹具
带有台肩的多角体、等分槽及凸圆弧工件	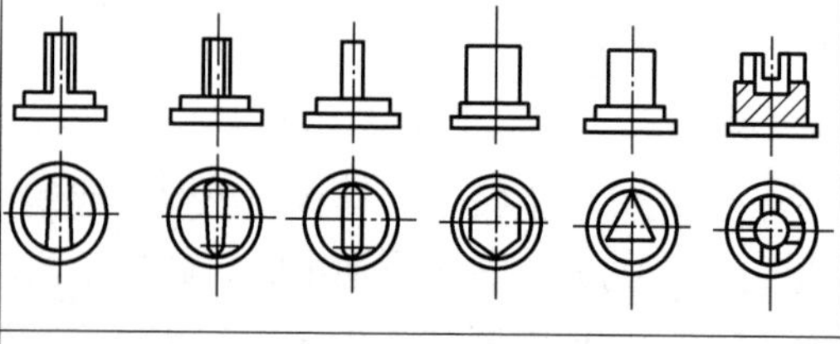	回转夹具、卧式回转夹具
具有一个回转中心的多角体、分度槽（一般工件无台肩）	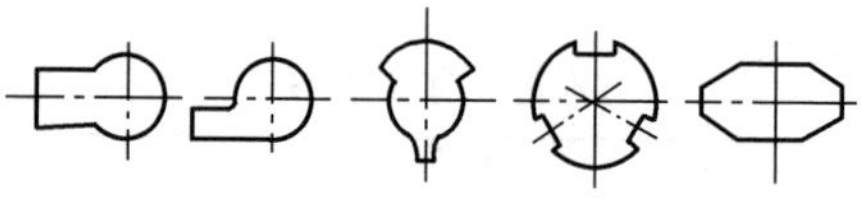	正弦分度夹具
具有一个（或多个）回转中心并带有台肩的多角体	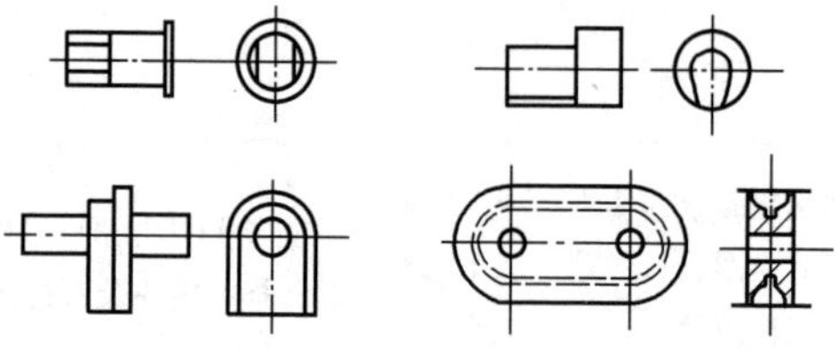	短分度夹具

（2）用回转夹具成形磨削带台阶工艺冲头的加工工艺。带台阶的工艺冲头（或凸模）型面由 $R3$ 和 $R4$ 两段圆弧与两段斜线组成，材料选用 Cr12MoV，备料后经粗加工（车、铣）、热处理后，精加工可采用回转夹具成形磨削，其加工工艺过程及特点见表12-30。

表 12-30   **用回转夹具成形磨削实例**

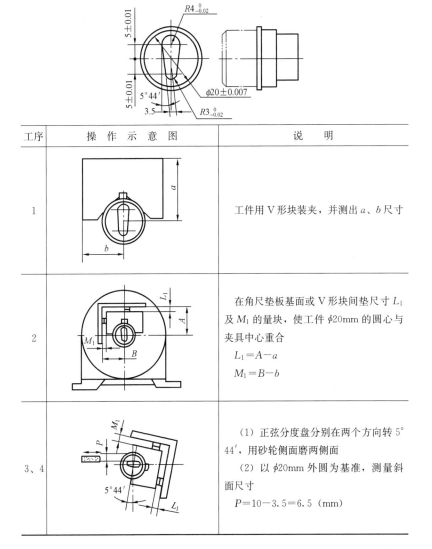

工序	操 作 示 意 图	说 明
1		工件用 V 形块装夹，并测出 a、b 尺寸
2		在角尺垫板基面或 V 形块间垫尺寸 L_1 及 M_1 的量块，使工件 $\phi20\text{mm}$ 的圆心与夹具中心重合 $L_1 = A - a$ $M_1 = B - b$
3、4		（1）正弦分度盘分别在两个方向转 $5°44'$，用砂轮侧面磨两侧面 （2）以 $\phi20\text{mm}$ 外圆为基准，测量斜面尺寸 $P = 10 - 3.5 = 6.5$（mm）

续表

工序	操作示意图	说明
5		调整量块值：$L_2 = (A-a) + 5$（即调整工件位置） 使 $R4mm$ 圆弧中心与夹具中心重合
6		左右摆动台面，磨 $R4mm$ 圆弧 $\theta_1 = 90° + 5°44' = 95°44'$
7		调整量块值：$L_3 = (A-a) - 5$ 使 $R3mm$ 圆弧中心与夹具中心重合
8		左右摆动台面，磨 $R3$ 圆弧 $\theta_2 = 90° - 5°44' = 84°16'$

（3）用万能夹具的成形磨削工艺。用万能夹具磨削成形面，其工艺要点如下：

1）将形状复杂的型面分解成若干直线、圆弧线，然后按顺序磨出各段型面。

2）根据被磨削工件的形状，选择回转中心，视工件情况不同，此回转中心可以是一个或多个。磨削时，要依次调整回转中心与夹具中心重合，工件便以此中心回转，并借此测量各磨削面的尺寸。

3）成形磨削时的工艺基准不尽一致，往往需要工艺尺寸换算。主要计算尺寸如下：

　　a. 计算出各圆弧面的中心之间的坐标尺寸；

　　b. 从一个已选定的中心（回转中心）至各平面或斜面间的垂直距离；

　　c. 各斜面对坐标轴的倾斜角度；

　　d. 各圆弧面包角等。

4）对有的型面采用成形砂轮进行磨削，可以提高精度和效率。用万能夹具成形磨削实例见表 12-31。

表 12-31　　　　　　　　　用万能夹具成形磨削实例

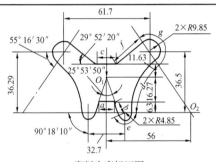

磨削次序标记图

序号	内　容	操　作　示　意　图	说　　　明
1	装夹、找正	$d=10$	（1）工件用螺钉及垫块直接装夹 （2）调整工件回转中心与夹具主轴中心重合 （3）根据回转中心测量各面磨削余量
2	磨平面 a	25°53′50″ 16.27	（1）$L_1 = P + 16.27$(mm) （2）接角处留余量

序号	内容	操作示意图	说明
3	磨斜面 b 及接角		(1) $H_1=P-(100\sin25°53'50''+10)=P-53.66\text{(mm)}$ (2) 磨斜面,用成形砂轮或与工序 2 结合反复磨削进行接角 (3) $L_2=P$
4	磨平面 c		(1) $L_3=P+11.53\text{(mm)}$ (2) 接角处留余量
5	磨基面		(1) 磨 $R9.35\text{mm}$ 顶部作调整工件位置用基面 (2) $L_4=P+40.2\text{(mm)}$
6	调整工件位置及磨 $R34.8$ 凹弧 d		(1) 调整工件位置,使 $R34.8\text{mm}$ 圆心与夹具中心重合 (2) 旋转主轴,用凸圆弧砂轮进行磨削 (3) $L_5=P-34.8\text{(mm)}$
7	调整工件位置及磨 $R4.85$ 凹圆弧 e		(1) 调整工件位置,使 $R4.85\text{mm}$ 圆心与夹具中心重合 (2) 旋转主轴,磨削 $R4.85\text{mm}$ 凸圆弧,并控制左右摆动的角度 (3) $L_6=P+4.85\text{(mm)}$

序号	内　容	操　作　示　意　图	说　　明
8	调整工件位置磨斜面 f		（1）使 $R9.35mm$ 圆心与夹具中心重合 （2）$H_2=P-(100\sin29°52'20''+10)$ $=P-59.8(mm)$ （3）用成形砂轮磨斜面及接角 （4）$L_7=P+9.35(mm)$
9	磨 $R9.35$ 凸圆弧 g		（1）旋转夹具主轴磨 $R9.35mm$ 凸圆弧，并控制左右摆动的角度 （2）$L_8=P+9.35(mm)$

注　因工件形状对称，工件另一半磨削方法相同。

（五）坐标磨削

1. 坐标磨床

坐标磨床是 1940 年前后在坐标镗床加工原理和结构的基础上发展起来的。坐标磨床具有精密坐标定位装置，是一种精密加工设备，主要用于磨削孔距精度很高的圆柱孔、圆锥孔、圆弧内表面和各种成形表面，适于加工淬硬工件和各种模具（凹模、凸模），是模具制造业、工具制造业和精密机械行业的高精度关键加工设备。

坐标磨床与坐标镗床有相同的结构布局，它们的加工都是按准确的坐标位置来保证加工尺寸的精度，不同的是镗轴换成了高速磨头，将镗刀改为砂轮。坐标磨床有立式和卧式两种，有单柱的，也有双柱固定桥式的；控制方式有手动、数显和数控。其中应用最广泛的是立式坐标磨床。

坐标磨削是一种高精度的加工方法，主要用于淬火工件、高硬度工件的加工。对消除工件热处理变形、提高加工精度尤为重要。坐标磨削的适用范围较大，坐标磨床加工的孔径范围在 ϕ（0.4～

90）mm，表面粗糙度 Ra（0.32～0.8）μm，坐标误差小于 3μm。

2. 坐标磨削的基本运动

坐标磨削能完成三种基本运动，如图 12-60 所示。

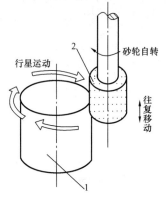

行星运动　　砂轮自转

2　　往复移动　　1

图 12-60　坐标磨削的基本运动
1—行星；2—砂轮

（1）工作台纵、横向坐标定位移动。

（2）主运动为砂轮的高速旋转。砂轮除高速自转外，还通过主轴行星运动机构慢速公转，并能作轴向运动（主轴往复冲程运动）。改变磨头行星运动的半径可实现径向进给，如图 12-60 所示。

（3）主轴箱还可作位置调整运动。当磨头上安装插磨附件时，砂轮不作行星运动而只作上下往复运动，可进行类似于插削形式的磨削，例如磨削花键、齿条、侧槽、内齿圈、分度板等。

3. 坐标磨床的基本磨削方法

坐标磨床的基本磨削方法见表 12-32。

表 12-32　　　　　　　　坐标磨削基本方法

方　　法	简　　图	说　　明
通孔磨削		（1）砂轮高速旋转，并作行星运动 （2）磨小孔，砂轮直径取孔径的 3/4
外圆磨削		（1）砂轮旋转，并作行星运动，行星运动的直径不断缩小 （2）砂轮垂直进给

方　　法	简　　图	说　　明
外锥面磨削		（1）砂轮旋转，并作行星运动，行星运动的直径不断缩小 （2）砂轮锥角方向与工件相反
沉孔磨削		（1）砂轮自转同时作行星运动，垂直进给，砂轮主要工作面是底面棱边 （2）内孔余量大时，此法尤佳
槽侧磨		（1）砂轮旋转，垂直进给 （2）用磨槽机构，砂轮修整成需要的形面
外清角磨削		（1）用磨槽机构，按需要修整砂轮 （2）砂轮旋转，垂直进给 （3）砂轮中心要高出工件的上、下平面
内清角磨削		（1）用磨槽机构，按需要修整砂轮 （2）砂轮旋转，垂直进给 （3）砂轮中心要高出工件的上、下平面 （4）砂轮直径小于孔径

续表

方　　法	简　　图	说　　明
凹球面磨削	45°	（1）用附件45°角板，将高速电动机磨头安装在45°角板上 （2）砂轮旋转，同时绕主轴回转
连续轨迹磨削		（1）用电子进给系统 （2）砂轮旋转，同时按预定轨迹运动
沉孔成形磨削		（1）成形砂轮旋转，同时作行星运动，垂直方向无进给 （2）磨削余量小时，此法尤佳
底部磨削		（1）砂轮底部修凹 （2）进给方式同沉孔磨削
横向磨削		（1）砂轮旋转，直线进给，不作行星运动 （2）适于直线或轮廓的精密加工
垂直磨削		（1）砂轮旋转，垂直进给 （2）适用轮廓磨削且余量大的情况 （3）砂轮底部修凹

方　法	简　图	说　明
锥孔磨削（用圆柱形砂轮）	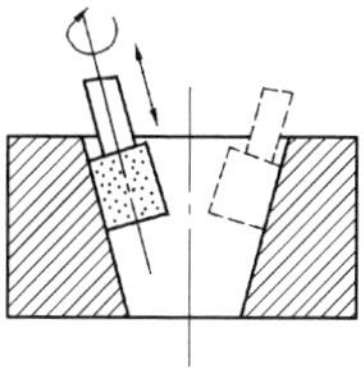	（1）将砂轮调一个角度，此角为锥孔锥角之半 （2）砂轮旋转，并作行星运动，垂直进给
锥孔磨削（用圆锥砂轮）	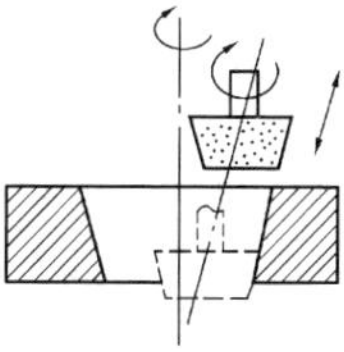	（1）砂轮旋转，主轴垂直进给，行星运动直径不断缩小 （2）砂轮角度修整成与锥孔锥角相应
倒锥孔磨削	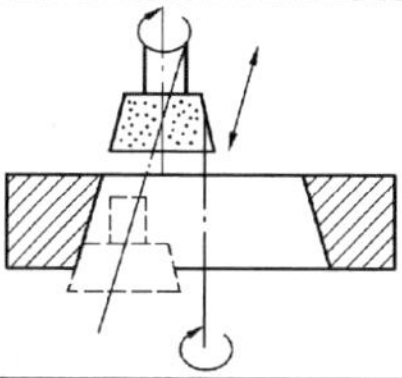	（1）砂轮旋转，主轴垂直运动，随砂轮下降，行星运动直径不断扩大 （2）砂轮修整成与锥孔锥角相适应

4. 坐标磨削在模具加工中的应用

坐标磨床有手动和数控连续轨迹两种。前者用手动点定位，无论是加工内轮廓还是外轮廓，都要把工作台移动或转动到正确的坐标位置，然后由主轴带动高速磨头旋转，进行磨削；数控连续轨迹坐标磨削由计算机控制坐标磨床，使工作台根据数控系统的加工指令进行移动或转动（见本章第四节数控磨削部分）。

坐标磨削主要用于模具精加工，如精密间距的孔、精密型孔、轮廓等。在坐标磨床上，可以完成内孔磨削、外圆磨削、锥孔磨削（需要专门机构）、直线磨削等。

第四节　模具数控加工成形技术

一、数控机床简介

数字控制是近代发展起来的一种自动控制技术，是用数字化信号(包括字母、数字和符号)对机床运动及其加工过程进行控制的一种方法,简称数控或 NC(Numerical Control)。

数控机床就是采用了数控技术的机床。它是用输入专用或通用计算机中的数字信息来控制机床的运动,自动将所需几何形状和尺寸的工件加工出来。

(一)数控机床分类

数控机床的种类很多,但主要有两种:

(1)数控铣床类。这类机床主要包括镗铣床、加工中心、钻床等。其加工的特点为:主轴上安装刀具,工件装夹在工作台上。主要加工箱体、圆柱、圆锥及其他由曲线构成的复杂形状的工件和平面工件。

(2)数控车床类。这类机床主要包括数控立式、卧式车床。其特点为:工件装夹在主轴上,刀具安装在刀台上。主要加工轴类、套类工件。

(二)数控铣床的分类

1. 按控制的坐标数分类

(1)三坐标数控铣床。这种铣床的刀具。可沿 X、Y、Z 三个坐标,按数控编程的指令运动。三坐标数控铣床又分为两坐标联动的数控铣床,也称为两个半坐标数控铣床。例如用两个半坐标数控铣床加工图 12-61 所示的空间曲面的工件时,在 ZOX 平面内控制 X、Z 两坐标联动,加工垂直截面内的表面,控制 Y 轴坐标方向作等距周期移动,即能将工件空间曲面加工出来。三坐标联动用于加工的工件如图 12-62 所示。

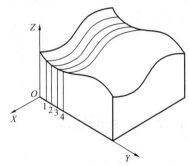

图 12-61 两个半坐标数控铣床加工空间曲面

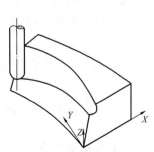

图 12-62 三坐标数控铣床加工曲面

（2）四坐标数控铣床。这类铣床除 X、Y、Z 轴以外，还有旋转坐标 A（绕 X 轴旋转）或旋转坐标 C（绕 Z 轴旋转），它可加工需要分度的型腔模具。若配置相应的机床附件，还可扩大使用范围。

（3）五坐标数控铣床。这类铣床除 X、Y、Z、A 或 C 坐标以外，还有 B 坐标。五坐标联动时，可使刀具在空间按给定的任意轨迹进刀。利用铣刀在两个坐标平面内的摆动，可使铣刀轴线总处在与被加工表面的法向重合位置，避免加工时的干涉现象，从而可以采用平底铣刀加工曲面，以提高切削效率和表面质量。

（4）加工中心。加工中心实际上是将数控铣床、数控镗床、数控钻床的功能组合起来，再附加一个刀具库和一个自动换刀装置的综合数控机床。工件经一次装卡后，通过机床自动换刀连续完成铣、钻、镗、铰、扩孔、螺纹加工等多种工序的加工。

2. 按数控系统功能水平分类

数控铣床都具有数控镗铣功能，按数控系统功能水平分类，数控镗铣床可以分为以下五种类型：

（1）数控铣床。主要有两种：

1）在普通铣床的基础上，对机床的机械传动结构进行简单的改造，并增加简易数控系统后形成的简易型数控铣床。这种数控铣床成本较低，但自动化程度和功能都较差，一般只有 X、Y 两坐标联动功能，加工精度也不高，可以加工平面曲线类和平面型腔类零件。

2）普通数控铣床，可以三坐标联动，用于各类复杂的平面、曲面和壳体类零件的加工，如各种模具、样板、凸轮和连杆等。

（2）数控仿形铣床。它主要用于各种复杂型腔模具或工件的铣削加工，特别对不规则的三维曲面和复杂边界构成的工件更显示出其优越性。

新型的数控仿形铣床一般具有三个功能：

1）数控功能。它类似一台数控铣床具有的标准数控功能，有三轴联动功能、刀具半径补偿和长度补偿、用户宏程序及手动数据输入和程序编辑等功能。

2）仿形功能。在机床上装有仿形头，可以选用多种仿形方式，如笔式手动、双向钳位、轮廓、部分轮廓、三向、NTC（Numerical Tracer Control 数字仿形)等。

3)数字化功能。在仿形加工的同时,可以采集仿形头运动轨迹数据,并处理成加工所需的标准指令,存入存储器或其他介质(如软盘),以便以后可以利用存储的数据进行加工,因此要求有大量的数据处理和存储功能。

(3)数控工具铣床。这是在普通工具铣床的基础上,对机床的机械传动系统进行改造并增加数控系统后形成的数控铣床。由于增加了数控系统,使工具铣床的功能大大增强。这种机床适用于各种工装、刀具、各类复杂的平面、曲面零件的加工。

(4)数控钻床。它能自动地进行钻孔加工,用于以钻为主要工序的零件加工。这类机床大多用点位控制,同时沿两轴或三个轴移动,以减少定位时间。有些机床也采用直线控制,以利于进行平行于机床轴线的钻削加工。

钻削中心是一种可以进行钻孔、扩孔、铰孔、攻螺纹及连续轮廓控制铣削的数控机床,主要用于电器及机械行业中小型零件的加工。

(5)数控龙门镗铣床。它属大型数控机床,主要用于大中等尺寸、大中等质量之黑色金属和有色金属的各种平面、曲面和孔的加工。在配置直角铣头的情况下,可以在工件一次装夹下分别对五个面进行加工。对于单件小批生产的复杂、大型零件和框架结构零件,能自动、高效、高精度地完成上述各种加工。适用于航空、重机、机车、造船、发电、机床、印刷、轻纺、模具等制造行业。

二、数控机床的数控原理与基本组成

1. 机床数字控制的基本原理

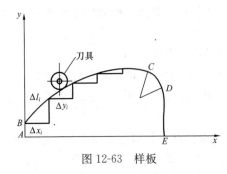

图 12-63 样板

如图 12-63 所示样板,其轮廓是由 ABCDE 构成的封闭曲线,属直线成形面。加工这样的外形轮廓有多种方法,当采用普通立式铣床加工时,需在样板毛坯上划出外形曲线,然后把工件装夹在铣床工作台上，铣削 BCD 曲线段时，操作工人需同时操纵纵向和横向进给手轮，不断改变切削点的位置，沿着所划的线铣出曲线部分。若设纵向进给为 X 向，横向进给为 Y 向，切削点要沿着曲线变化，必定要移动相对应的 ΔX 和 ΔY，当 ΔX 和 ΔY 取得非常小时，铣削出的形面就很接近曲线的形状。也就是说，当 ΔX 与 ΔY 越小时，曲线的形状精度就越高。根据这个原理，数控机床在进给系统采用步进电动机，步进电动机按电脉冲数量转动相应角度，实现 ΔX 和 ΔY 的对应关系和精确程度。ΔX 和 ΔY 的对应关系，由曲线的数学关系确定，这种数学关系通过编程时的数学处理，编入计算机程序中，运用机床上的数控装置转换为进给电脉冲，从而实现数控过程。

2. 数控机床的工作过程和基本组成

（1）数控机床的工作过程。如图 12-64 所示，其工作过程可以概括如下：

图 12-64　数控机床的工作过程

1）根据工件加工图样给出的形状、尺寸、材料及技术要求等内容，确定工件加工的工艺过程、工艺参数和位移数据（包括加工顺序、铣刀与工件的相对运动轨迹、坐标设置和进给速度等）。

2）用规定的代码和程序格式编写工件加工程序单，或应用APT（Automatically Programmed Tool）自动编程系统进行工件加工程序设计。

3）根据程序单上的代码，用 APT 系统制作记载加工信息，输入数控装置；或用 MDI（手动数据输入）方式，在操作面板的键盘上，直接将加工程序输入数控装置；或采用微机存储加工程序，通过串行接口 RS-232，将加工程序传送给数控装置；或用计算机直接数控 DNC（Direct Numerical Control）通信接口，可以边传递边加工。

4）数控装置在事先存入的控制程序支持下，将代码进行一系列处理和计算后，向机床的伺服系统发出相应的脉冲信号，通过伺服系统，使机床按预定的轨迹运动，从而进行工件的加工。

（2）数控机床的组成。根据数控机床的工作过程，数控机床由四个基本部分组成：

1）机械设备：数控机床的机械设备主要是机床部分，与普通机床基本相同，包括冷却、润滑和排屑系统，由步进电动机、滚珠丝杆副、工作台和床鞍等组成进给系统。

2）数控系统：包括微机和数控装置在内的信息输入、输出、运算和存储等一系列微电子器件与线路。

3）操作系统及辅助装置：即开关、按钮、键盘、显示器等一系列辅助操作器和低压回路，还包括液压装置、气动装置、排屑装置、交换工作台、数控回转工作台、数控分度头、刀具及监控检测装置等。

4）附属设备：如对刀装置、机外编辑器、磁带、测头等。

三、数控系统的基本功能

数控系统的基本功能包括准备功能、进给功能、主轴功能、刀具功能及其他辅助功能等。它解决了机床的控制能力，正确掌握和应用各种功能对编程来说是十分必要的。

1. 准备功能

准备功能也称 G 代码，它是用来指令机床动作方式的功能。我国 JB/T 3028—1999 规定与 ISO 1056—1975E 规定基本一致，G 代码从 G00～G99，共 100 种，但某些次要的 G 代码，根据不同的设备，其功能也有不同。目前，ISO 标准规定的这种地址字（见表 12-33），因其标准化程度不高（"不指定"和"永不指定"的功能项目较多），故必须按照所用数控系统（说明书）的具体规定使用，切不可盲目套用。

G 代码按其功能的不同分为若干组。G 代码有模态式 G 代码和非模态式 G 代码两种。00 组的 G 代码属于非模态式的 G 代码，只限定在被指定的程序段中有效；其余组的 G 代码属于模态式 G 代码，具有延续性，在后续程序段中，在同组其他 G 代码未出现前一直有效。

不同组的 G 代码在同一程序段中可以指令多个，但如果在同一程序段中指令了两个或两个以上属于同一组的 G 代码时，则只有最后一个 G 代码有效。在固定循环中，如果指令了 01 组的 G 代码，则固定循环将被自动取消或为 G80 状态（即取消固定循环），但 01 组的 G 代码不受固定循环 G 代码的影响。如果在程序指令 G 代码表中没有列出的 G 代码，则显示报警。

表 12-33   准备功能 G 代码

代　码	功　能	代　码	功　能
G00	点定位	G53	直线偏移，注销
G01	直线插补	G54～G59	直线偏移（坐标轴、坐标平面）
G02	顺时针方向圆弧插补	G60	准确定位 1（精）
G03	逆时针方向圆弧插补	G61	准确定位 2（中）
G04	暂停	G62	快速定位（粗）
G05	不指定	G63	攻螺纹
G06	抛物线插补	G64～G67	不指定
G07	不指定	G68/G69	刀具偏置，内角/外角
G08/G09	加速/减速	G70～G79	不指定
G10～G16	不指定	G80	固定循环注销
G17～G19	（坐标）平面选择	G81～G89	固定循环
G20～G32	不指定	G90	绝对尺寸
G33	螺纹切削，等螺距	G91	增量尺寸
G34	螺纹切削，增螺距	G92	预置寄存
G35	螺纹切削，减螺距	G93	时间倒数，进给率
G36～G39	永不指定	G94	每分钟进给
G40	刀具补偿/偏置注销	G95	主轴每转进给
G41/G42	刀具补偿－左/右	G96	恒线速度
G43/G44	刀具偏置－正/负	G97	主轴每分钟转数
G45/G52	刀具偏置(＋、－或 0)	G98、G99	不指定

注 1. 指定了功能的代码，不能用于其他功能。

   2. "不指定"代码，在将来有可能规定其功能。

   3. "永不指定"代码，在将来也不指定其功能。

2. 进给功能

进给功能是用来指令坐标轴的进给速度的功能，也称 F 功能。

进给功能用地址符 F 及其后面的数字来表示，在 ISO 中规定 F1～F5 位，其单位是 mm/min，或用 in/min 表示。如：

F1 表示切削速度为 1mm/min 或 0.01in/min；

F150 表示进给速度为 150mm/min 或 1.5in/min。

对于数控车床，其进给方式又可分为两种：①每分钟进给，用 G94 配合指令，单位为 mm/min；②每转进给，用 G95 配合指令，单位为 mm/r。

对于其他数控机床，通常只用每分钟进给方式。除此以外，地址符 F 还可用在螺纹切削程序段中指令其螺距或导程，以及在暂停（G04）程序段中指令其延时时间（s）等。

3. 主轴功能

主轴功能是用来指令机床主轴转速的功能，也称 S 功能。

主轴功能用地址符 S 及其后面的数字表示，目前有 S2 位和 S4 位之分，其单位是 r/min。如指定机床转速为 1500r/min 时，可定成 S1500。

在编程时除用 S 代码指令主轴转速外，还要用辅助代码指令主轴旋转方向，如正转 CW 或反转 CCW。

例：S1500M03 则表示主轴正转，转速为 1500r/min；

S800M04 则表示主轴反转，转速为 800r/min。

对于有恒定表面速度控制功能的机床，还要用 G96 或 G97 指令配合 S 代码来指令主轴的转速。

4. 刀具功能

刀具功能是用来选择刀具的功能，也称 T 功能。

刀具功能是用地址符 T 及其后面的数字表示，目前有 T2 和 T4 位之分。如 T10，表示指令第 10 号刀具。

T 代码与刀具相对应的关系由各生产刀具的厂家与用户共同确定，也可由使用厂家自己确定。

5. 辅助功能

辅助功能是用来指令机床辅助动作及状态的功能，因其地址符规定为 M，故又称为 M 功能或 M 指令，它的后续数字一般为两位数（00～99），也有少数的数控系统使用三位数。例如：

（1）M02，M30：表示主程序结束、自动运转停止、程序返回程序的开头。

（2）M00：M00 指令的程序段起动执行后，自动运转停止。与单程序段停止相同，模态的信息全被保存。随着 CNC 的起动，自动运转重新开始。

（3）M01：与 M00 一样，执行完 M01 指令的程序段之后，自动运转停止，但是，只限于机床操作面板上的"任选停止开关"接通时才能执行。

（4）M98（调用子程序）：用于子程序调出时。

（5）M99（子程序结束及返回）：表示子程序结束。此外，若执行 M99，则返回到主程序。

辅助功能是由地址 M 及其后面的数字组成，由于数控机床实际使用的符合 ISO 标准规定的这种地址符（见表 12-34），其标准化程度与 G 指令一样不高，JB/T 3028—1999 规定辅助功能从 M00～M99 共 100 种，其中有许多不指定功能含义的 M 代码。另外，M 功能代码常因机床生产厂家以及机床结构的差异和规格的不同有差别，因而在进行编程时必须熟悉具体机床的 M 代码，仍应按照所用数控系统（说明书）的具体规定使用，不可盲目套用。

表 12-34　　　　　　　　　辅助功能字 M

代码	功　能	代码	功　能
M00	程序停止	M31	互锁旁路
M01	计划停止	M32～M35	不指定
M02	程序结束	M36/M37	进给范围 1/2
M03	主轴顺时针方向	M38/M39	主轴速度范围 1/2
M04	主轴逆时针方向	M40～M45	齿轮换挡或不指定
M05	主轴停止	M46、M47	不指定
M06	换刀	M48	注销 M49
M07/M08	2 号/1 号冷却液开	M49	进给率修正旁路
M09	冷却液关	M50/M51	3 号/4 号冷却液开
M10/M11	夹紧/松开	M52～M54	不指定
M12	不指定	M55/M56	刀具直线位移，位置 1/2
M13	主轴顺时针方向，冷却液开	M57～M59	不指定
M14	主轴逆时针方向，冷却液开	M60	更换工件
M15/M16	正/负运动	M61/M62	工件直线位移，位置 1/2
M17/M18	不指定	M63～M70	不指定
M19	主轴定向停止	M71/M72	工件角度位移，位置 1/2
M20～M29	永不指定	M73～M89	不指定
M30	程序（纸带）结束	M90～M99	永不指定

四、数控机床的坐标系统

(一) 数控机床的坐标轴和运动方向

对数控机床的坐标轴和运动方向做出统一的规定，可以简化程序编制的工作和保证记录数据的互换性，还可以保证数控机床的运行、操作及程序编制的一致性。按照等效于 ISO841 的我国机械标准 JB/T 3051—1999《数控机床坐标和运动方向的命名》规定：如图 12-65 所示，数控机床直线运动的坐标轴 X、Y、Z（也称为线性轴），规定为右手笛卡尔坐标系。X、Y、Z 的正方向是使工件尺寸增加的方向，即增大工件和刀具距离的方向。通常以平行于主轴的轴线为 Z 轴（即 Z 坐标运动由传递切削动力的主轴所规定）；而 X 轴是水平的，并平行于工件的装卡面；最后 Y 轴就可按右手笛卡儿坐标系来确定。三个旋转轴 A、B、C 相应地表示其轴线平行于 X、Y、Z 的旋转运行。A、B、C 的正方向相应地为在 X、Y、Z 坐标正方向上按右旋螺纹前进的方向。上述规定是工件固定、刀具移动的情况。反之若工件移动，则其正方向分别用 X'、Y'、Z' 表示。通常以刀具移动时的正方向作为编程的正方向。

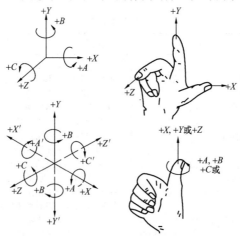

图 12-65　数控机床坐标系

除了上述坐标外，还可使用附加坐标，在主要线性轴（X、Y、Z）之外，另有平行于它的依次有次要线性轴（U、V、W）、第三线性轴（P、Q、R）。在主要旋转轴（A、B、C）存在的同时，还有平行于或不平行于 A、B 和 C 的两个特殊轴 D、E。数控机床各轴的标示也根据右手定则，当右手拇指指向正 X 轴方向，食指指向 Y 轴方向时，中指则指向正 Z 轴方向。图 12-66 所示为立式数控机床的坐标系，图 12-67 所示为卧式数控机床的坐标系。

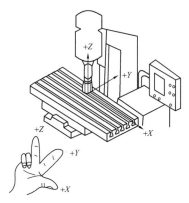

图 12-66　立式数控机床坐标系

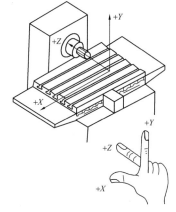

图 12-67　卧式数控机床坐标系

（二）绝对坐标系统与相对坐标系统

1. 绝对坐标系统

绝对坐标系统是指工作台位移是从固定的基准点开始计算的。例如，假设程序规定工作台沿 X 坐标方向移动，其移动距离为离固定基准点 100mm，那么不管工作台在接到命令前处于什么位置，它接到命令后总是移动到程序规定的位置处停下。

2. 相对坐标系统

相对（增量）坐标系统是指工作台的位移是从工作台现有位置开始计算的。在这里，对一个坐标轴虽然也有一个起始的基准点，但是它仅在工作台第一次移动时才有意义，以后的移动都是以工作台前一次的终点为起始的基准点。例如，设第一段程序规定工作台沿 X 坐标方向移动，其移动距离起始点 100mm，那么工作台就移动到 100mm 处停下，下一段程序规定在 X 方向再移动 50mm，那么工作台到达的位置离原起点就是 150mm 了。

点位控制的数控机床有的是绝对坐标系统，有的是相对坐标系统，也有的两种都有，可以任意选用。轮廓控制的数控机床一般都是相对坐标系统。编程时应注意到不同的坐标系统，其输入要求不同。

五、数控程序编制有关术语及含义

(一) 程序

1. 程序段

能够作为一个单位来处理的一组连续的字，称为程序段。

程序段是组成加工程序的主体，一条程序段就是一个完整的机床控制信息。

程序段由顺序号字、功能字、尺寸字及其他地址字组成，末尾用结束符"LF"或"＊"作为这一段程序的结束以及与下一段程序的分隔。在填写、打印或屏幕显示时，一般情况下每条程序均占一行位置，故可省略其结束符，但在键盘输入程序段时，则不能省略。

2. 程序段格式

指对程序段中各字、字符和数据的安排所规定的一种形式，数控机床采用的程序段格式一般有固定程序段格式和可变程序段格式两种。

(1) 固定程序段格式。指程序段中各字的数量、字的出现顺序及字中的字符数量均固定不变的一种形式，固定程序段格式完全由数字组成，不使用地址符，在数控机床中，目前已较少采用。

(2) 可变程序段格式。指程序段内容各字的数量和字符的数量均可以变化的一种形式，它又包括使用分隔符和使用地址符的两种可变程序段格式。

1) 使用分隔符格式。指预先规定程序段中所有可能出现的字的顺序 (这种规定因数控装置不同而不同)，格式中每个数据字前均有一个分隔符 (如 B)，在这种形式中，程序段的长度及数据字的个数都是可变的。

2) 使用地址符格式。这是目前在各种数控机床中采用最广泛的一种程序段格式，也是 ISO 标准的格式，我国有关标准也规定采用这种程序段格式。这种格式比较灵活、直观，且适应性强，还能缩短程序段的长度，其基本格式的表达形式通常为：

N×××× 　G×× 　X±×××××. ××× 　Y±××××

×. ××× 　Z±×××××. ××× 　F××××. ××× 　S×

×××/×× 　T×××× 　M×× *

（二）各种原点

在数控编程中，涉及的各种原点较多，现将一些主要的原点（图12-68）及其与机床坐标系、工件坐标系和编程坐标系有关的术语介绍如下。

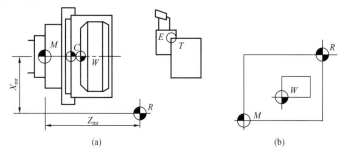

图 12-68　数控机床坐标原点

（a）数控车床坐标原点；（b）数控镗床坐标原点

1. 机床坐标系中的各原点

（1）机床坐标系原点。机床坐标系原点简称机床原点，也称为机床零位，又因该坐标系是由右手笛卡尔坐标系而规定的标准坐标系，故其原点又称为准原点，并用 M（或⊕）表示。

机床坐标系原点的位置通常是由机床的制造厂确定、设置在机床上的一个物理位置，其作用是使机床与控制系统同步，建立测量机床运动坐标的起始点。如图12-68（a）数控车床坐标系原点的位置大多规定在其主轴轴线与装夹卡盘与法兰盘端面的交点上，该原点是确定机床固定原点的基准。

（2）机床固定原点。机床固定原点简称固定原点，用 R（或⊕）表示，又称为机床原点在其进给坐标轴方向上的距离，在机床出厂时已准确确定，使用时可通过"寻找操作"方式进行确认。

数控机床设置固定原点的目的主要是：

1) 在需要时，便于将刀具或工作台自动返回该点；

2) 便于设置换刀点；

3) 可作为行程限制（超程保护）的终点；

4) 可作为进给位置反馈的测量基准点。

（3）浮动原点。当机床固定原点不能或不便满足编程要求时，可根据工件位置而自行设定的一个相对固定、又不需要永久存储其位置的原点，称为浮动原点。

具有浮动原点指令功能的数控机床，允许将其测量系统的基准点或程序原点设在相对于固定原点的任何位置上，并在进行"零点偏置"操作后，可用一条穿孔带在不同的位置上，加工出相同形状的零件。

2. 工件坐标系原点

在工件坐标系上，确定工件轮廓的编程和计算原点，称为工件坐标系原点，简称工件原点。它是编程员在数控编程过程中定义在工件上的几何基准点，用 C（或⊕）表示。

在加工中，因其工件的装夹位置是相对于机床而固定的，所以工件坐标系在机床坐标系中位置也就确定了。

3. 编程坐标原点

指在加工程序编制过程中，进行数值换算及填写加工程序段时所需各编程坐标系（绝对与增量坐标系）的原点。

4. 程序原点

指刀具（或工作台）按加工程序执行时的起点，实质上，它也是一个浮动原点，用 W（或⊕）表示。

对数控车削加工而言，程序原点又可称为起刀点，在对刀时所确定的对刀点位置一般与程序原点重合。

（三）刀具半径补偿的概念

数控系统的刀具半径补偿（Cutter Radius Compensation）就是将计算刀具中心轨迹的过程交由 CNC 系统执行，编程员假设刀具的半径为零，直接根据零件的轮廓进行编程，因此这种编程方法也称为对零件的编程（Programming the Part）。而实际的刀具半径则存放在一个可编程刀具半径偏置寄存器中，在加工过程中，CNC 系统根据零件程序和刀具半径自动计算刀具中心轨迹，完成对零件的加工。当刀具半径发生变化时，不需要修改零件程序，只需要修改存放在刀具半径偏置寄存器中的刀具半径值或者选用存放在另一个刀具半径偏置寄存器中的刀具半径所对应的刀具即可。

铣削加工刀具半径补偿分为：刀具半径左补偿（Cutter Radius Compensation Left），用 G41 定义；刀具半径右补偿（Cutter Radius Compensation Right），用 G42 定义。使用非零的 D♯♯ 代码选择正确的刀具半径偏置寄存器号。根据 ISO 标准，当刀具中心轨迹沿前进方向位于零件轮廓右边时称为刀具半径左补偿，反之称为刀具半径右补偿，如图 12-69 所示。当不需要进行刀具半径补偿时，则用 G40 取消刀具半径补偿。

注意：G40、G41、G42 都是模态代码，可相互注销。

（四）刀具长度补偿的概念

为了简化零件的数控加工编程，使数控程序与刀具形状和刀具尺寸尽量无关，现代 CNC 系统除了具有刀具半径补偿功能外，还具有刀

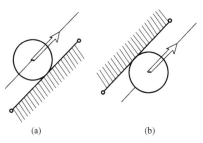

图 12-69 刀具半径补偿指令

（a）刀具半径左补偿；（b）刀具半径右补偿

具长度补偿（Tool Length Compensation）功能。刀具长度补偿使刀具垂直于走刀平面（比如 XY 平面，由 G17 指定）偏移一个刀具长度修正值，因此在数控编程过程中，一般无需考虑刀具长度。

刀具长度补偿要视情况而定。一般而言，刀具长度补偿对于二坐标和三坐标联动数控加工是有效的，但对于刀具摆动的四、五坐标联动数控加工，刀具长度补偿则无效。在进行刀位计算时可以不考虑刀具长度，但后置处理计算过程中必须考虑刀具长度。

刀具长度补偿在发生作用前，必须先进行刀具参数的设置。设置的方法有机内试切法、机内对刀法和机外对刀法。对数控车床来说，一般采用机内试切法和机内对刀法。对数控铣床而言，较好的

方法是采用机外对刀法。图 12-70 所示为采用机外对刀法测量的刀具长度，图中的 E 点为刀具长度测量基准点，车刀的长度参数有两个，即图中的 L 和 Q。不管采用哪种方法，所获得的数据都必须通过手动数据输入（Manual Data Input，MDI）方式将刀具参数输入数控系统的刀具参数表中。

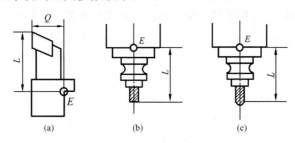

图 12-70　刀具长度

（a）车刀刀具长度；（b）圆柱铣刀刀具长度；（c）球形铣刀刀具长度

对于数控铣床，刀具长度补偿指令由 G43 和 G44 实现。G43 为刀具长度正（positive）补偿或离开工件（away from the part）补偿，如图 12-71（a）所示；G44 为刀具长度负（negative）补偿或趋向工件（toward the part）补偿，使用非零的 Hnn 代码选择正确的刀具长度偏置寄存器号。取消刀具长度补偿用 G49 指定。

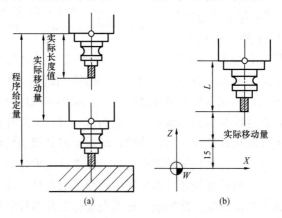

图 12-71　刀具长度补偿

（a）刀具长度补偿示意图；（b）刀具快速定位

例如，刀具快速接近工件时，到达距离工件原点 15mm 处，如图 12-71（b）所示，可以采用以下语句：

G90 G00 G43 Z15.0H01

当刀具长度补偿有效时，程序运行，数控系统根据刀具长度定位基准点使刀具自动离开工件一个刀具长度的距离，从而完成刀具长度补偿，使刀尖（或刀心）走程序要求的运动轨迹，这是因为数控程序假设的是刀尖（或刀心）相对于工件运动。而在刀具长度补偿有效之前，刀具相对于工件的坐标是机床上刀具长度定位基准点 E 相对于工件的坐标。

在加工过程中，为了控制背吃刀量或进行试切加工，也经常使用刀具长度补偿。采用的方法是：加工之前在实际刀具长度上加上退刀长度，存入刀具长度偏置寄存器中，加工时使用同一把刀具，即调用加长后的刀具长度值，从而可以控制背吃刀量而不用修正零件加工程序（控制背吃刀量也可以采用修改程序原点的方法）。

例如，刀具长度偏置寄存器 H01 中存放的刀具长度值为 11，对于数控铣床，执行以下语句"G90 G01 G43 Z-15.0 H01"后，刀具实际运动到 Z($-15.0+11$)$=$Z-4.0 的位置，如图 12-72（a）所示；如果该语句改为"G90 G01 G44 Z-15.0H01"，则执行该语句后，刀具实际运动到 Z($-15.0-11$)$=$Z-26.0 的位置，如图 12-72（b）所示。

从这两个例子可以看出，在程序命令方式下，可以通过修改刀

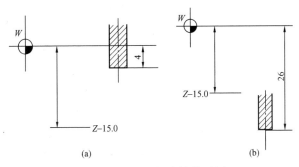

图 12-72　刀具长度补偿示例

（a）正补偿；（b）负补偿

具长度偏置寄存器中的值达到控制背吃刀量的目的，而无需修改零件加工程序。

值得进一步说明的是，机床操作者必须十分清楚刀具长度补偿的原理和操作（应参考机床操作手册和编程手册）。数控编程员则应记住：零件数控加工程序假设的是刀尖（或刀心）相对于工件的运动，刀具长度补偿的实质是将刀具相对于工件的坐标由刀具长度基准点（或称刀具安装定位点）移到刀尖（或刀心）位置。

六、模具制造与数控加工技术简介

（一）模具的数控加工

1. 模具数控加工的特点

（1）模具的制造是单件生产。每一副模具都是一个新的项目，有着不同的结构特点，每一个模具的开发都是一项创造性的工作。

（2）模具的开发并非最终产品，而是为新产品的开发服务。一般企业的新产品开发在数量上、时间上并不固定，从而造成模具生产的随机性强、计划性差，包括客户变动大、产品变化多。因此对模具制造企业的人员有更高的要求，要求模具企业的员工必须能快速反应，也就是要有足够的基础知识和实践经验。

（3）模具制造要快速。新产品开发的周期越来越短（而模具又是新产品开发费时最多的项目之一），模具开发的周期随之缩短，因此模具从报价到设计制造过程都要有很快速的反应。特别是模具制造过程必须要快，才能达到客户的要求。因此就要求模具的加工工序应高度集成，并优化工艺过程，在最短的加工工艺流程中完成模具的尽量多的加工。

（4）模具结构不确定。模具需要按制件的形状和结构要素进行设计，同时由于模具所成形的产品往往是新产品，所以在模具开发过程中常常有更改，或者在试模后，对产品的形状或结构作调整，而这些更改需要进行重新加工。

（5）模具加工的制造精度要求高。为了保证成形产品的精度，模具加工的误差必须进行有效控制，否则模具上的误差将在产品上放大。模具的表面粗糙度要求低，如注塑模具或者压铸模具，为了达到零件表面的光洁，以及为了使熔体在模具内流动顺畅，必须有较低的表面粗糙度值。

总之，模具具有结构复杂、型面复杂、精度要求高、使用的材料硬度高、制造周期短等特点。应用数控加工模具可以大幅度提高加工精度，减少人工操作，提高加工效率，缩短模具制造周期。同时，模具的数控加工具有一定的典型性，比普通产品的数控加工有更高的要求。

2. 模具数控加工的技术要点

（1）模具为单件生产，很少有重复开模的机会。因此，数控加工的编程工作量大，对数控加工的编程人员和操作人员就有更高的要求。

（2）模具的结构部件多，而且数控加工工作量大。模具通常有模架、型腔、型芯、镶块或滑块、电极等部件，需要通过数控加工成形。

（3）模具的型腔面复杂，而且对成形产品的外观质量影响大，因此在加工腔型表面时必须达到足够的精度，尽量减少、最好能避免模具钳工修整和手工抛光工作。

（4）模具部件一般需要多个工序才能完成加工，应尽量安排在一次安装下全部完成，这样可以避免因多次安装造成的定位误差并减少安装时间。通常模具成形部件会有粗铣、精铣、钻孔等加工，并且要使用不同大小的刀具进行加工。合理安排加工次序和选择刀具就成了提高效率的关键因素之一。

（5）模具的精度要求高。通常模具的公差范围要达到成形产品的 $1/5 \sim 1/10$，而在配合处的精度要求更高。只有达到足够的精度，才能保证不溢料，所以在进行数控加工时必须严格控制加工误差。

（6）模具通常是"半成品"，还需要通过模具钳工修整或其他加工，如电火花加工等，因此在加工时，要考虑到后续工序的加工方便，如为后续工序提供便于使用的基准等。

（7）模具材料通常要用到很硬的钢材，如压铸模具所用的 H13 钢材，通常在热处理后，硬度会达到 $52 \sim 58$HRC，而锻压模具的硬度更高。所以数控加工时必须采用高硬度的硬质合金刀具，选择合理的切削用量进行加工，有条件的最好用高速铣削来加工。

（8）模具电极的加工。模具加工中，对于尖角、肋条等部位，无法用机加工加工到位。另外某些特殊要求的产品，需要进行电火花加工，而电火花加工要用到电极。电极加工时需要设置放电间隙。模具电极通常采用纯铜或石墨，石墨具有易加工、电加工速度快、价格便宜的特点，但在数控加工时，石墨粉尘对机床的损害极大，要有专用的吸尘装置或者浸在液体中进行加工，需要用到专用数控石墨加工中心。

（9）标准化是提高效率、缩短加工时间的有效途径。对于模具而言，尽量采用标准件，可以减少加工工作量。同时在模具设计制造过程中，使用标准的设计方法，如将孔的直径标准化、系列化，可以减少换刀次数，提高加工效率。

（10）对模具的数控程序应建立一套完善的程序，按既定的方法和步骤进行数控加工，可以防止或减少错误。

（11）合理安排数控加工与普通加工。对某些既可使用普通机床加工，又可以通过数控加工成形的零件，需综合考虑其加工时间、加工成本，以及机床的加工能力，进行统筹安排，一般应按数控机床的加工能力优先安排数控加工。同时，在安排顺序上，也应该优先服从数控机床的加工时间。

（二）数控加工在模具制造中的应用

模具的数控加工技术按其能量转换形式不同可分为：

（1）数控机械加工技术。模具制造中常常用到的如数控车削技术、数控铣削技术，这些技术正在朝着高速切削的方向发展。

（2）数控电加工技术，如数控电火花加工技术、数控线切割技术。

（3）数控特种加工技术。包括新兴的、应用还不太广泛的各种数控加工技术，通常是利用光能、声能、超声波等来完成加工的，如快速原型制造技术等。

这些加工方式为现代模具制造提供了新的工艺方法和加工途径，丰富了模具的生产手段。但应用最多的是数控铣床及加工中心；数控线切割加工与数控电火花加工在模具数控加工中的应用也非常普遍；而数控车床主要用于加工模具杆类标准件，以及回转体的模具型腔或型芯；数控钻床的应用也可以起到提高加工精度和缩短加工周期的作用。

在模具数控制造中，应用数控加工可以起到提高加工精度、缩短制造周期、降低制造成本的作用，同时由于数控加工的广泛应用，可以降低对模具钳工经验的过分依赖。因而数控加工在模具中的应用给模具制造带来了革命性的变化。当前，先进的模具制造企业都是以数控加工为主来制造模具，并以数控加工为核心进行模具制造流程的安排。

1. 数控车削加工

数控车削在模具加工中主要用于标准件的加工，各种杆类零件如顶尖、导柱、复位杆等。另外，在回转体的模具中，如瓶体、盆类的注塑模具，轴类、盘类零件的锻模，冲压模具的冲头等，也使用数控车削进行加工。

2. 数控铣削加工

数控铣削在模具加工中应用最为广泛，也最为典型，可以加工各种复杂的曲面，也可以加工平面、孔等。对于复杂的外形轮廓或带曲面的模具，如电火花成形加工用电极、注塑模、压铸模等，都可以采用数控铣削加工。

3. 数控电火花线切割加工

对于微细复杂形状、特殊材料模具、塑料镶拼型腔及嵌件、带异形槽的模具，都可以采用数控电火花线切割加工。线切割主要应用在各种直壁的模具加工，如冲压模具中的凹凸模，注塑模中的镶块、滑块，电火花加工用电极等。

4. 数控电火花成形加工

模具的型腔、型孔，包括各种塑料模、橡胶模、锻模、压铸模、压延拉深模等，可以采用数控电火花成形加工。

七、数控车削加工

车削加工主要用于圆柱面、锥面、圆弧和螺纹等工序的切削加工，并能进行切槽、钻孔、扩孔和铰孔等加工。数控车削由数控车床来完成，数控车床可分为卧式数控车床和立式数控车床两大类。卧式数控车床有水平导轨和倾斜导轨两种，档次较高的数控卧式车床一般采用倾斜导轨。数控车床刚性好，对刀精度高，能方便和精确地进行人工补偿甚至自动补偿，具有直线插补和圆弧插补功能。

1. 数控车削主要加工的模具零件

（1）精度要求高的零件和表面粗糙度值小的回转体零件。因为数控车床的制造精度高、刚性好，故能加工对素线直线度、圆度、圆柱度要求高的模具零件，如管件的注塑模。数控车床具有恒线速度切削功能，可以选用最佳线速度来切削端面，切出的表面粗糙度值既小又一致。

（2）轮廓形状复杂的零件。对于那些由多段直线和曲线组成的形状复杂的回转体零件，如瓶子的吹塑模、圆盆或杯的注塑模、轴锻模等模具的凸凹模，必须由数控车削完成。数控车床不仅具有直线插补功能，还有圆弧插补功能，可以直接加工圆弧轮廓。无论多么复杂的轮廓外形，只要是回转体零件，都可以用样条来表述零件的形状，然后在制造公差内用直线或圆弧来离散样条。数控车床通过插补直线或圆弧便可以实现对任意复杂回转体零件的车削。

（3）带一些特殊类型螺纹的零件。普通机床只能车等螺距的直、锥面米制和英制螺纹，而且一台车床只限定加工若干种螺距。数控车床不仅具有传统车床的功能，而且能车增大螺距、减小螺距，以及要求螺距之间平滑过渡的螺纹。

（4）超精密、超低表面粗糙度值的零件。数控车削在模具加工中主要应用于具有回转体成形零件的玻璃模具及光学透镜镜片、眼镜镜片、磁盘、光盘等高精度模具。

此外，数控车削还常用来加工模具中的杆类标准件，如顶尖、导柱、导套等，带锥度的零件，如注塑模或压铸模上的圆柱镶块。

2. 数控车削的工艺特点

（1）刀具特点。用于粗车的刀具强度高、寿命长；用于精车的刀具精度高、寿命长。对于刀片，应采用涂层硬质合金刀片，这样可以提高切削速度。涂层材料一般是碳化铁、氮化铁和氧化铝等，在同一刀片上可以涂多层，成为复合涂层。另外，要求刀片有很好的断屑槽。因为数控车床是封闭加工，不可能人为去除金属断屑，为防止金属断屑划伤零件表面，刀具必须具备优良的断屑性能。

（2）刀座（夹）。为利于管理，用户应尽量减少刀座的种类和型号。

（3）坐标的取法和指令。与数控车床主轴平行的轴称为 Z 轴，径向方向为 X 轴。当用绝对坐标编程时，用 X 和 Z 作为坐标代码；当用相对坐标编程时，用 U 和 W 编码。切削圆弧时，使用 I 和 K 表示圆弧的起点相对其圆心的坐标值。I 对应于 X 轴；K 相对于 Z 轴。

（4）刀具位置补偿。为了提高刀具寿命和降低模具表面粗糙度值，车刀刀尖常磨成半径不大的圆弧。为此，当编制圆头刀程序时，需要对刀具半径进行补偿。对具有 G41、G42 自动补偿功能的机床，可直接按轮廓尺寸编程，其编程比较简单；对不具备 G41 和 G42 的机床，需要人工计算补偿量。

（5）车削固定循环功能。使用固定循环可以简化编程。

3．数控车床的应用

数控车床的应用主要是选择好切削用量，其中粗车进给量取值较大（一般为 $f>0.25\text{mm/r}$），以便缩短切削时间；精车进给量取值较小（为 $f\leqslant0.25\text{mm/r}$），以便减小表面粗糙度值。在选取精车进给时，应考虑刀尖圆弧半径的影响。

数控车床在编制程序时，应考虑刀具的安排及中途换刀，即先确定好坐标系和尺寸，并考虑工件的安装方法与位置，然后再定出加工程序。通常编程的换刀位置是设在机床的参考点上。若参考点距工件较远时，为了不浪费时间，避免机械磨损，可利用中途换刀点来换刀。

所谓中途换刀点换刀是指：第一把刀切削完后退到一个无换刀干涉的位置换第二把刀；第二把刀切削完后再退到一个无换刀干涉的位置换刀……只有第一把刀是从参考点出发，而最后一把刀切削完毕后才回到参考点。

八、数控铣削加工

（一）数控铣削的特点及应用

1．数控铣床加工的优点

（1）加工精度高、再现性好。数控铣床一般加工的经济精度为

0.05～0.1mm，可达到的精度为 0.01～0.02mm，在加工同一型腔时采用同一程序，可保证型腔尺寸的一致性。

（2）生产率高、适应性强。省去了靠模、样板等两类工具，缩短了生产准备周期，净切削时间是机床开动时间的 65％～70％（普通铣床 15％～20％）。设计更改时，只需对数控程序作局部修改即可。

（3）自动化程度高。操作者只需装卸刀具和工件、输入控制程序（安装控制带）、调整机床原点，全部加工过程都由机床自动完成。

（4）实现一体化。可使计算机辅助设计(CAD)和计算机辅助制造(CAM)一体化，以建立共用的几何图形数据库，可使 CAD 的数据直接输入 CAM，省掉重复编程，避免造成人为的误差。

2. 数控铣床加工的基本步骤

（1）根据零件 CAD 模型编制数控加工代码。

（2）利用传输介质将加工代码以脉冲形式传给机床数控系统。

（3）机床的数控系统将数据处理以后，转换成驱动伺服（或步进）电动机运动的控制信号。

（4）由伺服（或步进）电动机带动滚珠丝杠控制机床的进给运动。

3. 数控铣削的主要加工对象

数控铣削加工主要针对复杂平面类零件、变斜角类零件和复杂曲面类零件。

（1）平面类零件。包括水平面、垂直面、任意角度的斜面及可展开成平面的零件，如圆柱、圆台、圆锥等。

平面加工一般分为平面区域加工和平面轮廓加工：平面区域加工常用作粗加工，用于去除大量的材料；平面轮廓加工可以作为精加工，铣削出零件的真实外形。

对于斜面的加工，常常采用适当装卡的方法，如用斜垫板垫平后加工；也可以采用将机床主轴旋转一定角度或将工作台旋转一定角度的方法加工斜面；也可以采取五轴数控铣床加工。对于斜度很陡的斜面，可以采用成形铣刀来加工。

（2）曲面零件。加工曲面零件一般用三轴联动数控铣床。当加工复杂零件如叶轮叶片等形状模具时，才采用四、五轴联动数控铣床。曲面铣削加工的方法有曲面区域加工（一般用于半精加工）、曲面轮廓加工等参数线加工（是精加工的传统方法）和等高线加工。

在数控编程中，除了关心刀具的几何参数以外，还要关注刀具的材料及切削性能。近年来，国内外出现了很多新型高效铣刀，主要是在材料、几何形状、制造工艺上进行改进，提高了刀具的切削性能。

一般对数控铣刀的要求是：①刚性好，不容易变形，若铣刀刚性不好，轴线发生弯曲，则刀具的实际进给路径并非编程人员编制的进给路径，会导致加工形状误差；②耐磨性强，尤其当需要长时间加工时，若刀具磨损很快，容易导致加工精度降低；③要求刀具有很好的排屑性，否则金属屑粘在刀具上会影响零件加工的表面质量及精度。

4. 数控铣削的工艺分析

数控铣削加工的工艺分析是提高加工效率，保证零件正确加工的关键。工艺分析包括以下四个方面：

（1）分析零件的加工工艺性。包括分析零件的哪个表面适合数控铣削加工，完整加工此零件所涉及的毛坯材料及形状、刀具等一系列准备方案。

（2）确定零件的装夹方法和夹具。争取一次装夹就能加工零件的所有加工表面，避免由于多次装夹导致产生加工误差。

（3）零件坐标系和编程坐标系的吻合。要保证正确对刀，确保编程坐标系在毛坯上的位置映射，保证所需加工零件形体在毛坯的范围内，否则不能保证正确地加工出零件。对刀点不同，会影响所加工零件相对毛坯的位置。

（4）确定加工路径。加工路径即加工的先后顺序，应为先粗加工，然后半精加工，最后精加工。对于较简单的零件，粗加工一般在普通机床上完成；对于必须要在数控铣床上才能完成粗加工的复杂模具，要事先规划好粗铣的方式以及每刀去除材料的深度。在半精加工和精加工阶段，不但要规划好加工面的先后顺序，还要规划好刀具的使用顺序。一般是先用大直径刀具切除大部分加工量,后用小直径刀具进行补加工及清角等加工。

5. 数控铣床加工模具型腔的方法

首先必须掌握模具零件图上标明的所需要加工的部位,针对加工要求选择刀具或装夹工具,编制数控铣床动作程序,包括刀具移动量、进给速度及主轴转速等加工所需的信息,计算刀具轨迹,编制加工程序。

(1)工具的数控。包括定位数控、直线切削数控和连续切削数控三种。定位数控是从点到点,移动到所指示的位置上;直线切削数控是在定位的同时,还需要辅助功能,如修正工具的尺寸和变换主轴的速度等;连续切削数控是按指令加工复杂的成形形状,这种数控中有一台计算机,通过移动工具,能边改变 X、Y 轴的移动距离比例,边进行加工。数控铣床主要用的数控就是直线切削数控和连续切削数控。

(2)数控铣床加工模具型腔。二维加工方法是双轴数控,如在 X、Y 平面上加工轮廓,一般形状是点、直线和圆弧的集合;三维加工通常用自动编程,控制轴是 X、Y、Z,刀具是球头立铣刀;四维加工的控制轴是 X、Y、Z 轴和 C 轴;五轴加工可以五轴同时控制,即除三轴控制移动以外,铣刀轴还可作两个方向的旋转。铣刀轴常与工件成直角状态,除可以提高精度外,还可以对侧面凹入部位进行加工。图 12-73 所示为数控铣床加工立体形状的方法。图 12-74 所示为三轴控制和五轴控制的加工实例。

6. 数控仿形铣技术

仿形铣加工是以仿形触头在模型表面作靠模运动,铣刀作同步仿形加工运动,在被加工工件上铣出与模型相同的形面。根据仿形触头的信息传输形式和机床进给传动的控制方式,仿形铣床分为机械式、液压式、电液式、光电式及电控式等类型。

(二)数控铣削编程实例

以立式数控铣床为例。通常,立式铣床指定 X 轴正向、Y 轴正向和 Z 轴正向的极限点为参考点。机床启动后,首先要将机床位置"回零",即执行手动返回参考点,在数控系统内部建立机床坐标系。

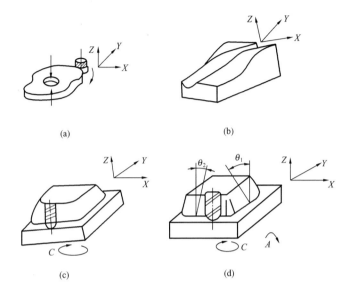

(a)　　　　　　　　　　　(b)

(c)　　　　　　　　　　　(d)

图 12-73　数控铣床加工立体形状的方法

（a）二轴加工；（b）三轴加工；（c）四轴加工；（d）五轴加工

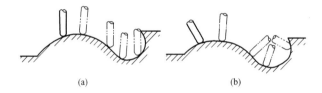

(a)　　　　　　　　　　　(b)

图 12-74　三轴控制和五轴控制的加工实例

（a）三轴控制；（b）五轴控制

1. 数控铣床的编程特点

（1）在选择工件原点的位置时应注意：

1）为便于在编程时进行坐标值的计算，减少计算错误和编程错误，工件原点应选在零件图的设计基准上；

2）对于对称的零件，工件原点应设在对称中心上；

3）对于一般零件，工件原点设在工件外轮廓的某一角上；

4）Z 轴方向上的零点一般设在工件表面；

5）为提高被加工零件的加工精度，工件原点应尽量选在精度

587

较高的工件表面。

（2）数控铣床配备的固定循环功能，主要用于孔加工，包括钻孔、镗孔、攻螺纹等。

（3）数控程序中需要考虑到对刀具长度的补偿。

（4）编程时需要对刀具半径进行补偿。

2. 数控铣削编程实例

【例 12-1】如图 12-75 所示工件的铣削加工，立铣刀直径为 $\phi30mm$，加工程序如下：

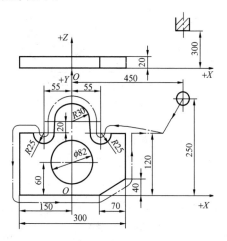

图 12-75　数控铣削编程实例（一）

O0012（程序代号）

N01 G92 X450.0 Z300.0（建立工件坐标系，工件零点 O）

N02 G00　X175.0　Y120.0（绝对值输入，快速进给至 $X=$ 175mm，$Y=120mm$）

N03 Z-50 S130 M03（Z 轴快移至 $Z=-5mm$，主轴正转，转速 130r/min）

N04 G01 G42 H10 X150.0 F80.0（直线插补至 $X=150mm$，Y $=120mm$，刀具半径右补偿，H10 $=15mm$，进给速度 80mm/s）

N05 X80.0（直线插补至 $X=80$mm，$Y=120$mm）

（N06 G39 X80.0 Y0）

N07 G02 X30.0 R25.0（顺圆插补至 $X=30$mm，$Y=120$mm）

N08 G01 Y140.0（直线插补至 $X=30$mm，$Y=140$mm）

N09 G03 X-30.0 R30.0（逆圆插补至 $X=-30$mm，$Y=140$mm）

N10 G01 Y120.0（直线插补至 $X=-30$mm，$Y=120$mm）

N11 G02 X-80.0 R25.0（顺圆插补至 $X=-80$mm，$Y=120$mm）

（N12 G39 X-150.0）

N13 G01 X-150.0（直线插补至 $X=-150$mm，$Y=120$mm）

（N14 G39 X-150.0）

N15 Y0（直线插补至 $X=-150$mm，$Y=0$mm）

（N16 G39 X0 Y0）

N17 X80.0（直线插补至 $X=-80$mm，$Y=0$mm）

（N18 G39 X150.0 Y40.0）

N19 X150.0 Y40.0（直线插补至 $X=150$mm，$Y=40$mm）

（N20 G39 X150.0 Y120.0）

N21 Y125.0（直线插补至 $X=150$mm，$Y=125$mm）

N22 G00 G40 X175.0 Y120.0（快速进给至 $X=175$mm，$Y=120$mm，取消刀具半径补偿）

N23 M05（主轴停）

N24 G91 G28 Z0（增量值输入，Z 轴返回参考点）

N25 G28 X0 Z0（X、Y 轴返回参考点）

N26 M30（主程序结束）

【例 12-2】如图 12-76 所示工件的铣削加工，立铣刀直径为 $\phi20$mm，加工程序如下：

O10012（程序代号）

N010 G90 G54 X-50.0 Y-50.0（G54 加工坐标系，快速进给至 $X=-50$mm，$Y=-50$mm）

N020 S800 M03（主轴正转，转速 800r/min）

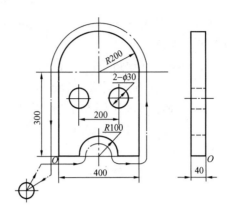

图 12-76　数控铣削编程实例（二）

N030 G43 G00 H12（刀具长度补偿，H12＝20mm）

N040 G01 Z-20.0 F300.0（Z 轴工进至 Z＝－20mm）

N050 M98 P1010（调用子程序 O1010）

N060 Z-450.0 F300.0（Z 轴工进至 Z＝－45mm）

N070 M98 P1010（调用子程序 O1010）

N080 G49 G00 Z300.0（Z 轴快移至 Z＝300mm）

N090 G28 Z300.0（Z 轴返回参考点）

N100 G28 X0 Y0（X、Y 轴返回参考点）

N110 M30（主程序结束）

O1010（子程序代号）

N010 G42 G01 X-30.0 Y0 F300 H22 M08（切削液开，直线插补至 X＝－30mm，Y＝0mm，刀具半径右补偿，H22＝10mm）

N020 X100.0（直线插补至 X＝100mm，Y＝0mm）

N030 G02 X300.0 R100.0（顺圆插补至 X＝300mm，Y＝0mm）

N040 G01 X400.0（直线插补至 X＝400mm，Y＝0mm）

N050 Y300.0（直线插补至 X＝400mm，Y＝300mm）

N060 G03 X0 R200.0（逆圆插补至 $X=0$mm，$Y=300$mm）

N070 G01 Y-30.0（直线插补至 $X=0$mm，$Y=-30$mm）

N080 G40 G01 X-50.0 Y-50.0（直线插补至 $X=-50$mm，$Y=$
-50mm，取消刀具半径补偿）

N090 M09（切削液关）

N100 M99（子程序结束并返回主程序）

【**例 12-3**】如图 12-77 所示工件铣削加工内外轮廓，立铣刀直径为 $\phi8$mm，用刀具半径补偿编程。

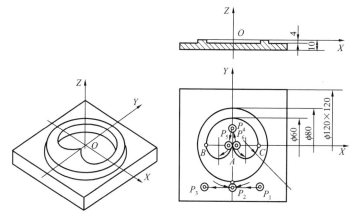

图 12-77 数控铣削编程实例（三）

工艺分析：外轮廓加工采用刀具半径左补偿，沿圆弧切线方向切入 $P_1 \rightarrow P_2$，切出时也沿圆弧切线方向切入 $P_2 \rightarrow P_3$。内轮廓加工采用刀具半径右补偿，$P_4 \rightarrow P_5$ 为切入段，$P_6 \rightarrow P_4$ 为切出段。外轮廓加工完毕取消刀具半径左补偿，待刀具至 P_4 点再建立刀具半径右补偿。

数控加工程序如下：

O10088

N010 G54 S1500 M03（建立工件坐标系，主轴正转，转速
1500r/min）

N020 G90 Z50.0（抬刀至安全高度）

N025 G00 X20.0 Y-44.0 Z2.0（刀具快进至 P_1 点上方）

N030 G01 Z-4.0 F100.0(刀具以切削进给工进至深度 4mm 处)

N040 G41 X0 Y-40.0(建立刀具半径左补偿 $P_1 \rightarrow P_2$)

N050 G02 X0 Y-40.0 I0 J40.0(铣外轮廓顺圆插补至 P_2)

N060 G00 G40 X-20.0 Y-44.0(取消刀具半径左补偿 $P_2 \rightarrow P_3$)

N070 Z50.0(抬刀至安全高度)

N080 G00 X0 Y15.0(刀具快进至 P_4 点上方)

N090 Z2.0(快速下刀至加工表面 2mm 处)

N100 G01 Z-4.0(刀具以切削进给工进至深度 4mm 处)

N110 G42 X0 Y0(建立刀具半径右补偿 $P_4 \rightarrow P_5$)

N120 G02 X-30.0 Y0 I-15.0 J0(铣内轮廓顺圆插补 $A \rightarrow B$)

N130 G02 X30 Y0 I30.0 J0(铣内轮廓顺圆插补 $B \rightarrow C$)

N140 G02 X0 Y0 I-15.0 J0(铣内轮廓顺圆插补 $C \rightarrow A$)

N150 G00 G40 X0 Y15.0(取消刀具半径右补偿 $P_6 \rightarrow P_4$)

N160 G00 Z100.0(刀具沿 Z 轴快速退出)

N170 M02(程序结束)

九、数控磨削加工

(一)数控磨床及其应用

1. 数控磨削方式

随着科学技术的不断发展,数控技术已逐步应用于各类磨床,图 12-78 所示就是用于模具加工的坐标数控磨床,可精密地磨削模具复杂的形面;图 12-79 所示就是用于高精密平面加工的数控平面磨床。我国已经生产的数控磨床有:①MGK1320A 型数控高精度外圆磨床,可磨削凸轮、鼓形等复杂形面,磨削的圆度误差为 0.0005mm,表面粗糙度为 $Ra0.01\mu m$;②MK2110 型数控内圆磨床,可用于内圆、内凹端面、锥孔、外端面的磨削;③MK9020 型数控光学曲线磨床,用了三轴计算机控制系统;④MK2945 型立式单柱坐标磨床,有两轴计算机控制;⑤MJK1312 型简式数控外圆磨床、MK8532 型数控曲线凸轮磨床等。这些数控磨床都有较高的加工精度,并取得了显著的经济效益。

模具中的圆形导向机构零件如导柱、导套,推出机构中的圆形

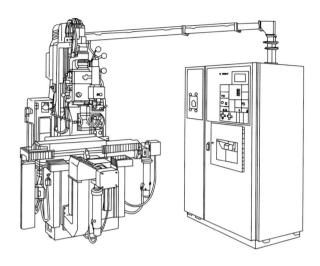

图 12-78 坐标数控磨床外形

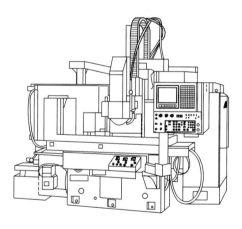

图 12-79 数控平面磨床外形

推杆，模板平面等零件一般采用普通磨床或数控内、外圆磨床加工。

在模具加工中，冷冲裁模具的凸、凹模、模具推出机构所用的异形推杆及异形成形镶块等零件的最终精加工，经常采用数控坐标磨削加工工艺。进行数控坐标磨削的加工过程中，被加工零件处于固定状态，磨削的轮廓运动由磨头的公转和自转完成，上、下进给运动由磨头套筒的上、下冲程运动完成。坐标磨床配置各种附件后，可以磨削形状特别复杂及精度要求很高的零件。模具中形状复杂、硬度和精度同时要求很高的零件主要采用数控坐标磨削加工，因此，我们将重点介绍数控坐标磨削技术。

2. 数控磨床的应用

数控磨床是以平面磨床为基体的一种精密加工设备，如图 12-80 所示。在数控成形磨床上进行成形磨削的方法主要有以下三种：

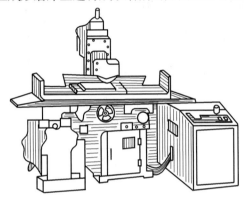

图 12-80　数控成形磨床

（1）采用成形砂轮磨削。首先利用数控装置控制安装在工作台上的砂轮修整装置，使它与砂轮架作相对运动而得到所需的成形砂轮，如图 12-81 所示，然后用此成形砂轮磨削工件。磨削时，工件作纵向往复直线运动，砂轮作垂直进给运动。这种方法适用于加工面窄且批量大的工件。

（2）仿形磨削。利用数控装置把砂轮修整成 W 形或 V 形，见

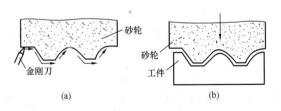

(a)　　　　　　　　　　(b)

图 12-81　用成形砂轮磨削

（a）修整砂轮；（b）磨削工件

图 12-82（a），然后由数控装置控制砂轮架的垂直进给运动和工作台的横向进给运动，使砂轮的切削刃沿着工件的轮廓进行仿形加工，见图 12-82（b）。这种方法适用于加工面宽的工件。

（3）复合磨削。将多种磨削方法结合在一起，用来磨削具有多个相同型面工件的方法叫作复合磨削，如图 12-83 所示。

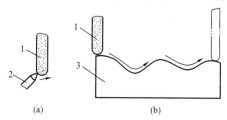

图 12-82　用仿形法磨削

（a）修整砂轮；（b）磨削工件

1—砂轮；2—金刚刀；3—工件

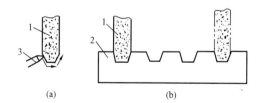

图 12-83　复合磨削

（a）修整砂轮；（b）磨削工件

1—砂轮；2—金刚刀；3—工件

（二）数控坐标磨削

1. 数控坐标磨削工艺原理

数控坐标磨床的 CNC 系统可以控制 3～6 轴，如图 12-84 所示。其中：

　　　　C 轴——控制主轴回转，主轴箱装在 W 轴滑板上；

　　　　U 轴——控制移动偏心量（即进刀量），其装在主轴端面

　　　　　　　　上，U 轴滑板上则装有磨头；

　X 轴、Y 轴——控制十字工作台运动；

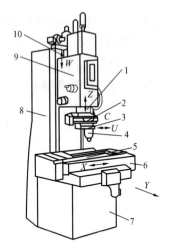

图 12-84 数控坐标磨床的组成
1—主轴；2—C 轴；3—U 轴滑板；4—磨头；5—工作台；6—Y 轴滑板；7—床身；8—立柱；9—主轴箱；10—主轴箱 W 滑板

Z 轴——控制磨头作往复运动；

A 轴、B 轴——控制回转工作台运动。

(1) 圆孔磨削。C 轴控制主轴回转，加上 U 轴移动使磨头作偏心距可变的行星运动，并控制 Z 轴作上、下往复运动，则可磨削圆孔。

(2) 二维型曲面磨削。当 CNC 系统有 C 轴同步功能时，在 X、Y 轴联动作平面曲线插补时，C 轴可自动跟踪转动，使 U 轴与平面轮廓法线平行［见图 12-85（a）］。U 轴可控制砂轮轴线与轮廓在法线方向上的距离，以控制孔磨削的进刀量。

C 轴功能有对称控制的特点，当 X、Y 轴联动按编程轨迹运动

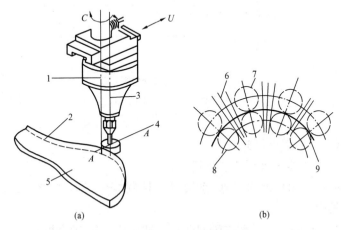

图 12-85 凹、凸两模加工
（a）C 轴、U 轴和轮廓法线方向；（b）C 轴的对称控制
1—主轴轴线；2—处于主轴轴线下部的砂轮磨削面；3—砂轮轴线；4—法线方向；5—工件；6—垂直于工件表面；7—磨削凸模时的砂轮位置；8—磨削凹模开口时的砂轮位置；9—凹模凸模间的相配线（编程的轮廓线）

时，只要砂轮磨削边与主轴轴线重合，就可用同一数控程序来磨削凹、凸两模，磨出的轮廓就是编程轨迹，而不必考虑砂轮半径补偿，也容易保证凹、凸两模的配合精度和间隙均匀［见图 12-85（b）］。当只用 X、Y 轴联动作轮廓加工时，必须锁定 C 轴和 U 轴，这时平面插补必须加砂轮半径补偿，通过改变补偿量可以实现进刀。

2. 数控坐标磨床的主要结构

（1）高速磨头。磨头的最高转速是反映坐标磨床磨削小孔能力的标志之一。气动磨头（也称空气动力磨头）最高转速达 250 000r/min，通常为 120 000～180 000r/min，主要用于提高磨小孔能力的坐标磨床。气动磨头结构简单紧凑，不需要复杂的变频电器控制系统，由于空气的自冷作用，磨头温升较低，而且从磨头中排出的气体有冷却的作用，如图 12-86 所示。电动磨头采用变频电动机直接驱动，输出功率较大、短时过载能力强、速度特性硬、振动较小，但最高转速较低，主要用于提高磨大孔能力的坐标磨床。

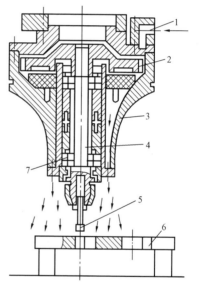

图 12-86 气动磨头

1—进气口；2—叶轮；3—外壳；4—转轴；
5—砂轮；6—工件；7—滚动轴承

（2）主轴系统。主轴系统是由主轴、导向套和主轴套组成的主轴部件，主轴往复直线运动机构和主轴回转传动机构组成。主轴在导向套内作往复直线运动（由液压或气动驱动），通常采用密珠直线循环导向套。主轴连同导向套和主轴套一起慢速旋转，使磨头除高速自转外同时作行星运动，以实现圆周进给，通常由直流电动机或异步电动机经齿轮或蜗杆传动实现。主轴部件可由气缸平衡其自重。

（3）工作台。工作台实现纵、横坐标定位移动，其传动由伺服电动机带动滚珠丝杠，导轨常采用滚动导轨，但某些高精度坐标磨床仍有采用两个 V 形滑动导轨的，其特点是导向精度很高。

(4) 磨圆锥机构。磨圆锥机构是坐标磨床上的重要附件，用以实现锥孔的磨削。根据其在主轴箱的布局形式分为两种类型。一是套筒直接调整倾斜式，以莫尔公司和上海第二机床厂为代表，采用把套筒在回转轴内扳动一个角度，使磨头主轴与工作台面不垂直而成一个角度的直接磨削法。其优点是结构简单，磨圆锥方便可靠，砂轮不需修成锥面；缺点是在磨完锥孔后，恢复套筒位置需仔细调整，磨直孔不方便。第二种类型是以瑞士豪泽厂和宁江机床厂为代表的上下和径向进给组合式，采用套筒上下运动的同时，砂轮作径向进给运动而实现圆锥孔磨削，其结构复杂，磨圆锥孔较麻烦而精度稍差，但磨直孔方便且精度高。

(5) 基础支撑件。床身、立柱、滑座、主轴箱等主要铸件一般采用稳定性好的高级铸铁制造，并采用高刚度结构设计，如立柱为双层壁结构，而且是热对称结构。

3. 数控坐标磨削的基本方式

(1) 径向进给式磨削。这种方式的特点是利用砂轮的圆周面进行磨削。进给时每次砂轮沿着偏心半径的方向对工件作少量的进给。这是一种最常见的磨削方式，最容易掌握，因此被广泛采用。这种方式的缺点是：由于加工时砂轮受较大的挤压力，每次进给量较小，发热量较大，要有较长的去火花清磨时间。该方式适用于磨削各种内孔和外圆柱面。

(2) 切入式磨削。这种方式是采用砂轮的端面进行磨削，所以也称为端面磨削。这种磨削的进给是轴向进给，热量及切屑不易排出，为了改善磨削条件，需将砂轮的底端面修成凹陷状。采用这种磨削时进给量要小，以免发生砂轮爆裂。

(3) 插磨法磨削。这种方式是砂轮快速上下移动的同时，对零件的环形轮廓进行成形磨削。该方式的特点是可以采用较大的磨削进给量而产生的磨削热量较小。在连续轨迹的主控坐标磨床中，是一种主要的磨削方式。

4. 数控坐标磨削的工艺特点

（1）基准选择。必须选择用校准方法能精确找到的位置作为基准。

（2）磨削余量。一般按前道工序可保证的形位公差和热处理要求，单边留余量 0.05～3mm。

（3）进给量。磨孔径向连续切入为 0.1～1mm/min；轮廓磨削始磨为 0.03～0.1mm/次，终磨为 0.004～0.01mm/次。

（4）进给速度。一般是 10～30mm/min。应视工件材料、砂轮性能调整进给量和进给速度。

5. 数控坐标磨削在模具加工中的应用

数控坐标磨削在模具加工中主要有以下几种基本磨削方法：

（1）成形孔磨削。加工时主轴作上、下往复运动，砂轮作高速行星运动。砂轮修成成形所需形状，如图 12-87 所示。

小孔磨削（$\phi 0.8mm \sim \phi 3mm$）采用高速气动磨头，并且需使用小孔磨削指示器。

（2）沉孔磨削。磨削运动与成形孔磨削相同，但需控制主轴行程位置，如图 12-88 所示。

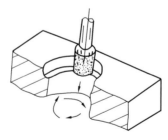

图 12-87　成形孔磨削　　　　图 12-88　沉孔磨削

（3）内腔底面磨削。采用碗形砂轮，磨头作轴向进给和水平面进给。磨头需有轴向缓冲机构，如图 12-89 所示。

（4）凹球面磨削。磨头与轴线成 45°交叉，砂轮底棱边的下端与轴线重合。砂轮修成成形所需形状，如图 12-90 所示。

（5）二维轮廓磨削。主轴作冲程运动，X、Y 平面作插补运动，如图 12-91 所示。

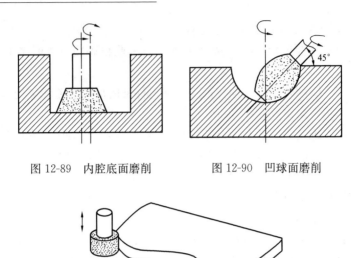

图 12-89　内腔底面磨削　　　图 12-90　凹球面磨削

图 12-91　二维轮廓磨削

（6）三维轮廓磨削。采用圆柱或球形砂轮，砂轮运动方式与数控铣削相同，如图 12-92 所示。

（7）成形磨削。按所需加工形状修制砂轮，砂轮不作行星运动，主轴固定在适当的位置。X、Y 平面作插补运动，如图 12-93 所示。

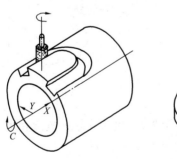

图 12-92　三维轮廓磨削

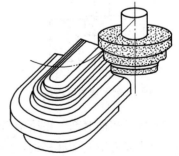

图 12-93　成形磨削

6. 数控坐标磨床磨削实例

如图 12-94 所示零件，用连续轨迹数控磨床制造其凹凸模具。

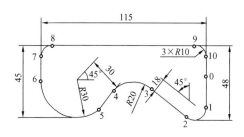

图 12-94 零件图

具体方法如下：

（1）模具制造工艺过程。模具制造工艺过程包括凸模和凹模制造工艺过程，见表 12-35 和表 12-36。

表 12-35 凸模制造工艺过程

序号	工 序	工 序 内 容
1	刨和铣	加工外形六面，凸模形状粗铣
2	平磨	外形六面
3	坐标镗	钻螺孔，画凸模形状线，钻定位销孔，留磨量 0.3mm
4	铣	凸模形状，单边留磨量 0.2mm
5	热处理	62～65HRC
6	平磨	外形六面
7	CNC 坐标磨	磨定位销孔，编程磨凸模型面，在机床上检验和记录形面尺寸与定位销孔的相对位置

表 12-36 凹模制造工艺过程

序号	工 序	工 艺 内 容
1	刨和铣	外形六面和内形面粗铣
2	平磨	外形六面
3	坐标镗	钻各螺孔，钻镗定位销孔，留磨量 0.3mm
4	热处理	62～65HRC
5	平磨	外形六面

序号	工　序	工　艺　内　容
6	NC 线切割	以定位销孔为基准，编程切割内形，单边留磨量 0.05～0.1mm
7	CNC 坐标磨	按凸模程序，改变入口圆位置和刀补方向磨内形面，单边间隙 0.003mm，磨好定位销孔

（2）程序编制。编制过程如下：

| 工件图 |→| 工艺分析 |→| 数值计算 |→| 后置处理 |→| 程序输入 |→| 数控坐标磨 |

1）工艺分析。确定加工方法、路线及工艺参数。如图 12-95 所示的数控坐标磨削时磨削路线及砂轮中心轨迹，为了保证多次循环进给在切入处不留痕迹，一般应编一个砂轮切入的入口圆。磨凸圆时，砂轮由 A 点逆时针运动 $270°$，在 B 点切入轮廓表面。编程时，不计算砂轮中心运动轨迹插补参数，只计算工件轮廓轨迹插补参数。

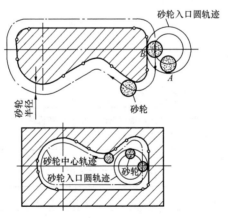

图 12-95　凸凹模加工示意

工艺参数如下：

$T_1 K10.13 \ V0.04 \ E3\%$

$T_2 K10.01 \ V0.003 \ E3\%$

$T_3 K10.001 \ V0.001 \ E1\%$

$T_4 K10\ V0.000\ E1\%$

即砂轮半径为 10mm，加工余量单边为 0.013mm，用 T_1 砂轮磨三次，每次进给 0.04mm；T_2 砂轮磨三次，每次进给 0.003mm；T_3 砂轮磨一次，每次进给 0.001mm；T_4 砂轮不进给，磨一次。

2）数值计算。目的是向机床输入待加工零件几何参数信息，以适应机床插补功能，内容包括直线和圆弧起始点坐标、圆弧半径及其他有关插补参数。

3）后置处理。其任务是将工艺处理信息和数值计算结果的数据，编写成程序单传输或从键盘输入到机床数控装置。

（3）磨削模具的完整加工程序：

N1 X0 Y0 M00（MAINPOROGRAM）$

N2 T1 G71 J100 $

N3 T2 G71 J100 $

N4 T3 G71 J100 $

N5 T4 G71 J100 $

N6 G01 X150. F1500 M02 $

N100 X100. Y-15. M00（SUBROUTINE）$

N105 G13 X85. Y0. G41 G78 F500 K15. $

N110G01 Y-18. $

N115G02 X67. 929 Y-25. 071 K10. $

N120G01 X56. 784 Y-13. 926 $

N125G03 X28. 50 K20. $

N130G01 X21. 213 Y-21. 213 $

N135G02 X-30. Y0 K30. $

N140G01 Y10. $

N145G02 X-20. Y20. K10. $

N150G01 X75. $

N155G02 X85. Y10. K10. $

N160G01 Y0. $

N165G03 X100. Y-15. G79 K15. $

N170G72 $

如加工凹模，只需改变入口圆位置和将左刀补改为右刀补即可，其余程序不变。

十、模具数控加工技术的发展趋势

近年来，人们把自动化生产技术的发展重点转移到中、小批量生产领域中，在模具先进技术的推广中，就要求加速数控机床的发展速度，使其成为一种高效率、高柔性和低成本的制造设备，以满足市场的需求。

数控机床是柔性制造单元（FMC）、柔性制造系统（FMS）以及计算机集成制造系统（CIMS）的基础，是国民经济的重要基础装备。随着微电子技术和计算机技术的发展，现代数控机床的应用领域日益扩大。当前，数控设备正在不断地采用最新技术成就，向着高速度化、高精度化、智能化、多功能化以及高可靠性的方向发展。

1. 高速度、高精度化

现代数控系统正朝着高度集成、高分辨率、小型化方向发展。数控机床由于装备有新型的数控系统和伺服系统，使机床的分辨率和进给速度达到 $0.1\mu m$（24m/min）、$1\mu m$（100～240m/min）时，现代数控系统已经逐步由 16 位 CPU 过渡到 32 位 CPU。日本产的 FANUC15 系统开发出 64 位 CPU 系统，能达到最小移动单位 $0.1\mu m$ 时，最小移动速度为 100m/min。FANUC16 和 FANUC18 采用简化与减少控制基本指令的 RISC（Reduced Instruction Set Computer）精简指令计算机，能进行更高速度的数据处理，使一个程序段的处理时间缩短到 0.5ms，连续 1mm 移动指令的最大进给速度可达到 120m/min。现代数控机床的主轴的最高转速可达到 10 000～20 000r/min，采用高速内装式主轴电动机后，使主轴直接与电动机连接成一整体，可将主轴转速提高到 40 000～50 000r/min。

通过减少数控系统误差和采用补偿技术可提高数控机床的加工精度。在减少数控系统控制误差方面，可通过提高数控系统分辨率，提高位置检测精度（日本交流伺服电动机已装上每转可产生 100 万个脉冲的内藏位置检测器，其位置检测精度可达到

0.1μm/脉冲）及在位置伺服系统中采用前馈控制与非线性控制等方法。补偿技术方面，除采用齿隙补偿、丝杆螺距误差补偿、刀具补偿等技术外，还开发了热补偿技术，以减少由热变形引起的加工误差。

2. 智能化

（1）在数控系统中引进自适应控制技术。数控机床中因工件毛坯余量不均、材料硬度不一致、刀具磨损、工件变形、润滑或切削液等因素的变化将直接或间接地影响加工效果。自适应控制是在加工过程中不断检查某些能代表加工状态的参数，如切削力、切削温度等，通过评价函数计算和最佳化处理，对主轴转速、刀具（或工作台）进给速度等切削用量参数进行校正，使数控机床能够始终在最佳的切削状态下工作，从而提高了加工表面的质量和生产率，提高刀具的使用寿命，取得了良好的经济效益。

（2）设置故障自诊断功能。数控机床工作过程中出现故障时，控制系统能自动诊断，并立即采取措施排除故障，以适应长时间在无人环境下的正常运行要求。

（3）具有人机对话自动编程功能。可以把自动编程机具有的功能装入数控系统，使零件的程序编制工作可以在数控系统上在线进行，用人机对话方式，通过 CRT 彩色显示器和手动操作键盘的配合，实现程序的输入、编辑和修改，并在数控系统中建立切削用量专家系统，从而达到提高编程效率和降低操作人员技术水平的目的。

（4）应用图像识别和声控技术。实现由机床自己辨别图样，并自动地进行数控加工的智能化技术和根据人的言语声音对数控机床进行自动控制的智能化技术。

3. 多功能化

用一台机床实现全部加工来代替多机床和多次装夹的加工，既能减少加工时间，省去工序间搬运时间，又能保证和提高加工精度。加工中心便能把许多工序和许多工艺过程集中在一台设备上完成，实现自动更换刀具和自动更换工件。将工件在一次装夹下完成全部加工工序，可减少装卸刀具、装卸工件、调整机床的辅助时间，实现一机多能，最大限度地提高机床的开机率和利用率。目前加工中心的刀库容量可多达 120 把，自动换刀装置的换刀时间为 1～2s。加工中心中除了镗铣类加工中心和车削类加工中心外，还发展了可自动更换电极的电火花加工中心，带有自动更换砂轮装置的内圆磨削加工中心等。采用多系统混合控制方式，用车、铣、钻、攻螺纹等不同切削方式，可同时加工工件的不同部位。现代控制系统的控制轴数可多达 16 轴，同时联动轴数已达 6 轴。

4. 高可靠性

高可靠性的数控系统是提高数控机床可靠性的关键。选用高质量的印制电路和元器件，对元器件进行严格的筛选，建立稳定的制造工艺及产品性能测试等一整套质量保证体系。在新型的数控系统中采用大规模、超大规模集成电路实现三维高密度插装技术，进一步把典型的硬件结构集成化，做成专用芯片，提高了系统的可靠性。

现代数控机床均采用 CNC 系统，数控机床的硬件由多种功能模块制成，对于不同功能的模块可根据机床数控功能的需要选用，并可自行扩展，组成满意的数控系统。在 CNC 系统中，只要改变一下软件或控制程序，就能制成适应各类机床不同要求的数控系统。数控系统向模块化、标准化、智能化"三化"方向发展，便于组织批量生产，有利于质量和可靠性的提高。

现代数控机床都装备有各种类型的监控、检测装置，以及具有故障自动诊断与保护功能，能够对工件和刀具进行监测，发现工件超差，刀具磨损、破裂，能及时报警，给予补偿，或对刀具进行调换，具有故障预报和自恢复功能，保证数控机床长期可靠地工作。数控系统一般能够对软件、硬件进行故障自诊断，能自动显示故障部位及类型，以便快速排除故障。此外，系统中注意增强保护功能，如行程范围保护功能、断电保护功能等，以避免损坏机床和造成工件报废。

5. 适应以数控机床为基础的综合自动化系统

现代制造技术正在向机械加工综合自动化的方向发展。在现代机械制造业的各个领域中，先后出现了计算机直接数控系统（DNC）、柔性制造系统（FMS），以及计算机集成制造系（CIMS）

等高新技术的制造系统。为适应这种技术发展的趋势，要求现代数控机床具有各种自动化监测手段，并不断完善和发展联网通信技术。正在成为标准化通信局部网络 LAN（Local Area Network）的制造自动化协议（MAP），使各种数控设备便于联网，就有可能把不同类型的智能设备用标准化通信网络设施连接起来，从工厂自动化 FA（Factory Auto）的上层到下层通过信息交流，促进系统的智能化、集成化和综合化，建立能够有效利用系统全部信息资源的计算机网络，实现生产过程综合自动化的计算机管理与控制。

十一、模具 CAD/CAM 技术概况

模具作为一种高附加值的技术密集产品，它的技术水平已经成为衡量一个国家制造业水平的重要评价指标。早在 CAD/CAM 技术还处于发展的初期，CAD/CAM 就被模具制造业竞相吸收应用。目前国内的模具制造企业约 20 000 家，约 50％～60％的企业较好地应用了 CAD/CAE/CAM/PDM 技术。

1. 模具 CAD/CAM 的基本内容

（1）模具 CAD 技术。模具的计算机辅助设计，即模具 CAD，是应用计算机系统协助人们进行模具设计、工艺分析和绘制图样的技术。

模具 CAD 技术包括硬件系统和软件系统两部分。

1）模具 CAD 的硬件系统。模具 CAD 使用的硬件是计算机（包括工作站、微机）、输入设备（数字化仪等）、输出设备（打印机、绘图机等）。

2）模具 CAD 软件系统，包括以下方面：

a. 几何造型功能。设计者输入必要参数，利用软件功能建立起几何模型，以此作为型腔生成、制件重量控制、NC（CNC）加工指令输出的依据。

b. 模具设计。其功能有产品分析、强度分析、冷却分析、工艺参数优化等，并可根据产品成形特点、开模方式等因素，通过交互式方法选择所需模架和标准件。

c. 绘图功能。主要指三维模型向二维模型的转换，二维工程图的绘制。

d. 各种数据库。有工艺参数数据库、模具材料数据库、产品材料性能数据库、模具标准件数据库等。

e. 用户界面。

(2) 模具 CAM 技术。模具的计算机辅助制造，即模具 CAM，是指应用计算机和数字技术生成与模具制造有关的数据，并控制其制造过程。目前的模具 CAM 技术主要用于模具零件的数控加工和数控测量方面。

1) 模具 CAM 的硬件主要是计算机输出设备和各种 NC、CNC 加工设备。

2) 模具 CAM 软件功能应具备：

a. 基本功能。

b. 铣削编程功能（三轴以上多曲面无干涉）。

c. 车削编程功能。

d. 孔加工编程。

e. 线切割编程。

f. 电火花（通用电极）加工编程。

g. 刀具偏置。

h. 后置处理功能。

(3) 模具 CAD/CAM 一体化技术。它将两者技术结合在一起，解决模具的设计和加工。

模具 CAD/CAM 系统的功能结构如图 12-96 所示。

2. 模具 CAD/CAM 的作用

模具生产在一般情况下属单件生产，传统的模具设计与制造方法多数采用的是手工方法，设计工作量大、周期长，制造精度低生产效率低。采用模具 CAD/CAM

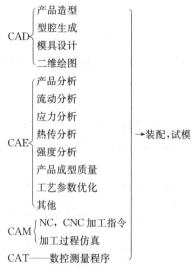

图 12-96　模具 CAD/CAM
系统的功能结构

608

技术，用计算机代替了手工劳动，速度快、准确性高。初期模具CAD与模具CAM是两个系统，两者的信息传递与传统模具生产一样都是图样。模具CAD从接受任务到绘制模具图，模具CAM则是从接受图样信息至完成模具制造。模具CAD/CAM技术则是在模具CAD和模具CAM基础上设计与制造的综合计算机化，是设计与制造的一体化。

在模具CAD/CAM系统中，产品的几何模型及加工工艺等方面的信息是产品的最基本的核心数据，是整个设计计算的依据。通过模具CAD/CAM系统的计算、分析和设计而得到大量信息，可运用数据库和网络技术将存储的信息直接传送到生产制造环节的各个方面，从而大大削弱了图样的作用。采用模具CAD/CAM技术，其作用突出表现在以下方面：

（1）缩短了模具生产周期。计算机的应用，减少了很多繁重的手工劳动，缩短了设计周期。设计与制造的一体化，减少了中间环节的过渡时间，提高了生产效率。高效加工设备的使用也节省了模具的加工时间。生产周期的缩短更有利于产品的更新换代。

（2）提高了模具设计水平。在模具CAD系统中积累了很多前人的经验，可进行工艺参数和模具结构的优化，又可以通过人机交互进行修改以发挥设计者的才智，还能利用计算机模拟增加设计的可靠性。

（3）提高了模具质量。一方面通过模具CAD保证模具设计的正确合理，另一方面模具制造的数据直接取自系统数据库，速度快、错误少。

（4）提高了模具标准化程度。模具CAD/CAM技术要求模具设计过程标准化、模具结构标准化、模具生产制造过程与工艺条件标准化。反过来模具的标准化又促进了模具CAD/CAM的发展。

模具CAD/CAM技术具有高智力、知识密集、更新速度快、综合性强、效益高等特点。但模具CAD/CAM系统的初期投入很大，这也是它在我国发展缓慢的主要原因之一。

3. 模具CAD/CAM在我国的发展和应用

模具CAD/CAM技术在我国的发展开始于20世纪70年代末期，发展也很迅速。先后通过国家有关部门鉴定的有华中科技大学开发的 HJC 精冲模 CAD/CAM 系统、HPC 冲裁模 CAD/CAM 系统和塑压模 CAD 系统，北京机电研究院、上海交通大学模具研究所分别开发的冷冲模 CAD/CAM 系统，吉林大学开发的辊锻模和锤锻模 CAD/CAM 系统，上海模具研究所在 HP9000/320 工作站上开发的注射模流动模拟软件 MDF 等，但这些系统均处在试用阶段。

我国目前模具的数控加工设备使用数量虽然有所增加，但总的来看模具加工的技术水平仍然比较落后。模具 CAM 的推广应用依然很困难，多数数控机床仍然依赖于进口。随着计算机的发展，以微机为基础，建立和开发模具 CAD/CAM 系统，对我国 CAD 技术的发展起到了促进作用。很多中小型企业已经开始进行模具 CAD 等方面的开发工作，并引进了一些国外的 CAD/CAM 系统。

✦ 第五节　模具电加工成形技术

一、电火花成形加工

（一）电火花成形加工基础

1. 电火花加工原理与工艺特点

电火花加工又称放电加工（Electrical Discharge Machining, EDM），是利用工具电极和工件之间在一定工作介质中产生脉冲放电的电腐蚀作用而进行加工的一种方法。工具电极和工件分别接在脉冲电源的两极，两者之间经常保持一定的放电间隙。工作液具有很高的绝缘强度，多数为煤油、皂化液和去离子水等。当脉冲电源在两极加载一定的电压时，介质在绝缘强度最低处被击穿，在极短的时间内，很小的放电区相继发生放电、热膨胀、抛出金属和消电离等过程。当上述过程不断重复时，就实现了工件的蚀除，以达到对工件的尺寸、形状及表面质量预定的加工要求。加工中工件和电极都会受到电腐蚀作用，只是两极的蚀除量不同，这种现象称为极性效应。工件接正极的加工方法称为正极性加工，反之称为负极性加工。

电火花加工的质量和加工效率不仅与极性选择有关，还与电规准（即电加工的主要参数，包括脉冲宽度、峰值电流和脉冲间隔等）、工作液、工件、电极的材料、放电间隙等因素有关。

（1）电火化加工具有的特点：

1）可以加工难切削材料。由于加工性与材料的硬度无关，所以模具零件可以在淬火以后安排电火花成形加工。

2）可以加工形状复杂、工艺性差的零件。可以利用简单电极的复合运动加工复杂的型腔、型孔、微细孔、窄槽，甚至弯孔。

3）电极制造复杂，加工效率较低。

4）存在电极损耗，影响质量的因素复杂，加工稳定性差。电火花放电加工按工具电极和工件的相互运动关系的不同，可以分为电火花穿孔成形加工、电火花线切割、电火花磨削、电火花展成加工、电火花表面强化和电火花刻字等。其中，电火花穿孔成形加工和电火花线切割在模具加工中应用最广泛。

电火花加工原理与特点见表 12-37。

（2）电火花成形机加工工艺特点，见表 12-38。

表 12-37　　　　　　　　电火花加工原理与特点

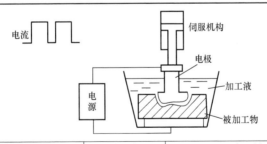

加工原理	特　点	应　用
电火花加工时，工具电极与被加工件分别接脉冲电源的一极，其间充满加工液。当工具电极接近工件达到数微米～数十微米时，加工液被击穿发生火花放电，工件被蚀除一个小坑穴，同时工具电极也会出现相当于加工量百分之几的电极损耗，放电后的电蚀产物随着加工液排出，经过短暂的间隔时间，使两极间加工液恢复绝缘，从而完成一次加工；然后再进行下一次。如此不断地连续进行火花放电即可加工出模具的型腔，其模具型腔的形状由工具电极的形状决定	（1）工件与电极不直接接触，两者之间不加任何机械力 　（2）可以加工各种淬火钢、耐热合金、硬质合金等机械加工较困难的材料 　（3）加工速度慢、加工量少。易于实现无人化加工	（1）穿孔加工：如加工冲裁模、级进模、复合模、拉丝模以及各种零件的型孔等 　（2）磨削加工：如对淬硬钢件、硬质合金、钢结硬质合金工件进行平面或曲面磨削，内圆、外圆、坐标孔以及成形磨削 　（3）线切割加工：如加工各种冲模的凹模、凸模、固定板、卸料板、顶板、导向板以及塑料模镶件等 　（4）型腔加工：如加工锻模、塑料成形模、压铸模等型腔 　（5）其他：如电火花刻字、金属表面电火花强化渗碳、电火花回转加工、螺纹环规等

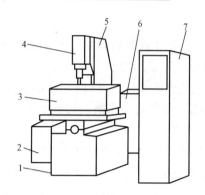

图 12-97　电火花成形加工机床

1—床身；2—过滤器；3—工作台；4—主
轴头；5—立柱；6—液压泵；7—电源箱

2. 电火花成形加工机床的组成

（1）机床的组成。如图 12-97 所示，电火花成形加工机床通常包括床身、立柱、工作台及主轴头等主机部分，液压泵（油泵）、过滤器、各种控制阀、管道等工作液循环过滤系统，脉冲电源、伺服进给（自动进给调节）系统和其他电气系统等电源箱部分。

工作台内容纳工作液，使电极和工件浸泡在工作液里，以起到冷却、排屑、消电离等作用。高性能伺服电动机通过转动纵横向精密滚珠丝杠，移动上下滑板，改变工作台及工件的纵横向位置。

表 12-38　　　　　电火花成形机加工工艺特点

序号	工　艺　特　点
1	电火花放电的电流密度很高，产生的高温足以熔化任何导电材料
2	无切削力作用，有利于加工小孔窄槽等各种形状复杂和难以机械加工的型腔
3	工具电极是用纯铜和石墨等导电材料加工而成的
4	工具电极在加工时有损耗，会影响仿形精度
5	生产率比机械加工低
6	加工中会产生一些有害气体
7	电源参数可按加工要求调节，在同一台机床上可连续进行粗、半精、精加工
8	被加工工件在保证加工余量的前提下，需加工出与型腔形状大致相似的预孔
9	在电极损耗小、不影响尺寸精度的前提下，电极可多次使用
10	借助平动头等辅助夹具来扩大和修正型腔，以满足不同工件的加工要求

主轴头由步进电动机、直流电动机或交流电动机伺服进给。主轴头的主要附件如下：

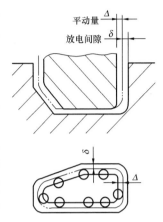

图 12-98 平动加工时电极的运动轨迹

1）可调节工具电极角度的夹头。在加工前，工具电极需要调节到与工件基准面垂直，而且在加工型腔时，还需在水平面内转动一个角度，使工具电极的截面形状与要加工出的工件的型腔预定位置一致。前者的垂直度调节功能，常用球面铰链来实现；后者的水平面内转动功能，则靠主轴与工具电极之间的相对转动机构来调节。

2）平动头。平动头包括两部分：一是由电动机驱动的偏心机构；二是平动轨迹保持机构。通过偏心机构和平动轨迹保持机构，平动头将伺服电动机的旋转运动转化成工具电极上每一个质点都在水平面内围绕其原始位置做小圆周运动（如图 12-98 所示），各个小圆的外包络线就形成加工表面。小圆的半径即平动量 Δ 通过调节可由零逐步扩大。δ 为放电间隙。

采用平动头加工的特点是：用一个工具电极就能由粗至精直接加工出工件（由粗加工转至精加工时，放电规准、放电间隙要减小）。在加工过程中，工具电极的轴线偏移工件的轴线，这样除了处于放电区域的部分外，在其他地方工具电极与工件之间的间隙都大于放电间隙，这有利于电蚀产物的排出，提高加工稳定性。但由于有平动轨迹半径的存在，因此，无法加工出有清角直角的型腔。

工作液循环过滤系统中，冲油的循环方式比抽油的循环方式更有利于改善加工的稳定性，所以大都采用冲油方式，如图 12-99 所示。电火花成形加工中随着深度的增加，排屑困难，应使间隙尺寸、脉冲间隔和冲液流量加大。

脉冲电源的作用，是把工频交流电流转换成一定频率的单向脉冲电流。脉冲电源的电参数包括脉冲宽度、脉冲间隔、脉冲频率、

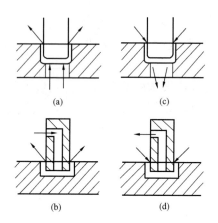

图 12-99 冲、抽油方式
(a) 下冲油式;(b) 上冲油式;(c) 下抽油式;
(d) 上抽油式

峰值电流、开路电压等。

a. 脉冲宽度是指脉冲电流的持续时间。在其他加工条件相同的情况下,蚀除速度随着脉冲宽度的增加而增加,但电蚀物也随之增加。

b. 脉冲间隔是指相邻两个脉冲之间的间隔时间。在其他条件不变的情况下,减少脉冲间隔相当于提高脉冲频率,增加单位时间内的放电次数,使蚀除速度提高。但脉冲间隔减少到一定程度之后,电蚀物不能及时排除,工具电极与工件之间的绝缘强度来不及恢复,将破坏加工的稳定性。

c. 峰值电流是指放电电流的最大值,它影响单个脉冲能量的大小。增大峰值电流将提高速度。

d. 开路电压。如果想提高工具电极与工件之间的加工间隙,可以通过提高开路电压来实现。加工间隙增大,会使排屑容易。如果工具电极与工件之间的加工间隙不变,则开路电压的提高会使峰值电流提高。

伺服进给(自动进给调节)系统的作用是自动调节进给速度,使进给速度接近并等于蚀除速度,以保证在加工中具有正确的放电间隙,使电火花加工能够正常进行。

（2）电火花成形加工机床工艺操作要点，见表 12-39。

（3）电火花成形加工机床的技术参数：

EDM250、EDM280、EDM300、EDM350、EDM400A、EDM480、EDM480A 等电火花成形加工机床的技术参数见表 12-40。

表 12-39 工艺操作要点

序号	操 作 要 点
1	装电极时采用专用角尺或百分表，使电极的轴线与工作台面垂直，或用百分表校正托板，使托板与工作台面平行
2	电极定位时一般采用划线法（划十字中心线、型腔线），对精度较高的模具则用量块法
3	主轴箱回升关紧油箱门，注入清洁的工作液（煤油），液面高于工件 40～80mm，接到电极的冲油管。先用中规准电源将电极和工件放个火花，这时将标尺的位置定下来
4	合上粗规准电源进行加工，在刚开始加工时，由于电极和工件只有部分接触，平均电流可以调小一些，脉冲宽度大一些，等到与工件接触面大了，再加大平均电流。粗加工结束后，再调节偏心量及转半精、精加工。在加工过程中，要经常测量型腔尺寸，在精加工结束后，尺寸要符合图样要求

3. 电火花成形加工的控制参数

控制参数可分为离线参数和在线参数。离线参数是在加工前设定的，加工中基本不再调节，如放电电流、开路电压、脉冲宽度、电极材料、极性等；在线参数是加工中常需调节的参数，如进给速度（伺服进给参考电压）、脉冲间隔、冲油压力与冲油油量、抬刀运动等。

（1）离线控制参数。虽然这类参数通常在加工前预先选定，加工中基本不变，但在下列一些特定的场合，它们还是需要在加工中改变。

1）加工起始阶段。这时的实际放电面积由小变大，过程扰动较大，因此，先采用比预定规准较小的放电电流，以使过渡过程比较平稳，等稳定加工几秒钟后再把放电电流调到设定值。

表 12-40　　　　　　　　　　　**EDM 系列电火花成形机的技术参数**

型号　参数	EDM250	EDM280	EDM300	EDM350	EDM400A	EDM480	EDM480A
工作台尺寸（长×宽，mm×mm）	450×280	480×280	550×300	550×350	720×450	760×480	760×480
工作液槽尺寸（长×宽×高，mm×mm×mm）	840×440×300	1010×500×310	1035×530×340	1100×550×320	1300×640×400	1340×700×400	1340×700×400
坐标伺服行程（x, y, z, ω）（mm）	250, 180, 200	280, 200, 200	300, 150, 250, 180	350, 250, 300	400, 300, 200, 200	480, 350, 380	480, 350, 380
工作台最大承重（kg）	200	250	500	650	730	900	900
主轴箱最大承重（kg）	20	25	50	50	50	100	100
整机输入功率（kVA）	1.5	3.0	4.8	4.8	5.0	6.0	6.0
最大加工电流（A）	30	30	60	60	60	60～100	60～100
最高生产率（mm³/min）	250	280	550	550	550	900	900
最低电极损耗比（%）	<0.3	<0.3	<0.3	<0.3	<0.2	<0.3	<0.2
最佳加工表面粗糙度 Ra（μm）	0.6	0.6	0.6	0.6	0.4	0.6	0.4

2）加工深型腔。通常开始时加工面积较小，所以，放电电流必须选较小值，然后，随着加工深度（加工面积）的增加而逐渐增大电流，直至达到为了满足表面粗糙度、侧面间隙所要求的电流值。另外，随着加工深度、加工面积的增加，或者被加工型腔复杂程度的增加，都不利于电蚀产物的排出，不仅降低加工速度，而且影响加工稳定性，严重时将造成拉弧。为改善排屑条件，提高加工速度和防止拉弧，常采用强迫冲油和工具电极定时抬刀等措施。

3）补救过程扰动。加工中一旦发生严重干扰，往往很难摆脱，例如，当拉弧引起电极上的积碳沉积后，放电就很容易集中在积碳点上，从而加剧拉弧状态。为摆脱这种状态，需要把放电电流减少一段时间，有时还要改变极性，以消除积碳层，直到拉弧倾向消失，才能恢复原规准加工。

（2）在线控制参数。它们对表面粗糙度和侧面间隙的影响不大，主要影响加工速度和工具电极相对损耗速度。

1）伺服参考电压。伺服参考电压与平均端面间隙呈一定的比例关系，这一参数对加工速度和工具电极相对损耗的影响很大。一般来说，其最佳值并不正好对应于加工速度的最佳值，而是应当使间隙稍微偏大些。因为小间隙不但引起工具电极相对损耗加大，还容易造成短路和拉弧，而稍微偏大的间隙在加工中比较安全（在加工起始阶段更为必要），工具电极相对损耗也较小。

2）脉冲间隔。过小的脉冲间隔会引起拉弧。只要能保证进给稳定和不拉弧，原则上可选取尽量小的脉冲间隔。当脉冲间隔减小时，加工速度提高，工具电极相对损耗比减小。但在加工起始阶段应取较大的值。

3）冲液流量。只要能使加工稳定，保证必要的排屑条件，应使冲液流量尽量小，因为电极损耗随冲液流量（压力）的增加而增加。在不计电极损耗的场合另当别论。

4）伺服抬刀运动。抬刀意味着时间损失，因此，只有在正常冲液不够时才使用，而且要尽量缩短电极上抬刀和加工的时间比。

（二）电火花加工用电极的设计与制造

电火花型腔加工是电火花成形加工的主要应用形式。它具有如下一些特点：①型腔形状复杂、精度要求高、表面粗糙度低；②型腔加工一般属于盲孔加工，工作液循环和电蚀物排除都比较困难，电极的损耗不能靠进给补偿；③加工面积变化较大，加工过程中电规准的调节范围大，电极损耗不均匀，对精加工影响大。

1. 电火花加工用的工具电极材料及其特点

电火花加工用的工具电极材料必须具有导电性能好、损耗小、造型容易、加工稳定性好、效率高、材料来源丰富、价格便宜等特点。常用的电极材料有纯铜、石墨、黄铜、钢、铸铁和钨合金等。

加工模具用工具电极材料性能如下：

（1）纯铜电极。优点是质地细密、加工稳定性好，相对电极耗损较小。适应性广：适于加工贯通模和型腔模，若采用细管电极可加工小孔，也可用电铸法作电极加工复杂的三维形状，尤其适用于制造精密花纹模的电极。其缺点为精车、精密等机械加工困难。

（2）黄铜电极。最适宜于中小规准情况下加工，稳定性好，制造也较容易；但缺点是电极的耗损率比一般电极都大，不容易使被加工件一次成形，所以只用在简单的模具加工，或通孔加工、取断丝锥等。

（3）铸铁电极。是目前国内广泛应用的一种材料，主要特点是制造容易、价格低廉、材料来源丰富，放电加工稳定性也较好，机械加工性能好，与凸模粘接在一起成形磨削也较方便，特别适用于复合式脉冲电源加工，电极损耗一般达20%以下，对加工冷冲模具最适合。

（4）钢电极。也是我国应用比较广泛的电极，它和铸铁电极相比，加工稳定性差，效率也较低，但它可以把电极和冲头合为一体，一次成形，精度易保证，可减少冲头与电极的制造工时。电极耗损与铸铁相似，适合"钢打钢"冷冲模加工。

2. 型腔电火花加工的工艺方法

常用的加工方法有单电极平动法、多电极更换法和分解电极加工法等。

（1）单电极平动法是使用一个电极完成型腔的粗加工、半精加工和精加工。加工时依照先粗后精的顺序改变电规准，同时加大电极的平动量，以补偿前后两个加工规准之间的放电间隙差和表面误差，实现型腔侧向"仿形"，完成整个型腔的加工。

单电极平动法加工只需一个电极，一次装夹，便可达到较高的加工精度；同时，由于平动头改善了工作液的供给及排屑条件，使电极损耗均匀，加工过程稳定。缺点是不能免除平动本身造成的几何形状误差，难以获得高精度，特别是难以加工出清棱、清角的型腔。

（2）多电极更换法是使用多个形状相似、尺寸有差异的电极依次更换来加工同一个型腔。每个电极都对型腔的全部被加工表面进行加工，但采用不同的电规准，各个电极的尺寸需根据所对应的电规准和放电间隙确定。由此可见，多电极更换法是利用工具电极的尺寸差异，逐次加工掉上一次加工的间隙和修整其放电痕迹。

多电极更换法一般用 2 个电极进行粗、精加工即可满足要求，只有当精度和表面质量要求都很高时才用 3 个或更多个电极。多电极更换法加工型腔的仿形精度高，尤其适用于多尖角、多窄缝等精密型腔和多型腔模具的加工。这种方法加工精度高、加工质量好，但它要求多个电极的尺寸一致性好，制造精度高，更换电极时要求保证一定的重复定位精度。

（3）分解电极法是单电极平动法和多电极更换法的综合应用。它是根据型腔的几何形状把电极分成主、副电极，分别制造。先用主电极加工型腔的主体，后用副电极加工型腔的尖角、窄缝等。加工精度高、灵活性强，适用于复杂模具型腔的加工。

3. 型腔电极的设计

型腔电极设计的主要内容是选择电极材料，确定结构形式和尺寸等。

型腔电极尺寸根据所加工型腔的大小与加工方式、放电间隙和电极损耗决定。当采用单电极平动法时，其电极尺寸的计算方法如下：

（1）电极的水平尺寸。型腔电极的水平尺寸是指电极与机床主轴轴线相垂直的断面尺寸，如图 12-100 所示。考虑到平动头的偏心量可以调整，可用下式确定电极水平尺寸

$$G = A \pm kb \tag{12-1}$$

$$b = \delta + H_{\max} - h_{\max} \tag{12-2}$$

式中　G——电极水平方向尺寸；

　　　A——型腔的基本尺寸；

　　　k——与型腔尺寸标注有关的系数；

　　　b——电极单边缩放量；

　　　δ——粗规准加工的单面脉冲放电间隙；

　$H_{\max}$——粗规准加工时最大表面粗糙度值；

　$h_{\max}$——精规准加工时最大表面粗糙度值。

1）式（12-1）中"$\pm$"号的选取原则是：电极凹入部分的尺寸应放大，取"＋"号；电极凸出部分的尺寸（对应型腔凹入部分）应缩小，取"－"号。

2）式（12-1）中 k 值按下述原则确定：当型腔尺寸两端以加工面为尺寸界线时，蚀除方向相反，取 $k=2$，如图 12-100 中的 A_1、A_2；当蚀除方向相同时，取 $k=1$，如图 12-100 中的 E；当型腔尺寸以中心线之间的位置及角度为尺寸界线时，取 $k=0$，如图 12-100 中的 R_1、R_2 圆心位置。

（2）电极垂直尺寸。型腔电极的垂直尺寸是指电极与机床主轴轴线相平行的尺寸，如图 12-101 所示。

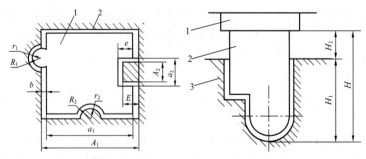

图 12-100　型腔电极的水平尺寸　　图 12-101　型腔电极的垂直尺寸

1—型腔电极；2—型腔　　　　　1—电极固定板；2—型腔电极；3—工件

型腔电极在垂直方向的有效工作尺寸 H_1 用下式确定：

$$H_1 = H_0 + C_1 H_0 + C_2 S - \delta \tag{12-3}$$

式中　H_1——型腔的垂直尺寸；

　　　C_1——粗规准加工时电极端面的相对损耗率，其值一般小于 1%，$C_1 H_0$ 只适用于未进行预加工的型腔；

　　　C_2——中、精规准加工时电极端面的相对损耗率，其值一般为 $20\% \sim 25\%$；

　　　S——中、精规准加工时端面总的进给量，一般为 $0.4 \sim 0.5\text{mm}$；

　　　δ——最后一挡精规准加工时端面的放电间隙，可忽略不计。

用式（12-3）计算型腔的电极垂直尺寸后，还应考虑电极重复使用造成的垂直尺寸损耗，以及加工结束时电极固定板与工件之间应有一定的距离，以便于工件装夹和冲液等。因此，型腔电极的垂直尺寸还应增加一个高度 H_2，即型腔电极在垂直方向的总高度为：$H = H_1 + H_2$。而实际生产时，考虑到 H_2 的数值远大于 $(C_1 H_0 + C_2 S)$，计算公式可简化为：$H = H_0 + H_2$。

4. 型腔电极的制造

石墨材料的机械加工性能好，机械加工后修整、抛光都很容易，因此目前主要采用机械加工法。因加工石墨时粉尘较多，最好采用湿式加工（把石墨先在机油中浸泡）。另外，也可采用数控切削、振动加工成形和等离子喷涂等新工艺。

纯铜电极主要采用机械加工方法，还可采用线切割、电铸、挤压成形和放电成形，并辅以钳工修光。线切割法特别适于异形截面或薄片电极；对型腔形状复杂、图案精细的纯铜电极也可以用电铸的方法制造；挤压成形和放电成形加工工艺比较复杂，适用于同品种大批量电极的制造。

制造型腔电极的典型工艺过程如下：

（1）刨或铣。加工六面，按最大外形尺寸留 $1 \sim 2\text{mm}$ 余量（电极为圆形时，可车削）。

（2）平磨。磨两端面和相邻两侧面，两侧面要相互垂直。

（3）钳。按图划线。

（4）刨或铣。按线加工，留成形磨削余量 0.2～0.5mm。

（5）钳。钻、攻装夹螺孔。

（6）热处理。采用与凸模为一整体的钢电极时，要进行淬火和低温回火。

（7）钳。采用铸铁电极时，将铸铁电极与凸模粘接或钎焊为一体。

（8）成形磨削。将电极成形磨削至图样要求。

（9）退磁。

（10）化学腐蚀或电镀。阶梯电极或小间隙模具的电极可采用化学腐蚀，加大间隙模具的电极用电镀。

（三）型腔模电火花加工工艺

1. 型腔模电火花加工的特点

型腔的主要特点是盲孔、形状复杂、加工余量大。电火花加工过程中加工条件（如排气、排屑、工作液循环等）较差，获得较高精度的型腔比较困难。

通常粗加工时使用大功率、宽脉冲、负极性加工，以获得电极的低损耗和高生产率，并使半精加工和精加工的加工余量尽量减少。

（1）型腔模电火花加工的方法见表 12-41。

（2）型腔模电火花加工用电极，主要分为穿孔加工用和型腔加工用两种。

1）穿孔加工用电极的类型及特点见表 12-42。

2）型腔加工用电极。型腔加工用电极最常用的材料是石墨和铜。石墨、铜电极的加工工艺区别见表 12-43。

（3）电极和工件的装夹与定位。

1）电火花加工前，工件的型腔部分最好加工出预孔，并留适当的电火花加工余量。余量的大小应能补偿电火花加工的定位、找正误差及机械加工误差。一般情况下，单边余量以 0.3～1.5mm 为宜，并力求均匀。对形状复杂的型孔，余量要适当加大。

2）在电火花加工前，必须对工件进行除锈、去磁，以免在加工过程中造成工件吸附铁屑，拉弧烧伤，影响成形表面的加工质量。

表 12-41　　　　　　　　**型腔模电火花加工方法**

方法	特　点	电极精度要求	电极制造方法	电极装夹和定位	电源要求	适用范围
单电极平动	利用平动头，自始至终用一个电极加工。以调节平动头的偏心量补偿电极损耗	根据型腔精度制造一个相应精度的电极	可用一般加工方法	装夹在平动头上，无需重复定位	常用晶体管、晶闸管电源	为常用方法，加工 100mm 深型腔时，精度可达0.1mm
多电极加工	使用两个或多个电极，一个作粗加工，第二个或第三个电极采用平动法逐步降低型腔表面粗糙度	需保证各电极间的相对精度。型腔有直壁时需按照不同规准的放电间隙制造不同尺寸的电极	可用电铸（铜）、振动加压成形（石墨）、放电成形（铜）等方法	电极需有定位基准，需保证电极的重复定位精度	各类电源	1. 需要型腔精度较高时 2. 使用粗加工有损耗电源时 3. 无平动头等侧面修正装置时
分解电极加工	根据型腔的几何形状，把电极分解成主型腔电极和局部型腔电极	可以根据主型腔和局部型腔的不同要求，钳工修磨及抛光的难易程度，合理地选择电极材料和加工规准	可用一般加工方法	同多电极加工	同多电极加工	用主型腔电极加工出主型腔，用局部型腔电极加工尖角、窄缝、深槽等局部型腔
CNC加工	根据型腔的几何形状和加工要求编成程序，然后通过机内微机处理进行数控加工。它具有各种复杂的控制机能，加工条件为粗→半精→精加工自动变换、自动定位、横向加工、电极端面自动定位、电极交换等。可进行各种形式的加工					

表 12-42   **电极类型及特点**

类型	特　　点
整体电极	最常用的结构形式。较大的电极可在中间开孔以减轻重量。对于一些容易变形或断裂的小电极，可在电极的固定端逐步加大尺寸
镶拼电极	由多个拼块拼合而成，常用于整体电极难以加工时
分解电极	用多个电极先后加工一个复杂型腔的部分表面，最后达到所需尺寸
组合电极	将几个电极组装后，同时加工几个型孔

表 12-43   **石墨和铜电极的加工工艺区别**

电极材料	石　　墨	铜
对型腔预加工要求	一般不需预加工（电源容量较大时）	可采取预加工，以缩短粗加工时间
电规准选择	采用较大的脉冲宽度和较高的峰值电流的低损耗规准作为粗加工规准，可达到很高生产率	采用更大的脉冲宽度和较低的峰值电流作为粗加工规准，加工电流不能太大，脉冲间隔也不应太长
排屑方法	尽可能采用电极冲油的方法，必要时也可以采取其他排屑方式	不采用电极冲油的方法，粗加工用排气孔，精加工用平动头、自动抬刀等方法改善排屑
适用范围	大中小型腔	适用于小型腔、高精度型腔。中大型腔加工采用空心薄板电极

2. 工具电极工艺基准的校正

电火花加工中，主轴伺服进给是沿着 Z 轴进行，因此工具电极的工艺基准必须平行于机床主轴头的轴线。为达到目的，可采用如下方法：

（1）让工具电极的柄部的定位面与工具电极的成形部位使用同一工艺基准。这样可以将电极柄直接固定在主轴头的定位元件（垂直 V 形体和自动定心夹头可以定位圆柱电极柄，圆锥孔可以定位锥柄工具电极）上，工具电极自然找正。

（2）对于无柄的工具电极，让工具电极的水平定位面与其成形部位使用同一工艺基准。电火花成形机床的主轴头（或平动头）都有水平基准面，将工具电极的水平定位面贴置于主轴头（或平动头）的水平基准面，工具电极即实现了自然找正。

（3）如果因某种原因，工具电极的柄部、工具电极的水平面均未与工具电极的成形部位采用同一工艺基准，那么无论采用垂直定位还是采用水平基准面，都不能获得自然的工艺基准找正，这种情况下，必须采取人工找正。此时，需要具备如下条件：①要求工具电极的吊装装置上配备具有一定调节量的万向装置（如图 12-102 所示），万向装置上有可供方便调节的环节（例如图中的调节螺钉）；②要求工具电极上有垂直基准面或水平基准面。找正操作时，将千分表或百分表顶在工具电极的工艺基准面上，通过移动坐标（如果是找正垂直基准就移动 Z 坐标，如果是找正水平基准就移动 X 和 Y 坐标），观察表上读数的变化估测误差值，不断调节万向装置的方向来补偿误差，直到找正为止。

3. 工具电极与工件的找正

工具电极和工件的工艺基准校正以后（在安装工件时应使工件的工艺基准面与工作台平行，即工件坐标系中的 X、Y 向与机床坐标系的 X、Y 向一致），需将工具电极和工件的相对位置找正（对正），方能在工件上加工出位置正确的型孔。对正作业是在 X、Y 和 C 坐标三个方向上完成的。C 向的转动是为了调整工具电极的 X 和 Y 向基准与工件的 X 和 Y 向基准之间的角度误差。

较大的电极可用主轴下端

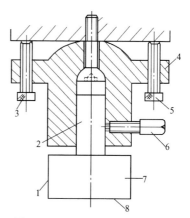

图 12-102　人工校正时工具电极的吊装装置

1—垂直基准面；2—电极柄；3、5—调节螺钉；4—万向装置；6—固定螺钉；7—工具电极；8—水平基准面

的连接法兰上 a、b、c 三面作基准，直接装夹，如图 12-103 所示；较小的电极可利用电极夹具装夹，如图 12-104 所示。组合电极也可用通用电极夹具装夹，如图 12-105 所示。大型石墨电极的拼合装夹方法见图 12-106。石墨电极和连接板的固定方法见图 12-107。

电极装夹后，应检查其垂直度。用精密角尺校正电极垂直度的方法见图 12-108；用千分表校正见图 12-109；型腔加工用电极的校正方法见图 12-110。

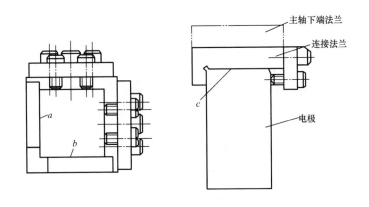

图 12-103　较大电极的直接装夹

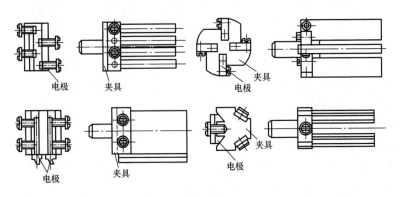

图 12-104　用电极夹具装夹小电极

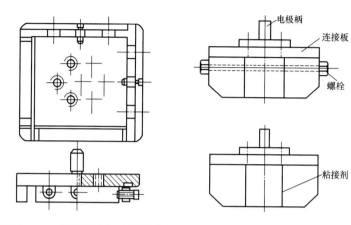

图 12-105　用通用电极夹具装夹　　图 12-106　大型石墨电极的拼合装夹

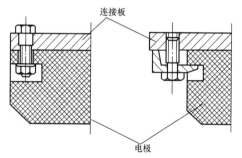

图 12-107　石墨电极与连接板的固定

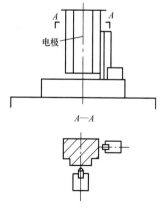

图 12-108　用精密角尺校正电极垂直度

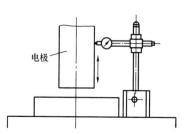

图 12-109　用千分表校正电极垂直度

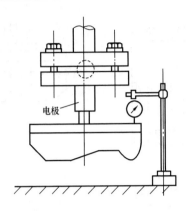

图 12-110　型腔加工用电极的校正

电极与工件间的定位方法见表 12-44。

表 12-44　　　　　　　**电极与工件间的定位方法**

定位方法	简　图	说　明
垫量块法	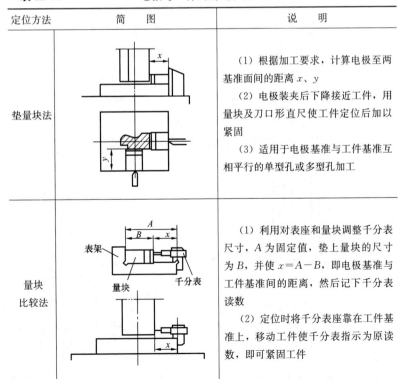	（1）根据加工要求，计算电极至两基准面间的距离 x、y （2）电极装夹后下降接近工件，用量块及刀口形直尺使工件定位后加以紧固 （3）适用于电极基准与工件基准互相平行的单型孔或多型孔加工
量块比较法		（1）利用对表座和量块调整千分表尺寸，A 为固定值，垫上量块的尺寸为 B，并使 $x＝A－B$，即电极基准与工件基准间的距离，然后记下千分表读数 （2）定位时将千分表座靠在工件基准上，移动工件使千分表指示为原读数，即可紧固工件

20 世纪 80 年代以来生产的大多数电火花成形机床，其伺服进给（自动进给调节）系统具有"撞刀保护"或称接触感知功能，即当工具电极接触到工件后能自动迅速回返形成开路。借助于此类撞刀保护功能可以找正工具电极和工件的相对位置。找正、接触感知时应采用较小的电规准或较低的电压（10V 左右），以免对刀时产生很大的电火花而把工件、电极的表面打毛。用 10V 左右的找正电压完全可以避免约 100V 的电火花腐蚀所导致的型孔损伤。

4. 加工规准的选择（见表 12-45）

表 12-45　　　　　　　　　加工规准的选择

规准	挡数	工艺性能	电规准要求			适用范围
			脉冲宽（μs）	电流峰值（A）	脉冲频率（Hz/s）	
粗	1～3	损耗低（<1%），生产率高，负极性加工，加工时不平动，不用强迫排屑	石墨加工钢>600	3～5 纯铜加工钢可大些	400～600	一般零件加工，使凹坑及凸起平坦
半精	2～4	损耗较低（<5%），需强迫排屑，平动修型	20～400	<20	>200	提高表面质量，达到要求尺寸
精	2～4	损耗较大（20%～30%），加工余量小，一般为 0.01～0.05mm，必须强迫排屑，定时抬刀，平动修光	<10	<2	>20 000	达到图样要求的尺寸精度及表面粗糙度等级

（四）数控电火花成形加工编程

目前生产的数控电火花成形机床，有单轴数控（Z 轴）、三轴数控（X、Y、Z 轴）和四轴数控（X、Y、Z、C 轴）。如果在工作台上加双轴数控回转台附件（A、B 轴），这样就成为六轴数控机床了。此类数控机床可以实现近年来出现的用简单电极（如杆状电极）展成法来加工复杂表面，它靠转动的工具电极（转动可以使电极损耗均匀和促进排屑）和工件间的数控运动及正确的编程来实现，不必制造复杂的工具电极就可以加工复杂的工件，大大缩短了生产周期，展示出数控技术的"柔性"能力。

计算机辅助电火花雕刻就是利用电火花展成法进行的，它可以在金属材料上加工出各种精美、复杂的图案和文字（激光雕刻则通常用于非金属材料的印章雕刻、工艺标牌雕刻）。电火花雕刻机的电极比较细小，因此其长度要尽量短，以保证具有足够的刚度，使其在加工过程中不致弯曲。电火花雕刻的关键在于计算机辅助雕刻编程系统，它由图形文字输入、图形文字库管理、图形文字矢量化、加工路径优化、数控文件生成、数控文件传输等子模块组成。

1. 数控电火花成形加工的编程特点

摇动加工的编程代码，各厂商均有自己的规定。例如：以 LN 代表摇动加工，LN 后面的 3 位数字则分别表示摇动加工的伺服方式、摇动运动的所在平面、摇动轨迹的形状；以 STEP 代表摇动幅度，以 STEP 后面的数字表示摇动幅度的大小。

2. 数控电火花成形加工的编程实例

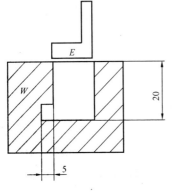

图 12-111　数控电火花成形加工实例

【例 12-4】　加工如图 12-111 所示的零件，加工程序如下：

G90 G11 F200（绝对坐标编程，半固定轴模式，进给速度 200mm/min）

M88 M80（快速补充工作液，令工作液流动）

E9904（电规准采用 E9904）

M84（脉冲电源开）

G01 Z-20.0（直线插补至 $Z=-20.0$mm）

M85（脉冲电源关）

G13 X5（横向伺服运动，采用 X 方向第五挡速度）

M84（脉冲电源开）

G01 X-5.0（直线插补至 $X=-5.0$mm）

M85（脉冲电源关）

M25 G01 Z0（取消电极和工件接触，直线插补至 $Z=0$mm）

G00 Z100.0（快速移动至 $Z=100.0$mm）

M02（程度结束）

二、电火花线切割加工

（一）电火花线切割加工工艺基础

目前，常用的电火花线切割机床主要有靠模仿形、光电跟踪、数字程序控制三种形式。其中，数控线切割机床应用最为普遍。

1. 电火花线切割加工原理

电火花线切割加工和电火花成形加工的原理是一样的，即利用火花放电使金属熔化或气化，并把熔化或气化的金属去除掉，从而实现各种金属工件的加工。图 12-112 所示为线切割加工原理图，电极丝与高频脉冲电源的负极相接，工件则与电源的正极相接，利用线电极与工件之间的火花放电腐蚀工件。

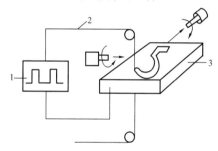

图 12-112　电火花线切割加工原理

1—脉冲电源；2—电极丝；3—模具工件

2. 电火花线切割加工工艺特点（见表 12-46）

表 12-46　　　　　**电火花线切割加工工艺特点**

序号	工 艺 特 点
1	可以切割任何硬度、高熔点包括经热处理的钢和合金，特别适合模具凸、凹模及拼块的加工
2	需按机床控制方式编制程序
3	可以利用间隙补偿来加工不同要求的工件
4	被加工工件一般不作预加工，但需根据图样和工艺要求预钻穿丝孔
5	在线切割加工时，也同样存在着火花间隙，线电极与工件不直接接触，因此也无切削力作用，同样不存在因此产生的一系列设备和工艺问题
6	电极丝在加工时有损耗，会影响精度，需要经常更换
7	工具电极一般用 $\phi 0.06mm \sim \phi 0.20mm$ 的金属丝（黄铜丝、钼丝），可以切割任何形状的复杂型孔、窄槽和小圆角半径的锐角
8	程序可以保存，重复使用，便于再生产

3. 电火花线切割加工技术（见表 12-47）

表 12-47   **电火花线切割加工技术**

项　目	加　工　技　术
加工程序	用试运行方法校验加工程序，机床回复原点，装夹工件，安装线电极，确定加工形式，对实际加工时加工液的比阻抗等进行校验
装夹工件	装夹工件时，首先应校准平行度与垂直度，然后将线电极穿过工件上的穿丝孔
安装线电极	安装好线电极后，用垂直度调准器对线电极的垂直度进行校准。采用在线电极与工件之间施加微小火花放电的方法，判断工件端面与线电极是否充分平行，如不平行就不会在它们之间的整个接触面上飞出火花
加工条件的选择	参照线切割机制造厂提供的数据实施，内容大致包括电规准、加工液温度和比阻抗等
工件基准面	工件基准面采用精磨加工，使其能达到工件加工时的位置精度
温度控制	在较长模板上切割级进模型孔时，应严格控制工作液温度和工件温度，否则将降低型孔的孔距精度
控制工件变形	为控制工件变形，应首先按照型孔单边留 1～1.5mm 余量切割一预孔，然后对工件进行热处理消除内应力，再对产生变形工件的两平面进行磨削，最后按所需尺寸切割型孔
多次切割	切割次数越多，则切割面的表面粗糙度值越小，这是因为去除了切割时的变质层。因此现在加工精密模具一般都采用多次切割加工
合理确定穿丝孔位置	对于小型工件，穿丝孔宜选在工件待切割型孔的中心；对于大型工件，穿丝孔可选在靠近切割图样的边角处或已知坐标尺寸的交点上
多穿丝孔加工	采用线切割加工一些特殊形状的工件时，如果只采用一个穿丝孔加工，残留应力会沿切割方向向外释放，会造成工件变形，而采用多穿丝孔加工可解决变形问题

4. 电火花线切割机的主要技术规格（见表 12-48）

表 12-48　　　　　电火花线切割机的主要技术规格

型　号	技　术　规　格
DK7725	工作台面尺寸（长×宽）：510mm×320mm 工作台行程（x、y）：250mm×320mm 最大加工厚度：400mm 最大加工锥度：≥6°/80mm
DK7732	工作台面尺寸（长×宽）：610mm×360mm 工作台行程（x、y）：320mm×400mm 最大加工厚度：400mm 最大加工锥度：(6°～30°)/80mm
DK7740	工作台面尺寸（长×宽）：690mm×460mm 工作台行程（x、y）：400mm×500mm 最大加工厚度：400mm 最大加工锥度：(6°～30°)/80mm
DK7750	工作台面尺寸（长×宽）：890mm×540mm 工作台行程（x、y）：500mm×600mm 最大加工厚度：500mm 最大加工锥度：(6°～30°)/80mm
DK7763	工作台面尺寸（长×宽）：1030mm×650mm 工作台行程（x、y）：630mm×800mm 最大加工厚度：600mm 最大加工锥度：(6°～30°)/80mm
DK7725 DK7732 DK7740 DK7750 DK7763	整机 最大切割速度：≥100mm/min 最佳加工面表面粗糙度值：Ra≤2.5μm 电极丝直径：ϕ0.1mm～ϕ0.2mm 电脑编程控制系统 上下异形锥度加工，双 CPU 结构，编程控制一体化，加工时可分时编程 放电状态波形显示，自动跟踪 加工轨迹实时跟踪显示，工作轮廓三维造型 编程、控制均由屏幕控制方式全部用鼠标即可实现 国际标准 ISO 代码控制

5. 电火花线切割加工工件常用装夹方法

电火花线切割加工工件，其装夹方法选择是否恰当，直接影响线切割加工精度。常用的装夹方法如图 12-113 所示。

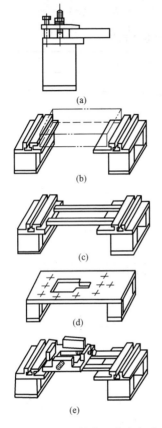

图 12-113　工件常用装夹方法
（a）悬臂式；（b）两端支承式；
（c）桥式；（d）平板式；
（e）复式

悬臂式装夹如图 12-113（a）所示，其不易夹平，用于精度要求低和悬出长度短的工件；两端支承式装夹如图 12-113（b）所示，装夹稳定，定位精度高，适用于装夹大型工件；桥式装夹如图 12-113（c）所示，对大、中、小型工件均适用；平板式装夹如图 12-113（d）所示，平面定位精度高，若增设纵、横方向定位基准后，装夹更为方便，适于批量生产；复式装夹如图 12-113（e）所示，适用于成批生产，可节省大量装夹时间。

6. 在普通线切割机床上加工带斜度的凹模

采用电火花线切割加工模具零件时，在选择材料和模具结构方面，都应考虑线切割加工工艺的特点，以保证提高模具的加工精度和使用寿命。

（1）模具零件材料的选用。线切割加工是在模具零件毛坯热处理淬硬后进行的，如果选用碳素工具钢制造，由于其淬透性差，线切割成形后，由于有效淬硬层浅，经过数次修磨，硬度会显著下降，模具使用寿命缩短。另外，淬透性差的材料淬火后残余应力大，在线切割加工中容易引起变形，直接影响加工精度。

为了提高线切割加工模具零件的加工精度和使用寿命，应选用淬透性好的合金工具钢（如 Cr12、CrWMn、Cr12MoV 等）或硬质合金来制造。

（2）线切割加工模具的结构特点：

1）采用线切割加工工艺，凸模和凹模可采用整体结构。这样可以减少制造工时，简化模具结构和提高模具强度。

2）线切割加工出的凸模和凹模固定板型孔尺寸上下一致，为了保证凸模与固定板的连接强度，一般采用双边过盈量为 0.01～0.03mm 的过盈配合。如果凸模型面较大时，可采用其他机械固定或化学固定法连接。

3）当线切割机床没有切割斜度的装置时，加工出的凹模型孔不带斜度。为了便于漏料，凹模刃口厚度应在保证强度的前提下尽量减薄，也可以在线切割加工后，再利用电火花加工或锉修出漏料斜度。

（3）在普通线切割机床上加工带斜度的凹模。为了适应模具生产发展的需要，我国已研制出多种线切割斜度的装置。在线切割机床上增设这种装置后，可以在线切割加工凹模型孔的同时把凹模加工出 0°～1°30′的斜度。

此处介绍一种在没有斜度切割功能的机床上加工带斜度凹模的简易方法，如图 12-114 所示。图 12-114（a）

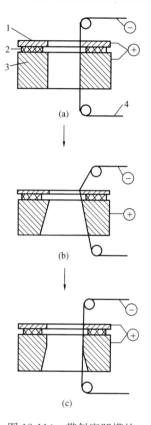

图 12-114 带斜度凹模的
简易加工方法
（a）预加工直壁；（b）切割
斜度；（c）开直壁刃口
1—金属板；2—绝缘板；
3—工件；4—电极丝

在工件上方装一块绝缘板和金属板，绝缘板上的空心部分应比加工图形大一些。金属板 1 和工件 3 均接线切割电源正极，用比工件图形缩小一定尺寸的程序把金属板和工件切割出直壁来。图 12-114（b）为切割带斜度的凹模。把金属板上的电源接线取下来，用比工件加工图形尺寸放大一些的程序加工，这时金属板不加工，只对工件进行切割，但电极丝被金属板折弯，使工件加工出斜度，工件下口尺寸大于工件图形尺寸。图 12-114（c）为最后切割出直壁刃口，仍将金属板和工件均接电源正极，用工件图形的程序将模具直壁刃口加工出来，直壁高度约 3～5mm。用此法加工，电极丝损耗大。

（二）数控电火花线切割加工编程

1. 数控电火花线切割工作原理与特点

线切割加工（Wire Electrical Discharge Machining，WEDM）是电火花线切割加工的简称，它是用线状电极（钼丝或铜丝）靠电火花放电对工件进行切割，其工作原理如图 12-115 所示，被切割的工件接脉冲电源的正极，电极丝作为工具接脉冲电源的负极，电极丝与工件之间充满具有一定绝缘性能的工作液，当电极丝与工件的距离小到一定程度时，在脉冲电压的作用下工作液被击穿，电极丝与工件之间产生火花放电而使工件的局部被蚀除，若工作台按照规定的轨迹带动工件不断地进给，就能切割出所需要的工件形状。

线切割机床通常分为：快走丝与慢走丝两类。前者是贮丝筒带动电极丝作高速往复运动，走丝速度为 8～10m/s，电极丝基本上不被蚀除，可使用较长时间，国产的线切割机床多是此类机床。由于快走丝线切割的电极丝是循环使用的，为保证切割工件的质量，必须规定电极丝的损耗量，避免因电极丝损耗过大以致电极丝在导轮内窜动。提高走丝速度有利于电极丝将工作液带入工件与电极丝

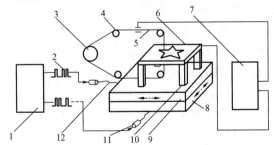

图 12-115　数控线切割加工的工作原理

1—数控装置；2—信号；3—贮丝筒；4—导轮；5—电极丝；6—工件；

7—脉冲电源；8—下工作台；9—上工作台；10—垫铁；

11—步进电动机；12—丝杠

之间的放电间隙、排出电蚀物，并且提高切割速度，但加大了电极丝的振动。慢走丝机床的电极丝作低速单向运动，走丝速度一般低于 0.2m/s，为保证加工精度，电极丝用过以后不再重复使用。

快走丝线切割的加工精度为 0.02～0.01mm，表面粗糙度一般为 $Ra5.0～2.5\mu m$，最低可达 $Ra1.0\mu m$。慢走丝线切割的加工精度为 0.005～0.002mm，表面粗糙度一般为 $Ra1.6\mu m$，最高可达 $Ra0.2\mu m$。

线切割机床的控制方式有靠模仿形控制、光电跟踪控制和数字程序控制等方式。目前，国内外 95% 以上的线切割机床都已经数控化，所用数控系统有不同水平的，如单片机、单板机、微机。微机数控是当今的主流趋势。

快走丝线切割机床的数控系统大多采用简单的步进电动机开环系统；慢走丝线切割机床的数控系统大多是伺服电动机加编码盘的半闭环系统；在一些超精密线切割机床上则使用伺服电动机加磁尺或光栅的全闭环数控系统。

数控电火花线切割加工有如下特点：

（1）直接利用线状的电极丝作电极，不需要制作专用电极，可节约电极设计、制造费用。

（2）可以加工用传统切削加工方法难以加工或无法加工出的形状复杂的工件，如凸轮、齿轮、窄缝、异形孔等。由于数控电火花线切割机床是数字控制系统，因此加工不同的工件只需编制不同的控制程序，对不同形状的工件都很容易实现自动化加工。很适合于小批量形状复杂的工件、单件和试制品的加工，加工周期短。

（3）电极丝在加工中不接触工件，二者之间的作用力很小，因此工件以及夹具不需要有很高的刚度来抵抗变形，可以用于切割极薄的工件及在采用切削加工时容易发生变形的工件。

（4）电极丝材料不必比工件材料硬，可以加工一般切削方法难以加工的高硬度金属材料，如淬火钢、硬质合金等。

（5）由于电极丝直径很细（0.1～0.25mm），切屑极少，且只对工件进行切割加工，故余料还可以使用，对于贵重金属加工更有意义。

(6) 与一般切削加工相比，线切割加工的效率低，加工成本高，不宜大批量加工形状简单的零件。

(7) 不能加工非导电材料。

由于数控电火花线切割加工具有上述优点，因此电火花线切割广泛用于加工硬质合金、淬火钢模具零件、样板、各种形状复杂的细小零件、窄缝等，特别是冲模、挤压模、塑料模、电火花加工型腔模所用电极的加工。

线切割加工的切割速度以单位时间内所切割的工件面积来表达（mm^2/min）。它是一个生产指标，常用来估算工件的切割时间，以便安排生产计划及估算成本，综合考虑工件的质量要求。通常快走丝的切割速度为 $40 \sim 80 mm^2/min$。

2. 数控电火花线切割加工规准的选择

脉冲电源的波形和参数对材料的电蚀过程影响极大，它们决定着放电痕（表面粗糙度）、蚀除率、切缝宽度的大小和电极丝的损耗率，进而影响加工的工艺指标。目前广泛使用的脉冲电源波形是矩形波。

一般情况下，电火花线切割加工脉冲电源的单个脉冲放电能量较小，除受工件表面粗糙度要求的限制外，还受电极丝允许承载放电电流的限制。欲获得较低的表面粗糙度，每次脉冲放电的能量不能太大。表面粗糙度要求不低时，单个脉冲放电的能量可以取大些，以便得到较高的切割速度。

在实际应用中，脉冲宽度为 $1 \sim 60 \mu s$，而脉冲频率为 $10 \sim 100 kHz$。

(1) 短路峰值电流的选择。当其他工艺条件不变时，短路峰值电流大，加工电流峰值就大，单个脉冲放电的能量亦大，所以放电痕大，切割速度高，表面粗糙度大，电极丝损耗变大，加工精度降低。

(2) 脉冲宽度的选择。在一定的工艺条件下，增加脉冲宽度，单个脉冲放电能量也增大，则放电痕增大，切割速度提高，但表面粗糙度变大，电极丝损耗变大。

通常当电火花线切割加工用于精加工和半精加工时，单个脉冲放电能量应控制在一定范围内。当短路峰值电流选定后，脉冲宽度要根据具体的加工要求来选定。精加工时脉冲宽度可在 $20\mu s$ 内选择；半精加工时可在 $20\sim60\mu s$ 内选择。

（3）脉冲间隔的选择。在一定的工艺条件下，脉冲间隔对切割速度影响较大，对表面粗糙度影响较小。因为在单个脉冲放电能量确定的情况下，脉冲间隔较小，频率提高，单位时间内放电次数增多，平均加工电流增大，故切割速度提高。

实际上，脉冲间隔太小，放电产物来不及排除，放电间隙来不及充分消电离，这将使加工变得不稳定，易烧伤工件或断丝；脉冲间隔太大，会使切割速度明显降低，严重时不能连续进给，加工也变得不稳定。

一般脉冲间隔在 $10\sim250\mu s$ 范围内，基本上能适应各种加工条件，可进行稳定加工。选择脉冲间隔和脉冲宽度与工件厚度有很大关系，一般来说，工件厚，脉冲间隔也要大，以保持加工的稳定性。

（4）开路电压的选择。在一定的工艺条件下，随着开路电压峰值的提高，加工电流增大，切割速度提高，表面粗糙度增大。因电压高使加工间隙变大，所以加工精度略有降低。但间隙大有利于电蚀产物的排除和消电离，可提高加工稳定性和脉冲利用率。

综上所述，在工艺条件大体相同的情况下，利用矩形波脉冲电源进行加工时，电参数对工艺指标的影响有如下规律：

1）切割速度随着加工电流峰值、脉冲宽度、脉冲频率和开路电压的增大而提高，即切割速度随着平均加工电流的增加而提高；

2）加工表面粗糙度随着加工电流峰值、脉冲宽度、开路电压的减小而减小；

3）加工间隙随着开路电压的提高而增大；

4）工件表面粗糙度的改善有利于提高加工精度；

5）在电流峰值一定的情况下，开路电压的增大有利于提高加工稳定性和脉冲利用率。

实践表明，改变矩形波脉冲电源的一项或几项电参数，对工艺指标的影响很大，需根据具体的加工对象和要求，全面考虑诸因素及其相互影响关系。选取合适的电参数，既要满足主要加工要求，又要兼顾各项加工指标。例如，加工精密小型模具或零件时，为满足尺寸精度高、表面粗糙度低的要求，选取较小的加工电流峰值和较窄的脉冲宽度，这必然带来加工速度的降低。又如，加工中、大型模具或零件时，对尺寸精度要求低和表面粗糙度要求大一些，故可选用加工电流峰值高、脉冲宽度大些的电参数值，尽量获得较高的切割速度。此外，不管加工对象和要求如何，还必须选择适当的脉冲间隔，以保证加工稳定进行，提高脉冲利用率。

3. 数控电火花线切割加工的工艺特性

(1) 电极丝的准备。电极丝的直径一般按下列原则选取：

1) 当工件厚度较大、几何形状简单时，宜采用较大直径的电极丝；当工件厚度较小、几何形状复杂时（特别是对工件凹角要求较高时），宜采用较小直径的电极丝。

2) 当加工的切缝的有关尺寸被直接利用时，根据切缝尺寸的需要确定电极丝的直径。

(2) 穿丝孔的准备。电极丝通常是从工件上预制的穿丝孔处开始切割。应在不影响工件要求和便于编程的位置上加工穿丝孔（淬火的工件应在淬火前钻孔），穿丝孔直径一般为 2~10mm。凹模类工件在切割前必须加工穿丝孔，以保证工件的完整性。凸模类工件的切割也需要加工穿丝孔，如果没有设置穿丝孔，那么在电极丝从坯料外部切入时，一般都容易产生变形。变形量大小与工件回火后内应力的消除程度、切割部分在坯料中的相对位置、切割部分的复杂程度及长宽比有关。

(3) 工件的装夹与找正。工件的装夹正确与否，除影响工件的加工质量外，还关系到切割工作能否顺利进行。为此，工件装夹应注意以下两点：

1) 装夹位置要适当。工件的切割范围应在机床纵、横工作台的行程之内，并使工件与夹具等在切割过程中不会碰到丝架的任何部分。

2) 为便于工件装夹，工件材料必须有足够的夹持余量。

找正时一般以工件的外形为基准；工件的加工基准可以为外表

面［图 12-116（a）］，也可以为内孔［图 12-116（b）］。对于高精度加工，多采用基准孔作为加工基准。孔由坐标镗或坐标磨加工，以保证孔的圆度、垂直度和位置精度。

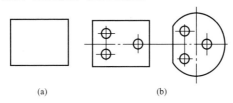

（a）　　　　　　　　（b）

图 12-116　工件的找正和加工基准
（a）以外表面为加工基准；（b）以内孔为加工基准

（4）切割路线的选择。加工路线应先使远离工件夹具处的材料被割离，靠近工件夹具处的材料最后被割离。

待加工表面上的切割起点并不是穿丝点，因为穿丝点不能设在待加工表面上。切割起点一般也是其切割终点。由于加工过程中存在各种工艺因素的影响，电极丝返回到起点时必然存在重复位置误差，造成加工痕迹，使精度和外观质量下降。为了避免和减小加工痕迹，当工件各表面粗糙度要求不同时，应在粗糙度要求较大的面上选择切割起点；当工件各表面粗糙度要求相同时，则尽量在截面图形的相交点上选择切割起点；如果有若干个相交点，尽量选择相交角小的交点作为切割起点。

对于较大的框形工件，因框内切去的面积较大，会在很大程度上破坏原来的应力平衡，内应力的重新分布将使框形尺寸产生一定变形甚至开裂。对于这种凹模：一是应在淬火前将中部镂空，给线切割留 2～3mm 的余量，可有效地减小切割时产生的应力；二是在清角处增设适当大小的工艺圆角，以缓和应力集中现象，避免开裂。

对于高精度零件的线切割加工，必须采用三次切割方法。第一次切割后诸边留余量 0.1～0.5mm，让工件将内应力释放出来，然后进行第二次切割，这样可以达到较满意的效果。如果是切割没有内孔的工件的外形，第一次切割时不能把夹持部分完全切掉，要保留一小部分，在第二次切割时最后切掉。

4. 数控电火花线切割加工编程

(1) 数控电火花线切割加工的编程特点：

1) 与其他数控机床一样，数控线切割机床的坐标系符合国家标准。当操作者面对数控线切割机床时，电极丝相对于工件的左、右运动（实际为工作台面的纵向运动）为 X 坐标运动，且运动正方向指向右方；电极丝相对于工件的前、后运动（实际为工作台面的横向运动）为 Y 坐标运动，且运动正方向指向后方。在整个切割加工过程中，电极丝始终垂直贯穿工件。不需要描述电极丝相对于工件在垂直方向的运动，所以，Z 坐标省去不用。

2) 工件坐标系的原点常取为穿丝点的位置。当加工大型工件或切割工件外表面时，穿丝点可选在靠近加工轨迹边角处，使运算简便，缩短切入行程；当切割中、小型工件的内表面时，将穿丝点设置在工件对称中心会使编程计算和电极丝定位都较为方便。

3) 当机床进行锥度切割时，上丝架导轮作水平移动，这是平行于 X 轴和 Y 轴的另一组坐标运动，称为附加坐标运动。其中，平行于 X 轴的为 U 坐标，平行于 Y 轴的为 V 坐标。

4) 线切割的刀具补偿只有刀具半径补偿，是对电极丝中心相对于工件轮廓的偏移量的补偿。偏移量等于电极丝半径加上放电间隙。线切割没有刀具长度补偿。

5) 数控线切割的程序代码有 3B 格式、4B 格式及符合国际标准的 ISO 格式。

a. 3B 格式是无间隙补偿格式，不能实现电极丝半径和放电间隙的自动补偿。因此，3B 程序描述的是电极丝中心的运动轨迹，与切割所得的工件轮廓曲线要相差一个偏移量。

b. 4B 是有间隙补偿格式，具有间隙补偿功能和锥度补偿功能。间隙补偿指电极丝中心运动轨迹能根据要求自动偏离编程轨迹一段距离，即补偿量。当补偿量设定为所需偏移量时，编程轨迹即为工件的轮廓线。当然，按工件的轮廓编程要比按电极丝中心运动轨迹编程方便得多。锥度补偿是指系统能根据要求，同时控制 X、Y、U、V 四轴的运动，使电极丝偏离垂直方向一个角度即锥度，切割出上大下小或上小下大的工件来。X、Y 为机床工作台的运动即工件的运动；U、V 为上丝架导轮的运动，分别平行于 X、Y。

　　c. ISO 格式的数控程序习惯上称为 G 代码。

　　目前快走丝线切割机床多采用 3B、4B 格式，而慢走丝线切割机床通常采用国际上通用的 ISO 格式。

　　6）数控电火花线切割加工的程序中，直线坐标以微米（μm）为单位。

　　（2）数控电火花线切割编程实例。加工如图 12-117 所示的零件，穿丝孔中心的坐标为（5，20），按顺时针切割。[例 12-5] 是以绝对坐标方式（G90）进行编程，对应图 12-117（a）；[例 12-6] 是以增量（相对）坐标方式（G91）进行编程，对应图 12-117（b）。可以发现，采用增量（相对）坐标方式输入程序的数据可简短些，但必须先计算出各点的相对坐标值。

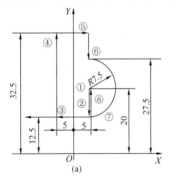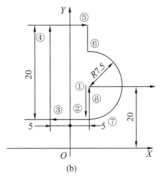

图 12-117　数控电火花线切割加工实例

（a）绝对坐标方式编程；（b）增量（相对）坐标方式编程

　　【例 12-5】　如图 12-117（a）所示，数控电火花线切割加工的绝对坐标方式编程如下：

　　N01 G92 X5000 Y20000（给定起始点（穿丝点）的绝对坐标）

　　N02 G01 X5000 Y12500（直线②终点的绝对坐标）

　　N03　　　　X-5000 Y12500（直线③终点的绝对坐标）

　　N04　　　　X-5000 Y32500（直线④终点的绝对坐标）

　　N05　　　　X5000 Y32500（直线⑤终点的绝对坐标）

N06　　　　X5000 Y27500（直线⑥终点的绝对坐标）

N07 G02 X5000 Y12500 I0 J-7500（顺时针方向圆弧插补，X、Y 之值为顺圆弧⑦终点的绝对坐标，I、J 值为圆心对圆弧⑦起点的相对坐标）

N08 G01 X5000 Y20000（直线⑧终点的绝对坐标）

N09 M02（程序结束）

【例 12-6】 如图 12-117（b）所示，数控电火花线切割加工的相对坐标方式编程如下：

N01 G92 X5000 Y20000 ［给定起始点（穿丝点）的绝对坐标］

N02 G01 X0 Y-7500（直线②终点的绝对坐标）

N03　　　　X-10000 Y0（直线③终点的绝对坐标）

N04　　　　X0 Y20000（直线④终点的绝对坐标）

N05　　　　X10000 Y0（直线⑤终点的绝对坐标）

N06　　　　X0 Y-5000（直线⑥终点的绝对坐标）

N07 G02 X0 Y-15000 I0 J-7500（顺时针方向圆弧插补，X、Y 之值为顺圆弧⑦终点的绝对坐标，I、J 值为圆心对圆弧⑦起点的相对坐标）

N08 G01 X0 Y7500（直线⑧终点的绝对坐标）

N09 M02（程序结束）

（3）数控电火花线切割加工的计算机辅助编程：

1）几何造型。线切割加工零件基本上是平面轮廓图形，一般不切割自由曲面类零件，因此工件图形的计算机化工作基本上以二维为主。线切割加工的专用 CAD/CAM 软件有 AutoP、YH、CAXA 和 CAXA-WEDM 软件，AutoP 仍停留在 DOS 平台。

对于常见的齿轮、花键的线切割加工，只要输入模数、齿数等相关参数，软件会自动生成齿轮、花键的几何图形。

2）刀位轨迹的生成。线切割轨迹生成参数表中需要填写的项目有切入方式、切割次数、轮廓精度、锥度角度、支撑宽度、补偿实现方式、刀具半径补偿值等。

a. 切入方式，指电极丝从穿丝点到工件待加工表面加工起始段的运动方式，有直线切入方式、垂直切入方式和指定切入点方式。

b. 轮廓精度，即加工精度。对于由样条曲线组成的轮廓，CAM 系统将按照用户给定的加工精度把样条曲线离散为多条折线段。

c. 锥度角度，指进行锥度加工时电极丝倾斜的角度。系统规定，当输入的锥度角度为正值时，采用左锥度加工；输入的锥度角度为负值时，采用右锥度加工。

d. 支撑宽度，用于在进行多次切割时，指定每行轨迹的始末点之间所保留的一段未切割部分的宽度。

在填写完参数表后，拾取待加工的轮廓线，指定刀具半径补偿方向，指定穿丝点位置及电极丝最终切到的位置，就完成了线切割加工轨迹生成的交互操作。计算机将会按要求自动计算出加工轨迹，并可以对生成的轨迹进行加工仿真。

3）后置处理。通用后置处理一般分为两步：一是机床类型设置，它完成数控系统数据文件的定义，即机床参数的输入，包括确定插补方法、补偿控制、冷却控制、程序启停以及程序首尾控制符等；二是后置设置，它完成后置输出的 NC 程序的格式设置，即针对特定的机床，结合已经设置好的机床配置，对将输出的数控程序的程序段行号格式、程序大小、数据格式、编程方式、圆弧控制方式等进行设置。

第六节　快速制模成形技术

随着科学技术的进步，市场竞争日趋激烈，产品更新换代周期越来越短。因此，缩短新产品的开发周期，降低开发成本，是每个制造厂商面临的亟待解决的问题，对模具快速制造的要求便应运而生。

快速制模技术包括传统的快速制模技术（如低熔点合金模具、电铸模具等）和以快速成形技术（Rapid Prototyping，RP）为基础的快速制模技术。

一、快速成形技术

快速成形技术的具体工艺方法很多,但其基本原理都是一致的。即以材料添加法为基本方法,将三维 CAD 模型快速(相对机加工而言)转变为由具体物质构成的三维实体原型。首先在 CAD 造型系统中获得一个三维 CAD 模型,或通过测量仪器测取实体的形状尺寸,转化为 CAD 模型,再对模型数据进行处理,沿某一方向进行平面"分层"离散化,然后通过专用的 CAM 系统(成形机)对坯料分层成形加工,并堆积成原型。

快速成形技术开辟了不用任何刀具而迅速制造各类零件的途径,并为用常规方法不能或难于制造的零件或模型提供了一种新的制造手段,它在航天航空、汽车外形设计、轻工产品设计、人体器官制造、建筑美工设计、模具设计制造等技术领域已展现出良好的应用前景。

归纳起来,快速成形技术有如下应用特点:

(1)由于快速成形技术采用将三维形体转化为二维平面分层制造机理,对工件的几何构成复杂性不敏感,因而能制造复杂的零件,充分体现设计细节,并能直接制造复合材料零件。

(2)快速制造模具:

1)能借助电铸、电弧喷涂等技术,由塑料件制造金属模具。

2)将快速制造的原型当作消失模(也可通过原型翻制制造消失模的母模,用于批量制造消失模),进行精密铸造。

3)快速制造高精度的复杂木模,进一步浇铸金属件。

4)通过原型制造石墨电极,然后由石墨电极加工出模具型腔。

5)直接加工出陶瓷型壳进行精密铸造。

(3)在新产品开发中的应用,通过原型(物理模型),设计者可以很快地评估一次设计的可行性并充分表达其构思。

1)外形设计。虽然 CAD 造型系统能从各个方向观察产品的设计模型,但无论如何也比不上由 RP 所得原型的直观性和可视性,对复杂形体尤其如此。制造商可用概念成形的样件作为产品销售的宣传工具,即采用 RP 原型,可以迅速地让用户对其开发的新产品进行比较评价，确定最优外观。

2）检验设计质量。以模具制造为例，传统的方法是根据几何造型在数控机床上开模，这对昂贵的复杂模具而言，风险太大，设计上的任何不慎，都可能造成不可挽回的损失。采用 RPM 技术，可在开模前精确地制造出将要注射成形的零件，设计上的各种细微问题和错误都能在模型上一目了然，大大减少了盲目开模的风险。RP 制造的模型又可作为数控仿形铣床的靠模。

3）功能检测。利用原型快速进行不同设计的功能测试，优化产品设计。如风扇等的设计，可获得最佳扇叶曲面、最低噪声的结构。

（4）快速成形过程是高度自动化，长时间连续进行的，操作简单，可以做到昼夜无人看管，一次开机，可自动完成整个工件的加工。

（5）快速成形技术的制造过程不需要工装模具的投入，其成本只与成形机的运行费、材料费及操作者工资有关，与产品的批量无关，很适宜于单件、小批量及特殊、新试制品的制造。

（6）快速造型中的反向工程具有广泛的应用。激光三维扫描仪、自动断层扫描仪等多种测量设备能迅速高精度地测量物体内外轮廓，并将其转化成 CAD 模型数据，进行 RP 加工。应用包括：

1）现有产品的复制与改进。先对反向而得的 CAD 模型在计算机中进行修改、完善，再用成形机快速加工出来。

2）医学上，将 RP 与 CT 扫描技术结合，能快速、精确地制造假肢、人造骨髓、手术计划模型等。

3）人体头像立体扫描。数分钟内即可扫描完毕，由于采用的是极低功率的激光器，对人体无任何伤害。正因为反向法和 RPM 的结合有广泛的用途，国外的 RPM 服务机构一般都配有激光扫描仪。

二、基于 RP 的快速制模技术

在快速成形技术领域中，目前发展最迅速、产值增长最明显的就是快速制模（Rapid Tooling，RT）技术。2000 年 5 月，在法国巴黎举行的全球 RP 协会联盟（GARPA）高峰会议上，这一点得到了普遍的认同。应用快速原型技术制造快速模具（RP＋RT），在最终生产模具之前进行新产品试制与小批量生产，可以大大提高产品开发的一次成功率，有效地缩短开发时间和降低成本。

RP＋RT 技术提供了一种从模具 CAD 模型直接制造模具的新的概念和方法，它将模具的概念设计和加工工艺集成在一个 CAD/CAM 系统内，为并行工程的应用创造了良好的条件。RT 技术采用 RP 多回路、快速信息反馈的设计与制造方法，结合各种计算机模拟与分析手段，形成了一整套全新的模具设计与制造系统。

利用快速成形技术制造快速模具可以分为直接模具制造和间接模具制造两大类。基于快速成形技术的各种快速制模技术如图 12-118 所示。

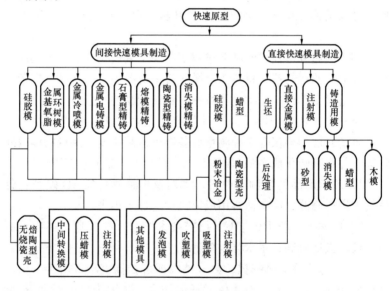

图 12-118　快速制模技术

1. 直接快速模具制造

直接快速模具制造指的是利用不同类型的快速原型技术直接制造出模具，然后进行一些必要的后处理和机加工以获得模具所要求的力学性能、尺寸精度和表面粗糙度。目前，能够直接制造金属模具的快速成形工艺包括选择性激光烧结（SLS）、形状沉积制造

（SDM）和三维焊接（3D Welding）等。

直接快速模具制造环节简单，能够较充分地发挥快速成形技术的优势，特别是与计算机技术密切结合，快速完成模具制造。对于那些需要复杂形状的、内流道冷却的注塑模具，采用直接快速模具制造有着其他方法不能替代的优势。

运用 SLS 直接快速模具制造工艺方法能在 5～10 天内制造出生产用的注塑模，其主要步骤如下：

（1）利用三维 CAD 模型先在烧结站制造产品零件的原型，进行评价和修改。然后，将产品零件设计转换为模具型芯设计，并将模具型芯的 CAD 文件转换成 STL 格式，输入烧结站。

（2）烧结站的计算机系统对模具型芯 CAD 文件进行处理，然后按照切片后的轮廓将粉末烧结成模具型芯原型。

（3）将制造好的模具型芯原型放进聚合物溶液中，进行初次浸渗，烘干后放入气体控制熔炉，将模具型芯原型内含有的聚合物蒸发，然后渗铜，即可获得密实的模具型芯。

（4）修磨模具型芯，将模具型芯镶入模坯，完成注塑模的制造。

采用直接 RT 方法在模具精度和性能控制方面比较困难，特殊的后处理设备与工艺使成本提高较大，模具的尺寸也受到较大的限制。与之相比，间接快速模具制造可以与传统的模具翻制技术相结合，根据不同的应用要求，使用不同复杂程度和成本的工艺。一方面可以较好地控制模具的精度、表面质量、力学性能与使用寿命；另一方面也可以满足经济性的要求。

因此，目前研究的侧重点是间接快速模具制造技术。

2. 间接快速模具制造

用快速原型制母模，浇注蜡、硅橡胶、环氧树脂或聚氨酯等软材料，可构成软模具。用这种合成材料制造的注射模，其模具使用寿命可达 50～5000 件。

用快速原型制母模或软模具与熔模铸造、陶瓷型精密铸造、电铸或冷喷等传统工艺结合，即可制成硬模具，能批量生产塑料件或金属件。硬模具通常具有较好的机械加工性能，可进行局部切削加工，获得更高的精度，并可嵌入镶块、冷却部件和浇道等。

下面简单介绍几种常用的间接快速模具制造技术。

（1）硅胶模。以原型为样件，采用硫化的有机硅橡胶浇注，直接制造硅橡胶模具。由于硅橡胶具有良好的柔性和弹性，对于结构复杂、花纹精细、无拔模斜度或具有倒拔模斜度，以及具有深凹槽的零件来说，制品成形后均可顺利脱模，这是其相对于其他模具的独特之处。其工艺过程如下：

1）制造原型，对其表面进行处理，使其具有较低的表面粗糙度。

2）在成形机中固定放置原型、模框，在原型表面涂脱模剂。

3）将硅橡胶混合体放置在抽真空装置中，抽去其中的气泡，浇注进模框，得到硅橡胶模具。

4）在硅橡胶固化后，沿分型面切开硅橡胶，取出原型，即得硅橡胶模具。此时，如发现模具具有少许的缺陷，可用新调配的硅橡胶修补。

硅橡胶模具可用作试制和小批量生产用注塑模、精铸蜡模和其他间接快速模具制造技术的中间过渡模。用作注塑模时，其寿命一般为10～80件。

（2）金属冷喷模。先加工一个RP原型，再将雾状金属粉末喷涂到RP原型上产生一个金属硬壳，将此硬壳分离下来，用填充铝的环氧树脂或硅橡胶支撑并埋入冷却管道，即可制造出精密的注塑模具。其特点是工艺简单，周期短，型腔及其表面精细花纹一次同时形成。这一方法省略了传统加工工艺中详细画图、机械加工及热处理三个耗时费钱的过程。模具寿命可达10 000次。

（3）熔模精铸（失蜡铸造）。熔模精铸的长处就是利用模型制造复杂的零件；RP的优势是能迅速制造出模型。二者结合就可制造出无需机加工的复杂零件。其制造过程是在RP原型的表面涂覆陶瓷耐火材料，焙烧时烧掉原型而剩下陶瓷型壳；向型壳中浇注金属液，冷却后即可得金属件。该法制造的制件表面光洁。如批量较大，可由RPM原型制得硅橡胶模，再用硅橡胶模翻制多个消失模，用于精密铸造。

（4）陶瓷型或石膏型精铸。其工艺过程如下：

1）用快速成形系统制造母模，浇注硅橡胶、环氧树脂或聚氨酯等软材料，构成软模。

2）移去母模，在软模中浇注陶瓷或石膏，得到陶瓷或石膏模。

3）在陶瓷或石膏模中浇注钢水，得到所需要的型腔。

4）型腔经表面抛光后，加入相关的浇注系统或冷却系统等后，即成为可批量生产用的注塑模。

三、合成树脂制模工艺

1. 合成树脂材料

合成树脂是高分子材料，与金属材料相比，其强度和寿命较差。但它的密度小，质量轻，成形容易，制模周期短，使用方便。在新产品试制或小批量生产的情况下，可用来制造中、小型塑料注射模的型腔或铝板、薄钢板的拉深，弯曲模具的凹模。用合成树脂制造型腔常用的方法为浇注成形法。

图 12-119　环氧树脂型腔模结构
1—塑料模；2—环氧树脂型腔

制造模具用的合成树脂主要有环氧树脂、聚酯树脂、酚醛树脂及塑料钢。其中塑料钢是铁粉和塑料的混合物，其质量分数分别为 80% 和 20%，加入特殊固化剂，不要加压加热，经 2h 左右即可固化成像金属一样的制品。

2. 合成树脂制模工艺

采用合成树脂制造模具时，其工艺过程因所使用的树脂材料不同而有所不同，图 12-119 所示为采用环氧树脂制造的模具结构，其制造的工艺过程为：

由于环氧树脂承受不了注射过程中的合模作用力和注射压力，因此除模具的型腔部分用环氧树脂制作外，其余部分仍采用金属材料制成，并用金属框架来增强凹模。

环氧树脂浇注成制件后，只需经过修整即可应用。有时在需要的情况下，可以对环氧树脂型腔制件进行切削加工。

用合成树脂制造模具，还可用作制造大型汽车覆盖件的主模型、切削加工用的仿形靠模、仿形样板及铸造用的模型等。

四、陶瓷型铸造制模工艺

1. 陶瓷型铸造材料

陶瓷型铸造材料常用的有砂套造型材料和陶瓷层造型材料。其中砂套造型常用的砂套型砂一般为水玻璃砂，其由石英砂、石英粉、黏土、水玻璃和适量的水混合而成。而制造陶瓷层所用的材料主要有耐火材料、粘结剂、催化剂、脱模剂、透气剂等。由于陶瓷型铸造模具所用的陶瓷材料价格比较昂贵，因此，除了小型制件使用全部的陶瓷浆料灌制外，其余的一般采用带底套的陶瓷型。即与熔化金属相接触的面层用陶瓷材料浇注，其余部分用砂型底套代替陶瓷材料。这样不但节约陶瓷材料、降低造价，而且改善了陶瓷材料粒度细、透气性差的不足。

2. 陶瓷型铸造工艺

（1）陶瓷型铸造工艺过程。陶瓷型铸造是在原有的砂型铸造的基础上发展起来的一种铸造工艺。陶瓷型铸造分整体陶瓷型（整个铸型由陶瓷浆形成）和复合陶瓷型（铸型表面工作层由陶瓷浆形成，而底套部分由水玻璃砂套或金属套形成）。复合陶瓷型可节省大量昂贵的陶瓷浆粘结剂，在大件生产时效果更显著。而金属套只适用于大批量生产。

陶瓷型铸造基本方法为：用耐火材料和粘结剂等配制而成的陶瓷浆浇注到模型上，在催化剂的作用下使陶瓷浆结胶硬化，形成陶瓷层的型腔表面。然后再经合箱、浇注熔化金属、清理后得到型腔铸件。陶瓷型铸造工艺过程如下：

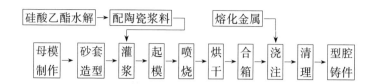

采用水玻璃砂底套的陶瓷型造型过程如图 12-120 所示。

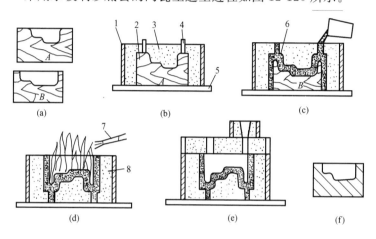

图 12-120 砂底套的复合陶瓷型造型工艺
(a) 模型；(b) 砂套造型；(c) 灌浆；(d) 起模喷烧；(e) 合箱浇注；(f) 铸件
1—精母模；2—粗母模；3—水玻璃砂；4—排气孔及灌浆孔；
5—垫板；6—陶瓷浆；7—空气喷嘴；8—砂箱

（2）陶瓷型铸造工艺的应用与特点：

1）工艺应用。由于陶瓷型铸造具有尺寸精度高、表面粗糙度值小、所制模具的使用寿命较长等特点，因此在模具制造中可用于浇注形状复杂，具有图案、花纹的模具型腔，如锻造模、玻璃成形模、塑料成形模及拉深模的型腔等。

2）工艺特点。由于陶瓷型采用热稳定性高、粒度细的耐火材料，灌浆后的表面光滑，因此铸件的尺寸精度较高（一般为 IT8～IT10），表面粗糙度值可达 $Ra(10～1.25)\mu m$。另外，陶瓷型铸造投资少，准备周期短，不需要特殊设备，一般铸造车间都可以进行。适用于大批量生产，并且可铸造大型精密铸件(最大的陶瓷型铸件可达十几吨)。

但由于陶瓷型铸造用的硅酸乙酯、刚玉粉原料价格较高,来源不丰富,并且铸件的精度不能完全达到模具型腔的要求,对形状复杂、精度要求高的模具仍需采用其他的方式进行加工。

3) 工艺要点。用陶瓷型铸造制模的工艺与一般铸造工艺差不多,有以下几点需注意:

a. 为防止铸件表面在浇注及冷却过程中氧化、脱碳,合箱前可在铸型内喷涂薄薄的一层酚醛树脂—酒精溶液(质量比为1∶2~1∶4),也可在铸型表面熏一层石蜡烟。浇注钢水时,酚醛树脂或石蜡不完全燃烧,造成还原性气氛,可减少氧化、脱碳。

b. 对于一些用熏烟等措施也不能减少氧化、脱碳的厚大铸件,建议在保护性气体中冷却。对于质量约100kg的立方实心铸件,一般用氮气保护 10~16h;质量约 200~400kg 的立方实心铸件,保护 16~24h,然后开箱。开箱温度一般在 400~500℃。

五、锌合金铸造制模工艺

1. 锌合金材料

制造模用的锌合金是以锌为基体,由锌、铜、铝、镁等元素组成,其物理力学性能受合金中各组成元素的影响。锌合金可以用于制造冲裁、弯曲、成形、拉深、注射、吹塑、陶瓷等模具的工作零件,一般采用铸造方法进行制造。表 12-49 列出了锌合金模具材料的性能。

表 12-49　　　　　　　　锌合金模具材料的性能

密度 ρ (g/cm³)	熔点温度 (℃)	凝固收缩率(%)	σ_b (MPa)	$\sigma_压$ (MPa)	τ (MPa)	硬度 (HBS)
6.7	380	1.1~1.2	240~290	550~600	240	100~115

表 12-49 中所列锌合金的熔点为 380℃,浇注温度为 420~450℃,属于低熔点合金。这一类合金具有良好的流动性,可以铸出形状复杂的立体曲面和花纹。熔化时对热源无特殊要求,浇铸简单,不需要专门的设备。

2. 锌合金模具

锌合金模具是用高强度锌合金材料通过铸造或挤压等加工法制作的简易模具。用锌合金可以做成各种性质的模具,如落料、冲孔、修边、拉伸、弯曲、成形等单工序模，还可以做成级进模和复合模。锌合金材料除作为模具成形零件外，还可以作为模具的结构件使用，如上下模、导向板、卸料板等。

锌合金模具的成形零件采用铸造或塑性加工方法制成，它与普通钢模的制造相比，节省了加工工序，且不需要热处理，也不需要调整模具的冲裁间隙。因此，具有制模工艺简单、周期短、成本低的特点。与普通钢模相比，其制模周期可以缩短 1/2 左右，制模成本可减少 1/3~1/2。锌合金模具与其他快速制作的模具相比，具有应用范围广、寿命较高等优点，而且可以用来冲压各种金属材料与非金属材料，冲压件精度与钢模冲压加工的零件精度基本相同。

3. 锌合金制模工艺

(1) 锌合金模具制模方法。制模工艺方法如下：

1) 直接铸造法。这种方法以制成的工具凸模为模样，在它的外面按凹模外廓尺寸制作凹模框，将熔化的锌合金注入模框内形成凹模，待凹模冷凝后，将凸、凹模分开，经过对工作面稍许加工即可用于冲裁生产。浇注凹模时，钢凸模要预热（一般为 150~200℃），合金浇注温度为 420~450℃。对于中小尺寸、简单轮廓形状的冲裁模，可在组装模架后浇注锌合金，如图 12-121 所示；形状复杂而尺寸又较大的锌合金冲裁凹模，一般在模架外浇注成形，经修整加工后再装到模架上，如图 12-122 所示。

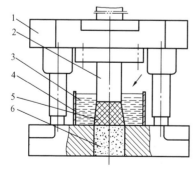

图 12-121　模架内浇注示意图

1—上模板；2—凸模；3—锌合金；

4—凹模框；5—排料口型芯；6—型砂

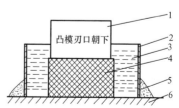

图 12-122　模架外浇注示意图

1—凸模；2—模框；3—锌合金

4—排料口型芯；5—型芯；6—平台

2）样件浇铸法。常用的样件制作方法是根据制件图由钣金工制作，或是把现有的制件加以改造而成。制作样件的材料应尽可能与制件相同。为了在浇注时限制合金随意流动，使其达到模具外形轮廓尺寸，还需设模框。采用样件铸造时，先用型砂将样件垫实，并找好有关基准。将模框放置在样件上，浇注合金凸模，然后翻转过来，将样件固定在锌合金凸模上，再浇注凹模。对于中小尺寸且壁厚较大、刚性较好的样件，可对凸模、凹模同时进行浇注。由于用样件相隔，因而能达到一次成型的目的。浇注时，为了防止样件变形，应采用雨淋式浇口。用样件铸造锌合金模具的方法如图12-123、图12-124 所示。

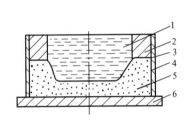 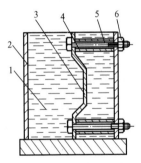

图 12-123　样件法浇铸锌合金凸模
1—锌合金凸模；2—垫块；3—样件；
4—围框；5—型砂；6—平台

图 12-124　样件垂直浇铸法
1—锌合金；2—围框；3—样件；
4—螺栓；5—套筒；6—螺母

3）用锌合金凸模浇铸锌合金凹模。这种制模方法是以凸模为基准作为铸模的金属模样，然后浇注锌合金凹模。所得凹模表面光洁，力学性能好，凸、凹模间互相配合尺寸精度高，收缩与变形可得到控制。

4）砂型铸造法。制模工艺是：制作木模型→造型→熔化合金→浇成形→清砂→组装。制作模样的材料可用木料、石膏、石蜡、环氧树脂塑料等，但较常用的是木料和石膏。一般采用手工方法先制作凸模模样。凹模模样以凸模模样为基准，在其表面敷贴一层与制件厚度相等的材料形成间隙层，然后浇注石膏而获得。

铸型采用砂箱造型，一般为湿砂型浇注，但采用干砂型浇注更好。砂型铸造如图 12-125、图 12-126 所示。

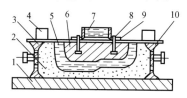

图 12-125　凸模浇铸工艺

1—平台；2—型砂；3—砂箱；

4—压箱铁；5—锌合金凸模；

6—冷铁；7—雨淋浇口箱；

8—螺栓；9—调整板；10—吊架

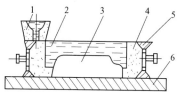

图 12-126　凹模浇铸工艺

1—浇口箱；2—锌合金凹模；

3—锌合金凸模；4—型砂；

5—砂箱；6—平台

　　铸件表面的粗糙度主要取决于铸型的表面粗糙度或铸型材料的粒度，粒度越细，铸件表面质量就越好。

　　5）挤切法。如图 12-127 所示，它利用锌合金材料硬度比钢凸模低的特点，用钢凸模对锌合金凹模坯料进行挤压切削，以获得所需的凹模刃口。挤切法制得凸模、凹模之间的间隙为零，且分布均匀一致，为冲压时获得动态平衡间隙创造了必要的条件。这种制模法简单，质量好，主要用于形状复杂的型孔加工。加工凹模时，将锌合金坯料放在平板上，在钻排孔后通过凸模压印进行挤切加工。挤切加工余量一般为 0.2～0.5mm，应注意沿轮廓均匀分布。也可通过铸造的方法预先将型孔铸出，适当留出挤切余量，然后进行挤切加工。

　　（2）锌合金制模工艺过程。图 12-126 所示为锌合金凹模的浇铸示意图。凸模采用高硬度的金属材料制作，刃口锋利；凹模采用锌合金材料。

　　在铸造之前应做好以下准备工作：

　　1）按设计要求加工好凸模，经检验合格后将凸模固定在上模座上。

　　2）在下模座上安放模框（应保证凸模位于模框中部），正对凸模安

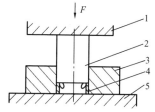

图 12-127　挤切制模示意图

1—滑块；2—凸模；3—锌合金凹模；4—挤切部分；5—平台

657

放漏料孔芯。

3）在模框外侧四周填上湿砂并压实，防止合金溶液泄漏。

4）将模框内杂物清理干净后按以下工艺顺序完成凹模的浇铸和装配调试工作。基本工艺过程如下：

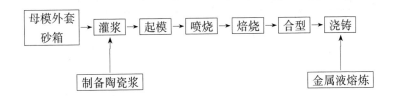

（3）模内浇铸与模外浇铸。图 12-121 所示锌合金凹模的浇铸方法称为模内浇铸法，适用于合金用量在 20kg 以下的冷冲模的浇铸。浇铸合金用量在 20kg 以上的模具，冷凝时所散发的热量较大，为了防止模架受热变形，可以在模架外的平板上单独将凹模（或凸模）浇出后，再安装到模架上去，这种方法称为模外浇铸法。

模内浇注法与模外浇注法没有本质上的区别，主要区别在于浇铸时是否使用模架，后者用平板代替模架的下模座。这两种方法适用于浇铸形状简单、冲裁各种不同板料厚度的冲裁模具。

六、低熔点合金铸造制模工艺

1. 低熔点合金材料

模具用低熔点合金材料一般都具有熔点低、冷却时凝固膨胀的特点，其化学成分及性能见表 12-50。

表 12-50　　　　　　低熔点合金材料的化学成分及性能

序号	合金成分（%）				硬度（HB）	抗拉强度（MPa）	抗压强度（MPa）	熔点（℃）
	铋（Bi）	锡（Sn）	铅（Pb）	锑（Sb）				
1	58	42	—	—	16	65	87.5	138
2	54	39	4	3	25	54	125	160
3	57	42	.1	—	21	27.5	95.8	136

2. 低熔点合金的熔炼

（1）按一定的百分比进行配料，并将金属打成 5～10mm³ 的小碎块。

（2）根据各金属熔点的不同按先后次序进行熔化（合金放入坩埚的次序是：锑→铅→铋→锡）。每放入一种金属都要用试棒搅拌10～15min，使之均匀，然后再加入第二种金属。待锡熔化后，用温度计测量温度。在200～300℃时，继续搅拌。当冷却到200℃时，浇入模内，急冷成锭。

（3）在对合金进行熔炼时，炉温不宜太高，一般控制在300～400℃之间。为了减少氧化损失，可在金属和合金表面加覆盖剂，如木炭、石墨粉等。

3. 低熔点合金模具制造工艺特点

低熔点合金模具是从1970年就开始在我国发展并得到应用的一种简易模具。

低熔点合金模有如下特点：

（1）低熔点合金具有熔点低、有一定强度、与钢铁不粘、浇铸后有冷胀性等特性。利用这种特性，铸出凸、凹模及压边圈，能确保其几何形状及尺寸精度。

（2）低熔点合金的凸、凹模是浇铸而成的，一般不需精加工，可以大大缩短模具的制造周期。

（3）低熔点合金的凸、凹模及压边圈用完后可重新熔铸使用而性能稳定不变，可代替多套钢制的凸、凹模，节省优质钢材，减少钢模存放所占的生产面积。

（4）低熔点合金模简化了设计工作，故适用于新产品试制和小批量生产。这种技术对薄板、大型覆盖件模具制造尤为合适。例如，铸造一副大型覆盖件拉深成形模，铸模时间只需十几小时。

但由于低熔点合金硬度低，强度也不高，而且价格较贵，限制了其使用。

低熔点合金模的制造采用铸模工艺。样件是低熔点合金模具铸模的依据，应根据产品零件结构和浇铸工艺要求设计，用与制件壁厚相等的材料制作。如图12-128所示，它由内腔、外腔和内外挡墙组成，内、外挡墙分隔合金，使其形成凸模、凹模和压料圈三部分。为了铸模方便，样件上有许多小孔，以便内、外腔合金互相流通。

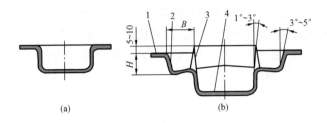

图 12-128　样件

(a) 简单样件；(b) 复杂样件

1—样件凸缘；2—外挡墙；3—内挡墙；4—合金溢流孔；

H—合金压边圈高；B—合金压边圈宽

　　铸模样件应满足的要求是：必须保证正确的几何形状和尺寸，以及较小的表面粗糙度。样件为薄壁大型零件，在铸模和搬运过程中极易产生变形和损坏，因此必须具有足够的强度和刚性。此外，样件壁厚必须均匀一致，以保证凸模、凹模之间的间隙均匀一致。制作样件时必须有脱模斜度，不允许有与分模方向相反的斜度，不允许有搭接焊缝。样件的制作方法有手工钣金成形、玻璃钢糊制和用制件改制等几种。

　　低熔点合金模具的铸模工艺可以分为自铸模和浇注模两大类。自铸模工艺如图 12-129 所示，先把熔箱内的合金熔化，浸样件入熔箱，凸模连接板与凸模座下降，使连接板与合金完全接触，待合金冷却凝固后进行分模，取出样件。凡在专用的低熔点合金自铸模压机上或在普通液压机、压力机上铸模的都称为机上自铸模。如果在机外进行铸模，则称为机下铸模，即浇注模。浇注模工艺是把样件和其他零部件预先安装调整好，将熔化后的合金浇注到组装好的熔箱内，待合金冷却后进行分模，样件将合金分割成凸模和凹模。

七、电铸成形加工

　　电铸成形加工是根据金属电镀的基本原理来实现的。

　　1. 工艺特点

　　电铸是以与制品形状一致的凸模或凹模为阴极，在表面通过电解液获得金属沉积层，取出该母模后即形成与母模轮廓精密相符及

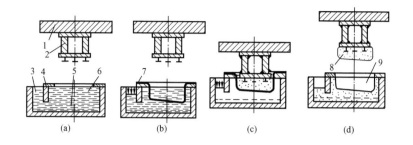

图 12-129　自铸模工艺示意图

（a）熔化合金；（b）浸入样件；（c）合模制造凸、凹模；

（d）冷却凝固后取出样件

1—上模板；2—凸模座；3—副熔箱；4—凹模板；5—加热板；

6—合金；7—样件；8—合金凸模；9—合金凹模

表面光洁的型腔或型面。电铸成形的特点主要有：

（1）复制精度高。可制出用机械加工方法不可能加工的细微形状和难以加工的型腔。电铸加工的复制精度为 0.05～0.01mm。

（2）电铸后的型面一般不需修正。如以母模为基准，对于长度尺寸为 300mm，精度为 ±0.05mm 的母模，表面状态又很好时，则成形后几乎不需要进行抛光等精加工。

（3）重复性好。可以用一只标准母模制出很多形状一致的型腔或电铸电极。

（4）母模材料多样化。原则上木材、塑料和金属等都可作为母模材料。

（5）电铸成形件不需热处理。由于电铸镍的抗拉强度一般为 1372～1568MPa、硬度为 35～50HRC，因此电铸成形后不需热处理。

（6）电铸层难以获得均匀的厚度。电铸沉积是一种电化学方法，按照母模形状的不同部位具有不同的电极沉积性能，因而电铸层厚度不均匀。

（7）大型及盘形的电铸件易变形。电铸金属壳较薄，一般壁厚为 3～5mm，由于电铸的内力及脱模力影响，因此对于大型及盘形的电铸件要考虑变形,且不能承受大的冲击载荷。

2. 电铸设备

电铸成形设备主要由电铸槽、直流电源、恒温控制设备、搅拌器、水位自动控制器及电子换向器等组成。

(1)电铸槽。电铸槽材料的选择应以不与电解液发生化学反应引起腐蚀为原则,常用耐酸搪瓷或硬聚氯乙烯,也可用陶瓷。

常用的电铸槽有内热式(见图 12-130)及外热式(见图 12-131)两种。外热式电铸槽的电解液加热均匀,但体积较大。

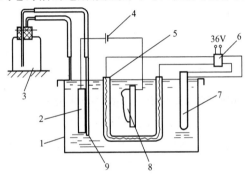

图 12-130 内热式电铸槽

1—镀槽;2—阳极;3—蒸馏水瓶;4—直流电源;5—加热管;
6—恒温控制器;7—水银导电温度计;8—母模;9—玻璃管

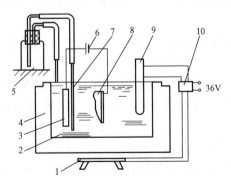

图 12-131 外热式电铸槽

1—电炉;2—镀槽;3—阳极;4—水箱;5—蒸馏水瓶;6—直流电源;
7—玻璃管;8—母模;9—汞导电温度计;10—恒温控制器

（2）直流电源。用硅整流器，电压为 6～12V，电流一般为 50～300A，具体按需要而定。

（3）恒温控制设备。包括加热器（加热玻璃管、电炉）、汞导电温度计及恒温控制器（继电器）。为安全起见，采用 36V。

（4）水位自动控制器。由蒸馏水及两根玻璃管组成，利用虹吸原理，保持所需的水位。

（5）电子换向器。用于电铸时尖端放电现象，定期改变阳极及母模（阴极）的电流方向。

（6）照明灯。以便于观察电解液内电镀层的情况。

（7）搅拌器。为了加大电流密度，提高生产率，还应具有搅拌器和循环过滤系统。

3. 电铸成形工艺过程

电沉积操作只不过是电铸成形工艺全过程的一部分，按母模所选用的材料和制造方法的不同，有下述三种工艺过程：

（1）产品图样→母模设计→制造金属母模→电铸前处理（去油、镀脱模层、导线及绝缘包扎）→电沉积（如需加固再反复进行电铸铜或电铸铁）→脱模→机械加固→成品。

（2）产品图样→母模设计→制造非金属母模→电铸前处理（清洗、防水处理、镀导电层、导线及绝缘包扎）→电沉积（如需加固再反复进行电铸钢或电铸铁）→脱模→机械加固→成品。

（3）产品图样→母模设计→制造标准母模（金属的、非金属的或实物）→反制阴模（塑料、硅橡胶、石蜡或低熔点合金等）→再反制母模（塑料、石蜡）→电铸前处理→电沉积→加固→脱模→机械加工→成品。

4. 电铸成形应用及优点

（1）电铸成形的应用。可用于电视机、收录音机、车用音箱等外壳模具，各种零部件、装饰件、唱片、化妆品盒、盖、灯饰零件、高级装饰品、汽车反光镜、内外装饰件用模具等。

（2）电铸成形的优点。以电铸塑料成形模具型腔为例，其优点主要有：

1）精度高、仿造力强，可制造多型腔、形状复杂的模具，复

制精度可达到 $0.1\sim0.2\mu m$。

2）制模速度较快，与传统机械方法相比，一般制造周期可缩短 $30\%\sim60\%$。

八、压印锉修制模技术

（一）压印锉修制模工艺及其应用

压印锉修加工是指利用已加工成形并经淬硬的凸模、凹模或特制的压印工艺冲头作为基准件，垂直放置在未经淬硬或硬度较低并留有一定压印修正余量的对应零件上，加以压力。通过压印基准件的切削与挤压作用，在工件上压出印痕，再由模具钳工按印痕均匀锉修四周余量，作出对应的刃口或型孔的加工方法。利用压印锉修技术能加工出与凸模形状一致的凹模型孔。其主要应用有以下几方面：

（1）适用于用成形磨削、电火花加工等方法难以达到间隙配合要求的模具，既可用凸模对凹模进行压印修正，也可用凹模对凸模进行压印修正。

（2）当加工尺寸超出线切割机床等加工范围时，可用凸模或特制压印工艺冲头压印修正凸模固定板、卸料板、导向板、模框等零件。

（3）对于加工困难的精密小孔，可直接用凸模或工艺冲头挤压切光型孔。

（4）与其他辅助工具配合使用，可加工具有精确孔距的多型孔凹模、固定板、卸料板、模框等零件。

（5）用于缺少机械加工设备的厂家，或模具凸模和型孔要求间隙很小，甚至无间隙的冲裁模模具的制造。

（二）压印锉修加工方法

压印锉修技术主要用于型孔的加工。采用这种方法时，应首先确定以哪个零件（凸模或凹模）作为压印件。确定的原则是：将便于进行成形加工或热处理后变形较大的零件作为压印件；而便于按印痕进行加工的零件作为被压印件。其方法有单型孔压印和多型孔压印两种。表 12-51 所示为常用的几种单型孔压印加工方法。

表 12-51 单型孔压印加工方法

方 法	简 图	说 明
用凸模对凹模压印	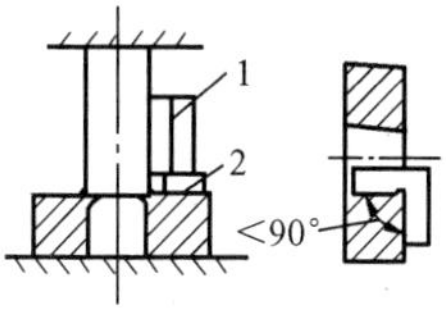 1—角尺；2—垫铁	对于有斜度的凹槽刃口，压印后凹模内壁有材料被挤出，边压边锉，最后成形。用特制角尺检查内壁斜度（压印后表面稍有凸起，应锉平） 压印过程中用角尺或用精密方铁找正压印凸模垂直度
用凸模对固定板压印光切	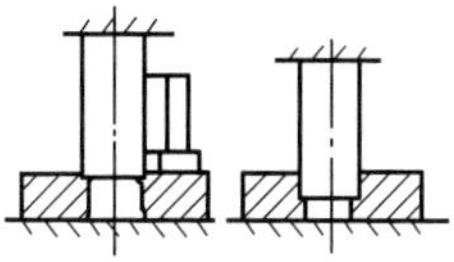	固定板孔要求与凸模紧密配合。因此用凸模压印固定板时，要防止锉松。在初步压印后锉去余量，使留约 0.1mm 均匀余量后，可将凸模直接压入光切内壁，达到紧配合的要求
用凹模对凸模压印	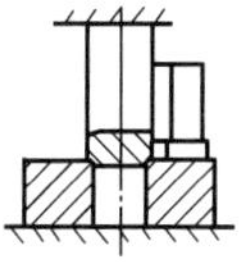	将留有余量的、硬度较低的凸模，放在淬硬的凹模面上，用角尺校正冲头垂直度后压印（只需一次压印），压印后按印痕用仿形刨或钳工加工
用压印工艺冲头压印	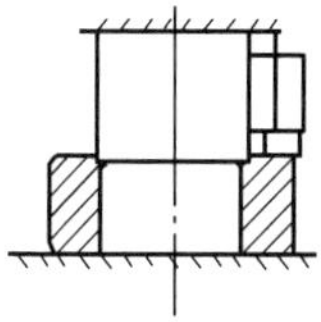	对于凸凹模间隙较大的冲裁模，或间隙较大的塑压模模框，用放大的压印工艺冲头进行压印

　　多型孔压印的基本方法与单型孔压印方法相同，但需控制各成形孔之间的距离，以便保证各零件之间（如凹模与固定板之间）成形孔的相对位置。

　　多型孔压印通常采用精密方箱夹具进行，如图 12-132 所示。图中各型孔之间的距离由精密方箱夹具及量块保证。当所需压印的成形孔与工件外形倾斜成一定角度时（见图 12-133），仍可采用精密方箱夹具，配以斜度垫铁后压印。

　　用精密方箱夹具还可以对多型孔凹模、塑压模模框、凸模固定

665

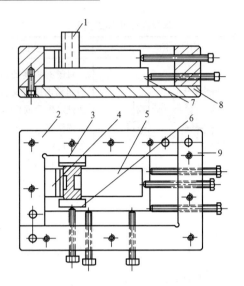

图 12-132　用精密方箱夹具压印
1—凸模；2、9—角尺板；3、4—量块；
5、6—垫块；7—工件；8—底板

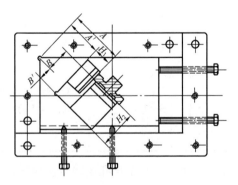

图 12-133　成形孔倾斜的压印方法

板进行压印。除此之外，也可用卸料板作导向，压印凹模及固定板。

（三）压印锉修工艺过程及工艺要点

1. 基本工艺过程

（1）压印锉修前的准备。压印锉修前应对凸模和凹模做以下准备工作：

1）压印基准件的制备。精心制备好压印基准件（凸模或凹模），使之达到所要求的尺寸精度和表面粗糙度。将压印刃口部位用磨石磨出 0.1mm 左右的圆角，以增强压印过程的挤压作用。注意对压印基准件进行退磁处理。

2）选择压印设备和工具。根据压印型孔面积的大小，选择合适的压印设备。较小的型孔压印可用手动螺旋式压力机，较大的型孔则用液压机类设备。同时根据凸模的结构形状准备好合适的工具，如 90°角尺、精密方箱等。

3）准备好润滑剂。压印过程中为了减小摩擦作用，可在压印基准件上涂抹润滑剂，如硫酸铜溶液等。

4）准备型孔板材。对型孔板材要加工至所要求的尺寸、形状精度，确定基准面并在型孔位置划出型孔轮廓线。

5）型孔轮廓预加工。主要对型孔内部的材料进行去除，可以在立式铣床、带锯床、线切割机床上进行。若没有以上设备，则可采用如图 12-134 所示沿型孔轮廓线内侧依次钻孔，然后切断去除废料。去除废料的孔壁应经模具钳工或用铣、插等方法进行修整，使余量均匀。

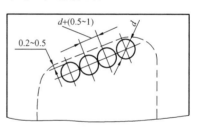

图 12-134　型孔的预加工

（2）压印锉修加工：

1）将压印基准件放在所需压印的工件上后，用 90°角尺或精密方箱校正垂直度和相对位置，并放在压印机工作台的中心位置上。

2）在压印基准件上施加一定的压力，并通过其挤压与切削作用，在被压印的工件上产生印痕。第一次压入深度不宜过大，应控制在 0.2mm 左右。

3）压印结束，取下基准件和受压印的制件，由钳工按印痕进行修正，锉去加工余量，然后再压印、再锉修。如此反复进行，直到锉修出与压印基准件形状完全相同的模样来。注意：锉修时不能碰到刚压出的表面，并保证所修刃口倒壁与其端面的垂直。锉削后的余量要均匀，最好使余量保持在 0.1mm 左右（单边余量），以免下次压印时基准偏斜。

2. 工艺要点

（1）压印的目的只是为了压出印痕，以便于加工，因此，每次压入量不宜过大。应尽量减少压印锉修的次数，在首次压印时，最好是去掉全部余量的 80％以上，并严格保证精度。

（2）在对多型孔固定板压印时，为了简化手续，可利用已制成的多型孔凹模或模框作导向对固定板进行压印。当进行压印后的修正时，应注意将相距最大的孔先进行锉修成形（图 12-135 中 A、B 两孔），然后锉修其他各孔。这样做容易保证孔的位置，并避免工件外形的错位。

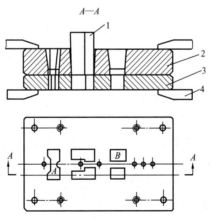

图 12-135　利用凹模作导向对固定板压印
1—凸模；2—凹模；3—固定板；4—平等夹头

（3）在凹模上有圆形凹模孔时，可将固定板上安装圆形凸模的孔镗出（或通过凹模钻出），然后用定位销钉将凹模与固定板定位后，通过凹模对固定板压印，如图 12-136 所示。

（4）若固定板的型孔有个别与凹模型孔的形状不完全一致（如凸模有台肩时），就不能用凹模作导向对固定板压印，此时需另制

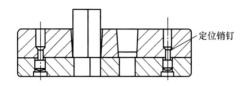

图 12-136　用销钉定位后通过凹模压印

压印工艺冲头，用精密方箱夹具进行压印。

（5）当凸、凹模间隙较小时，可直接以淬硬凹模为导向对固定板进行压印；而当凸、凹模间隙较大时（单面间隙在 $0.03 \sim 0.05mm$），可在凸模一端（压印端）镀铜或涂漆，镀（涂）至略小于凹模孔尺寸（成间隙配合），然后通过凹模孔对固定板压印。当单面间隙大于 $0.05mm$ 时，压印时应在凸、凹模间隙内垫金属片（纯铜片或磷铜片等）。

（6）压印前成形孔应先除去毛刺，留出压印锉修所需的余量。锉修余量不宜过多，一般取每边 $0.5 \sim 1mm$。当利用凸模锉修凹模孔时，余量应尽量小，一般为每边 $0.1 \sim 0.2mm$。若压印后由仿形刨加工凸模，余量可适当放大，每边取 $1 \sim 2mm$。

（7）压印冲头尺寸的确定。对于大间隙冲模以及塑压模等的模框，大多采用特制的压印工艺冲头进行压印。压印工艺冲头的最小尺寸取成形孔要求的最小尺寸（见图 12-137）；制造公差取成形孔公差的一半。

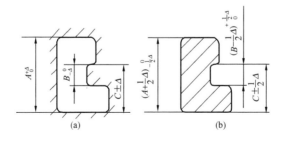

图 12-137　压印工艺冲头尺寸的确定

（a）成形孔；（b）压印工艺冲头

（四）压印锉修技术的应用

1. 制作简易无间隙冲裁模的刃口零件（即凸模或凹模）
零件截面形状如图 12-138 所示（可按具体情况选取）。

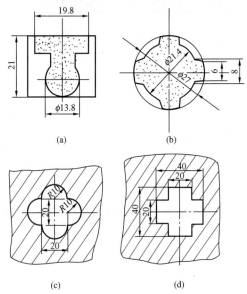

(a)   (b)

(c)   (d)

图 12-138　压印法加工刃口端面印痕图

（1）工件的清理准备。

（2）辅助工具。包括 90°角尺、复写纸或红丹粉、磨石、模具
钳工加工工具等。

（3）制作备料。作为压印件的凸模（或凹模）1件，材料为 45
钢（条件允许的情况下最好是用 T8 或 T10）；作为被压印件的凹
模（或凸模）1件，材料为 Q235 或 20 钢。要求被压印件可先经粗
加工并留有压印余量。

（4）制作要求加工后的凸、凹模刃口表面无毛刺，两者配合的
单面间隙控制在 0.08mm 以内，且间隙均匀。

2. 压印锉修步骤（按凸、凹模安装在模架上压印进行）

（1）将凸、凹模安装在模架上，找正压印件与被压印件的相对
位置，使四周余量均匀（观察四周，使各处都被覆盖住）。

（2）用90°角尺校正压印件的垂直度，准确无误后打上定位销钉，并将模架放在压力机上压印。

（3）压印时，在凸、凹模中间放上复写纸或在压印件上涂上红丹粉，将凸、凹模接触并施加压力，使其端面上印出印痕。

（4）沿印痕四周打上样冲眼，取下被压印件，依照印痕或样冲眼钳工去掉多余的余量，每边留压印余量0.5～1mm，并沿轮廓四周做出小斜边（或圆角），准备压印。

（5）将被压印件重新安装在模架上进行压印。

（6）压印后精磨凸、凹模刃口端面。注意控制磨削量，切不可将印痕磨去。

（7）再次压印，去除余量和毛刺，精磨。

（8）再次压印并由模具钳工按印痕修正。直到被压印件刃口尺寸和形状完全符合图纸要求为止。

（五）钳工压印锉修加工工艺实例

1. 凸模的压印锉修

圆形凸模的制造比较简单，先在车床上粗加工，经过热处理淬火和低温回火后，用外圆磨床精磨，最后研磨工作表面即成。

非圆形凸模的制造比较困难，在制造时可以采用凹模压印后锉修成形的方法。

压印锉修成形的方法是将未经淬硬、并留有一定锉修余量的凸模垂直放置在已加工完成并经淬硬的凹模上，加以压力，通过凹模刃口的切削与挤压作用，在凸模上压出印痕。钳工按印痕均匀地锉修四周余量，加工出凸模。

压印锉修加工的方法主要用于成形磨削、电火花加工等方法难以达到配合间隙要求的模具。设备条件较差的工厂，压印锉修加工是制造凸模（或凹模）的主要方法。

压印锉修加工前，先在铣床或刨床上加工凸模毛坯的各面，并在凸模毛坯上划出工作表面的轮廓线。然后，在立式铣床或刨床上按划线加工凸模的工作表面，留压印锉修单边余量0.3～0.5mm。余量不要过大，这样可以减少模具钳工的工作量；但也不要过小，否则稍有偏移就会使凸模形状不完整。凸模上的尖角和窄槽部分的余量应该小些。

毛坯上铣刀加工不到的部位，会留有较大的余量，需要用特形錾子按划线将多余的部位錾去。

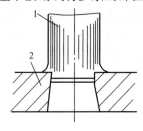

图 12-139　用凹模压印

1—凸模；2—凹模

压印时，在压印机上将凸模 1 压入已加工好并淬硬的凹模 2 内，如图 12-139 所示。凸模上多余的金属被凹模 2 挤出，在凸模上出现了凹模的印痕，模具钳工就根据印痕将多余的金属锉去。锉削时，不允许碰到已压光的表面。锉削时留下的余量要均匀，以免再压时发生偏斜。锉去多余的金属后再压印，再锉削，反复进行，直到凸模工作部分完全锉修到要求的尺寸为止。

为了使压印顺利进行，并保证压印表面的粗糙度要求，首次压印深度要小些（0.5～0.8mm），以后各次的压印深度可适当增大。

为了避免压印时凸模发生歪斜或偏移，可以先加工凸模上外形最简单的部分，并使这部分比其他部分突出1mm 左右，如图12-140所示。压印时可以用突出部分导向、定位，锉修完毕时，再将导向部分锉去。

压印锉修法适用于无间隙冲模，也可以用来加工较小间隙的冲模。加工时，可先用压印法加工成无间隙，然后钳工通过锉修凸模的工作表面来扩大间隙，使凸模和凹模间达到规定的、均匀的间隙。

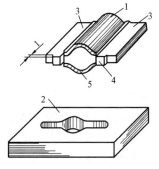

图 12-140　利用导向部分定位压印

1—凸模；2—凹模；3—凸模上的锉修部分；4—导向部分；5—在凸模上的印痕

用凹模对凸模压印锉修成形的方法，生产率低，对工人技术水平要求较高，但在缺少模具加工设备的情况下（或修配时），仍是模具钳工经常使用的一种加工方法。

2. 凹模的钳工压印锉修

凹模型孔为圆形时，可采用一般孔加工方法，即型孔半精加工后进行热处理（淬火或低温回火），然后精磨底面、顶面和型孔。当凹模孔直径小于 5mm 时，可以先进行钻孔和精铰孔，热处理淬火后，研磨型孔。

当凹模型孔为非圆形时，凹模的加工也很困难，在粗加工、半精加工后，可用凸模压印锉修凹模的方法。

凹模压印锉修加工是利用已加工好的凸模（或专门制造的标准凸模，也称工艺冲头）对凹模进行压印，然后锉修成形。其方法与凸模压印锉修的加工方法基本相同。

单型孔压印方法见表 12-51。

对于多型孔的凹模，其各型孔之间的位置公差可用精密方箱式夹具和量块来保证。

第七节　模具主要零件的加工制造

模具常用零件是指模具中的导向机构、侧向抽芯机构、脱模机构、模板类等零件，是模具各种功能实现的基础，是模具的重要组成部分，其质量高低直接影响着整个模具的制造质量。本节将具体介绍一些典型的模具常用零件的加工工艺过程。

一、导向机构零件的制造

模具导向机构零件是指在组成模具的零件中，能够对模具零件的运动方向和位置起着导向和定位作用的零件。模具导向机构零件质量的优劣，对模具的制造精度、使用寿命和成形制品的质量有着非常重要的作用，因此对模具导向机构零件的制造应予以足够的重视。

模具运动零件的导向，是借助导向机构零件之间精密的尺寸配合和相对的位置精度，来保证运动零件的相对位置和运动过程中的平稳性，所以，导向机构零件的配合表面都必须进行精密加工，而且要有较好的耐磨性。一般导向机构零件配合表面的精度可达 IT6，表面粗糙度 $Ra(0.8 \sim 0.4)\mu m$。精密的导向机构零件配合表面的精度可达 IT5，表面粗糙度 $Ra(0.16 \sim 0.08)\mu m$。

导向机构零件在使用中起导向作用。开、合模时有相对运动，成形过程中要承受一定的压力或偏载负荷。因此，要求表面耐磨性好，芯部具有一定的韧性。目前，如 GCr15，SUJ2，T8A，T10A 等材料较为常用，使用时的硬度为 58～62HRC。

导向机构零件的形状比较简单。一般采用普通机床进行粗加工和半精加工后再进行热处理，最后用磨床进行精加工，消除热处理引起的变形，提高配合表面的尺寸精度，减小表面粗糙度值。对于配合要求精度高的导向机构零件，还要对配合表面进行研磨，才能达到要求的精度和表面粗糙度。

虽然导向机构零件的形状比较简单，加工制造过程中不需要复杂的工艺和设备及特殊的制造技术，但也需采取合理的加工方法和工艺方案，才能保证导向零件的制造质量，提高模具的制造精度。同时，导向机构零件的加工工艺对杆类、套类零件具有借鉴作用。

1. 导柱的加工

导柱是各类模具中应用最广泛的导向机构零件之一。导柱与导套一起构成导向运动副，应当保证运动平稳、准确。所以，对导柱的各段台阶轴的同轴度、圆柱度专门提出较高的要求，同时，要求导柱的工作部位轴径尺寸满足配合要求，工作表面具有耐磨性。通常，要求导柱外圆柱面硬度达到 58～62HRC，尺寸精度达到 IT6～IT5，表面粗糙度达到 $Ra(0.8 \sim 0.4)\mu m$。各类模具应用的导柱其结构类型也很多，但主要表面为不同直径的同轴圆柱表面。因此，可根据它们的结构尺寸和材料要求，直接选用适当尺寸的热轧圆钢为毛料。在机械加工的过程中，除保证导柱配合表面的尺寸和形状精度外，还要保证各配合表面之间的同轴度要求。导柱的配合表面是容易磨损的表面，所以在精加工之前要安排热处理工序，以达到要求的硬度。

加工工艺为粗车外圆柱面、端面，钻两端中心定位孔，车固定台肩至尺寸，外圆柱面留 0.5mm 左右磨削余量；热处理；修研中心孔；磨导柱的工作部分，使其表面粗糙度和尺寸精度达到要求。

下面以注塑模滑动式标准导柱为例（如图 12-141 所示），来介绍导柱的制造过程，加工工艺过程见表 12-52。

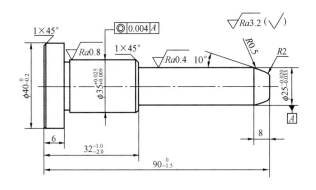

图 12-141　导柱零件图

表 12-52　　　　　　　　　　　导柱加工工艺过程　　　　　　　　　　　mm

序号	工序	工　艺　要　求
10	下料	切割 $\phi40\times94$ 棒料
20	车	车端面至长度 92，钻中心孔，掉头车端面，长度至 90，钻中心孔
30	车	车外圆 $\phi40\times6$ 至尺寸要求；粗车外圆 $\phi25\times58$，$\phi35\times26$ 留磨量，并倒角，切槽，10°角等
40	热	热处理 $55\sim60$ HRC
50	车	研中心孔，调头研另一中心孔
60	磨	磨 $\phi35$，$\phi25$ 至尺寸要求

　　对精度要求高的导柱，终加工可以采用研磨工序，具体方法可参见本节中的相关部分。在导柱加工过程中，工序的划分及采用工艺方法和设备应根据生产类型、零件的形状、尺寸大小、结构工艺及工厂设备状况等条件决定。不同的生产条件下，采用的设备和工序划分也不相同。因此，加工工艺应根据具体条件来选择。

　　在加工导柱的过程中，对外圆柱面的车削和磨削，一般采用设计基准和工艺基准重合的两端中心孔定位。因此，在车削和磨削之前需先加工中心定位孔，为后续工艺提供可靠的定位基准。中心孔的形状精度对导柱的加工质量有着直接影响，特别是加工精度要求较高的轴类零件，保证中心定位孔与顶尖之间的良好配合是非常重要的。导柱中心定位孔在热处理后的修正，目的是消除热处理过程中可能产生的变形和其他缺陷，使磨削外圆柱面时能获得精确定位，保证外圆柱面的形状和位置精度要求。

中心定位孔的钻削和修正是在车床、钻床或专用机床上进行的。中心定位孔修正时，如图 12-142 所示，用车床三爪自定心卡盘夹持锥形砂轮，在被修正的中心定位孔处加入少量的煤油或机油，手持工件利用车床尾座顶尖支撑，利用主轴的转动进行磨削。该方法效率高，质量较好，但是砂轮易磨损，需经常修整。

如果将图 12-142 中的锥形砂轮用锥形铸铁研磨头代替，在被研磨的中心定位孔表面涂以研磨剂进行研磨，将达到更高的配合精度。

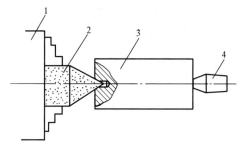

图 12-142　锥形砂轮修正中心定位孔
1—三爪自定心卡盘；2—锥形砂轮；3—工件；4—尾座顶尖

2. 导套的加工

与导柱配合的导套也是模具中应用最广泛的导向零件之一。因应用不同，其结构、形状也不同，但构成导套的主要是内外圆柱表面，因此，可根据它们的结构、形状、尺寸和材料的要求，直接选用适当尺寸的热轧圆钢为毛坯。

在机械加工过程中，除保证导套配合表面尺寸和形状精度外，还要保证内外圆柱配合面的同轴度要求。导套装配在模板上，以减少导柱和导向孔滑动部分的磨损。因此，导套内圆柱面应当具有很好的耐磨性，根据不同的材料采取淬火或渗碳，以提高表面硬度。内外圆柱面的同轴度及其圆柱度一般不低于 IT6，还要控制工作部位的径向尺寸，硬度 $50 \sim 55$HRC，表面粗糙度值 $Ra(0.8 \sim 0.4)\mu m$。

加工工艺一般为粗车，内外圆柱面留 0.5mm 左右磨削余量；热处理；磨内圆柱面至尺寸要求；上芯棒，磨外圆柱面至尺寸要求。表 12-53 是图 12-143 中带头导套的加工工艺过程。

表 12-53		导套加工工艺过程	mm
序号	工序	工 艺 要 求	
10	车	车端面见平，钻孔 $\phi25$ 至 $\phi23$，车外圆 $\phi35 \times 94$，留磨量，倒角，切槽；车 $\phi40$ 至尺寸要求；截断，总长至 102；调头车端面见平，至长度 100，倒角	
20	热	热处理 $50\sim55$HRC	
30	磨	磨内圆柱面至尺寸要求；上芯棒，磨外圆柱面至尺寸要求	

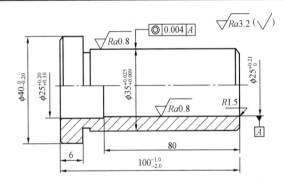

图 12-143 带头导套

导套的制造过程，在不同的生产条件下，所采用的加工方法和设备不同，制造工艺也不同。对精度要求高的导套，终加工可以采用研磨工序，具体方法可参阅本节中的相关部分。

二、侧向抽芯机构零件的加工

侧向抽芯机构是注塑模具、压塑模具、金属压铸模具等最常见的机构之一。侧向抽芯机构主要由滑块、斜导柱、导滑槽等几部分组成。工作时，滑块在斜导柱的带动下，在导滑槽内运动，在开模后和制品顶出之前完成侧向分型或抽芯工作，使制品顺利脱模。由于模具的结构不同，具体的滑块导滑方式也不同，种类较多，如图 12-144 所示。

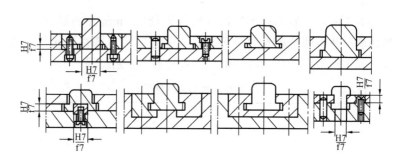

图 12-144　滑块导滑方式

1. 滑块的加工

由于模具结构形式不同，滑块的形状和大小也不相同。它可以和型芯设计为整体式，也可以设计成组合式。在组合式滑块中，型芯与滑块的连接必须牢固可靠，并有足够的强度。常见的连接形式如图 12-145 所示。

滑块多为平面和圆柱面组合，斜面、斜导柱孔和成形表面的形

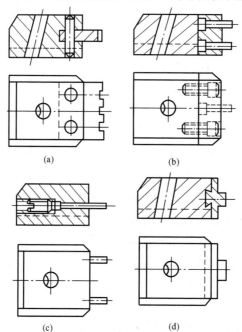

(a)　　　　　　　　　(b)

(c)　　　　　　　　　(d)

图 12-145　型芯与滑块的常见连接形式

状、位置精度和配合要求较高。因此在机械加工过程中，除必须保证尺寸、形状精度外，还要保证位置精度；对于成形表面，还要保证较低的表面粗糙度。

由于滑块的导向表面及成形表面要求较好的耐磨性和较高的硬度，一般采用工具钢和合金工具钢，经铸造制成毛坯。在精加工之前，要安排热处理达到硬度要求。

现以图 12-146 所示的组合式滑块为例，介绍其加工过程（材料为 45 钢，热处理硬度 $30 \sim 34HRC$，未注表面粗糙度为 $Ra0.8\mu m$，见表 12-54。

表 12-54　　　　　　　　　滑块加工工艺过程　　　　　　　　　mm

序号	工序	工　艺　要　求
10	备料	备截面尺寸不小于 22×30 的条料或棒料
20	铣	至 30.6×22×37.6，且各面间保持垂直、平行
30	热	至硬度要求 30～34HRC
40	磨	平磨或成形磨各平面至尺寸要求
50	钳	钻、攻 M5×8 至尺寸要求
60	铣	侧向抽芯机构装配后，钻、扩 φ10.5 至尺寸要求

对于体积较大的滑块，导滑面（如图 12-146 所示的 $16_{-0.02}^{\ 0}$ mm 两侧面和 $10_{-0.02}^{\ 0}$ mm 上表面）可以分为铣、磨两个环节；而对于小滑块，由于加工量不大，可以简化为一道工序。

另外，如果加工手段不能保证，图 12-146 中的 22°斜面要留装配磨量，在侧向抽芯机构装配时配磨，以调节锁模力的大小。

滑块各组成平面间均有平行度、垂直度的要求，对位置精度的保证主要是选择合理的定位基准。如图 12-146 所示的组合式滑块，在加工过程中的定位基准为宽度 22mm 的底面和与其垂直的侧面，这样在加工过程中可以准确定位，装夹方便可靠。对于各平面之间的平行度和垂直度则由机床和夹具保证。在加工过程中，各工序之间的加工余量需根据零件的大小及不同的加工工艺而定，可参见相关的切削用量手册。

图 12-146 中斜导柱孔 φ10.5mm 和斜导柱之间有 0.5mm 左右的间隙，其主要目的在于开模之初使滑块的抽芯运动滞后于开模运

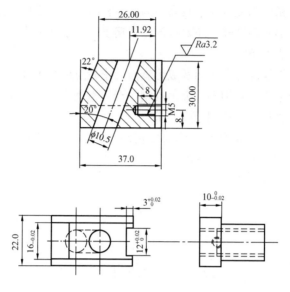

图 12-146 组合式滑块

动，使动、定模可以分开一个很小的距离，斜导柱才开始按滑块的斜导柱孔内表面开始抽芯运动，所以，其孔表面的粗糙度要低，并且有一定的位置要求。为了保证滑块上的斜导柱孔和模板斜导柱孔的同轴度，一般是在模板装配后进行配作加工。

2. 导滑槽的加工

导滑槽和滑块是模具侧向分型的抽芯导向装置。抽芯运动过程中，要求滑块在导滑槽内运动平稳，无上下窜动和卡死现象。导滑槽常见的组合形式如图 12-144 所示。

除整体式的导滑槽外，组合式的导滑槽常用材料一般为 45，T8，T10 等，并经热处理使其硬度达到 52～56HRC。在导滑槽和滑块的配合中，在上、下和左、右两个方向各有一对平面是间隙配合充当导滑面，配合精度一般为 H7/f6 和 H8/f7，表面粗糙度 $Ra(1.25 \sim 0.63)\mu\text{m}$。

由于导滑槽的结构比较简单，大多数导滑槽都是由平面组成，因此机械加工比较容易，可依次采用刨削、铣削、磨削的方法进行加工。

三、模板类零件的加工

模板是组成各类模具的重要零件，因此，模板类零件的加工如何满足模具结构、形状和成形等各种功能的要求，达到所需要的制造精度和性能，取得较高的经济效益，是模具制造的重要问题。

模板类零件是指模具中所应用的平板类零件，如图 12-147 所示注塑模具中的定模固定板、定模板、动模板、动模垫板、推杆支承板、推杆固定板、动模固定板等。如图 12-148 所示，冲裁模具中的上、下模座，凸、凹模固定板，卸料板，垫板，定位板等，这些都大量应用了模板类零件。因此，掌握模板类零件加工工艺方法是高速优质制造模具的重要途径。

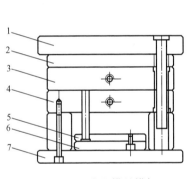

图 12-147　注塑模具模架

1—定模固定板；2—定模板；

3—动模板；4—动模垫板；

5—推杆支承板；6—推杆

固定板；7—动模固定板

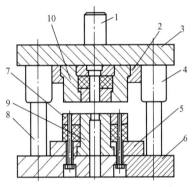

图 12-148　冲裁模具

1—模柄；2—凹模固定板；3—上模座；

4—导套；5—凸、凹模固定板；6—下

模座；7—卸料板；8—导柱；9—凸

凹模；10—落料凹模

模板类零件的形状、尺寸、精度等级各不相同，它们各自的作用综合起来主要包括以下四个方面：

（1）连接作用。冲压与挤压模具中的上、下模座，注塑模具中动、定模固定板，它们具有将模具的其他零件连接起来，保证模具工作时具有正确的相对位置，使之与使用设备相连接的作用。

（2）定位作用。冲压与挤压模具中的凸、凹模固定板，注塑模具中动、定模板，它们将凸、凹模和动、定模的相对位置进行定位,保证模具工作过程中准确的相对位置。

(3) 导向作用。模板类零件和导柱、导套相配合,在模具工作过程中,沿开合模方向进行往复直线运动,对模板上所有零件的运动进行导向。

(4) 卸料或推出制品。模板中的卸料板、推杆支承板及推杆固定板在模具完成一次成形后,借助机床的动力及时地将成形的制品推出或毛坯料卸下,便于模具顺利进行下一次制品的成形。

1. 模板类零件的基本要求

模板类零件种类繁多,不同种类的模板有着不同的形状、尺寸精度和材料的要求。根据模板类零件的作用,可以概括为以下四个方面:

(1) 材料质量。模板的作用不同,对材料的要求也不同。如冲压模具的上、下模座一般用铸铁或铸钢制造,其他模板可根据不同的要求应用中碳结构钢制造;注塑模具的模板大多选用中碳钢。

(2) 平行度和垂直度。为了保证模具装后各模板能够紧密配合,对于不同尺寸和不同功能模板的平行度和垂直度,应按 GB/T 1184—1996《形状和位置公差未注公差值》执行。其中,冲压与挤压模架的模座,对于滚动导向模架采用公差等级为 4 级,其他模座和模板的平行度公差等级为 5 级;注塑模具模板上下平面的平行度公差等级为 5 级,模板两侧基准面的垂直度公差为 5 级。

(3) 尺寸精度与表面粗糙度。对一般模板,平面的尺寸精度与表面粗糙度应达到 IT8~IT7,$Ra(1.6 \sim 0.63)\mu m$;对于平面为分型面的模板,应达到 IT7~IT6,$Ra(0.8 \sim 0.32)\mu m$。

(4) 孔的精度、垂直度和位置度。常用模板各孔径的配合精度一般为 IT7~IT6,$Ra(1.6 \sim 0.32)\mu m$。孔轴线与上下模板平面的垂直度为 4 级精度。对应模板上各孔之间的孔间距应保持一致,一般要求在 ±0.02mm 以下,以保证各模板装配后达到装配要求,使各运动模板沿导柱平稳移动。

2. 冲模模板的加工

在冲模中,板类零件很多,以下仅举两个简单的例子加以说明。

（1）凸模固定板。凸模固定板直接与凸模和导套配合，起着固定和导向作用，因此凸模固定板的制造精度直接影响着冲模的制造质量。如图 12-149 所示的凸模固定板，材料选用 45 钢，调质处理 26～30HRC，主要加工表面为平面及孔系结构，其中，$\phi 80^{+0.035}_{0}$ mm 为模柄固定孔，$2 \times \phi 40^{+0.025}_{0}$ mm 为导套固定孔，$2 \times \phi 10^{+0.015}_{0}$ mm 为凸模定位销孔，$4 \times \phi 13$mm 为凸模固定用螺钉过孔，$4 \times \phi 17$mm 为卸料板固定用螺钉过孔。其具体的加工工艺过程参见表 12-55。

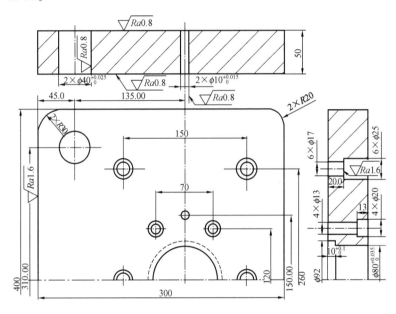

图 12-149　凸模固定板

表 12-55　　　　　　　　**凸模固定板加工工艺过程**　　　　　　　　mm

序号	工序	工　艺　要　求
10	备料	锻造毛坯
20	铣	上、下面至 53
30	磨	上、下面见平，且平行
40	铣	四周侧面，至 302×402，且互相垂直、平行
50	钳	中分划线，钻、扩孔：$2 \times \phi 40^{+0.025}_{0}$ 至 $\phi 36$，$\phi 80^{+0.035}_{0}$ 至 $\phi 74$
60	热	调质处理 26～30HRC

序号	工序	工 艺 要 求
70	铣	上、下面至50.4
80	磨	上、下面至尺寸要求，且平行
90	铣	四周均匀去除，至尺寸要求，且互相垂直、平行
100	铣	$2 \times R30$，$2 \times R20$ 至尺寸要求
110	钳	钻、扩孔：$4 \times \phi 13$，$4 \times \phi 20$，$4 \times \phi 17$ 和 $4 \times \phi 25$ 至尺寸要求
120	镗	$2 \times \phi 10^{+0.015}_{0}$，$2 \times \phi 40^{+0.025}_{0}$ 和 $\phi 80^{+0.035}_{0}$ 等各孔至尺寸要求

（2）卸料板。卸料板的作用是卸掉制品或废料。常见的卸料板分为固定卸料板和弹压卸料板两种。前者是刚性结构，主要起卸料作用，卸料力大；后者是柔性结构，兼有压料和卸料两个作用，其卸料力大小取决于所选的弹性件。

弹压卸料板主要用于冲制薄料和要求制品平整的冲模中。它可以在冲压开始时起压料作用，冲压结束后起卸料作用，是最常见的卸料方式。如图 12-150 所示的弹压卸料板，材料选用 45 钢，需调质处理 26～30HRC，其中 $3 \times \phi 10^{+0.015}_{0}$ mm 为挡料销固定用孔。其具体加工工艺过程见表 12-56。

表 12-56 卸料板加工工艺过程 mm

序号	工序	工 艺 要 求
10	备料	锻造毛坯
20	铣	上、下面至28
30	热	调质处理26～30HRC
70	铣	上、下面至25.8
80	磨	上、下面25.4
90	铣	四周330×150至尺寸要求，且互相垂直、平行
100	钳	按基准角，钻、铰孔：$4 \times M16$ 至尺寸要求，210.34×23.64 方孔穿丝孔 $\phi 2$
120	镗	按基准角，$3 \times \phi 10^{+0.015}_{0}$ 至尺寸要求
130	线	按基准角，210.34×23.64 方孔至尺寸要求
140	磨	上、下面至尺寸要求

3. 注塑模具模板的加工

目前，注塑模具的设计与制造选用标准模架已经非常普遍。标

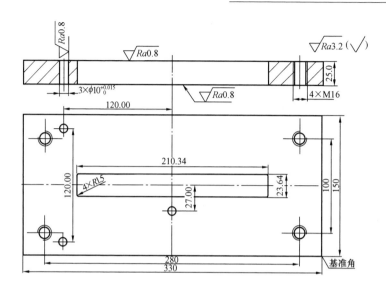

图 12-150　卸料板

准模架的模板一般不需要经过热处理，除非用户有特殊要求。模板的加工工序安排要尽量减少模板的变形。加工去除量大的部分是孔加工，因此，把模板上下两面的平磨加工分为两部分。对于外购的标准模架的模板，首先进行划线、钻孔等粗加工，然后时效一段时间，使其应力充分释放；第一次平磨消除变形量，然后进行其他精加工；第二次平磨至尺寸，并可去除加工造成的毛刺和表面划伤等，使模具的外观质量得以保证。两次平磨在有些场合也可以合二为一。

（1）动模板。其结构如图 12-151 所示，工艺按采用标准模架和自制两种方式给出，分别见表 12-57 和表 12-58。

表 12-57　　　　动模板加工工艺过程（采用标准模架）　　　　mm

序号	工序	工 艺 要 求
10	钳	按基准角划线，钻 $4\times\phi28$，$4\times\phi32$，$6\times\phi9$，$6\times\phi14$，$18\times\phi8$ 和水道孔至尺寸要求；150×20 划线；划线，钻 $4\times\phi14$ 至 $4\times\phi13$
20	铣	按划线铣，150 至尺寸要求，20 留磨量 0.3；铣让刀槽至尺寸要求
30	磨	以 B 面为基准，磨 20 至尺寸要求；磨 70 ± 0.02 至尺寸要求
40	镗	按基准角，坐标镗 $4\times\phi14$ 至尺寸要求；$4\times\phi16$ 至尺寸要求，$4\times$M8 点位
50	钳	按坐标镗点位，钻、铰 $4\times$M8 至尺寸要求

表 12-58　　　　　　　　动模板加工工艺过程(自制)　　　　　　　mm

序号	工序	工　艺　要　求
10	备料	＞383×253×73
20	铣	上下面见平,至73.4
30	磨	上下面见平,至73
40	铣	至383×253
50	钳	中分划线,钻4×φ35至4×φ33,150×20划线
60	铣	按划线铣,150×20至144×18
70	热	热处理至26~30HRC
80	铣	上下面均匀去除,见平,至70.8
90	磨	上下面均匀去除,见平,至70.4
100	铣	中分,均匀去除,380×250至尺寸要求
110	钳	模板四周倒角2×45°,按基准角划线,钻4×φ28,4×φ32,6×φ9,6×φ14,18×φ8,6×M16和水道孔至尺寸要求;150×20划线;划线,钻4×φ14至4×φ13
120	铣	按划线铣,150至尺寸要求,20留磨量0.3;铣让刀槽至尺寸要求
130	磨	以B面为基准,磨20±0.02至尺寸要求;磨70±0.02至尺寸要求
140	镗	按基准角,坐标镗4×φ14,4×φ35,4×φ41至尺寸要求;4×φ16至尺寸要求,4×M8点位
150	钳	按坐标镗点位,钻、铰4×M8至尺寸要求

一般厂家提供的标准模架的模板在厚度方向上都留有加工余量,根据需要,用户在装配前应将它们去除。

型腔槽孔、导柱导套孔等模具重要工作部位,热处理之前要预加工到一定尺寸,这样可使这些部位的硬度达到均匀一致,避免外硬心软。对于一些较深的孔,如不经预加工而直接热处理,则在后续加工中由于轴向硬度不均,很容易形成鼓状而达不到图样要求。

另外,模板一般都大致对称,因而热处理变形各方向基本一致。这样在热处理之前以模板的中心作为加工基准;热处理后,将模板四边均匀去除,将基准由中心转换为基准角,便于后续精加工。

(2)定模板。其结构如图12-152所示,在采用标准模架的基础上编制其工艺,见表12-59。

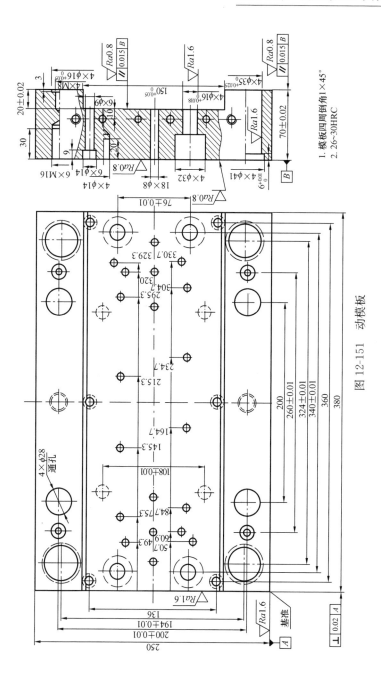

图 12-151 动模板

1. 模板四周倒角 1×45°
2. 26~30HRC

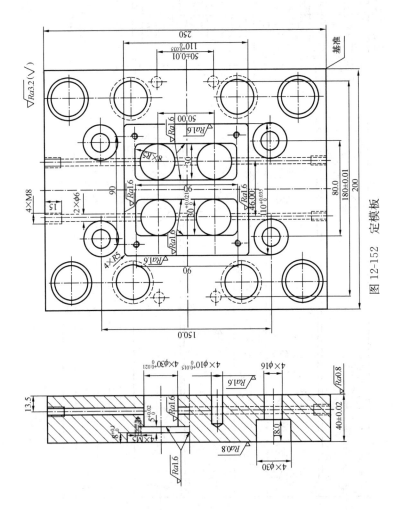

图 12-152 定模板

表 12-59　　　　　定模板加工工艺过程（采用标准模架）　　　　mm

序号	工序	工 艺 要 求
10	钳	按基准角划线，钻 4×φ30 至 4×φ28；4×φ16，4×φ30 至尺寸要求
20	磨	上下面均匀去除，见平，40±0.02 至尺寸要求
30	镗	按基准角，坐标镗 4×φ30 至尺寸；4×φ10 至尺寸要求
40	加工中心	按基准角，铣 90×30，110×110 至尺寸要求
50	钳	按基准角，钻、铰 4×M5 和水道孔至尺寸要求

如果在镗孔前先完成水道孔的加工，则在镗孔时，不连续切削将会造成刀具跳动，影响加工精度和表面质量。

（3）推杆支承板。其结构如图 12-153 所示，在采用标准模架的基础上编制其工艺，见表 12-60。

表 12-60　　　　推杆支承板加工工艺过程（采用标准模架）　　　　mm

序号	工序	工 艺 要 求
10	钳	按基准角划线，钻 2×φ25 至 2×φ24，16×φ2，8×φ3，16×φ4.5，3×φ6 至尺寸要求
20	磨	上下面见平，15 至尺寸要求
30	镗	按基准角，坐标镗 2×φ25 至尺寸要求
40	铣	按各孔中心为基准，16×φ5，8×φ6，16×φ9，3×φ11 至尺寸要求

目前，在一些企业已经用数显铣床来代替钻床进行一些孔的加工工作，如表 12-60 中的工序 10，这样既可以提高孔的位置精度，又可以降低模具钳工的劳动强度，提高工作效率。

在加工各沉孔（16×φ5mm，8×φ6mm，16×φ9mm，3×φ11mm）大小和深浅时，一般按实际购买的推杆的台肩尺寸加工。

四、模具工作零件的加工

（一）凸凹模工作部分尺寸和公差

1. 决定凸凹模的尺寸依据

（1）冲裁件的基本尺寸。

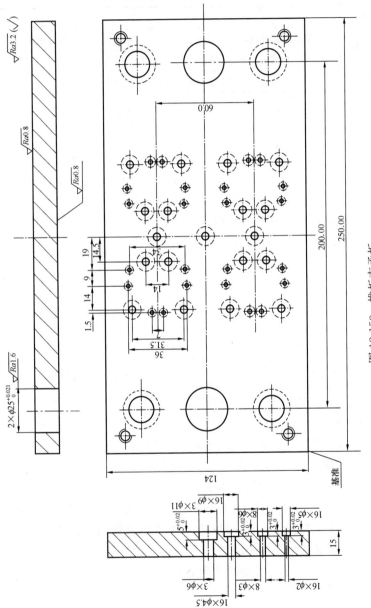

图 12-153　推板支承板

（2）冲裁件的公差。

（3）冲裁件的回弹系数值，见表 12-61。

表 12-61　　　　　　　　　回弹系数值 X

材料厚度 t (mm)	非圆形			圆　形	
	1	0.75	0.5	0.75	0.5
	工　件　公　差（mm）				
～1	<0.16	0.17～0.35	≥0.36	<0.16	≥0.16
1～2	<0.20	0.21～0.41	≥0.42	<0.20	≥0.20
2～4	≤0.24	0.25～0.49	≥0.50	<0.24	≥0.24
4	<0.30	0.31～0.59	≥0.60	<0.30	≥0.30

2. 决定凹、凸模工作部分尺寸

（1）要注意落料和冲孔的特点。落料模的尺寸取决于凹模，因此，设计时应先决定凹模的尺寸，用缩小凸模尺寸来保证合理的间隙。

冲孔模的尺寸取决于凸模，在设计时应先决定凸模的尺寸，用放大凹模来保证冲裁模合理的间隙。

（2）冲裁模的磨损。由于模具在工作时长期的摩擦，凹模刃口尺寸会变大，而凸模刃口尺寸会变小，因此在设计模具时应考虑磨损。

落料模的凹模尺寸应取冲裁件公差的最小值。冲孔模的凸模尺寸应取冲裁件公差的最大值。

（3）凹、凸模相配间隙。落料模、冲孔模其凹、凸模的相配间隙均取最小值，即初始间隙。

（二）凹、凸模工作部分尺寸及公差计算

同一尺寸的冲裁件，由于其材质、厚度及公差的不同，冲裁模的凹、凸模的尺寸及公差也会不同。

一般来说，冲裁件材料越厚，材质越硬，其间隙也越大；材质软而薄，其间隙就小。间隙的选择可参考第三章表 3-1 和表 3-2。

如果冲裁件是圆形或方形，凹、凸模可单独加工。其凹、凸的尺寸计算可参考表 12-62。

表 12-62   **分开加工计算公式**

工序性质	工件尺寸	凸模尺寸	凹模尺寸
落料	$D_{-\Delta}^{\;0}$	$D_{凸} = (D - x_\Delta - z_{min})_{-\delta_{凸}}^{\quad 0}$	$D_{凹} = (D - x_\Delta)_{\;0}^{+\delta_{凹}}$
冲孔	$d_{\;0}^{+\Delta}$	$d_{凸} = (d + x_\Delta)_{-\delta_{凸}}^{\quad 0}$	$d_{凹} = (d + x\Delta + z_{min})_{\;0}^{+\delta_{凹}}$

式中 $D_{凸}$、$d_{凸}$——凸模尺寸（mm）；

        $D_{凹}$、$d_{凹}$——凹模尺寸（mm）；

        D、d——工件公称尺寸（mm）；

        $\delta_{凸}$——凸模制造公差（mm）；

        $\delta_{凹}$——凹模制造公差（mm）；

        Δ——工件公差（mm）；

        x——系数，其值选取见表 12-61

注   计算时，需先将工件化成 $D_{-\Delta}^{\;0}$，$d_{\;0}^{+\Delta}$ 的形式。

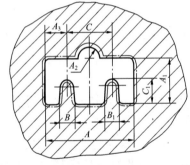

图 12-154 落料凹模尺寸

1. 落料（冲制金属材料）

落料凹模工作部分的尺寸，可分为三种情况。从图 12-154 中可知：

（1）在冲裁过程中，当凹模磨损后，A、A_1、A_2、A_3 尺寸增大。

（2）在冲裁过程中，当凹模磨损后，B、B_1 尺寸减小。

（3）当凹模磨损后，C、C_1 的尺寸无增减。

其尺寸计算方法如下：

（1）对有增加的尺寸 A、A_1、A_2、A_3

$$A = a_{max} - x\Delta \qquad (12\text{-}4)$$

式中 A——公称尺寸（mm）；

    a_{max}——工件最大极限值（mm）；

    x——回弹系数值，查表 12-61。

凹模的制造偏差取正值，其数值等于工件相应尺寸公差的 25%，即

$$+\delta_A = \frac{1}{4}\Delta$$

（2）对减小的尺寸 B、B_1
$$B = b_{min} + x\Delta \tag{12-5}$$
式中　B——公称尺寸（mm）；

b_{min}——工件最小极限尺寸（mm）。

凹模的制造偏差取负值，其数值等于工件相应尺寸公差的 25%，即

$$-\delta_B = -\frac{1}{4}\Delta$$

（3）对于无增减的尺寸 C、C_1
$$C = C_{min} + \frac{1}{2}\Delta \tag{12-6}$$
式中　C——公称尺寸（mm）；

C_{min}——工件最小极限尺寸（mm）。

凹模的制造偏差取正负值，其数值等于工件相应尺寸公差的 12.5%，即

$$\pm\delta_c = \pm\frac{1}{8}\Delta \tag{12-7}$$

落料凹模的尺寸，根据凹模的尺寸，按需要间隙配制。在图样上要注明与凹模实际尺寸配制和双面间隙的数值。

2. 冲孔（冲制金属材料）

冲孔用凸模工作部分的尺寸，也有三种情况，见图 12-155。

（1）当凸模磨损后，其减小的尺寸为 A、A_1、A_2、A_3

$$A = a_{min} + x\Delta \tag{12-8}$$

凸模制造偏差取负值，其数值为工件相应尺寸公差的 25%，即

$$-\delta_A = -\Delta/4 \tag{12-9}$$

（2）当凸模磨损后，其增加的尺寸为 B、B_1

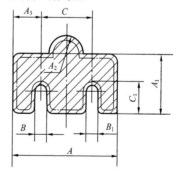

图 12-155　冲孔凸模尺寸

$$B = b_{man} - x\Delta \tag{12-10}$$
$$+\delta_B = \frac{1}{4}\Delta$$

（3）当凸模磨损后，无增减的尺寸为 C、C_1

$$C = C_{\min} + \frac{1}{2}\Delta \tag{12-11}$$

$$\pm\delta_c = \pm\frac{1}{8}\Delta$$

同样，凹模需与凸模的实际尺寸配制，在图样上要注明配制和双向间隙的数值。

【**例 12-7**】 如图 12-156 为落料尺寸图，按此计算图 12-157 所示落料凹模尺寸，材料为 Q235-A、厚度 1mm。

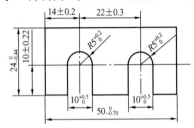

图 12-156 落料尺寸

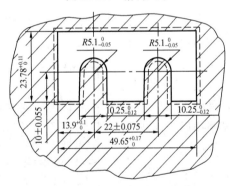

图 12-157 落料凹模尺寸

解: 已知材料 Q235-A，厚度 1mm。

查表 3-1 和表 3-2 得间隙为 $5\%t$，即为 0.05mm。

凹模尺寸计算如下:

(1) 磨损后增加尺寸为 $50_{-0.70}^{0}$mm，(14 ± 0.2) mm，$24_{-0.44}^{0}$mm。

查表 12-61 得 x 系数值为 0.5，0.75，0.5。

所以按式 (12-4) 得相应尺寸为 $49.65_{0}^{+0.17}$mm，$13.9_{0}^{+0.1}$mm，

$23.78^{+0.11}_{0}$ mm。

(2) 磨损后减小的尺寸为 $10^{+0.5}_{0}$ mm，$R5^{+0.2}_{0}$ mm。

查表 12-61 得 x 系数为 0.5，0.75。

按式（12-5）计算得：相应尺寸为 $10.25^{0}_{-0.12}$ mm；$R5.2^{0}_{-0.05}$ mm。

(3) 磨损后无增减的尺寸为 (22 ± 0.3) mm；(10 ± 0.22) mm。

按式（12-8）计算得：相应尺寸为 (22 ± 0.075) mm，(10 ± 0.055) mm。

凹模尺寸见图 12-157，凸模与凹模实际尺寸配制，双面间隙为 0.05mm。

（三）凸模与凹模的制作

(1) 落料凸模和凹模的制作。结构尺寸如图 12-158 所示。

1）工艺准备。

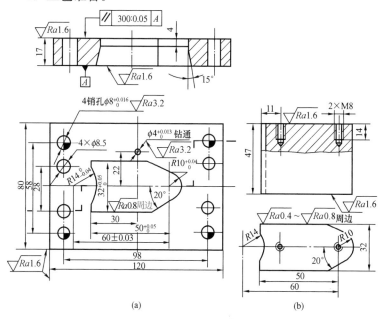

图 12-158 冷冲模工作零件

（a）落料凹模；（b）落料凸模

注：凸模尺寸按凹模实际尺寸配制，保证双面间隙为 0.03mm。

2）辅助工具。包括 90°角尺、直尺、装夹工具等。

3）工件备料。按图纸尺寸要求选用锻造坯料，材料：CrWMn（可用其他材料代替）；坯料尺寸：126mm×86mm×22mm 和 65mm×52mm×38mm 各 1 件。

4）制作要求硬度。凹模硬度为 60～64HRC，凸模硬度为 58～62HRC。表面粗糙度：刃口处表面粗糙度值为 $Ra0.8\mu m$；顶面、底面和基准侧面表面粗糙度值为 $Ra1.6\mu m$；定位销孔表面粗糙度值为 $Ra3.2\mu m$；其余为 Ra（6.3～12.5）μm。凸模与凹模的配合间隙：冲裁间隙为 $z=0.03mm$。

（2）加工步骤。根据图样要求，拟订该制件加工方案为：备料、毛坯外形加工、钳工划线、零件轮廓粗加工、零件尺寸精加工、螺孔和销孔的加工、热处理、研磨或抛光、检验。

具体操作步骤见表 12-63、表 12-64（注：在缺乏成形加工设备的情况下，凹模可采用压印锉修加工方法，可分步进行）。

表 12-63　　　　　　凹模加工工艺过程

工序号	工序名称	工序内容	设备	工 序 简 图
1	备料	用型钢棒料，在锯床或车床上切断，并将棒料锻成矩形之后进行球化退火处理，以消除锻造产生的内应力，改善组织及加工性能	锯床或车床	
2	粗加工毛坯	刨削或铣削毛坯的六个面，加工至尺寸 120.4mm×80.4mm×17.5mm，留粗磨余量 0.6～0.8mm	刨床或铣床	
3	磨平面	磨上、下两平面和相邻两侧面，作为加工时的基准面。单面留精磨余量 0.2～0.3mm，保证各面相互垂直（用 90°角尺检查）	平面磨床	

续表

工序号	工序名称	工序内容	设备	工 序 简 图
4	钳工划线	以磨过相互垂直的两侧面为基准，划凹模中心线及4×φ8mm 销孔、4×φ8.5mm 过孔中心线，并按照事先加工好的凹模样板划型孔轮廓线	划线工具及量具	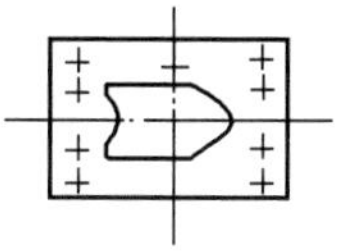
5	粗加工型孔	沿型孔轮廓线钻孔，除去中间废料，然后在立式铣床上按划线加工型孔，留锉修单面余量0.3~0.5mm	立式铣床	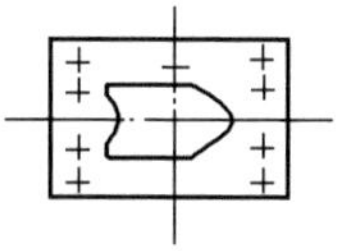
6	粗加工型孔	钳工锉修型孔，并随时用凹模样板校验。合格后，锉出型孔斜度		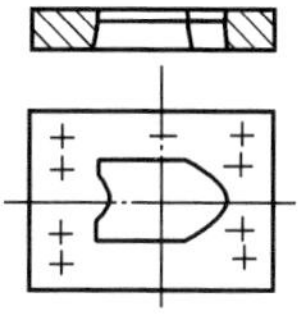
7	加工螺孔和销孔	加工 4×φ8mm 销孔和 4×φ8.5mm 螺钉过孔	立式钻床	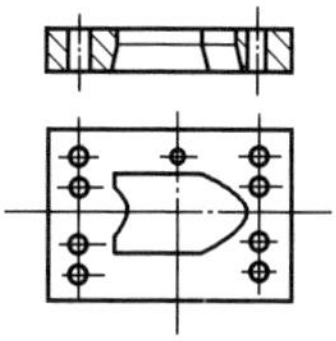
8	热处理	淬火、低温回火，要 求 保 证 60 ～64HRC		
9	磨削	精磨上、下两端面，达到制造要求	平面磨床	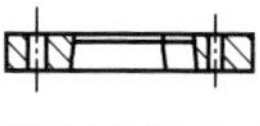
10	精修型孔	钳工研磨型孔，达到规定的技术要求		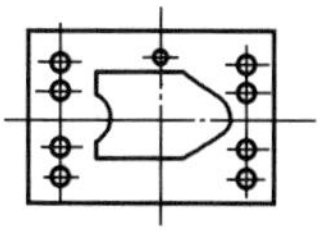

697

表 12-64 凸模加工工艺过程

工序号	工序名称	工序内容	设备	工 序 简 图
1	备料	用型钢棒料，在锯床或车床上切断，并将毛坯锻成矩形，之后进行球化退火处理		
2	粗加工毛坯	铣削或刨削毛坯的六个面，加工至尺寸 62mm×34mm×48mm，留粗磨余量 0.6～0.8mm	铣床或刨床	
3	磨平面	粗磨六个面，保证各面相互垂直（用90°角尺检查）	平面磨床	
4	钳工划线	划出凸模轮廓线及 2×M8mm 螺孔中心线		
5	粗加工型面	在牛头刨床上按划线粗加工凸模轮廓，留单面压印锉修余量 0.3～0.5mm	刨床	
6	精加工型面	用已加工好的凹模对凸模进行压印，然后按压印锉修凸模，使凸模与凹模间的配合间隙适当且均匀。沿凸模轮廓留热处理后的精修余量		

工序号	工序名称	工序内容	设备	工 序 简 图
7	孔加工	钻攻 2×M8mm 的螺孔	钻床	
8	热处理	淬火、低温回火，要求 58～62HRC		
9	磨端面	精磨上、下两端面，消除热处理变形，以便型面的精修	平面磨床	
10	精修型面	钳工研磨型面，使凸模与凹模间的配合间隙适当且均匀，并达到规定的技术要求		

五、精密冲模凸模、凹模加工工艺

许多精密冲裁模不仅尺寸精度高，而且凸模与凹模之间的间隙很小，近乎为零（也称零间隙凸模、凹模），如冲裁 0.1mm 厚铜片的凸模、凹模单面间隙为 0.002mm，因此凸模、凹模的加工不仅应保证单个零件的尺寸精度，而且必须保证凸模和凹模工作刃带形状高度一致。零间隙凸模和凹模加工工艺特点见表 12-65。

表 12-65　　　　　　　　精密冲裁凸模、凹模加工工艺

工序	工作内容	简 图	说 明
			单面间隙： 0.005mm 材料：Cr12MoV 凸模硬度： 59～61HRC 凹模硬度： 60～63HRC

工序	工作内容	简　图	说　明
1	制坯	850~870　740~760　炉冷　2~3　3~4　<500出炉　温度(℃)　时间(h)　等温退火工艺	下料→反复镦粗、拔长改锻(碳化物级别<1.5级)→等温退火
2	粗加工	—	铣→去应力退火→半精加工
3	热处理	1000~1030　热油冷120~150　190~210　170~190　1(min)/mm+25(min)　4　2　2　-75~-80　温度(℃)　时间(h)　凸凹模热处理工艺	盐浴加热或真空加热淬火,低温回火,为使尺寸稳定,可采用低温处理
4	磨端面	—	—
5	线切割		凹模采用二次切割,以减少应力释放产生的变形,在凹模加工程序的基础上利用刀具偏置方法自动给出凸模加工程序,以保证凸模和凹模一致,且间隙均匀
6	时效和研磨装配	170~190　170~190　1.5　1　1　-75~-80　温度(℃)　时间(h)　线切割后时效工艺	消除电加工后内应力和变质层对精度和模具寿命的影响

六、锤锻模模膛加工

（1）机械加工。用于制造各种模膛形状简单的模具，在实际生产中可选用表 12-66 中的合适加工工艺方案。

（2）压力加工法。用于成批生产各种模膛形状简单的小型锤锻模具。

表 12-66 机械加工工艺方案

方案序号	加 工 工 序	适 用 范 围
1	（1）精刨 （2）全部铣加工或部分铣加工和电加工 （3）热处理 （4）钳工精修	硬度为 375～415HBS，模块尺寸为 300mm×300mm×275mm、475mm×350mm×275mm 的中小型尺寸的模具零件
2	（1）精刨 （2）粗车 （3）热处理 （4）精车 （5）抛光	硬度为 350～375HBS 的中型齿轮锤锻模
3	（1）粗刨 （2）热处理 （3）精刨 （4）仿形铣 （5）钳工精修	硬度为 321～368HBS，模膛形状较复杂，质量超过 600kg 的重型或特重型的模具零件

1）热反印法。指用形状与锻件一致，尺寸考虑到收缩量的模芯，在加热至锻造温度的模块上压制出与模芯形状相反的模膛。热反印法加工结束后还必须经热处理及机械加工等工序。一般的工艺路线为：模块加热→预印→低温加热（700℃以下）→精印→机械加工→最终热处理→磨光。

2）冷挤压法。指在常温条件下利用装在压力机上的冲头（形状同锻件），在一定压力下挤压模块，使模块金属产生塑性变形，挤压出具有一定形状要求的模膛。这种方法的优点是模膛精度高，表面粗糙度值在 $Ra(0.2～0.4)\mu m$ 范围内。

（3）电加工法。包括电火花加工和电火花线切割加工。这种方法加工出来的模膛质量高，模具制造成本低，因此常用于各种形状复杂的模具。

七、连杆锻模制造工艺

连杆锻模属于热锻模，一般上、下模均为凹模，模腔复杂，自由曲面、过渡面多，加工难度大，而且其工作条件恶劣，对材料和毛坯锻造要求较高。表 12-67 是内燃机连杆锻模的制造工艺要点。

表 12-67 内燃机连杆锻模制造工艺

材料：4Cr5MoV1Si
硬度：44～48HRC

序号	加工工艺	说　明
1	模块制备	(1) 材料选用精炼或电渣重熔钢，夹杂物少，韧性高 (2) 纤维方向应在型腔平面上，不能垂直于型腔平面 (3) 探伤合格
2	粗加工	(1) 定位面留磨削余量 (2) 固定孔、顶杆孔完成 (3) 型腔粗加工 (4) 飞边槽完成
3	热处理	(1) 真空加热淬火（1040℃） (2) 真空回火（580～600℃）
4	磨削上下平面、定位面	—
5	电极制作	(1) 为保证模具寿命，模腔尺寸按锻件的负公差加工 (2) 考虑放电间隙及电极损耗，由 CAD 系统编制电极加工程序 (3) 由数控铣床（或加工中心）加工电极
6	电火花加工型腔	为保证尺寸精度，可采用粗加工、精加工两副电极
7	抛光	采用化学、超声波、钳工抛光方法，表面粗糙度值 Ra 低于 $0.8\mu m$
8	表面强化	激光相变强化，表面硬度 60HRC

✦ 第八节　典型模具加工工艺实例

一、冲裁模的制造工艺

1. 冲模制造工艺规程的制定及其步骤

改变生产对象的形状、尺寸、相对位置和性质等，使其成为成品或半成品的过程，称为工艺过程（其中包括毛坯制备、机械加工、热处理、表面处理、装配等）；一名（或一组）工人，在一个工作地点，对一个（或同时对几个）工件加工所连续完成的那一部分工艺过程，称为工序；在加工表面、切削刀具和切削用量中的转速及进给量均保持不变的情况下，所连续完成的那一部分工序称为工步；而将完整的、根据图样和技术要求结合具体生产条件拟订的、较为合理的工艺过程和操作方法，编写成具有法规性质的指导生产的文件，称为工艺规程。

编制工艺规程是生产准备工作的重要内容之一，其水平的高低直接影响成品的质量和成本。为此，编制工艺规程时，应以最低的成本和最高的效率来满足各项技术条件的要求。其中：在工艺方面，应全面、可靠和稳定地保证图样中所要求的尺寸精度、形状精度、位置精度、表面质量及其他各项技术要求；在经济性方面，应在保证质量的前提下，做到生产成本最低；在生产效益方面，应在保证技术要求的前提下，用尽可能少的工时和尽可能短的周期来完成模具的制造。

工艺规程制定的步骤应符合如图12-159所示的工作顺序。

2. 冲模的生产流程内容

冲模的生产流程与设备状况、人员配置及其技术水平等多种因素有关。一般标准规模工厂冲模生产全过程的流程

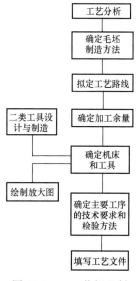

图 12-159　工艺规程制定工作顺序

图如图 12-160 所示。

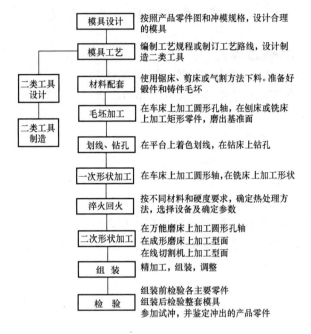

图 12-160　冲模生产流程图

（一）复合冲裁模的结构

冲裁模中复合模是指在一次行程中能完成多道工序的冲模。

复合冲裁模的优点是结构紧凑、生产率高，冲出的制件具有较高的加工精度，因此常用于大量生产和大小不一的各种制件的批量生产中，特别是用在形状复杂、精度要求高和表面粗糙度值小的冲裁加工中。其缺点是结构复杂，对模具零件的精度要求高，因而制造成本较高，装配和调整都较困难。

在此仅以复合冲裁模制造为例说明冲裁模的制造。

复合模的结构形式较多，但归纳起来有以下组成部分：

1. 模架

模架是保证模具正常、有效工作的重要部件，其功能是连接与承载。它又可以看成是由上模座、下模座、导柱及导套组成。

冲裁模具中所用模架都已制定了标准，因此这类模架应按标准选用，由专业厂（点）组织标准化、专业化生产。

模架零件的加工与通用机械零件相同。

模架的类别也很多，有压入式、可卸式、粘结式及滚珠式等。

2. 主模

主模由凸模、凹模及凸凹模组成。复合模中的凸模、凹模、凸凹模的形式有整体式、镶拼式和嵌入式。

3. 定位零件

定位零件有定位销、定位板等，还有卸料器和顶件器。

图 13-35 是为小型发电机转子冲片落料、冲槽、冲孔用的整体式复合模。该模的结构特点如下：

（1）冲裁模的间隙较小，凸凹模槽口尺寸小，刚达到冲模的极限要求，因此采用滚珠式模架，可以防止因导柱与导套间的间隙偏差在使用过程中引起冲压导轨的间隙而造成上模座径向偏移，刃口崩刃。

（2）可卸式导柱，可以在模具刃口磨损变钝后，刃磨方便。

（3）浮动模柄，可以弥补冲压滑台端面对工作台的精度不足。

（二）冲裁模零件的制造

1. 凸凹模的加工

凸凹模的加工一般分为机械加工和电加工两大类，可根据生产设备参考表 12-68 选择加工方法的配合顺序。

表 12-68　　　　根据生产设备选择配合加工的顺序

现有设备	配合加工顺序	加工说明	主　要　特　点
仿形刨床（刨模机床）	凸模	仿刨、钳工精修、淬硬后抛光	制造凸模比较方便、精度较高，固定板孔容易加工。用于凹模淬火变形较小或凹模精度要求不高的场合
	凹模	按凸模精加工凹模	
成形磨削	凸模	铣削、淬硬后磨削	制造凸模的生产率高、精度高，消除了淬火变形对凸模精度的影响。用于凹模淬火变形较小的场合
	凹模	按凸模来精加工凹模	
电火花加工机床	凹模	固定凹模用的孔加工后淬硬，用精铣或仿刨、钳工精修的电极加工凹模	消除了淬火变形对凹模精度的影响，电极材料比较软，容易加工。用于凹模精度要求高的场合
	凸模	按凹模来精加工凸模	

现有设备	配合加工顺序	加工说明	主 要 特 点
线切割机床	凹模	固定凹模用的孔加工后淬硬，线切割成形	消除了淬火变形对凹模精度的影响，不需加工电极
	凸模	按凹模来精加工凸模	
仿形刨床和电火花加工机床	电极	仿刨后钳工精修	制造电极和精修凸模都很方便
	凹模	用电极加工凹模	
	凸模	凹模精修仿成的凸模	
成形磨削	凸模、凹模分别加工	凹模采用镶拼结构，内表面就转化成外表面	凸模和凹模的精度都不受淬火变形的影响
缺乏专用加工设备	样冲或样板	钳工精加工样冲或样板	用于精度要求高的落料凹模
	凹模	按照样冲或样板精加工凹模，淬硬后检验凹模精度	
	凸模	按检验合格的凹模精加工凸模	

（1）凸、凹模的加工技术要求：

1）尺寸精度。凸模、凹模、凸凹模、侧刃凸模加工后，其形状、尺寸精度应符合模具图样要求。配合后应保证合理的间隙。

2）表面形状：

a. 凸模、凹模、凸凹模、侧刃凸模的工作刃口应尖锐、锋利，无倒锥、裂纹、黑斑及缺口等缺陷。

b. 凸模、凹模刃口应平直（除斜刃口外），不得有反锥，但允许有向尾部增大的不大于 $15°$ 的锥度。

　　c. 冲裁凸模，其工作部分与配合部分的过渡圆角处，在精加工后不应出现台肩和棱角，并应圆滑过渡。过渡圆角半径一般为 $3 \sim 5mm$。

　　d. 新制造的凸模、凹模、侧刃凸模，无论是刃口还是配合部分，一律不允许烧焊。

　　e. 凸模、凹模、凸凹模的尖角（刃口除外），图样上未注明部分，允许按 $R0.3mm$ 制作。

　　3）位置精度：

　　a. 冲裁凸模刃口四周的相对两侧面应相互平行，但允许稍有斜度，其垂直度允差应不大于 $0.01 \sim 0.02mm$，大端应位于工作部分。

　　b. 圆柱形配合的凸模、凹模、凸凹模，其配合面与支撑台肩的垂直度允差不大于 $0.01mm$。

　　c. 圆柱形凸模、凹模工作部分直径相对配合部分直径的同轴度允差不得超过工作部分直径偏差的 $1/2$。

　　d. 镶块凸模与凹模的结合面缝隙不得超过 $0.03mm$。

　　4）表面粗糙度值。加工后的凸模与凹模工作表面粗糙度等级一定要符合图样要求。一般刃口部分为 $Ra(1.6 \sim 0.8)\mu m$，其余非工作部分允许为 $Ra(25 \sim 12.5)\mu m$。

　　a. 加工后的凸模与凹模应有较高的硬度和韧性，一般要求凹模硬度为 $60 \sim 64HRC$，凸模硬度为 $58 \sim 62HRC$。

　　b. 凡是铆接的凸模，允许在自 $1/2$ 高度处开始向配合（装配固定板部位）部分硬度逐渐降低，但最低不应小于 $38 \sim 40HRC$。

　　(2) 冲裁凸、凹模的加工原则：

　　1）落料时，落料零件的尺寸与精度取决于凹模刃口尺寸。因此，在加工制造落料凹模时，应使凹模尺寸与制品零件最小极限尺寸相近，而凸模刃口的公称尺寸，则应按凹模刃口的公称尺寸减一个最小间隙值来确定。

　　2）冲孔时，冲孔零件的尺寸取决于凸模尺寸。因此，在制造及加工冲孔凸模时，应使凸模尺寸与孔的最大尺寸相近，而凹模公称尺寸，则应按凸模刃口尺寸加一个最小间隙值来确定。

3）对于单件生产的冲模或复杂形状零件的冲模，其凸、凹模应用配制法制作与加工，即先按图样尺寸加工凸模（凹模），然后以此为准，配作凹模（凸模），并适当加以间隙值。

落料时，先制造凹模，凸模以凹模配制加工；冲孔时，先制造凸模，凹模以凸模配制加工。

4）由于凸模、凹模长期工作受磨损而使间隙加大，因此，在制造新冲模时，应采用最小合理间隙值。

5）在制造冲模时，同一副冲模的间隙应在各方向力求均匀一致。

6）凸模与凹模的精度（公差值）应随制品零件的精度而定。一般情况下，圆形凸模与凹模应按 IT5～IT6 精度加工，而非圆形凸、凹模，可取制品公差的 1/4 精度来加工。

（3）凸凹模也可全部由钳工来承担加工。

1）用锉刀机锉削。用带锯机下料及锯型孔，然后由锉刀机进行精加工代替手工锉削。图 12-161 所示为锉刀机外形，为保证模具零件的加工质量，应根据不同形状以合理的程序进行锉削。锉削程序见表 12-69。

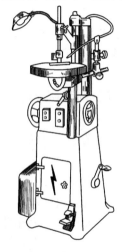

图 12-161　锉刀机外形

表 12-69　　　　　　　　　锉削程序

轮廓形状	图　形	锉削程序
凸圆弧—直线		直线→圆弧
凹圆弧—直线		圆弧→直线

轮廓形状	图　　形	锉削程序
凸圆弧—凹圆弧		凹圆弧→凸圆弧
凸圆弧—直线—凹圆弧		凹圆弧→直线→凸圆弧
凸圆弧—凸圆弧		大圆弧→小圆弧
凹圆弧—凹圆弧		小圆弧→大圆弧

对于模具内型腔（如凹模）热处理后产生微小的变形，造成凸凹模配合间隙不均匀，可以利用锉刀机进行研磨。

研磨时，将研磨棒（用铸铁、黄铜做成锉刀状）安装在锉刀机上，校正垂直度，加入研磨剂（金刚砂或绿色氧化铝）进行研磨。研磨时要注意用细磨石将凹模刃口毛刺去除，以减少研磨棒的损耗。接触压力不宜过大，把研磨面贴紧研磨棒即可。研磨棒的行程速度要大于锉削的行程速度。

2）用划线和样板进行锉削。实际生产中广泛应用压印锉削加工方法。所谓压印锉削加工，是指先按划线和样板精加工好一个模子（如凸模），然后将凸模放在半精加工过的凹模上，用压力机或手锤施加压力，使凹模型孔上出现压痕。钳工按压痕进行锉削加

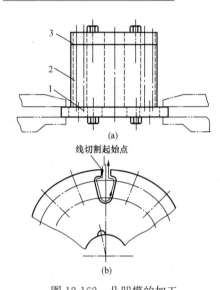

图 12-162　凸凹模的加工

1—线切割基准板；2—凸凹模；3—卸料板

到装夹定位作用。

凸凹模只切割内孔，不切割槽形、外圆，是因为线切割的表面粗糙度值只能达到 $Ra(1.6 \sim 0.8)\mu m$，不能满足要求。线切割后需经钳工研磨，因此线切割编程时，间隙只能相应减小，留有研磨余量。另外线切割加工效率较磨削加工为低，表面质量不如磨削加工。而该凸凹模外圆是圆柱体，采用磨削加工可使表面粗糙度变小，节省工时。

在装磨床心轴时，凸模上涂一层清漆。这是因为此时凸凹模间隙很小，一层清漆足够使凸模固定在凸凹模型腔之内。由于间隙很小，清漆又不可能涂得很均匀，因此插入凸模较

工，经几次压印和锉削后，使凹模达到需要的尺寸为止。

3）凸凹模的加工过程。凸凹模的加工过程见表 12-70。此件为模具的核心，材料虽小但不能直接使用圆钢加工。需经锻造，锻后要等温退火，车削去表皮后经无损探伤，确认无裂缝、夹灰等现象，方可使用。

如图 12-162 所示，线切割基准板是一块圆板，经车削后按槽形数量钻孔，并经调质处理，精磨两平面。此板在线切割时不切割，只起

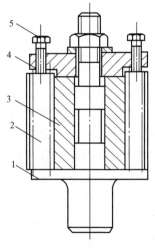

图 12-163　磨床心轴

1—心轴；2—槽凸模；3—凸凹模；

4—压板；5—夹紧螺钉

为困难，可用小铜棒轻轻敲入。

为了防止在磨削过程中可能产生轴向移动，每个槽凸模再用螺钉支牢，如图 12-163 所示。

卸料板的内孔及槽形是与凸凹模一起由线切割加工的，但其间隙要比凸凹模大，可用腐蚀法加工，外圆的余量可用车削加工。

表 12-70 　　　　　　　　　　凸凹模的加工过程

序号	工序名称	加工内容	备注
1	锻	要求钢料组织紧密，碳化物排列均匀	
2	车	按图样车内外圆，高度均留 1mm 余量	
3	钳	划线按直径 46mm 每槽钻一直径 $\phi4mm$ 通孔	参看图 12-162（b）凸凹模形状与冲片相同
4	铣槽	套心轴装分度头，用直径 $\phi70mm \times$ 厚 2mm 锯片刀，每槽铣到与钻孔接穿	此工序是防止线切割后由于材料的应力而发生变形
5	热处理	淬硬。回火硬度 59～61HRC	
6	平磨	磨两平面，平行度误差不大于 0.002mm	
7	磨内圆	磨内孔见光	线切割找圆心用
8	钳	与脱料板一起装在线切割基准板上	
9	线切割	切割内孔及 16 只槽形，以内孔为基准，起始点在槽外，走丝方向为逆时针，内孔及槽形尺寸按凸模加间隙 0.02mm	见图 12-162
10	钳	磨石去除线切割留在内孔及凸模上的结束点，凸模上涂一层清漆，烘干后装上磨床心轴	见图 12-163
11	磨外圆	磨到槽凸模外圆尺寸（凹模内圆尺寸）拔去槽凸模，磨凸凹模外圆达到图样要求	
12	钳	研磨凸模外形及凸凹模槽形达到间隙要求	

2. 模架零件的加工

模架零件的加工主要是指上下模座和导柱导套的加工。

（1）模具导柱和导套加工工艺方法。

1) 导柱一般使用 20 钢，经车床粗加工（留磨削余量）、热处理（渗碳层深度 0.8～1.2mm，淬硬至 58～62HRC）、研顶尖孔以及外圆精磨制成。为了进一步提高导柱的尺寸精度和改善表面粗糙度，也可在外圆磨削后留出余量 0.01～0.015mm，再进行研磨。用圆盘式研磨机研磨时，把导柱装夹在隔板内，如图 12-164 所示，并在上下研盘之间作偏心运转，导柱的运动方向作周期性改变，使研磨剂分布均匀，导柱表面形成纵横交错的研磨痕迹。这种研磨方法生产率高，研磨工具的磨损比较均匀，适用于导柱的大量生产。若用车床装夹研磨导柱，常用顶尖和卡箍装夹，在研磨的表面均匀地涂一层研磨剂，用如图 12-165 所示研磨环套在导柱上，用手握住沿导柱轴向往复运动，导柱在主轴的带动下作圆周运动，使导柱的外圆得到研磨。此外，也可用铸铁板研磨导柱的外圆。

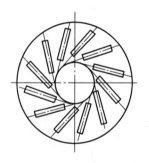

图 12-164　圆盘式导柱研磨机用隔板

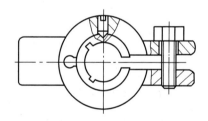

图 12-165　导柱研磨环

2) 导套的加工，一般是在粗车后留出 0.3mm 的磨削余量，经热处理（常用 20 钢渗碳，深度 0.8～1.2mm，淬硬至 58～62HRC）后进行内、外圆磨削。

由于导套和导柱相配合的尺寸精度要求高，并且内孔和外圆要同轴，因而在磨削加工时要先磨好内孔，再装上心轴磨外圆。若导套和模座的固定采用粘接工艺，因而外圆的同轴度要求不高，则导套的外圆可不进行磨削加工。

为提高内孔尺寸精度和改善表面粗糙度而需要研磨时，应在内圆磨削后留出 0.01～0.015mm 研磨余量。研磨导套常用立式单轴或双轴研磨机，有时也可在车床上研磨或用珩磨机珩磨。如果在车床上研磨导套，需先将研磨工具夹在车床卡盘上，均匀涂以研磨剂，然后套上导套，用尾座顶尖顶住研磨工具，并调节研磨工具与导套的松紧（以用手转动导套不十分费力为准）。研磨时，由机床带动研磨工具旋转，导套由圆口钳夹住用手沿研磨工具轴向作往复运动。

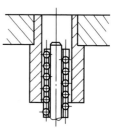

图 12-166　滚珠式导
向结构

（2）钢球和保持圈的加工制造。采用滚珠的滚动导向结构方式（见图 12-166）的模架增加了保持圈和钢球两种零件。其中，钢球是成品件，一般需经挑选，其圆度误差应不大于 0.002mm。保持圈常用黄铜或硬铝制作，也可用塑料制成。它的上面有几十个用于安装钢球的台阶孔，向内一面的孔径略小于钢球直径，向外一面的孔径略大于钢球直径，以便于钢球放入孔内。加工时按尺寸要求加工第一个孔，再按孔距 L、角度 α 加工其他各孔。第一排孔加工完毕，转一周后回到第一孔，将机床台面按距离 L 移动，分度头转 α'（由于 β 的关系，α' 为第二排第一孔与第一排第一孔的圆心角）角度，再加工第二排孔；依此类推，如图 12-67（a）所示。孔加工完毕，将钢球放入孔内后，将孔口收小（铆进三点或一圈），使钢球既不掉出，又能灵活转动。为了防止保持圈在收口时变形，可在保持圈内垫衬一根心轴。图 12-167（b）、（c）所示为钢球孔收口情况及收口用工具。

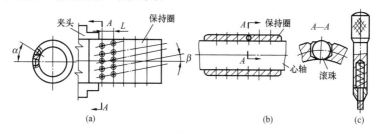

图 12-167　保持圈钢球收口及工具

（a）保持圈的装卡；（b）保持圈钢球孔收口；（c）收口工具

(3) 模座孔的加工工艺:

1) 用专用镗孔工具加工模座。模座是组成模架的主要零件之一,其平面的加工方法关系到能否保证平行度要求。常用的加工方法按粗加工和精加工进行。粗加工一般采用刨、铣、车等方法加工模座的上、下两平面,并留有精加工余量;精加工一般在平面磨床上对模座的上、下两平面精磨到符合图样的要求。

对带有导柱、导套导向的模架,上、下模座的导柱、导套孔的中心距要一致,并且要求孔中心与模座平面保持垂直,孔径尺寸应达到规定的加工要求。目前,最常见的是用双头镗床、铣床或车床加工的方法,也可用摇臂钻、立钻等其他方法加工。加工时,一般将已加工的模座的一平面作为基准,在模座孔的位置预钻孔,并留2～3mm余量,再用专用或通用刀具将孔加工到图样要求的尺寸。

用铣床加工时,采用专用镗孔工具的模座镗孔工艺见表12-71。

表 12-71 用专用镗孔工具的模座镗孔工艺过程

序号	内容	简 图	说 明
1	工件的定位与装夹	 1—定位销;2—模座	以镗孔工具底板上的定位孔为基准,用定位销插入模座的预钻孔与底板定位孔定位,然后将模座压紧
2	镗第一个孔		取走一个定位销后镗孔

序号	内容	简 图	说 明
3	工件第二次定位		松开压板，将模座位置改变后，用定位销插入已镗孔及底板孔定位，未镗孔仍用原定位销定位，然后再次将模座压紧
4	镗第二个孔		取出定位销进行镗孔

2）用立式双轴镗床的模座镗孔工艺。对于模座上导柱、导套孔，可根据孔距及精度要求，采用立式双轴镗床加工。其工艺过程见表12-72。

3）下模座锥孔常用加工工艺。对于要求可拆卸的导柱，常将下模座上的导柱固定孔做成锥孔。锥孔加工时，常以模座磨光的上下平面为基准。为了保证加工，锥孔除了在车床上加工以外，还可以在钻床上钻孔、镗孔后用专用铰刀铰孔。其加工工艺过程见表12-73。

表 12-72 用立式双轴镗床的模座镗孔工艺过程

序号	内 容	简 图	说 明
1	调节两主轴间距离		根据孔距要求，转动丝杆调整主轴头间距离后锁紧在导轨上 主轴间距离由标尺粗定位，量块精调整

续表

序号	内　容	简　图	说　明
2	安装镗刀	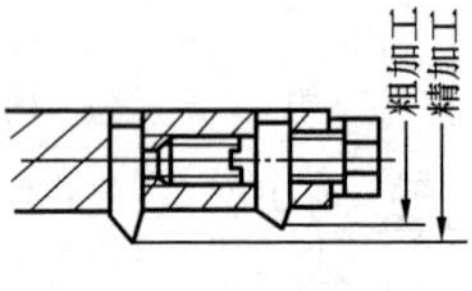 （a） 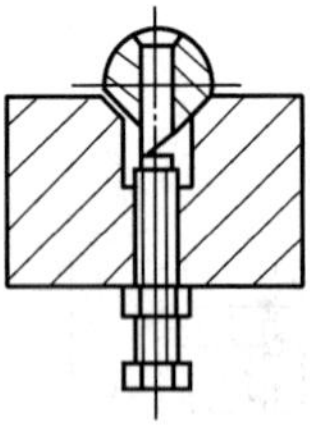 （b）	镗刀插入刀杆，用螺钉紧固，见图（a）。镗刀伸出长度按镗孔尺寸调节，一般粗镗应镗去余量的 $2/3\sim3/4$ 镗刀伸出长度可用图（b）所示对刀工具校对
3	工件装夹及镗孔	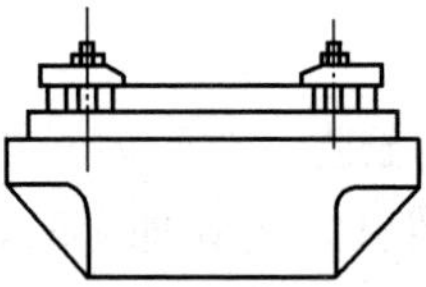	用压板将工件（模座）压紧于工作台面上。注意工件与主轴的相对位置，以保证镗孔余量均匀（在同一批加工中，可先调整一件后，安装定位基准），工件装夹后即可进行镗孔

表 12-73　　　　用摇臂钻床加工下模座的锥孔工艺过程

序号	内　容	简　图	说　明
1	找正	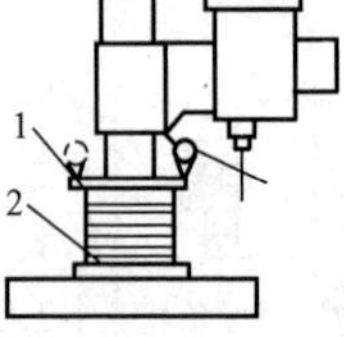 1—下模座；2—工作台	将下模座放在工作台上，千分表装在机床主轴上，转动摇臂找正下模座平面。下模座的平行度调整可采用垫薄片的方法（或调整机床可倾斜工作台）

续表

序号	内容	简　图	说　明
2	钻毛坯孔	—	按划线钻孔，用小于锥孔小端尺寸0.5mm的钻头钻通
3	镗孔	—	镗至大于小头尺寸0.5～0.6mm，镗孔是为了保证下工序的铰孔精度
4	铰孔	—	用专用铰刀，在钻床上铰出锥孔
5	加工第二个锥孔	—	重复上述工序
6	锪沉孔	—	将模具翻面，锪沉孔

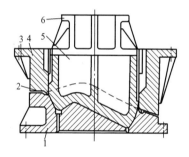

图 12-168　汽车前围外盖板拉深模

1—凸模固定座；2—凸模；3—导板；

4—压边圈；5—凹模；6—顶件器

精密复合冲裁模的装配见第十三章。

二、典型拉深模实例

拉深模、压铸模、注塑模等模具型面加工最基本的要求就是要凸模和凹模形状的吻合，并保持间隙均匀。如图 12-168 所示的某汽车前围外盖板的拉深模，就是典型的三维曲面凸模、凹模。其制造工艺流程如图 12-169 所示。

凸模如图 12-170 所示。凸模技术要求见表 12-74，工艺过程见表 12-75。

凹模如图 12-171 所示。凹模技术要求见表 12-76，工艺过程见

表 12-77。

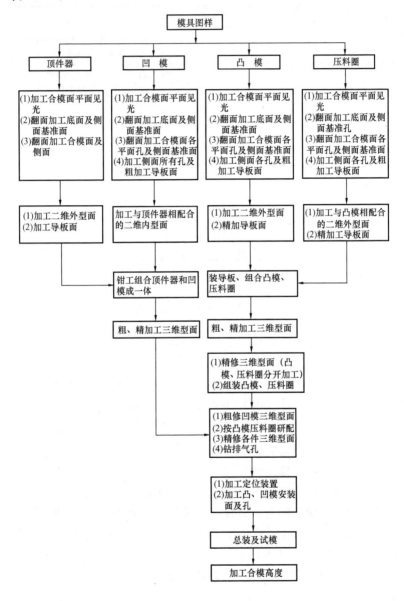

图 12-169　汽车前围外盖板拉深模制造工艺流程图

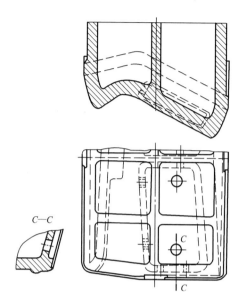

图 12-170 凸模

表 12-74 制造凸模的主要技术要求

序号	项 目	要 求
1	型面质量	(1) 与样架的研合均匀，接触面积≥80% (2) 装饰棱线清晰、美观 (3) 表面无波纹，表面粗糙度 $Ra0.8\mu m$
2	外轮廓精度	按主模的轮廓线，允许每边加大 1～3mm
3	基面和导板 安装面	(1) 凸模的基面（安装面）应与冲压方向垂直 (2) 导板的安装面应与冲压方向平行
4	热处理	在凸出的肋和棱角处火焰淬火，硬度56～60HRC

表 12-75 凸模的工艺过程

序号	工 序	工 艺 说 明
1	划线和钻起重孔	检查铸件加工余量,划上平面线(考虑加工余量),划、钻起重孔
2	刨基准面	按线精刨基准面(即安装面)
3	划线	以安装面为基准,参照工艺主模型,划出中心线
4	仿形铣型面	按工艺主模型(拆去压料面)仿形加工型面,留研修余量。精铣时,采用小直径圆头锥度铣刀和小进刀量加工,以减少研修余量和得到清晰的外轮廓线
5	划线	按仿形铣加工的刀痕,并参照工艺主模型,划出凸模的外轮廓线
6	插外轮廓	按线插外轮廓
7	划线	划导板安装窝座的线
8	铣导板窝座	用龙门铣床加工窝座到规定尺寸。保证窝座底面与凸模安装面垂直
9	研修型面	先用风动砂轮机磨去仿形铣刀痕,然后在研配压力机上按样架研修型面。要求凸模型面与样架吻合、接触均匀,接触面积≥80%
10	精修棱线	锉修凸模型面上的装饰棱线,达到清晰、平直、光滑
11	抛光	先用粗砂轮块手工推磨型面,消除风动砂轮机加工留下的凹坑和波纹,使整个型面匀称光滑;然后用砂布或毡轮抛光
12	热处理	在凸出的肋和棱角处进行火焰淬火
13	装配	装导板和凸模固定板等

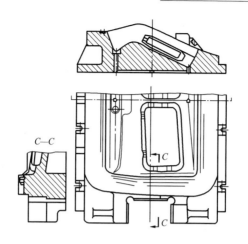

C—C

图 12-171　凹模

表 12-76　　　　　　　　　　制造凹模的主要技术要求

序号	项　目	要　　求
1	凹模型腔	形状与凸模吻合，并保持均匀的料厚间隙；表面粗糙度 $<Ra0.8\mu m$；凹模圆角和凸出部分表面火焰淬火
2	压料面	形状应与压边圈吻合，并保持均匀的料厚间隙；表面粗糙度 $Ra0.8\mu m$；表面火焰淬火
3	导板安装槽	与凹模底面垂直
4	安装槽	与凸模固定板和压料圈上的安装槽应同心，其位置准确度为 $\pm 1mm$

表 12-77　　　　　　　　　　凹模的工艺过程

序号	工　序	工　艺　说　明
1	划线，钻起重孔	检查铸件质量，考虑型面及压料面的加工余量，划出基准面（底平面）线和起重孔线，钻起重孔
2	刨基面	按线精刨凹模底面，并刨两侧面及压板台
3	划线	划中心线、导板槽线及安装槽线

序号	工 序	工 艺 说 明
4	铣导板槽及安装槽	按线铣导板槽、导板凸台上平面及安装槽到规定尺寸
5	铣型面	在仿形铣床上按样架铣凹模型腔及压料面，考虑料厚（间隙）1.0mm，留研修余量
6	研修型腔及压料面	（1）用风动砂轮机磨去仿形铣刀痕 （2）在研配压力机上按凸模研修凹模型腔，先达到全面均匀接触，然后在凹模口和斜度较大（＞45°）的部位垫几块小块的试冲板料试压，根据试冲料上压的印痕，修正凹模的间隙 （3）在研配压力机上按压料圈（已装压料肋）研修凹模压料面（包括压料肋槽），达到全面均匀接触。研修时，应注意压料肋槽槽口的圆角半径应尽量小些，使调整时有修磨量

第十三章

模具的装配与调试

第一节 模 具 装 配 概 述

模具是由若干个零件和部件组成的，模具的装配，就是按照模具设计给定的装配关系，将检测合格的加工件、外购标准件等，根据配合与连接关系正确地组合在一起，达到成形合格制品的要求。模具装配是模具制造工艺全过程的最后阶段，模具的最终质量需由装配工艺过程和技术来保证。高水平的装配技术可以在经济加工精度的零件、部件基础上，装配出高质量的模具。

一、装配工艺及质量控制

（一）模具装配工艺过程及组织形式

1. 模具装配的工艺过程

根据装配图样和技术要求，将模具的零部件，按照一定的工艺顺序进行配合与定位、连接与固定，使之成为符合要求的模具产品，称为模具的装配；其装配的全过程，就称为模具的装配工艺过程。

模具的装配包括装配、调整、检验和试模。其过程通常按装配的工作顺序划分为相应的工序和工步。

一个工人或一组工人在不更换设备或地点的情况下完成的装配工作，叫作装配工序；用同一工具，不改变工作方法，并在固定的位置上连续完成的装配工作，叫作装配工步。一个装配工序可以包括一个或几个装配工步。模具的部装和总装都是由若干个装配工序组成的。

模具的装配工艺过程包括以下三个阶段：

（1）装配前的准备阶段：

1）熟悉模具装配图、工艺文件和各项技术要求，了解产品的结构、零件的作用以及相互之间的连接关系。

2）确定装配的方法、顺序和所需要的工艺装备。

3）对装配的零件进行清洗，去掉零件上的毛刺、铁锈及油污，必要时进行钳工修整。

（2）装配阶段：

1）组装阶段。将许多零件装配在一起构成组件并成为模具的某一组成部分，称为模具的部件，其中那些直接组成部件的零件，称为模具的组件。把零件装配成组件、部件的过程称为模具的组件装配和部件装配。

2）总装阶段。把零件、组件、部件装配成最终产品的过程称为总装。

（3）检验和试模阶段：

1）模具的检验主要是检验模具的外观质量、装配精度、配合精度和运动精度。

2）模具装配后的试模、修正和调整统称为调试。其目的是试验模具各零部件之间的配合、连接情况和工作状态，并及时进行修配和调整。

模具装配工艺过程框图见图 13-1。

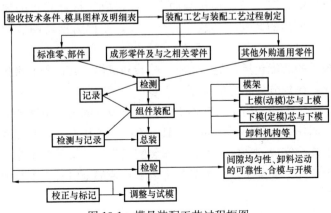

图 13-1　模具装配工艺过程框图

2. 模具装配的组织形式

模具装配的组织形式，主要取决于模具的生产类型。根据生产批量的大小，模具装配的组织形式主要有固定式装配和移动式装配两种，见表 13-1。

表 13-1   **模具装配的组织形式**

名称	装配方式	分类	装配内容	装配特点	应用范围
固定式装配	零件装配成部件或模具的全部过程是在固定的工作地点完成的	集中装配	零件组装成部件或模具的全过程是一个或一组工人在固定地点完成的	装配周期长，效率低，工作场地占地面积大，所需工艺装备较多，并要求工人具有较全面的技能	适用于单件和小批量模具的装配，以及装配精度要求较高，需要调整的部位较多的模具装配
		分散装配	将模具装配的全部工作分散为各个部件的装配和总装配，并在固定地点完成的装配工作	参与装配的工人较多，生产效率较高，装配周期较短	适用于批量模具的装配
移动式装配	每一道装配工序按一定的时间完成，装配后的组件、部件经传送装置输送到下一个工序进行	断续移动式	每一组装配工人在一定的时间周期内完成一定的装配工序，组装结束后由传送装置周期性地输送到下一个装配工序	对工人的技术水平要求较低，效率高，装配周期短	适用于大批和大量模具的装配工作
		连续移动式	装配工作是在传送装置以一定的速度连续移动的过程中完成的	效率高，周期短。对工人的技术水平要求低，但必须熟练	适用于大批量模具的装配工作

（二）模具装配工艺规程

1. 基本内容

模具装配工艺规程是规定模具或零部件装配工艺过程和操作方法的工艺文件。它是指导模具或零部件装配工作的技术文件，也是制订生产计划、进行技术准备的依据。模具装配工艺规程必须具备以下几项内容：

（1）模具零部件的装配顺序及装配方法。

（2）装配工序内容与装配工作量，装配技术要求与操作工艺规范。

（3）装配时所必备的工艺装备及生产条件。

（4）装配质量检验标准与验收方法。

2. 制定依据与步骤

制定模具装配工艺规程时，应具备各种技术资料，包括模具的总装图、部件装配图以及零件图；模具零部件的明细表及各项精度要求；模具验收技术条件及各项装配单元质量标准；模具的生产类型及现有的工艺装备等。

制定模具装配工艺规程的步骤一般是：

（1）分析装配图，确定装配方法和装配顺序。

（2）确定装配的组织形式和工序内容。

（3）选择工艺装备和装配设备。

（4）确定检查方法和验收标准。

（5）确定操作技术等级和时间定额。

（6）编制工艺卡片，必要时绘制指导性装配工序图。

（三）模具的装配方法

模具是由多个零件或部件组成的，这些零部件的加工，由于受许多因素的影响，都存在不同大小的加工误差，这将直接影响模具的装配精度。因此，模具装配方法的选择应依据不同模具的结构特点、复杂程度、加工条件、制品质量和成形工艺要求等来决定。现有的模具装配方法可分为以下四种：

1. 完全互换法

完全互换法是指装配时，模具各相互配合零件之间不经选择、修配与调整，组装后就能达到规定的装配精度和技术要求。其特点是装配尺寸链的各组成环公差之和小于或等于封闭环公差。

在装配关系中，与装配精度要求发生直接影响的那些零件、组件或部件的尺寸和位置关系，是装配尺寸链的组成环。而封闭环就是模具的装配精度要求，它是通过把各零部件装配好后得到的。当模具精度要求较高，且尺寸链环数较多时，各组成环所分得的制造公差就很小，即零件的加工精度要求很高，这给模具制造带来极大的困难，有时甚至无法达到。

但完全互换法的装配质量稳定，装配操作简单，便于实现流水作业和专业化生产，适合于一些装配精度要求不太高的大批量生产的模具标准部件的装配。

2. 分组互换法

分组互换装配是将装配尺寸链的各组成环公差按分组数放大相同的倍数，然后对加工完成的零件进行实测，再以放大前的公差数值、放大倍数及实测尺寸进行分组，并以不同的标记加以区分，按组进行装配。

这种方法的特点是扩大了零件的制造公差，降低了零件的加工难度，具有较好的加工经济性。但因其互换水平低，不适于大批量的生产方式和精度要求高的场合。

模具装配中对于模架的装配，可采用分组法按模架的不同种类和规格进行分组装配，如对模具的导柱与导套配合采用分组互换装配，以提高其装配精度和质量。

3. 调整法

调整装配法是按零件的经济加工精度进行制造，装配时通过改变补偿环的实际尺寸和位置，使之达到封闭环所要求的公差与极限偏差的一种方法。

这种方法的特点是各组成环在经济加工精度条件下，就能达到装配精度要求，不需做任何修配加工，还可补偿因磨损和热变形对装配精度的影响。适于不宜采用互换法的高精度多环尺寸链的场合。多型腔镶块结构的模具常用调整法装配。

调整装配法可分为可动调整与固定调整两种。可动调整是指通过改变调整件的相对位置来保证装配精度；而固定调整法则是选取某一个和某一组零件作为调整件，根据其他各组成环形成的累计误差的数值来选择不同尺寸的调整件，以保证装配精度。模具装配中，两种方法都有应用。

4. 修配法

修配装配法是指模具的各组成零件仍按经济加工精度制造，装配时通过修磨尺寸链中补偿环的尺寸，使之达到封闭环公差和极限偏差要求的装配方法。

这种方法的主要特点是可放宽零件制造公差，降低加工要求。为保证装配精度，常需采用磨削和手工研磨等方法来改变指定零件尺寸，以达到封闭环的公差要求。适于不宜采用互换法和调整法的高精度多环尺寸链的精密模具装配，如多个镶块拼合的多型腔模具的型腔或型芯的装配。但是，该方法需增加一道修配工序，对模具装配钳工的要求较高。

模具作为产品一般都是单件定制的，而模架和模具标准件都是批量生产的。因此，上述装配方法中，调整法和修配法是模具装配的基本方法，在模具领域被广泛应用。

不完全互换法的几种装配方式见表 13-2。

表 13-2　　　　　　　　不完全互换法的几种装配方式

名称	装配方法	装配原理	应用范围
分组装配法	将模具各配合零件按实际测量尺寸进行分组，在装配时按组进行互换装配，使其达到装配精度的方法	将零件的制造公差扩大数倍，以经济精度进行加工，然后将加工出来的零件按扩大前的公差大小和扩大倍数进行分组，并以不同的颜色相区别，以便按组进行装配。此法扩大了组成零件的制造公差，使零件的制造容易实现，但增加了对零件的测量分组工作量	适用于要求装配精度高、装配尺寸链较短的成批或大量模具的装配
修配装配法	将指定零件的预留修配量修去，达到装配精度要求的方法	指定零件修配法：是在装配尺寸链的组成环中，指定一个容易修的零件作为修配件（修配环），并预留一定的加工余量。装配时对该零件根据实测尺寸进行修磨，使封闭环达到规定精度的方法	是模具装配中应用最为广泛的方法，适用于单件或小批量生产的模具装配
		合并加工修配法：是将两个或两个以上的配合零件装配后，再进行机械加工使其达到装配精度的方法	
		说明：几个零件进行装配后，其尺寸可以作为装配尺寸链中的一个组成环对待，从而使尺寸链的组成环数减少，公差扩大，容易保证装配精度的要求	

续表

名称	装配方法	装配原理	应用范围
调整装配法	用改变模具中可调整零件的相对位置或选用合适的调整零件进行装配，以达到装配精度的方法	可动调整法：在装配时用改变调整件的位置来达到装配精度的方法	此法不用拆卸零件，操作方便，应用广泛
		固定调整法：在装配过程中选用合适的调整件，达到装配精度的方法 经常使用的调整件有垫圈、垫片、轴套等	

　　装配方法不同，零件的加工精度、装配的技术要求和生产效率就不同。这就要求我们在选择装配方法时，应从产品的装配技术要求出发，根据生产类型和实际生产条件合理地进行选择。不同装配方法应用状况的比较参见表 13-3。

表 13-3　　　　　　　　　装配方法比较表

装配方法		工艺措施	被装件精度	互换性	技术要求	组织形式	生产效率	生产类型	对环数的要求	装配精度
安全互换装配法		按极值法确定零件公差	较高或一般	安全互换	低	—	高	各种类型	少	较高
									多	低
不完全互换装配法	概率法	按概率论原理确定公差	较低	多数互换	低	—	高	大批大量	较多	较高
	分组装配法	零件测量分组	按经济精度	组内互换	较高	复杂	较高	大批大量	少	高
	修配装配法 指定零件	修配单个零件	按经济精度	无	高	—	低	单件成批	—	高
	修配装配法 合并加工									
	调整装配法 可动	调整一个零件位置	按经济精度	无	高	—	较低	各种条件	—	高
	调整装配法 固定	增加一个定尺寸零件	按经济精度	无	高	较复杂	较高	大批大量	—	高

注　表中"—"表示无明显特征或无明显要求。

二、模具装配要求与检验标准

(一) 模具装配的技术要求

制造模具的目的是要生产制品,因此模具完成装配后必须满足规定的技术要求,不仅如此,还应按照模具验收的技术条件进行试模验收。

模具装配的技术要求,包括模具的外观和安装尺寸、总体装配精度两大方面。

1. 模具外观和安装尺寸技术要求

(1) 铸造表面应清理干净,安装面应光滑平整,螺钉、销钉头部不能高出安装基准面。

(2) 模具表面应平整,无锈斑、毛刺、锤痕、碰伤、焊补等缺陷,并对除刃口、型孔以外的锐边、尖角等进行倒钝。

(3) 模具的闭合高度、安装于机床的各配合部位尺寸,应符合所选用的设备型号和规格。

(4) 当模具质量大于25kg时,模具本身应装有起重杆或吊钩,对于大、中型模具,应设有起重孔、吊环,以便于模具的搬运和安装。

(5) 装配后的冲模应刻有模具的编号、图号及生产日期等栏目。对于塑料模,还应刻上动、定模方向的记号及使用设备的型号。

(6) 注射模、压铸模的分型面上除导套孔、斜销孔以外,不得有外露的螺钉孔、销钉孔和工艺孔。如有,这些孔都应堵塞,且与分型面平齐。

(7) 装配后的塑料模,其闭合高度、安装部位的配合尺寸、顶出形式、开模距离等均应符合设计要求及设备使用的技术条件。

2. 模具总体装配技术要求

(1) 模具零件的材料、几何形状、尺寸精度、表面粗糙度和热处理等均应符合图样要求。零件的工作表面不允许有裂纹和机械损伤等缺陷。

(2) 模具所有活动部分,应保证位置准确、配合间隙适当、动作协调可靠、定位和导向正确、运动平稳灵活。固定的零件,应牢固可靠，在使用中不得出现松动和脱落。锁紧零件起到可靠锁紧作用。

（3）模具装配后，必须保证模具各零件间的相对位置精度。尤其是制件的有些尺寸与几个冲模零件尺寸有关时，应予以特别注意。

3. 冲压模具总体装配技术要求

（1）所选用的模架精度等级应满足制件所需的技术要求，如上模板的上平面与下模板的下平面一定要保证相互平行。对于冲压制件料厚在 0.5mm 以内的冲裁模，长度在 300mm 范围内，其平行度偏差应不大于 0.06mm；一般冲模长度在 300mm 范围内，其平行度偏差应不大于 0.10～0.14mm。

（2）模具装配后，上模座沿导柱上、下移动应平稳，且无阻滞现象。导柱与导套的配合精度应符合标准规定的要求，且间隙均匀。

（3）模柄圆柱部分应与上模座上平面垂直，其垂直度误差在全长范围内应不大于 0.05mm。浮动模柄凸、凹球面的接触面积应不少于 80％。

（4）装配后的凸模与凹模间的间隙应符合图样要求，且沿整个轮廓上间隙应均匀一致。要求所有凸模应垂直于固定板装配基准面。

（5）毛坯在冲压时定位应准确、可靠、安全，出件和排料应畅通无阻。

（6）应符合装配图上除上述要求以外的其他技术要求。

4. 塑料模总体装配技术要求

（1）模具分型面对定、动模座板安装平面的平行度和导柱、导套对定、动模板安装面的垂直度的要求应符合有关的技术标准和使用条件的规定。各零件之间的支承面要互相平行，平行度偏差在长度 200mm 内应不大于 0.05mm。

（2）开模时，推出部分应保证制件和浇注系统的顺利脱模及取出。合模时，应准确退回到原始位置。

（3）合模后分型面应紧密贴合，如有局部间隙，其间隙值对于注射模而言应不大于 0.015mm。

(4) 在分型面上，定、动模镶块与定、动模板镶合要求紧密无缝，镶块平面应分别与定、动模板齐平；或可允许略高，但高出量不得大于 0.05mm。

(5) 推杆、复位杆应分别与型面、分型面平齐；推杆也允许凸出型面，但不应大于 0.1mm；复位杆允许低于分型面时，不得大于 0.05mm。

(6) 滑块运动应平稳，开模后应定位准确可靠；合模后滑动斜面与楔紧块的斜面应压紧，接触面积不小于 75%，且有一定的预紧力。

(7) 抽芯机构中，抽芯动作结束时，所抽出型芯的端面与制件上相对应孔的端面距离应大于 2mm。

(8) 在多块剖分模结构中，合模后拼合面应密合，推出时应同步。

特别说明：以上技术要求同样适用于压铸模。

(二) 模具验收技术条件

为保证试模验收工作，模具验收技术条件包括模具验收项目、检验内容和标准以及试模方法等。

(1) 模具应进行下列验收工作：

1) 外观检查。

2) 尺寸检查。

3) 试模和制件检查。

4) 质量稳定性检查。

5) 模具材质和热处理要求检查。

(2) 模具的检查。按模具图样和技术条件，检查模具各零件的尺寸、模具材质、热处理方法、硬度、表面粗糙度和有无伤痕等，检查模具组装后的外形尺寸、运动状态和工作性能。检验部门应将检查部位、检查项目、检查方法等内容逐项填入模具验收卡中。

(3) 模具的试模。经上述检验合格的模具才能进行试模。试模应严格遵守有关工艺规程。试件用的材质应符合有关国家标准和专业标准。

1）试模的技术要求。试模用的设备应符合技术要求。模具装机后应先空载运行，达到模具各工作系统工作可靠，活动部分灵活平稳，动作相互协调，定位起止正确。

2）对试件的要求。试模提取检验用的试件，应在工艺参数稳定后进行。在最后一次试模时，应连续取出一定数量的试件交付模具制造部门和使用部门检查。经双方确认试件合格后，由模具制造方开具合格证，连同试件及模具交付使用部门。

3）模具质量稳定性检查的批量。模具质量稳定性检查的批量生产所规定的制件数量，按有关规定执行。

第二节　冲压模具的装配与调试

模具装配工作主要包括两个方面：一是将加工好的模具零件按图样要求进行组装、部装乃至总体的装配；二是在装配过程中进行一部分的补充加工，如配作、配修等。

一、冲压模具的装配

（一）冲压模具总装精度要求

（1）装配好的冲模，其闭合高度应符合设计要求。

（2）模柄（活动模柄除外）装入上模座后，其轴心线对上模座上平面的垂直度误差，在全长范围内不大于 0.05mm。

（3）导柱和导套装配后，其轴心线应分别垂直于下模座的底平面和上模座的上平面，其垂直度误差应符合模架分级技术指标的规定。

（4）上模座的上平面应和下模座的底平面平行，其平行度误差应符合模架分级技术指标的规定。

（5）装入模架的每一对导柱和导套的配合间隙值（或过盈量）应符合导柱、导套配合间隙的规定。

（6）装配好的模架，其上模座沿导柱移动应平稳，无阻滞现象。

（7）装配后的导柱，其固定端面与下模座下平面应留有 1～

2mm 距离。

(8) 凸模和凹模的配合间隙应符合设计要求，沿整个刃口轮廓应均匀一致。

(9) 定位装置要保证定位正确可靠。

(10) 卸料及顶件装置活动灵活、正确，出料孔畅通无阻，保证制件及废料不卡在冲模内。

(11) 模具应在生产的条件下进行试验，冲出的制件应符合设计要求。

由于模具制造属于单件小批生产，在装配工艺上多采用修配法和调整法来保证装配精度。

对于连续（级进）模，由于在一次冲程中有多个凸模同时工作，保证各凸模与其对应型孔都有均匀的冲裁间隙，是装配的关键所在。为此，应保证固定板与凹模上对应孔的位置尺寸一致，同时使连续模的导柱、导套比单工序冲模有更好的导向精度。为了保证模具有良好的工作状态，卸料板与凸模固定板上的对应孔的位置尺寸也应保持一致。因此，在加工凹模、卸料板和凸模固定板时，必须严格保证孔的位置尺寸精度，否则将给装配造成困难，甚至无法装配。

在可能的情况下，采用低熔点合金和黏接技术固定凸模，以降低固定板的加工要求。或将凹模做成镶拼结构，以便装配时调整方便。

为了保证冲裁件的加工质量，在装配连续模时要特别注意保证送料长度和凸模间距（步距）之间的尺寸要求。

(二) 各类冲压模具装配的特点

要制造出一副合格优质的冲模，除了保证冲模零件的加工精度外，还需要一个合理的装配工艺来保证冲模的装配质量。装配工艺主要根据冲模的类型、结构而确定。

冲模的装配方法主要有直接装配法和配作装配法两种。

(1) 直接装配法是将所有零件的孔、形面，全按图样加工完毕，装配时只要把零件连接在一起即可。当装配后的位置精度较差时，应通过修正零件来进行调整。该装配方法简便迅速，且便于零件的互换，但模具的装配精度取决于零件的加工精度，必须要有先进的高精度加工设备及测量装置才能保证模具质量。

（2）配作装配方法是在零件加工时，对与装配有关的必要部位进行高精度加工，而孔的位置精度由模具钳工进行配作，使各零件装配后的相对位置保持正确关系。这种方法，即使没有坐标镗床等高精度设备，也能装配出高质量的模具。除耗费工时以外，对模具钳工的实践经验和技术水平也有较高的要求。

直接装配法一般适于设备齐全的大中型工厂及专业模具生产厂，而对于一些不具备高精设备的小型模具厂，需采用修配及配作的方法进行装配。

1. 冲模装配要点

（1）要合理地选择装配方法。在零件加工中，若全采用电加工、数控机床等精密设备加工，由于加工出的零件质量及精度都很高，且模架又采用外购的标准模架，则采用直接装配法即可。如果所加工的零部件不是专用设备加工，模架又不是标准模架，则只能采用配作法装配。

（2）要合理地选择装配顺序。冲模的装配，最主要的是应保证凸、凹模的间隙均匀。为此，在装配前必须合理地考虑上、下模装配顺序，否则在装配后会出现间隙不易调整的麻烦，给装配带来困难。

一般说来，在进行冲模装配前，应先选择装配基准件。基准件原则上按照冲模主要零件加工时的依赖关系来确定。可作装配时基准件的有导向板、固定板、凸模、凹模等。

（3）要合理地控制凸、凹模间隙。合理地控制凸、凹模间隙，并使其间隙在各方向上均匀，这是冲模装配的关键。在装配时，要根据冲模的结构特点、间隙值的大小，以及装配条件和操作者的技术水平与实际经验而定。

（4）要进行试冲及调整。冲裁模装配后，一般要进行试冲。在试冲时，若发现缺陷，要进行必要的调整，直到冲出合格的零件为止。

在一般情况下，当冲模零件装入上、下模板时，应先安装作为基准的零件，通过基准件再依次安装其他零件。安装后经检查若无误，可以先钻铰销钉孔，拧入螺钉，但不要固死，待到试模合格后，再将其固定，以便于试模时调整。

2. 装配顺序选择

冲模的装配顺序主要与冲模类型、结构、零件制造工艺及装配者的经验和工作习惯有关。

冲模装配原则是将模具的主要工作零件如凹模、凸模、凸凹模和定位板等选为装配的基准件，一般装配顺序为：选择装配基准件→按基准装配有关零件→控制并调整凸模与凹模之间间隙均匀→再装入其他零件或组件→试模。

（1）导板模常选导板作为装配基准件。装配时，将凸模穿过导板后装入凸模固定板，再装入上模座，然后装凹模及下模座。

（2）连续模常选凹模作为装配基准件。为了便于调整步距准确，应先将拼块凹模装入下模座，再以凹模定位将凸模装入固定板，然后装上模座。

（3）复合模常选凸凹模作为装配基准件。一般先装凸凹模部分，再装凹模、顶块以及凸模等零件。

（4）弯曲模及拉深模则视具体结构确定。对于导向式模具，通常选成形凹模作为装配基准件，这样间隙调整比较方便；而对于敞开式模具，则可任选凸模或凹模作为装配基准件。

（5）精冲模装配顺序类似于普通冲裁模，但由于精冲模的刚度和精度要求都比较高，需用独特的精确装配方法。

3. 其他冲模的装配特点

（1）弯曲模的装配特点。一般情况下，弯曲模的导套、导柱的配合要求可略低于冲裁模，但凸模与凹模工作部分的表面粗糙度比冲裁模要小（$Ra < 0.63\mu m$），以提高模具寿命和制件的表面质量。

在弯曲工艺中，由于材料回弹的影响，常使弯曲件在模具中弯成的形状与取出后的形状不一致，从而影响制件的形状和尺寸要求。影响回弹的因素较多，很难用设计计算来加以消除，因此在制造模具时，常要按试模时的回弹值修正凸模（或凹模）的形状。为了便于修整，弯曲模的凸模和凹模多在试模合格以后才进行热处理。另外，弯曲属于变形加工，有些弯曲件的毛坯尺寸要经过试验才能最后确定。所以，弯曲模进行试冲的目的除了找出模具的缺陷加以修正和调整外，还是为了最后确定制件毛坯尺寸。由于这一工作涉及材料的变形问题，造成弯曲模的调整工作比一般冲裁模要复杂很多。

（2）拉深模的装配特点。与冲裁模相比，拉深模具有以下特点：

1）冲裁凸、凹模的工作端部有锋利的刃口，而拉深凸、凹模的工作端部要求有光滑的圆角。

2）通常拉深模工作零件的表面粗糙度比冲裁模要小[一般为 $Ra(0.32{\sim}0.04)\mu m$]。

3）冲裁模所冲出的制件尺寸容易控制，如果模具制造正确，冲出的制件一般是合格的。而拉深模即使组成零件制造很精确，装配也很好，但由于材料弹性变形的影响，拉伸出的制件不一定合格。因此，在模具试冲后常常要对模具进行修整加工。

拉伸模试冲的目的有两个：

1）通过试冲发现模具存在的缺陷，找出原因并进行调整、修正。

2）最后确定制件拉伸前的毛坯尺寸。为此应先按原来的工艺设计方案制作一个毛坯进行试冲，并测量出试冲件的尺寸偏差，根据偏差值确定是否对毛坯进行修改。如果试冲件不能满足原来的设计要求，应对毛坯进行适当修改，再进行试冲，直至试件符合要求。

（3）为确保冲出合格的制件，弯曲模和拉深模装配时必须注意以下特点：

1）需选择合适的修配环进行修配装配。对于多动作弯曲模或拉深模，为了保证各个模具动作间运动次序正确、各个运动件到达位置正确、多个运动件间的运动轨迹互不干涉，必须选择合适的修配零件，在修配件上预先设置合理的修配余量，装配时通过逐步修配，达到装配精度及运动精度。

2）需安排试装试冲工序。弯曲模和拉深模制件的毛坯尺寸一般无法通过设计计算确定，装配时必须安排试装。试装前，选择与冲压件相同厚度及相同材质的板材，采用线切割加工方法，按毛坯设计计算的参考尺寸割制成若干个样件。然后安排试冲，根据试冲结果，逐渐修正毛坯尺寸。通常，必须根据试冲得到的毛坯尺寸图来制造毛坯落料模。

3）需安排试冲后的调整装配工序。试冲的目的是找出模具的缺陷，这些缺陷必须在试冲后的调整工序中予以解决。

（三）冲模零部件的装配

1. 冲模零件装配的技术要求

（1）凸模与凹模的装配技术要求：

1）凸模、凹模的侧刃口面与固定板安装基准面装配后，在100mm 长度上垂直度误差：刃口间隙≤0.06mm 时，垂直度误差小于0.04mm；刃口间隙在0.06～0.15mm 之间时，垂直度误差小于0.08mm；刃口间隙＞0.15mm 时，垂直度误差小于0.12mm。

2）冲裁凸、凹模的配合间隙必须均匀。其误差不大于规定间隙的20%，在局部尖角或转角处不大于规定间隙的30%。

3）压弯、成形、拉深类凸、凹模的配合间隙装配后必须均匀。其偏差值最大应不超过料厚加料厚的上偏差；最小值也不得超过料厚加料厚的下偏差。

4）凸模、凹模与固定板装配后，其安装尾部与固定板安装面必须在平面磨床上磨平。磨平后的表面粗糙度值应在 $Ra(1.6～0.80)\mu m$ 以内。

5）对多个凸模工作部分的高度（包括冲裁凸模、弯曲凸模、拉深凸模以及导正销等），必须按图纸保证相对的尺寸要求，其相对误差不大于0.1。

6）拼块式的凸模或凹模，其刃口两侧平面应光滑一致，无接缝感。对弯曲、拉深、成形模的拼块凸模或凹模工作表面，其接缝处的直线度误差应不大于0.02mm。

（2）导向零件装配技术要求：

1）导柱压入模座后的垂直度，在100mm 长度内误差：滚珠导柱类模架 ≤0.005mm；滑动导柱Ⅰ类（高精度型）模架

≤0.01mm；滑动导柱Ⅱ类（经济型）模架≤0.015mm；滑动导柱Ⅲ类（普通型）模架≤0.02mm。

2）导料板的导向面与凹模送料中心线应平行。其平行度误差为：冲裁模不大于每 100mm 长度 0.05mm，连续模不大于每100mm 长度 0.02mm。

3）左右导料板的导向面之间的平行度误差不得大于每 100mm 长度 0.02mm。

4）当采用斜楔、滑块等结构零件做多方向运动时，其与相对斜面必须贴合紧密，贴合程度在接触面纵、横方向上均不得小于长度的 3/4。

5）导滑部分应活动正常，不应有阻滞现象发生。预定方向的误差不得大于每 100mm 长度 0.03mm。

（3）卸料零件装配技术要求：

1）冲压模具装配后，其卸料板、推件板、顶板等均应露出于凹模模面、凸模顶端、凸凹模顶端 0.5～1mm 之外。若图纸另有规定时，可按图纸要求进行。

2）弯曲模顶件板装配后，应处于最低位置。料厚为 1mm 以下时，允差为 0.01～0.02mm；料厚大于 1mm 时，允差为 0.02～0.04mm。

3）顶杆、推杆长度，在同一模具装配后应保持一致，误差小于 0.1mm。

4）卸料机构运动要灵活，无卡阻现象。卸料元件应承受足够的卸料力。

（4）紧固件装配技术要求：

1）螺栓装配后，必须拧紧，不允许有任何松动。螺纹旋入长度在钢件连接时不小于螺栓的直径；铸件连接时不小于 1.5 倍螺栓直径。

2）定位圆柱销与销孔的配合松紧适度。圆柱销与每个零件的配合长度应大于 1.5 倍柱销直径（即销深入零件深度＞1.5 倍柱销直径）。

（5）模具装配后的各项技术要求：

1) 装配后模具闭合高度的技术要求：①模具闭合高度 $H \leqslant 200mm$ 时，偏差 $H^{+1}_{-3}mm$；②模具闭合高度 $H > 200 \sim 400mm$ 时，偏差 $H^{+2}_{-5}mm$。③模具闭合高度 $H > 400mm$ 时，偏差 $H^{+3}_{-7}mm$。

2) 装配后模板平行度要求。对冲裁模：当刃口间隙 $\leqslant 0.06mm$ 时，在 300mm 长度内允差为 0.06mm；刃口间隙 $> 0.06mm$ 时，在 300mm 长度内允差为 0.08mm 或 0.10mm。其他模具在 300mm 长度内允差为 0.10mm。

3) 漏料孔。下模座漏料孔一般按凹模孔尺寸每边应放大0.5~1mm。要求漏料孔通畅，无卡阻现象。

2. 冲模工作零件的固定

(1) 常见冲模凸、凹模固定。常用冲模凸模形式见表 13-4。冲模凸模固定形式见表 13-5。根据固定方法的不同，其固定形式也各不相同。固定方法主要有机械固定方法、物理固定方法、化学固定方法等。

表 13-4　　　　　　　常用凸模形式

简　图	特　点	适用范围
	典型圆凸模结构。下端为工作部分，中间的圆柱部分用以与固定板配合（安装），最上端的台肩承受向下拉的卸料力	冲圆孔凸模，用以冲裁（包括落料、冲孔）
	直通式凸模，便于线切割加工，如凸模断面足够大，可直接用螺钉固定	各种非圆形凸模，用以冲裁（包括落料、冲孔）
	断面细弱的凸模，为了增加强度和刚度，上部放大	凸模受力大，而凸模相对来说强度、刚度薄弱
	凸模一端放长，在冲裁前，先伸入凹模支承，能承受侧向力	单面冲压的凸模

简 图	特 点	适 用 范 围
	整体的凸模结构上部断面大，可直接与模座固定	单面冲压的凸模
	凸模工作部分组合式	节省贵重的工具钢或硬质合金
	组合式凸模，工作部分轮廓完整，与基体套接定位	圆凸模，节省工作部分的贵重材料

表 13-5   常见的凸模固定形式

结 构 简 图	特 点
	凸模与固定板紧配合，上端带台肩，以防拉下。圆凸模大多用此种形式固定
	直通式凸模，上端开孔，插入圆销以承受卸料力
	用于断面不变的直通式凸模，端部回火后铆开
	凸模与固定板配合部分断面较大，可用螺钉紧固

结 构 简 图	特　　点
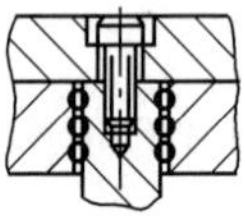	用环氧树脂浇注固定
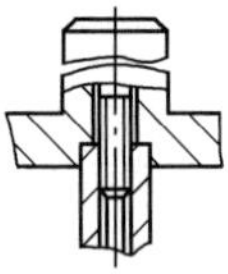	上模座横向开槽，与凸模紧配合，用于允许纵向稍有移动的凸模
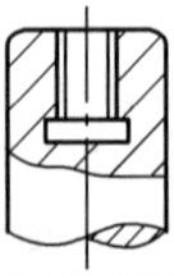	凸模以内孔螺纹直接紧固于压力机，用于中小型双动压力机
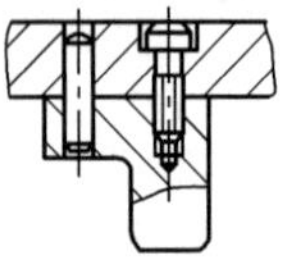	用螺钉和圆销固定的凸模拼块，也可用于中型或大型的整体凸模
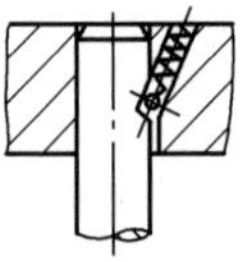	负荷较轻的快换凸模，冲件厚度不超过 3mm

1) 凸模的机械固定方法。凸模的机械固定方法及特点如下：

a. 直接固定在模座上。如图 13-2 所示：图 13-2 (a) 适用于横截面较大的凸模；图 13-2 (b) 适用于窄长的凸模。

b. 用固定板固定。如图 13-3 所示：图 13-3 (a) 为台肩固定，适用于固定端形状简单 (一般为圆形或矩形)、卸料力较大的凸模；图 13-3 (b) 为铆接固定，适用于卸料力较小的凸模；图 13-3 (c) 为用螺钉从上拉紧的固定形式；图 13-3 (d) 为锥柄固定，适用于较小直径的凸模。

如果凸模的工作端为非圆形，固定端为圆形，则必须考虑防转措施，如图 13-4 所示。

c. 快换式固定法。如图 13-5 所示，适用于小批生产、使用通

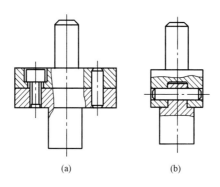

图 13-2　直接固定在模座上的凸模

（a）用于横截面较大；（b）用于窄长的凸模

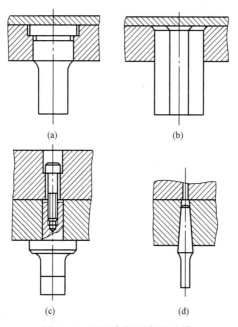

图 13-3　用固定板固定的凸模

（a）台肩固定；（b）铆接固定；（c）用螺钉固定；（d）锥柄固定

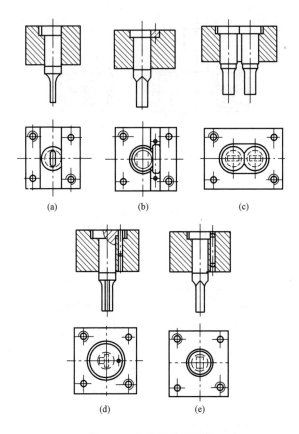

图 13-4　凸模的防转措施

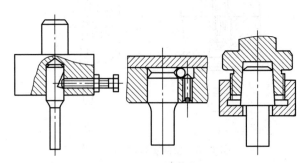

图 13-5　凸模快换式固定方法

用模座的凸模或易损凸模。

2) 凹模机械固定方法。凹模机械固定方法及特点如下：

a. 用螺钉、销钉直接固定在模座上，如图 13-6（a）所示，适用于圆形或矩形板状凹模的固定。

b. 用固定板固定，如图 13-6（b）所示，凹模与固定板采用过渡配合 H7/m6，多用于圆凹模的固定。

c. 快换式凹模的固定，如图 13-6（c）、（d）所示。

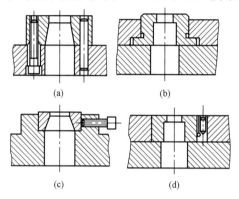

(a)　　　　　　　　(b)

(c)　　　　　　　　(d)

图 13-6　凹模的机械固定方法
(a) 用螺钉、销钉固定；(b) 用固定板固定；
(c)、(d) 快换式凹模固定

3) 凸模与凹模的物理固定方法。凸模与凹模物理固定方法及特点如下：

a. 低熔点合金浇注固定法。低熔点合金浇注固定法利用低熔点合金冷却膨胀的原理，使凸模、凹模与固定板之间获得具有一定强度的连接。其常见的固定形式如图 13-7 所示。

b. 热套固定法。热套固定法用于固定凹、凸模拼块及硬质合金模具，其工艺概要见表 13-6。

4) 凸、凹模化学固定方法。化学固定方法及特点如下：

a. 无机粘接法。其结构形式如图 13-8 所示，粘接零件表面愈粗糙愈好，一般粗糙度为 Ra（12.5～50）μm，单面间隙取 0.2～0.4mm。

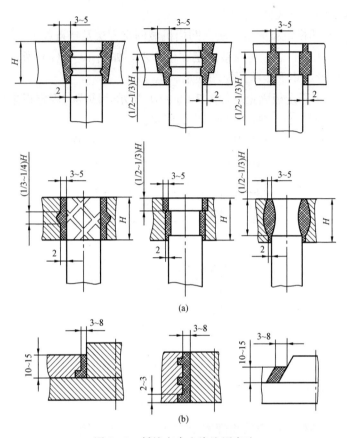

(a)

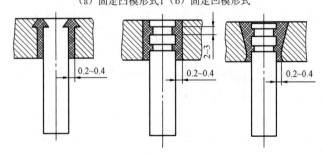

(b)

图 13-7 低熔点合金浇注固定法

（a）固定凸模形式；（b）固定凹模形式

图 13-8 凸模的无机粘接法固定

表 13-6　　　　　　　　　　　　　**热套工艺法概要**

冲模结构		拼块结构冲模	硬质合金冲模	钢球冷镦模
示图		 1—拼块；2—套圈； 3—定位圈	 1—硬质合金凹模； 2—套圈	 1—硬质合金凹 模；2—套圈； 3—支承座
过盈		$(0.001\sim0.002)\,D$	$(0.001\sim0.002)\,A$ $(0.001\sim0.002)\,B$	$(0.005\sim0.007)\,D$
加热温度（℃）	套圈	$300\sim400$	$400\sim450$	$800\sim850$
	模块	—	$200\sim250$	$200\sim250$
说明		—	在热套冷却后，再进行型孔加工（如线切割等）	在零件加工完毕后热套
稳定处理		—	—	150～160℃保温12～16h

注　1. 上列过盈值为经验公式。

　　2. 加热温度视过盈量及材料热膨胀系数而定；加热保温时间约 1h。

　　3. 模块要求有预应力的，对套圈的强度要求高（例如钢球冷墩模套圈要求用 GCr15 钢锻造退火及加工后淬硬到 45～50HRC，接触面、垂直度、平行度要求也高）。

　　b. 环氧树脂粘接法。用环氧树脂粘接凸模或凹模的优点有：

　　a）固定板上的形孔只需加工成近似凸（凹）模的粗糙轮廓，周边可按结合部分的形状放出 1.5～2.5mm 的单边空隙以便于浇注，其粘接面的表面粗糙度可为 $Ra(50\sim12.5)\mu m$。

　　b）胶粘剂随用随配，不需特殊工艺装备。

　　c）室温固化或只用红外线灯局部照射，没有热应力引起的变形。

d）化学稳定性好，能耐酸、耐碱。

e）固化后的抗压强度为 87～174MPa，抗剪强度为 15～30MPa。

f）用于粘接细小和容易折断的凸模时，损坏后可取下重新浇注。

用环氧树脂浇注固定凸模的形式和固定板的型孔与凸模间隙大小，要按冲制件厚度而定。如图 13-9 所示，当冲制材料厚度小于 0.8mm 时，采用图（a）和图（b）的固定方法；当材料厚度为 0.8～2mm 时，采用图（c）的固定方法；大尺寸的凸模和凹模的固定孔形式见图（d）和图（e）。在固定孔中，应开垂直于轴线的环形槽。随着孔的增大，浇注槽的空隙也相应加大，一般以 1.5～4mm 为宜。

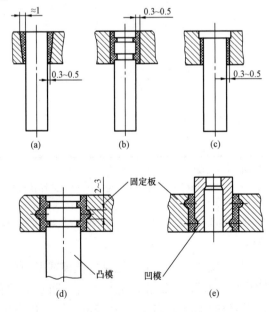

图 13-9　环氧树脂固定凸、凹模

浇注的方法是，先按模具间隙要求在凸模表面镀铜或均匀涂漆，并在浇注前用丙酮清洗凸模和固定板的浇注表面，然后将凸模垂直装于凹模型孔，如图 13-10 所示，凸模和凹模一起翻转 180°

后，将凸模放进固定板中。同时，在凹模与固定板间垫以等高垫铁，并使凸模断面与平板贴合（平板上可预先涂一层黄油，以防粘模）即可进行浇注。浇注后 4～6h 环氧树脂凝固硬化，经 24h 以后即可进行加工、装配。

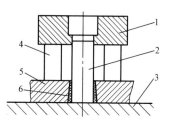

图 13-10　翻转浇注示意图

1—凹模；2—凸模；3—平板；4—等高垫板；5—固定板；6—环氧树脂

c. 厌氧胶粘接法。厌氧胶全称厌氧性密封胶粘剂，是一种既可用于粘接又可用于密封的胶。其特点是厌氧性固化，即在空气（氧）中呈液态，当渗入工件的缝隙与空气隔绝时，在常温下自行聚合固化，使工件牢固地粘接和密封。冲模和其他机械零部件采用厌氧胶粘接以后，可用间隙配合取代过渡配合和过盈配合，降低加工精度，防止缩孔，缩短装配时间。

5）硬质合金块的固定。硬质合金块的固定方法主要有以下四种：

a. 焊接固定法。如图 13-11 所示，这种方法结构简单、操作方便。然而，对于承受载荷大、焊接面积大、焊层将承受剪断载荷的场合，应区别情况，避免采用。

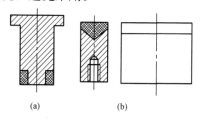

(a)　　　　　(b)

图 13-11　焊接固定法

b. 用螺钉及斜楔机械固定法。如图 13-12 所示，这种方法可靠，目前应用得较广泛。

c. 热套（或冷压）固定法。如图 13-13 所示，适用于工作时承受强烈载荷的模具。

d. 粘接固定法。用环氧树脂或厌氧胶等粘接的固定法，如图

749

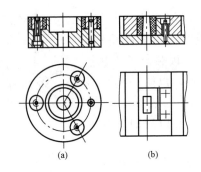

图 13-12　用螺钉及斜楔机械固定法

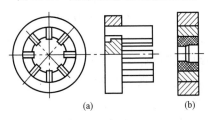

图 13-13　热套（或冷压）固定法

13-14 所示。

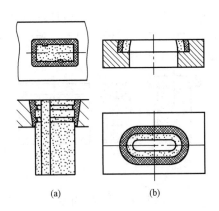

图 13-14　粘接固定法

以上四种固定法，在一副模具上有时只用一种，有时两种方法并用，具体需根据硬质合金块形状合理地选择应用。

6）镶拼式凸、凹模的固定方法。形状复杂和大型的凹模与凸模选择镶拼结构，可以获得良好的工艺性，局部损坏更换方便，还能节约优质钢材，对大型模具可以解决锻造困难和热处理设备及变形的问题，因此被广泛采用。

镶拼式凸、凹模的固定方法主要有平面固定法、嵌入固定法、压入固定法、斜模固定法及低熔点合金固定法。

a. 平面固定法。这种方法是把拼好的镶块，用销钉和螺钉直接在模板上定位和固定，其结构形式如图 13-15 所示。图 13-15（a）、（b）所示结构用销钉定位，螺钉固定，用于冲裁件厚度小于 1.5mm 的大型凸、凹模；图 13-15（c）所示结构用销钉定位，螺

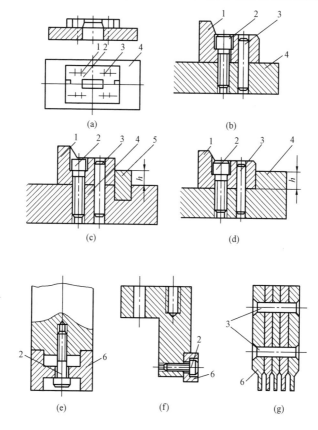

图 13-15 镶拼式凸、凹模平面固定结构形式

1—凹模镶块；2—螺钉；3—销钉；4—模板；
5—止推键；6—凸模镶块

钉加上止推键将拼块固定在模板上，用于冲裁件厚度为 $1.5\sim$ 2.5mm 的大型冲模；图 13-15（d）所示结构利用销钉、螺钉将镶拼的凸、凹模固定在模板的凹槽内，止推强度更大，用于冲裁件厚度大于 2.5mm 大型冲模的固定；图 13-15（e）用螺钉固定，适用于大型圆凸模；图 13-15（f）适用于大型剪切凸模；图 13-15（g）适用于孔距尺寸很小的多排矩形孔的冲裁凸模。

b. 嵌入固定法。这种方法是把拼合的镶块嵌入两边或四周都有凸台的模板槽内定位，采用基轴制过渡配合 K7/h6，然后用螺钉、销钉或垫片与楔块（或键）紧固，如图 13-16 所示。图 13-16（a）为螺钉固定嵌入结构；图 13-16（b）为用垫片嵌入固定结构；图 13-16（c）为模块、螺钉固定嵌入结构。这类结构侧向承载能力较强，主要用于中小型凸、凹模的固定。

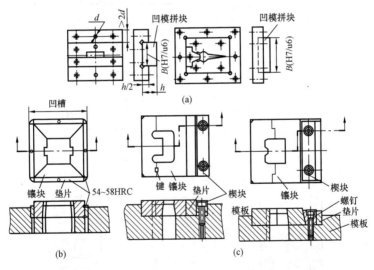

图 13-16　嵌入式镶拼固定法

(a) 螺钉、销钉固定；(b) 垫片嵌入固定；(c) 楔块螺钉固定

c. 压入固定法。这种方法是将拼合的凸、凹模，以过盈配合 U8/h7 压入固定板或模板槽内固定，如图 13-17 所示，适用于形状复杂的小型冲模以及较小、不宜用螺钉、销钉紧固的情况。

d. 斜楔固定法。这种方法主要是采用斜楔紧固拼块，如图

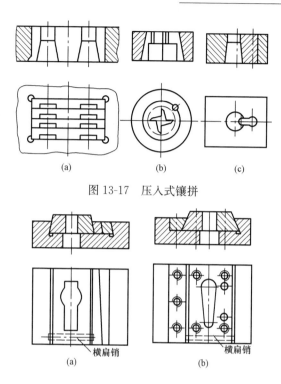

图 13-17　压入式镶拼

图 13-18　斜楔式镶拼

（a）斜槽斜楔式；（b）垂直螺钉拉紧式

13-18所示。其特点是拆装、调整较方便，凹模因磨损间隙增大时，可将其中一块拼合面磨去少许，使其恢复正常间隙。

　　e. 低熔点合金固定法。如图 13-7 所示，此处不再详述。

　　（2）模具常见卸料板结构形式及安装方法。常见卸料板结构形式、安装方法及特点见表 13-7。

表 13-7　　　　　　　　　　常见卸料板结构形式

结 构 简 图	特 点
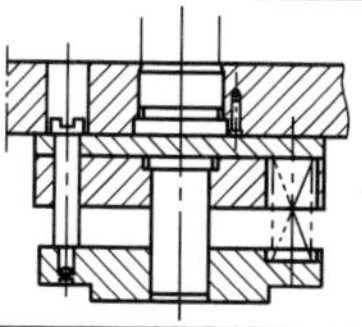	无导向弹压卸料板，广泛应用于薄材料和冲件要求平整的落料、冲孔、复合模等模具上的卸料。卸料效果好、操作方便。弹压元件可用弹簧或硬橡胶板，一般以使用弹簧较好

结构简图	特 点
	平板式固定卸料板,结构比弹压卸料板更简单,一般适用于冲制较厚的各种板材;若冲件平整度要求不高,也可冲制板厚 0.5~0.8mm 的各种板材
	半固定式卸料板,一般适用于较厚材料的冲件冲孔模。由于加大凹模与卸料板之间的空间,冲制后的冲件可利用压力机的倾斜或安装推件装置使冲件脱离模具,同时操作也较方便;由于卸料板是半固定式,因此凸模高度尺寸也可相应减少
	弹压式导板,导板由独立的小导柱导向,用于薄料冲压。导板不仅有卸料功能,更重要的是对凸模导向保护,因而提高了模具的精度和寿命 当冲件材料厚度>0.8~3mm 时,导板孔与凸模配合为 H7/h6

卸料板弹簧的安装方法见表13-8。

表 13-8   **卸料板弹簧的安装方法**

序号	简 图	说 明
1		单面加工弹簧座孔,适用于 $S<D$ 的情况
2		双面加工弹簧座孔,适用于 $S>D$ 的情况

续表

序号	简　图	说　　明
3		使用弹簧芯柱。当单面板的厚度较薄不宜加工座孔时采用 $D_1 = d + (1 \sim 2)$mm
4		用内六角螺钉代替弹簧芯柱，适用情况同序号3
5		弹簧与卸料螺钉安装在一起 $D_1 = d + (2 \sim 3)$mm

（3）冷冲模装配时零件的固定方法。模具零件的固定方法如下：

1）紧固件法，也称机械固定法。

2）压入法。该方法是固定冷冲模、压铸模等主要零件的常用方法，优点是牢固可靠，缺点是压入型孔精度要求高。压入法采用的过盈量及配合要求见表13-9。

3）焊接法。该方法一般只适用于硬质合金模具。

4）热套法。其工艺概要见表13-6。

5）粘接法。指利用有机或无机胶粘剂固定零件。

表 13-9 　　　　　　　　模具零件压入法固定的配合要求

类别	零件名称	示　图	过盈量	配合要求
冲模	凸模与固定板		—	(1) 采用 $\dfrac{H7}{n6}$ 或 $\dfrac{H7}{m6}$ (2) 表面粗糙度 Ra $<1.6\mu m$
冷挤压模	两层组合凹模（凹模与套圈）钢或硬质合金凹模与钢套圈		$\Delta = (0.008 \sim 0.009)d_2$	(1) 单边斜度 $\theta = 1°30'$ (2) $C_1 = \dfrac{\Delta}{2}\cot\theta$ (3) 热挤压模 $\theta = 10°$
	三层组合凹模（凹模与套圈）钢或硬质合金凹模与钢套圈		（1）凹模与中圈 $\Delta_1 = (0.008 \sim 0.009)d_2$ （2）中圈与外圈 $\Delta_2 = (0.004 \sim 0.005)d_3$	(1) 单边斜度 $\theta = 1°30'$ (2) 压合次序为先外后内 (3) 压出次序为先内后外 (4) $C_1 = \dfrac{\Delta_1}{2}\cot\theta$ $C_2 = \dfrac{\Delta_2}{2}\cot\theta$
	—		$(0.004 \sim 0.005)d_2$	(1) 单边斜度 $\theta = 30'$ (2) 压入量 $C = \dfrac{\Delta}{2}\cot\theta$（图中未表示）

　　（4）冲裁模凸模与固定板的装配工艺。当冲裁模凸模与凸模固定板采用过盈配合连接，并用压入法进行装配时，凸模固定板的型孔应与固定板平面垂直，型孔的尺寸精度和表面粗糙度应符合要

求，型孔的形状不应呈锥形或鞍形。当凸模不允许有圆角、锥度等引导部分时，可在固定板型孔的凸模压入处加工出引导部分，其斜度小于1°，高度小于5mm。

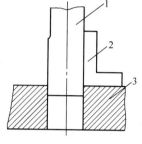

压入凸模时，应将凸模置于压力机的压力中心，如图13-19所示，压入固定板型孔少许，即用90°角尺检查凸模的垂直度，防止歪斜。压入速度不宜太快，当压入型孔深度达到总深度的1/3时，还要用90°角尺检查，垂直度合格时，方可继续压入。

图 13-19 用90°角尺检查
凸模垂直度
1—凸模；2—90°角尺；
3—固定板

压入凸模后，要以固定板的下底面为基准，将固定板上平面与凸模底面一起磨平。

当固定多凸模时，各凸模压入的先后顺序在工艺上有所选择。选择的原则是：凡在装入时容易定位，而且能够作为其他凸模安装基准的凸模，应先压入；凡较难定位或要求依据其他零件通过一定的工艺方法才能定位的凸模，要后压入。

如图13-20所示的多凸模，其装配顺序如下：

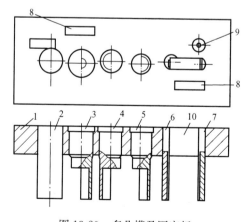

图 13-20 多凸模及固定板
1—固定板；2—拼合凸模；3、4、5—半环凸模；6、7—半圆凸
模；8—侧刃凸模；9—圆凸模；10—垫块

1）压入半圆凸模 6、7。由于半圆凸模在压入时容易定位定向，可先将两个半圆凸模连同垫块 10 从固定板正面用垫板同时压入，这样稳定性好。压入时也要用 90°角尺检查垂直度，如图 13-21 所示。

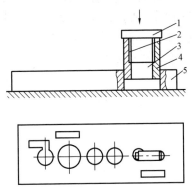

图 13-21　压入半圆凸模

1—垫板；2、4—半圆凸模；3—垫块；5—固定板

2）压入半环凸模 3。用已装好的半圆凸模为基准，垫好等高垫块，插入凹模，调整好间隙。同时将半环凸模按凹模定位好以后，卸去凹模，垫上等高垫块，将半环凸模压入固定板，如图 13-22 所示。

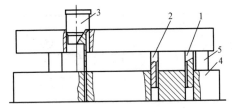

图 13-22　压入半环凸模

1、2—半圆凸模；3—半环凸模；4—凹模；5—等高垫块

3）压入半环凸模 4、5 和圆凸模 9。其方法与压入半环凸模 3 相同，然后压入圆凸模 9（见图 13-20）。

4）压入两个侧刃凸模 8。垫好等高垫块后，将两个侧刃凸模 8 分别压入固定板。

5）压入拼合凸模 2。其方法与压入半环凸模相同。

（5）导柱、导套与模座的装配工艺：

1）先压导柱、后压导套的压入式模座装配工艺。压入式模座装配的导柱、导套与上、下模座均采用过盈配合连接（一般为 H7/r6 或 H7/s6），导柱与导套的配合一般采用 H7/h6。装配时，要先擦净导柱、导套和上、下模座的配合表面，并涂上机油。先压入导柱，后压入导套的典型装配工艺方法有两种，见表 13-10 和表 13-11。

表 13-10　　　　压入式模座装配工艺（先压导柱、后压导套之一）

序号	工序	简　图	说　明
1	选配导柱、导套		将导柱、导套按实际尺寸选配套，其配合间隙松紧合适
2	压入导柱		（1）将下模座底平面向上，放在专用支承圈上。 （2）导柱与导套的配合部分先插入下模座孔内。 （3）在压力机上进行预压配合，检查导柱与下模座平面的垂直度后，继续往下压，直至导柱压入部分的端面压进模座约 1～2mm 为止，压完一个后再压另一个
3	压入导套		（1）将已压好导柱的下模座放在压力机的工作台上，并垫上专用支承圈 （2）将上模座反置套进导柱内 （3）将导套套入导柱内 （4）在压力机的作用下将导套预压入上模座内，检查导套与上模座是否垂直，导套在导柱内配合是否良好，最后将导套压入且端面低于上模座 1～2mm
4	检验		将压完导柱、导套的上、下模座之间垫上球面支承杆，放在平板上，测量模架的平行度

表 13-11　压入式模座装配工艺（先压导柱、后压导套之二）

序号	工序	简　图	说　明
1	选配导柱、导套		按模架精度等级选配导柱、导套，使其配合间隙值符合技术指标
2	压入导柱		利用压力机将导柱压入下模座。压导柱时将压块放在导柱中心位置上。在压入过程中，需用百分表（或宽座90°角尺）测量并校正导柱的垂直度。用同样方法压入所有导柱。但不到底，需留1～3mm
3	装导套		将上模座反置套在导柱上，然后套上导套，用千分表检查导套压配部分内外圆的同轴度，并将其最大偏差Δ最大放在两导套中心连线的垂直位置，这样可减少由于不同轴而引起的中心距变化
4	压入导套		用球面形压块放在导套上，将导套压入上模座一部分。取走带有导柱的下模座，仍用球面形压块将导套全部压入上模座，端面低于上模座1～3mm
5	检验		将上、下模座对合，中间垫上球面支承杆（等高垫块），放在平板上测量模架平行度

2) 先压导套、后压导柱的压入式模座装配工艺。先压导套、后压导柱的压入式模座装配工艺及特点见表 13-12。

表 13-12　压入式模座装配工艺（先压导套、后压导柱）

序号	工序	简　图	说　明
1	选择导柱、导套		将导柱、导套进行选择配合
2	压入导套	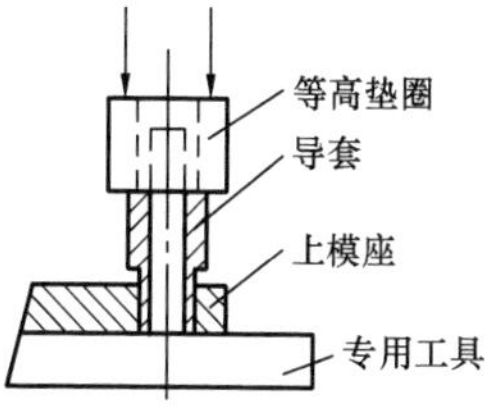	（1）将上模座放在专用工具上（此工具上的两个圆柱与底板垂直，圆柱直径与导柱直径相同） （2）将两个导套分别套在圆柱上，用两个等高垫圈垫在导套上 （3）在压力机的作用下将导套压入上模座 （4）检查压入后的导套与模座的垂直度
3	压入导柱	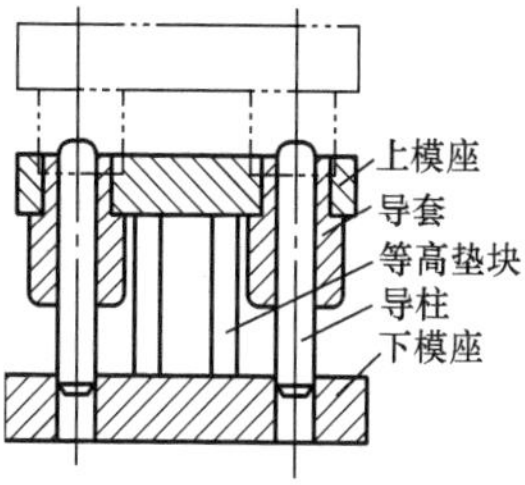	（1）在上、下模座间垫入等高垫块 （2）将导柱插入导套 （3）在压力机上将导柱压入下模座约 5～6mm （4）将上模座提升到不脱离导柱的最高位置，然后轻轻放下，检查上模座与两等高垫块的接触松紧是否均匀。若接触松紧不一，则应调整导柱至接触松紧均匀为止 （5）将导柱压入下模座
4	检验	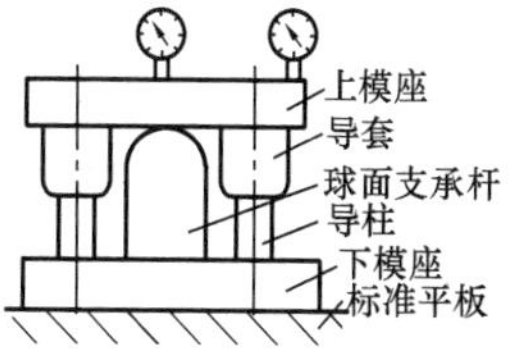	将上、下模座对合，中间垫上球面支承杆，放在平板上测量模架平行度

3) 导柱可卸式粘接模座的装配工艺。如图 13-23 所示的模座，导套直接与上模座粘接，与导柱通过圆锥面过盈连接的衬套粘接在下模座上。这种模座的导柱是可以拆卸的，其模座装配工艺见表 13-13。

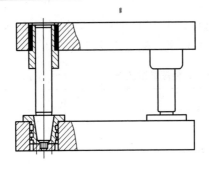

图 13-23　粘接式模座

表 13-13　　　　　　　导柱可卸式粘接模座的装配工艺

序号	工序	简　图	说　明
1	选择导柱、导套		按模架精度要求选配好导柱、导套
2	配导柱及衬套		配磨导柱与衬套锥度，使其吻合面积达 80% 以上。然后将导柱与衬套装配好，以导柱两端中心孔为基准，磨衬套 A 面，以保证 A 面与导柱轴线的垂直度要求
3	中间处理		锉去毛刺及棱边倒角，然后用汽油或丙酮清洗导套、衬套与模座孔壁粘接表面，并进行干燥处理
4	粘接衬套		将衬套连同导柱装入下模座孔中，调整好衬套与模座孔的间隙，使之大致均匀后，用螺钉紧固。然后垫好等高垫块，浇注粘接剂

序号	工序	简　图	说　明
5	粘接导套	 等高垫块　上模座　导套　导柱　支承螺钉　下模座	将已粘接完成的下模座平放，将导套套入导柱，再套上上模座（上、下模座间垫等高垫块），调整好导套与上模座孔的间隙，并调整好导套下的支承螺钉后浇注粘接剂
6	检验		测量模架平行度

4）导柱不可卸式粘接模座的装配工艺。导柱不可卸式粘接模座的装配工艺特点及技术要求见表 13-14。

表 13-14　　　导柱不可卸式粘接模座的装配工艺

序号	工序	简　图	说　明
1	去毛刺	 孔口未去毛刺　孔口已去毛刺 $d_1-d=0.4\sim0.6$　　$D_1-D=0.4\sim0.6$	（1）所需工装：錾子、台虎钳、榔头（10.45kg）、扁锉（300mm）、刮刀 （2）技术要求：不碰伤平面，孔口无毛刺，外形符合图样要求 （3）操作方法：将上、下模座分别夹在台虎钳上修正外形，锉去毛刺，孔口倒角。若导柱、导套被粘接表面有氧化层，则需在砂轮机上磨去

续表

序号	工序	简　　图	说　　明
2	脱脂清洗	—	（1）所需工装：汽油或丙酮、棉纱、圆毛刷 （2）技术要求：去除油污，无脏物存在 （3）操作方法：先用棉纱擦一遍，把油污去掉，后用蘸有汽油的刷子清洗孔和导柱、导套被粘接部分
3	干燥	—	（1）所需工装：工作台 （2）技术要求：表面无液体 （3）操作方法：将清洗好的零件在室温下进行自然干燥约5～10min
4	装夹	导柱 下模板	（1）所需工装：工作台、垫块、专用夹具、旋具 （2）技术要求：夹具的导柱中心距和模座要求的应一致，导柱应垂直；垫块的高度选取应使下模座套上后导柱不露出下模座的底平面 （3）操作方法： 1）把两个导柱的非粘接部分放在同一个夹具里夹紧 2）在夹具上放上两块相同高度的垫块

序号	工序	简　　图	说　　明
5	调胶粘剂		（1）所需工装：铜板1块（150mm×200mm×4mm），铜板条或竹片1根，长度不小于150mm，滴管，氧化铜粉，磷酸 （2）技术要求： 1）铜板条手握住的地方做得厚一些，调和部分做得薄一些，要富有弹性 2）一次调和量不宜过多，最好不超过20g氧化铜粉 3）调成浓胶状，能拉出丝来即可使用 4）调和时的温度为25℃以下 （3）操作方法： 1）将铜板和铜条擦干净 2）先将氧化铜粉倒在铜板上铺开，在中间扒出凹坑，再倒入适量磷酸 3）缓慢均匀地由内向外来回调和均匀，约1～2min后即可使用

序号	工序	简　图	说　明
6	导柱与下模座粘接	 h—专用夹具厚度 L—导柱长度　d—导柱直径 H—等高垫块高度　d_1—下模座的导柱孔径 $d_1-d=(0.4\sim0.6)\text{mm}$	（1）所需工装：压块、旋具 （2）技术要求： 1）注意间隙均匀 2）流到外边的多余料在粘接后半小时以内用锯片刮去，严禁在硬化后去除 （3）操作方法： 1）将配制好的胶粘剂均匀地分别涂到两导柱孔壁部和导柱的被粘接部分周围 2）对准导柱套进下模座，松开夹具螺钉，旋转导柱使胶粘剂涂覆均匀 3）将压块压到下模座上
7	干燥	—	（1）所需工装：工作台 （2）技术要求：干燥过程中不允许碰动，使胶粘剂彻底干燥为止 （3）操作方法：在室温下自然干燥硬化，一般24h就可以了

序号	工序	简　图	说　　明
8	取出已粘好导柱的模座	 A 处扎有多股线绳	（1）所需工装：旋具 （2）技术要求：注意导套被粘接部分位于上部 （3）操作方法 1）松开夹紧螺钉，取出已粘好导柱的模座并放平 2）在导柱上套上导套，为了控制其位置，可在 A 处扎一条多股棉纱线或细绳，不让导套向下滑动
9	导套与上模座粘接	 A 处扎有多股线绳 D_1—上模座导套孔径；D—导套外径	（1）所需工装：压块、垫块 （2）技术要求 1）注意间隙均匀 2）流到外边的多余料在粘接后半小时以内用锯片刮去，严禁在硬化后去除 （3）操作方法 1）粘接前清洁处理按序号2、3进行；调胶粘剂按序号5进行 2）刮一部分胶粘剂均匀地分别涂到两导套被粘接部分和上模座导套孔周围 3）将上模座套在导套上，并旋转导套使涂层均匀 4）将压块压到上模座上

续表

序号	工序	简　　图	说　　明
10	干燥		（1）所需工装：工作台 （2）技术要求：干燥过程中不允许碰动，使胶粘剂彻底干燥凝固为止 （3）操作方法：在室温下自然干燥24h即可
11	取出模座		操作方法：拿去压块和垫块，导柱、导套全部固定后，模座就可使用

　　5）滚动式模座装置的装配工艺。滚动式导柱、导套结构包括滚珠式导向结构（见图13-24）和滚柱式导向结构（见图13-25）。

　　滚珠式导向结构的滚动体广泛采用钢球，为便于使用，导柱是

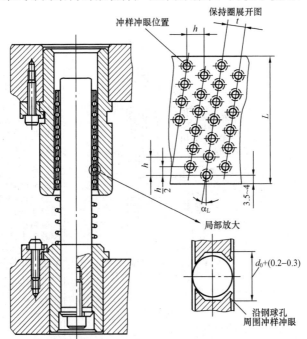

图13-24　滚珠式导柱、导套结构

可卸的，其锥形部分结合锥度为 1：10。导
柱、导套之间多了一层钢球，钢球装在保持
圈内可以灵活活动而又不能脱落。钢球与导
柱、导套之间没有间隙，从而使导向精度得
到提高。并且使导柱和导套之间的摩擦性质
由原来的滑动摩擦变成滚动摩擦，摩擦因数
减小，从而提高了模具导向零件的使用寿命，
因而常用在要求寿命长的模具中。

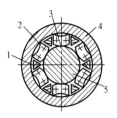

图 13-25　新型滚柱式
导柱、导套
1—保持架；2—外接触
部分；3—内接触部分；
4—导套；5—导柱

对于特别精密、高寿命的模具，应采用
新型滚柱式导柱、导套，如图 13-25 所示。新型滚柱外形由三段圆
弧组成，中间一段圆弧与导柱外圆相配合，两端圆弧与导套内圆相
配合。一般滚柱式导套，长时间使用后，导柱及导套表面往往会磨
出凹槽而产生间隙，影响导向精度。采用新型滚柱，则可减少这种
现象的发生，从而能提高使用寿命，并能长期保持导向精度。

滚动式模座结构如图 13-26 所示，主要由上模座 1、导柱 4、
保持架 5、导套 6、弹簧 7 和下模座 8 组成。

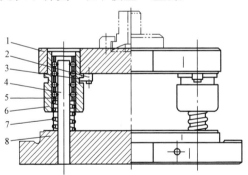

图 13-26　滚动式模座
1—上模座；2—螺钉；3—压板；4—导柱；5—保
持架；6—导套；7—弹簧；8—下模座

滚动式模座常用于小间隙冲裁模、硬质合金冲模和精冲模等精
密模具。

滚动模座的制造精度比一般模座高，装配工艺过程与一般模座
基本相同。

6）导柱在下模座上的配置形式。导柱在模座上的配置有如下几种，如图 13-27 所示：

a. 两个导柱装在对角线上，如图 13-27（a）所示。这种配置适于纵向或横向送料。冲压时，可以防止模具倾斜，是中小型模具常用的形式。

b. 两个导柱装在模具中部两侧，如图 13-27（c）、（e）所示。

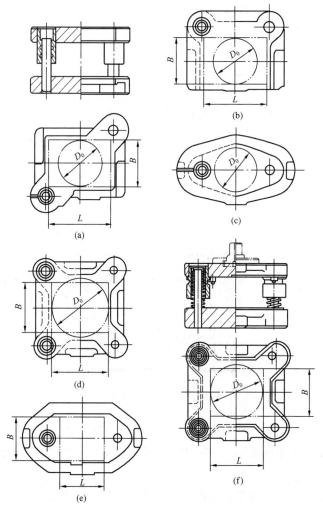

图 13-27　导柱在模座上的配置形式

这种配置适于纵向送料。

c. 两个导柱装在模具后侧，如图 13-27（b）所示。这种配置可以三面送料，但冲压时容易引起模具歪斜，因此冲压大型制件时不宜采用这种形式。

d. 下模座四角都装有导柱，如图 13-27（d）、（f）所示。这种配置适用于大型制件冲压。

图中 L、B 和 D_0，分别表示允许的凹模周界长、宽和直径尺寸，其大小均可在标准中查到。

7）常用模柄的主要形式及连接方式。对于中小型模具，上模座常装有模柄，并通过它与压力机的滑块固定在一起，带动上模上下运动。因此，模柄的直径与长度应和压力机滑块孔相结合。

常用模柄主要形式及与模座的连接方式如图 13-28 所示。

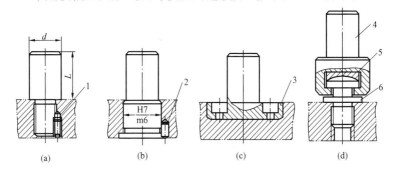

图 13-28　常用模柄及连接形式

1—骑缝螺钉；2—骑缝销钉；3—凸缘；4—模柄；5—球面垫片；6—连接头

a. 带螺纹的模柄，如图 13-28（a）所示，通过螺纹与上模座连接。为了防止模柄在上模座中旋转，在螺纹的骑缝处加一防转螺钉。这种模柄主要用于中小型模具。

b. 带台阶的模柄，如图 13-28（b）所示，与上模座装配采用压入式（见图 13-29），其直径 D 一般为 20～60mm。这种模柄用于模座厚度较大的各种冲裁模。模柄与上模座可采用过盈配合；若采用过渡配合，应在凸台边沿安装一个骑缝销钉或加防转螺钉，以防相对转动。

c. 带凸缘的模柄，如图 13-28（c）所示，它靠凸缘用螺钉与

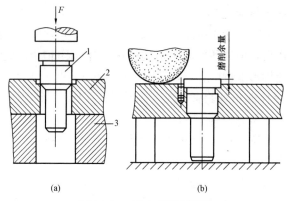

图 13-29　压入式模柄装配
(a) 压入模柄；(b) 磨上模座底面与模柄端面
1—模柄；2—上模座；3—垫板

上模座连接固定，适用于大型模具，或因用刚性推料装置而不宜用其他形式模柄时采用。

d. 浮动式模柄，如图 13-28（d）所示，它由模柄、球面垫片、连接头组成。这种结构可通过球面垫片消除压力机滑块的导向误差，因此主要用在有导柱导向的精密冲模。

8）冲裁模弹压卸料板的装配工艺特点。弹压卸料板在冲压过程中起压料和卸料作用。装配时，应保证弹压卸料板与凸模之间有适当的间隙。

如图 13-30 所示的冲孔模，其弹压卸料板的装配工艺如下：

a. 将弹压卸料板套在已装入固定板的凸模上，在固定板与卸料板之间垫上等高垫块。

b. 调整卸料板型孔与凸模之间间隙，使之均匀后，用平行夹板将二者夹紧。

c. 按照卸料板上的螺钉孔在固定板上配划螺钉过孔中心线，然后去掉平行夹板，在固定板上钻螺钉过孔。

d. 将固定板和弹压卸料板通过螺钉和弹簧连接起来。

e. 检查卸料板型孔与凸模之间的间隙是否符合要求。

（四）在压力机上安装和调整模具

设计模具时，必须先选择压力机。具体选择压力机时，主要考

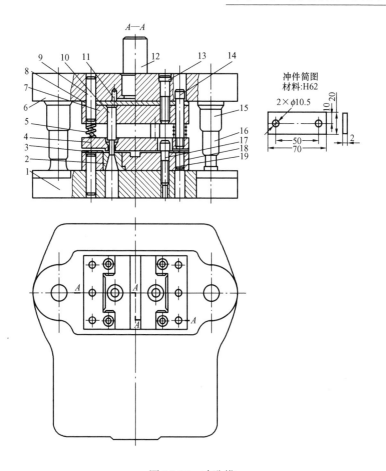

图 13-30　冲孔模

1—下模座；2—凹模；3—定位板；4—弹压卸料板；5—弹簧；6—上模
座；7、18—固定板；8—垫板；9、11、19—定位销；10—凸模；12—模
柄；13、14、17—螺钉；15—导套；16—导柱

虑的是冲压的工艺性、生产批量和现有的设备等情况。此外，还要
了解压力机的主要技术参数。

1. 压力机的规格

包括以下主要技术参数：

（1）公称压力，又称额定压力（常用吨表示，法定单位以千牛
表示，即 1t=10kN）。压力机的公称压力，系指滑块离下止点前某

773

一特定距离，或曲轴转角离下止点前某一角度时的压力。一般情况下，确定压力机的压力应将冲载力、卸料力、顶件力等全部考虑在内。

（2）滑块行程，是指滑块从上止点到下止点所经过的距离。对于冲载、精压工序，所需行程小；拉伸、弯曲一般需要较大行程。拉深时，滑块行程应大于 2.5～3 倍拉深件高度。

（3）行程次数，指滑块每分钟的往复次数，它与生产率有直接关系。通常所说的冲压速度，就是指行程次数。

（4）工作台面尺寸，指工作台面的长、宽尺寸。一般应比冲模下模座大 50～70mm，以保证模具能正确地安装在台面上。同时，下漏的废料或制件应能顺利通过台面孔。

（5）闭合高度和装模高度。闭合高度是指压力机滑块在下止点时，滑块底平面与工作台上平面（不包括垫板厚度）间的距离；装模高度是指滑块在上止点时，滑块底平面至工作台垫板上平面间的距离。闭合高度与装模高度的差值，即为工作台垫板厚度。压力机的装模高度，必须大于模具闭合高度。模具的闭合高度必须与压力机的装模高度相协调，否则模具无法安装到压力机上。为了在压力机上安装不同高度的模具，装模高度可以通过螺纹连杆在一定范围内调节。

2. 模具的安装与调整

在压力机上安装与调整模具，是一件很重要的工作，它将直接影响制件质量和安全生产。因此，安装和调整模具不但要熟悉压力机和模具的结构性能，而且要严格执行安全操作制度。

模具安装的一般注意事项有：①检查压力机上的打料装置，将其暂时调整到最高位置，以免在调整压力机闭合高度时被折弯；②检查模具的闭合高度与压力机的闭合高度是否合理；③检查下模顶杆和上模料杆是否符合压力机打料装置的要求，大型压力机则应检查气垫装置；④模具安装前应将上、下模板和滑块底面的油污揩拭干净，并检查有无杂物，防止影响正确安装和发生意外事故。

模具（带有导柱导向机构）安装的一般次序如下：

（1）根据冲模的闭合高度调整压力机滑块的高度，使滑块在下止点时其底平面与工作台面之间的距离大于冲模的闭合高度。

（2）先将滑块升到上止点，冲模放在压力机工作台面规定位置，再将滑块停在下止点，然后调节滑块的高度，使其底平面与冲模上模座上平面接触。带有模柄的冲模，应使模柄进入模柄孔，并通过滑块上的压块和螺钉将模柄固定；对于无模柄的大型冲模，一般用螺钉等将上模座紧固在压力机滑块上，并将下模座初步固定在压力机的台面上（不拧紧螺钉）。

（3）将压力机滑块上调 3～5mm，开动压力机，空行程 1～2 次，将滑块停于下止点，固定住下模座。

（4）进行试冲，并逐步调整滑块到所需的高度。如上模有顶杆，则应将压力机上的卸料螺栓调整到需要的高度。

（五）冲压模具装配实例

1. 冲裁模装配过程及步骤

冲裁模的装配过程及步骤如下：

（1）熟悉模具装配图。装配图是进行装配工作的主要依据。在装配图上，一般绘有模具的正面剖视图，固定部分（下模）的俯视图和活动部分（上模）的仰视图。对于结构复杂的模具，还绘有辅助的剖视图和断面图。

在正面剖视图上标有模具的闭合高度。如果冲裁模规定用于自动冲压机或固定式自动冲压机时，还标有下模座底平面到凹模上平面的距离。

在装配图的右上方，绘有冲制件的形状、尺寸和排样方法。当冲制件的毛坯是半成品时，还绘有半成品的形状和尺寸。

在装配图的右下方标明模具在工艺方面和设计方面的说明及对装配工作的技术要求，如凸、凹模的配合间隙、模具的最大修磨量和加工时的特殊要求等。在说明下面还列有模具的零件明细表。

通过对模具装配图的分析研究，可以了解该模具的结构特点、主要技术要求、零件的连接方法和配合性质、制件的尺寸形状及凸、凹模的间隙要求等，以便确定合理的装配基准、装配顺序和装配方法。

（2）组织工作场地及清理检查零件：

1）根据模具的结构和装配方法，确定工作场地。

2）准备好装配时需用的工、量、夹具，材料及辅助设备等。

3）根据模具装配图及零件明细表清点和清洗零件，并检查主要零件的尺寸精度、形位精度和表面粗糙度。

（3）对模具的主要部件进行装配，如凸模与凸模固定板的装配和上、下模座的装配等。

（4）装配模具的固定部分。冲裁模的固定部分主要是指与下模座相连接的零件，如凹模、凹模固定板、定位板、卸料板、导柱和下模座等。模具的固定部分是冲裁模装配时的基准部分，下模座则是这一部分部件的装配基准件。

如果在调整凸、凹模间隙时只调整凸模的相对位置，则在固定部分装配完成后，应用定位销将凹模与凹模固定板加以定位和固定。

（5）装配模具的活动部分。模具的活动部分主要是指与上模座相连接的部分零件，如凸模、凸模固定板、模柄、导套和上模座等。模具的活动部分要根据固定部分来装配。

（6）调整模具的相对位置。将模具的活动部分和固定部分组合起来，调整凸模与凹模的配合间隙，使间隙均匀一致。

（7）固定模具的固定部分。如果模具的固定部位尚未固定，在调整凸、凹模间隙之后，用定位销将凹模或凹模固定板定位后，固定在下模座上。固定以后还要检查一次固定好的凸、凹模的配合间隙。

（8）固定模具的活动部分。用定位销将凸模或凸模固定板定位、固定在上模座上，并拧紧全部紧固螺钉。固定以后还要再检查一次配合间隙。

（9）检查装配质量。包括对模具的外观质量，各部件的固定连接和活动连接的情况及凸、凹模配合间隙的检查等。

（10）试冲和调整。试冲和调整是对模具最后和最重要的检查，包括将装配完毕的模具安装到指定的压力机上进行试冲，并按图样要求检查冲裁件的质量等。如果冲裁件的质量不符合要求，则应分析原因，并对模具作进一步的调整，直到试冲的制件符合要求为止。

2. 冲裁模的装配要点

装配是模具制造最重要的工序。模具的装配质量与零件加工质量及装配工艺有关。而模具的拼合结构又比整体式结构的装配工艺要复杂。冲裁模的装配要点如下：

（1）装配时首先选择基准件，根据模具主要零件加工时的相互依赖关系来确定。可以用作基准件的一般有凸模、凹模、导向板、固定板。

（2）装配次序是按基准件安装有关零件。以导向板作基准进行装配时，通过导向板将凸模装入固定板，再装入上模座，然后再装凹模及下模座。

固定板具有止口的模具，可以用止口作定位装配其他零件（该止口尺寸可按模块配制后，一经加工好就作为基准）。先装凹模，再装凸凹模及凸模。

当模具零件装入上、下模座时，先装基准件，并在装好后检查无误、钻、铰销钉孔，打入定位销。后装的在装妥无误后，要待试冲达到要求时，才钻、铰销钉孔，打入定位销钉。

（3）导柱压入下模座后，除要求导柱表面与下模座平面间的垂直度误差符合要求外，还应保证导柱下端面离下模座底面有 1～2mm 的距离，以防止使用时与压力机台面接触。

（4）导套先装入上模座，然后与下模座的导柱套合。套合后，要求上模座能自然地从导柱上滑下，而不能有任何滞涩现象。

3. 冲孔模的装配

如图 13-30 所示的冲孔模，其装配工艺过程及特点如下：

（1）对冲孔模固定部分的装配和固定。对于凹模装在下模座上的导柱模，模具的固定部分是装配时的基准部件，应该先行装配。由图 13-30 可以看出，下模座 1 是这一部件的装配基准件。装配过程是，先将已装配好导柱、导套的上下模座分开，然后按以下步骤装配：

1）将凹模镶件 2 表面涂油后，压入固定板 18 的孔中。

2）磨平固定板 18 的底面。

3）在固定板上安装定位板 3。

4) 把已装好凹模和定位板的固定板 18 安装在下模座 1 上。工艺方法为：①找正固定板的位置后，和下模座一起用平行夹板夹紧；②根据固定板上的螺钉过孔和凹模型孔在下模座上配划螺钉孔和落料孔中心线；③松开平行夹板，取下固定板 18，在下模座 1 上钻、攻螺钉孔和漏料孔；④把凹模固定板 18 安装在下模座 1 上，找正后拧紧螺钉；⑤钻、铰定位销孔，装入定位销。

(2) 对冲孔模活动部分的装配。步骤如下：

1) 在已装上凸模 10 的凸模固定板 7 和凹模固定板 18 之间垫上适当高度的等高垫块，使凸模刚好能插入凹模型孔内。

2) 在固定板 7 上放上模座 6，使导柱 16 配入导套 15 孔中。

3) 调整凸、凹模的相对位置后，用平行夹板将上模座 6 和凸模固定板 7 一起夹紧。

4) 取下上模座 6，根据固定板 7 上的螺钉孔和卸料螺钉过孔，在上模座的下平面上配划螺钉过孔中心线。

5) 松开平行夹板，取下固定板 7，在上模座上按划线钻各螺钉过孔。

6) 装配模柄 12，安装好模柄后，用 90°角尺检查模柄与上模座上平面的垂直度。

7) 在上模座上安装垫板 8 和固定板 7，拧上紧固螺钉。但不要拧得很紧，以免在调整凸、凹模配合间隙时，用铜锤敲击固定板不能使凸模向指定方向移动。

8) 将上模座放在下模座上，使导柱 16 配入导套 15 孔中。

(3) 调整冲孔模的凸、凹模间隙。可用垫片法调整，并使间隙均匀，然后拧紧上模座 6 和凸模固定板 7 间的紧固螺钉。

(4) 固定冲孔模的活动部分。步骤如下：

1) 取下上模座，在上模座 6 和凸模固定板 7 上钻、铰定位销孔，装上定位销 9。

2) 再次检查凸、凹模的配合间隙。如因钻、铰定位销孔而使间隙又变得不均匀时，则应取出定位销 9，再次调整凸、凹模间隙，间隙均匀后，换位置重新钻、铰定位销孔，并装上定位销。直到固定后凸凹模配合间隙仍然保持均匀为止。

3）将弹压卸料板 4 套在凸模上，装上螺钉 14 和弹簧 5。装配后的弹压卸料板必须能灵活移动，并保证弹压卸料板的压料面突出凸模端面 0.2～0.5mm 之外。

4）安装其他零件。

（5）试冲和调整。试冲合格后，还要将定位板 3 取下来，经热处理后，再装到原来的位置上。

4. 单工序落料模的装配

如图 13-31 所示的使用后导柱模座的拔叉落料模，其装配工艺顺序如下：

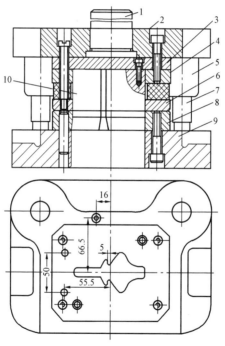

图 13-31　拔叉落料模

1—模柄；2—上模座；3—垫板；4—凸模固定板；

5—导套；6—卸料板；7—导柱；8—凹模；

9—下模座；10—凸模

（1）将凸模 10 装入凸模固定板 4，保证凸模对固定板端面垂直度要求，并同磨凸模及固定板端面平齐。把凸模放进凹模 8 型孔内，两边垫以等高垫块，并放入后导柱模座内，用划针把凹模外形画在下模座 9 上面，将凸模固定板外形画在上模座 2 下平面，初步确定凸模固定板和凹模在模座中的位置。然后分别用平行夹板夹紧上、下模两部分，作上、下模座的螺钉固定孔，并将上模座翻过来，使模柄 1 朝上，按已画出的位置线将凸模固定板的位置对正，作好固定板 4 的螺孔，按凹模 8 型孔划下模座上的漏料孔线。

（2）加工上模座 2 连接弹压卸料板 6 的螺钉过孔；加工下模座上的漏料孔，并按线每边均匀加大约 1mm。

（3）用螺钉将凸模固定板 4 和垫板 3 固紧在上模座，并用螺钉将凹模固紧在下模座。注意不要过紧，以便调整。

（4）试装合模。使下模座的导柱进入上模座的导套内，缓慢放下，使凸模进入凹模型孔内。如果凸模未进入凹模孔内，可轻轻敲击凸模固定板，利用螺钉与螺钉过孔的间隙进行细微调整，直至凸模进入凹模型孔内。同时观察凸模与凹模的间隙，用同样的方法予以调整，并通过冲纸法试冲，直到间隙均匀、合格为止。

（5）冲裁间隙调整均匀后，把上模组件取下，钻、铰定位销孔，配入定位销（销与孔应保持适当的过盈）。下模座的定位销孔按凹模销孔引做，同样配入定位销，保持销与孔有适当的过盈。

（6）按装配图装配其他零件，达到技术要求，最后打标记。

5. 单工序弯曲模的装配

如图 4-42 所示的一次成形的圆环弯圆模，为了便于取出制件，采用两块摆动式凹模，当上模下行时，弹簧 5 被压缩，两块凹模 8 绕心轴 7 摆动，并合拢成圆形，使制件弯圆成形。上模上行时，摆动凹模通过弹簧 5 的弹力复位。凸模部分是将型芯 3 装在上模支架 9 上，活动撑柱 2 在工作时起支撑作用，但又便于取出制件。其装配工艺的重点有以下几点：

（1）为防止上模座架 4 在受力时移动，它与下模座采取方槽配合结构。槽底面与下模座底面保证平行度要求，结合面应具有适当过盈。装配后，两摆动凹模所在的槽应平行，且在同一中心平面上。

（2）加工时，两块凹模工作型面应一致，且相对于安装轴销 7

的孔的位置一致。装配时，应保证合成整圆后每面仍有 0.010～0.015mm 的研磨余量，以便装后或试压后修研。

（3）装配后应保证弹簧 5 工作正常。

（4）上模装配时，必须保证型芯 3 对模柄 10 的垂直，且安装牢固可靠；活动撑柱 2 应在工作时能支撑型芯 3，取下制件时又能灵活摆动让开制件。

（5）经试压提供的合格模具的工作件，必须具有较小的表面粗糙度，压出的制件应符合要求。最后在模具上打印记。

6. 落料冲孔复合模的装配

如图 13-32 所示为顺装落料冲孔复合模，能够在落料的同时冲出一个直径为 $\phi 12mm$ 的孔和 4 个直径为 $\phi 4.2mm$ 的孔。其特点是打料装置把冲孔废料从凸凹模孔内推出，使孔内不积存废料，减少孔内胀力的作用，从而可减小凸凹模壁厚。这种结构更适用于冲制

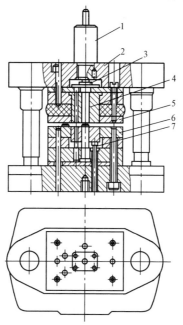

图 13-32　顺装复合冲裁模

1—固定模柄；2—模座；3—打料装置；4—凸凹模；

5—卸料装置；6—凹模；7—顶件装置

壁厚较小的制件,但出件应用压缩空气等吹出或靠自重滑下。其装配工艺顺序如下:

(1) 装配压入式模柄,垂直上模座端面,装后同磨大端面平齐。

(2) 将凸模装入凸模固定板,保持与固定板端面垂直,同磨端面平齐。

(3) 将凸凹模装入凸凹模固定板,保持与固定板端面垂直,同磨端面平齐。

(4) 确定凸凹模固定板在上模座上的位置,用平行夹板夹紧,作凸凹模固定板上的螺孔和上模座上的螺钉过孔,并保持孔位置一致。

(5) 按凹模上的孔引作凸模固定板和下模座的螺钉过孔。

(6) 将带凸模的固定板装在下模板上,螺钉不要拧得过紧,进行试装合模。使导柱缓慢进入导套,如果凸模与凸凹模的孔对得不太正,可轻轻敲打凸模固定板,利用螺钉过孔的间隙进行调整,直到间隙均匀。此时用划针划出凸模固定板位置。

(7) 在下模组件上增加凹模,重新合模,作冲裁外形和各孔的全面细致的间隙调整,其中包括用冲纸法试模,直至获得均匀的间隙。

(8) 上模和下模分别钻、铰定位销孔(防止位置移动),配入定位销,并保证销与孔有适当的过盈。其他零件可按图装配,达到要求后打标记。

7. 落料拉深复合模的装配

如图 13-33 所示落料拉深复合

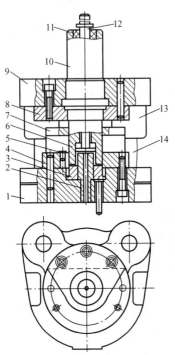

图 13-33 落料拉深复合模
1—下模座;2—拉深凸模;3—压边顶料圈;4—凹模;5—固定挡料销;6—凸凹模;7—卸料板;8—凸凹模固定板;9—上模座;10—模柄;11—打料装置;12—打杆;13—导套;14—导柱

模。其装配工艺顺序如下：

（1）装配压入式模柄 10，垂直上模座端面，装后同磨大端面平齐。

（2）将拉深凸模 2 装在下模座 1 上，并相对下模座底面垂直。同磨端面平齐后，加工防转螺钉孔，并装防转螺钉。

（3）以压边顶料圈 3 定心，将凹模 4 装在下模座上，经调整与拉深凸模同轴后，用平行夹板夹紧，作螺钉孔和定位销孔，并装上螺钉，配入适当过盈的定位销。

（4）将凸凹模 6 装于固定板 8 上，并保持垂直，同磨大端面平齐。

（5）用平行夹板将装上凸凹模的固定板与上模座夹紧后合模，使导柱缓慢进入导套。在凸凹模 6 的外圆对正凹模 4 后，配作螺钉孔和螺钉过孔，并拧入螺钉，但不要太紧。用轻轻敲打固定板的方法进行细致的调整，待凸凹模 6 与凹模 4 的间隙均匀后，配作凸凹模固定板 8 与上模座 9 的销钉孔，并配入具有适当过盈的定位销。

（6）加工压边顶料圈 3 时，外圆按凹模 4 的孔实配，内孔按拉深凸模 2 的外圆实配，保持要求的间隙。装配后，压边顶料圈的顶面需高于凹模 0.1mm，而拉深凸模的顶面不得高于凹模。

（7）安装固定挡料销 5 及卸料板 7。卸料板上的孔套在凸凹模外圆上，应与凹模 4 中心保持一致。在用平行夹板夹紧的情况下，按凹模上的螺孔引作卸料板上的螺钉过孔，并用螺钉固紧。其他零件的装配均符合要求后打标记。

8. 多工序级进模的装配

多工序级进模是在送料方向上具有两个或两个以上工位，并在压力机一次行程中在不同的工位上完成两道或两道以上冲压工序的冲模。这种模具的加工和装配难度较大，装配后必须保证上、下模步距准确一致，各组凸、凹模间隙均匀。

图 13-34 所示是在一次行程中完成冲孔、压印、落料工序的级进模。第一步冲孔用前边的第一个始用挡料销 7 定位，第二步冲孔、压印用后边的第二个始用挡料销 7 定位，第三步落料用导正销和挡料销 8 定位。其装配工艺要点和顺序如下：

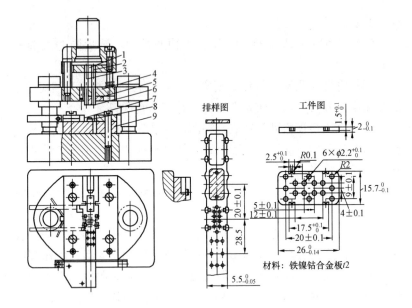

图 13-34　多工序级进冲模

1—凸模固定板；2—落料凸模；3—冲孔凸模；4—导板；5—卸料板；
6—压印凸模；7—始用挡料销；8—挡料销；9—凹模

（1）精心加工并装配模座。

（2）导板 4 和凹模 9 的相应孔距要一致，应由坐标镗床或数控线切割机床保证。如果凸模与固定板采取压入式，则固定板上的孔距也应严格保持一致。若采用低熔点合金浇注，则按浇注的要求加工各孔。

（3）将各凸模装于凸模固定板 1 上，保持垂直，大端面同磨齐整后，再与上模板组合。

（4）下模座的漏料孔按凹模的相应孔适当加大，以保证漏料时无阻滞。漏料孔加工后，在保证导板的各孔与凹模的各相应孔对正的情况下，用螺钉紧固凹模，并组合加工定位销孔，配入有适当过盈的定位销。

（5）安装始用挡料销、挡料销、导正销等。组装完毕，用冲纸法试验后进行试冲，直至获得合格的制件，再打标记。

9. 高精度复杂复合冲模的装配

图 13-35 所示是一副高精度较复杂的复合冲模，用来冲裁发电

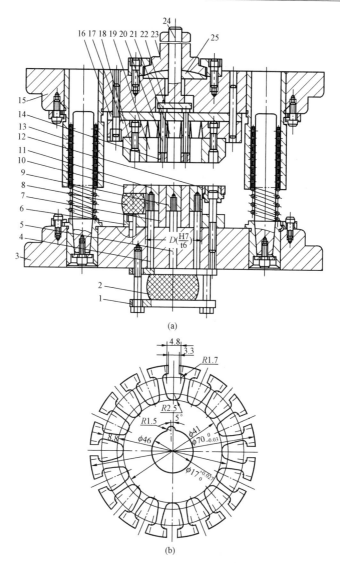

图 13-35　高精度整体式复合冲模

（a）整体式复合模；（b）冲裁件

1—橡胶夹板；2、8—橡胶；3—下模座；4、5—顶杆；6—下固定板；
7—凸凹模；9、11—顶块；10—卸料板；12—螺钉套管；13—导向装置；
14—打料板；15—上模座；16—垫板；17—上固定板；18—落料凹模；
19—冲槽凸模；20—打杆；21—冲孔凸模；22—圆形打板；23—浮动模
柄；24—顶杆；25—球面垫圈

机转子冲片。

(1) 装配要求:

1) 导柱对模座平面的垂直度误差应小于每 100mm 长度 0.015mm。

2) 上模座对下模座两平面的平行度误差应小于每 300mm 长度 0.03mm。

3) 导柱、导套和滚珠配合后的过盈量为 0.02~0.03mm。

(2) 装配工艺分析。复合模在装配过程中,首先是选择基准件。该模具采用固定板为基准进行装配,其主要工艺如下:

1) 固定部分的装配,主要包括凸凹模、下固定板、下模座、卸料板及导柱(导套)等。

2) 活动部分的装配,包括凸模、上固定板、上模座、模柄及导套等。

3) 总装配。先将下固定板与下模座用螺钉、定位销固定,合上凹模(此时凸凹模及冲槽凸模间尚有间隙,可不予考虑),刃口合进约 5mm。为了保证上固定板底面与下模(凸凹模)的轴线垂直,可用三个等高垫块垫平,然后合上上模座,下压至上模座平面与上固定板平面相接触,用两平行夹板夹紧,取出后,钻、攻螺钉孔,并用螺钉紧固,重新合模。使上、下模能顺利合进,无阻滞现象,即可进行切纸片试模。

4) 调试。用切纸法试冲,切口有局部毛刺或未切断时,则说明间隙不均匀,局部过大,即应调整。可用铜棒轻敲固定板外圆调整。然后钻、铰定位销孔,打入定位销。调试完毕后方可装上冲压机试冲。

(3) 装配工艺过程。见表 13-15。

表 13-15　　　　　　　　整体式复合模装配工艺过程

工序号	工序名称	工　序　内　容
1	组装	将凸凹模 7 装入下固定板 6 中
		用热装方法,孔加热温度 350℃
		热装后以刃口面为基准,磨平下固定板底面

工序号	工序名称	工　序　内　容
2	组装	用螺钉预装下固定板 6 与下模座 3 连接，装配前用百分表检查其平面平行度，不平行时，需铲刮至平行
		装橡胶，卸料板 10、顶块 11、螺纹套管 12 及橡胶夹板 1、顶杆 4、5 用螺钉连接
		将锥孔衬套压入下模座孔中，并用压板螺钉固定
3	装导柱	将导柱压入下模座锥孔中，压入后用 90°角尺检验其垂直度公差小于每 100mm 长度 0.015mm
		滚珠进行选配，其直径相对误差小于 0.02mm，选对后装入滚珠套内
4	装上模座	将浮动模柄 23、顶杆 24、球面垫圈 25 装入上模座 15 内
		将导套 13 压入上模座，并进行固定
		将落料凹模 18、冲槽凸模 19、冲孔凸模 21、装入上固定板 17 上，并用合金浇注法固定，冷却后铲去多余合金，固定板底面磨平
		用螺钉将固定板 17、垫板 16、22 与上模座 15 连接
5	总装	将滚珠、弹簧放入导柱中，把上模座套入下模座的导柱内，检验导套与导柱的松紧程度
		用三只等高垫块检验上固定板底面与下模的轴线垂直
		钻、铰下模座与下固定板的定位销孔，打入定位销后，合拢上、下模
6	调试	用切纸法调试
		调试后，钻、铰上模座与上固定板的定位销孔，并打入定位销
		再调试，合格为止

二、冲压模具的试模

冲模装配后，必须通过试冲对制件的质量和模具的性能进行综合考察与检测。对试冲中出现的各种问题，应全面、认真地分析，找出其产生的原因，并对冲模进行适当的调整与修正，以得到合格的制件。

（一）冲模试冲与调整的目的

冲模的试冲与调整简称调试。调试的主要目的如下：

（1）鉴定制件和模具的质量。在模具生产中，试模的主要目的是确保制件的质量和模具的使用性能。制件从设计到批量生产需经过产品设计、模具设计、模具零件加工、模具组装等多个环节，任一环节的失误都会引起模具性能不佳或制件不合格。因此，冲模组装后，必须在生产条件下进行试冲，并根据试冲后制出的成品，按制件设计图，检查其质量和尺寸是否符合图样规定，模具动作是否合理可靠。根据试冲时出现的问题，分析产生的原因，并设法加以修正，使模具不仅能生产出合格的零件，而且能安全稳定地投入生产。

（2）确定成形制件的毛坯形状、尺寸及用料标准。冲模经过试冲制出合格样品后，可在试冲中掌握模具的使用性能、制件的成形条件、方法及规律，从而可对模具成批生产制件时的工艺规程制定提供可靠的依据。

（3）确定工艺设计、模具设计中的某些设计尺寸。在冲模生产中，有些形状复杂或精度要求较高的弯曲、拉深、成形、冷挤压等制件，很难在设计时精确地计算出变形前的毛坯尺寸和形状。为了能得到较准确的毛坯形状和尺寸及用料标准，只有通过反复地调试模具后，使之制出合格的零件才能确定。

（4）确定工艺设计、模具设计中的某些设计尺寸。对于一些在模具设计和工艺设计中难以用计算方法确定的工艺尺寸，如拉深模的复杂凸、凹模圆角，以及某些部位几何形状和尺寸，必须边试冲、边修整，直到冲出合格零件后，此部位形状和尺寸方能最后确定。通过调试后将暴露出来的有关工艺、模具设计与制造等问题，连同调试情况和解决措施一并反馈给有关设计及工艺部门，供下次设计和制造时参考，以提高模具设计和加工水平。然后，验证模具的质量和精度，作为交付生产使用的依据。

（二）冲裁模的调整要点

（1）凸、凹模配合深度调整。冲裁模的上、下模要有良好的配合，即应保证上、下模的工作零件（凸、凹模）相互咬合深度适中，不能太深与太浅，应以能冲出合适的零件为准。凸、凹模的配合深度，是依靠调节压力机连杆长度来实现的。

（2）凸、凹模间隙调整。冲裁模的凸、凹模间隙要均匀。对于有导向零件的冲模，其调整比较方便，只要保证导向件运动顺利而无发涩现象即可保证间隙值；对于无导向冲模，可以在凹模刃口周围衬以纯铜皮或硬纸板进行调整，也可以用透光及塞尺测试等方法在压力机上调整，直到上、下模的凸、凹模互相对中，且间隙均匀后，用螺钉将冲模紧固在压力机上，进行试冲。试冲后检查一下试冲的零件，看是否有明显毛刺，并判断断面质量。如果试冲的零件不合格，应松开下模，再按前述方法继续调整，直到间隙合适为止。

（3）定位装置的调整。检查冲模的定位零件（如定位销、定位块、定位板）是否符合定位要求，定位是否可靠。假如位置不合适，在调整时应进行修整，必要时要更换。

（4）卸料系统的调整。卸料系统的调整主要包括卸料板或顶件器是否工作灵活；卸料弹簧及橡胶弹性是否足够；卸料器的运动行程是否足够；漏料孔是否畅通无阻；打料杆、推料杆是否能顺利推出制件与废料。若发现故障，应进行调整，必要时可更换。

（三）弯曲模的调整与试冲

（1）弯曲模上、下模在压力机上的相对位置调整。对于有导向的弯曲模，上、下模在压力机上的相对位置全由导向装置来决定；对于无导向装置的弯曲模，上、下模在压力机上的相对位置一般采用调节压力机连杆长度的方法调整。在调整时，最好把提前制造的样件放在模具的工作位置上（凹模型腔内），然后调节压力机连杆，使上模随滑块调整到下极点时，既能压实样件又不发生硬性顶撞及咬死现象，此时，将下模紧固即可。

（2）凸、凹模间隙的调整。上、下模在压力机上的相对位置粗略调整后，再在凸模下平面与下模卸料板之间垫一块比坯料略厚的垫片（一般为弯曲坯料厚度的 $1\sim1.2$ 倍），继续调节连杆长度，多次用手扳动飞轮，直到使滑块能正常地通过下死点而无阻滞时为止。

上、下模的侧向间隙，可采用垫硬纸板或标准样件的方法来进行调整，以保证间隙的均匀性。间隙调整后，可将下模板固定，试冲。

（3）定位装置的调整。弯曲模定位零件的定位形状应与坯件一致。在调整时，应充分保证其定位的可靠性和稳定性。利用定位块及定位钉的弯曲模，如试冲后发现位置及定位不准确，应及时调整定位位置或更换定位零件。

（4）卸件、退件装置的调整。弯曲模的卸料系统行程应足够大，卸料用弹簧或橡皮应有足够的弹力，顶出器及卸料系统应调整到动作灵活，并能顺利地卸出制件，不应有卡死及发涩现象。卸料系统作用于制件的作用力要调整均衡，以保证制件卸料后表面平整，不至于产生变形和翘曲。

（四）拉深模的调整与试冲

1. 拉深模的安装与调整方法

（1）在单动冲床上安装与调整冲模。拉深模的安装和调整基本上与弯曲模相似，其安装调整要点主要是压边力调整。压边力过大，制件易被拉裂；压边力过小，制件易起皱。因此应边试边调整，直到合适为止。

如果冲压筒形零件，则在安装调整模具时，可先将上模紧固在冲床滑块上，下模放在冲床的工作台上，先不必紧固。先在凹模侧壁放置几个与制件厚度相同的垫片（注意要放置均匀，最好放置样件），再使上、下模吻合，调好间隙。在调好闭合位置后，再把下模紧固在工作台面上，即可试冲。

（2）在双动冲床上安装与调整冲模。双动冲床主要适于大型双动拉深模及覆盖件拉深模，其模具在双动冲床上安装和调整的方法与步骤如下：

1）模具安装前的准备工作。根据所用拉深模的闭合高度，确定双动冲床内、外滑块是否需要过渡垫板和所需要过渡垫板的形式与规格。

过渡垫板的作用是：①用来连接拉深模和冲床，即外滑块的过渡垫板与外滑块和压边圈连接在一起，此外还有连接内滑块与凸模的过渡垫板,工作台与下模连接的过渡垫板;②用来调节内、外滑块不同的闭合高度,因此过渡垫板有不同的高度。

2)安装凸模。首先预装:先将压边圈和过渡垫板、凸模和过渡垫板分别用螺栓紧固在一起。然后安装凸模。

a. 操纵冲床内滑块,使它降到最低位置。

b. 操纵内滑块的连杆调节机构,使内滑块上升到一定位置,并使其下平面比凸、凹模闭合时的凸模过渡垫板的上平面高出 $10\sim15$mm。

c. 操纵内、外滑块使它们上升到最上位置。

d. 将模具安放到冲床工作台上,凸、凹模呈闭合状态。

e. 再使内滑块下降到最低位置。

f. 操纵内滑块连杆长度调节机构,使内滑块继续下降到与凸模过渡垫板的上平面相接触。

g. 用螺栓将凸模及其过渡垫板紧固在内滑块上。

3)装配压边圈。压边圈直接装在外滑块上,其安装程序与安装凸模类似,最后将压边圈及过渡垫板用螺栓紧固在外滑块上。

4)安装下模。操纵冲床内、外滑块下降,使凸模、压边圈与下模闭合,由导向件决定下模的正确位置,然后用紧固零件将下模及过渡垫板紧固在工作台上。

5)空车检查。通过内、外滑块的连续几次行程,检查其模具安装的正确性。

6)试冲与修整。由于制件一般形状比较复杂,所以要经过多次试模、调整、修整后,才能试出合格的制件及确定毛坯尺寸和形状。试冲合格后,方可转入正常生产。

2. 拉深模调试要点

(1)进料阻力的调整。在拉深过程中,若拉深模进料阻力较大,则易使制件拉裂;进料阻力小,则又会使制件起皱。因此,在试模时,关键是调整进料阻力的大小。拉深阻力的调整方法如下:

1)调节压力机滑块的压力,使之处于正常压力下工作。

2)调节拉深模的压边圈的压边面,使之与坯料有良好的配合。

3)修整凹模的圆角半径,使之适合成形要求。

4)采用良好的润滑剂及增加或减少润滑次数。

(2)拉深深度及间隙的调整:

1)在调整时,可把拉深深度分成2～3段来进行调整。即先将较浅的一段调整后,再往下调深一段,一直调到所需的拉深深度为止。

2)在调整时,先将上模固紧在压力机滑块上,下模放在工作台上先不固紧,然后在凹模内放入样件,再使上、下模吻合对中,调整各方向间隙,使之均匀一致后,再将模具处于闭合位置,拧紧螺栓,将下模固紧在工作台上,取出样件,即可试模。

第三节 压铸模具的装配与调试

一、压铸模具外形和安装部位的技术要求

压铸模具的外形和安装部位有如下技术要求:

(1)各模板的边缘均应倒角 $2\times45°$,安装面应光滑平整,不应有突起的螺钉头、销钉、毛刺和击伤等痕迹。

(2)在模具非工作面上醒目的地方打上明显的标记,包括产品代号、模具编号、制造日期及模具制造厂家名称或代号、压室直径、模具质量等。

(3)在模具动、定模上分别设有吊装用螺钉孔,质量较大的零件($\geqslant25\mathrm{kg}$)也应设起吊螺孔。螺孔有效深度不小于螺孔直径的1.5倍。

(4)模具安装部位的有关尺寸应符合所选用的压铸机相关对应的尺寸,且装拆方便。压室安装位置、孔径和深度必须严格检查。

(5)分型面上除导套孔、斜导柱孔外,所有模具制造过程的工艺孔、螺钉孔都应堵塞,并且与分型面平齐。

(6)冷却水的集中冷却要装在模具的上方,进水侧要有开关控制,且进出水要有明确标识。安装完成后要进行通水试验,确保不漏水。

(7)当抽芯在操作者对侧时,要避免自动取件时铸件与限位装置干涉;当抽芯在模具上方时,要避免自动喷涂装置与限位装置干

涉；当抽芯在操作者侧时，要避免压铸机安全门与限位装置和抽芯装置干涉。限位装置尽量不要设置在分型面侧，限位开关的接线口尽量朝下。液压缸的进出油口也尽量不要设在分型面侧。

二、压铸模具总体装配精度的技术要求

压铸模总体装配精度有如下技术要求：

（1）模具分型面对定、动模座板安装平面的平行度按表 13-16 的规定。

（2）导柱、导套对定、动模座板安装平面的垂直度按表 13-17 的规定。

表 13-16　　　模具分型面对座板安装平面的平行度规定　　　　mm

被测面最大直线长度	≤160	160～250	250～400	400～630	630～1000	1000～1600
公差值	0.06	0.08	0.10	0.12	0.16	0.20

表 13-17　　　导柱、导套对座板安装平面的垂直度规定　　　　mm

导柱、导套有效导滑长度	≤40	40～63	63～100	100～160	160～200
公差值	0.015	0.020	0.025	0.030	0.040

（3）在分型面上，定模、动模镶件平面应分别与定模套板、动模套板平齐或允许略高，但高出量应在 0.05～0.10mm 范围内。

（4）推杆、复位杆应分别与分型面平齐。推杆允许突出分型面，但不大于 0.1mm；复位杆允许低于分型面，但不大于 0.05mm。推杆在推杆固定板中应能灵活转动，但轴向间隙不大于 0.10mm。

（5）模具所有活动部位，应保证位置准确，动作可靠，不得有歪斜和阻滞现象。相对固定的零件之间不允许窜动。

（6）滑块在开模后应定位准确可靠。抽芯动作结束时，所抽出的型芯端面，与铸件上相对应型位或孔的端面距离不应小于 2mm。滑动机构应导滑灵活，运动平稳，配合间隙适当。合模后滑块与楔紧块应压紧，接触面积不小于 80%，且具有一定的预应力。

（7）浇道表面粗糙度值 Ra 不大于 0.4μm，转接处应光滑连接，镶拼处应密合，拔模斜度不小于 5°。

（8）合模时镶块分型面应紧密贴合，如局部有间隙，也应不大于 0.05mm（排气槽除外）。

（9）冷却水道和温控油道应畅通，不应有渗漏现象。进口和出口处应有明显标记。

（10）所有成形表面粗糙度值 $Ra \leqslant 0.4\mu m$，所有表面都不允许有击伤、擦伤或微裂纹。

三、压铸模具结构零件的公差与配合

压铸模在高温条件下进行工作，因此，在选择结构零件的配合公差时，不仅要求在室温下达到一定的装配精度，而且要求在工作温度下确保各结构件稳定和动作可靠。特别是与熔融金属液直接接触的部位，在充模过程中受到高压、高速、高温金属液的冲擦和热交变应力作用时，结构件在位置上产生偏移，以及配合间隙的变化，都会影响生产的正常进行。

1. 固定零件的配合

固定零件的配合要求如下：

（1）在金属液冲击下，不致产生位置上的偏移。

（2）受热后不会因热膨胀变形而影响模具正常生产。

（3）维修时拆装方便。固定零件的配合类别和精度等级见表 13-18。

表 13-18　　　　固定零件的配合类别和精度等级

工作条件	配合类别和精度	典型配合零件举例
与金属液接触，受热量较大	$\dfrac{H7}{h6}$（圆形）	套板和镶块；镶块和型芯；套板和浇口套、镶块、分流器等
	$\dfrac{H8}{h7}$（非圆形）	
不与金属液接触，受热量较小	$\dfrac{H7}{k6}$	套板和导套的固定部位
	$\dfrac{H7}{m6}$	套板和导柱、斜销、楔紧块、定位销等固定部位

2. 滑动零件的配合

滑动零件的配合要求如下:

（1）在充填过程中，金属液不致窜入配合间隙。

（2）受热膨胀后，不致使原有的配合间隙产生过盈，导致动作失灵。

滑动零件的配合类别和精度等级见表 13-19。

表 13-19　　　　　　　　**滑动零件的配合类别和精度等级**

工作条件	压铸使用合金	配合类别和精度等级	典型配合零件举例
与金属液接触，受热量较大	锌合金	$\dfrac{H7}{f7}$	推杆和推杆孔；型芯、分流锥和卸料板上的滑动配合部位；型芯和滑动配合的孔等
	铝合金、镁合金	$\dfrac{H7}{e8}$	
	铜合金	$\dfrac{H7}{d8}$	
	锌合金	$\dfrac{H7}{e8}$	成形滑块和镶块等
	铝合金、镁合金	$\dfrac{H7}{d8}$	
	铜合金	$\dfrac{H7}{c8}$	
受热量不大	各种合金	$\dfrac{H8}{e7}$	导柱和导套的导滑部位
		$\dfrac{H9}{e8}$	推板导柱和推板导套的导滑部位
		$\dfrac{H7}{e8}$	复位杆与孔

四、压铸模具的试模

要获得高质量、高水平的压铸件，特别是薄壁而形状复杂的压铸件，要达到光洁、轮廓清晰、组织致密、强度高的要求，则压铸过程中各影响因素要协调统一，其中参数的控制是关键。

压铸工艺的拟订是压铸机、压铸模及压铸合金三大要素的有机组合而加以综合运用的过程，是压力、速度、温度等相互影响的因素得以统一的过程。压铸过程中这些工艺因素相辅相成而又互相制约，只有正确选择和调整这些因素，使之协调一致，才能获得预期的效果。因此，在压铸过程中，不仅要重视压铸件的结构工艺性、压铸模的设计制造先进性、压铸机的性能优良性、压铸合金的合理选用和熔炼工艺的规范性等，更要重视压铸工艺参数的重要作用，对这些参数进行有效的控制。

1. 压铸工艺参数的设定

合金液充填型腔并压铸成形的过程，是许多相互矛盾的各种因素得以统一的过程。最主要的因素是压力、充填速度、温度、时间及充填特性等。

压力是获得压铸件组织致密和轮廓清晰的重要因素，又是压铸区别于其他铸造方法的主要特征，其大小取决于压铸机的结构及功率。

充填速度是压铸件获得光洁表面及清晰轮廓的主要因素，其大小决定于比压、金属液密度及压射速度。

温度是压铸过程的热因素。为了提供良好的填充条件，控制和保持热因素的稳定性，必须有一个相应的温度规范。这个温度规范包括模具的温度和熔融金属浇入的温度。

时间虽不是一个单独的因素，但它与其他因素有很密切的联系。

以上各因素在压铸过程中是相辅相成而又相互制约的，只有正确地选择与调整这些因素相互之间的关系，才能获得预期的效果。

(1) 压射比压的设定。压射力是压铸机压射机构中推动压射活塞运动的力，压室内熔融金属在单位面积上所受的压力称为比压，比压也是压射力与压室截面积的比值，是确保铸件质量的重要参数之一。比压是熔融金属在充填过程中各阶段实际得到的作用力大小的表示方法，反映了熔融金属在充填时的各个阶段以及金属液流经各个不同截面时的力的概念。压射比压根据合金种类并按铸件特征及要求选择，见表 13-20。

表 13-20　　　　　　　　压射比压推荐值

合金种类	锌合金	铝合金	镁合金	铜合金
一般件	13～20	30～50	30～50	40～50
承载件	20～30	50～80	50～80	50～80
耐气密性件或大平面薄壁件	25～40	80～120	80～100	60～100

比压增大，结晶细，细晶层增厚。由于填充特性改善，铸件表面质量提高，气孔缺陷减轻，从而抗拉强度提高，但延伸率有所降低。熔融合金在高比压作用下填充型腔，填充动能加大，合金温度升高，流动性改善，有利于铸件质量的提高。

（2）填充速度的选择。压铸生产中，速度的表示形式分为冲头速度（压射速度）和内浇口速度（填充速度）两种。熔融的金属在通过内浇口后，进入型腔各部分流动，由于型腔的形状和厚度、模具热状态等各种因素的影响，流动的速度随时发生变化，这种变化的速度称为填充速度。当铸件的壁很薄，并且表面质量要求较高时，选用较高的填充速度值；当铸件的壁比较厚，对力学性能（如抗拉强度）要求较高时，选用较低的值。填充速度推荐值见表13-21。

表 13-21　　　　　　　　　　填充速度推荐值

合金种类	锌合金	铝合金	镁合金	铜合金
填充速度（m/s）	30～50	20～60	40～90	20～50

（3）填充、增压、保压时间的选择：

1）填充时间。熔融金属在压力下开始进入型腔直到充满的过程所需的时间称为填充时间。填充时间的长短与铸件的壁厚、模具结构、合金特性等各种因素有关。在选择填充时间时，一般铝合金选择较大的值，锌合金选择中间值，镁合金选择较小的值。填充时间推荐值见表13-22。

表 13-22　　　　　　　　　　填充时间推荐值

铸件平均壁厚（mm）	填充时间（s）	铸件平均壁厚（mm）	填充时间（s）
1	0.010～0.014	5	0.048～0.072
1.5	0.014～0.020	6	0.056～0.064
2	0.018～0.026	7	0.066～0.100
2.5	0.022～0.032	8	0.076～0.116
3	0.028～0.040	9	0.088～0.138
3.5	0.034～0.050	10	0.100～0.160
4	0.040～0.060		

注　表中所推荐的数值是压铸前的预选值，应在试模或试生产过程中加以修正。

2）增压时间。指熔融金属在填充过程中的增压阶段，从充满型腔的瞬间开始，直至增压压力达到预定值所需的时间。其值一般愈短愈好，但不可短于 0.03s。

3）保压时间。熔融金属充满型腔后，使熔融金属在增压比压下凝固的这段时间，称为保压时间。保压的作用是使正在凝固的金属在压力下结晶，从而获得内部组织致密的铸件。对于铸件平均壁厚较大和内浇口厚的铸件，保压时间宜稍长些。保压时间一般设定在 8～20s 的范围内。

（4）温度的选择：

1）浇注温度。浇注温度是指熔融金属自压室进入型腔时的平均温度。通常在保证"成形"和所要求的表面质量的前提下，尽可能采用低的温度。浇注温度推荐值见表 13-23。

表 13-23　　　　　　　浇注温度推荐值

合金种类	锌合金	铝合金	镁合金	铜合金
浇注温度（℃）	410～450	610～700	640～700	900～980

2）模具温度。为了使模具避免受到剧烈的热冲击，提高模具的使用寿命，应尽量减小模具工作温度与金属液浇注温度之间的差值。为了使压铸循环提高效率和使铸件能快速地凝固，模具工作温度也不应过高。因此，应根据铸件的结构种类来选择模具的工作温度，一般以金属液凝固温度的 1/2 为限。最重要的是模具工作温度的稳定和平衡，它是影响压铸效率的关键。推荐的模具温度见表 13-24。

表 13-24　　　　　　　压铸模工作温度推荐值

合金种类	压铸模工作温度（℃）
锌合金	150～200
铝合金	200～300
镁合金	220～300
铜合金	300～380

综上所述，压铸生产中的工艺参数压力、速度、温度、时间选择可按下列原则：

（1）铸件壁越薄，结构越复杂，压射力越大。

（2）铸件壁越薄，结构越复杂，压射速度越快。

（3）铸件壁越厚，保压留模时间越长。

（4）铸件壁越薄，结构越复杂，模具浇注温度越高。

2. 压铸用涂料

压铸过程中，为了避免铸件与压铸模粘合，使压铸模受摩擦部分的滑块、推出元件、冲头和压室在高温下具有润滑性能，减小自型腔中推出铸件的阻力，所用的润滑材料和稀释剂的混合物，统称为压铸用涂料。

压铸生产中，涂料的正确选择和合理使用是一个非常重要的环节，它对工艺因素、模具寿命、铸件质量、生产效率及铸件后道工序的表面涂覆等方面有着重大影响。

（1）涂料的作用：

1）高温条件下具有良好的润滑性能。

2）减少充填过程瞬间的热扩散，保持熔融金属的流动性，从而改善合金的成形性。

3）避免金属液直接冲刷型腔和型芯的金属表面，改善模具工作条件，提高铸件表面质量。

4）减少铸件与模具成形表面之间的摩擦，从而减少型芯和型腔的摩擦，延长模具寿命。

5）对铝、锌合金压铸件，涂料可以预防粘模。

大多数压铸模应每压一次都上一次涂料，上涂料的时间要尽可能短。一般对糊状或膏状涂料可用棉丝或硬毛刷涂刷到铸型表面。有压缩气源的地方可用喷枪喷涂，这种方式适合油脂类涂料。

（2）压铸涂料的要求：

1）挥发点低，在 $100 \sim 150 ℃$ 时，稀释剂能很快地挥发掉，不增加型腔内气体。

2）覆盖性要好，能在稀释剂挥发后，于高温状态下结成薄膜层，但不易产生堆积，模具容易清理。

3）对模具及铸件不产生腐蚀作用。

4）对环境污染尽可能小，即无味、不析出或不分解出有害气体。

5）性能稳定，在空气中不易挥发，在规定保存期内不沉淀、不分解。

6）配制工艺简单，来源丰富，价格低廉。

此外，为了保持铸件表面的本色，减少表面处理工作量和环境污染，应尽可能不采用黑色类型的涂料。

（3）涂料：可分为水基涂料、粉剂涂料和颗粒状涂料三种。

1）水基涂料。水基涂料通过水分的蒸发局部冷却模具，使其在生产过程中减少热疲劳应力，并且在喷涂过程中能清除碎屑，减少废品，操作流畅，达到安全生产的目的。

但水基涂料在长期的使用过程中存在着明显的不足，如在涂敷过程中，由于模具受到强烈的冷却出现张应力而产生龟裂，因此，难以保证对高质量产品及对环境保护方面的要求。

2）粉剂涂料。粉剂与颗粒状涂料是以原料蜡为基础，在压室及型腔温度的作用下熔化而附着在型腔表面上起到对熔体的润滑作用。具体地讲，粉剂涂料是由压缩空气送入压室及型腔中，成为雾状分布，细微的粉粒以足够的需要量大面积均匀地沉积在整个塑腔上，适用于对压室和型腔的喷涂。

3）颗粒状涂料。颗粒状涂料以一定量的分散颗粒送入压室，一部分随即融化，防止被金属液冲刷，而另一部分在金属浇入时，由于其密度较小而向上漂浮，在压室壁上形成一层均匀的润滑膜，多用于压室的内表面。

压铸用涂料种类很多，表 13-25 是常用涂料的配方，供参考。近年来也有不少商品化的涂料可供用户选用。

表 13-25　　　　　　　　　压铸用涂料

原料材料	配比（%）	配制方法	使用范围及效果
胶体石墨			锌、铝合金压铸及易咬合部分，如压室、压射冲头

原料材料	配比（%）	配制方法	使用范围及效果
蜂蜡		块状或保持在温度不高于85℃的熔融状态	锌合金成形部分或中小型铝合金铸件，表面光洁，效果好
氟化钠 水	3～10 97～90	将水加热至70～80℃，再加入氟化钠，搅拌均匀	压铸模成形部分、分流锥等，对防止铝合金粘模有特效
机油 蜂蜡 （或地蜡）	40 60	加热使蜡与机油混合均匀，做成筒状或熔融状	预防铝合金粘模或其他摩擦部分
二硫化钼 凡士林	5 95	将二硫化钼加入熔融的凡士林中，搅拌均匀	对带螺纹的铝合金铸件有特殊效果
水剂石墨	现成	用10～15倍水稀释	用于深和扁薄铸件，防粘模性好，润滑性好，但易堆积，使用1～2班次需用煤油清洗
铝粉 猪油 石墨（银色） 煤油 樟脑（结晶）	12 80 1.5 2.5 4	将猪油熔化，加入定量煤油，然后依次加入铝粉、樟脑、石墨，充分搅拌冷却。使用时要加热至40℃左右，成流体状态	铝合金螺孔、螺纹及成形部分
聚乙烯 煤油	3～5 95～97	将聚乙烯块泡在煤油中加热至80℃熔化而成	镁合金及铝合金成形部分，效果显著
二硫化钼 蜂蜡	30 70	将蜡加温熔化，放入二硫化钼，搅拌后做成笔状	铜合金成形部分，效果良好
石油 松香	84 16	将石油隔水加热至80～90℃，松香研粉加入，搅拌均匀	最适于锌合金成形部分

原料材料	配比（%）			配制方法	使用范围及效果
石墨 机油	5 95	10 90	50 50	将石墨研磨后过 200～ 300 号筛，加入 40℃左右 机油中搅拌	用于铝、铜合金压铸，效 果较好
肥皂 滑石粉 水	0.65～0.70 0.18 余量			将肥皂溶于水，加入粒 度为 1～3μm 的滑石粉， 搅拌均匀	铝合金铸件

在使用涂料时，不论是喷涂或刷涂皆不能太厚，且要求厚薄均匀。在稀释剂挥发后才能合模压铸，从而避免型腔或压室气体量的增加和铸件产生气孔的可能性，避免由于气体的增加而形成高的反压力，致使成形困难。在使用中应随时清理排气系统，避免脱模剂堵塞排气系统；同时，要避免转折、凸角处脱模剂的堆积，造成压铸件轮廓不清晰。

第四节　塑料模具的装配与调试

一、塑料模具的装配内容与技术要求

塑料模具种类较多，结构差异很大，装配时的具体内容和要求也不同。一般注塑、压塑和挤出模具结构相对复杂，装配环节多，工艺难度大；其他类型的塑料模具结构较为简单。无论哪种类型的模具，为保证成形制品的质量，都应具有一定的精度要求。

1. 塑料模具的装配内容

模具装配是由一系列的装配工序按照一定的工艺顺序进行的，具体的装配内容如下：

（1）清洗。模具零件装配之前必须进行认真的清洗，以去除零件内、外表面粘附的油污和各种机械杂质等。常见的清洗方法有擦洗、浸洗和超声波清洗等。清洗工作对保证模具的装配精度和成形制品的质量及延长模具的使用寿命都具有重要意义，尤其对保证精密模具的装配质量更为重要。

（2）固定与连接。模具装配过程中有大量的固定与连接工作。

一般模具的定模与动模（或上模与下模）各模板之间、成形零件与模板之间、其他零件与模板或零件与零件之间都需要相应的定位与连接，以保证模具整体能准确地协同工作。

模具零件的安装定位常用销钉、定位块和零件特定的几何形面等进行定位，而零件之间的相互连接则多采用螺纹连接。螺纹连接的质量与装配工艺关系很大，应根据被连接件的形状和螺钉位置的分布与受力情况，合理确定各螺钉的紧固力和紧固顺序。

模具零件的连接可分为可拆卸连接与不可拆卸连接两种。可拆卸连接在拆卸相互连接的零件时，不损坏任何零件，拆卸后还可重新装配连接，通常用螺纹连接。不可拆卸的连接在被连接的零件使用过程中是不可拆卸的，常用的不可拆卸连接方式有焊接、铆接和过盈配合等。过盈连接常用压入配合、热胀配合和冷缩配合等方法。

（3）调整与研配。装配过程中的调整是指对零部件之间相互位置的调节操作。调整可以配合检测与找正来保证零部件安装的相对位置精度，还可调节滑动零件的间隙大小，保证运动精度。

研配是指对相关零件进行的修研、刮配、配钻、配铰和配磨等作业。修研、刮配主要是针对成形零件或其他固定与滑动零件装配中的配合尺寸进行修刮，使之达到装配精度要求。配钻、配铰多用于相关零件的固定连接。

2. 模具装配的精度与技术要求

模具的质量是以模具的工作性能、精度、寿命和成形制品的质量等综合指标来评定的，因此，模具设计的正确性、零件加工的质量和模具的装配精度是保证模具质量的关键。为保证模具及其成形制品的质量，模具装配时应有以下精度要求：①模具各零部件的相互位置精度、同轴度、平行度和垂直度等；②活动零件的相对运动精度，如传动精度、直线运动和回转运动精度等；③定位精度，如动模与定模对合精度、滑块定位精度、型腔与型芯安装定位精度等；④配合精度与接触精度，如配合间隙或过盈量、接触面积大小与接触点的分布情况等；⑤表面质量，即成形零件的表面粗糙度、耐磨耐蚀性等要求。

模具装配时，针对不同结构类型的模具，除应保证上述装配精度要求外，还需满足以下七方面的具体技术要求：

(1) 模具外观技术要求：

1) 装配后的模具各模板及外露零件的棱边均应进行倒角或倒圆，不得有毛刺和锐角，各外观面不得有严重划痕或磕伤，不能有锈迹或未加工的毛坯面。

2) 按模具的工作状态，在模具适当的平衡位置应装有吊环或有起吊孔，多分型面模具应有锁模板，以防运输过程中模具打开造成损坏。

3) 模具的外形尺寸、闭合高度、安装固定及定位尺寸、推出方式、开模行程等均应符合设计图样要求，并与所使用设备条件相匹配。

4) 模具应标有记号，各模板应打印顺序编号及加工与装配基准面的标记。

5) 模具装配后各分型面应贴合严密，主要分型面的间隙应小于 0.05mm。

6) 模具动、定模的连接螺钉要紧固可靠，其端面不得高出模板平面。

(2) 模具导向、定位机构装配技术要求：

1) 导柱、导套装入模板后，导柱悬伸部分不得弯曲，导柱、导套固定台肩不得高于模板底平面，且固定牢靠。

2) 导柱、导套孔中心线与模板基准面的垂直度及各孔的平行度公差，应保证在 100mm 范围内不大于 0.02mm。

3) 导向或定位精度应满足设计要求，动、定模开合运动平稳，导向准确，无卡阻、咬死或研伤现象。

4) 安装精定位元件的模具，应保证定位精确、可靠，且不得与导柱、导套发生干涉。

(3) 成形零件装配技术要求：

1) 成形零件的形状与尺寸精度及表面粗糙度应符合设计图样要求，表面不得有碰伤、划痕、裂纹、锈蚀等缺陷。

2) 装配时，成形表面粗抛光应达到 $Ra0.2\mu m$；试模合格后再进行精细抛光，抛光方向应与脱模方向一致；成形表面的文字、图案及花纹等应在试模合格后加工。

3）型腔镶块或型芯、拼块应定位准确，固定牢靠；拼合面配合严密，不得松动。

4）需要互相接触的型腔或型芯零件，应有适当的间隙与合理的承压面积，以防合模时互相挤压产生变形或碎裂。

5）合模时需要互相对插配合的成形零件，其对插接触面应有足够的斜面，以防碰伤或啃坏。

6）型腔边缘分型面处应保持锐角，不得修圆或有毛刺；型腔周边沿口 20mm 范围内分型面的密合应达到 90％ 的接触程度；型芯分型面处应保持平整，无损伤、无变形。

7）活动成形零件或嵌件，应定位可靠，配合间隙适当，活动灵活，不产生溢料。

（4）浇注系统装配技术要求：

1）浇注系统应畅通无阻，表面光滑，尺寸与表面粗糙度符合设计要求。

2）主流道及点浇口的锥孔部分，抛光方向应与浇注系统凝料脱模方向一致，表面不得有凹痕和周向抛光痕迹。

3）圆形截面流道，两半圆对合不应错位；多级分流道拐弯处应圆滑过渡；流道拉料杆伸入流道部分尺寸应准确一致。

（5）推出、复位机构装配技术要求：

1）推出机构应运动灵活，工作平稳、可靠；推出元件配合间隙适当，既不允许有溢料发生，也不得有卡阻现象。

2）推出元件应有足够的强度与刚度，工作时受力均匀。

3）推出板尺寸与质量较大时，应安装推板导柱，保证推出机构工作稳定。

4）装配后推杆端面不应低于型腔或型芯表面，允许有 0.05～0.1mm 的高出量。

5）复位杆装配后，其端面不得高于分型面，允许低于分型面0.02～0.05mm。

（6）侧向分型与抽芯机构装配技术要求：

1）侧向分型与抽芯机构应运动灵活、平稳；各元件工作时相互协调；滑块导向与侧型芯配合部位应间隙合理，不应相互干涉。

2) 侧滑块导滑精度要高，定位准确可靠；滑块锁紧楔应固定牢靠，工作时不得产生变形与松动。

3) 斜导柱不应承受对滑块的侧向锁紧力；滑块被锁紧时，斜导柱与滑块斜孔之间应留有不小于 0.5mm 的间隙。

4) 模具闭合时，锁紧楔斜面必须与滑块斜面均匀接触；当一个锁紧楔同时锁紧两个以上滑块时，锁紧楔斜面与滑块斜面间不得有倾斜或锁紧力不一致的现象，二者之间应接触均匀，并应保证接触面积不小于 80%。

(7) 加热与冷却系统装配技术要求：

1) 模具加热元件应安装可靠、绝缘安全，无破损、漏电现象，能达到设定温度要求。

2) 模具冷却水道应通畅、无堵塞，冷却元件固定牢靠，连接部位密封可靠、不渗漏。

3) 加热与冷却控制元件应灵敏、准确，控制精度高。

二、塑料模具装配工艺过程

塑料模具的装配，按作业顺序通常可分为五个阶段，即研究模具装配关系、待装零件的清理与准备、组件装配、总装配与试模调整。塑料模具装配的工艺过程如下：

(1) 研究装配关系。由于塑料制品形状复杂，结构各异，成形工艺要求也不尽相同，模具结构与动作要求及装配精度差别较大。因此，在模具装配前应充分了解模具总体结构类型与特点，仔细分析各组成零件的装配关系、配合精度与结构功能，认真研究模具工作时的动作关系及装配技术要求，从而确定合理的装配方法、装配顺序与装配基准。

(2) 零件清理与准备。根据模具装配图上的零件明细表，清点与整理所有零件，清洗加工零件表面污物，去除毛刺，准备标准件。对照零件图检查各主要零件的尺寸和形位精度、配合间隙、表面粗糙度、修整余量、材料与处理，以及有无变形、划伤或裂纹等缺陷。

(3) 组件装配。按照装配关系要求，将为实现某项特定功能的相关零件组装成部件，为总装配作好准备。如定模或动模的装配、型腔镶块或型芯与模板的装配、推出机构的装配、侧滑块组件的装配等。组装后的部件，其定位精度、配合间隙、运动关系等均需符合装配技术要求。

（4）总装配。模具总装配时首先要选择好装配的基准，安排好定模、动模（上模或下模）的装配顺序。然后将单个零件与已组装的部件或机构等按结构或动作要求，顺序地组合到一起，形成一副完整的模具。这一过程不是简单的零件与部件的有序组合，而是边装配、边检测、边调整、边修研的过程。最终必须保证装配精度，满足各项装配技术要求。

模具装配后，应将模具对合后置于装配平台上，试拉模具各分型面，检查开距及限位机构动作是否准确可靠；推出机构的运动是否平稳，行程是否足够；侧向抽芯机构是否灵活。一切检查无误后，将模具合好，准备试模。

（5）试模与调整。组装后的模具并不一定就是合格的模具，真正合格的模具要通过试模验证，能够生产出合格的制品。这一阶段仍需对模具进行整体或部分的装拆与修磨调整，甚至是补充加工。经试模合格的模具，还需对各成形零件的成形表面进行最终的精抛光。

三、各类塑料模具的装配特点

1. 塑料压缩模具的装配要点

塑料压缩模具装配时的主要工作内容是配合零件的间隙调整与固定，如凸模和凹模与模板的固定配合、凸模与加料室的间隙配合、侧向抽芯机构与导向零件的间隙配合等。

装配前应仔细检测凹模型腔的修整余量与斜度，确保成形时凸模压入的间隙，尤其是不溢式和半溢式结构，凸模与加料室的配合部分间隙要保证不产生溢料。由于压缩模具工作时，需对模具分别进行加热和冷却，保证模具配合零件的合理间隙至关重要，绝不允许模具因受热膨胀而使活动零件卡死以致无法运动，或固定零件产生松动而改变位置的现象发生。装配时应严格按设计给定的配合间隙进行调整。

压缩模上模与下模平面的平行度偏差应小于 0.05mm。模具导向件的装配，应保证与模板的垂直度公差要求。模具加热系统的装配，要保证达到设计给定的热效率，导热面与绝热面都应调整至良好的工作状态。

（1）塑料压缩模常用凸模结构及固定形式，见表13-26。

表 13-26   **常用凸模结构及固定形式**

简 图	特 点	简 图	特 点
	整体凸模结构牢固，但加工不便，适用于形状简单，凸模不高，热处理不易变形、加工较容易的凸模		多个型芯组合而成。当某一部分磨损后，便于更换
	螺纹连接，一般用于圆形凸模		凸模由件1、件2及件3组成，用定位销定位，螺钉横向连接，为组合式结构
	凸模尾部装入模板，用螺钉拉紧，适用于中小型凸模		适用于形状复杂的矩形凸模，选用螺钉应有足够强度
	凸模端面与模板用圆销定位，螺钉连接，适用于较大型的凸模，加工方便		凸模尾部带有台阶，装入模板后由台阶承受开模力，结构可靠，如圆形凸模有固定位置要求时，可用防转销钉。适用于中、小型凸模

注　1. 使用材料：简单形状凸模宜用 T8，T10，T10A；复杂形状凸模宜用 T10A，CrWMn，5CrMnMo，12CrMo，Cr6WV，5CrNiMo，9Mn2V。

2. 热处理：简单形状凸模 45～50HRC；复杂形状凸模 40～50HRC。

3. 表面粗糙度：Ra 值一般为 0.2～0.1μm；塑件表面质量要求高或塑料流动性差时为 Ra（0.1～0.025）μm；凸模与加料腔配合部分一般为 Ra（0.8～0.2）μm；与模板的配合面及组合式结构中的结合面，一般为 Ra0.8μm；其他部位为 Ra（6.3～1.6）μm。

4. 镀铬：凸模与加料腔配合部位及成形部分镀铬厚度一般为 0.015～0.02mm，镀后应抛光到上述表面粗糙度要求。

（2）塑料压缩模常用凹模结构及组合形式，见表 13-27。

表 13-27　　　　　　　　常用凹模结构及组合形式

结 构 形 式	特　点	结 构 形 式	特　点
	整体凹模强度高，成形的塑件质量好。但加工困难，且凹模局部损坏后维修困难	1—模套； 2—拼块； 3—下凸模	拼块凹模组合结构，用于成形大型塑件。为便于加工，减少热处理变形，节省优质钢材，防止心部不易淬硬等可采用此结构。凹模由模套 1、拼块 2 及下凸模 3 等组成。拼块热处理后可用磨削加工修整，并便于抛光
1—整体型腔； 2—下凸模	整体型腔组合凹模结构，当塑件尺寸较大或结构复杂时，为便于加工，一般采用此种结构，由整体型腔 1 和下凸模 2 组成。可避免塑料挤入水平接缝内。凹模如有局部损坏，也便于更换维修	1—模套； 2—嵌件； 3—定位销（键）	嵌件式组合凹模，凹模由模套 1 及嵌件 2 组成，嵌件一般用冷挤或电火花加工。为增强嵌件强度，故将其压入模套内。对多型腔模具，模套的两腔间壁厚一般为 10～15mm。对圆形嵌件，其成形部分有定位要求时，则应采用定位销 3 或定位键
1—模套；2—拼块； 3—导柱	模套锁紧，组合凹模，凹模由垂直分型的拼块 2 及模套 1 组成，两拼块闭合时用导柱 3 定位，用开模器具开模。使用时先闭模，下压模套锁紧拼块，然后凸模回升，装料后再次下降，压制塑件。塑件成形后开模将模套拉起，然后再水平分开拼块，开模取出塑件	斜滑槽	开模时利用斜槽，在推出凹模拼块同时即分开拼块，槽的斜度应保证拼块分开

2. 塑料注射模具的装配要点

(1) 装配基准的选择。注射模具的结构关系复杂，零件数量较多，装配时装配基准的选择对保证模具的装配质量十分重要。装配基准的选择，通常依据加工设备与工艺技术水平的不同，大致可分为以下两种：

1) 以型腔、型芯为装配基准。因型腔、型芯是模具的主要成形零件，以型腔、型芯作为装配基准，称为第一基准。模具其他零件的装配位置关系都要依据成形零件来确定。如导柱、导套孔的位置确定，就要按型腔、型芯的位置来找正。为保证动、定模合模定位准确及制品壁厚均匀，可在型腔、型芯的四周间隙塞入厚度均匀的纯铜片，找正后再进行孔的加工。

2) 以模具动、定模板（A、B 板）两个互相垂直的侧面为基准。以标准模架上的 A、B 板两个互相垂直的侧面为装配基准，称为第二基准。型腔、型芯的安装与调整，导柱、导套孔的位置，以及侧滑块的滑道位置等，均以基准面按 X、Y 坐标尺寸来定位、找正。

(2) 装配时的修研原则与工艺要点。模具零件加工后都有一定的公差或加工余量，钳工装配时需进行相应的修整、研配、刮削及抛光等操作。具体修研时应注意以下几点。

1) 脱模斜度的修研。修研脱模斜度的原则是，型腔应保证收缩后大端尺寸在制品公差范围内，型芯应保证收缩后小端尺寸在制品公差范围内。

2) 圆角与倒角。角隅处圆角半径的修整，型腔零件应偏大些，型芯应偏小些，便于制品装配时底、盖配合留有调整余量。型腔、型芯的倒角也遵循此原则，但设计图上没有给出圆角半径或倒角尺寸时，不应修圆角或倒角。

3) 垂直分型面和水平分型面的修研。当模具既有水平分型面，又有垂直分型面时，修研时应使垂直分型面接触吻合，水平分型面留有 0.01～0.02mm 的间隙。涂红丹显示，在合模、开模后，垂直分型面现出黑亮点，水平分型面稍见均匀红点即可。

4) 型腔沿口处研修。模具型腔沿口处分型面的修研，应保证型腔沿口周边 10mm 左右分型面接触吻合均匀，其他部位可比沿口处低 0.02～0.04mm，以保证制品分型面处不产生飞边或毛刺。

5）侧向抽芯滑道和锁紧块的修研。侧向抽芯机构一般由滑块、侧型芯、滑道和锁紧楔等组成。装配时通常先研配滑块与滑道的配合尺寸，保证有 H8/f7 的配合间隙；然后调整并找正侧向型芯中心在滑块上的高度尺寸，修研侧向型芯端面及与侧孔的配合间隙；最后修研锁紧楔的斜面与滑块斜面。当侧向型芯前端面到达正确位置或与型芯贴合时，锁紧楔与滑块的斜面也应同时接触吻合，并应使滑块上顶面与模板之间保持有 0.2mm 的间隙，以保证锁紧楔与滑块之间的足够锁紧力。

侧向抽芯机构工作时，熔体注射压力对侧向抽型芯或滑块产生的侧向作用力不应作用于斜导柱，而应由锁紧楔承受。为此，需保证斜导柱与滑块斜孔的间隙，一般单边间隙不小于 0.5mm。

6）导柱、导套的装配。导柱、导套的装配精度要求严格，相对位置误差一般在±0.01mm 以内。装配后应保证开、合模运动灵活。因此，装配前应进行配合间隙的分组选配。装配时应先安装模板对角线上的两个，并作开、合模运动检验，如有卡紧现象，应予以修正或调换。合格后再装其余两个，每装一个都需进行开、合模动作检验，确保动、定模开合运动灵活，导向准确，定位可靠。

7）推杆与推件板的装配。推杆与推件板的装配要求是保证脱模运动平稳，滑动灵活。

推杆装配时，应逐一检查每一根推杆尾部台肩的厚度尺寸与推杆固定板上固定孔的台阶深度，并使装配后留有 0.05mm 左右的间隙。推杆固定板和动模垫板上的推杆孔位置，可通过型芯上的推杆孔引钻的方法确定。型芯上的推杆孔与推杆配合部分应采用 H7/f6 或 H8/f7 的间隙，其余部分可有 0.5mm 的间隙。推杆端面形状应随型芯表面形状进行修磨，装配后不得低于型芯表面，但允许高出 0.05～0.1mm。

推件板装配时，应保证推件板型孔与型芯配合部分有 3°～10° 的斜度，配合面的表面粗糙度值不低于 $Ra0.8\mu m$，间隙均匀，不得溢料。推顶推件板的推杆或拉杆要修磨得长度一致，确保推件板受力均匀。推件板本身不得有翘曲变形或推出时产生弹性变形。

8）限位机构的装配。多分型面模具常用各类限位机构来控制模具的开、合模顺序和模板的运动距离。这类机构一般要求运动灵活，限位准确可靠。如用拉钩机构限制开模顺序时，应保证开模时各拉钩能同时打开。装配时应严格控制各拉杆或拉板的行程准确一致。

（3）塑料注射模在注射机上的定位和安装。注射模在注射机上的定位和安装，必须保证模具安装后的空间位置，使注射机的喷嘴与模具的浇口套中心一致，且模具在注射机上固定要牢固可靠。限制性要求为：迅速、安全，不担心注射机发生问题。

注射模固定方法有四种，具体方法及特点见表 13-28。

表 13-28　　　　　　　　　模具的固定方法及特点

序号	图　例	摘　要
1		模具固定板大于模板，直接用螺钉紧固于注射机的安装板上的方式 不需安装夹具，但需根据注射机的安装螺钉位置而将固定板放得相当大
2		模具固定板稍大于模板，采用安装夹具的安装方式不需加工模板的安装槽
3		在模板侧面加工安装，用安装夹具装夹的方式，固定板与模板可以大小一样
4		不用模具固定板时，在模板侧面加工安装的装夹方式

通常为了使喷嘴与浇口套中心一致，模具上使用定位圈与注射机上的模板孔配合连接，采用间接方法保证对准中心。此外，定位

圈还可以压牢浇口套，以防止其受注射力反作用力而脱出。

根据不同要求，定位圈的选择和安装方法也不尽相同。几种特殊定位圈应用示例见表 13-29。

表 13-29　　　　　　　　　特殊定位圈的应用示例

应用示例	说　　明	应用示例	说　　明
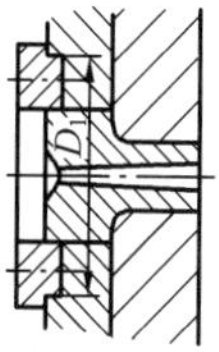	考虑定位圈的调换，使用图示的形状调换的定位圈直径 D_1 及内孔应保持不变	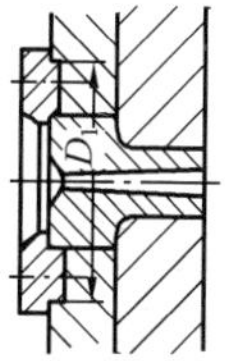	用特殊形状的定位圈，便于定位圈的调换并兼起防止浇口套拔出的作用，调换的定位圈 D_1 及内孔应保持不变
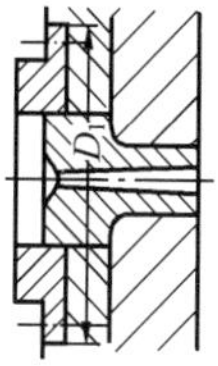	与上图一样考虑定位圈的调换，使用图示形状，调换的定位圈直径 D_1 及内孔应保持不变	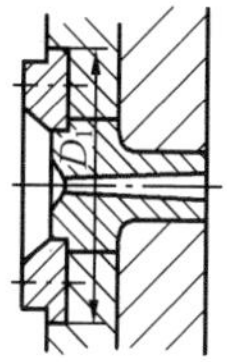	用特殊形状的定位圈，与上图一样，便于调换定位圈，并兼起防止浇口套拔出的作用
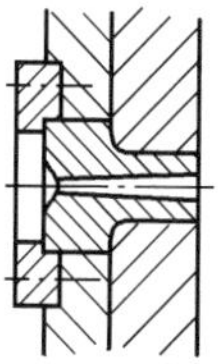	用特殊形状的定位圈，以定位圈的肩部压住浇口套，兼起防止浇口套拔出作用	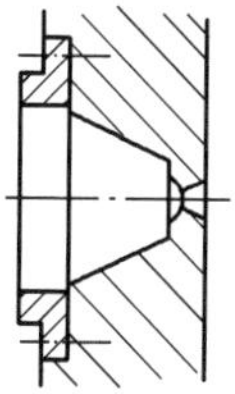	用特殊形状的定位圈，采用延长喷嘴时的示例

一般注射机上的喷嘴与浇口套中心同轴度误差在 0.1mm 即可。如果以模具外形尺寸作基准，模具装在注射机的模板上的纵向、横向位置就可以确定。采用楔块作定位支撑，模具上的定位圈可省去。图 13-36 所示就是利用模具两侧面的 V 形槽作定位支撑进行安装定位，可省去定位圈。

（4）注射模装配要点。注射模装配主要步骤及要点见表 13-30。

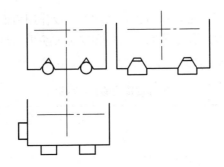

图 13-36   模具不使用定位圈的固定方法

表 13-30   **注射模装配主要步骤及要点**

装配过程	装 配 要 点	示 意 图
型芯与固定板装配	型芯与固定板孔一般采用过渡配合	1—型芯；2—固定板
型腔凹模与动、定模板的装配	凹模与动、定模板镶合后，型面上要求紧密无缝，因此凹模压入端不允许修出斜度，而将导入斜度设在模板上	1—定模镶块；2—小型芯；3—型腔凹模；4—推杆；5—小型芯固定板

装配过程	装 配 要 点	示　意　图
导柱、导套的装配	导柱、导套压入动、定模板以后，启模合模时导柱、导套间应滑动灵活	—
推杆装配	在模具操作过程中，推杆应保持灵活，避免磨损	1—型腔镶件；2—动模板；3—推板；4—导柱；5—导套；6—复位杆
卸料板装配	为提高寿命，卸料板型孔可镶入淬硬镶块	
滑块抽芯机构装配	型芯与孔配合正确，而且滑动灵活	

3. 挤出模具的装配要点

挤出模具装配前，应认真地对各零件进行清除毛刺、检测与清洗工作，同时应将流道表面涂一薄层有机硅树脂，以防流道表面划伤。装配过程中流道表面可能相互触及，因此，最好在其中放一张纸或塑料薄膜加以保护。装配时，先安装与机筒连接的法兰，然后安装机头体、分流器支架及分流器、芯棒、口模、定型套和紧固压盖等。

装配中对于相互连接的零件结合面或拼合面要保证严密贴合，整个流道的接缝处或截面变化的过渡处，均应平滑光顺地过渡，不得有滞料死角、台肩、错位或泄漏。流道表面需抛光，其粗糙度不大于 $Ra0.4\mu m$。芯棒与口模、芯棒与定型套之间的间隙要调整均匀，间隙的测量也应用软的塞规（如黄铜塞规）测量，以防划伤口模表面。芯棒与分流器及其支架要保持同轴。机头上安装的电加热器与机头体应接触良好，保持传热均匀。对需经常拆卸的零件，其配合部位应保证合理的装配间隙。

模头上连接各零件的螺栓，装配时应涂上高温脂，如钼脂或石墨脂，以保证模头工作过程中和以后拆卸方便。

4. 吹塑模具的装配

通常吹制容器类制品的模具型腔，其底部和口部往往都采用镶拼式结构。装配时要求各拼块的结合面应严密贴合，组合的型腔表面应平滑光顺，不应有明显的接缝痕迹，并要求具有很低的表面粗糙度值。

整体的型腔沿口不应有塌边或凹坑，合模后型腔沿口周边10mm 范围内应接触严密，可用红丹检查接触是否均匀。导柱、导套的安装应垂直于两半模的分型面，保证定位与导向精度。装配时应先装对角线上的两个，经合模检验合格后再装其余两个，每装一个都应进行合模检验，确保合模后两半模型腔不产生错位。模具冷却水道的连接件与型腔模板要密封可靠，避免渗漏，保证畅通无阻。模具的排气孔道不应有杂质、铁屑等堵塞，保持排气通畅。

四、塑料模具的试模

(一) 试模前的检验与准备

模具装配完成后，必须经过试模来验证模具的设计与制造质量及综合性能是否满足实际生产要求。只有经过试模检验并成形出合格制品的模具，才能交付用户使用。同时，试模也是为了给制品的正式生产找出最佳工艺条件。因此，试模是模具制造过程中的最后一道检验工序。为保证试模工作顺利进行，试模前必须对模具进行全面的检查，做好各项准备工作。

1. 模具的检查

(1) 模具外观检查，包括：

1) 模具轮廓尺寸、开模行程、推出形式、安装固定方式是否符合所选试模设备的工作要求。

2) 模具定位环、浇口套球面及进料口尺寸要正确。模具吊环位置应保证起吊平衡，便于安装与搬运，满足负荷要求。

3) 各种水、电、气、液等接头零件及附件、嵌件应齐备，并处于良好使用状态。

4) 各零件是否连接可靠，螺钉是否上紧。模具合模状态是否有锁模板，以防吊装或运输中开启。

5) 检查导柱、螺钉、拉杆等在合模状态下，其头部是否高出模板平面，影响安装；复位杆是否高出分型面，使合模不严。

（2）模具内部检查，包括：

1) 打开模具检查型腔、型芯是否有损伤、毛刺或污物与锈迹；固定成形零件有无松动；嵌件安装是否稳固可靠。

2) 加料室与柱塞高度要适当，凸模与加料室的配合间隙要合适。

3) 熔体流动通道应通畅、光洁、无损伤；冷却液通道应无堵塞，无渗漏；电加热系统无漏电，安全可靠。

（3）模具动作检查，包括：

1) 模具开、合模动作及多分型面模具各移动模板的运动要灵活平稳，定位准确可靠，不应有紧涩或卡阻现象。

2) 多分型面模具开、合模顺序及各移动模板运动距离应符合设计要求，限位机构应动作协调一致，安全可靠。

3) 侧向分型与抽芯机构要运动灵活，定位准确，锁紧可靠。气动、液压或电动控制机构要正常无误。

4) 推出机构要运动平稳、灵活，无卡阻，导向准确。

2. 试模前的准备

（1）塑料原材料的准备。应按照制品图样给定的材料种类、牌号、色泽及技术要求提供足量的试模材料，并进行必要的预热、干燥处理。

（2）试模工艺的准备。根据制品质量要求、材料成形性能、试模设备特点及模具结构类型综合考虑，确定合适的试模工艺条件。

（3）试模设备的准备。按照试模工艺要求，调整设备至最佳工作状态，达到装上模具即可试模。机床控制系统、运动部件、加料、塑化、加热与冷却系统等均应正常、无故障。

（4）试模现场的准备。清理机台及周围环境；备好压板、螺栓、垫块、扳手等装模器件与工具及盛装试模制品与浇注系统凝料的容器；备好吊装设备。

（5）工具的准备。试模钳工应准备必要的锉刀、砂纸、磨石、铜锤、扳手等现场修模或启模工具，以备临时修调或启模使用。

（6）模具的准备。将检验合格的模具安装到试模设备上，并进行空运转试验，查看模具各部分动作是否灵活、正确，所需开模行程、推出行程、抽芯距离等是否达到要求，确认模具动作过程正确无误后，可对模具（及嵌件）进行预热，使模具处于待试模状态。

（二）注射模具的试模过程与注意事项

1. 注射模具的试模过程

（1）料筒清理。在完成了试模前的各项检验和准备工作后，即可进行试模操作。但开始注射前，应将注射机料筒中前次注射的不同品种的材料清除干净，以免两种材料混合影响试模制品的质量。料筒的清理方法，通常是用新试模材料将前次剩余在料筒中的残留材料，经加热塑化后对空注射出去，直至彻底清除干净。当对空注射的熔体全为新试模材料时，且熔体质量均匀、柔韧光泽、色泽鲜亮，即表明注射机料筒处于理想工作状态，可以向模具型腔注射。

（2）注射量计量。在向模具型腔注射熔体前，还应准确地确定一次注射所需熔体量。这要根据所试模具单个型腔容积和型腔总数及浇注系统容积进行累加计算，将计算结果初定为注射机的塑化计量值，试模中还需进行调整并最终设定。一般塑化计量值要稍大于一次注射所需熔体量，但不宜剩余过多。

（3）试模工艺参数的调整。试模时应按事先制订的工艺条件和规范进行，模具也必须达到要求的温度。整个试模过程中都要根据制品的质量变化情况，及时准确地调整工艺参数。

工艺参数调整时，一般应先保持部分参数不变，针对某一个主要参数进行调整，不可所有参数同时改变。改变参数值时，也应小幅渐进调整，不可大幅度改变，尤其是那些对注射压力或熔体温度比较敏感的塑料材料，更应注意。

试模中对每一个参数的调整，都应使该参数稳定地工作几个循环，使其与其他参数的作用达到协调平衡之后，再根据制品质量的变化趋势进行适当调整。不宜连续大幅度地改变工艺参数值，因为工艺条件是相互依存的，每个参数的变化都对其他参数有影响，改变某个参数后，其作用效果并不能马上反映出来，而是需要足够的时间过程，如温度的调整等。

初次试模时，绝对不能采用过高的注射压力和过大的注射量。试模中当发现制品有缺陷时，应正确分析缺陷产生的真正原因。很多情况下，缺陷的产生是由多种因素相互影响造成的，很难判断准确。因此，针对不同的制品缺陷，要仔细分析是由于试模工艺参数不当造成的，还是由于模具设计与制造或制品结构因素引起的。

通常，首先考虑通过调整工艺参数解决，然后才考虑修整模具。在没有把握确定导致缺陷产生的准确原因之前，不可盲目地修改模具。若通过多项工艺参数调整仍无法消除制品缺陷时，则需全面分析考虑引起缺陷的多种原因及其相互关系，慎重确定是否需要修改模具。

由于模具因素引起的制品缺陷，能在试模现场短时间解决的，可在现场进行机上修整，修后再试。对现场无法修整或需很长修整时间的，则应中止试模返回修理。

（4）试模数据的记录。每次试模过程中，对所用设备的型号、性能特点，使用的塑料品种、牌号及生产厂家，试模工艺参数的设定与调整，模具的结构特点与工作情况，制品的质量与缺陷的形式，缺陷的程度与消除结果，试模中的故障与采取的措施，以及最后的试模结果等，都应作详细的记录。

对试模结果较好的制品或有严重缺陷的试件及与之对应的工艺条件，都应作好标记封装保存 3～5 件，以备分析检测与制订修模方案使用，也为再次试模及正式生产时制订工艺提供参考。详细的试模数据，经过总结与分析整理，将成为模具设计与制造的宝贵原始资料。

2. 试模的注意事项

试模前模具设计人员要向试模操作者详细介绍模具的总体结构特点与动作要求，制品结构与材料性能，冷却水回路及加热方式，制品及浇注系统凝料脱出方式，多分型面模具的开模行程，有无嵌件等相关问题，使操作者心中有数，有准备地进行试模。

试模时应将注塑机的工作模式设为手动操作，使机器的全部动作与功能均由试模操作人员手动控制，不宜用自动或半自动工作模式，以免发生故障，损坏机器或模具。

模具的安装固定要牢固可靠，绝不允许固定模具的螺栓、垫块等有任何松动。压板前端与移动模板或其他活动零件之间要有足够间隙，不能发生干涉。模具侧向抽芯运动方向应与水平方向平行，不宜上下垂直安装。对于三面或四面都有侧向抽芯的模具，应使型芯与滑块质量较大者处于水平抽芯方向安装。开机前一定要仔细检查模具安装的可靠性。

模具上的冷却水管、液压油管及其接头不应有泄漏，更不能漏到模具型腔里面。管路或电加热器的导线一般不应接于模具的上方或操作方向，而应置于模具操作方向的对面或下方，以免管线游荡被分型面夹住。

试模过程中，模具设计人员要仔细观察模具各部分的动作协调与工作情况，以便发现不合理的设计。操作人员每次合模时都要仔细观察各型腔制品及浇注系统凝料是否全部脱出，以免有破碎制品的残片或被拉断的流道、浇口等残留物在合模或注射时损伤模具。带有嵌件的模具还要查看嵌件是否移位或脱落。

(三) 压缩模具的试模过程及注意事项

压缩成形通常使用立式压力机，模具安放在压力机工作台上，根据模具与压力机的连接关系分为可移动式模具和固定式模具两种。可移动式模具是机外装卸的，装料、闭模、开模、脱模均是将模具从压力机上取下进行操作；固定式模具是将模具的上下模板分别与压力机的上下压板连接固定。模具的加料、闭模、压制及制品脱模均在压力机上进行，模具自身带有加热装置。压塑模具的试模过程较为简单，主要包括材料的预压或预热、试模操作、试模工艺参数的调整等环节。

1. 材料的预压和预热

为加料方便、准确，降低物料压缩率，改善传热条件及流动性，压制某些平面较大或带有嵌件的制品等，可根据物料的性能及模具结构等因素，采用预压方法将粉料压制成一定形状的型坯，加料时直接将型坯放入型腔或加料室。预压可在普通压力机上进行，但最好是采用专用的压模和压力机。压制试模前，物料都需进行预热处理，以改善物料的成形性能，减小物料与模具的温差。预热温度与时间，需根据物料的不同品种和采用的预热方法合理确定，保证物料能够快速均匀地升至预定的温度。

2. 试模过程的操作与工艺参数调整

试模过程的操作主要包括安放嵌件、加料、闭模、排气、脱模和清理模具等。嵌件放入模腔前应清除毛刺与污物，并需预热至规定的温度。

加料是压缩模具试模中的一个重要环节，无论是溢式还是不溢式模具，都应根据制品的结构尺寸与物料性能准确地计算加料量。溢式模具允许的加料过量不应超过制品质量的5％。

试模时应根据制品的成形要求和结构特点合理选定加料方法。若成形要求加料准确时，应选择质量法称重加料。容积法加料不够准确，但它可用粉料直接加料，操作方便。计数法加料只能用事先预压好的型坯。无论哪种方法，加料前都应将型腔或加料室清理干净。加料之后即可闭合模具并进行加热。闭模时应分段控制合模速度：当凸模未触及物料前，应快速闭模；触及物料时，应适当减慢闭模速度，逐渐增大压力。加压后需将上模稍稍松开一下，然后再加压以排除型腔内气体和水分。试模操作时应掌握好加压和排气时机。压塑模具也需控制保压时间，保证制品完全硬化成形，但不能过硬化。制品脱模可用手工取出或用模具推出机构。使用推出机构时应调整好推出行程，并要求制品脱模平稳。

压缩模具试模工艺参数的调整，主要是针对制品的材料与结构形状及壁厚大小、模具结构等，对模压温度、压力和时间进行合理调整，以获得合格的制品。模压温度的调整应以原料生产商提供的标准试样的模压温度范围为依据，结合制品的结构特点逐步调整。使用预热过的物料，可用较高的模压温度。如果制品的壁厚较大，应适当降低模压温度。试模时每调节一次温度，应保持模温升到规定的温度后再进行试压。模压压力的调整应在低压状态下进行，逐渐升压到所需的压力，不应在高压状态下调整。压力的大小随材料的品种、制品结构等因素确定。模压时间与模温、物料预热、制品壁厚等有关。使用预热的物料可以降低模压时间,而成形壁厚大的制品,则需要较长的模压时间。

模压温度、压力、时间三个参数相互影响,试模调整时,一般先凭经验确定一个,然后调整其余两个。如果这样调整仍不能获得合格的试件,可对先确定的那个参数再进行调整。如此反复,直至调出最佳的工艺参数。

3. 注意事项

压塑模具试模过程中的各项操作应由试模人员手动控制,仔细操作。每次压制前,都应对型腔进行清理,常用压缩空气或木制刮刀清除残料及杂物,绝不能刮伤型腔表面。脱模困难的制品,压制前可在型腔上涂脱模剂,但不能用太多。

试模中,如果制品发生缺陷,应全面分析缺陷产生的原因,尽量通过工艺调整解决,不可盲目修改模具结构。

试模中的工艺参数及其调整过程、所用压力机的规格型号等相关数据,应作详细、完整的记录,以备修模、再次试模或正式生产使用。

(四)挤出模具的试模过程与注意事项

挤出模具的试模过程与注塑模具类似,也包括原材料和挤出设备及其辅机的准备及工艺参数调整等过程。

1. 原材料和挤出设备的准备

用于试模的物料要组分均匀,无杂质异物,并应达到所需的预热、干燥要求。挤出机及其辅助设备的工作性能均应调整至最佳状态,挤出模具应准确可靠地安装到挤出机上,口模间隙要均匀正确,挤出机与其辅机的中心线要对准并保持一致。同时还需对模具、挤出机及辅机进行均匀加热升温,待达到所需温度后,应保持恒温 30~60min,使机器各部分温度趋于均匀稳定。

开机前还应仔细检查润滑、冷却、电气及温度控制等系统是否运转正常,并需将模头各部分的连接螺栓趁热拧紧,以免开机后螺栓不紧产生漏料。

2. 试模操作与工艺参数调整

开机操作是试模过程的重要环节,控制不好将会造成螺杆或模具的损伤。料筒温度过高，还可能引起物料分解。因此，试模操作应按规范进行。

(1) 开机时应以低速起动，然后逐渐提高转速，并进行短时的空运转，以检查螺杆及电机等有无异常，各显示仪表是否正常，各辅机的运动关系与主机是否匹配协调。

(2) 开始挤出时，要逐渐少量加料，且要保持加料均匀。物料挤出口模，并将其慢慢引入正常运转的冷却及牵引设备后，方可正常加料。然后根据各指示仪表的显示值和制品的质量要求，对整个挤出设备的各部分进行相应的调整，使其与挤出模具良好匹配、协调工作。

(3) 切片取样。检查制品外观与内部质量及尺寸大小是否符合要求，然后根据质量变化适当调整挤出工艺参数。

(4) 试模过程中各工艺参数的调整，主要是依据对制品质量和各控制仪表显示数据变化的观察与分析，适当调整温度、压力和速度等参数，使其达到与合格的制品质量相匹配。调整时应逐渐地小幅度改变参数值，否则将引起制品质量的较大波动。尤其是模头温度，对制品质量至关重要。

第十四章

模具的检测、使用和维修

第一节 模具的检测

一、模具精度检测概述

1. 模具零件内在质量的检测

模具零件内在质量检测主要在选材、毛坯制作和热处理过程中进行。检测主要内容如下：

（1）材料。检验人员应在模具零件进入粗加工之前对材料进行检验和核对，防止使用不合格材料或在下料过程中混料现象发生。

（2）毛坯质量。毛坯内在质量指标有炼钢炉号及化学成分、纤维方向、宏观缺陷、内部缺陷和退火硬度等。毛坯质量指标应由毛坯制造单位提供，模具制造单位复核。对一些重要模具，如锻模、压铸模等模块，应在粗加工之后再次探伤，避免缺陷超标的零件进入热处理和精加工工序。

（3）热处理质量。模具零件热处理质量的主要检验项目是强度（或硬度）及其均匀性、工件表面的脱碳和氧化情况、零件内部组织状态及热处理缺陷（微裂纹、变形）、表面处理层的组织和深度。

（4）其他性能。对一些高精密模具的主要零件或部件由热加工（热处理、焊接）或镶拼引起的内应力应加以测定和限制，防止对精度加工（线切割、磨削）带来困难，以及由此引起的模具尺寸稳定性下降。

2. 模具零件加工精度检测

模具零件精度是保证模具精度的关键，为了保证模具装配精度，模具零部件的所有图样标注尺寸都必须有专职检查人员认真检验，或者由装配钳工逐一进行检查和验收。

模具零件加工精度的检测应使用和图样标注尺寸公差相应精度级别的检测工具和仪器，如卡尺、千分尺、角度尺、深度尺、投影仪以及各种专用测量工具，表面粗糙度值的检测应按标准采用三坐标测量机。

模具标准件如模架等，应按标准验收。

3. 塑料注射模的检测

（1）塑料注射模模具结构精度检测。注射模结构零件包括模板、导柱、导套、推杆、推板、复位杆等，其精度检测可参照表14-1进行。

表 14-1　　　　　　　　　　　　模具的结构精度

模具零件	部　位	条　件	标　准　值
模　板	厚度	要求平行	每300mm 范围内小于0.02mm
	装配总厚度	要求平行	0.1mm
	导柱孔	要求孔径正确	H7
		要求定模、动模位置一致	±0.02mm 以内
		要求垂直	每100mm 范围内小于0.02mm
	顶杆、复位杆孔	要求孔径正确	H7
		要求垂直	配合长度范围内小于0.02mm
导　柱	压入部分直径	精磨	k6、k7、m6
	滑动部分直径	精磨	f7、e7
	平直度	要求无弯曲	每100mm 范围内小于0.02mm
	硬度	淬火回火	55HRC 以上
导　套	外径	精磨	k6、k7、m6
	内径	精磨	H7
	内外径的关系	要求同轴	0.01mm
	硬度	淬火回火	55HRC 以上

模具零件	部 位	条 件	标 准 值	
推杆 复位杆	滑动部分直径	精磨	2.5～5mm	−0.01mm −0.03mm
			6～12mm	−0.02mm −0.05mm
	平直度	要求无弯曲	每100mm 范围内小于 0.1mm	
	硬度	淬火回火或氮化	55HRC 以上	
推板	推杆安装孔	孔位置与模板同尺寸	±0.3mm	
	复位杆安装孔		±0.6mm	
有侧向型芯 机构时	滑动部分配合	不咬死，滑动灵活	f7、e6	
	硬度	双方或一方淬火	50～55HRC	

注　关于条件、标准值的具体内容参照有关规定。

（2）塑料注射模一般尺寸偏差的选择。在注射模图样上，无特殊标注的尺寸偏差，包括成形部位和一般尺寸，以及调整余量值的偏差值参照表14-2选择。

表14-2　　　　　　　　模具一般尺寸偏差　　　　　　　　mm

基本尺寸	成形部位			一般	调整余量	
	参数及公差			公差	尺寸数值	公差
	一般	圆孔中心距	以名义尺寸作为 长度部位的壁厚			
63 以下	±0.07	±0.03	±0.07	±0.1	0.1	+0.1 0
63 以上 250 以下	±0.1	±0.04	±0.1	±0.2	0.2	
250 以上 1000 以下	±0.2	±0.05	±0.2	±0.3	0.3	

注　1."成形部位"是指在模具上形成塑件的部位。

　　2."一般"是指除了配合部位、成形部位、调整部位、拼合部位以外的一般部位。

　　3."调整余量"是指由于拼合部位须经修配加工而保留的余量尺寸。

　　4."圆孔中心距"不适用于型腔间的中心距。导柱中心距。

　　5.同轴度误差无特别规定，希望尽量包括在一般尺寸的公差范围内。

当基本尺寸较大时，会使精度过高，根据塑件要求这又是不必要的。对成型塑件壁厚部位，如以基本尺寸大小来取公差，则又使壁厚公差增大，不能保证塑件需要的壁厚尺寸要求。这类情况通常选取模具成形零件的有关公差为对应的塑件公差的 $1/3 \sim 1/4$。

4. 冲模零件的主要技术要求

（1）零件的材料除按有关零件标准规定使用材料外，允许代用，但代用材料的力学性能不得低于原规定的材料。

（2）零件图上未注公差尺寸的极限偏差按 GB/T 1804—2000《公差与配合·未注公差尺寸的极限偏差》规定的 IT14 级精度。孔尺寸按 H14，轴尺寸按 h14，长度尺寸按 JS14。

（3）零件上未注明的倒角尺寸，除刃口外所有锐边和锐角均应倒角或倒圆。视零件大小，倒角尺寸为 $C0.5 \sim C2$（即 $0.5 \times 45° \sim 2 \times 45°$），倒圆尺寸为 $R0.5\mathrm{mm} \sim R1\mathrm{mm}$。

（4）零件图上未注明的铸造圆角半径为 $R3\mathrm{mm} \sim R5\mathrm{mm}$。

（5）零件图上未注明的钻孔深度的极限偏差取 $\binom{+0.05}{-0.25}$ mm。

（6）螺纹长度表示完整螺纹长度，其极限偏差取 $\binom{+1.0}{-0.5}$ mm。

（7）中心孔的加工按 GB/T 145—2001《中心孔》中的规定。

（8）滚花按 GB/T 6403.3—2008《滚花》中的规定。

（9）各种模柄（包括带柄上模座的模柄）的圆跳动公差要求，应符合表 14-3 的规定。

表 14-3　　　　　　　　　圆跳动公差值 T　　　　　　　　　　　mm

基本尺寸	>18~30	>30~50	>50~120	>120~250
T 值	0.025	0.030	0.040	0.050

注　1. 基本尺寸是指模柄（包括带柄上模座）零件图上标明的被侧部位的最大尺寸。
　　2. 公差等级：按 GB/T 1184—1996《形状和位置公差　未注公差值》8 级。

（10）所有模座、凹模板、模板、垫板及凸模（凸凹模）固定板等上、下面的平行度公差值要求应符合表 14-4 的规定。

表 14-4 　　　　　　　　　　平行度公差值 T 　　　　　　　　　 mm

基本尺寸		>40~63	>63~100	>100~160	>160~250	>250~400	>400~630	>630~1000	>1000~1600
公差等级	4 　T值	0.008	0.010	0.012	0.015	0.020	0.025	0.030	0.040
	5	0.012	0.015	0.020	0.025	0.030	0.040	0.050	0.060

注　1. 基本尺寸是指被测表面的最大长度尺寸或最大宽度尺寸。

　　2. 公差等级：按 GB/T 1184—1996《形状和位置公差　未注公差值》的规定。

　　3. 滚动导向模架的模座平行度误差采用公差等级 4 级。

　　4. 其他模座和板的平行度误差采用公差等级 5 级。

（11）矩形凹模板、矩形模板等零件图上标明的垂直度公差要求应符合表 14-5 的规定。

表 14-5 　　　　　　　　　　垂直度公差值 T 　　　　　　　　　 mm

基本尺寸	>40~63	>63~100	>100~160	>160~250
T值	0.012	0.015	0.020	0.025

注　1. 基本尺寸是指被测零件的短边长度。

　　2. 公差等级按 GB/T 1184—1996《形状和位置公差　未注公差值》5 级。

（12）上、下模座的导柱、导套安装孔的轴心线应与基准面垂直，其垂直度公差规定为：安装滑动导向的导柱或导套的模座为每 100mm 范围小于 0.01mm，安装滚动导向的导柱或导套的模座为每 100mm 范围小于 0.005mm。

5. 模具零件的线性尺寸的检测

模具零件线性尺寸包括长、宽、高、沟槽长、沟槽宽、沟槽深、圆弧半径、圆柱直径、孔径等。其检测方法和常用量具如下：

（1）游标量具，包括游标卡尺、游标深度尺和游标高度尺等。主要用来测量零件长、宽、高及沟槽、圆柱直径、孔径等。

（2）测微量具，包括千分尺、内径千分尺、深度千分尺、内测千分尺和杠杆千分尺等。可测量零件的直径、孔径等的更高精度。

（3）指示式量具，包括杠杆百分表、杠杆千分表、内径百分表等。主要用于对零件长度尺寸、轴的直径的直接测量和比较测量，或用比较法测量孔径或槽深。

（4）量块。主要用于鉴定和校准各种长度计量器具和在长度测量中作为比较测量的标准，还可用于模具制造中的精密划线和定位。

6. 模具零件的角度和锥度的测量

（1）角度和锥度的相对测量。将具有一定角度或锥度的量具和被测量的角度或锥度相比较，用光隙法或涂色法测量被测角度或锥度。所用的量具有角度量块、角尺、圆锥量规等。

（2）角度和锥度的绝对测量。用分度量具、量仪来测量零件的角度，可以直接读出被测零件角度的绝对数值。常用的量具、量仪有万能角度尺和光学分度头等。

（3）角度和锥度及有关长度的间接测量。其特点是利用万能量具和其他辅助量具，测量出和角度或锥度有关线性尺寸，通过三角函数关系计算得到要检验的角度或锥度。测量方法及采用的量具主要有：

1）用正弦规间接测量角度（或锥度）。

2）用精密球和圆柱量规间接测量圆锥孔和圆锥的圆锥半角。

3）用精密圆柱量规和游标高度尺测 V 形槽角度。

4）用精密圆柱量规和万能角度尺测 V 形槽槽口宽度。

5）用两个等直径的精密圆柱量规和万能角度尺测量燕尾槽底面宽度。

6）用游标卡尺间接测量外圆弧面半径。

7）用三个等直径精密圆柱量规和一个游标深度尺间接测量内圆弧面半径。

8）用两个等直径的精密圆柱量规和一个万能角度尺间接测量对称形状圆锥体大端尺寸。

二、样板在模具制造和检测中的作用

1. 样板分类

样板是检查确定工件尺寸、形状或位置的一种专用量具。样板通常用金属薄板制造，用其轮廓形状与被检测工件的轮廓相比较进行测量。

样板的种类很多。按样板的使用范围，可分为标准样板和专用样板两大类。

(1) 标准样板。通常只适用于测量工件的标准化部分的形状和尺寸,如螺纹样板、半径样板(由凸形样板和凹形样板组成)。

(2) 专用样板。指根据加工和装配要求专门制造的样板。按其用途不同可分为划线样板、测量样板(又称工作样板)、校对样板、分型样板(又称辅助样板)。

2. 样板的使用方法

样板的使用方法一般有以下两种:

(1) 拼和检查。拼和检查又称嵌合检查,是最常用的一种使用方法。使用时,将样板的测量面与工件被测量表面相拼合,然后用光隙法确定缝隙(透光)的大小。一般拼合检查能达到比较高的测量精度。

(2) 复合检查。将样板复合在工作表面上,按样板轮廓形状进行检查的方法称为复合检查。复合检查的测量精度较低,一般适用于毛坯的检查。

3. 用样板检测模具零件的特点

(1) 优点:

1) 用样板检测操作简便。

2) 检测时不需要专用设备,常用的只是塞尺和适当的光源。

3) 检测效率高,能很快地得到检测结果,判断是否合格。

4) 样板本身很轻便,使用方便灵活。

(2) 缺点:

1) 制造比较困难,尤其是精度较高、形状较复杂的样板。

2) 通用性较低。样板一般是按专门要求而设计制造的,只能用于某一工件的检测。

(3) 适用范围:

1) 模具的生产批量较大时用样板检测。

2) 要检测的模具形状较复杂,又不宜用万能量具测量时,用样板检测。

由于样板在模具检测中应用较广,通常在大型模具厂的工具车间设有样板工段,专门制造各种样板。

4. 样板在模具制造和检测中的应用

模具样板一般由模具钳工手工制作，精心研磨抛光而成，它是手工制造模具必不可少的专用量具。样板在模具制造和检测中应用如下：

（1）用样板在冲裁凸、凹模端面上划线。

（2）用工作样板检测凸模或凹模的尺寸或形状。

（3）利用样板可以检测冲裁凸模或凹模所留的间隙是否适当。

（4）用具有内外测量面的工作样板可以初步确定多凸模的安装位置是否正确。

（5）用样板检测模具容易保证冲制零件的互换性。

5. 使用样板检测模具的注意事项

（1）使用模具样板，必须查明标记，所用样板标记同制作的模具图号应相符。标记不清不能使用。

（2）长期不用的样板，经检查合格后方可使用。已变形、腐蚀和磨损的不合格样板，不能使用。

（3）样板使用前要擦干净，使用时要轻拿轻放，防止碰损或变形，以免过早磨损或失去精度。

（4）测量时，样板的温度应与被测模具（或零件）的温度基本接近，以免产生误差。

（5）样板用后要擦干净，涂上防锈油，妥善保管或交还工具库。

三、模具零件形位公差检测项目及检测方法

1. 模具成形零件型面检测方法

模具成形零件如凸模、凹模（或凸凹模）、镶块、顶件块等都具有特殊型面，其检测方法和所用量具（或量仪）如下：

（1）样板检测型面，包括：①半径样板，由凹形样板和凸形样板组成，可检测模具零件的凸凹表面圆弧半径，也可以作极限量规使用；②螺纹样板，主要用于低精度螺纹的螺距和牙型角的检测；③对于型面复杂的模具零件，则需专用型面样板检测，以保证型面尺寸精度。

（2）光学投影仪检测型面。这是利用光学系统将被测零件轮廓

外形（或型孔）放大后，投影到仪器影屏上进行测量的方法。经常用于凸模、凹模等工作零件的检测，在投影仪上，可以利用直角坐标或极坐标进行绝对测量，也可将被测零件放大影像与预先画好的放大图相比较，以判断零件是否合格。

2. 模具零件形位公差检测项目及检测方法

模具零件形位公差检测项目、检测方法及常用量具（或量仪）如下：

（1）平面度、直线度的检测。平面是一切精密制造的基础，它的精度用平面度（对于面积较大的平面）或直线度（对于较窄的平面、母线或轴线）来表示，通称平直度。检验平面度误差和直线度误差的一般量具或量仪有检验平板、检验直尺和水平仪；精密量具或量仪有合像水平仪、电子水平仪、自准直仪和平直度测量仪等。

（2）圆度、圆柱度的检测。用圆度仪可以测圆度误差和圆柱度误差。

圆度仪是一种精密计量仪器，对环境条件有较高的要求，通常在计量部门用来抽检或仲裁产品中的圆度和圆柱度时使用。其测量结果可用数字显示，也可绘制出公差带图。但垂直导轨精度不高的圆度仪不能测量圆柱度误差，而具有高精度垂直导轨的圆度仪才可直接测得零件的圆柱度误差。这种仪器可对外圆或内孔进行测量，也可测量用其他方式不便检测的零件垂直度或平行度误差。

测量时，将被测量零件放置在圆度仪上，同时调整被测零件的轴线，使其与量仪的回转轴线同轴，然后测量并记录被测零件在回转一周过程中截面上各点的半径差（测圆柱度时，如果测头设有径向偏差可按上述方法测量若干横截面，或测头按螺旋线绕被测面移动测量），最后由计算机计算圆度或圆柱度误差。圆度误差测量方法如图 14-1 所示；圆柱度误差测量方法如图 14-2 所示。

在模具设计中，对圆度公差项目的使用较多，如国家标准冷冲模中的导柱、导套模柄等零件都要求控制圆柱度。圆柱度误差可以看作是圆度、母线直线度和母线间平行度误差的综合反映，因而在

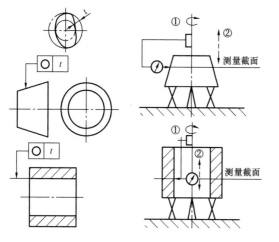

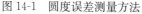

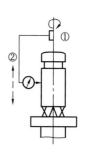

图 14-1　圆度误差测量方法

图 14-2　圆柱度
误差测量方法

不具备完善的检测设备条件时，可通过这三个相关参数的误差来间接评定圆柱度误差。

（3）同轴度的检测。常用测量方法和所用量具和量仪如下：

1）用圆度仪测量同轴度误差，如图 14-3 所示。调整被测零件，使基准轴线与仪器主轴的回转轴线同轴，在被测零件的基准要素和被测要素上测量若干截面，并记录轮廓图形，根据图形按定义求出同轴度误差。

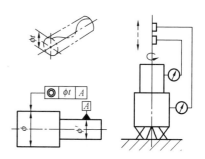

图 14-3　用圆度仪测量
同轴度误差的方法

2）用平板、刃口 V 形架和百分表测量同轴度误差，如图 14-4 所示。

（4）形位公差的综合检测。采用现代检测设备，可同时对模具零件多项形位公差进行综合检测。

833

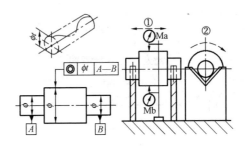

图 14-4　用 V 形架测量同轴度误差的方法

1）圆度仪。它不仅能检测零件的圆度和圆柱度，还可对零件外圆或内孔进行垂直度或平行度检测。

2）三坐标测量仪。它是由 X、Y、Z 三轴互成直角配置的三个坐标值来确定零件被测点空间位置的精密测试设备，其测量结果可用数字显示，也可绘制图形或打印输出。由于配有三维触发式测头，因而对准快、精度高。其标准型多用于配合生产现场的检测，精密型多用于精密计量部门进行检测、课题研究或对有争议尺寸的仲裁。

三坐标测量仪可以方便地进行直角坐标之间或直角坐标系与极坐标系之间的转换，可以用于线性尺寸、圆度、圆柱度、角度、交点位置、球面、线轮廓度、面轮廓度、齿轮的齿廓、同轴度、对称度、位置度以及遵守最大实体原则时的最佳配合等多种项目的检测。

3. 冲模模架的技术要求及检测项目

（1）组成模架的零件必须符合相应的标准要求和技术条件规定。

（2）装入模架的每对导柱和导套（包括可卸导柱和导套），装配前需经选择配合，配合要求应符合表 14-6 的规定。

（3）装配成套的滑动导向模架，按表 14-7 技术指标分级；装配成套的滚动导向模架，按表 14-8 技术指标分级。任何一级模架必须同时符合 A、B、C 三项技术指标，不符合表 14-7、表 14-8 精度规定的模架不予列入等级标准。I 级精度的模架必须符合导套、导柱配合精度为 H6 / h5 时，按表 14-6 的配合间隙值；Ⅱ级精度的模架必须符合导套、导柱配合精度为 H7/h6 时，按表 14-6 给定的配合间隙值。

表 14-6   **导柱和导套的配合要求**   mm

配合形式	导柱直径	配合精度		配合后的过盈
		H6/h5	H7/h6	
		配合后的间隙值		
滑动配合	≤18	0.003～0.01	0.005～0.015	
	>18～28	0.004～0.011	0.006～0.018	
	>28～50	0.005～0.013	0.007～0.022	
	>50～80	0.005～0.015	0.008～0.025	
	>80～100	0.006～0.018	0.009～0.028	
滚动配合	>18～35	—	—	0.01～0.02

表 14-7   **滑动导向模架分级技术指标**

项 目	检查项目	被测尺寸 (mm)	精度等级		
			Ⅰ级	Ⅱ级	Ⅲ级
			公差等级		
A	上模座上平面对下模座下平面的平行度	≤400	6	7	8
		>400	7	8	9
B	导柱轴心线对下模座下平面的垂直度	≤160	4	5	6
		>160	5	6	7
C	导套孔轴心线对上模座上平面的垂直度	≤160	4	5	6
		>160	5	6	7

注 1. 被测尺寸是指：A—上模座的最大长度尺寸或最大宽度尺寸；B—下模座上平面的导柱高度；C—导套孔延长心棒高度。

    2. 公差等级按 GB/T 1184—1996《形状和位置公差　未注公差值》的规定。

表 14-8   **滚动导向模架分级技术指标**

项 目	检 查 项 目	被测尺寸（mm）	精度等级	
			0 级	01 级
			公差等级	
A	上模座上平面对下模座下平面的平行度	≤400		5
		>400	5	6
B	导柱轴心线对下模座下平面的垂直度	≤160	3	4
		>160	4	5
C	导套孔轴心线对上模座上平面的垂直度	≤160	3	4
		>160	4	5

注 1. 被测尺寸是指：A—上模座的最大长度尺寸或最大宽度尺寸；B—下模座上平面的导柱高度；C—导套孔延长心棒的高度。

    2. 公差等级按 GB/T 1148—1996《形状和位置公差 未注公差值》的规定。

（4）装配后的模架，上模座沿导柱上、下移动应平稳和无阻滞现象；其导柱固定端端面应低于下模座底面 0.5～1mm；选用直导套时，导套固定端端面应低于上模座上平面 1～2mm。

（5）模架各个零件工作表面不允许有影响使用的划痕、浮锈、凹痕、毛刺、飞边、砂眼和缩孔等缺陷。

（6）在保证使用质量的情况下，允许用新的工艺方法（如环氧树脂、低熔点合金等）固定导套，其零件结构尺寸允许作相应改动。

（7）成套模架一般不装配模柄。需装配模柄的模架，模柄的装配要求应符合：压入式模柄与上模座的公差配合为 H7/m6；除浮动模柄外，其他模柄装入上模座后，模柄的轴心线对上模座上平面的垂直度公差为全长范围内 0.05mm。

（8）滑动、滚动的中间导柱模架、对角导柱模架，在有明显的方向标志下，允许用相同直径的导柱。

4. 模架检测项目及规定的方法

（1）上模座上平面对下模座下平面的平行度。采用球面垫块，带支架的百分表测量平行度，如图 14-5 所示。

（2）导柱轴线对下模座下平面的垂直度。将装有导柱的下模座放在检验平板上，再将与圆柱角尺校正的专用百分表沿导柱 90°回转，对导柱进行垂直度比较测量，如图 14-6 所示。

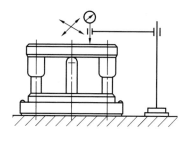

（3）导套孔轴线对上模座上平面垂直度。将装有导套的上模座上平面放在检验平板上，在导套孔内插入有 0.015∶200 锥度的

图 14-5　检测模架平行度

心棒，以测量心棒轴线的垂直度作为导套轴线垂直度误差值，如图 14-7 所示。

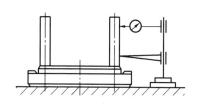

图 14-6　检测导柱垂直度

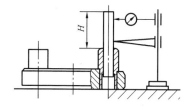

图 14-7　检测导套垂直度

5. 冲模装配前的检测内容

冲模装配前应对零、组件进行检查，检查的内容包括：

（1）冲裁模的刃口部分应锋利，拉深模和弯曲模的工作型面应过渡圆滑，表面粗糙度应符合要求。

（2）工件热处理后的实际硬度值是否符合要求，如有碳化物偏析要求，则应符合技术要求的规定。

（3）外形的非工作锐边是否已经倒角或倒圆。

（4）零件不应有砂眼、缩孔、裂纹、磨削退火或机械损伤。

（5）可卸导柱的锥面与衬套上锥孔的吻合长度和吻合面积应不小于 80%。

（6）滚动导套的钢球应能在钢球保持圈内自由转动而不脱落。

冲模可以选择标准模架，也可使用与其他冲模零件同时加工制造的非标准模架。在冲模装配前，应检查模架各零件的工作表面不应有划痕、浮锈、砂眼、裂纹或其他机械损伤；上模座沿导柱上下移动应平稳、无滞涩现象。在正常情况下，滑动导向的模架上模与下模脱开后，应较容易复位。滚动导向的模架上模脱开后，若先将钢球保持圈全部套进导柱，则上模与下模较难复位；若先将钢球保持圈一端套进导柱，而另一端装进导套孔中，则上模与下模容易复位。此外，还应使用平板、带测量架的百分表、球面支杆等复检上模座上平面对下模座下平面的平行度。标准模架应符合规定的精度等级；非标准模架应符合其相当于标准中的精度等级值。滑动导向模架应符合表 14-9 的规定；滚动导向模架应符合表 14-10 的规定。

表 14-9　　　　　　　滑动导向模架精度等级及公差值　　　　　　mm

被测尺寸	精度等级		
	Ⅰ级	Ⅱ级	Ⅲ级
	公差值		
>40~63	0.020	0.03	0.05
>63~100	0.025	0.04	0.06
>100~160	0.030	0.05	0.08
>160~250	0.040	0.06	0.10
>250~400	0.050	0.08	0.12
>400~630	0.100	0.15	0.25
>630~1000	0.120	0.20	0.30

表 14-10　　　　　　　滚动导向模架精度等级及公差值　　　　　　mm

被测尺寸	精度等级	
	0 级	01 级
	公差值	
>40~63	—	0.012
>63~100	0.012	0.015
>100~160	0.015	0.020
>160~250	0.020	0.025
>250~400	0.025	0.030

6. 冲模装配完成后的检测内容及要求

(1) 冲裁模的间隙应均匀分布，其允差不大于 20%~30%。

（2）冲裁模凹模的刃口面沿冲裁方向应平直，允许有向后逐渐增大者不大于 $15'$ 的斜度。其表面粗糙度值 Ra 不大于 $0.8\mu m$，镶拼件要配合紧密无缝隙。

（3）冲裁模的凸模、凸凹模和凹模在装配后应磨刃口，并分别对上模座的上平面或下模座的下平面平行度允许为 100mm 长度范围内小于 0.01mm，其表面粗糙度值 Ra（$0.8\sim0.4$）μm。

（4）拉深模、弯曲模、成形模和整形模工作部分的圆角应圆滑相接，其表面粗糙度值不大于 $Ra0.8\mu m$。

（5）卸料板、推件块和顶件块除保证与凸模、凸凹模和凹模的配合外，装配后必须滑动灵活，其高出凸模、凸凹模和凹模的高度在 $0.2\sim0.8mm$ 范围内。

（6）应调整卸料螺钉，以保证卸料板的压料表面对冲模安装基面的平行度误差不大于 100mm 长度范围内 0.05mm。

（7）同一冲模中同一长度的顶杆长度允差不大于 0.1mm。

（8）下垫板和下模座的漏料孔按凹模或凸凹模尺寸每边加大 $0.5\sim1mm$，装配后的位置应一致，不允许有卡料或堵塞现象。此外，所有经磁力夹紧磨削的零件在装配前都应退磁。

四、模具的调整

1. 冲裁模凸、凹模间隙的调整方法

冲裁模的凸、凹模之间间隙的大小，虽然允许有一定的公差范围，但在装配过程中，必须将刃口整个周长上的间隙调整得很均匀，只有这样才能保证装配质量，冲出尺寸精度和表面质量符合要求的制件，并能使模具的使用寿命延长。

调整间隙在模具的上、下模座已分别装配好，并通过导柱、导套组合起来以后进行。调整间隙时，一般是将凹模加以固定，调整凸模的位置来达到目的。

调整间隙的方法主要有以下七种：

（1）透光法。对于小型模具，可以将模具组合起来后翻转过来，把模柄夹在虎钳上，用灯光照射，从下模座的漏料孔中观察凸模与凹模配合间隙的大小并判断是否均匀，进行调整。

（2）垫片法。一般先将凹模固定好以后，将凸模固定板连同凸

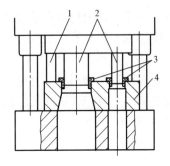

图 14-8　垫片法调整间隙

1—垫板；2—凸模；

3—垫片；4—凹模

模安放在另一模座上，初步对位（螺钉不要拧得过紧），在凹模刃口四周适当的地方安放厚薄均匀的金属垫片。垫片厚度应等于单边间隙值，间隙较大时可叠放两片以上。合模观察调整，如图 14-8 所示，先将上模座的导套缓慢套进导柱，观察各凸模是否顺利进入凹模与垫片接触良好。如果间隙不均匀，也可采用敲击法调整间隙，直到试至间隙均匀为止。

（3）镀铜法。即在凸模表面镀铜，镀层应均匀，厚度为凸、凹模单边间隙值。镀铜前，必须先用丙酮去污，再用氧化镁粉擦净。由于镀铜层在冲模使用中可自行脱落，故装配后不必专门去除。

（4）涂层法。即在凸模上涂一层薄膜材料，其涂层厚度等于凸、凹模单边间隙值。涂层主要用配灰过氯乙烯外用磁漆或氨基醇酸绝缘漆等。不同的间隙可使用不同黏度的漆，或涂敷不同的次数。这种方法较简单，适用于小间隙冲模。凸模上的漆层在冲模使用过程中可自行剥落，不必在装配后由人工去除。

（5）切纸法。这是检查和精确调整间隙的方法。先在凸模与凹模之间放上一张厚薄均匀的纸（代替毛坯），然后使模具闭合。根据所切纸片周边是否切断、有无毛边及毛边的均匀程度来判断间隙的大小是否合适，周边间隙是否均匀。纸的厚度应随模具间隙的大小确定，间隙愈小，纸愈薄。

（6）酸腐蚀法。先将凸模与凹模做成相同尺寸，在装配后再用酸将凸模均匀地腐蚀掉一层，以达到间隙要求。腐蚀剂可用 20％硝酸＋30％醋酸＋50％水，或 54％蒸馏水＋25％双氧水＋20％草酸＋1％～2％硫酸。腐蚀后要用水清洗干净。

（7）工艺装配法。适用于冲裁模、拉深模及弯曲模的装配和调整。冲裁厚度超过 1mm 时，冲模装配间隙通过工艺留量保证，也就是将余量留在凹模上，即先将凹模与凸模做成一致尺寸，装配后取下凹模，且保持公差要求；或将加工余量留在凸模上，装配后换上凸模。

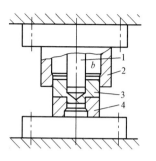

图 14-9 所示是在凸模和凹模空当垫上定位圈（定位块）调整间隙的方法。这种方法适用于装配调整大间隙的冲裁模和拉深模。

图 14-9　定位圈（定位块）
调整间隙的方法
1—凸模；2—凹模；
3—定位圈；4—凸凹模

2. 合格的冲模应达到的要求及冲裁模的调整内容

装配后的冲模，通过检测可以判断其是否合格，然后与冲压机进行安装，进行试冲和调整。

（1）合格冲模应达到以下要求：

1）能顺利地安装到指定的压力机上。

2）能稳定地冲压合格的冲压件。

3）能安全地进行操作使用。

（2）冲裁模的调整内容包括以下五方面：

1）将冲裁模安装到指定的压力机上。

2）用指定的坯料在冲裁模上进行试冲。

3）根据试冲件的质量进行分析、调整，解决冲裁模质量问题，保证最终能冲出合格的冲裁件。

4）排除影响安全生产、稳定产品质量和操作方面的隐患。

5）根据设计要求，有的冲裁模还需要进行试验决定某些尺寸。

3. 冲裁模的刃口刃磨方法及注意事项

冲裁模装配后必须磨刃口，并保持刃口锋利。刃磨方法及注意事项如下：

（1）对于小凸模，特别是多个小凸模，应采用小背吃刀量，以防其变形。

（2）注意保护凸模，刃磨时可采取以下措施：

1）利用带有导向作用的卸料板保护小凸模。刃磨时卸料板不拆去，用来保护凸模，这时可在卸料板螺钉部位加一垫圈，使小凸模高出卸料板便于刃磨，刃磨后将垫圈拆去，如图 14-10 所示。

2) 利用顶件器保护小凸模。对于带有小凸模的小间隙复合模，刃磨时在凹模中留一制件不退出，用来防止砂轮粉末进入顶件器与凹模间的间隙中，并对小凸模起保护作用，如图 14-11 所示。

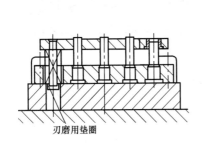
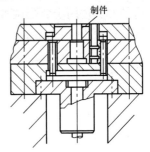

图 14-10　用卸料板保护小凸模　　图 14-11　用顶件器保护小凸模

4. 冲裁凸、凹模间隙对冲裁工作的影响

冲裁模装配后，应调整凸、凹模间隙合理，间隙过大或过小会对冲裁工作产生不良影响，具体影响情况见表 14-11。

表 14-11　　　　　　　　　间隙对冲裁工作的影响

序号	项　目	影响情况				
		大间隙	较大间隙	正常间隙	较小间隙	小间隙
1	断面质量	圆角大，毛刺大，撕裂角大，只适用一般冲孔	圆角大，稍有毛刺，断面质量一般，尚可使用	圆角正常，无毛刺，能满足一般冲裁件要求	圆角小，毛刺正常，有二次剪切痕迹，断面近乎垂直	断面圆角小，毛刺正常，断面与料垂直
2	冲裁力	减小		适中	增大	
3	模具寿命	增大		适中	减小	
4	工件尺寸	外形尺寸小于凹模尺寸，内形尺寸大于凸模尺寸		尺寸合适	外形尺寸大于凹模尺寸，内形尺寸小于凸模尺寸	

5. 冲裁模刃口缺陷及解决和调整方法

冲裁模安装到压机上后，进行调整的主要是刃口及其间隙，其次是定位的调整及卸料的调整。

刃口间隙的调整可根据冲裁件缺陷形式，分析产生的原因，根据具体情况分落料（修边）、冲孔而采取不同的解决和调整方法，见表 14-12。

表 14-12　　　　冲裁模刃口常见缺陷和解决办法

冲裁件缺陷	产生原因	解决办法	
		落料（修边）	冲孔
形状或尺寸不符合图样要求	基准件的形状或尺寸不准确	先将凹模的形状尺寸修准，然后调整凸模，保证合理的间隙	先将凸模的形状和尺寸修磨，然后调整凹模，保证合理的间隙
剪切断面光亮带太宽，甚至出现双亮带和毛刺	冲裁间隙太小	（1）磨小凸模，保证合理的冲裁间隙 （2）在不影响冲裁件尺寸公差的前提下，可采取磨大凹模的办法来保证合理的冲裁间隙	（1）磨大凹模，保证合理的冲裁间隙 （2）在不影响冲裁件的尺寸公差前提下，可采取磨小凸模的办法来保证合理的冲裁间隙
剪切断面圆角太大，甚至出现拉长的毛刺	冲裁间隙太大	（1）凸模镶块往外移 （2）更换凸模 （3）在不影响冲裁件尺寸公差的前提下，再采用缩小凹模（窜动镶块）的办法来保证合理的间隙	（1）缩小凹模（窜动镶块）的尺寸 （2）更换凹模 （3）在不影响冲裁件尺寸公差的前提下，可采用加大凸模尺寸（更换或窜动镶块）的办法来保证合理的间隙
剪切断面的光亮带宽窄不均	冲裁间隙不均	（1）修磨凸模（或凹模）保证间隙均匀 （2）重装凸模或凹模	（1）修磨凸模（或凹模），保证间隙均匀 （2）重装凸模或凹模

6. 冲模凸模高度调整结构的特点

冲模凸模使用过程中容易磨损，修磨刃口以后其长度变短，为

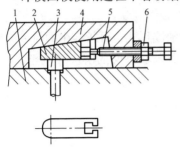

图 14-12　凸模高度调整结构
1—固定板；2—滑块；3—凸模；
4—上模座；5—螺钉；6—螺母

保证正常冲裁，必须对其高度进行调整。图 14-12 所示为凸模高度调整结构。凸模的上端面与滑块接触，滑块右端开有 T 形槽，容纳螺钉的头部。转动螺钉，则滑块随之移动。由于滑动与上模座以斜面相接触，而凸模在固定板内是滑动配合，因此凸模在合模方向的位置得以调整，调整后用螺母锁紧。其特点是结构简单，调整方便可靠。

7. 弯曲模间隙调整装置及其特点

图 14-13 所示为弯曲模的间隙调整装置。在下模上开有长方形孔，其一端带有 6°斜度。调整块安装在长方形孔内，相应的面也有 6°斜度。调整杆头部是一个偏心圆柱体，调整杆旋转，偏心圆柱体带动调整块上、下滑动，由于有 6°斜度，造成间隙变化，调整后用螺母锁紧调整杆。该装置结构简单，使用方便、灵活，但调整范围有限。

8. 试模和调整时的注意事项

模具生产的最终目的是能制造出尽可能多的合格产品来。由于模具设计和制造中各种不确定因素的存在，模具的综合质量和性能不能单纯由零件精度所决定，而必须通过在实际应用条件下的试模才能判断。

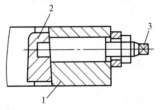

图 14-13　弯曲模的间隙调整装置
1—下模；2—调整块；3—调整杆

试模往往与修模相结合，为了减少应用现场修模的不便，可采用与实际应用条件相近的模拟试模方法，如锻模中的压铅法、冲模中的冲纸法、压铸模中的合模机法等。

最终模具能否满足工艺要求，压制出合格的产品，仍需在实用条件下的试模，而模具寿命的考核，则需要在实用条件下使用到模具失效。

试模和调整时有以下注意事项：

（1）卸料板（顶件器）形状是否与冲裁件相吻合。

（2）卸（顶）料弹簧是否有足够的弹力。

（3）卸料板（顶件器）的行程是否合适。

（4）凹模刃口是否有倒锥。

（5）漏料孔和出料槽是否畅通无阻。

如发现有缺陷，应及时采取措施，予以排除。冲裁模试冲时缺陷产生原因及调整方法见表 14-13。

表 14-13　　　　　　冲裁模试冲时的缺陷和调整

冲裁模试冲时的缺陷	产生原因	调整方法
送料不畅通或料被卡死	（1）两导料板之间的尺寸过小或有斜度 （2）凸模与卸料板之间的间隙过大，使搭边翻扭 （3）用侧刃定距的冲裁模，导料板的工作面和侧刃不平行，使条料卡死 （4）侧刃与侧刃挡块不密合形成毛刺，使条料卡死	（1）根据情况锉修或重装导料板 （2）减小凸模与卸料板之间的间隙 （3）重装导料板 （4）修整侧刃挡块，消除间隙
刃口相咬	（1）上模座、下模座、固定板、凹模、垫板等零件安装面不平行 （2）凸模、导柱等零件安装不垂直 （3）导柱与导套配合间隙过大，使导向不准 （4）卸料板的孔位不正确或歪斜，使冲孔凸模位移	（1）修整有关零件，重装上模或下模 （2）重装凸模或导柱 （3）更换导柱或导套 （4）修整或更换卸料板

冲裁模试冲时的缺陷	产生原因	调整方法
卸料不正常	(1) 由于装配不正确,卸料机构不能动作。如卸料板与凸模配合过紧,或因卸料板倾斜而卡紧 (2) 弹簧或橡皮的弹力不足 (3) 凹模和下模座的漏料孔没有对正,料不能排出 (4) 凹模有倒锥度造成工件堵塞	(1) 修整卸料板、顶板等零件 (2) 更换弹簧或橡皮 (3) 修整漏料孔 (4) 修整凹模
冲件质量不好: (1) 有毛刺 (2) 冲件不平 (3) 落料外形和打孔位置不正,成偏位现象	(1) 刃口不锋利或淬火硬度低 (2) 配合间隙过大或过小 (3) 间隙不均匀,使冲件一边有显著带斜角毛刺	(合理调整凸模和凹模的间隙及修磨工作部分的刃口)
	(1) 凹模有倒锥度 (2) 顶料杆和工件接触面过小 (3) 导正销与预冲孔配合过紧,将冲件压出凹陷	(1) 修整凹模 (2) 更换顶料杆 (3) 修整导正销
	(1) 挡料销位置不正 (2) 落料凸模上导正销尺寸过小 (3) 导料板和凹模送料中心线不平行,使孔位偏斜 (4) 侧刃定距不准	(1) 修正挡料销 (2) 更换导正销 (3) 修整导料板 (4) 修磨或更换侧刃

第二节　模具的使用、维护与保养

模具在设计、加工、调试成功后,即可投入正常生产。对其正确使用、维护和保养,是保证连续生产高质量制品和延长模具使用寿命的关键因素。由于塑料模具及压铸模具的结构和应用各不相同,其维护与保养的项目也有所不同,下面分别加以介绍。

一、塑料模具的使用、维护与保养

塑料模具同其他模具相比,结构更加复杂精密,对操作和维护的要求也就更高。

（一）塑料模具的使用

1. 注射模的使用

（1）使用步骤：

1）塑料的烘干。塑料在注射之前，应对塑料的品种、规格及其质量进行验定，之后将其在恒温箱内烘干，以去除塑料中的水分及挥发物质。

2）预热嵌件。嵌件在使用前应去锈、去油、清洗并要预热，以防塑件成形后产生变形和裂纹。预热温度应控制在 $110\sim130℃$。

3）加料预塑。加料前应将料筒清洗干净，并调整好料斗机构，将料加入料斗使其预热加温变成熔融状态。注意料筒内不宜储存过多的余料，以免变质。在加料时，应保证注射量大于塑件所需的塑料量。

4）涂脱模剂。在型腔内不易脱模的部位应涂以脱模剂，脱模剂一般采用硬酯酸锌（白色粉末）、白油（液体石蜡）、硅油甲苯溶液等。其中硬酯酸锌除尼龙和透明塑件外，其他塑料均适用；而液体石蜡适用于尼龙塑料；硅油甲苯溶液适用于各种塑料。在涂脱模剂时，要涂抹均匀，每次涂抹不要过多。

5）调整模具温度。模温应按塑件品种、塑件壁厚、形状及成形要求而定，一般为 $100℃$ 左右。小型模具以料温来提高模温，而大型模具则以移动式电加热器来预热模具。预热时应注意热膨胀不得影响活动部分的配合间隙。

6）注射成形。开动机器进行注射成形。注射压力取决于塑件品种、形状、壁厚和模具结构，一般取 $40\sim130MPa$。注射时间一般取 $3\sim10s$。注射的工艺条件可在试模时确定。

7）保压补塑。当熔融料注入型腔后，仍应以一定的注射压力对塑件进行保压补塑。保压补塑时间为 $30\sim120s$ 之间。达到一定的保压补塑时间后，开动机器，将螺杆及柱塞退回。

8）冷却、脱模。保压补塑后，模具还应保压一段时间，待塑件冷却硬化后方可开模。冷却时间在 $30\sim120s$ 之间，之后再脱模，取下塑件。

9）塑件整形。对易变形（如薄壁塑件）的塑件，应放在整形冷模内整形。为了去除应力，可对塑件做调温处理。

（2）使用要点：

1）模具在注射前一定要清理干净，保持模具的清洁无异物。

2）模具在使用过程中，要定期对滑动与活动部位如导柱、导套进行表面润滑。

3）模具在脱模后，如发生粘模或制品难以取出时，不要用硬金属敲击，可用木质工具取出残留杂物。

4）模具在工作一段时间后，一定要作定期检查及维护保养。

2. 压塑模的使用

（1）使用步骤：

1）材料的检验及预成形。塑料在压制前，必须按工艺技术要求核对塑料的品种、规格及其质量状况。为便于装料，减少加料室的体积，有利于填充型腔，提高生产率，对于流动性差的塑料，一般预压成锭或与型腔相似的坯料。

2）塑料压塑前的预热。塑料在装模压塑之前，必须进行预热。

预热的目的是除去塑料中所含的水分及挥发物，提高流动性，改善填充性，降低成形压力，从而延长模具的使用寿命，加快硬化速度。不仅如此，还能改善塑件的外观质量及机电性能，提高劳动生产率。

在预热时，可将塑料粉装入容器，利用压力机上的加热板或烘干箱，红外线照射或通入高频电流等方法进行。预热温度不要过大，时间不要太长，要根据塑料的品种和规格来选定。

3）模具使用前的处理。在开机前，要清除模具上的污物和残余塑料，并使模具上、下模闭合，在压力机上开动加热电源对模具进行预热。预热时，上、下模的模温要均匀，其温度高低应在试模时确定。

4）在模具型腔表面涂脱模剂。在压制零件前，应在模具型腔上涂以脱模剂，以便于制件的脱模。脱模剂一般采用石蜡或硬酯酸锌或硅橡胶甲苯等。

5）安放嵌件。若塑件制品带有嵌件，则在压制前首先将嵌件去锈、除油、清洗并预热，然后将嵌件装入模具内指定的位置。在安装嵌件时，一定要按规定将嵌件摆正，切不可倾斜，要安放牢靠，不得脱落。

6) 称料加料。按工艺要求，选用适当的塑料器皿进行取料，并加放在模具料室内。加料的多少一般通过计算或试模后确定。加料时应迅速，对于不易填满的部位要多装。

7) 合模、加压。装料后即可合模。当凸模未接触塑料粉时，应快速闭合；接触到塑料粉时，速度应放慢些并开始加压。加压时的加压速度应按塑件成形要求而定。一般单位压力可取 25～40MPa。

8) 排气。加压后，按成形要求需将上模稍稍松开一下，使型腔内的空气排除掉，然后再继续加压。排气时间不要太长，次数也不要太多。

9) 保压硬化。排气后，按成形要求需将塑料在一定压力及温度下保压一定时间，以使其硬化成形。保压时间一般通过试模确定。

10) 脱模。硬化成形后，将上模开启，模具顶出系统动作，顶出塑件。塑件顶出时一定要平稳，以免塑件由于受力不均而变形。

11) 整形。对于一般薄壁塑件，为了预防变形，在脱模后，应立即放在整形模中进行整形。

(2) 使用要点：

1) 开机前应仔细检查模具型腔内是否有其他杂物，以确保型腔内清洁，同时检查嵌件是否符合要求。

2) 模具在使用过程中，温度变化要均匀，切勿过冷或过热。并定时对模具活动部位及导向部位涂以润滑剂。

3) 适当使用脱模剂。

4) 卸件时，要防止刮伤模具及塑件表面。每次压制前，要仔细检查型腔内是否有脱掉的嵌件或残渣，以防压制时损坏模具。

5) 制品卸出后，一定要清理型腔。一般用压缩空气吹净或用硬木制小刮刀清除残料及异物。

6) 模具在使用一段时间后，要定期清理模具周围的污物和杂质。

(二) 塑料模具的维护与保养

1. 塑料模具的维护

(1) 模具的日常维护。塑料注射模具的使用寿命取决于四个因素：①合理的模具结构；②精密的加工工艺；③严格的选材和热处理规范；④精心的维护，妥善的保管。其中第④项内容是延长模具使用寿命，保证模具正常工作的重要环节。要搞好这一环节，对模具进行有效的保养和维护，使用者就必须做好以下几项工作：

1) 模具装机后，要先进行空模运转。观察各部位运转的情况，动作是否灵活，是否有不正常的现象，顶出距、开启距是否到位，闭模时分型面是否吻合严密，装模螺钉是否拧紧等，都要仔细检查。

2) 模具上的滑动部件，如导柱、复位杆、顶杆、导轨等部位均应适时擦洗，加注润滑油脂，以保证滑动部位的运动灵活，防止紧涩、咬死。每班至少加注 1~2 次，每次油脂的加注量不宜太多。

3) 每次合模均应注意型腔内是否清理干净，绝对不允许留有残余制品或其他任何异物。

若要安放预埋件，则必须安放到位且牢靠，严防松动脱落在型腔内压坏模具。

4) 透明制品的型腔、型芯表面光亮如镜，其表面有脏物时绝对不能用手去抹或用棉丝去擦，应用压缩空气吹净，或用高级餐巾纸和高级脱脂棉蘸上酒精轻轻地擦拭干净。擦拭时，操作者应佩戴丝绸手套。

5) 操作人员需离开机台，临时停机时，应使模具闭合，不让型腔和型芯暴露在外，以防意外损伤。

6) 型腔表面要定期进行清洗、擦拭。擦洗时，可用醇类或酮类制剂，擦洗完后要及时吹干。

7) 型腔表面要按时进行防锈处理，尤其是在潮湿的环境下。当模具停用 24h 以上时，可涂刷无水黄油进行防锈处理；而当停用时间较长（1 年之内）时，应喷涂防锈剂。在进行防锈处理之前，应用棉纱擦洗型腔或模具表面，并用压缩空气吹干净，否则效果不好。

8）易损件应适时更换。导柱、导套、顶杆、复位杆等活动件因长期使用而有磨损，需定期检查并及时更换。一般在使用 3 万～4 万次左右就应更换。

9）应适时检查并调整配合间隙。保证配合间隙不能过大，以防塑料流入配合孔内而影响制件质量，甚至啃坏模具。

10）临时停机后开车，应打开模具，检查侧向抽芯限位是否移动（主要观察用滚珠、弹簧限位的滑块），未发现异常后方可合模，并作两次空模往复运动。总之，开车前，一定要小心谨慎，不可粗心大意。

11）在生产中若听到模具发出异响或出现其他异常情况，应立即停机检查，并及时处理。

12）在交接班时，除了交接生产、工艺等有关记录外，还应对模具的使用状况作出详细的交待。

13）当模具完成制品生产数量，要下机更换其他模具时，应将该模具型腔内涂上防锈油，将模具及其附件，并附上最后一件生产合格的制品作为样件一起送交保管员。还应送交一份模具使用单，在单内详细说明该模具的性能状态、所用设备、使用时间、生产数量、使用情况等内容。若模具有问题，则应在使用单上填写该模具所存在的问题，提出修理或完善的具体要求，并交一件未经修"飞边"的制品实样给保管员，以便留作模具维修时作参考。

（2）模具分型面的保护。分型面是定模和动模两大部件的分界线，同时又是型腔和型芯的基准面。当模具经过一段时间的使用后，原本清晰光亮的分型面，会出现凹坑或麻面，尤其是在型腔的沿口处，其结果会使制件产生飞边和毛刺。因此，需采取一些措施来提高分型面的硬度，防止分型面的磨损和损坏。通常保护分型面的措施有：

1）对分型面沿口处进行局部淬火。小型模具，可直接将型腔零件进行淬火处理；而大型模具，则采用火焰局部淬火的方法提高分型面的硬度。

2）在分型面上应避免暴露出螺纹孔，以便清理残余料渣，并防止在合模时压坏分型面。要求装配用的螺纹孔尽量不钻透分型面，应做成盲孔。

3）分型面上的导柱孔、回程杆过孔及拉料杆的配合孔，必须在分型面的出入口处倒角，否则容易出现导柱与回程杆及拉料杆被拉伤、啃坏和卡死的现象，如图 14-14 所示。

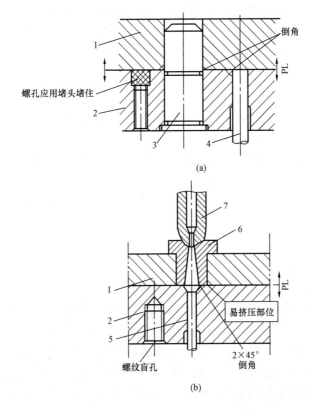

图 14-14　分型面上的滑动配合孔均应倒角

（a）导柱孔与回程杆孔的倒角；（b）拉料杆孔的倒角

1—定模；2—动模；3—导柱；4—回程杆；5—拉料杆；6—浇口套；7—喷嘴

4）分型面上孔穴位置的布局应尽量避免影响到型腔的刚度和强度。

2. 意外事故的预防

意外事故泛指异物掉入型腔内未被发现就合模，造成型腔和型芯被挤压损坏的现象。对意外事故的预防在于平时的仔细检查，在于按使用要求认真操作，以及按技术标准及时维护。对意外事故的预防可从以下几方面进行：

（1）平时停机时，最好把模具闭合，以防杂物混入模具内。

（2）开机时，观察模具表面或内部是否有异物，模具的四周压板是否松动，侧向抽芯滑块和推杆、推板是否动作灵活。

（3）在第一次合模和开模时，动作应缓慢，细心检查模内是否干净，静听模具启合是否有异声。

（4）工作时应细心观察，认真操作，定期检查。对易损件应及时更换。

（5）对某些零件在使用中出现的质量问题，结构不可靠、动作不灵活等，都应及时更换、修复和改进。不允许使用那些带隐患、带伤痕的零件。

3. 塑料模具的保管

（1）保管要求。

1）建立模具库，设置专人保管模具。

2）划分存放区间，制定管理规则。

3）建立模具档案，确保生产秩序。

（2）保管工作：

1）记录模具概况，即模具的名称、编号、座号、入库时间。若模具是本厂自制，则记录模具设计、制作的时间及人员姓名等。若模具是外厂定做，则记录制造厂家的名称、地址、电话及联系人。

2）档案内存入模具试模合格证、模具结构总图和模具易损件、备用件的零件图等技术资料。在总图上要明显标注模具的整体尺寸：长×宽×高。

3）随模入库附件要有记录。内容包括：①制品上金属或非金属嵌件图样；②成型预埋件图纸；③装卸预埋件的辅助工具及其他定型胎具资料；④加工该模具的型腔、型芯的成形电极、压形冲头等专用工装与工卡具等，均与模具存放在一起，便于修模复制时使用。

4）要有模具的领用记录、修模记录和交接使用记录等。

5）模具库内的模具每年应清点一次，保留有用的合格模具。对于报废模具或变相报废的模具，应报有关部门及时予以处理。

二、冲压模具的维护与保养

冲模在工作时要承受很大的冲击力、剪切力和摩擦力，对其进行精心的维护和保养对保证正常生产的运行，提高制件质量，降低制件成本，延长冲模的使用寿命，改善冲模的技术状态非常重要。为此，应做到以下几点：

（1）冲模在使用前，要对照工艺文件检查所使用的模具和设备是否正确，规格、型号是否与工艺文件统一，了解冲模的使用性能、结构特点及作用原理，熟悉操作方法，检查冲模是否完好。

（2）正确安装和调试冲模。

（3）在开机前，要检查冲模内外有无异物，所用毛坯、板料是否干净整洁。

（4）冲模在使用中，要遵守操作规程，随时检查运转情况，发现异常现象要随时进行维护性修理，并定时对冲模的工作表面及活动配合面进行表面润滑。

（5）冲模使用后，要按操作规程，将冲模卸下，并擦拭干净，涂油防锈。一般在导套上端用纸片盖上，防止灰尘或杂物落入导套内。冲模使用后检查技术状态，并完整及时地交回模具库，或送往指定地点存放。

（6）设立模具库，建立模具档案。模具库应通风良好，防止潮湿，便于模具的存放和取出，并设专人进行管理。

（7）冲模应分类存放并摆放整齐，小型模具应放在架上保管，大、中型模具应放在架的底层，底面用枕木垫平。在上下模之间垫以限位木块（特别是大、中型模具），以避免卸料装置长期受压而失效。

1. 造成冲裁模修理的主要原因

生产中造成冲裁模修理的原因很多，其中主要有以下几个方面：

854

（1）冲模零件的自然损坏。在生产中，由于冲裁模在短促的时间内，承受很大的冲击力和摩擦力，使相互接触的冲模零件磨损，或使固定件由于激烈振动而松动，这种现象称为模具零件的自然损坏。自然损坏在以下几个方面表现比较突出：

1）导向零件的磨损。

2）定位销、挡料块及导料销的磨损。

3）凸、凹模间隙变大。

4）凸、凹模的刃口变钝。

5）由于冲模的长期振动导致模柄松动。

6）凸模在固定板上的固定连接松动。

（2）冲裁模制造方面的原因。冲模制造工艺不合理，也是造成冲裁模修理的原因。主要表现在以下几方面：

1）制造冲裁模零件的材料牌号不对。

2）冲模零件热处理工艺规范不正确，淬火后硬度不够。

3）安装误差大，冲模装配后，凸、凹模中心线不重合。

4）导向零件刚度不够。

5）凸、凹模加工后有倒锥。

（3）冲裁模在安装、使用方面的原因。冲裁模在压力机上安装不合理，使用时违反操作规程也是造成冲裁模损坏而需要修理的原因。主要表现在以下几个方面：

1）安装冲模时，由于清理不彻底，模座与压力机台面之间留有废料，造成冲模与台面倾斜，致使上、下模配合部位相"啃"。

2）冲模安装后，凸模深入凹模的部位太深，增大了模具承受的压力。

3）安装冲模时，压力机滑块与冲模压力中心不重合，影响压力机精度，致使模具精度降低。

4）在冲压生产中，操作者粗心大意，如一次冲裁冲两件；或冲模工作中，送、取料装置失灵，也会造成模具的损坏。

5）压力机发生故障，如操纵机构失灵也会损坏模具。

2. 冲裁模的检修原则和步骤

冲裁模在使用过程中，如发现主要部件损坏或失去使用精度时，应进行全面检修。

（1）冲裁模检修原则：

1）冲模零件的更换，一定要符合原图样规定的材料牌号和各项技术要求的规定。

2）检修后的冲模一定要进行试冲和调整，直到冲制出合格的制件后，方可交付使用。

（2）冲裁模的修理步骤：

1）冲模检修前应使用汽油或清洗干净。

2）将清洗后的冲模，按图样的技术要求检查损坏部位、损坏情况。

3）根据检查结果编制工艺卡，卡片上记载如下内容：冲裁模的名称、模具号、使用时间、冲模检修原因及检修前制件质量、检查结果及主要损坏部位、确定修理方法及修理后能达到的要求。

4）按修理工艺卡上规定的修理方案拆卸损坏部位。拆卸时，可以不拆的应尽量不拆，以减少重新装配时的调整及研配工作。

5）将拆下的损坏零件，按修理卡片进行修理。

6）将修理好的零部件进行安装调整。

7）将重新调整后的冲模试冲，检查故障是否排除，制件质量是否合格，直至故障完全消除并冲出合格的制件后方可交付使用。

3. 冲模临时修理的主要内容

冲模在使用中会发生一些小故障，修理时不必将模具从压力机上卸下，可切断电源后直接在压力机上修理。这样修理模具既省工时又不延误生产，一般称为临时修理。冲模的临时修理主要包括以下内容：

（1）利用储备的易损件更换已损坏的零件。准备易损件包括两种：一种是通用的标准件，如螺钉、定位销、模柄、弹簧和橡胶等；另一种是冲模易损件，如凸模、凹模及定位装置等。这些易损件应记录在冲裁模管理卡中，以备查用。

（2）用磨石刃磨已变钝的凸、凹模刃口。

（3）紧固松动的螺钉和更换失效的卸料弹簧或橡胶。

（4）紧固松动的凸模。

（5）调整冲裁模间隙。

（6）更换新的顶杆、卸料杆等。

4. 冲裁模常用修理工艺方法

（1）凸、凹模刃口的修磨。凸、凹模刃口变钝会使制件剪切面上产生毛刺，从而影响制件质量。刃口修磨方法如下：

1）凸、凹模磨损较小时，为了减少冲模拆卸而影响定位销和销孔配合精度，一般不必将凸模卸下，可用几种不同规格的磨石，加煤油直接在刃口面上顺一个方向来回研磨，直到刃口光滑锋利为止。

2）凸、凹模磨损较大或有崩裂现象时，应拆卸凸、凹模，用平面磨床磨削刃口。

（2）凸、凹模间隙变大的修理。凸、凹模的磨损，会使凸、凹模间隙增大，使制件产生毛刺而影响制件质量。可采用局部锻打的方法修正凸模或凹模刃口尺寸，使其恢复到原来的间隙值。

（3）凸、凹模间隙不均匀的修理。冲裁模间隙不均匀会使制件产生单边毛刺或局部产生第二光亮带，严重时，会使凸、凹模"啃口"而造成较大的事故。凸、凹模间隙不均匀产生原因及修理方法如下：

1）导向装置刚性差，精度低，起不到导向作用，使得凸、凹模发生偏移引起间隙不均。

修理方法：一般是更换导向装置。有时也可对导柱、导套进行修理，方法是给导柱镀铬，然后按要求重新研配导柱直至合格。

2）凸、凹模定位销松动失去定位，使凸、凹模移动而造成间隙不均匀。

修理方法：先把凸、凹模刃口对正，使间隙恢复到原来的均匀程度，然后用夹板夹住，把原来的定位销孔再用铰刀扩大 0.1～0.2mm，重新配装定位销，使模具间隙恢复到原来的要求。

（4）更换小直径的凸模。冲压过程中，由于板料在水平方向的错动，直径较小的凸模很容易折断，其更换方法如下：

1）将凸模固定板卸下，并清洗干净，使其表面无脏物及油污。

2）把卸下的凸模固定板放在平板上，使凸模朝上，并用等高垫块垫起。

3）将铜棒对准损坏的凸模，用手锤敲击铜棒，将凸模从凸模固定板上卸下。

4）将新的凸模工作部分向下，引进已翻转过来的固定板型孔内，并用手锤轻轻敲入固定板中。

5）磨削换好凸模的固定板组件的刃口面，直到与未更换的凸模保持在同一平面为止。

6）将凸模组件装配到模具上，并调整凸、凹模间隙，试冲出合格制件方可交付使用。

（5）大、中型凸、凹模的补焊。对大、中型冲模，凸、凹模有裂纹和局部损坏时，用补焊法对其进行修补时，焊条和零件材料要相同。注意修补后要进行表面退火，以免零件变形。退火后要再进行一次修整。

5. 冲压件质量分析及冲模的修整

（1）根据冲裁件质量分析对冲裁模进行修整。根据冲裁件缺陷，通过质量分析，找出产生缺陷的原因，最后通过修理和调整消除影响，见表 14-14。

表 14-14 冲裁质量分析

序号	质量问题	原因分析	解决办法
1	制件断面光亮带太宽，有齿状毛刺	冲裁间隙太小	对于落料模，应减小凸模，并保证合理间隙；对于冲孔模，应加大凹模，并保证合理间隙
2	制件断面粗糙，圆角大，光亮带小，有拉长的毛刺	冲裁间隙太大	对于落料模，应更换或返修凸模，保证合理间隙；对于冲孔模，应更换或返修凹模，保证合理间隙
3	制件断面光亮带不均匀或一边有带斜度的毛刺	冲裁间隙不均匀	返修凸模、返修凹模或重新装配调整到间隙均匀

序号	质量问题	原因分析	解决办法
4	落料后制件呈弧形面	凹模有倒锥或顶板与制件接触面小	返修凹模、返修或调整顶板
5	校正后制件尺寸超差	落料后制件呈弧形面所致，多见于下出件冲模	修落料凹模或改换有弹顶装置的落料模
6	内孔与外形位置偏移	(1) 挡料销位置不正确 (2) 导正销过小 (3) 侧刃定距不准	(1) 修正挡料销 (2) 更换导正销 (3) 修正侧刃
7	孔口破裂或制件变形	(1) 导正销大于孔径 (2) 导正销定位不准确	(1) 修正导正销 (2) 纠正定位误差
8	工件扭曲	(1) 材料内部应力造成 (2) 顶出制件时作用力不均匀	(1) 改变排样或对材料正火处理 (2) 调整模具使顶板工作正常
9	啃口	(1) 导柱与导套间隙过大 (2) 推件块上的孔不垂直，迫使小凸模偏位 (3) 凸模或导柱安装不垂直 (4) 平行度误差积累	(1) 返修或更换导柱、导套 (2) 返修或更换推件块 (3) 重新装配，保证垂直度要求 (4) 重新修磨，装配
10	卸料不正常	(1) 卸料板与凸模配合过紧、卸料板倾斜或其他卸料件装配不当 (2) 弹簧或橡皮弹力不足 (3) 凹模落料孔与下模座漏料孔没有对正 (4) 凹模有倒锥，造成制件堵塞	(1) 修整卸料件，重新调整得当 (2) 更换弹簧或橡皮 (3) 修整漏料孔 (4) 修整凹模

(2) 根据弯曲件质量分析对弯曲模进行修整。弯曲件产生缺陷的原因及调整解决办法见表 14-15。

表 14-15   弯曲质量分析

质量问题	产生的原因	调整方法
制件产生回弹,造成尺寸和形状不合格	由于有弹性变形的存在,使制件产生回弹	(1) 改变凸模的角度和形状 (2) 减小凸、凹模之间的间隙 (3) 增加凹模型槽深度 (4) 弯曲前将坯件进行退火处理 (5) 增加矫正力或使矫正力集中在变形部分。尽量采用校正弯曲
弯曲位置偏移 轴心错移	(1) 弯曲力不平衡 (2) 定位不稳定或位置不准 (3) 无压料装置或压料不牢 (4) 凸、凹模相对位置不准确	(1) 分析产品弯曲力不平衡的原因,加以克服和减少 (2) 调整定位装置,利用制件上的孔或工艺孔定位,并尽量采用对称弯曲 (3) 增加压料装置或加大压料力 (4) 调整凸、凹模相对位置
弯曲角部位产生裂纹	(1) 弯曲内半径太小 (2) 材料纹向与弯曲线平行 (3) 毛坯的毛刺一面向外 (4) 金属材料的塑性较差	(1) 加大凸模的圆角半径 (2) 改变落料的排样,使弯曲线与板料纤维方向互成一定角度 (3) 使毛刺的一面在弯曲的内侧,光亮带在弯曲的外侧 (4) 改用塑性好的材料
制件表面擦伤或壁部变薄 挤光	(1) 凸、凹模之间间隙太小,板料受挤变薄 (2) 凹模圆角半径过小,表面太粗糙 (3) 板料粘附在凹模上 (4) 压料装置压力太大	(1) 适当加大间隙 (2) 修光表面,尤其是凹模的圆角半径 (3) 提高凹模表面硬度,如采用镀铬或化学处理等。保持表面润滑 (4) 减小压料力

质量问题	产生的原因	调整方法
制件尺寸过长或不足	（1）凸、凹模间隙过小，将材料挤长 （2）压料装置的压力过大，将材料挤长 （3）制件展开尺寸错误	（1）适当加大间隙 （2）减小压料力 （3）落料尺寸应在试模后确定
弯曲件底部不平	（1）压（卸）料杆着力点分布不均匀，卸料时将件顶弯 （2）压料（顶料）力不足	（1）增加压料（顶料）杆件数，并使之分布均匀 （2）适当增大压料（顶料）力
弯曲件产生翘曲和弯形	（1）弯曲力作用不均匀 （2）制件定位不稳定，有回跳 （3）模具结构不合理	（1）增加弯曲作用力，并增加校正工序 （2）修正定位装置，调整好工作位置 （3）修整模具结构，调整工艺方法
制件弯曲后不能保证孔位尺寸 L，或两孔中心连线与弯曲线不平行	（1）弯曲部位出现外胀现象 （2）制件展开尺寸不对 （3）定位不正确	（1）改进弯曲方法，增加弯曲高度 （2）准确计算毛坯尺寸 （3）修正定位装置，改进结构

（3）根据拉深件质量分析对拉深模进行修整。拉深件质量缺陷产生的原因，修理和调整消除影响的解决办法，见表14-16。

表 14-16　　　　　　　　拉深质量分析

问题	简图	产生的原因	调整方法
凸缘起皱、零件壁部被拉裂		压边力不足或不均匀，凸缘部分起皱，无法进入凹模而被拉裂	加大压边力，或提高压边圈的刚度

续表

问题	简图	产生的原因	调整方法
壁部被拉裂		(1) 材料承受的径向拉应力太大 (2) 凹模圆角半径太小 (3) 润滑不良 (4) 材料塑性差	(1) 减小压边力 (2) 增大凹模圆角半径 (3) 加用润滑剂 (4) 使用塑性好的材料,采用中间退火
凸缘起皱		(1) 凸缘部分压边力太小,无法抵制过大的切向压边力引起的切向变形,因而失去稳定,形成皱纹 (2) 材料较薄	(1) 增加压边力 (2) 适当加大厚度
边缘呈锯齿状		毛坯边缘有毛刺	修整前道工序落料凹模刃口,使之间隙均匀,毛刺减少
制件边缘高低不一致		(1) 坯件与凸、凹模中心线不重合 (2) 材料厚度不均匀 (3) 凸、凹模圆角不等 (4) 凸、凹模间隙不均匀	(1) 重新调整定位,使坯件中心与凸、凹模中心线重合 (2) 更换材料 (3) 修整凸、凹模圆角半径 (4) 校匀间隙
断面变薄		(1) 凹模圆角半径太小 (2) 间隙太小 (3) 压边力太大 (4) 润滑不合适	(1) 增大凹模圆角半径 (2) 加大凸、凹模间隙 (3) 减小压边力 (4) 毛坯件涂上合适的润滑剂后冲压
制件底部被拉脱		凹模圆角半径太小,使材料处于被切割状态	加大凹模圆角半径
制件边缘起皱		(1) 凹模圆角半径太大 (2) 压边圈不起压边作用 (3) 凸、凹模间隙过大	(1) 减小凹模圆角半径 (2) 调整压边圈结构,加大压边力 (3) 减小凸、凹模之间的间隙

问题	简图	产生的原因	调整方法
锥形件斜面或半球形件的腰部起皱		（1）压边力太小 （2）凹模圆角半径太大 （3）润滑油过多	（1）增大压边力，或采用拉深肋 （2）减小凹模圆角半径 （3）减少润滑油或加厚材料，几片坯件叠在一起拉深
盒形件角部破裂		（1）模具圆角半径太小 （2）间隙太小 （3）变形程度太大	（1）加大凹模圆角半径 （2）加大凸、凹模间隙 （3）增加拉深次数
制件底部不平有凹陷		（1）坯件不平 （2）顶料杆与坯件接触面太小 （3）缓冲器弹顶力不足 （4）无排气孔或排气孔太小	（1）平整毛坯 （2）改善顶料装置结构 （3）更换弹簧或橡胶块 （4）设置并疏通排气孔
盒形件直壁部分不直		角部间隙太小	放大凸、凹模角部间隙，减小直壁间隙值
制件表面擦伤，壁部拉毛		（1）模具工作部分不光洁或圆角半径太小 （2）毛坯表面及润滑剂有杂质 （3）拉深间隙不均匀或太小	（1）研磨修光模具的工作平面和圆角 （2）清洁毛坯，使用干净的润滑剂 （3）调整拉深间隙
盒形件角部向内折拢，局部起皱		（1）材料角部压边力太小 （2）角部毛坯面积偏小	（1）加大压边力 （2）增加毛坯角部面积
阶梯形制件局部破裂		凹模及凸模圆角太小，加大了拉深力	加大凸模与凹模的圆角半径
制件完整但呈歪扭状		（1）排气不畅 （2）顶料杆顶力不均匀	（1）加大排气孔 （2）重新布置顶料杆位置

问题	简图	产生的原因	调整方法
拉深高度不够	—	(1) 毛坯尺寸太小 (2) 拉深间隙太大 (3) 凸模圆角半径太小	(1) 放大毛坯尺寸 (2) 调整间隙 (3) 加大凸模圆角半径
拉深高度太大	—	(1) 毛坯尺寸太大 (2) 拉深间隙太小 (3) 凸模圆角半径太大	(1) 减小毛坯尺寸 (2) 加大拉深间隙 (3) 减小凸模圆角半径
制件拉深层壁厚与高度不均		(1) 凸模与凹模不同心,向一面偏斜 (2) 定位不准确 (3) 凸模不垂直 (4) 压边力不均匀 (5) 凹模形状不对	(1) 调整凸、凹模位置,使之间隙均匀 (2) 调整定位零件 (3) 重新装配凸模 (4) 调整压边力 (5) 更换凹模
制件底部周边形成鼓凸	—	(1) 拉深作用力不足 (2) 凹模圆角半径过大 (3) 间隙过大	(1) 增大拉深作用力 (2) 尽量减小凹模圆角半径 (3) 减小间隙

（4）根据翻孔质量分析对翻孔模进行修整。翻孔质量缺陷产生的原因、调整和修理解决办法见表 14-17。

表 14-17　　　　　　　　　　翻孔质量分析

序号	质量问题	原因分析	解决办法
1	制件孔壁不直	凸模与凹模的间隙太大或间隙不均匀	修整或更换凸、凹模或调整模具使间隙均匀
2	翻孔后孔口不齐	(1) 凸、凹模间隙太小 (2) 凸、凹模间隙不均匀 (3) 凹模圆角半径不均匀	(1) 修整到合理间隙 (2) 重新调整模具 (3) 修整凹模圆角
3	制件孔口破裂	(1) 凸、凹模间隙太小 (2) 坯料太硬 (3) 冲孔断面有毛刺 (4) 孔口翻边太高	(1) 修整到合理间隙 (2) 更换材料或将坯料进行退火处理 (3) 调整冲孔模的间隙或改变送料方向 (4) 改变工艺,降低翻边高度

（5）根据翻边质量分析对翻边模进行修整。翻边质量缺陷产生的原因、调整和修理解决办法见表 14-18。

表 14-18　　　　　　　　　翻边质量分析

序号	质量问题	原因分析	解决办法
1	翻边不直	（1）凸、凹模间隙太大 （2）凸、凹模间隙不均匀	（1）修整或更换凸、凹模 （2）调整模具使间隙均匀
2	边缘不齐	（1）凸、凹模间隙太小 （2）凸、凹模间隙不均匀 （3）坯料放偏 （4）凹模圆角半径不均匀	（1）修整到合理间隙 （2）重新调整模具 （3）须修正定位件 （4）修整凹模圆角
3	边缘有皱纹	（1）凸、凹模间隙太大 （2）坯料外轮廓有突变的形状	（1）修整或更换凸、凹模 （2）将坯料外轮廓改为圆滑过渡的形状
4	外缘破裂	（1）凸、凹模间隙太小 （2）凸模或凹模的圆角半径太小 （3）坯料太硬	（1）修整到合理间隙 （2）加大圆角半径 （3）更换材料或将坯料进行退火处理

（6）根据冲件质量分析对多工序级进模进行修整。目前由于重视对级进模结构的研究和模具零件精密加工技术的进步，有条件制造出能保证冲件质量并正常稳定地进行高速冲压的模具，从而使级进模日趋发展。根据冲件质量分析对多工序级进模进行调整和修理以消除冲件缺陷的方法见表 14-19。

表 14-19　　　　　　　多工序级进模冲件的质量分析

序号	缺　陷	消除方法
1	冲件粘在卸料板上	在卸料板上装置弹性卸料钉
2	冲孔废料粘住冲头端面	采取防止废料上粘的各种措施
3	毛刺	模具工作部分材料用硬质合金
4	印痕	调节弹簧力
5	小冲头易断	小冲头固定部分采用镶套，采用更换小冲头方便的结构
6	卸料板倾斜	卸料螺钉采用套管及内六角螺钉相结合的形式

序号	缺　陷	消除方法
7	凹模胀碎	严格按斜度要求加工
8	工件成形部分尺寸偏差	修正上、下模，修正送料步距精度
9	孔变形	模具上有修正孔的工位
10	拉深工件发生问题	增加一些后次拉深的加工工位和空位
11	每批零件间的误差	对每批材料进行随机检查并加以区分后再用

三、压铸模具的使用、维护与保养

（一）压铸模的使用

压铸模是在高温、高压下进行工作的，其工作过程是通过压铸机将熔融的金属合金压入到压铸模型腔内成形来实现的。为了使用好压铸模，控制和保持金属流动时的彼此融合，使之充满压铸模型腔的所有凹孔和深处，应选择好熔融合金的压铸温度和模具的工作温度。并且在使用之前，需对压铸模进行预热；在使用时，还需对压铸模进行冷却和润滑。

1. 熔融合金的压铸温度

用压铸模加工制品零件所用的金属合金主要有铝合金、锌合金、镁合金及铜锌合金等，它们的压铸温度分别为：

锌合金，$420 \sim 500 ℃$；铝合金，$620 \sim 680 ℃$；镁合金，$700 \sim 740 ℃$；铜锌合金，$850 \sim 960 ℃$。

在具体选择合金压铸温度时，应根据金属合金的高温特性和压铸模的使用性能进行。其基本原则是：在合金熔液允许的状态下，尽量选择低温压铸。因为采用低温压铸能减少压室与推杆啃紧的机会，并能减少铸件中收缩孔和裂缝构成的机会。另外，只有在采用低温压铸时，才有可能使排气槽厚度增大而无金属液溅出的危险。而且，低温压铸合金熔液还可以延长压铸模的使用寿命。

2. 模具的使用规范

（1）模具的预热。在使用前对压铸模的预热，可以降低熔融合金对型腔表层的热应力作用，便于合金的流动和填充；能够改善型腔的排气条件，避免铸件成形后产生大的线收缩而引起裂纹或开裂；有利于提高模具的使用寿命。通常压铸模的预热温度为：

压铸锌合金模具，120～150℃；压铸铝合金模具，130～180℃；

压铸镁合金模具，140～200℃；压铸铜锌合金模具，180～250℃。

（2）模具的冷却。压铸模常用的冷却方法有：

1）风冷：用风扇或压缩空气吹冷。这种方法主要用于内部不含冷却装置的模具，冷却速度较慢，生产效率低，只用于小型或简单模具。

2）水冷：在模具内设置冷却通道，利用循环水冷却。水冷比风冷的冷却速度快，控制方便，使用广泛。

最为理想的是运用温控技术控制模具的温度，即在模具内设置运油管道和温控元件。先在工作前通入热油预热模具，工作时若模具温度偏高时，则自动控制通入低温油进行冷却，使模具温度始终稳定在一定的温度范围内。

（3）模具的工作温度选择：

1）选择原则。压铸模在工作时，若模具的工作温度过低，会使铸件内部结构松散，空气排出困难，难以成形。若模具的工作温度过高，铸件内部结构紧密，但铸件易粘附于型腔中，不易卸件。同时，过高的温度会使模体本身膨胀，影响铸件的尺寸精度。因此，模具的工作温度应选择在合适的范围内，一般经试验合适后，恒温控制为好。

2）选择标准。压铸模模具的工作温度，一般应按下列标准选取：

锌合金模具，150～180℃；铝合金模具，180～225℃；

镁合金模具，200～250℃；铜锌合金模具，300℃左右。

（4）模具的润滑：

1）润滑的目的。压铸模在使用时，一般要经过润滑，以便使压铸模与压铸件易于分型卸件；其次可使压铸模与压铸机活动部分得到润滑，以减少摩擦；还可使压铸模得到冷却，降低模具由于长期工作产生的热疲劳，从而延长模具的使用寿命。

2）润滑的要求。要求润滑的部位应全面、均匀，不能使铸件在型腔中粘附。所用的润滑剂应不腐蚀模具钢料，不产生有毒气体，在受热时不产生灰渣，在润滑时能均匀贴附在型腔及工作表面而不被高压金属冲走，且价格便宜。

3）润滑剂的选配。压铸模常用的润滑剂有以下几种配方：

a. 机油 85%～90%，石墨 10%～15%；

b. 石蜡 30%，黄蜡 30%，凡士林油 14%，石墨 26%；

c. 石墨 25%，甘油 20%，水玻璃 5%，水 50%。

有时也可直接用重油作为润滑剂。

4）润滑剂的使用。润滑剂可用于型腔和可动部分表面上，每次使用时，喷涂要均匀，喷量不要太大，喷涂后最好在型面上形成一层薄膜。

（二）压铸模的维护与保养

压铸模通常是在急冷急热的条件下工作的，由于受往复流动金属熔液的作用和压力的冲击与摩擦，模具的型芯和型腔会逐渐地磨损。同时，又由于合金熔液在较短的时间内充满型腔并又立即在型腔内冷却凝固，因此，压铸模的使用寿命不但受金属熔液冲击、挤压、腐蚀作用的影响，而且还受流动压力作用下的机械应力、温度在短时间内急剧变化的热应力以及合金急剧收缩的收缩力的影响，导致模具的平均使用寿命比其他模具要低得多。为了延长模具的使用寿命，应做好压铸模的维护保养及修理工作。具体方法如下：

（1）选用适当的压射速度。压射速度太高，会促使模具腐蚀，并且型腔和型芯上的沉积物增多；压射速度太低，易使铸件产生填充不足、成形成分不均匀等缺陷。通常镁、铝、锌合金相应的最低压射速度为 27、18、12m/s，铸铝的最大压射速度不应超过 53m/s，平均压射速度为 43m/s。

（2）模具的厚模板应尽量采用整料而不用叠加板的方式来保证其厚度。因为钢板厚 1 倍，其弯曲变形量就减少近 85%。

（3）电加工型腔表面留有的淬硬层和加工表面应力，应及时清除，否则会使模具在使用过程中产生龟裂、点蚀和开裂。消除淬硬层和去应力，可用磨石或研磨的办法去除，也可以在不降低硬度的情况下，用低于回火温度的去应力回火来消除。

（4）严格控制铸造工艺流程。在工艺许可的范围内，对铝液浇铸可尽量降低温度。如将铝压铸模的预热温度由 $100\sim130℃$ 提高到 $180\sim200℃$，模具的使用寿命可大幅度提高。

（5）应及时清除型腔、型芯上的沉积物，清除时应采用研磨或机械去除的方法进行。不能用喷灯加热清除，因为这会导致模具表面局部软点或脱碳点的产生，从而成为模具热开裂的祸根。在研磨或机械去除时，应以不损伤模具型面和造成铸件尺寸变化为原则。

（6）建议新模具在试模之后，无论合格与否，均应在模具未冷却至室温的情况下，进行去应力回火。另外，当模具使用5万模次后，可以每2.5万～3万模次进行一次保养，以利于减缓由于热应力所导致龟裂产生的速度和时间。

（7）对于冲蚀和龟裂较严重的情况，可以对模具表面进行渗氮处理，以提高模具表面的硬度和耐磨性。渗氮基体的硬度应控制在 $35\sim43\mathrm{HRC}$ 之间，渗氮层厚度要适宜，一般不超过 $0.15\mathrm{mm}$。应注意渗氮表面不应有油污，因为油污会造成渗氮层不均匀。

（8）采用焊接的方法修补模具的开裂和亏缺部分。具体方法是：在焊接前，先用机械加工或磨削的方法去除模具的表面缺陷，烘干所用焊条（其材料成分应与所修模具材料相同），并将模具和焊条一起预热（$4\mathrm{Cr}5\mathrm{MoSiV}$ 为 $450℃$），当表面和心部温度一致后，在保护性气体（常用氩气）下进行焊接修复。在焊接过程中，当模具温度低于 $260℃$ 时，再加热到 $475℃$ 按 $25\mathrm{mm/h}$ 保温。最后在静止的空气中完全冷却，再进行型腔的修整和精加工。注意：模具焊接后应进行加热回火处理，以消除焊接应力。

表 14-20 所示为压铸模在使用过程中常见的问题及解决的方法。

表 14-20　　　　　压铸模在使用过程中常见的问题及解决的方法

常见问题	产生的原因	解决的方法
开裂或粗裂纹	(1) 设计不合理，有尖棱尖角 (2) 模具预热不当，模温低 (3) 热处理不当 (4) 型腔表面硬度太高，韧性差 (5) 操作不当，模具存在较大应力	(1) 改进设计，尽可能加大圆角 (2) 提高预热温度 (3) 重新热处理 (4) 通过回火处理降低硬度 (5) 按正确操作规程进行操作
龟裂	(1) 模温低，预热不足 (2) 型腔表面硬度低 (3) 型腔表面应力大 (4) 型腔局部脱碳	(1) 提高预热温度 (2) 型腔淬火、渗氮，提高硬度 (3) 用回火清除表面应力 (4) 去除脱碳层后渗氮
磨损冲蚀	(1) 型腔表面硬度低 (2) 表面脱碳 (3) 型腔表面残余应力大 (4) 浇注速度过快 (5) 熔液温度过高	(1) 淬火、渗氮，提高硬度 (2) 去除脱碳层后渗氮 (3) 回火消除应力 (4) 在工艺范围内，降低压射速度 (5) 在工艺范围内，降低熔液温度
粘模拉伤	(1) 设计与使用模具材料不合理 (2) 热处理硬度不足 (3) 型腔表面粗糙 (4) 有色金属液中含铁量大于0.6% (5) 所用脱模剂不合格，过期或不纯净，含有杂质 (6) 浇注速度过快	(1) 改进设计和重新选用材料 (2) 重新热处理，提高硬度 (3) 精抛型腔表面，抛光纹理方向与出模方向一致 (4) 降低铁含量 (5) 重新换一种合格的脱模剂 (6) 在工艺范围内，降低压射速度

四、锻模的使用、维护与保养

1. 锻模的使用

(1) 锻模的检查。锻模在使用前应作必要的检查，检查的内容和方法见表 14-21。

表 14-21　　　　　　　　　　　锻模的检查项目

检查项目	检查内容和要求
锻模制造质量的检查	（1）试锻制品的形状及尺寸精度要合格 （2）模具的尺寸、形状及表面质量要符合技术要求 （3）上、下模无明显的错移，模具的各部位应完整无损，无明显裂纹
锻模安装质量的检查	（1）锻模安装在设备上应装正夹紧 （2）上、下模的燕尾基面要互相平行且与运动方向垂直 （3）燕尾支承面与锻模分型面要相互平行 （4）模具的燕尾基面与设备的燕尾支承面不应有间隙，燕尾的高度应大于槽的深度
滑块与导轨间间隙的检查	一般要求间隙应取最小值，即在保证正常作业的情况下，应测得间隙为最小值。间隙不要太大，否则锻打时容易打坏模具
锤锻模的检查	（1）上、下模锁扣间隙不宜过大（≤0.2mm） （2）燕尾的上、下模合模后要与基面平行，圆角部分要求圆滑，不得有凸、凹现象 （3）模具的尺寸、形状和表面质量要符合设计的技术要求和规定的标准 （4）模具的各部位完整无损，无明显的裂纹 （5）对试件或铅样应认真检查几何形状和尺寸精度，必须符合锻件图的要求，不允许有明显的错位
机锻模的检查	（1）制坯、预锻、终锻各模具的上、下模高度要求一致，决不允许终锻模低的情况出现 （2）顶料棒在模具的孔内应活动自如 （3）上、下模基面要求一致，外形尺寸也应严格一致，尺寸误差不得超过 0.5mm
平锻模的检查	（1）上、下模体的夹持基面要求与模体平面垂直并在同一直线上，偏差一般不超过 0.2mm （2）上、下模体的镶块槽要求对应于夹持基面及模体与夹持面垂直的基准面，并检查各工位的坐标尺寸要求 （3）保证各紧固螺孔位置符合图纸要求 （4）对于冲头夹持器，应检查各工位夹持器的端面（即与冲头柄部的接触面）的一致性以满足产品尺寸要求

（2）锻模的预热。锻模在使用前必须进行预热，预热的目的、方法等见表14-22。

表 14-22　　　　　　　　　　**锻 模 的 预 热**

项　目	说　　明
预热的目的	（1）经预热后的锻摸，能获得较好的综合机械性能，避免了锻模在使用过程中的破裂，提高了锻模的使用寿命 （2）预热后的锻模可使模具表面与模体的温差降低，减少了模具表面层的热应力作用，有利于延长锻模的使用寿命 （3）预热后的锻模可减缓锻件表层的冷却速度，有利于金属的流动，易于充满模腔，提高锻件的质量
预热的方法	（1）炉门口烘烤：将锻模放在炉门口烘烤。其方法简单，但烘烤时间长。适用于小型移动式锻模的烘烤 （2）红热钢块烘烤：将加热到 1000～1100℃ 的钢块，放在锻模的上、下模之间进行烘烤。其方法简单，但预热时间较长，对模具表面有损害，甚至会引起火灾，降低模具的使用寿命。这适用于大型及固定式锻模 （3）煤气喷嘴预热：利用煤气喷嘴、油喷嘴或电热器、工频加热器预热。适用于各种结构形式的锻模 （4）休停保温：模具在停工（休息）时，应用红热钢块或煤气喷嘴进行保温加热
预热温度及其测量方法	锻模预热的温度：150～350℃ （1）用温度计测温 （2）经验测温：如放上白纸，看白纸是否变黄；滴上水或唾液，看其是否迅速蒸发等 （3）合金测温：将测量合金（36%铅＋64%锡，熔点180℃；或99%锡，熔点232℃）锻成 0.5～1mm 的薄片与模具接触，如在 2～3s 内熔化，则表明模具温度比合金温度高 50～100℃，预热合适 （4）用快速测温笔划在模具之上，若2s内变成指定颜色，表明模具达到预热温度

（3）锻模的冷却。在模锻过程中，高温金属不断把热量传给锻模，使得锻模的温度逐渐升高。当温度高于 400℃ 时，锻模会产生局部回火而使得模腔软化和压塌，从而降低锻模的寿命。因此，在模锻时，必须对模具进行冷却。锻模冷却的方法见表14-23。

表 14-23　　　　　　　　　　　锻模的冷却方法

冷却方法	说　　明
水冷	（1）冷水及食盐水冷却，主要用于 T7、T8、40Cr、45Mn 等材料的锻模 （2）热火（40～60℃）冷却，主要用于 5CrMnMo、3Cr2W8 材料的胎模及锤锻模
空冷	用压缩空气吹冷或用压缩空气将食盐水喷成雾状进行模具冷却
间歇冷却	胎模锻时，采用多副胎模或胎模易损零件（模垫、冲头、镶块等）间歇轮换使用，增加冷却的机会
循环冷却	冷却液在模内循环流动，进行冷却

注　当采用外冷时，冷却液从锻模外流动，易于在模膛表面产生拉应力。为此，开始时模具的降温不宜过快

（4）锻模的润滑：

1）润滑的作用是：①润滑可减少金属在流动过程中与模膛之间的摩擦及锻模的磨损，并能提高模具的使用寿命，同时对模具兼有冷却作用；②润滑可使金属容易充填模膛，使锻件充分成形，并较容易地从模膛内取出，不至于产生粘模现象而影响正常的生产，提高了锻件的质量。

2）润滑的要求有：①对摩擦表面要有很强的吸附力，并能形成固定的足够的润滑层，以保证锻件材料在高压下产生塑性变形时，润滑层不被挤出；②毛坯与各模膛之间的摩擦因数要低，导热性要小；③润滑剂应是无毒、无害，化学性能稳定，对环境无污染且有利于金属材料的变形，对模膛和锻件无腐蚀作用，便于涂抹，加工后便于清除；④对锻模具有冷却作用，并使锻件易于脱模。

3）润滑剂的种类。锻模所用润滑剂的种类比较多，主要有重油或废机油、盐水、湿木锯末、胶体石墨、二硫化钼及玻璃粉等。可根据锻模使用的要求予以选取。

（5）清除氧化皮。

1）清除的目的：提高锻件的质量及模具的使用寿命。

2）清除的方法：可采用多元氧化加热，或采用适当提高炉膛

温度，进行快速加热的方法。在锻坯放入模膛前，可先在铁砧板上初步刮去氧化皮，或在终锻前增加一道变形工序。用专用工具清除，例如用钢丝刷，对于圆形毛坯还可以用带有刷子的滚轮等工具清除。采用高压水强力喷除，或采用压缩空气吹除氧化皮。压缩空气的喷嘴方向，应根据模膛排列方式而定。

2. 锻模的修理

(1) 锻模损坏的原因，见表 14-24。

表 14-24　　　　　　　　　　　　锻模损坏的原因

项目	原　　因
锻模磨损	(1) 模膛表面加工粗糙，模膛内有氧化皮的存在或冷却、润滑不好 (2) 金属毛坯沿模膛流动发生强烈的摩擦，造成模膛的表面磨损及尺寸变化 (3) 锻模材料耐磨性不好，或回火温度太高，硬度不够 (4) 金属变形抗力过大，打击次数过多
模膛裂纹	(1) 锻模在忽冷忽热的条件下工作，使其材料内部受到交变的拉伸、压缩应力的作用，逐步产生网状细小的裂纹（即所谓龟裂） (2) 锻模材料冲击韧性低 (3) 锻打时预热不好或锻模本身热处理不当 (4) 模膛布置不合理 (5) 锻模燕尾与锤头接触不好，或连接件出现磨损、松动 (6) 锻造温度过低，锤击过猛，或设备吨位选择过大
模具变形	(1) 锻模局部温度过高，使锻模产生塑性变形而造成局部压塌或压堆现象 (2) 锻模材料的红硬性不好，或外部载荷过大 (3) 回火温度过高，使锻模硬度太低
锻件出模困难	(1) 在锻打过程中，由于模膛表面损坏，则在模膛表面会出现非氧化、非润滑的表面。这种表面很容易与被锻金属表面粘合在一起，发生"粘模"现象。在进一步锻打时，就有可能与金属毛坯焊合在一起，导致出模困难 (2) 锻模模膛表面过于粗糙，或模膛拔模斜度偏小

（2）锻模的维护修理：

1）锻模表面损伤及局部变形的维修。当锻模在使用过程中出现局部表面微裂纹、圆角部分隆起、凸起部分塌陷、局部开裂、模膛变形等缺陷时，可对其进行维护修理。修理的方法为：对于微小裂损，可在工位上用电动或气动砂轮机（带有软轴及磨头）、手凿、刮刀、扁铲等工具进行现场修理；对于塌陷部位，可采取挤胀修补法和撑胀修补法进行修理；对于局部开裂，可采用焊补法予以修理。

2）锻模局部锻裂及复杂型面处断裂的维修。图 14-15 所示锻模，由于预热不当、砧座不平等原因，在锻打时造成了断裂。维修时，可在锻模两侧加夹板予以焊补修理。而对于燕尾尖角外的开裂（见图 14-16），可先在裂纹一端的延长线上钻一圆孔，然后采用焊补的方法予以修复。

对于锻模局部损坏部位，还可以采用堆焊的方法进行修复。堆焊前，应将所需焊补的部位彻底清洗干净，不允许有油污或其他脏物，堆焊部位若是尖角应加工成圆角，垂直面应加工斜面。若有裂纹，则应先清洗，后加工成 V 形坡口。焊后用砂轮打磨复原，即可继续使用。

3）凸筋及飞边槽桥部损裂的维修。对于凸筋及飞边槽桥部的损裂，也可采用堆焊同类金属的方法修复。

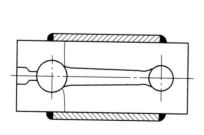
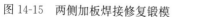

图 14-15　两侧加板焊接修复锻模

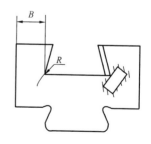

图 14-16　燕尾裂纹的修复

（3）锻模的检修工艺。锻模属热冲压模，经常与高温金属接触，模膛受热温度高。锻压时，金属在模膛内高速流动，模膛容易磨损，加上工作时承受很大的冲击力，对模精度要求较高。

以锤锻模模膛的检修为例，锤锻模模膛一般采用钳工精修工序。对模膛在未淬火前由钳工用手工操作修正机械加工中较难加工的部位，可使模膛的表面粗糙度变小，尺寸精度提高。对淬火后的模具表面，宜进行精磨或抛光操作。

精修工序比较复杂，可按模膛的形状、尺寸和用途而定。一般按以下原则进行：先加工模膛的圆柱形部分，再加工主要直线轮廓部分，最后加工复杂、细小的轮廓部分。

1) 模膛的精修。如图 14-17 所示的模膛，钳工用手工精修操作时，必须根据模膛的形状选用各种直头或弯头锉刀或刮刀，对各部分进行精修。

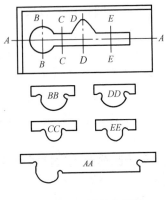

图 14-17　模膛的精修

为了保证模膛的加工质量，在精修过程中要经常用样板检验。如图 14-17 所示的模膛，要做四块尺寸、形状不同的样板来检验横向剖面形状，检验纵向 A—A 剖面还需一块样板，边检边修。

2) 模膛型面的检验。检验时，必须注意样板的安放位置，通常可在分模面上划出样板位置线，然后将样板按线插入进行分段检验。除了用样板检验外，模膛的型面有时也可用量棒或钢球分别检验圆柱、锥度、圆弧和球面。量棒和钢球都经热处理与研磨后装上手柄。检验时用着色法、把显示剂均匀涂在量棒或钢球表面，放入模膛后，轻轻摇动手柄使其在模膛表面留下色痕，以此来确定精修的部位。采用这种方法精修，其尺寸精度可达 0.05～0.10mm。

3) 校对试验。模膛精修后，上、下模应作校对试验。

对精度要求较高的锤锻模，用浇铅法。把上、下模合拢用弓形夹紧固，在模膛内灌入铅液，冷却后检验铅铸件两半重合情况，以此判断模膛精修后的效果。但由于铅在冷却时收缩量比钢大，所以对精度要求特别高的锤锻模，应在压力机上用压铅法通过试模检验。因为铅在常温下畸形收缩，所以可准确获得模膛的实际尺寸。

对尺寸较大和精度要求不高的锤锻模，可用浇注石膏的方法来检测模膛的尺寸。

第三节　模具修复手段

模具修复在模具使用过程中占有重要的地位。模具作为成形制品的工具，在使用中必然存在正常磨损而降低精度，也存在偶发事故而造成损坏。与一般设备不同的是，模具对精度状态十分敏感，一旦精度超差，就不能提供合格的制品。因此，在生产中必须仔细监督和检查模具的使用精度及寿命。制品生产企业应配备专职的模具维修工，负责模具的修复和管理工作，这是由模具的特点所决定的。

模具在使用时，出现故障的情况和原因是多种多样的，应根据不同的情况采取不同的修复手段。常用的模具修复手段有堆焊、电阻焊、电刷镀、镶拼、挤胀、扩孔和更换新件等。

一、堆焊与电阻焊

1. 堆焊

堆焊是焊接的一个分支，是金属晶内结合的一种熔化焊接方法。但与一般焊接不同，它不是为了连接零件，而是用焊接的方法在零件的表面堆敷一层或数层具有一定性能材料的工艺过程。其目的在于修复零件或增加其耐磨、耐热、耐蚀等方面的性能。堆焊通常用来修补模具内诸如局部缺陷、开裂或裂纹等修正量不大的损伤。目前应用较为广泛的是氩气保护焊接，即氩弧焊。

氩弧焊具有氩气保护性良好、堆焊层质量高、热量集中、热影响区小、堆焊层表面洁净、成形良好和适应性强等优点。但需要操作者具有丰富的经验，熟知模具材料及热处理性能，这样才能保证模具在焊接过程中不开裂、无气孔。为此，氩弧焊在使用中必须遵循以下基本原则：

（1）焊丝材料必须与所焊的模具材料相同或至少与材料相近，

硬度值相同或相近，以使模具的硬度和结构均匀一致。

（2）电流强度应控制得很小，这样可防止模具局部硬化以及产生粗糙结构。

（3）所焊零件一般需要预热，特别是对较大型零件，以减少局部过热造成的应力集中。预热温度必须达到马氏体形成温度之上，具体数值可从有关金属的相态图中获取。但加热温度不能太高（一般在 500℃ 以下），否则将增大熔焊深度。模具在整个焊接过程中，必须保持预热温度。

（4）焊后的零件根据具体情况需要进行退火、回火或正火等热处理，以改善应力状态和增强焊接的结合力。

2. 电阻焊

目前应用较普通的便携式工模具修补机，其原理可归于电阻焊之列。其可输出一种高能电脉冲，这种电脉冲以单次或序列方式输出。将经过清洁的待修复的零件表面覆以片状、丝状或粉状修补材料，在高能电脉冲作用下，修补材料与零件结合部的细微局部产生高温，并通过电极的碾压，使金属熔接在一起。此法具有熔接强度高、修补精度高、适用范围大、零件不发热、零件损伤小和修复层硬度可选等优点，主要用于尺寸超差、棱角损伤、氩弧焊不足、局部磨损、锈蚀斑和龟裂纹等的修补，但不适于滑动部位的修补。

二、电刷镀

电刷镀是电镀的一种特殊方式，即不用镀槽，只需要在不断供给电解液的条件下，用一支镀笔在工件表面上进行擦拭，从而获得电镀层。所以，电刷镀有时又称无槽电镀或涂镀。

电刷镀技术可用于模具的表面强化处理及修复工作，如模具型腔表面的局部划伤、拉毛、蚀斑磨损等缺陷。修复后，模具表面的耐磨性、硬度、表面粗糙度等都能达到原来的性能指标。

1. 电刷镀技术的原理及特点

电刷镀是在金属工件表面局部快速电化学沉积金属的技术，其原理电路如图 14-18 所示。转动的工件 1 接电源 3 的负极，电源的正极与镀笔 4 相接，镀笔端部的不溶性石墨电极用脱脂棉 5 包住，浸满金属电镀溶液，在操作过程中不停地旋转，使镀笔与工件保持着相对运动，多余的镀液流回容器 6。镀液中的金属正离子在电场作用下，在阴极表面获得电子而沉积刷镀在阴极表面，可达 0.01～0.5mm 以上的厚度。

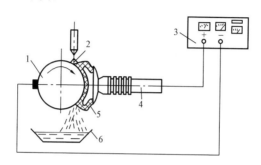

图 14-18　电刷镀原理电路

1—工件；2—镀液；3—电源；4—镀笔；5—脱脂棉；6—容器

由此可见，电刷镀技术具有如下特点：

（1）不需要镀槽，可以对局部表面刷镀。设备操作简单，机动灵活性能强，可在现场就地施工，不受工件大小、形状的限制，甚至不必拆下零件即可对其进行局部刷镀。

（2）可刷镀的金属比槽镀多，选用更换方便。电镀实现复合镀层，一套设备可镀金、银、铜、铁、锡、镍、钨、铟等多种金属。

（3）镀层与基体金属的结合力比槽镀牢固。电刷镀速度比槽镀快 10～15 倍（镀液中离子浓度高），镀层厚薄可控性强，电刷镀耗电量是槽镀的几十分之一。

（4）因工件与镀笔之间有相对运动，故一般都需要人工操作，很难实现高效率的大批量、自动化生产。

2. 电刷镀的基本设备

电刷镀的设备主要包括电源、镀笔、镀液及泵、回转台等。

（1）电源。电源由主电路和控件电路组成。主电路输出 220V 交流电经变压器降压，再以二极管或晶闸管整流，输出 100Hz 脉动直流电源。输出的电压可无极调节，通常为 0～25V；输出的额定电流一般与电压成几个等级配套。控制电路通过所耗的电量，可控制镀层厚度。

(2) 镀笔。镀笔由阳极和导电柄两部分组成。图 14-19 所示是修复沟槽凹坑用的回转式镀笔。

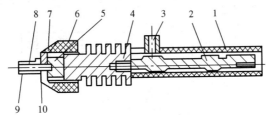

图 14-19　回转式镀笔

1—镀笔手柄；2—软轴；3—电源电缆口；4—散热器；5—阳极底座；
6—锁紧螺母；7—导电胶；8—阳极；9—包套；10—包扎布

阳极采用不溶性的石墨块制成，根据被镀工件表面的不同，备有方、圆，大小不同的石墨阳极块。在石墨块外面需包裹一层脱脂棉，在脱脂棉外再包裹一层耐磨的涤棉套。脱脂棉的作用是：饱吸、贮存镀液，防止阳极与工件直接接触造成短路和防止阳极上脱落下来的石墨微粒进入镀液。对于窄缝、狭槽、小孔、深孔等表面的电刷镀，由于石墨阳极的强度不够，需用铂-铱合金作为阳极。

(3) 镀液。电刷镀用的镀液，根据所镀金属和用途的不同有很多种，如镍、铁、铜、钴、锌、锡、铅等单金属镀液、合金镀液和复合镀液等，比槽镀用的镀液有较高的离子浓度，可自行配制，也可向专业厂、所购置。目前用于修复模具用的镀液较多采用镍基刷镀溶液和钴合金刷镀溶液。为了对被镀表面进行预处理（电解净化、活化），镀液中还包括电净液和活化液等。

小型零件表面、不规则工件表面电刷镀时，用镀笔蘸浸镀液即可；对大型表面、回转体工件表面刷镀时，最好用小型离心泵把镀液灌注到镀笔和工件之间去。

(4) 回转台。主要用以电刷镀回转体工件表面。

3. 电刷镀技术的工艺过程

电刷镀的整个工艺过程包括镀前预加工、除油除锈、电净处理、活化处理、镀底层、镀工作层和镀后检查修整等。

(1) 表面预加工。目的是去除表面上的毛刺、不平度、锥度及疲劳层，保证光洁平整，表面粗糙度 Ra 小于 $2.5\mu m$。对较深的划伤、腐蚀斑坑及沟槽表面，要用锉刀、磨条、砂轮、磨石等修形，露出基体金属，并使镀笔阳极可以接触凹部的每一个位置，如图 14-20 所示。

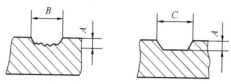

图 14-20　被修复的模具

（2）除油、除锈。工件表面上的锈蚀，严重的可用喷砂、砂布打磨；油污可用汽油、丙酮或水基清洗剂来清洗。用测量工具测量出要求修复的金属层厚度，用胶带将待修复部位邻近的表面贴覆起来，如图 14-21 所示。

（3）电净处理。首先需用电净液对工件表面进行电净处理，以进一步除去微观上的油污。对于模具修复，一般电源正接（即工件接电源负极，镀笔接电源正极），电净时阴极上产生氢气泡，使表面的

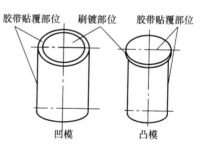

图 14-21　胶带贴覆部位

油污去除脱落。电压用 $10\sim20V$，阴、阳极相对运动速度 $6\sim8m/min$，时间 $10\sim30s$。然后用清水冲洗掉电净表面的残留镀液。

（4）活化处理。活化处理用以除去工件表面的氧化膜、钝化膜或析出的碳元素微粒黑膜。活化液按作用强弱，有 1、2、3 号之分。1 号液工件可接电源正极或负极，电压 $10\sim12V$；2、3 号工件接电源正极，电压分别为 $6\sim12V$ 及 $15\sim20V$。阴、阳极相对运动速度 $6\sim8m/min$，时间 $5\sim30s$。活化以后工件表面呈银灰色，可用清水冲洗干净。

（5）镀底层。为使获得的镀层与基体有良好的结合强度，一般采用特殊镍打底层。工件接电源负极，镀笔接电源正极。先在不通

电的情况下在待镀部位擦拭 3～5s，然后通电，在 8～15V 下进行刷镀。阴、阳极相对运动速度 10～15m/min，过渡层厚 1～3μm。

（6）镀工作层。用快速镍或镍-钨合金刷镀工作层直到恢复尺寸。工件接电源负极，镀笔接电源正极。工艺过程同上，首先无电擦拭 3～5s，然后通电，电压 8～15V，相对运动速度 10～15m/min，时间为镀至所需厚度为止。

（7）镀后检查修整。用清水冲净镀覆表面的残留镀液，擦净水渍。用吹风机吹干镀层表面，观察有无裂纹和起皮。用磨石和细砂布打磨镀层表面，使其达到表面粗糙度要求。试模检查制品尺寸，合格后进行抛光处理，使模具完全符合使用要求。

三、加工修复

1. 镶拼

用镶拼法修复模具有以下几种情况：

（1）镶件法。该法是利用铣床或线切割等加工方法，将需修理的部位加工凹坑或通孔，然后制造新的镶件，嵌入凹坑或通孔里，达到修复的目的。修补时应尽量做到该镶件正好在型腔、型芯的造型区间分界线上，如图 14-22 所示，这样可以遮盖修补的痕迹，否则镶件拼缝处会在制品上留有痕迹。

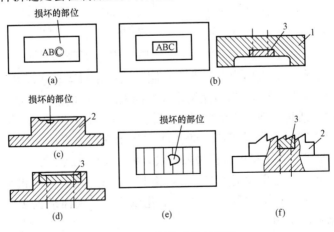

图 14-22　镶件法修补模具

1—型腔；2—型芯；3—修补用镶嵌件

（2）加垫法。该法是将大面积平面严重磨损的零件，加垫一定高度后，再加工至原来尺寸，如图 14-23 所示。A 面发生磨损，可将 A 面磨去 δ 厚，在 B 面加垫 δ 厚以补偿，相应的型芯止口处也要磨去 δ 厚。该法简便，适用性强，在模具的修复工作中经常会用到。

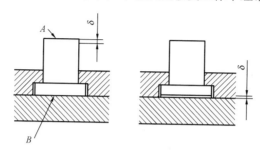

图 14-23　加垫法修复模具

（3）镶嵌法。该法是把压坏了的型腔、型芯等部件，如图 14-24（a）所示，在压坑处用凿子凿一个不规则的小坑，如图 14-24（b）所示；并用凿子把小坑周边向外稍翻卷，然后把一根纯铜烧红，退火后取一小段塞在小坑内，用碾子将纯铜踩碾实，并把小坑四周翻边踩平盖上，将纯铜嵌住，如图 14-24（c）所示；然后钳工用小锉修平，用磨石、砂纸打磨光滑即可。

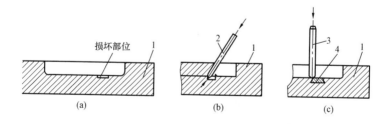

图 14-24　镶嵌法修补型腔

（a）型腔受损；（b）用凿子凿坑；（c）镶补纯铜

1—型腔；2—凿子；3—碾子；4—纯铜块

（4）镶外框法。当成形零部件在长期的交变热及应力作用下出现裂缝时，可先制成一个钢带夹套，其内尺寸比零件外尺寸稍小，成过盈配合形式，然后将夹套加热烧红后，再把被修的零件放在夹套内，冷却后零件即被夹紧，这样就可以使裂纹不再扩大。

2. 挤胀

挤胀是利用金属的延展性，对模具局部小而浅的伤痕，用小锤或小碾子敲打四周或背面来弥补伤痕的修理方法。在图14-25（a）中，分型面沿口处出现一个小缺口，此时可在缺口处附近（2～3mm）钻一个 $\phi 8 \sim \phi 10mm$ 的小孔，用小碾子从小孔向缺口处冲击碾挤，当被碰撞的缺口经碾挤后，向型腔内侧凸起时，如图14-25（b）所示，观察其凸起的量够修复的量时，就停止碾挤，把小孔用钻头扩大成正圆，并把孔底扩平，然后用圆销将孔堵平填好，再把被碾凸的型腔侧壁修复好即可，如图14-25（c）所示。

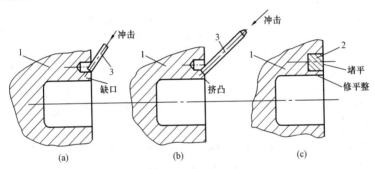

图 14-25　用碾挤法修复局部碰伤
（a）在碰伤缺口处钻孔；（b）用冲子冲击，并将侧壁挤凸；
（c）扩孔、堵平、修复
1—型腔；2—圆销（堵块）；3—碾子（无刃口的凿子）

若损坏的部位在型腔底部，可用同样方法进行修复。如图14-26（a）所示被压坏的型腔，可在其背面钻一个大于压坏部位 1 倍的深孔，距离型腔部分 h 为孔径的 $1/2 \sim 2/3$。然后碾子冲击深孔底部，使型腔表面隆起，如图14-26（b）所示。接着用圆销堵好焊死，最后把型腔底部隆起部分修平修光，恢复原状即可，如图14-26（c）所示。

3. 扩孔

当各种杆的配合孔滑动磨损而变形时，采用扩大孔径，将配用杆的直径也相应加大的方法来修复，称扩孔法。当模具上的螺纹孔

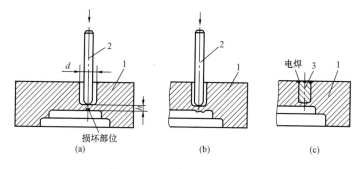

图 14-26　用挤胀法修补型腔

（a）在受伤型腔背面钻孔；（b）用碾子冲击变形；（c）堵孔、修复

1—型腔；2—碾子；3—圆销（堵头）

或销钉孔由于磨损或振动而损坏时，一般也采用此法进行修理，方法简单，可靠性很强。

4. 更换新件

这种方法主要应用于杆、套类活动件折断或严重磨损情况下的修复。对于其他部件，当采用现有的修复手段均不可行时，也需要更换新件来使模具能够正常使用。

第四节　模具修复方法

当模具出现问题后，采取何种方法进行修复，主要取决于损坏的类型及模具结构。模具维修人员应根据具体情况，制订出具体可行的修复方法并实施，以保证模具的正常运行。

一、模具寿命

1. 模具失效分类

模具失效是指模具工作部分发生严重破损，不能用一般修复方法（刃磨、抛磨）使其重新服役的现象。

模具失效分偶然失效（因设计错误、使用不当过早引起模具破损）和工作失效（因正常破损而结束寿命）两类。

2. 影响模具寿命的主要因素

模具寿命（N）指模具自正常服役至工作失效期间内所能完成

制件加工的次数。若模具在使用中需刃磨或翻修,则模具总寿命为

$$N = \sum n_i$$

式中　n_i——模具在相邻两次刃磨或翻修间隔内完成制件加工的次数。

对模具失效原因的分析,一般是将模具制造的全过程和模具的服役条件作为一个整体来考虑。其中主要影响模具服役寿命的因素如图 14-27 所示。

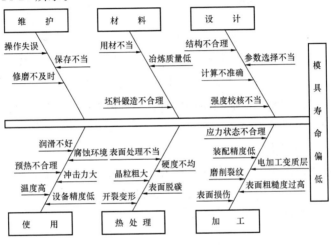

图 14-27　影响模具寿命的因素

某一类模具或某一具体模具的失效往往是这些可能因素的一种或几种造成的,因此在失效原因分析中采取逐个因素排除的方法。但首先应根据宏观失效类型结合微观失效机理进行模具失效原因的确定。

3. 冷作模具失效的主要形式（见表 14-25）

表 14-25　　　　　冷作模具失效的主要形式

失效方式		简　图	失效原因
断裂	整体断裂		脆断的特征是断口平齐、颜色一致,多因冶金缺陷、加工缺陷或过载造成。疲劳断裂主要由应力循环造成

失效方式		简　图	失　效　原　因
断裂	局部断裂		脆断的特征是断口平齐、颜色一致，多因冶金缺陷、加工缺陷或过载造成。疲劳断裂主要由应力循环造成
变　形		（镦粗、弯曲）　（模孔胀大）　（型腔下沉）	强度不够
磨　损			制件材料与模具工作面间的摩擦造成刃口变钝、棱角变圆、模腔表面损伤
咬　合			制件材料在力的作用下与模腔表面的冷焊现象造成

4. 热作模具失效的主要形式（见表 14-26）

表 14-26　　　　　　　　**热作模具失效形式**

失效方式	失效原因	失效方式	失效原因
工作部位变形	（1）用材不当或热处理工艺不合理造成的模具工作部位强度偏低 （2）模腔长期在受力及回火温度附近工作，导致强度下降	热疲劳	（1）冷-热循环热应力 （2）循环机械应力 （3）循环热-机械应力
热磨损	（1）高温下模具表面与被加工材料间的摩擦、氧化磨损、黏着磨损 （2）模具表面的氧化	断裂	（1）严重偏载造成的局部过载 （2）淬火裂纹或磨削裂纹等工艺缺陷 （3）循环应力造成的疲劳断裂

5. 提高模具制造质量的措施

(1) 提高模具制造零件的加工精度。模具零件工作部位的几何形状，如圆角半径、出模斜度、刃口角度的加工应严格按设计要求进行，在刃具或设备不能实现时，应由人工修磨并严格测量，以保证模具合理的受力状态。有配合尺寸的部位，应保证其公差或进行配磨。

(2) 降低模腔表面粗糙度。表面粗糙度的降低一方面可减少坯料的流动阻力，降低模腔的磨损率；另一方面可减少表面缺陷（刀痕、电加工熔斑等）产生裂纹的倾向。

(3) 提高模具硬度的均匀性。在热处理过程中，应保证加热温度的均匀、冷却过程的一致，并应防止表面的氧化和脱碳。淬火后应及时、充分回火。

(4) 提高模具装配精度。主要措施有：间隙量及其均匀的调整，增加配合截面及合模面的接触，保证凸模和凹模受力中心的一致性。

6. 合理使用和正确维护模具

模具的寿命是在模具的使用过程中体现出来的，因此，延长模具寿命，必须合理使用和正确维护模具。具体要求如下：

(1) 正确安装和调整。

(2) 正确的工艺操作。

(3) 对热作模具，如热锻模、压铸模、热挤压模等模具给予合理预热是非常重要的。

(4) 合理的冷却。

(5) 正确润滑。润滑是保证工艺性能和延长模具寿命的必要辅助手段，它包括正确选用润滑剂及制订润滑工艺。

(6) 模具在制造至使用之间，应解决包装与运输问题，防止模具的锈蚀、变形和碰伤。

(7) 模具暂停使用、入库存放时，应作好标记，并采取防锈措施加以保护。

(8) 为避免卸料装置长期受压缩而失效，在模具存放保管期间必须加限位木块。

（9）某些模具在使用中会产生残余内应力，应在使用一段时间后，采取去应力措施。

（10）模具型腔出现划伤或模腔表面粗糙度变大时，应及时进行打磨或抛光，以防止缺陷进一步扩大，加速模具的损坏。

二、塑料模具修复方法

（一）塑料模的修理

1. 塑料模的日常维修

（1）塑料模损坏的原因。塑料模在使用过程中会产生磨损，有时还会产生不正常的损坏。不正常的损坏多数是由于操作不当而造成的，一般有以下几种情形：

1）由于镶嵌件未放稳就合模，使模具局部型腔损坏。

2）型芯较细，由于使用不当而产生弯曲变形或折断。

3）分型面使用一段时间后不严密，溢边太厚，影响塑件的质量等。

（2）塑料模维修的方式。在一般情况下，对塑料模的维修只需局部修复即可。修复的方法有：

1）根据图样更换损坏件。

2）对于损坏的型腔，若是未淬火的零件，可用铜焊（一般采用黄铜、CO_2 气体保护焊等，焊后靠机械加工或钳工修复抛光）或局部镶嵌的方法修复；若是淬火的零件，则可用环氧树脂进行粘补。

3）对于皮纹表面的修复，则应采用特殊的工艺进行处理，如利用模具钢材料的塑性变形修复损坏表面，然后再进行局部腐蚀。

4）如果分型面不严密、溢料多，可把分型面磨平，再把型腔加工到原来的深度。

（3）塑料模维修的工作要点。对塑料模的日常维修，主要是做好以下几项工作：

1）做好备模、备件工作，以保证生产的正常进行。

2）始终保持设备处于良好的工作状态。避免由于设备损坏、导轨磨损等故障造成模具在合模时发生不应有的冲击而损坏。

3）注意模具的正确使用和润滑，定期检查模具的使用状况，发现事故隐患应及时排除。

4）注意模具的疲劳损坏。塑料模具在长期的使用过程中，由于受到周期性内应力的作用而易产生疲劳损坏，应定期进行消除内应力的处理，防止出现疲劳裂纹。

5）当塑料模具由于塑件中低分子挥发物的腐蚀作用，使得型腔表面变得越来越粗糙，并导致制件质量下降时，应及时对型面进行研磨、抛光处理。

6）模具修理应尽量消除预埋件，以便实现自动化生产。

2. 塑料模的常规修理

塑料模具在长期使用过程中，某些间隙配合的活动零、部件较容易磨损，如导柱、导套等导向零件，侧向抽芯滑块和侧抽型芯等抽拔零件，限位、锁紧等定位零件，推杆、回程杆、拉料杆等结构零件。它们在工作中都相互摩擦，较易损坏，称为易损件。此类零件均为标准件。它们的损坏主要是磨损和拉伤，严重的有折断、啃坏和卡死现象。对于一般磨损拉伤的修复，可用磨石、砂布打磨；而对严重拉伤或啃坏，甚至折断的修复，必须更换新件。

（1）导柱和推杆的损坏原因及修理方法。

1）损坏的原因。一般导柱与推杆单面严重拉伤、磨损和断裂的原因有以下几种情况：

a. 导柱与导套或推杆与推杆孔配合太紧，容易拉伤。多根导柱或多根推杆配合松紧不一致，则会导致顶出力不平衡，产生偏荷而引起损坏。

b. 导柱孔或推杆的安装孔与分型面不垂直，使开模时导柱轴线与开模运动方向不平行。推杆顶出时，与顶出运动方向不平行而产生扭力作用，易拉伤、啃坏或折断导柱或推杆，如图 14-28 所示。

c. 动模部分在注射机上安装时若有下垂现象，则它在合模时，与定模导套孔插入时产生扭力而引起导柱或推杆的拉伤、啃坏或折断。

d. 推杆固定板与推板太薄、刚性不够，在顶出制件时会产生弹性或塑性变形，如图 14-29 所示，引起推杆中心线与顶出运动方

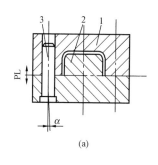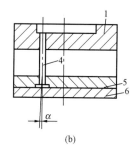

图 14-28　导柱孔和推杆安装孔不垂直

（a）导柱孔与分型面不垂直；（b）推杆安装孔与分型面不垂直

1—型腔；2—型芯；3—导柱；4—推杆；5—推杆固定板；6—推板

向不平行而造成扭力，致使推杆拉伤、啃坏或折断。

e. 在模具分型面上没有设置定位装置，斜分型面上没有设置限位台阶等，都会造成导柱拉伤、啃坏和断裂。

f. 推板和推杆固定板无导向驱动，在卧式注射机上因自重下垂而产生偏荷力矩，推杆

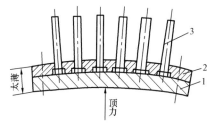

图 14-29　推杆固定板与推板受顶力产生变形

1—推板；2—推杆固定板；3—推杆

易单面磨损，推杆孔上端易磨成椭圆形，如图 14-30 所示。

g. 导柱与推杆的淬火硬度不够而造成损坏。一般要求导柱的硬度不低于 55HRC，推杆的硬度不低于 45HRC。并要求导套的硬度不低于导柱硬度为宜。

h. 导柱、导套和推杆、推杆孔的配合处有污物或缺少润滑。

2）修理的方法如下：

图 14-30　推杆固定板与推板因自重下垂

1—推板；2—推杆固定板；3—推杆；4—型腔

a. 调整配合状态，使配合松紧程度一致。当连接部分出现松动时，应随时予以紧固。

b. 调整导柱孔或推杆安装孔与分型面的垂直度，使之符合生产要求。对产生变形的导柱或推杆应进行校正、修直。

c. 推杆固定板和推板必须有足够的厚度和刚度。对淬火硬度达不到要求的导柱或推杆，应重新进行热处理或予以更换。

d. 为了保护导柱免受径向应力作用，在模具的分型面上应设定位装置，对斜分型面应设置限位台阶。

e. 注意平时的维护保养，随时对模具进行检查、清理和润滑。

（2）侧向抽芯机构的损坏原因及修理方法。侧向抽芯机构损坏主要由两大因素造成：一是自然磨损或零件疲劳引起；二是侧向抽芯机构动作失灵所造成。第一种情况属于经常维修保养的问题，可通过对滑动部位勤加油，对磨损部位进行修补、调节，使滑动件得到精确复位。如图 14-31 所示，通过对图 14-31（a）中的件 4 锁紧块 A 面的微量修磨和对图 14-31（b）中件 5 垫块 B 处用金属片适量垫高，就能补偿件 3 侧抽成形件的磨损量。凡是滑动摩擦部位均应淬火，经常易磨损的零件应做备用件。第二种情况属于事故隐患，其修理的方法比较复杂。为了避免倒抽隐患，在维修中，应考虑模具的结构特点。

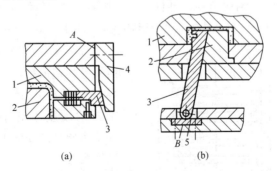

图 14-31　侧向抽芯机构易损件的微量修复和调整
1—型腔；2—型芯；3—侧向抽芯件；4—锁紧块；5—垫块

常见的侧向抽芯机构隐患预防措施有以下几种：

1）在侧成形杆下面禁止设有脱模推管和推杆。

2）用弹簧滚珠限位的侧向抽芯件，只许安装在水平方向，不准安在模具的上下位置上。因为靠弹簧的弹力，可靠性差，遇到振动或无意中磕碰，极易使侧滑块位移，造成斜导柱复位受阻而压坏模具。

3）侧向抽芯滑块的导轨不宜太短，锁紧块在锁紧滑块时，滑块下面必须有导轨支承，不准悬空。否则应在模外另加上支承件，如图 14-32 所示。

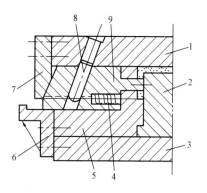

4）锁紧块要有足够的刚性。对于较长的锁紧块，顶端需用支承锁住。侧滑块不宜光用弹簧抽拔，应该加上拨针或斜导柱协助，以防弹簧自锁，卡死失灵。

图 14-32　滑块导轨延长加支承
1—定模板；2—型芯；3、6—支承板；
4—弹簧；5—型腔；7—锁紧块；8—斜
导柱；9—侧向抽芯件

5）推板上不准安装斜导柱（或斜销）。动模上的斜导柱（或斜销）一般都安装在型芯固定板上，它们穿过推板时，在推板上开设腰圆过孔。这些腰圆孔不准铣成豁口，否则会严重破坏推板的强度和刚性。

总之，对有侧向抽芯件的模具，其结构较复杂。侧向抽芯越多，其复杂程度也就越高，模具在使用中的事故隐患也就越多。对此，修理人员应高度重视，在修理过程中一定要小心谨慎。

（3）分型面的损坏原因及修理方法。

1）损坏的原因。模具经过一段时间的使用后，原来很清晰光亮的分型面，会出现凹坑和麻面。尤其是在型腔的沿口处由棱角变成了圆角和钝角，使制件产生飞边和毛刺，这表明模具的分型面遭到了损坏。其产生的原因是多方面的，主要有以下几种情况：

a. 由于注射量和注射压力过大，锁模力不够，引起分型面微量胀开。

b. 分型面上有余料或其他微小异物没有清理干净，即进行二次合模，将残余料和异物挤压在分型面上。

c. 取制品或放置金属预埋件时操作不当，对分型面型腔沿刃口处有磕碰。

d. 长期反复地闭合、开启，对模具分型面产生正常的自然磨损。

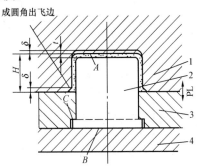

图 14-33　分型面出现"飞边"的修理
1—型腔；2—型芯；3—型芯
固定板；4—支承板

成圆角出飞边

2) 修理的方法如下：

a. 若分型面磨损的量不大，可将分型面用平面磨床磨去"飞边"的厚度 δ（δ 约为 0.1~0.3mm），如图14-33所示。若磨去微量 δ 会影响制件外形总高尺寸 H 的话，则用电极将件 1 型腔的底部 A 面往深处切去 δ 量给予补偿即可。同时把件 2 型芯的 B 面用薄片垫高 δ 值，C 处台阶面也铣去 δ 值。这样修改后的模具，其制件的总高 H 尺寸与底部壁厚 t 仍保持不变。

注意：修切型腔底部 A 面的电极，最好用原来精加工型腔时的原电极，因为新做出来的电极与型腔很难贴实。所以留心保存型腔加工的电极、样板、成形工卡具第二次工装，会给模具的修理工作带来方便。

b. 若分型面的沿口处因不慎碰撞出小缺口时，一般采用焊补的方法把小缺口焊上，由钳工修复即可；若型腔未曾淬火，因材料有一定的延展性，则可用挤胀法在缺口处附近钻一个 $\phi8 \sim \phi10mm$ 的小孔，用小捻子从小孔的另一侧向缺口处冲击碾挤，如图 14-25 所示。

c. 对于一模多腔的小型制品模具，若其分型面沿刃口处局部有损坏，或个别型腔意外损坏，一般就不必修理，而是重新换一个型腔安装上即可。

注意：此类模具的型腔大多采用台阶嵌入模板式结构，该型腔都是采用电火花和冷挤压或电铸等方法加工的，只要原来的电极、冷挤压用的冲头冲模保存良好，则复制一个型腔不但方便，而且形状一致。因此在新模制作时，应考虑多做几个型腔，留作备用，以便修理时更换。

（二）塑料模具的修复

1. 模具磨损及修复

（1）导向及定位件的磨损及修复。导柱、导套是塑料模具最常用的导向及定位零件，在使用过程中较容易磨损，一般均为标准件。出现磨损后，间隙过大，定位精度超差，会影响制品的尺寸。若磨损拉伤不严重，可及时用磨石、砂纸打磨即可使用；若严重拉伤或啃坏，则需要更换新件，重新寻找定位精度。

如果导柱、导套之间经常发生单面磨损或拉伤折断，则应分析具体损坏原因才能从根本上解决问题。一般来说，有可能是四根导柱配合松紧不一致，使受力不平衡而引起拉伤、啃坏；或导柱孔与分型面不垂直，使开模时导柱轴线与开模运动方向不平行等。只有找到具体损坏原因，才能彻底解决问题。

对于大、中型模具，主要用定位块起定位作用。这种定位装置配合面积大、定位精度高，在长期使用过程中，也会由于磨损而降低定位精度。如图 14-34 所示，定位块 1 在长期使用中磨损，L 尺寸变小，定位精度超差。这时可在其下端面垫上 δ 厚垫片，使 L 尺寸复原，对 E、F 两面进行适当的修整，即可达到修复目的。另一种方法是将磨损面电刷镀修复后，再用磨床磨削到原始尺寸。

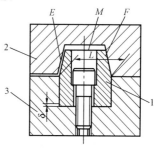

图 14-34 定位块修复
1—定位块；2—定模板；3—动模板

（2）型腔表面损坏及修复。模具在使用过程中，型腔表面不断受到高温、高压及腐蚀的作用，这是由塑料的流动及受热的化学反应引起的，致使型腔表面硬度低的部位磨损很快，制品尺寸变大。这是影响模具使用寿命的主要原因，一般需通过正确选择模具材料和合理的表面硬化处理及合适的热处理来保证。但磨损是不可避免的。若整体磨损严重，可采用将型腔和型芯刷镀的方法进行修复，镀层厚度可达 0.8mm。对于型腔表面局部的严重磨损，可采用焊接的方法来修复。

（3）镶块松动及修复。在设计模具时经常使用镶块来简化模具结构和便于加工制造。镶块通常是以过盈配合方式镶入模体内，使用一段时间后，接合缝产生间隙以致松动，使制品产生飞边。要从根本上解决问题，需要更换新的镶块，进行重新研配，以达到尺寸如初的效果。

（4）研合面磨损及修复。成形通孔的模具零部件通常有研合面，长期使用可产生端面磨损而使通孔不通，在制品上造成飞边。这时可用加垫法将型芯上提，重新研合或重新加工端面。如果仅是由于型芯倒边而使通孔出现飞边，可将磨损部位焊接补平，然后磨平研合即可。

2. 意外损坏及修复

（1）推杆折断。模具在使用过程中经常会出现推杆折断的现象。其原因有多种，例如，多根推杆配合松紧不一致，会引起推出力不平衡，产生偏载以致折断；推杆孔与分型面不垂直，推出时与推出运动方向不平行引起折断；推杆数量较多时，推杆固定板与推板太薄，刚性不够，使推出时产生弹性或塑性变形引起推杆折断；推板和推杆固定板无导向驱动，在卧式注射机上因自重下垂产生偏载力矩引起推杆折断等。推杆折断后若脱出型腔，可重新更换新的推杆，同时重新研配推杆孔来进行修复。若留在型腔中没有及时清除，则在合模时会损坏型腔。轻者可采用镶拼、刷镀、焊接、挤胀的方法进行修复；重者可能会使模具报废，需重新制造型腔或更换整体式型腔板才能使模具继续使用。

这就要求注射工在模具使用过程中细心观察、认真操作、定期维修，对易损件及时更换，对某些零件在使用中发现质量有问题、结构不可靠、动作不灵活等，都应及时更换、修理和改进。只要经常察看模具动作，突发事件是可以减少和避免的。

（2）异物掉入型腔。异物掉入型腔内未被发现就合模，会造成型腔和型芯被挤压损坏。如果掉入的异物是残余料，损坏程度稍轻一些；如果掉入的金属件，则会严重损坏型腔。特别是抛光面型腔和仿真纹面型腔，会给修复带来很大困难。若型腔轻微损伤，可采用挤胀法予以修复；若型腔损坏严重，则主要靠镶拼、焊接、刷镀、更换新件的方法来修复。但要想完全恢复原状是非常困难的，这就要求注射工和模具维修工严格按照模具维修和保养的项目来做，小心谨慎，防患于未然。

（3）模具开裂。当模具刚性不足时，由于成形时反复变形产生疲劳，往往在箱形制品型腔拐角处产生裂纹，造成模具开裂。这时可采用前述从模具外侧镶框的办法来增强刚性，以免裂纹继续扩展，这样，在制品表面上留下的裂纹痕迹就不会十分明显。

三、冲压模具修复方法

冲模在使用过程中，会出现各种故障，如模具工作零件表面磨损、工作零件裂损等，这就需要冲模维修工配合，一起经常检查所冲的制件质量和冲模的使用情况。一旦发现制件的尺寸超出所规定的公差范围或发现制件表面有沟槽毛刺等缺陷，或冲模工作有异常现象发生，应立即停机检查，分析查找原因，对其进行妥善的检查和修理，以使冲模能尽快恢复使用。

1. 冲模的随机故障修理

当冲模出现一些小毛病时，可不必将冲模从压力机上卸下，直接在压力机上进行检修，直到恢复到原来的工作状态为止，这样既节省工时，又节约了修理时间和不必要的拆卸及搬运。冲模的随机故障修理包括以下内容：

（1）更换易损备件。当出现定位零件磨损后定位不准、级进模的导料板和挡料块磨损、精度降低及复合模中推杆弯曲等问题时，可通过更换新定位件、挡料块、推杆或将导料板调整到合适位置等来解决。

（2）刃磨凸、凹模刃口。冲裁模中，由于凸、凹模刃口磨钝不锋利致使制件有明显的毛刺及撕裂，这时可用磨石在刃口上轻轻地磨或卸下凸、凹模在平面磨床上刃磨，之后再继续使用。

（3）调整卸料距离。凸、凹模经一定的刃磨次数后，应在凸模底部加垫板，以保持原来的位置及高度。

(4) 修磨与抛光。拉深模及弯曲模因长期使用后表面磨损、质量降低或产生划痕等缺陷，可以用磨石或细砂纸在其表面轻轻打光，然后用氧化铬研磨膏抛光。

(5) 模具紧固。模具在使用一段时间后，由于振动及冲击，使螺钉松动失去紧固作用，此时应及时紧固一下。

(6) 调整定位器。由于长期使用及冲击振动，定位器位置会发生变化，所以应随时检查，将其调整到合适位置。

冲模的临时修理是一项细致而又复杂的工作。因此，无论做何种项目的修理，都要首先切断机床电源，仔细寻找问题所在并及时修理，使模具能很快恢复正常使用。

2. 冲模拆卸后的修理

在工作中，若发现冲模的主要部位有严重的损坏，或冲压件有较大的质量问题，随机修理不能解决时，就应拆下模具进行修理。

(1) 冲模修理的基本原则：①冲模零件的换取及部分更新，一定要满足原图样设计要求；②冲模的各部分配合精度要达到原设计的要求，并重新进行研配和修整；③冲模在修理完毕后，要进行试冲，无误后才能进行生产；④冲模检修的时间一定要适应生产的要求，尽量利用生产的间隔期进行检修。

(2) 冲模修理的方法及步骤。根据冲模损坏部位的不同，可以采用前述的镶拼、焊接、更换新件等方法来进行修复。具体步骤如下：

1) 修理前，应擦净冲模上的油污，使之清洁。

2) 全面检查冲模各部位尺寸、精度，填写修理卡片。

3) 确定修理方案及修理部位。

4) 拆卸冲模。在一般情况下，尽量做到不需要拆卸的部位就不拆卸。

5) 更换部件或进行局部修配。

6) 进行装配、试冲及调整。

7) 记录修配档案和使用效果。

(3) 冲模修理时应注意的问题：

1）拆卸冲模时，应按其结构的不同，预先考虑好操作程序。拆卸时，要用木锤或铜锤轻轻敲击冲模底座，使上、下模分开，切忌猛击猛打，造成零件的破损和变形。

2）辨别好零件的装配方向后再拆卸。拆卸的顺序应与冲模的装配顺序相反，本着先外后内、先上后下的顺序拆卸。容易产生移位而又无定位的零件，在拆卸时要做好标记，以便于装配。

3）拆卸时严禁敲击零件的工作表面。

4）拆卸后的零件，特别是凸、凹模工作零件，要妥善保管，最好放在盛油的器皿中，以防生锈。

5）根据损坏程度的大小，将需修理的零件，精心修配或更换。

6）零件更换或修配后，经装配、试冲、调整，尽量达到原来的精度及质量效果。

3. 冲模典型零件的修复

（1）定位零件的修复。冲模的定位件，对于冲裁质量有很大的影响。定位零件的定位正确，则制件的质量及精度就高。定位钉及导正销磨损后，需更换新件，重新调整后再使用。定位板由于紧固螺钉或销钉松动使定位不准确时，可调整紧固螺钉及销钉，使其定位准确；若定位销孔因磨损逐渐变大或变形，要用扩孔法，用直径大点的钻头扩孔后，再修整其定位位置。而对于级进模中的导料板及侧刃挡块，长期磨损或受到条料的冲击，使位置发生变化，影响冲裁质量时，可将其从冲模上卸下进行检查。如发现挡块松动，可以重新调整紧固；如导料板磨损，应在磨床上磨平并调整位置后继续使用；如局部磨损，则可补焊后磨平继续使用。

（2）导向零件的修复。冲模的导向零件主要是导柱、导套。这类零件经长期使用后会造成磨损使导向间隙变大，在受到冲击和振动后松动也会导致导向精度降低，失去导向作用，致使在冲模继续使用时，凸、凹模啃刃或崩裂，造成冲模的损坏。其修配的方法是：

1）导柱、导套从冲模上卸下，磨光表面和内孔，使其表面粗糙度降低。

2）对导柱镀铬。

3）镀铬后的导柱与研磨后的导套相配合，并进行研磨，使之恢复到原来的配合精度。

4）将研磨后的导柱、导套抹一层薄机油，使导柱插入导套孔中，这时用手转动或上下移动，不觉得发涩或过松时即为合适。

5）将导柱压入下模板，压入时需将上、下模板合在一起，使导柱通过上模板再压入下模板中，并用角尺测量以保证垂直于模板，不得歪斜。

6）用角度尺检查后，将上、下模板合拢，用手感检查配合质量。

若导柱导套磨损太厉害而无法镀铬修复时，应更换新的备件重新装配。

（3）工作零件的修复。冲模的凸、凹模经过长期使用多次刃磨后，会使刃口部位硬度降低、间隙变大，并且刃口的高度也逐渐降低。其修复方法应根据生产数量、制件的精度要求及凸、凹模的结构特点来确定。

1）挤胀法修整刃口。对于生产量较小、制作厚度又较薄的薄料凹模，由于刃口长期使用及刃磨，其间隙变大。这时可采用挤胀的方法使刃口附近的金属向刃口边缘移动，从而减小凹模孔的尺寸，达到减小间隙的目的，如图 14-35 所示。采用挤胀法修理冲模刃口，一般先加热后敲击，这样才可使金属的变形层较宽较深，冲模修理后的寿命才能更长些。

2）镶拼法修复刃口。当好冲模的凸、凹模损坏而无法使用时，可以用与凸、凹模相同的材料，在损伤部位镶以镶块，然后再修整到原来的刃口形状或间隙值。如图 14-36 所示。

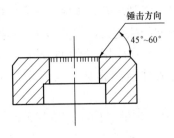

图 14-35　挤胀法修复
间隙变大了的刃口

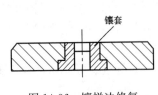

图 14-36　镶拼法修复
凸、凹模刃口

3）焊接法修复刃口。对于大中型冲模，在工作中刃口可能由于某种原因被损坏、崩刃，甚至局部裂开，假如损伤不大，可以利用平面磨床磨去后继续使用。当损坏较严重时，应采用焊补法修复。首先将损坏部位切掉，用和其材料相同的焊条在破损部位进行焊补，然后进行表面退火，再按图样要求加工成形达到尺寸精度。

4）镶外框法修复凹模。对于凹模孔形状较为复杂且体积较小的凹模，当发现凹模孔边缘有裂纹时，可按图14-37所示的镶外框套箍法对其加固、紧箍后继续使用。

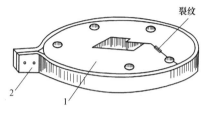

图 14-37　镶外框套箍法修复裂纹凹模
1—凹模；2—套箍

5）细小凸模的更换。在冲模中，直径很细的凸模在冲压时很容易被折断。凸模折断后，一般都用新凸模进行更换。

（4）紧固零件的修复。冲模中螺纹孔和销孔可采用以下几种方法进行修复：

1）扩孔法。将损坏的螺纹孔或销孔改成直径较大的螺纹孔或销孔，然后重新选用相应的螺钉或销钉，如图14-38所示。

2）镶拼法，如图14-39所示。

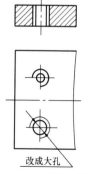

图 14-38　扩孔法修理螺纹孔

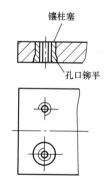

图 14-39　镶拼柱塞法修理螺纹孔

（5）备件的配作方法。冲模零件由于磨损或裂损不可修复时，更换备件可以有效地节省时间。其备件一般都采用配作的方法使其在尺寸精度、几何形状和力学性能方面同原来的完全一样。配作方法有以下几种：

1）压印配作法。先把备件坯料的各部分尺寸按图样进行粗加工，并磨光上、下表面；按照模具底座、固定板或原来的冲模零件把螺钉孔和销孔一次加工到尺寸；把备料坯件紧固在冲模上后，可用铜锤锤击或用手扳压力机进行压印；压印后卸下坯料，按刀痕进行锉修加工；把坯料装入冲模中，进行第二次压印；反复压印锉修，直到合适为止。

2）划印配作法。可以用原来的冲模零件划印，即利用废损的工件与坯料夹紧在一起，沿其刃口在坯件上划出一个带有加工余量的刃口轮廓线，然后按这条轮廓线加工，最后用压印法来修整成形；也可以用压制的合格制件划印，即用原冲制的零件，在毛坯上划印，然后锉修、压印成形。

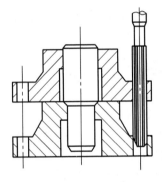

图 14-40　芯棒定位制造备件

3）芯棒定位加工。加工带有圆孔的冲模备件，可以用芯棒来加工定位，使其与原模保持同心，再加工其他部位，如图 14-40 所示。

4）定位销定位加工。在加工非圆形孔时，可以用定位销定位后按原模配作加工。

5）线切割加工。销孔、工件孔可以用线切割的方法加工。

四、压铸模具修复方法

压铸模具在结构上与注塑模具类似，因而在模具的修复方法上可采用相似的方法。但由于压铸模具的工作环境所决定，压铸模具在使用一段时间后需对其型腔、浇口系统的开裂和缺损部分采用焊接的方法进行修复。

在焊接前，应先了解被焊模具的材质，并用机械加工或磨削的方法去除表面缺陷，做到焊接表面干净，进行烘干处理。保证所用焊条同模具钢成分一致，焊条也要是干净和烘干的。

由于压铸模具焊接的基本原则是不能冷焊，因此，焊接前模具和焊条要一起预热，当表面和心部温度一致后，在保护气体（常用氩气）下进行焊接修复。焊接过程中，当温度低于 260℃时，需重新加热。焊接后，当模具冷却至手可接触时，再加热至 475℃，按 25℃/h 降温。最后于静止空气中完全冷却，再进行型腔的修整和精加工。在模具焊接后进行加热回火处理，是焊接修复中重要的一环，这样可消除焊接应力，保证模具质量。

五、锻模修复方法

1. 锻模翻修的原因

当锻出的工件超出公差范围时，锻模应停止使用，进行翻修。造成锻模翻修的原因是多样的，如模膛磨损严重，工作型面与模膛凸起部分产生严重的塌陷或者模膛边缘有大量的热疲劳裂纹，并且模膛尺寸胀大而不能保证锻件的质量等。

2. 锻模翻修时的热处理

锻模在翻修前，可将其加热到 650～700℃进行高温回火处理，之后将其加工成所需的形状和尺寸，然后将翻修后的锻模进行淬火和回火处理，即可使用。也可将要翻修的锻模进行退火处理，使锻模便于加工。还可以将锻模翻修好后再进行热处理。若检验后硬度合适，可不必对其进行热处理。

3. 锻模翻修的方法

（1）原模再加工翻修法。当锻模高度留有翻修余量时，可从分模面上倒去一层金属，然后再采用机械加工或电加工的方法加工模膛。检验后，经热处理淬硬即可使用。

注意：锻模在翻修后，其上、下模的总高度不得小于锻锤所允许的最小高度，模膛最深处至燕尾肩部平面的最小壁厚不得小于锻锤所允许的最小壁厚，如图 14-41 所示，其数值见表 14-27。锻模翻修时必须留有 50mm 高度的最小检验面。

（2）堆焊法。利用堆焊的方法可对裂纹和破损了的锻模进行修理。在利用

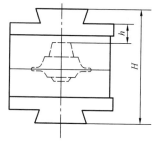

图 14-41　锻模翻修的最小壁厚示意图

电渣焊或手工电焊修理锻模之前，需将锻模退火，并彻底清洗其损坏的部位。要求对裂纹部位必须去掉足够的深度，塌陷及龟裂部位必须铲除 5mm 以上的疲劳层厚度，并对锻模进行预热，预热温度一般为 350～450℃；若工作量大，堆焊时间过长，温度降低到 200～250℃以下时，还应重新预热。采用手工电弧堆焊时，焊条成分必须与所修模具材料相同（或相近），且烘干后才能使用。若用直流电弧焊机，则应用反接法（焊条接电源的正极）进行堆焊，一般电弧电压为 20～30V，电流大小可按焊条直径 30～40A/mm 选用。堆焊时电弧应尽量缩短，以免焊缝中产生缺陷。堆焊完后应立即退火，若不退火，则在堆焊时用干石棉粉把堆焊层的附近部位覆盖好，使其缓慢冷却，之后再进行加工。

表 14-27　　　　　　　　　锻模最小高度和最小壁厚　　　　　　　　mm

使用设备	最小高度 H_{min}	最小厚度 h_{min}
1t 模锻锤	320	40
2t 模锻锤	360	50
3t 模锻锤	480	60
4t 模锻锤	560	70

（3）更新法。如果锻模破损严重，则应对其进行更新。可采用镶块法和备件更新法予以修复。